iLike 就业 3ds Max 2012 中文版多功能教材

刘小伟　刘晓萍　编著

電子工業出版社

Publishing House of Electronics Industry

北京 • BEIJING

内 容 简 介

本书以实例为主线，全方位介绍了最新三维造型及动画制作软件——3ds Max 2012 中文版的建模功能和应用技巧。全书系统介绍了 3ds Max 2012 的基础知识、创建基本模型、创建复合模型与建筑模型、二维转三维建模、三维修改器建模、多边形建模、配置材质与贴图、配置灯光效果、架设摄影机和场景渲染输出等内容，由浅入深地讲解使用 3ds Max 进行造型设计与制作的就业技能。书中的每个实例既包含了相关知识点，又提供了一种建模思路，还融合了大量实用技巧。

本书内容翔实、通俗易懂，实例丰富、可操作性强，图文并茂、阅读轻松，可作为广大三维设计爱好者和三维创作人员学习和工作的参考用书，也适合作为各级各类学校和社会短训班的教材。

图书在版编目（CIP）数据

3ds Max 2012 中文版多功能教材 / 刘小伟, 刘晓萍编著. —北京：电子工业出版社，2011.9
（iLike 就业）

ISBN 978-7-121-14613-8

Ⅰ. ①3… Ⅱ. ①刘… ②刘… Ⅲ. ①三维动画软件，3DS MAX 2012－教材 Ⅳ. ①TP391.41

中国版本图书馆 CIP 数据核字(2011)第 189168 号

责任编辑：鲁怡娜
印　刷：
装　订：三河市鑫金马印装有限公司
出版发行：电子工业出版社
北京市海淀区万寿路 173 信箱　邮编：100036
北京市海淀区翠微东里甲 2 号　邮编：100036
开　本：787×1092　1/16　印张：19　字数：484 千字
印　次：2011 年 9 月第 1 次印刷
定　价：38.00 元

凡所购买电子工业出版社图书有缺损问题，请向购买书店调换。若书店售缺，请与本社发行部联系。联系及邮购电话：（010）88254888。

质量投诉请发邮件至 zlts@phei.com.cn，盗版侵权举报请发邮件至 dbqq@phei.com.cn。

服务热线：（010）88258888。

前　言

三维设计是指在三维空间中绘制出生动形象的三维立体图形，从而提高图形的表现力。三维立体图形可以从任意角度观察，创建三维对象的过程称为三维建模。三维设计的内容包含非常广泛，常见的有产品造型、电脑游戏、建筑、结构、配管、机械、暖通、水道、影视表现等。

长期以来，三维设计都被认为是设计领域技术层次最高、难度最大的工作之一。随着电脑技术的飞速发展，在普通 PC 上虚拟三维空间，制作出生动形象的三维造型和动画早已成为现实。目前，各种三维制作软件越来越普遍，为三维表现提供了极大的便利，其中最具代表性的三维创作工具有 Maya、Sumatra、Lightwave、3ds Max 等。其中，由美国 AutoDesk 公司麾下的 Discreet 多媒体分部推出的 3ds Max 以其高性价比、易学易用、普及面广、建模功能强大、材质表现力强、灯光灵活、三维动画制作简便等优势独占鳌头，广泛应用于建筑图效果设计、三维动画制作、机构仿真模拟、广告设计、工业造型、游戏电影制作等行业。

为了让读者在短时间内掌握三维建模的实用技术，本书以大量实例为载体，从零开始，由浅入深地介绍 3ds Max 2012 中文版的主要功能和具体应用方法，可以有效地帮助读者创建各种实用的三维模型。

本书共分 10 课，分别介绍了 3ds Max 2012 的基础知识、创建基本模型、创建复合模型与建筑模型、二维转三维建模、三维修改器建模、多边形建模、配置材质与贴图、配置灯光效果、架设摄影机和场景渲染输出等内容。

第 1 课中介绍的是三维设置的相关概念、3ds Max 2012 的新功能、用户界面组成、工作环境与系统参数的设置、管理图形文件、三维建模的基本流程等预备知识。通过这些内容的学习，既可以消除初学者对三维设计的陌生感，又能快速掌握软件的一些通用操作。

在第 2 课至第 10 课中，完全通过实例来详细介绍 3ds Max 2012 中文版的具体功能及其在建模工作中的应用技巧。通过每个实例的学习和实际上机操作训练，既能快速学会相应的知识点和技能项目，又能体会三维建模的乐趣。同时，在介绍实体建模的过程中，还通过提示栏目拓展相关知识，突出实用技巧。此外，在每课的内容设计上，本书遵循了科学性、实用性、技巧性、可操作性等原则，在注重软件知识体系的同时，强调为就业服务。

3ds Max 的功能十分强大，也具有很强的实践性和技巧性。建议读者在阅读本书时，首先了解三维建模的基本流程，然后通过书中的各个实例的训练来熟悉软件，掌握 3ds Max 的基本使用方法和建模技巧，最后再进行有针对性的课后训练，将软件使用与日常用品或工业产品的建模工作联系起来，快速掌握三维建模技术。

本书由刘小伟、刘晓萍执笔编写。此外，朱琳、温培和、余强、郭军、吕静、陈德荣、刘飞、熊辉等也参加了本书实例制作、校对、排版等工作，在此表示感谢。由于编写时间仓促，编者水平有限，书中疏漏和不妥之处在所难免，欢迎广大读者和同行批评指正。

为方便读者阅读，若需要本书配套资料，请登录“北京美迪亚电子信息有限公司”（http://www.medias.com.cn），在“资料下载”页面进行下载。

目　录

第 1 课

3ds Max 2012 快速入门

本课知识结构

3D Studio Max（简称 3ds Max）是由美国 Autodesk 公司下属的多媒体分公司 Discreet 推出的一款基于 PC 系统的大型专业三维建模和动画制作软件，被广泛应用于建筑装潢设计、游戏开发、影视制作和工业设计等领域。本课将学习 3ds Max 的基础知识和最基本的一些操作，具体知识结构如下。

入门知识
- 三维设计的基本概念
- 3ds Max 2012的新增和增强功能
- 3ds Max 2012的用户界面
- 3ds Max 2012的相关设置
- 图形文件的管理
- 三维建模流程

就业达标要求

☆ 了解三维设计的基础知识和相关概念。

☆ 了解 3ds Max 2012 的新增和增强功能。

☆ 熟悉 3ds Max 2012 的用户界面及相关操作。

☆ 初步掌握 3ds Max 2012 的基本设置方法。

☆ 掌握 3ds Max 2012 的常用文件操作。

☆ 了解三维建模的基本流程。

1.1 三维设计基础

三维（简称 3D）是指描述一个物体时，从水平、竖直和纵深 3 个方向进行。计算机生成的二维（2D）图形仅在 X 和 Y 轴有水平和垂直的坐标，而三维图形除了有 X、Y 坐标外，还有 Z 轴的维度来定义纵深信息。当光照和纹理应用于三维物体时，该物体就会比二维的物体真实得多。如图 1-1 所示为二维图形和三维图形的对比。

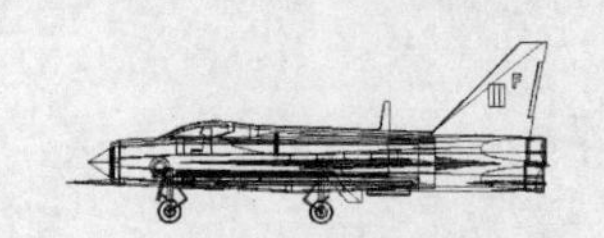

二维平面（x,y 平面）中的效果

三维平面（x,y,z 平面）中的效果

图 1-1　二维图形和三维图形的对比

1. 常用三维设计软件

三维设计是指在三维空间中绘制出生动形象的三维立体图形，从而提高图形的表现力，三维立体图形可以从任意角度观察。三维设计的内容十分广泛，常见的有产品造型、电脑游戏、建筑、结构、配管、机械、暖通、水道、影视表现等。创建一个三维立体图形的过程称为三维建模，三维模型分为线框模型、表面模型和实体模型3种类型。

随着电脑技术的飞速发展，在PC机上虚拟三维空间，制作出生动形象的三维造型和动画早已成为现实。目前，各种三维制作软件越来越普及，为三维表现提供了极大的便利，其中最具代表性的有Maya、Sumatra、Lightwave、3ds Max等。

● Maya：Maya是由Alias公司推出的三维动画制作产品，它集成了先进的动画和数字效果技术，不但具备一般三维和视觉效果制作的功能，而且还结合了最先进的建模、数字化布料模拟、毛发渲染和运动匹配技术。Maya的功能非常强大，其应用渗透到电影、广播电视、公司演示、游戏可视化等各个领域。

● Sumatra：Sumatra的功能与Maya 接近，它拥有真实的程序纹理材质、强大的动画编辑能力和出色的渲染效果。

● Lightwave：NewTek公司开发的Lightwave是一款出色的高性价比三维动画软件，被广泛应用在电影、电视、游戏、网页、广告、印刷、动画等各领域。其界面独特，功能强大，操作简便，易学易用，在生物建模和角色动画方面功能异常强大。特别是其基于光线跟踪、光能传递等技术的渲染模块，使其渲染品质相当高。

● 3ds Max：由美国Autodesk公司下属的Discreet公司推出的3ds Max，在三维建模、动画制作、作品渲染等方面久负盛誉。其最新发布的3ds Max 2012中文版更是在游戏开发、角色动画制作、影视视觉特效处理和工业设计等领域最大限度地满足了用户的需求，提供了动画和三维设计的最佳环境。随着电脑技术的飞速发展，在普通PC机上虚拟三维空间，制作出生动形象的三维造型和动画早已成为现实。在众多的三维制作软件中，3ds Max以其高性价比、易学易用、普及面广、建模功能强大、材质表现力强、灯光灵活、三维动画制作简便等优势独占鳌头。

2. 3ds Max的主要特点

拥有强大功能的3ds Max被广泛地应用于建筑效果图、建筑动画、电视及娱乐等领域，其主要特点如下。

● 性价比高：相对于其他3D软件，3ds Max的价格便宜，对硬件的要求也较低。

● 易学易用：3ds Max的制作流程十分简洁高效，可以让用户快速掌握。

● 应用广泛：3ds Max在国内拥有最多的使用者，便于交流。

● 建模、材质、灯光功能强大：3ds Max具有非常强大的建模、材质和灯光功能，并具备了极为先进的动画制作平台，为影视动画和游戏开发的制作提供了得天独厚的优越条件。

● 引入时空的四维空间（三维动画）：3ds Max提供了一个在运动中不断变化的空间形态，即三维的形态。这种空间与停止不动的三维空间又有着一定的区别，因为在运动的过程中引入了时间概念。

1.2 3ds Max 2012的新功能简介

2011年4月最新推出的3ds Max 2012中文版采用了全新的模型、纹理、角色动画及高品质图像输出技术，在材质纹理、提升显示速度等方面有明显改善，且提供了强大的全新渲染工具集，简化了批处理渲染流程，具体新增和增强功能主要表现在以下几个方面。

- 运用了 Nitrous 加速图形核心。
- 采用了全新的通过 Autodesk.com 在线访问 3ds Max 帮助功能。
- 使用新的包含 80 个 Substance 程序纹理的库。
- 新增了一些 Graphite 建模工具。
- 可以支持向量置换贴图。
- 新集成了来自 mental images 的 iray 渲染技术。
- 使用全新的公用 F-Curve 编辑器。
- 支持渲染样式化图像。
- 具有单步套件互操作性。
- 新增了与 Autodesk Alias 产品的互操作性功能。
- 增强了功能区界面的功能。
- 增强了 UVW 展开修改器的功能。
- 增强了动态 FBX 文件链接的功能。
- 升级了 mental ray 版本。
- 更新了 Autodesk 材质。
- 改进了启动时间和内存需求量。
- 改进了助手控件功能。
- 改进了 Slate 材质编辑器的功能。
- 改进了模拟解算器的 MassFX 统一系统。
- 改进了 ProOptimizer 的功能。
- 改进了场景资源管理器功能。
- 改进了视口画布。

1.3　3ds Max 2012 的用户界面

3ds Max 2012 的建模和动画创作工作都是在窗口化的操作环境中完成的。与早期版本相比，3ds Max 2012 的用户界面没有大的变化。

单击【开始】按钮，从出现的【开始】菜单中选择【所有程序】|【Autodesk】|【Autodesk 3ds Max 2012】|【Autodesk 3ds Max 2012】命令，或者双击桌面上的 3ds Max 2012 快捷方式图标，都可以启动 3ds Max 2012，并进入如图 1-2 所示的用户界面。

提示

首次启动 3ds Max 2012 时，将出现如图 1-3 所示的“欢迎使用 3ds Max”窗口，在其中的“了解 3ds Max”栏中，可以选择“基本技能影片”中的链接来播放关于 3ds Max 主要功能的视频，选择“了解更多信息”中的链接，则可以在线进入 autodesk 官方网站获取相关的学习内容；在“开始使用 3ds Max”栏中，可以通过界面中提供的选项来创建新文件、打开指定文件和打开最近访问的文件。如果希望下次启动时不再出现该窗口，只需取消“在启动时显示此欢迎屏幕”复选项的选择即可。

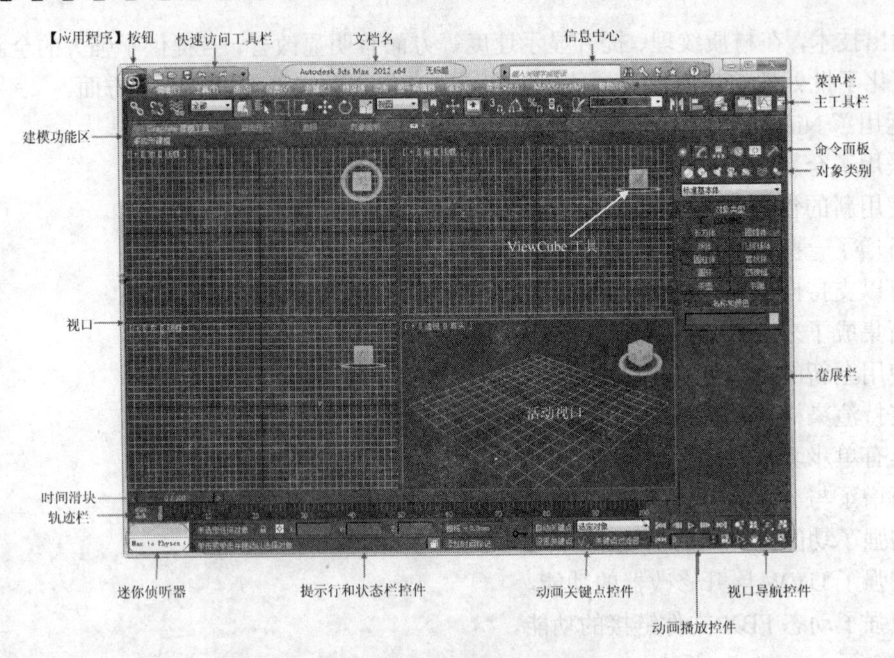

图 1-2 3ds Max 2012 的用户界面

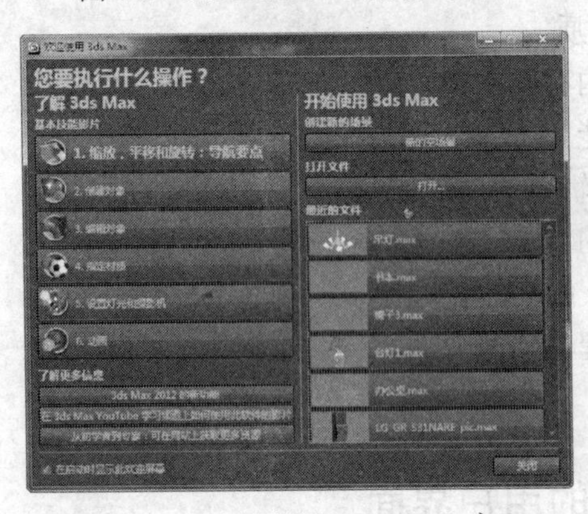

图 1-3 “欢迎使用 3ds Max”窗口

1.【应用程序】按钮

单击【应用程序】按钮，将出现如图 1-4 所示的【应用程序】菜单，其中提供了软件的各种文件管理命令。

2. 快速访问工具栏

快速访问工具栏上以工具按钮的形式提供了一组最常用的文件管理命令和“撤消/重做”命令。主要工具如下。

- 【新建】工具：用于创建一个新的场景。
- 【打开】工具：用于打开一个已保存的场景。
- 【保存】工具：用于保存当前打开的场景。
- 【撤消】工具：用于撤消对当前场景的上一步操作。
- 【重做】工具：用于重做对当前场景的上一步操作。
- 【快速访问工具栏下拉菜单】按钮：单击该按钮，将出现如图 1-5 所示的下拉菜单，利用其中的选项，可以管理快速访问工具栏。

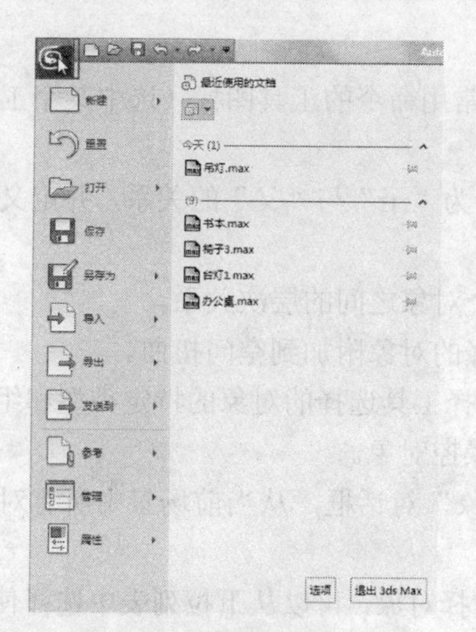

图 1-4　“应用程序”菜单

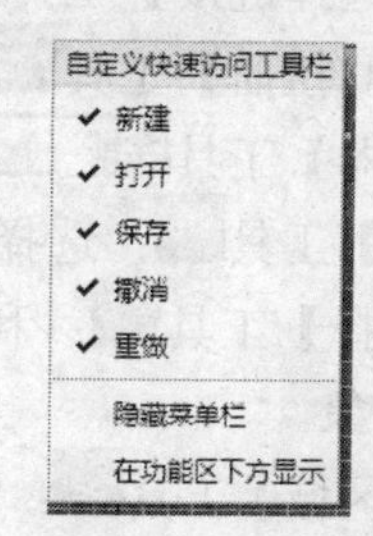

图 1-5　快速访问工具栏下拉菜单

3. 信息中心

通过信息中心，可访问 3ds Max 和其他 Autodesk 产品的相关信息，各组件的功能如下。

- “搜索字段”文本框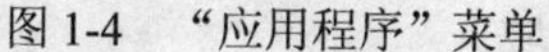：用于输入要搜索的文本。
- 【搜索】按钮：在“搜索字段”中输入文本后，单击该按钮就能查找帮助主题和相关网页。
- 【速博应用】按钮：用于访问 Autodesk 的订阅服务。
- 【通讯中心】按钮：用于访问 Autodesk 的通讯中心。
- 【收藏夹】按钮：用于查看“收藏夹”面板。
- 【帮助】按钮：用于在网页浏览器中显示 3ds Max 的帮助信息。如果单击其右侧的下拉箭头，可以访问其他常用的帮助文件。

4. 菜单栏

除 Windows 窗口常见的【编辑】和【帮助】菜单外，3ds Max 2012 的菜单栏中还提供了以下菜单项。

- 【工具】菜单：提供常用任务的操作命令。
- 【组】菜单：提供管理组合对象的命令。
- 【视图】菜单：提供设置和控制视口的命令。
- 【创建】菜单：提供创建对象的命令。
- 【修改器】菜单：提供修改对象的命令。
- 【动画】菜单：提供设置对象动画和约束对象的命令。
- 【图形编辑器】菜单：提供使用图形方式编辑对象和动画的命令。
- 【渲染】菜单：提供渲染、使用光能传递和更改环境等方面命令。
- 【自定义】菜单：提供自定义用户界面的控制命令。
- 【MAXScript】菜单：提供编辑 MAXScript（内置脚本语言）的命令。

由于 3ds Max 提供了【应用程序】菜单和“快速访问工具栏”，因此不再提供【文件】菜单项。

5. 主工具栏

主工具栏中集成了用于快速执行 3ds Max 常用命令的工具图标（选中某个工具后，该工具的背景将变为黄色），系统默认的工具如下。

- 【选择并链接】工具：将两个对象链接为“子”与“父”的关系，并定义它们之间的层次关系。
- 【断开当前选择链接】工具：消除两个对象之间的层次关系。
- 【绑定到空间扭曲】工具：将当前选择的对象附加到空间扭曲。
- 【选择过滤器】工具全部：限制由选择工具选择的对象的特定类型和组合。
- 【选择对象】工具：选择一个或多个操控对象。
- 【按名称选择】工具：利用“选择对象”对话框，从当前场景中所有对象的列表中依据名称来选择对象。
- 【矩形选择区域】工具：用于按区域选择对象，可以从下拉列表中选择使用“矩形”、“圆形”、“围栏”、“套索”和“绘制”等作为选择区域。
- 【窗口/交叉】工具：用于在窗口和交叉模式之间进行切换。
- 【选择并移动】工具：用于选择并移动指定对象。
- 【选择并旋转】工具：用于选择并旋转指定对象。
- 【选择并均匀缩放】工具：提供了 3 种用于更改对象大小的工具，即【选择并均匀缩放】工具、【选择并非均匀缩放】工具和【选择并挤压】工具。
- 【参考坐标系】工具视图：用于指定变换（移动、旋转和缩放）所用的坐标系，包括“视图”、“屏幕”、“世界”、“父对象”、“局部”、“万向”、“栅格”和“拾取”等选项。
- 【使用轴点中心】工具：提供用于确定缩放和旋转操作几何中心的 3 种方法。
- 【选择并操纵】工具：通过在视口中拖动“操纵器”来编辑某些对象、修改器和控制器的参数。
- 【键盘快捷键覆盖切换】工具：用于在只使用“主用户界面”快捷键和同时使用主快捷键及功能区域快捷键之间进行切换。
- 【捕捉开关】工具：用于提供捕捉处于活动状态位置的 3D 空间的控制范围。
- 【角度捕捉切换】工具：用于确定多数功能的增量旋转。
- 【百分比捕捉切换】工具：用于指定的百分比增加对象的缩放。
- 【微调器捕捉切换】工具：用于设置所有微调器，每次单击增加或减少的值。
- 【编辑命名选择集】工具：用于管理子对象的命名选择集。
- 【命名选择集】工具创建选择集：提供一个“命名选择集”列表来命名选择集。
- 【镜像】工具：用于按方向镜像一个或多个对象。
- 【对齐】工具：提供了用于对齐对象的 6 种不同的工具。
- 【层管理器】工具：用于创建和删除层。
- 【曲线编辑器】工具：用于以图表的功能曲线表示运动。
- 【图解视图】工具：用于访问对象属性、材质、控制器、修改器、层次和不可见场景关系。
- 【材质编辑器】工具：用于提供创建和编辑材质以及贴图的功能。
- 【渲染设置】工具：用于打开“渲染设置”对话框来设置详细的渲染参数。

- 【渲染窗口】工具：用于基于 3D 场景创建 2D 图像或动画。
- 【渲染产品】工具：用于快速根据当前渲染设置来渲染场景。

6. 建模功能区

建模功能区以选项卡的形式提供了一组用于编辑多边形对象的综合工具。其中的工具是基于当前编辑操作智能出现的，主要选项卡如下。

- “Graphite 建模工具”选项卡：该选项卡提供了最常用的多边形建模工具。
- “自由形式”选项卡：该选项卡提供了多种用于徒手创建和修改多边形几何体的工具。
- “选择”选项卡：该选项卡提供了用于进行子对象选择的各种工具。
- “对象绘制”选项卡：该选项卡提供了用于在场景或特定对象曲面上徒手绘制对象的工具。

7. 视口

视口是 3ds Max 用于查看和编辑场景的窗口，该区域占据了主窗口的大部分区域。默认情况下，主窗口中有 4 个大小相同的视口，它们分别是“顶”视口、“前”视口、“左”视口和“透视”视口。其中，“顶”视口、“前”视口和“左”视口默认以“二维线框”模型显示；“透视”视口以“真实”模型的方式显示。默认的当前视口为“透视”视口（当前视口用黄色边框高亮显示），如图 1-6 所示。

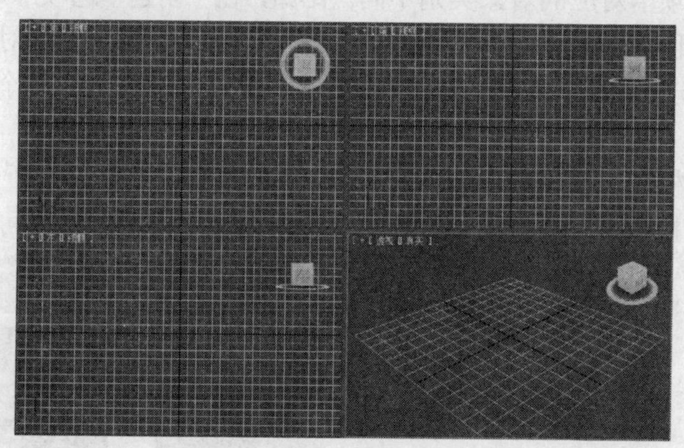

图 1-6　默认的 4 个视口

要切换当前视口，只需用鼠标单击某个视口即可将其激活，被激活的视口的边框将呈高亮显示，如图 1-7 所示。要更改默认的视口布局，在需要改变布局的视口上的“视口”标签上单击鼠标右键，从出现的快捷菜单中选择需要的命令，如图 1-8 所示。

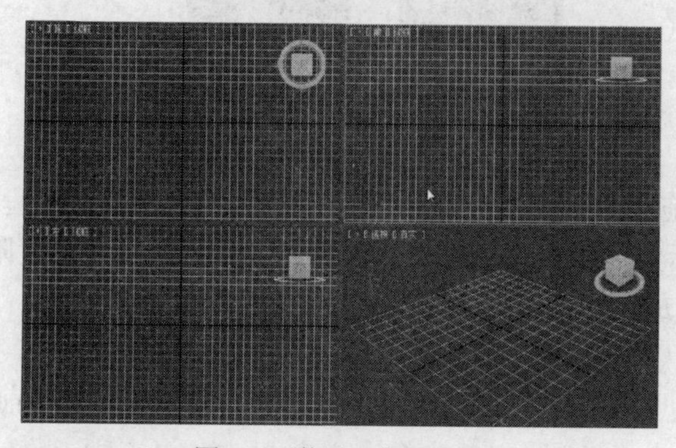

图 1-7　激活“前”视口

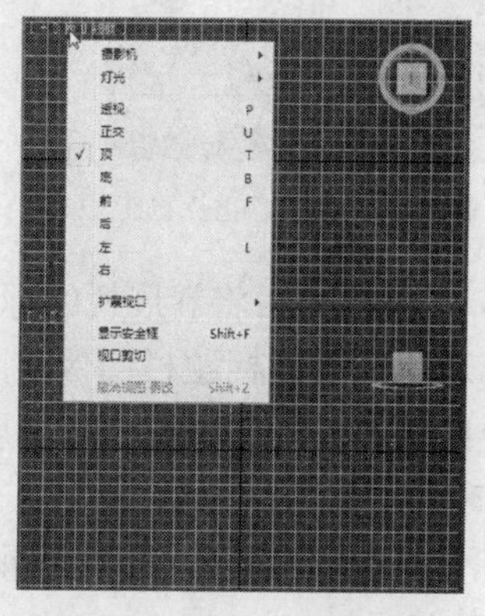

图 1-8　“视口”选择菜单

8. ViewCube

在每个视口中，都提供了一个如图 1-9 所示的 ViewCube 工具。这是一款交互式工具，主要用于旋转和调整实体或曲面模型的方向。选择 Cube 的面、边或角，就能将模型快速切换至预设视图。单击并拖动 ViewCube，可以自如地将模型旋转到任意方向。ViewCube 位于屏幕的固定位置，提供一目了然的方向指示。ViewCube 是 Autodesk 公司所有产品的面向三维模型的通用工具。

9. 命令面板选项卡

命令面板中集中了 6 个选项卡，其中提供了用于建模和制作动画的命令按钮。

- “创建”选项卡：提供了各种对象创建工具。
- “修改”选项卡：提供了各种修改器和编辑工具。
- “层次”选项卡：提供了包含链接和反向运动学的各种参数。
- “运动”选项卡：提供了各种动画控制器和轨迹工具。
- “显示”选项卡：提供了对象的显示控制选项。
- “工具”选项卡：用于提供其他工具。

10. 对象类别

不同命令面板选项卡对应的对象类别不同。比如，在“创建”选项卡中，将可以创建的对象分为“几何体”、“形状”、“灯光”、“摄影机”、“辅助对象”、“空间扭曲对象”和“系统”7 个类别。每一个类别又分别提供了不同的工具按钮，每一个类别又包含了多个不同的对象子类别。

11. 卷展栏

卷展栏是命令面板和对话框的一种特殊区域，可以根据需要展开或折叠卷展栏，以便管理屏幕空间。比如，要折叠“参数”卷展栏，只需单击卷展栏的标题栏即可，如图 1-10 所示。

图 1-9 ViewCube 工具

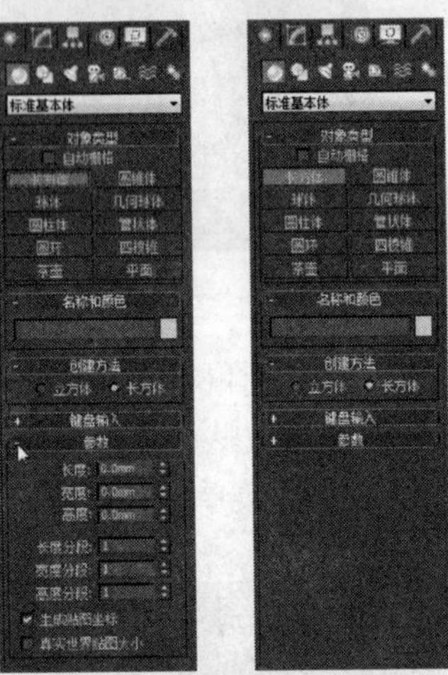

图 1-10 折叠“参数”卷展栏

要移动卷展栏，可将卷展栏的标题栏拖至命令面板或对话框上的其他位置。在拖动过程中，将会有半透明的卷展标题栏图像跟随鼠标光标。当光标移动到可以定位卷展栏的新位置附近时，将会出现一条蓝色的水平线，只需释放鼠标按钮即可完成卷展栏的移动。

12. 时间滑块

时间滑块用于显示动画的当前帧，移动时间滑块，可以将活动时间段的任何帧定位为当前帧。

13. 轨迹栏

轨迹栏中提供了显示帧数（或相应的显示单位）的时间线，以便于移动、复制和删除关键点，以及更改关键点的属性。

14. MAXScript 侦听器

MAXScript 侦听器分为两个窗格，粉红色的窗格是“宏录制器”窗格，启用“宏录制器”时，录制的内容将显示在粉红窗格中；白色窗格是“脚本”窗口，用于创建脚本。

15. 提示行和状态栏控件

提示行与状态栏中分别显示与当前场景或活动命令有关的提示和信息，也包含控制选择和精度的系统切换以及显示属性。

16. 动画关键点控件

在制作三维动画时，可以利用动画关键点控件来编辑和设置动画效果。

17. 动画播放控件

用于回放制作完成的三维动画。

18. 视口导航控件

在 3ds Max 中，可以显示 1~4 个视口。在这些视口中，可以显示同一个几何体的多个视图，还能显示“轨迹视图”“图解视图”和其他信息显示。使用主窗口右下角的视口导航控制工具，可对视口进行缩放、平移和导航等控制。

视口导航控制工具会随着视口的不同而有所不同。比如，透视视口、正交视口、摄影机视口和灯光视口都拥有特定的控件。如图 1-11 所示为正交视口（包括“用户”视口、“顶”视口、“前”视口等）的视口导航控制工具，如图 1-12 所示为透视视口的导航控制工具。

图 1-11　正交视口的导航控制工具

图 1-12　“透视”视口的导航控制工具

主要的导航控制工具如下。

- 【缩放视口】工具：用于调整视图放大值。
- 【缩放所有视图】工具：同时调整所有“透视”和“正交”视口中的视图放大值。
- 【最大化显示选定对象】工具：单击该按钮，将在视口中将选定对象或对象集在活动视口中居中最大化显示。
- 【所有视图最大化显示选定对象】工具：单击该按钮，会将选定对象或对象集在所有视口中最大化居中显示。
- 【视野（FOV）】工具：用于调整视口中可见的场景数量和透视张角量。视野越大，看到的场景越多，透视会扭曲，这与使用广角镜头相似。视野越小，看到的场景就越少，而透视会展平，这与使用长焦镜头类似。
- 【平移视图】工具：用于在与当前视口平面平行的方向移动视图。
- 【环绕子对象】工具：用于将当前选定子对象的中心用作旋转的中心。
- 【最大化视口切换】工具：用于在其正常大小和全屏大小之间进行切换。

1.4　设置 3ds Max 2012

为满足个性化建模和动画制作的需要，可以自定义 3ds Max 的工具栏、命令面板、视口背景、用户界面。此外，在建模或动画创作之前，还必须设置好绘图单位、坐标系和捕捉参数等选项。

1. 自定义工具栏

如果工具栏不满足当前的建模需要或不符合自己操作习惯,可以对工具栏中的工具进行重新布局。

● 使用专家模式：进行复杂对象建模时，一般都需要更大的视口。此时，可以从菜单栏中选择【视图】|【专家模式】命令（或按下键盘上的【Ctrl】+【X】键）来隐藏除菜单栏和工作视口外的区域，效果如图 1-13 所示。要返回正常界面，只需直接单击窗口右下角的【取消专家模式】按钮。

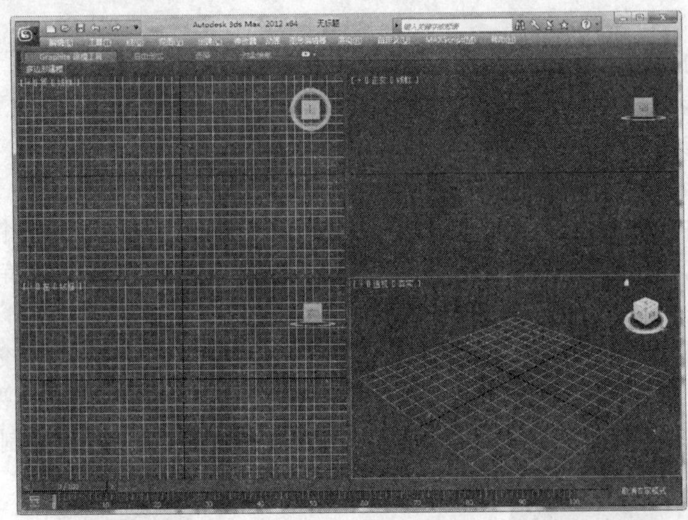

图 1-13　专家模式界面

● 显示/隐藏特定工具栏：右击工具栏的空白处，从出现的快捷菜单中选择需要显示或隐藏的工具栏，如图 1-14 所示。要隐藏工具栏，只需单击工具栏右上角的【关闭】按钮或从工具栏快捷菜单中再次选择需要隐藏的工具栏名称。

● 将工具栏设置为浮动工具栏：在任何工具栏上按住鼠标左键不放，然后将其拖动到窗口的其他位置。浮动工具栏也可以直接拖放在窗口的顶部、底部、左侧和右侧。

2. 设置绘图区的颜色

选择【自定义】|【自定义用户界面】命令，将出现“自定义用户界面”对话框，选择“颜色”选项卡，再从“元素”下方的列表框中选择“视口背景”选项，单击对话框右侧的“颜色”框，如图 1-15 所示。

出现“颜色选择器”对话框后，从中选择一种背景色，然后单击【确定】按钮返回“自定义用户界面”对话框，单击【关闭】按钮，即可完成视口背景色的更改，如图 1-16 所示。

用同样的方法可以设置用户界面的其他选项。

3. 保存自定义界面

修改用户界面后，如果需要下次运行 3ds Max 时继续保留，可以选择【自定义】|【保存自定义用户界面方案】命令，打开“保存自定义用户界面方案”对话框，在“文件名”中输入一个名称，在保存类型中选择保存类型为*.ui，再单击【保存】按钮即可，如图 1-17 所示。

要使用已经保存的用户界面设置，只需选择【自定义】|【加载自定义用户界面方案】命令，打开如图 1-18 所示的“加载自定义用户界面方案”对话框，在其中选择需要加载的方案后，单击【打开】按钮即可。

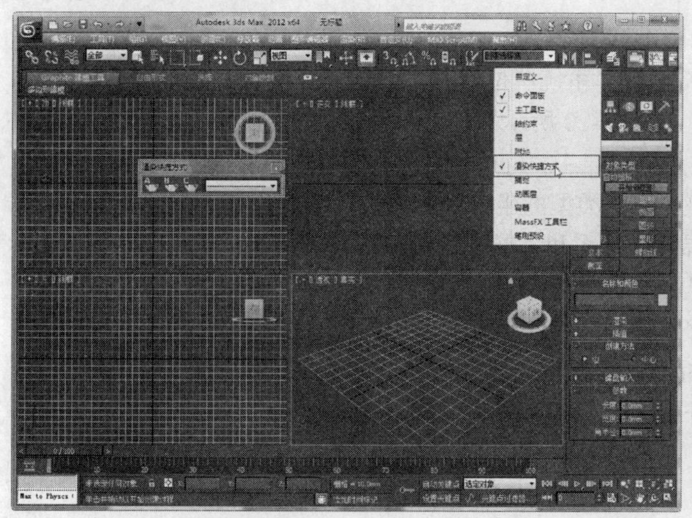

图 1-14　显示特定工具栏

图 1-15　“自定义用户界面”对话框

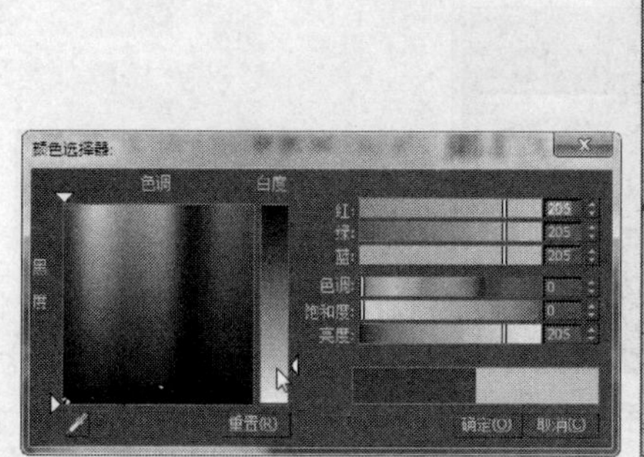

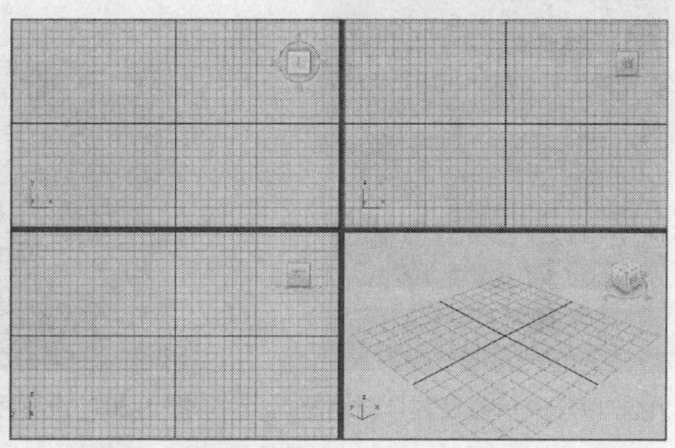

图 1-16　设置视口背景色

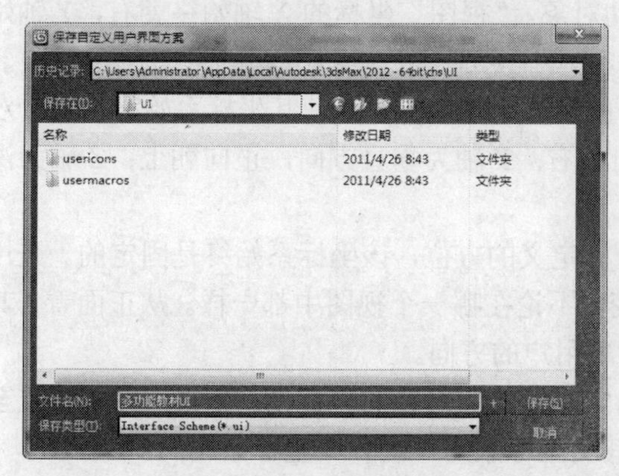

图 1-17　保存自定义界面

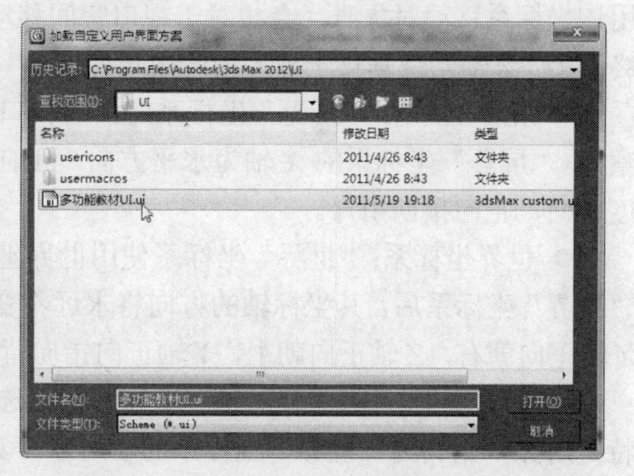

图 1-18　加载自定义用户界面方案

4. 设置绘图单位

通过对绘图单位的设置，可以精确地度量场景中的各种对象。绘图单位分为“系统单位”和“显示单位”两种。“显示单位”只影响对象在视口中的显示方式，而“系统单位”则决定了对象的实际大小。既可以选择使用通用的单位或标准单位，也可以创建自定义单位。

要设置绘图单位，可从菜单栏中选择【自定义】|【单位设置】命令，打开“单位设置”对话框。在“显示单位比例”选项中，可以选择使用“公制”、“美国标准”、“自定义”或“通

用单位”，还可以设置照明单位，如图 1-19 所示。

单击【系统单位设置】按钮，将出现“系统单位设置”对话框，可在其中设置单位比例、具体单位、原点、结果精度等参数，如图 1-20 所示。

5. 设置坐标系

3ds Max 提供了多种坐标系类型，不同类型的坐标系将直接影响到坐标轴的方位。系统默认使用“视图”坐标系，它是“世界”坐标系和“屏幕”坐标系的混合体，使用“视图”坐标系时，所有正交视图都使用“屏幕”坐标系，而透视视图使用“世界”坐标系。除“视图”坐标系外，3ds Max 还提供了“屏幕”坐标系、“世界”坐标系、“父对象”坐标系、“局部”坐标系、“万向”坐标系、“栅格”坐标系和“拾取”坐标系。

从主工具栏的“参考坐标系”下拉列表中可以指定变换（移动、旋转和缩放）所用的坐标系，如图 1-21 所示。坐标系的类型如下。

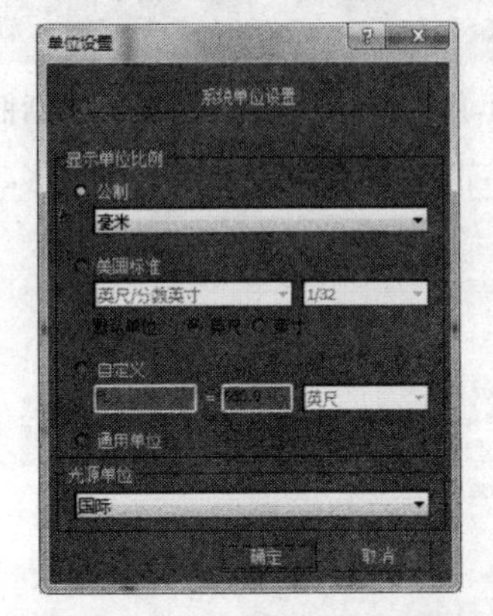

图 1-19 “单位设置”对话框

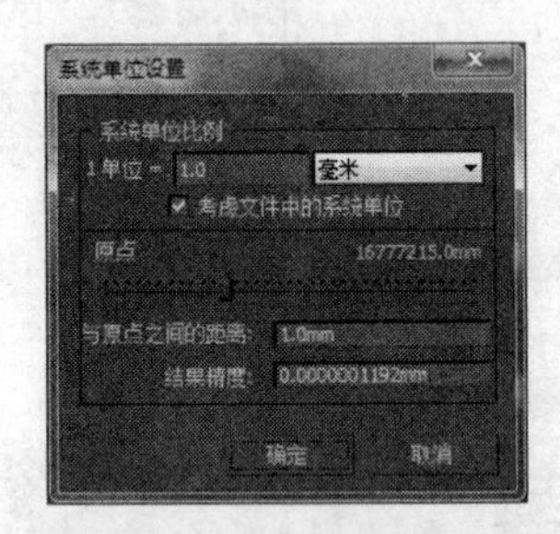

图 1-20 设置系统单位

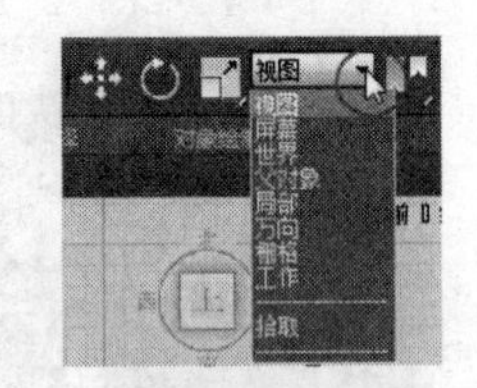

图 1-21 指定坐标系

- 视图坐标系：在默认的“视图”坐标系中，所有正交视口中的 *X*、*Y* 和 *Z* 轴都相同。使用该坐标系移动对象时，会相对于视口空间移动对象。“视图”坐标的 *X* 轴始终朝右，*Y* 轴始终朝上，*Z* 轴始终垂直于屏幕指向用户。
- 屏幕坐标系：“屏幕”坐标系将活动视口的屏幕用作坐标系，使其坐标系始终相对于观察点。“屏幕”坐标系的 *X* 轴为水平方向，正向朝右；*Y* 轴为垂直方向，正向朝上；*Z* 轴为深度方向，正向指向用户。
- 世界坐标系：“世界”坐标系使用世界坐标定义的方位，该坐标系始终是固定的。采用“世界”坐标系后，其坐标轴的方向将永远不变，不论在哪一个视图中都一样。从正面看，其 *X* 轴正向朝右，*Z* 轴正向朝上，*Y* 轴正向指向背离用户的方向。
- 父对象坐标系：“父对象”坐标系使用选定对象的父对象的坐标系。如果对象未链接至特定对象，则其为“世界”坐标系的子对象，其父坐标系与“世界”坐标系相同。
- 局部坐标系：“局部”坐标系使用被选择对象本身的坐标轴向，这在对象的方位与“世界”坐标系不同时特别有效。要调整场景中对象沿其本身的倾斜度，必须使用“局部”坐标系。对象的“局部”坐标系由其轴点支撑。使用“层次”命令面板上的选项，可以相对于对象调整局部坐标系的位置和方向。在该模式下，为每个对象将使用单独的坐标系。如果“局部”处于活动状态，则使用【变换中心】按钮会处于非活动状态，并且所有变换使用局部轴作为变换中心。
- 万向坐标系：“万向”坐标系主要与 Euler *XYZ* 旋转控制器一同使用。它与“局部”坐标系类似，但其三个旋转轴不一定互相之间成直角。 使用“局部”和“父对象”坐标系围绕一个轴旋转时，会更改两个或三个“Euler *XYZ*”轨迹。“万向”坐标系可避免这个问题，围绕一个轴的“Euler *XYZ*”旋转仅更改该轴的轨迹，使功能曲线编辑更为便捷。此外，利用“万向”坐标的绝对变换输入会将相同的 Euler 角度值用作动画轨迹。对于移动和缩放变换，“万向”坐标与“父对象”坐标相同。如果没有为对象指定“Euler *XYZ* 旋转”控制器，则“万向”旋转与“父对象”旋转相同。

- 栅格坐标系：“栅格”坐标系使用当前激活栅格系统的原点作为变换的中心。
- 拾取坐标系：“拾取”坐标系使用场景中另一个对象的坐标系。选择“拾取”后，选中变换时要使用其坐标系的单个对象，对象的名称就会显示在“变换坐标系”列表中。

6. 设置栅格和捕捉

栅格是一种用于辅助建模的精度工具，可以很直观地显示对象的位置。此外，多数绘图软件都提供了捕捉功能。使用该功能，可以使光标精确定位在图形的顶点、中点、中心点、圆心等特征点上，从而给绘图带来方便。

3ds Max 提供了完善的目标捕捉功能，右击“工具栏”上的任意一个捕捉工具，都将出现如图 1-22 所示的“栅格和捕捉设置”对话框，以便进行需要的栅格和捕捉设置。

1）设置捕捉类型

在“栅格和捕捉设置”对话框的“捕捉”选项卡中，可以设置以下捕捉类型。

- 栅格点：捕捉到栅格交点。
- 栅格线：捕捉到栅格线上的任何点。
- 轴心：捕捉到对象的轴点。
- 边界框：捕捉到对象边界框的 8 个角中的一个。
- 垂足：捕捉到样条线上与上一个点相对的垂直点。
- 切线：捕捉到样条线上与上一个点相对的相切点。
- 顶点：捕捉到网格对象或可以转换为可编辑网格对象的顶点。
- 端点：捕捉到网格边的端点或样条线的顶点。
- 边/线段：捕捉沿着边或样条线分段的任何位置。
- 中点：捕捉到网格边的中点和样条线分段的中点。
- 面：捕捉到面的曲面上的任何位置。
- 中心面：捕捉到三角形面的中心。

2）设置目标捕捉精度

在“栅格和捕捉设置”对话框中选择“选项”选项卡，如图 1-23 所示，可设置所需的目标捕捉精度。主要选项如下。

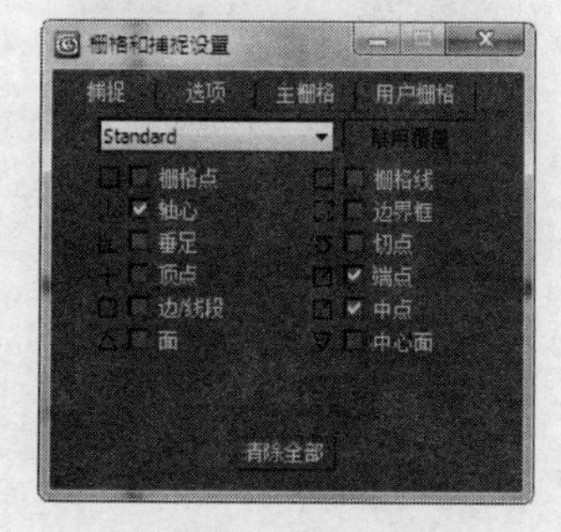

图 1-22 “栅格和捕捉设置”对话框

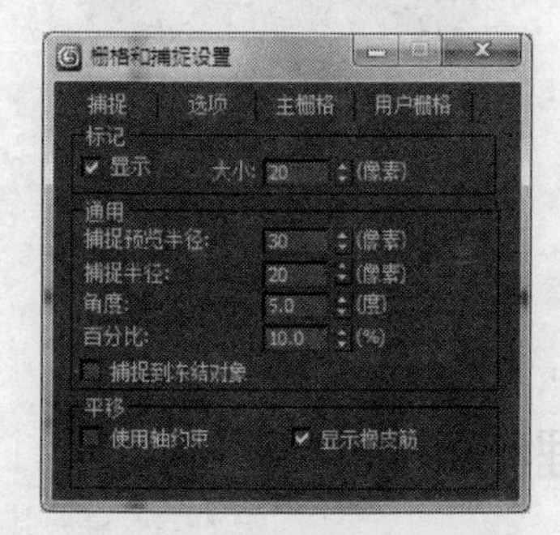

图 1-23 “选项”选项卡

● 显示：用于切换捕捉指南的显示。

● 大小：以像素为单位设置捕捉“击中”点的大小。

● 捕捉预览半径：当光标与潜在捕捉到的点的距离在“捕捉预览半径”值和“捕捉半径”值之间时，捕捉标记跳到最近的潜在捕捉到的点，但不发生捕捉。

● 捕捉半径：以像素为单位设置光标周围区域的大小，在该区域内捕捉将自动进行。

● 角度：设置对象围绕指定轴旋转的增量（以度为单位）。

● 百分比：设置缩放变换的百分比增量。

● 捕捉到冻结对象：选中该复选项，将启用捕捉到冻结对象功能。

● 使用轴约束：启用该选项后，将约束选定对象，使其沿着在“轴约束”工具栏上指定的轴移动。

● 显示橡皮筋：启用该选项后，在移动一个选择时，在原始位置和鼠标位置之间显示橡皮筋线。

3）设置主栅格

切换到如图 1-24 所示的“主栅格”选项卡，可以设置栅格间距等参数。主要选项如下。

● 栅格间距：栅格间距是指栅格的最小方形的大小，可以使用微调器调整间距，也可以直接输入间距值。

● 每 N 条栅格线有一条主线：用于设置主线之间的方形栅格数。

● 透视视图栅格范围：用于设置透视视图中的主栅格大小。

● 禁止低于栅格间距的栅格细分：选中该项，在主栅格上放大时，会使 3ds Max 将栅格视为一组固定的线。禁用该选项，在放大视图时，将显示出栅格细分线。

● 禁止透视视图栅格调整大小：选中该项，在进行放大或缩小操作时，会使 3ds Max 将“透视”视口中的栅格视为一组固定的线。禁用该选项，“透视”视口中的栅格将进行细分。

● 动态更新选项：默认情况下，当更改“栅格间距”和“每 N 条栅格线有一条主线”的值时，只更新活动视口。完成更改值之后，其他视口才进行更新。选择“所有视口”可在更改值时更新所有视口。

4）设置用户栅格

切换到如图 1-25 所示的“用户栅格”选项卡，可以设置是否自动创建活动栅格，还可以设置栅格的对齐方式。

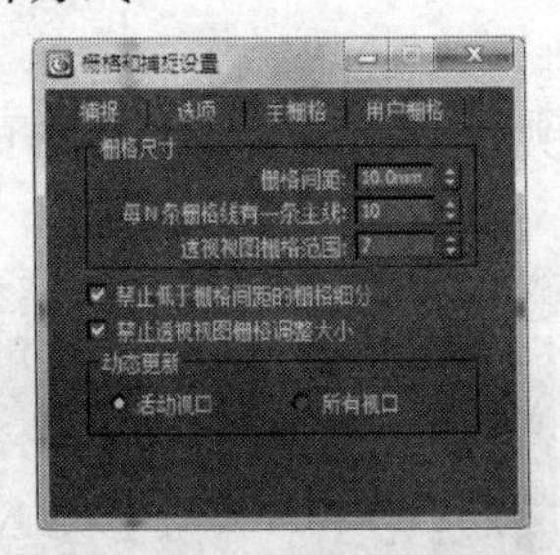

图 1-24 “主栅格”选项卡

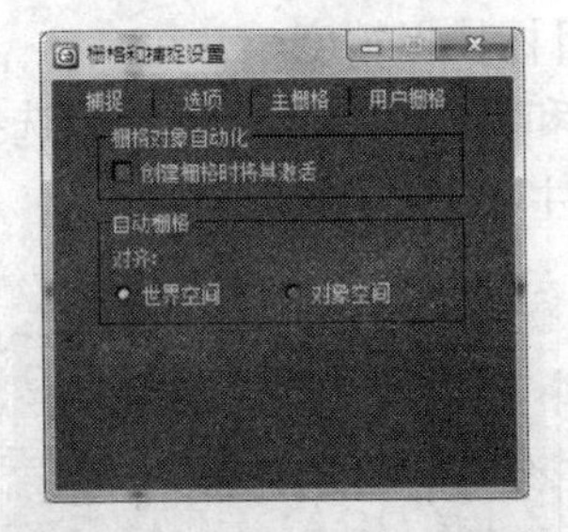

图 1-25 “用户栅格”选项卡

1.5 管理图形文件

与其他图形图像软件相似，3ds Max 也是以文件的形式来保存图形或动画的。可以使用【文件】菜单中提供的操作命令进行文件操作和管理。下面简要介绍常用文件操作命令的功能和用法。

1. 新建和重置场景

单击【应用程序】按钮，从出现的菜单中选择【新建】命令或单击“快速访问工具栏”上的【新建】工具（快捷键为【Ctrl】+【N】），可以清除当前场景的所有内容，以创建一个新的场景文件。

选择【文件】|【新建】命令后，将出现如图 1-26 所示的“新建场景”对话框，可以在其中选择要保留的对象类型。设置完成后单击【确定】按钮，即可创建一个新的空白的场景。“新建场景”对话框的选项如下。

- “保留对象和层次”选项：选中该项，可以保留对象及其之间的层次链接，但清除动画的关键点。
- “保留对象”选项：选中该项，可以保留场景中的对象，但清除它们之间的所有链接和所有动画的关键点。
- “新建全部”选项：选中该项，将清除当前场景的所有内容。

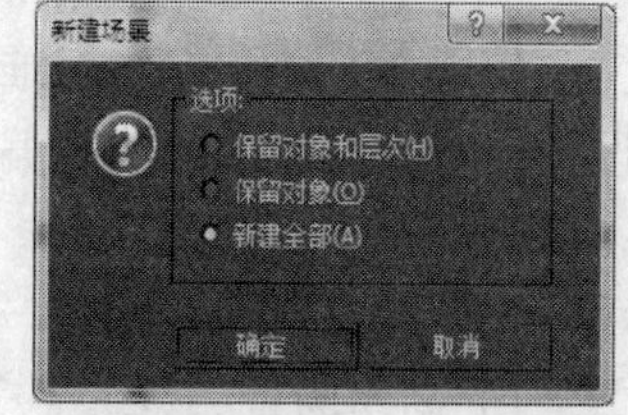

图 1-26　“新建场景”对话框

2. 重置场景

单击【应用程序】按钮，从出现的菜单中选择【重置】命令，可以清除当前的所有数据并重置一切设置。如果在上次“保存”操作之后又进行了更改，将出现一个提示是否要保存更改对话框。

3. 打开和保存文件

单击【应用程序】按钮，从出现的菜单中选择【打开】命令（或单击“快速访问工具栏”上的【打开】工具），将出现如图 1-27 所示的“打开文件”对话框，可以在其中选择加载场景文件（max 文件）、角色文件（chr 文件）或 VIZ 渲染文件（drf 文件）。

从菜单栏中选择【文件】|【保存】命令（或单击“快速访问工具栏”上的【保存】工具），可以覆盖上次保存的场景更新当前的场景。如果之前没有保存过场景，则执行命令后，会出现“另存为”对话框，如图 1-28 所示。在“另存为”对话框中，可以选择.max 格式（场景文件）或.chr 格式（角色文件）来保存当前场景。

4. 导入模型

单击【应用程序】按钮，从出现的菜单中选择【导入】|【导入】命令，可以将其他软件创建的对象导入到当前场景中。导入模型的具体方法将在后面的课程中通过实例介绍。

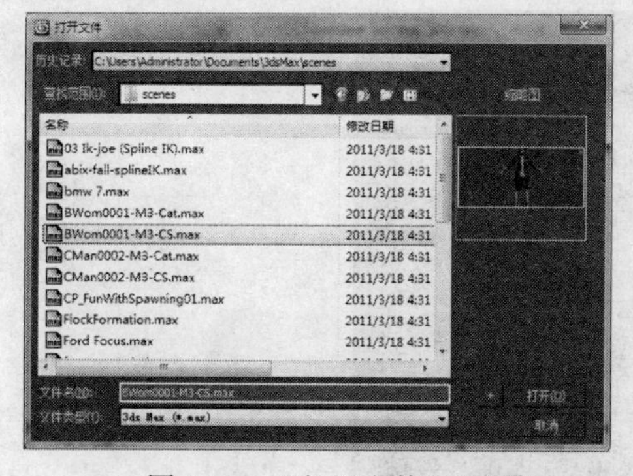

图 1-27　“打开文件”对话框

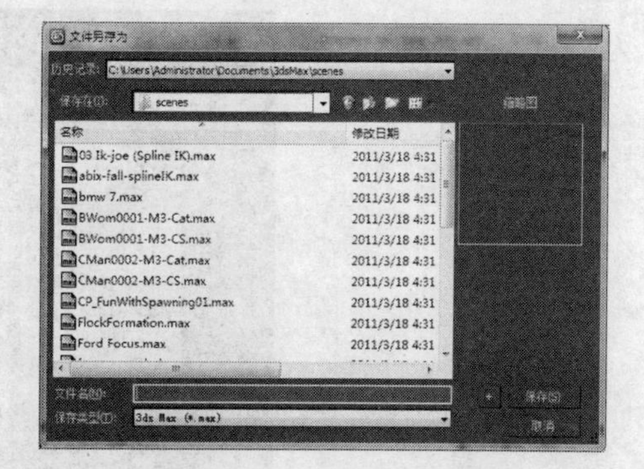

图 1-28　“另存为”对话框

5. 合并场景

单击【应用程序】按钮，从出现的菜单中选择【导入】|【合并】命令，可以将其他.max

场景文件中的对象引入到当前场景中，或者将多个整个场景组合为一个新场景。合并场景的具体方法将在后面的课程中通过实例介绍。

6. 替换场景对象

单击【应用程序】按钮，从出现的菜单中选择【导入】|【替换】命令，可以将场景中的对象替换成另一个场景中拥有相同名称的对象。

1.6 三维建模的基本流程

使用3ds Max创建三维模型时，应遵循一定的工作流程。一般来说，主要的工作包括场景设置、对象模型的创建和编辑、材质设计、灯光布置、摄影机架设和渲染输出等方面。

1. 场景设置

首先应根据需要创建一个新场景并对其进行设置。

1）创建场景

启动3ds Max时，系统自动创建了一个名为“无标题”的新场景，也可以单击【应用程序】按钮，从出现的菜单中选择【重置】命令来创建一个新场景。

2）选择单位显示

从菜单栏中选择【自定义】|【单位设置】命令，在出现的“单位设置”对话框中选择单位显示系统，一般选择“公制”系统，然后将其单位设置为毫米。

3）设置系统单位

在“单位设置”对话框中单击【系统单位设置】按钮，从出现的“系统单位设置”对话框中确定系统单位。一般来说，只有创建非常大或者非常小的场景模型时才有必要更改系统单位值。

4）设置栅格间距

右击“工具栏”上的任意一个捕捉工具，打开“栅格和捕捉设置”对话框，选择“主栅格”选项卡，在其中设置可见栅格的间距。

5）设置视口布局

3ds Max中默认的4个视口按一种有效的和常用的屏幕布局方式排列。如需要更改，可从菜单栏中选择【视图】|【视口配置】命令，在出现的“视口配置”对话框中选择“布局”选项卡，然后再设置相应的选项即可更改视口布局和显示属性，如图1-29所示。

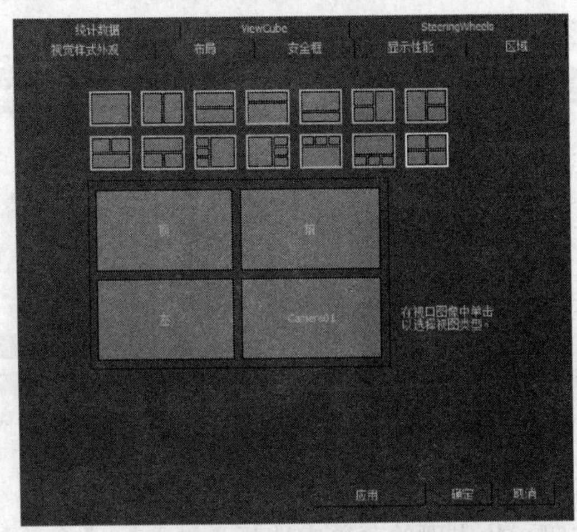

图1-29 设置视口布局

6）保存场景

单击“快速访问工具栏”上的【保存】工具，在出现的“另存为”对话框中设置好参数，然后单击【保存】按钮保存场景。

2. 创建模型

接下来，就可以在视口中建立对象的模型。建模也称为造型，即建立模型，就像做一件产品的毛坯。做完了毛坯之后才能对其装修美化。造型主要是利用三维软件在电脑上创造三维形体。一般来说，先要绘出基本的几何形体，再将它们变成需要的形状，然后通过不同的方法将它们组合在一起，从而建立复杂的形体。另一种常用的造型技术是先创造出二维轮廓，再将其拓展到三维空间。还有一种技术叫做放样技术，就是先创造出一系列二维轮廓，用来定义形体的骨架，再将几何表面附于其上，从而创造出立体图形。建模的具体方法将在第 2～6 课中结合实例来介绍。

1）创建对象

在“创建”面板上单击对象类别和类型，然后在视口中单击或拖动来定义对象的创建参数。可以创建的对象包括标准基本体、扩展基本体、AEC 对象、复合对象、粒子、面片栅格、图形、动态体、形状、灯光、摄影机、辅助对象、空间扭曲和系统对象等。

2）选择和变换对象

可以在对象周围的区域单击或拖动来选择该对象，也可以通过名称或其他属性来选择对象。选中对象后，可以使用【移动】、【旋转】和【缩放】等变换工具来将它们定位到场景中。

3）建立对象模型

从“修改”面板中选择修改器，可以将对象塑造和编辑成最终的形式。应用于对象的修改器将存储在堆栈中。

3. 定制材质

可以使用“材质编辑器”来配置材质，定义曲面特性的层次，创建出有真实感的对象。材质的选择和设置的具体方法将在第 7 课中结合实例详细介绍。

1）设计材质

单击主工具栏上的【材质编辑器】图标，可以在出现的“材质编辑器”对话框中设计材质和贴图。

2）设置材质属性

可以设置基本材质属性来控制曲面特性，常见的属性为颜色、反光度和不透明度级别等。

3）使用贴图

使用贴图可以控制曲面属性，如纹理、凹凸度、不透明度和反射等，从而扩展材质的真实度。大多数基本属性都可以使用贴图进行增强。

4. 设置灯光和摄影机

可以在场景中创建带有各种属性的灯光来提供照明。灯光可以投射阴影、投影图像以及为大气照明创建体积效果。而摄影机能像在真实世界中一样控制镜头长度、视野和运动控制。灯光和摄影机的具体配置方法将在第 8 课和第 9 课中结合实例详细介绍。

1）放置灯光

要在场景中设置特定的照明时，可以从“创建”面板的“灯光”类别中选择创建和放置灯光。标准灯光包括泛光灯、聚光灯和平行光等类型，可以为灯光设置各种颜色。

此外，也可以应用光度学灯光来使用真实的照明单位，也可以应用将太阳光和天光结合起来的日光系统。

2）放置摄影机

使用“创建”面板中的“摄影机”类别，可以创建和放置摄影机。摄影机定义了渲染的视口，还可以设置摄影机动画来产生电影的效果。

5. 渲染输出

3ds Max 中，渲染是指根据场景设置，赋予物体材质和贴图，计算明暗程度和阴影，由程序绘出一幅完整的画面或一段动画。3ds Max 中的渲染器具有选择性光线跟踪、分析性抗锯齿、运动模糊、体积照明和环境效果等功能。渲染输出场景的具体方法将在第 10 课中结合实例详细介绍。

1）定义环境和背景

默认的渲染场景的背景颜色为黑色，可从菜单栏中选择【渲染】|【环境】命令，打开“环境和效果”对话框后，利用“环境”选项卡中的选项来定义场景的背景或设置效果。

2）设置渲染选项

要设置最终输出的大小和质量，可单击工具栏上的【渲染设置】工具，打开“渲染设置”对话框，利用其中的选项进行设置。

3）渲染图像

渲染设置完成后，单击【渲染】按钮，即可将场景或场景中指定的区域渲染输出为单幅图像。

课后练习

1. 启动 3ds Max 2012，通过“欢迎使用 3ds Max”窗口了解软件的主要功能。

2. 使用“创建”面板中的工具，在视口中随意创建一些图形，了解 3ds Max 2012 用户界面各组成元素的名称和功能，重点熟悉【应用程序】菜单中“快速访问”工具栏中各个工具或命令的用途。

3. 选择【自定义】|【自定义用户界面】命令，根据需要自定义一个自己喜欢的用户界面并将其保存下来。

4. 新建一个场景，然后设置其绘图单位、坐标系、捕捉类型、目标捕捉精度和栅格间距等基本参数。

第 2 课 基本模型的创建和编辑

本课知识结构

任何专业品质的三维模型、照片级真实感的静止图像或者电影品质的动画，都是由各种对象组成的，其立体感则是由光线的照射而产生的。在 3ds Max 中，几何体构成了场景的主题和渲染对象，它们可以使用“创建”命令面板的“几何体”子面板来进行创建。可以创建的几何体有长方体、圆锥体、球体、圆柱体、管状体、圆环等基本体。创建基本体后，还可以通过各种编辑命令来编辑对象。本课将通过实例学习基本体模型的创建、编辑和变换方法，具体知识结构如下。

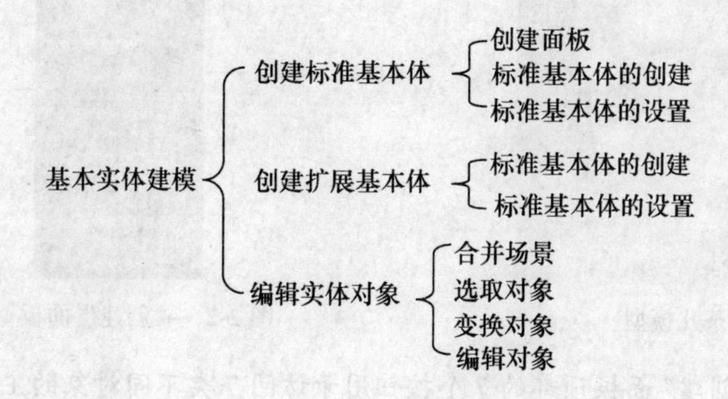

就业达标要求

☆ 了解基本体的种类和特点。
☆ 熟练掌握基本体的创建和设置方法。
☆ 初步掌握场景的合并方法。
☆ 熟悉对象的选取方法。
☆ 初步掌握对象的编辑方法。

2.1 实例：茶几（标准基本体建模）

使用“创建”面板中的“几何体”工具，可以在场景中快速创建长方体、圆锥体、球体、几何球体、圆柱体、管状体、圆环、四棱锥、茶壶和平面等标准基本体，也可以创建异面体、切角长方体、油罐等扩展基本体，还可以创建“复合对象”、“粒子系统”、“面片栅格”、“NURBS 曲面”、“门”、“窗”、“AEC 扩展”、“动力学对象”和“楼梯”等特殊模型。

本节以制作如图 2-1 所示的“茶几模型”为例，介绍创建标准基本体的具体用法和技巧（模型的具体尺寸参考本书“配套资料\chapter02\2-1 茶几.max”文件）。

1. 用长方体创建“桌面”

（1）启动3ds Max，从菜单栏中选择【自定义】|【单位设置】命令，在出现的“单位设置”对话框中将“显示单位比例”设置为“公制”，将单位设置为“毫米”。再单击【系统单位设置】按钮，在“系统单位设置”对话框中将“系统单位比例”设置为1.0毫米。

（2）从“创建”面板中选择“几何体”选项，再从“标准基本体”类别下的“对象类型”卷展栏中单击【长方体】按钮。

默认情况下，命令面板位于3ds Max主窗口的左侧，且默认出现的“创建”面板，如图2-2所示。如果命令面板事先被切换到了其他状态，只需单击面板标签中的【创建】图标，即可切换回“创建”面板。选择不同子类别中的工具时，所出现的卷展栏及其中的控件会有所不同。“创建”面板中的通用选项如下。

图2-1 茶几模型

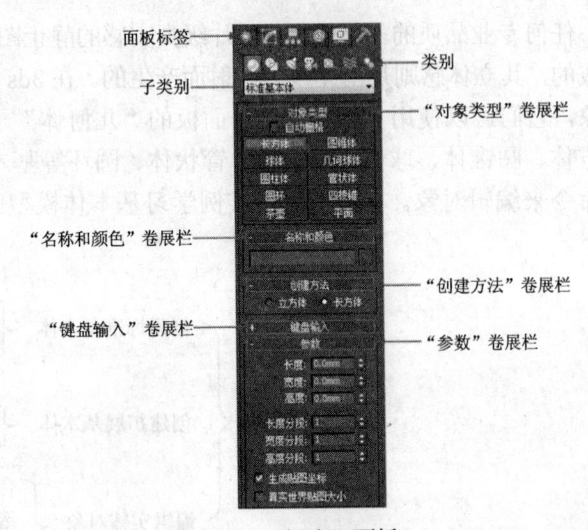

图2-2 “创建”面板

● 类别：位于“创建”面板顶部的7个按钮用于访问7类不同对象的主要类别。其中，“几何体”是默认类别。

● 子类别：每种类别都包含了一些子类别，单击【子类别】图标（或其右侧的下拉箭头），都将出现一个下拉列表，可以在其中选择子类别。比如，“几何体”的子类别包括“标准基本体”、“扩展基本体”、“复合对象”、“粒子系统”、“面片栅格”、“NURBS 曲面”、“门”、“窗”、“AEC 扩展”、“动力学对象”和“楼梯”等特殊模型。每个子类别又包含一个或多个对象类型。此外，如果安装了其他对象类型的插件组件，相应的组件也可能组合为单个子类别。

● 对象类型：“对象类型”卷展栏中提供了用于创建子类别中对象的工具按钮和一个“自动栅格”复选项。

● 名称和颜色：“名称和颜色”卷展栏中显示了对象名称，可以在此对名称进行修改，而单击方形的【色样】图标，将打开“对象颜色”对话框，可以在其中选择对象在视口中显示的线框颜色。

● 创建方法：“创建方法”卷展栏用于提供使用鼠标来创建对象的方法。比如，可以使用中心或边来创建圆形。

● 键盘输入：“键盘输入”卷展栏用于通过键盘输入几何基本体和形状对象的创建参数。

● 参数:“参数”卷展栏用于显示对象的定义值，其中一些参数可以进行预设，其他参数只能在创建对象之后用于调整。

（3）在“创建方法”卷展栏中选中“长方体”选项。

（4）展开“键盘输入”卷展栏，在其中将 *X*、*Y*、*Z* 坐标值都输入为 0，将长方体的“长度”设置为 1000mm，“宽度”设置为 600mm，“高度”设置为-20mm，如图 2-3 所示。

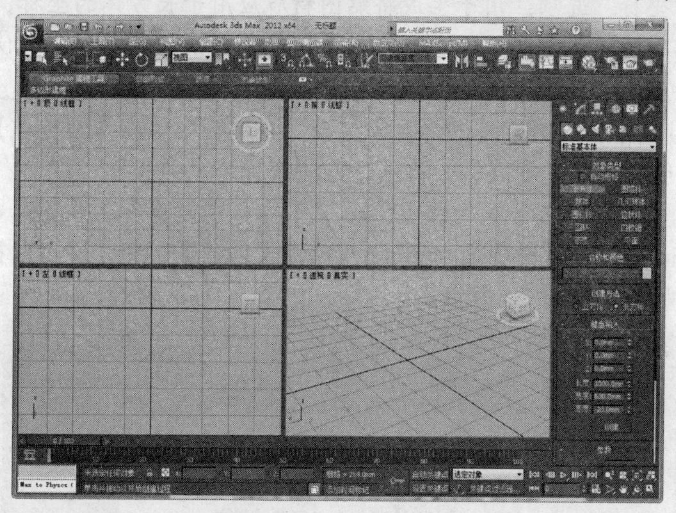

图 2-3　输入长方体参数

之所以将“高度”设置为-20mm，是因为所绘制长方体是相对于高度为 0 的平面向下拉伸 20mm。

（5）输入参数后单击【创建】按钮，即可按指定的参数创建出一个长方体，如图 2-4 所示。

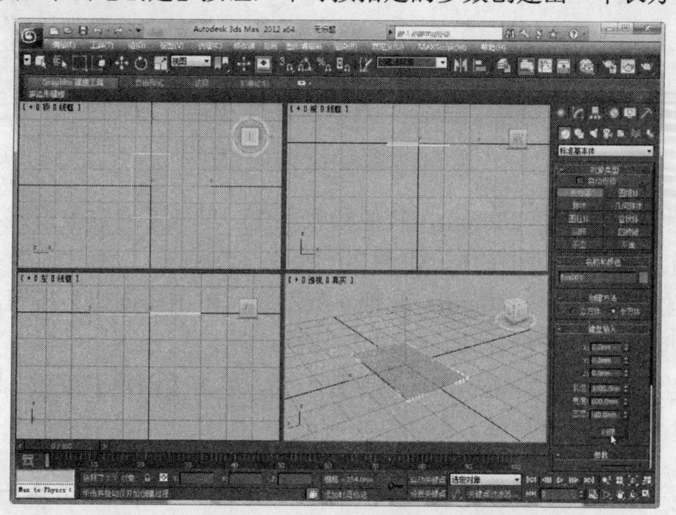

图 2-4　长方体创建效果

如果不必精确定位长方体的坐标，只需在“对象类型”卷展栏中单击【长方体】按钮后，在顶视口中拖动鼠标先定义矩形的底部，松开鼠标便可以确定长度和宽度，然后再上下拖动鼠标来定义长方体的高度。要创建底部为正方形的长方体，应在拖动长方体底部时按住【Ctrl】键来保持长度和宽度一致；要创建立方体，应先在命令面

板的“创建方法”卷展栏上选中“立方体”选项。绘制长方体后，还可以利用“名称和颜色”卷展栏来设置长方体的名称和颜色，也可以利用“参数”卷展栏来设置下面的参数。

- “长度/宽度/高度”选项：分别用于设置长方体对象的长度、宽度和高度。
- “长度分段/宽度分段/高度分段”选项：分别用于设置沿着对象每个轴的分段数量。增加“分段”值，可以提高当前修改器所影响的对象的附加分辨率。
- “生成贴图坐标”选项：用于生成将贴图材质应用于长方体的坐标。
- “真实世界贴图大小”选项：控制应用于该对象的纹理贴图材质所使用的缩放方法。

2. 用圆柱体创建“桌腿”

（1）从“标准基本体”类别下的“对象类型”卷展栏中单击【圆柱体】按钮，进入圆柱体绘制状态，在“创建方法”卷展栏中将创建方法设置为“中心”。

（2）展开“键盘输入”卷展栏，将 X、Y、Z 坐标分别设置为 230mm、440 mm、-20mm，将半径设置为 30mm，将高度设置为-400mm，单击【创建】按钮，即可以指定的坐标原点为中心，创建一个圆柱体，如图 2-5 所示。

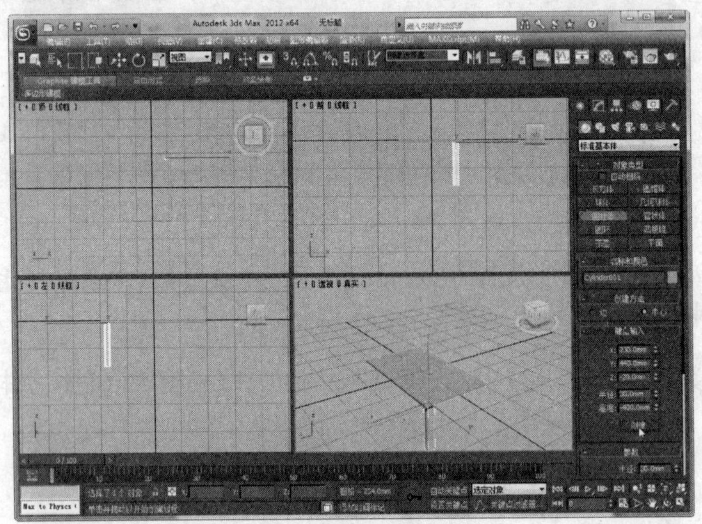

图 2-5　绘制第 1 条茶几腿

（3）将 X 轴坐标修改为－230mm，其他参数不变，单击【创建】按钮，即可以指定的坐标原点为中心，创建出第 2 个圆柱体，如图 2-6 所示。

（4）将 Y 轴坐标修改为－440mm，其他参数不变，单击【创建】按钮，即可以指定的坐标原点为中心，创建出第 3 个圆柱体，如图 2-7 所示。

（5）将 X 轴坐标修改为 230mm，其他参数不变，单击【创建】按钮，即可以指定的坐标原点为中心，创建出第 4 个圆柱体，如图 2-8 所示。

如果不需要精确指定圆柱体的中心点坐标，可在选择【圆柱体】工具后，在视口中拖动鼠标先确定 XY 平面上的圆形，再向上拖动鼠标即可创建出具有一定高度的圆柱体模型。在圆柱体的“参数”卷展栏中，提供了以下主要参数。

- 半径：设置圆柱体的半径。
- 高度：设置沿着中心轴的维度，设置负数值将在构造平面下面创建圆柱体。
- 高度分段：设置沿着圆柱体主轴的分段数量。

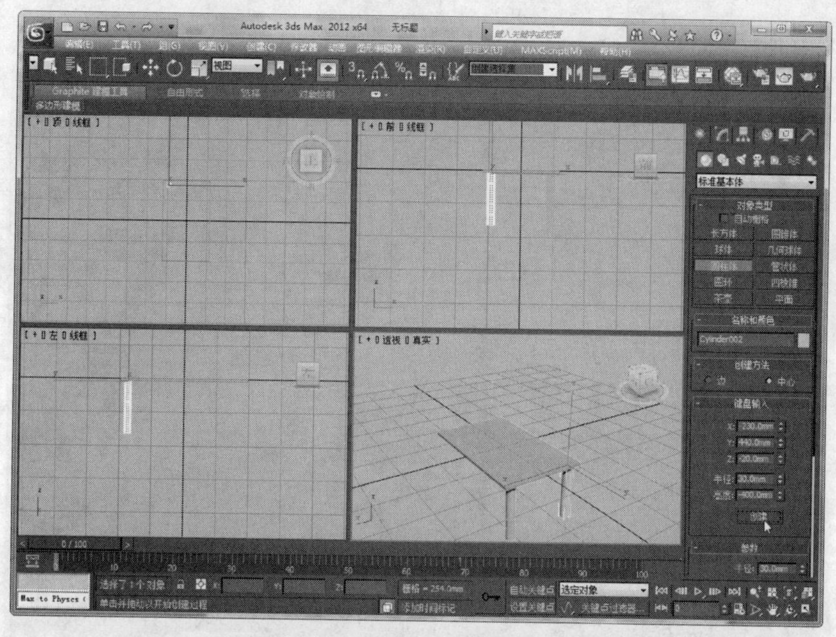

图 2-6　绘制第 2 条茶几腿

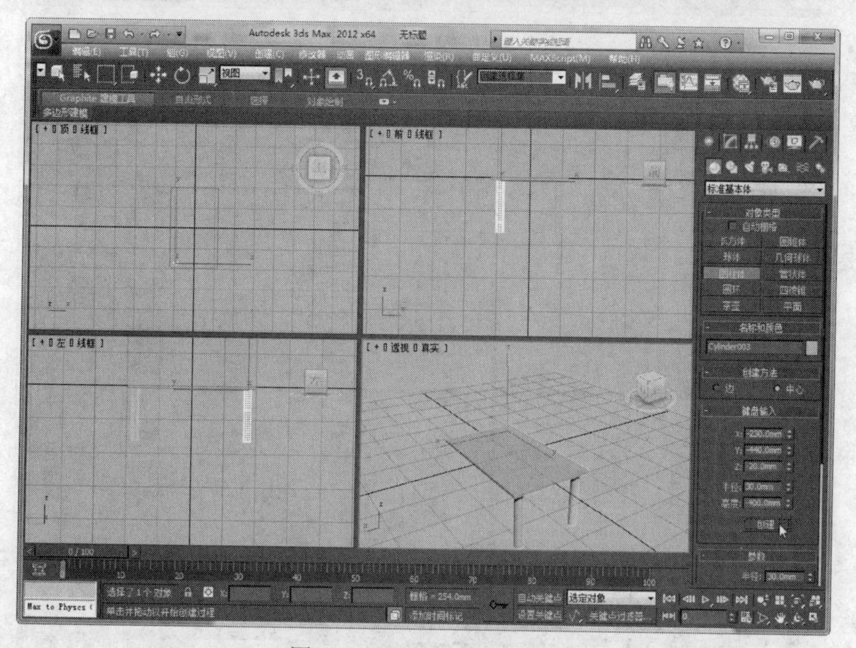

图 2-7　绘制第 3 条茶几腿

● 端面分段：设置围绕圆柱体顶部和底部的中心的同心分段数量。

● 边数：设置圆柱体周围的边数。启用“平滑”时，较大的数值将着色和渲染为真正的圆。禁用“平滑”时，较小的数值将创建规则的多边形对象。

3. 用平面创建“地面”

（1）从“标准基本体”类别下的“对象类型”卷展栏中单击【平面】按钮，进入绘制平面的状态。

（2）展开“键盘输入”卷展栏，将 X、Y、Z 坐标分别设置为 0mm、0 mm、-420mm，将长度和宽度都设置为 2200mm，单击【创建】按钮，即可以指定的坐标原点为中心，创建一个平面，如图 2-9 所示。

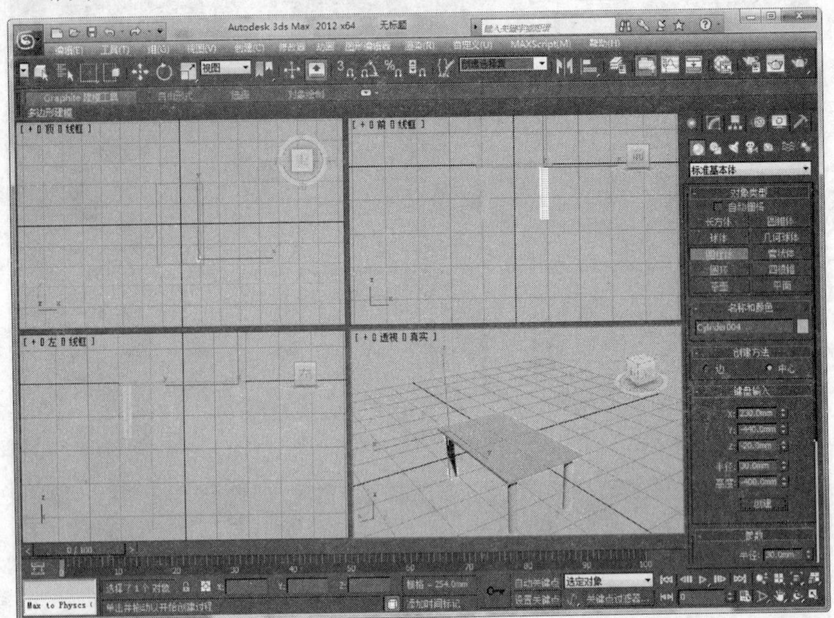

图 2-8 绘制第 4 条茶几腿

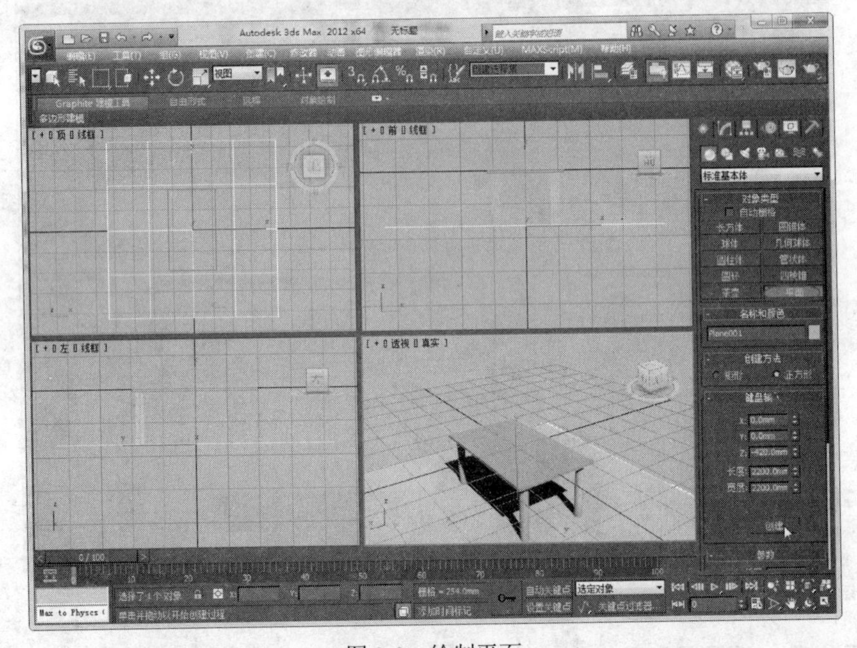

图 2-9 绘制平面

“平面”对象是一种特殊的平面多边形网格，可在渲染时无限放大。平面对象的主要参数选项如下。

- “创建方法”卷展栏：可以选择创建矩形还是正方形平面。
- 长度，宽度：设置平面对象的长度和宽度。
- 长度分段，宽度分段：设置沿着对象每个轴的分段数量。
- “渲染倍增”组：设置渲染“缩放”选项，可以指定长度和宽度在渲染时的倍增因子；

设置渲染“密度”选项，可以指定长度和宽度分段数在渲染时的倍增因子。

4. 创建“茶壶”

（1）从“标准基本体”类别下的“对象类型”卷展栏中单击【茶壶】按钮，进入绘制茶壶的状态。

（2）在“顶”视口中拖动鼠标绘制一个茶壶对象，如图 2-10 所示。

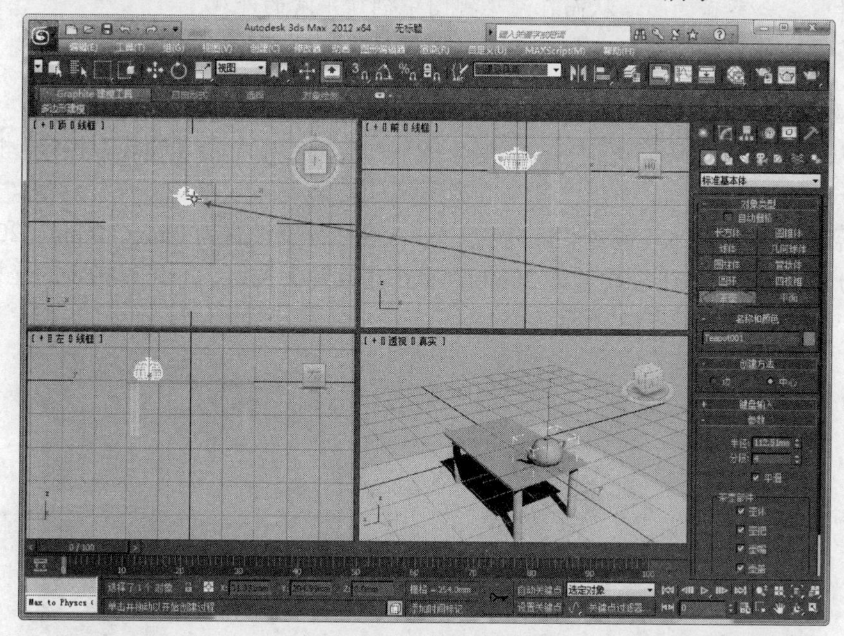

图 2-10　绘制茶壶对象

（3）不退出对茶壶对象的选择，在“参数”卷展栏中将茶壶的半径设置为 150mm，其余参数保持默认值，更改茶壶的大小，如图 2-11 所示。

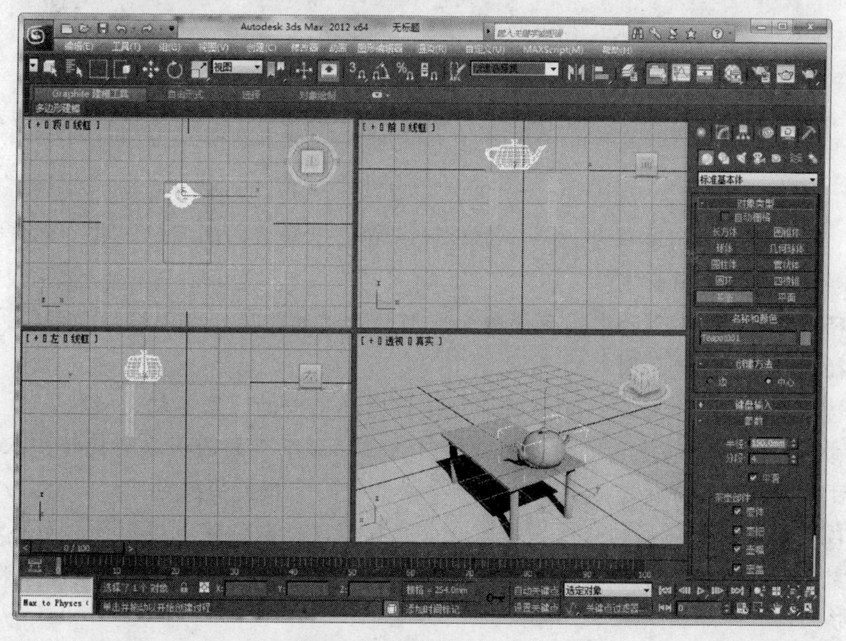

图 2-11　更改茶壶的大小

茶壶是一种参量对象，可以选择创建之后显示茶壶的某个部分，如壶身、壶柄、壶嘴和壶盖等。其控件位于“参数”卷展栏的“茶壶部件”组中，可以选择要同时创建的部件的任意组合。茶壶的主要参数选项如下。

- 半径：设置茶壶的半径。
- 分段：设置茶壶或其单独部件的分段数。
- 平滑：混合茶壶的面，从而在渲染视图中创建平滑的外观。
- “茶壶部件”组：启用或禁用茶壶部件的复选框。

5. 用圆环创建“手镯”

（1）从“标准基本体”类别下的“对象类型”卷展栏中单击【圆环】按钮，进入绘制圆环的状态。

（2）展开“键盘输入”卷展栏，将 *X*、*Y*、*Z* 坐标分别设置为 0mm、0mm、20mm，将主半径设置为 80mm，将次半径设置为 20mm，单击【创建】按钮，即可以指定的坐标原点为中心，创建一个圆环，如图 2-12 所示。

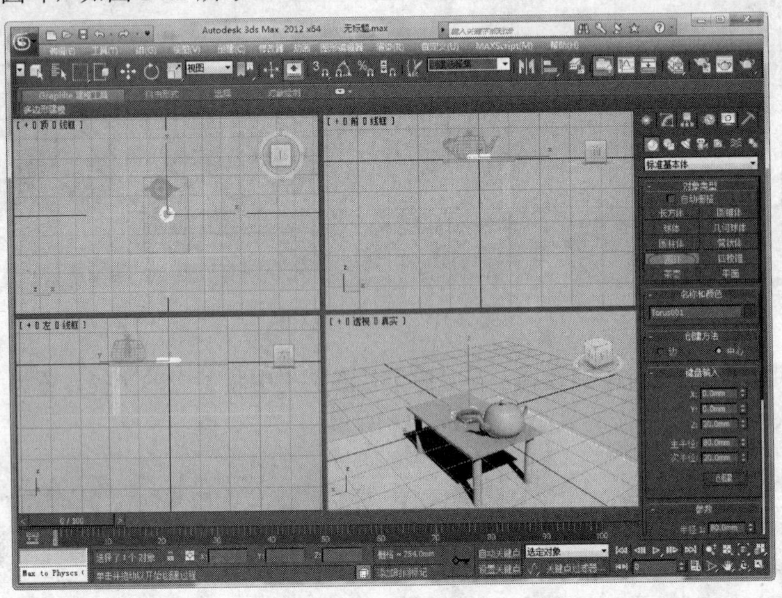

图 2-12　绘制圆环

【圆环】工具用于生成一个环形或具有圆形横截面的圆环，其“参数”卷展栏中的主要参数选项如下。

- 半径 1：设置从环形的中心到横截面圆形的中心的距离，即圆环形的半径。
- 半径 2：设置横截面圆形的半径。
- 旋转：设置旋转的度数。顶点将围绕通过圆环中心的圆形非均匀旋转。
- 扭曲：设置扭曲的度数。横截面将围绕通过环形中心的圆形逐渐旋转。从扭曲位置开始，每个后续横截面都将旋转，直至最后一个横截面具有指定的度数。
- 分段：设置围绕环形的分段数目。减小此数值，可以创建多边形环，而不是圆形。
- 边数：设置环形横截面圆形的边数。通过减小此数值，可以创建类似于棱锥的横截面，而不是圆形。
- “平滑”组：提供了 4 个平滑层级，其中，“全部”选项用于在环形的所有曲面上生成完整平滑；"侧面"选项用于平滑相邻分段之间的边，从而生成围绕环形运行的平滑带；"无"选项用于完全禁用平滑，从而在环形上生成类似棱锥的面；"分段"选项用于分别平滑每个分段，从而沿着环形生成类似环的分段。

6. 从不同视角查看模型

（1）单击"透视"视口将其激活，再单击"视口导航控件"控件区中的【最大化视口切换】工具，使"透视"视口最大化显示，如图 2-13 所示。

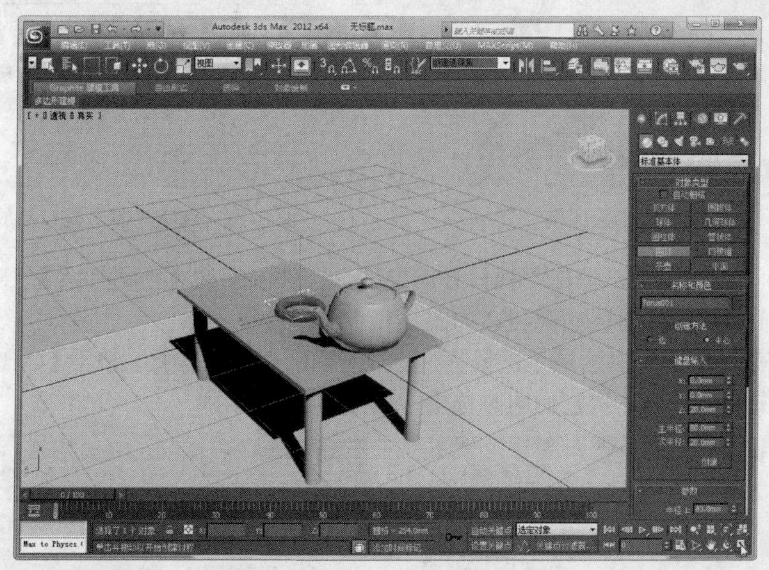

图 2-13　最大化显示"透视"视口

（2）按下【ESC】键退出圆环绘制状态，再单击"视口导航控件"控件区中的【环绕子对象】工具，在视口中拖动鼠标，即可从不同的视角观察模型，如图 2-14 所示。

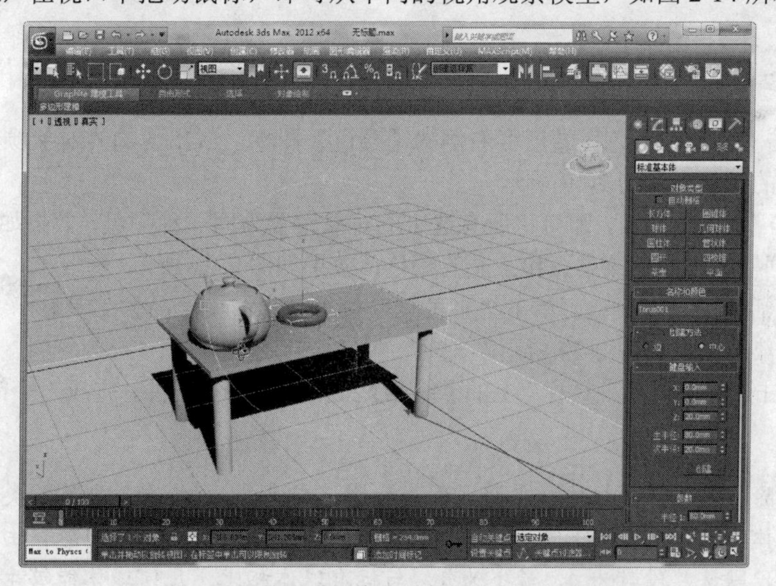

图 2-14　使用【环绕子对象】工具观察模型

（3）单击"视口导航控件"控件区中的【缩放视口】工具，在视口中拖动鼠标，调整视图的放大比例，如图 2-15 所示。

（4）单击“视口导航控件”控件区中的【最大化视口切换】工具，恢复默认的 4 个视口显示方式，再激活“前”视口，单击“视口导航控件”控件区中的【缩放视口】工具，在其中拖动鼠标，调整该视口的放大比例，如图 2-16 所示。

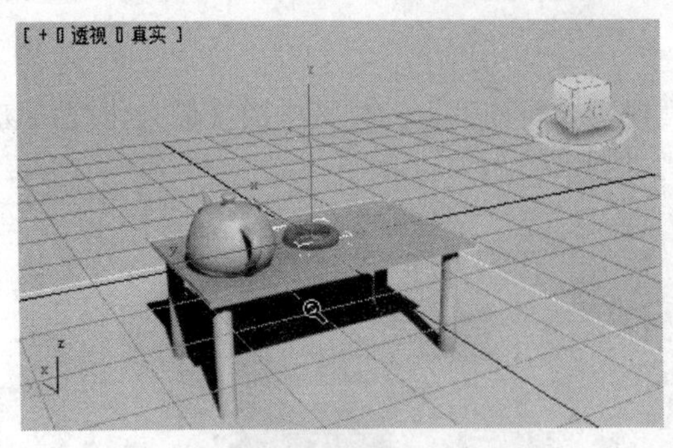

图 2-15　调整视图的放大比例

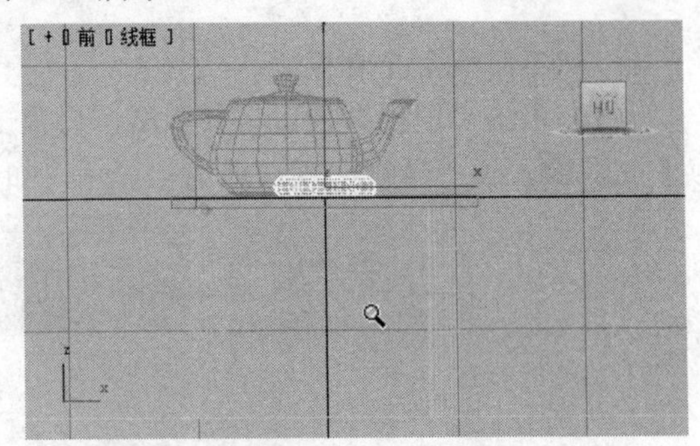

图 2-16　调整“前”视口的放大比例

（5）激活“左”视口，单击“视口导航控件”控件区中的【平移视图】工具，可以在与当前视口平面平行的方向移动视图，如图 2-17 所示。

（6）在任意视口的空白区域单击鼠标，取消对当前对象的选择。按下【Ctrl】键，在“顶”视口中依次单击 4 个圆柱体将它们同时选中，如图 2-18 所示。

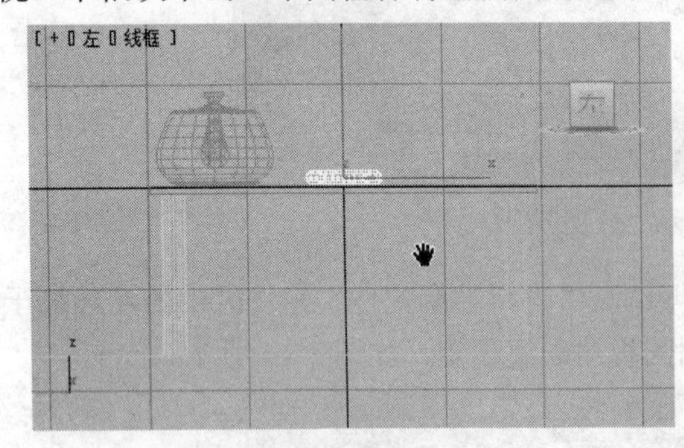

图 2-17　平移视图

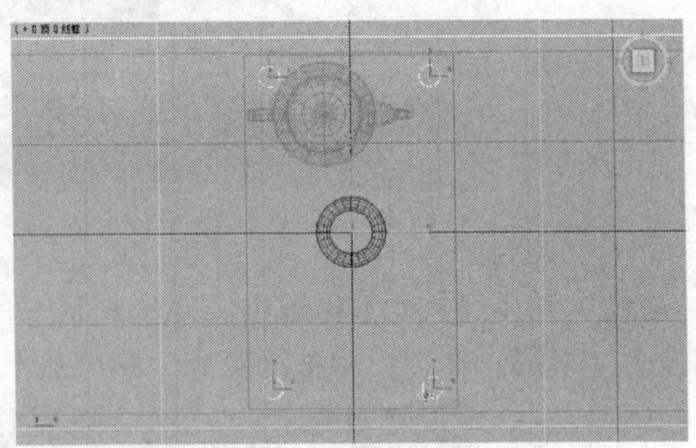

图 2-18　同时选中 4 个圆柱体

（7）单击“名称和颜色”卷展栏右侧的【颜色】图标，在出现的“对象颜色”对话框中选择一种需要的颜色，如图 2-19 所示。

（8）单击【确定】按钮，即可将所有选定的对象设置为同一种颜色，效果如图 2-20 所示。

（9）用同样的方法更改桌面和茶壶的颜色，效果如图 2-21 所示。

（10）激活“透视”视口，单击“主工具”栏上的【渲染产品】工具，打开“渲染”窗口并快速渲染场景，如图 2-22 所示。

（11）单击“快速访问工具栏”上的【保存】按钮保存场景文件，完成一个简单的“茶几”模型的制作。

除长方体、圆柱体、平面、茶壶和圆环工具外，“标准基本体”类别中还提供了圆锥体、球体、几何球体、管状体和四棱锥等工具。其中，几何球体由众多小三角面组成，默认片段数为 4，最小为 1。与标准球体相比，几何球体能够生成更规则的曲面。在指定相同面数的情况下，它们也可以使用比标准球体更平滑的剖面进行渲染。此外，四棱锥是一种底面为四边形，侧面为三角形的造型。

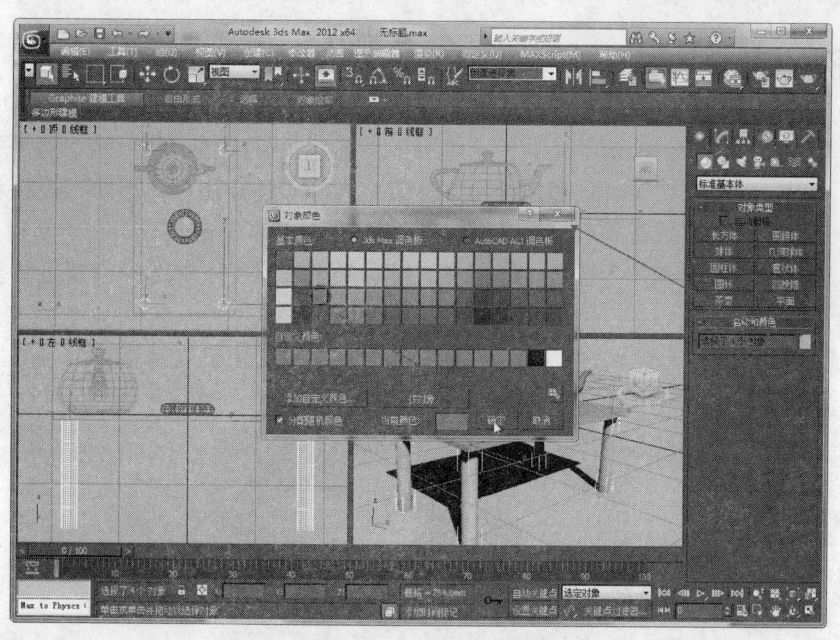

图 2-19　设置对象颜色

图 2-20　设置茶几腿的颜色

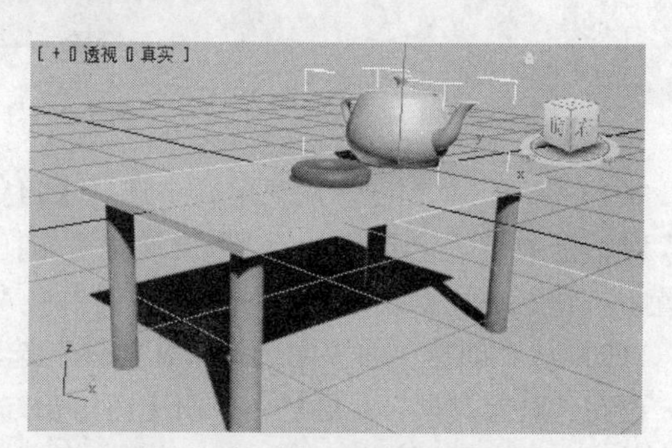

图 2-21　更改桌面和茶壶的颜色

图 2-22　渲染场景

2.2 实例：床（扩展基本体建模）

除标准基本体外，3ds Max 还提供了一组用于创建包括异面体、环形结、切角长方体、倒角圆柱体、油罐、胶囊、纺锤、L 形延伸物、球棱柱、C 形延伸物、环形波、棱柱和软管等扩展基本体的工具。这些扩展基本体实际上是 3ds Max 复杂基本体的集合。在“创建”面板上的子类别中选择“扩展基本体”选项，即可在“对象类型”卷展栏中选择创建各种扩展基本体的工具。

本节以制作如图 2-23 所示的“床的模型”为例，介绍创建扩展基本体的具体用法和技巧（模型的具体尺寸参考本书“配套资料\chapter02\2-2 床.max”文件）。

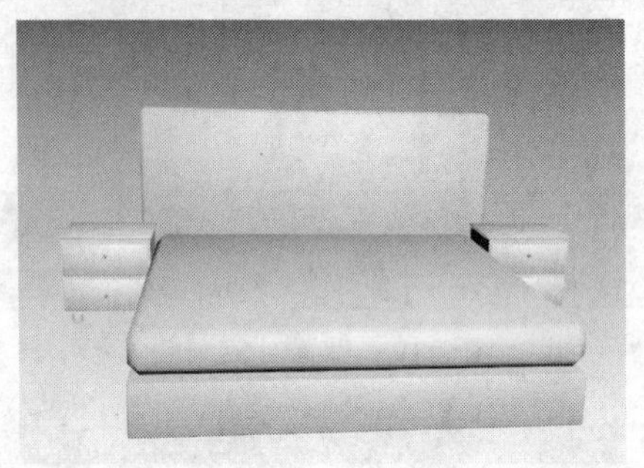

图 2-23　床的模型

（1）启动 3ds Max，从菜单栏中选择【自定义】|【单位设置】命令，在出现的“单位设置”对话框中将“显示单位比例”设置为“公制”，将单位设置为“毫米”。再单击【系统单位设置】按钮，在“系统单位设置”对话框中将“系统单位比例”设置为 1.0 毫米。

（2）从“创建”面板中选择“几何体”选项，再从几何体列表中选择“扩展基本体”类别，再在“对象类型”卷展栏中单击【切角长方体】按钮，在顶视口中拖动鼠标创建一个切角长方体，如图 2-24 所示。切角长方体是一种具有倒角或圆形边的长方体。

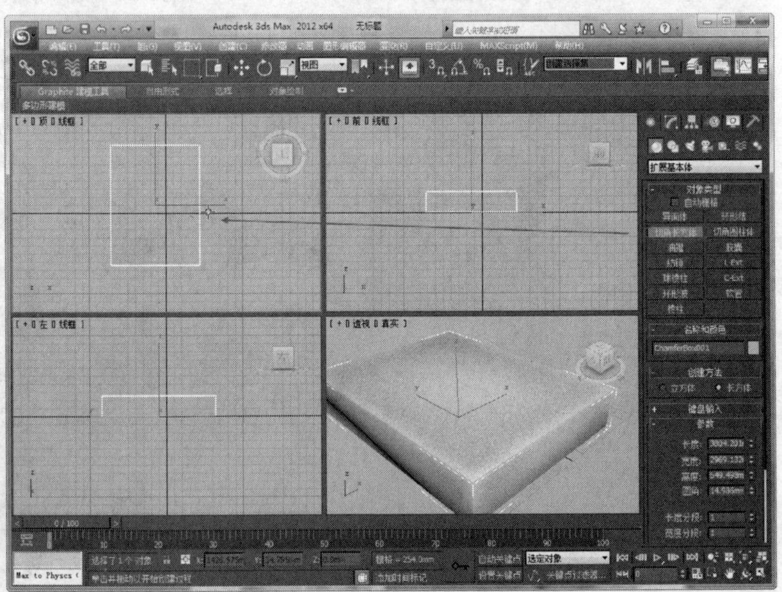

图 2-24　创建切角长方体

（3）保持对切角长方体的选择，在“参数”卷展栏中设置对象的长度、宽度、高度和圆角半径，如图 2-25 所示。

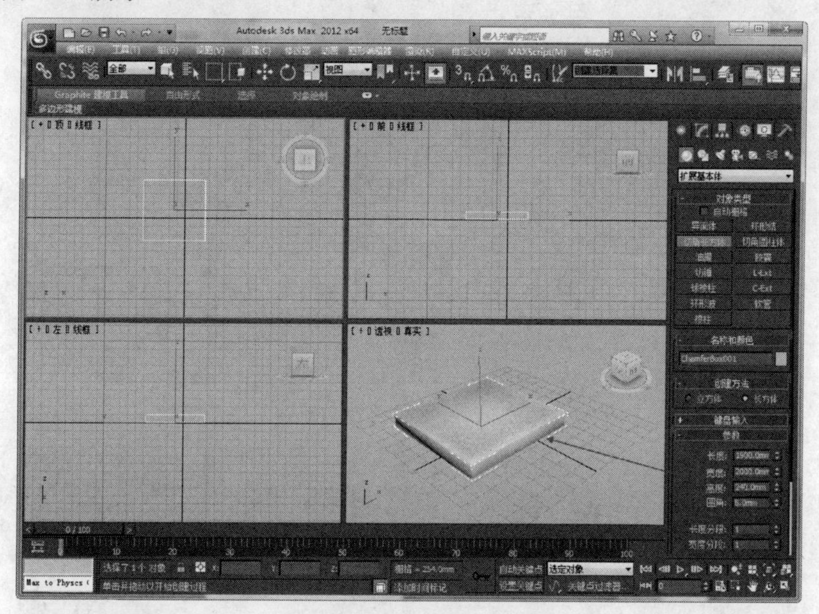

图 2-25　设置切角长方体的参数

如果取消了对对象的选择，或者进行了其他操作，只能切换到“修改”面板进行对象的参数设置。

（4）单击“主工具”栏上的【选择并移动】工具，在按住【Shift】键的同时，在“前”视口中向上拖动鼠标，释放鼠标后将出现“克隆”选项对话框，选择其中的“复制”选项，并将“副本数”设置为 1，如图 2-26 所示。

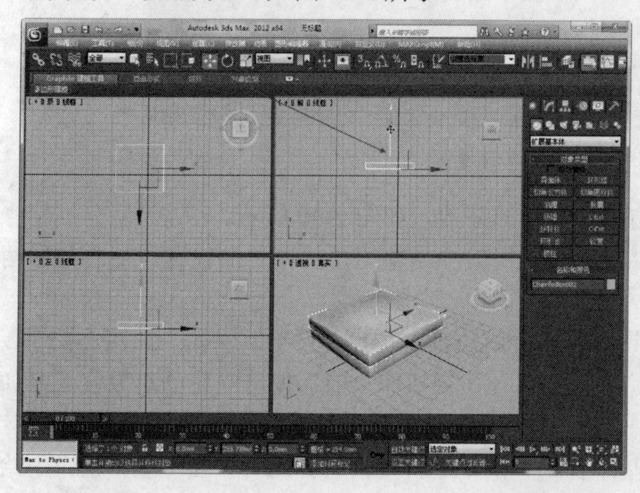

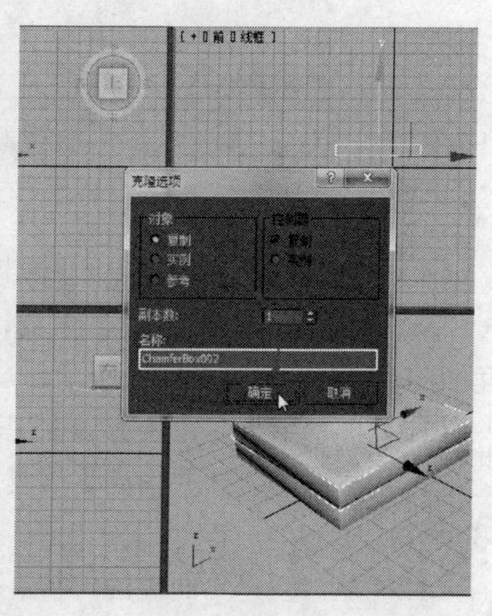

图 2-26　用快捷方式复制对象

（5）单击【确定】按钮，即可产生一个对象副本，如图 2-27 所示。

（6）选定复制生成的副本对象，切换到“修改”面板，在“参数”卷展栏中更改对象的参数，如图 2-28 所示。

（7）切换为“创建”面板，从“扩展基本体”类别中选择【切角长方体】工具，在“顶”

视口中再绘制一个切角长方体，如图 2-29 所示。

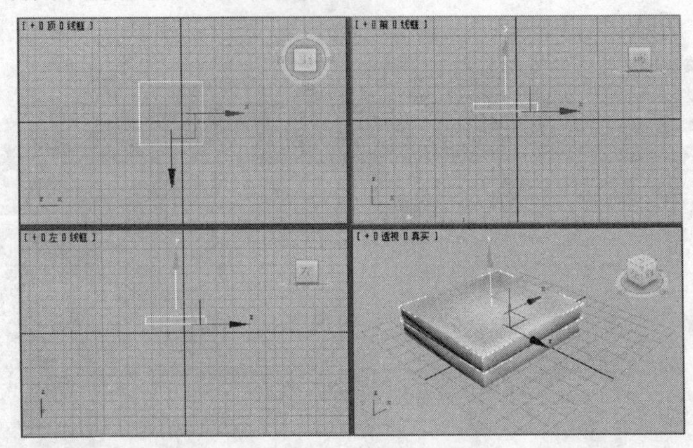

图 2-27　对象复制效果

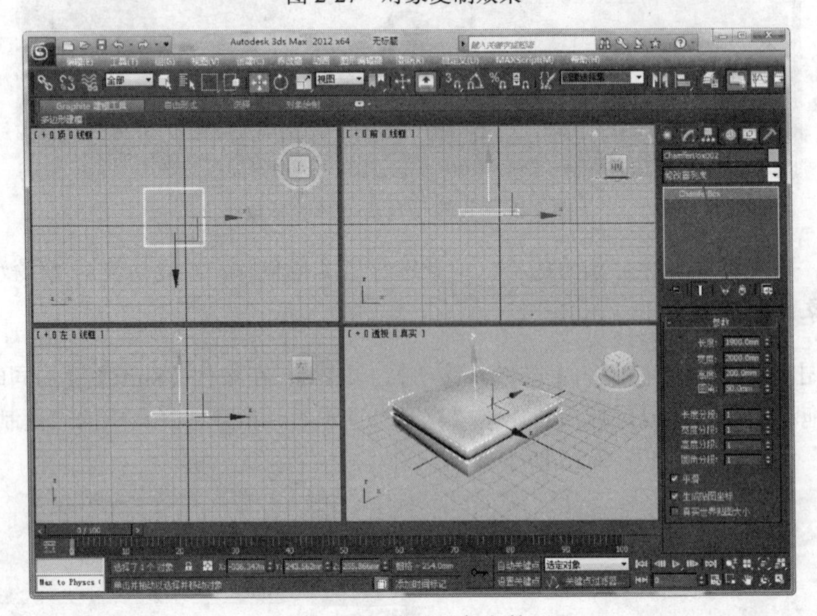

图 2-28　修改对象参数

（8）在“参数”卷展栏中修改切角长方体的参数，如图 2-30 所示。

（9）选择【选择并移动】工具，在“顶”视口中调整切角长方体的位置，使之与另两个切角长方体对齐，如图 2-31 所示。

（10）再使用【切角长方体】工具绘制一个切角长方体，并设置其参数，如图 2-32 所示。

（11）使用【选择并移动】工具，分别在“顶”视口和“前”视口中移动对象位置，如图 2-33 所示。

（12）从“创建”面板的“扩展基本体”类别中选择【油罐】工具，在“顶”视口中绘制一个“油罐”，然后在“参数”卷展栏中修改其参数，如图 2-34 所示。油罐是一种带有凸面封口的圆柱体。

（13）按下【Esc】键退出油罐绘制状态，再选择“视口导航控件”区中的【缩放视口】工具，将“前”视口放大显示，然后用【选择并移动】工具调整好“油罐”的位置，如图 2-35 所示。

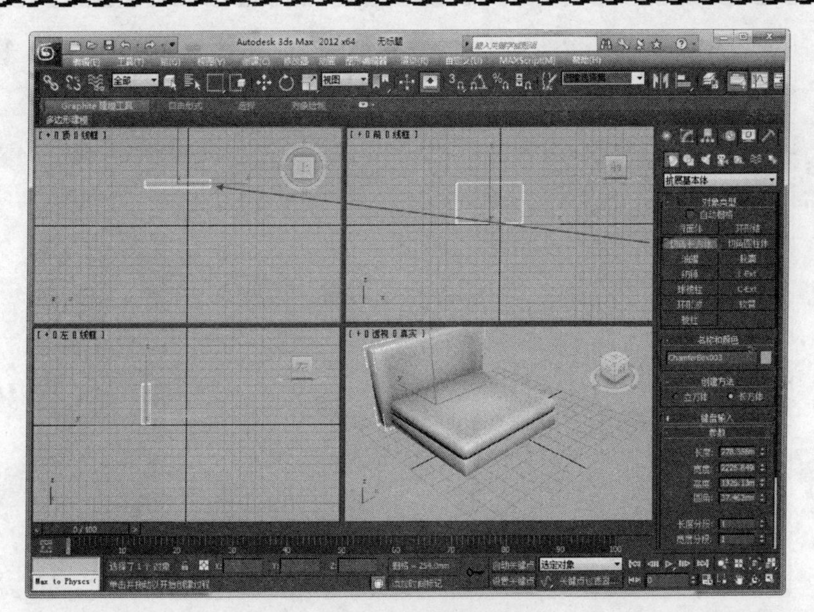

图 2-29　绘制切角长方体

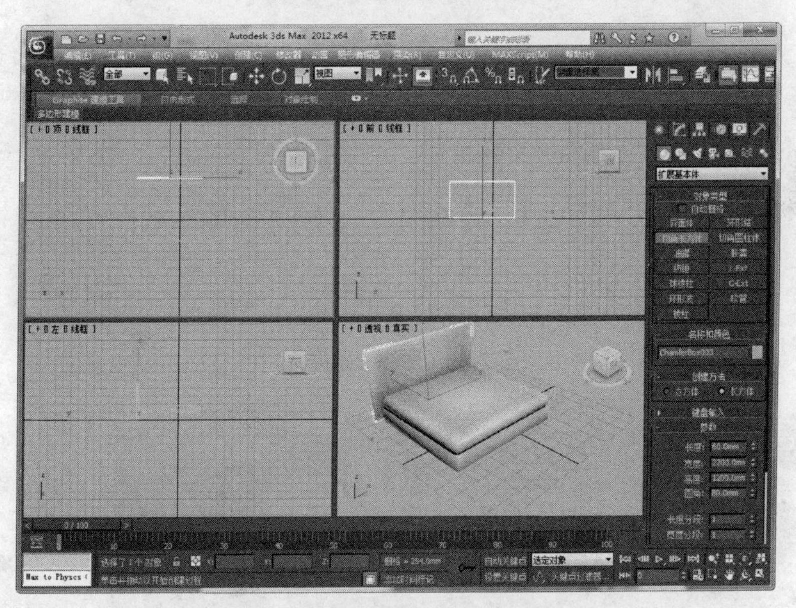

图 2-30　修改切角长方体的参数

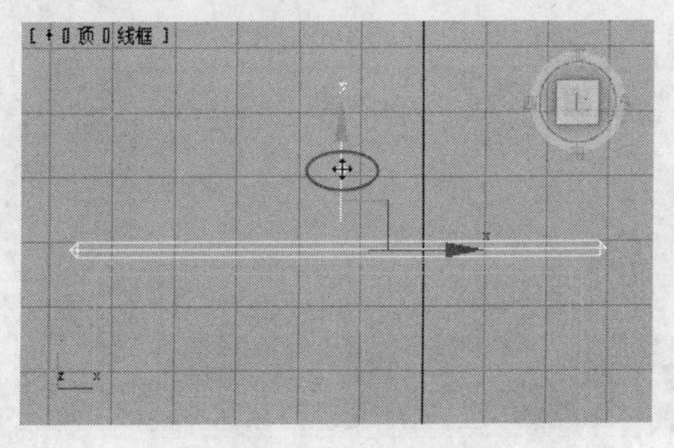

图 2-31　移动对象位置

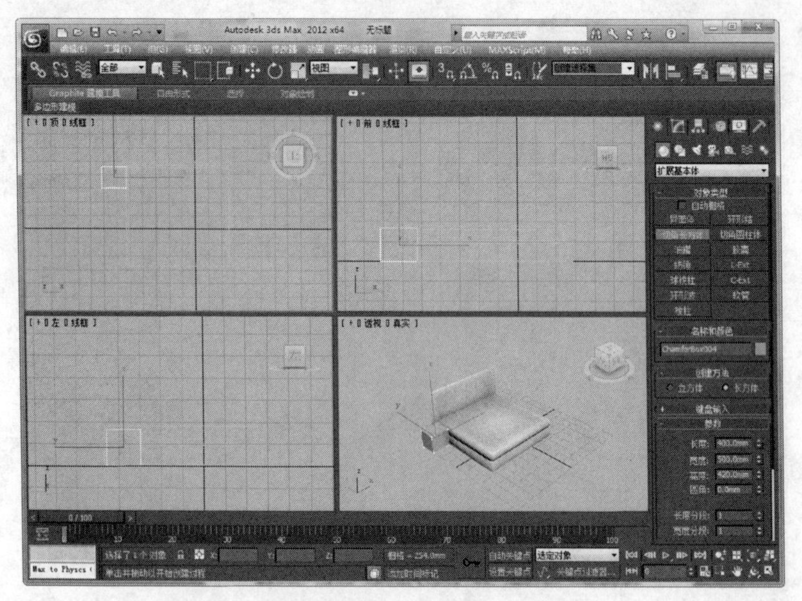

图 2-32 绘制切角长方体

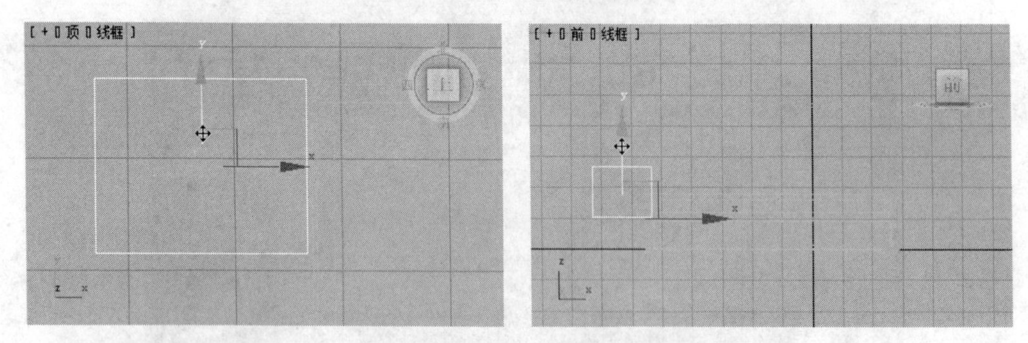

图 2-33 移动对象位置

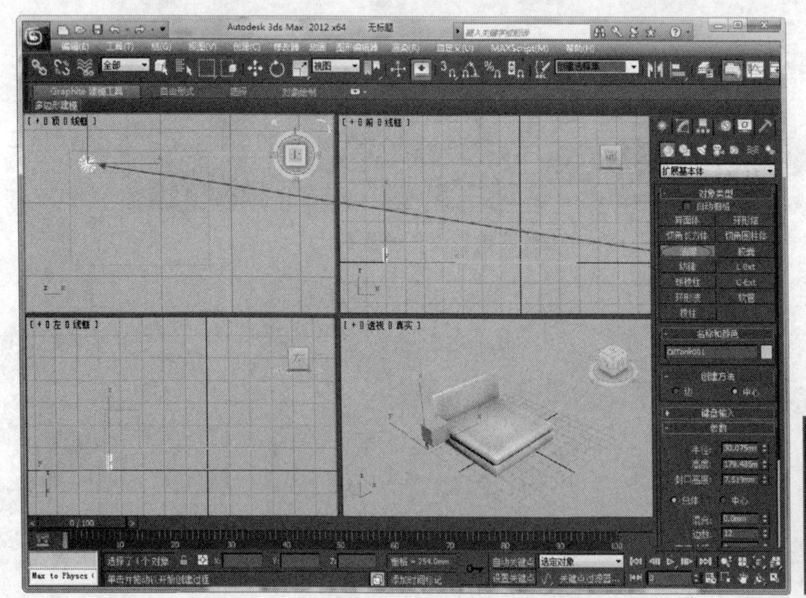

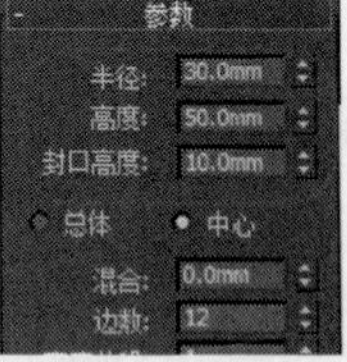

图 2-34 绘制油罐

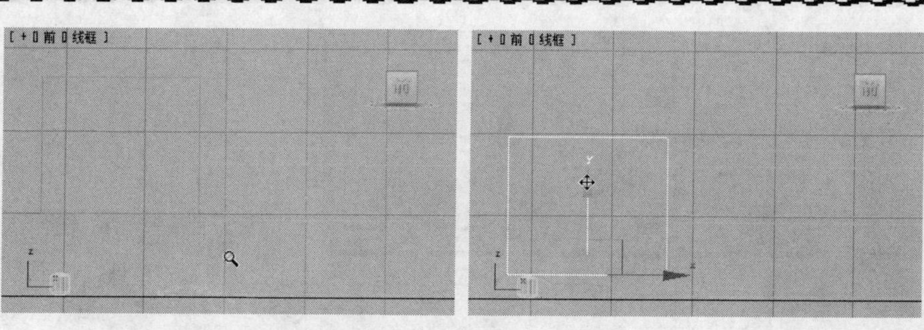

图 2-35　放大视图并移动“油罐”

（14）保持对“油罐”的选择，在按下【Shift】键的同时在“顶”视口中拖动鼠标，出现“克隆选项”对话框后选中“复制”选项，并指定副本数为 1，如图 2-36 所示。

（15）同时选中场景中已有的两个“油罐”，再将其复制 1 个副本，场景中出现 4 个相同的“油罐”，如图 2-37 所示。

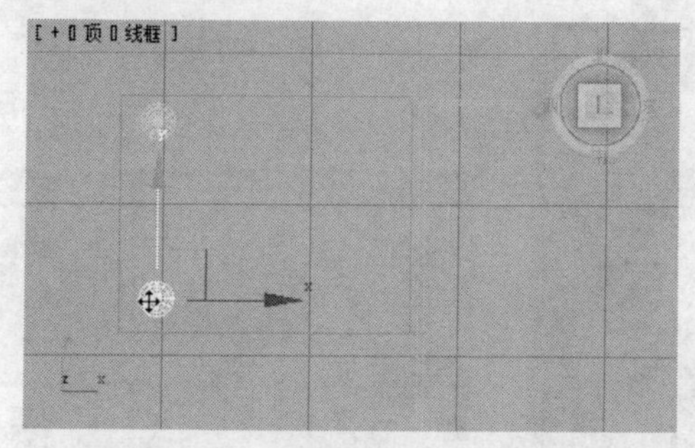

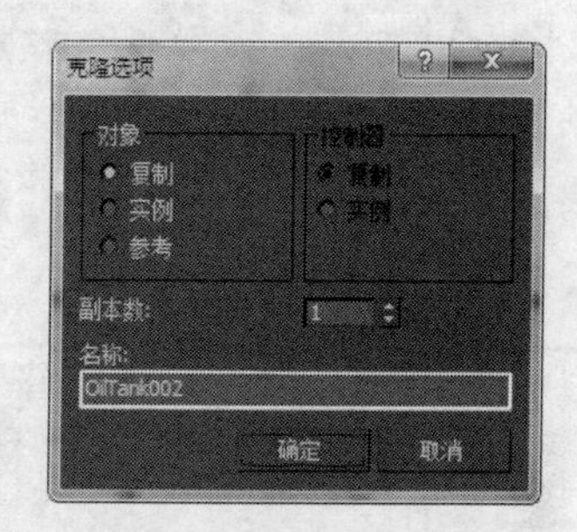

图 2-36　复制对象

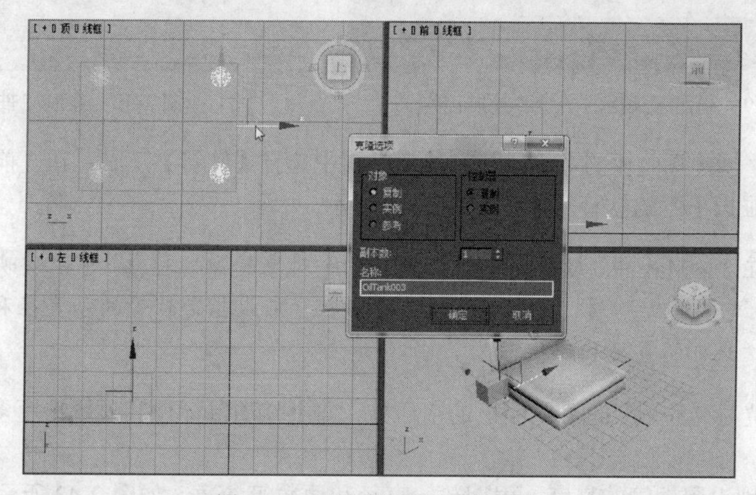

图 2-37　同时复制两个“油罐”

（16）使用【选择并移动】工具，在“顶”、“前”、“左”3 个视口中调整好 4 个“油罐”对象的位置，使其刚好位于作为“床头柜”的切角长方体的下方作为“床头柜”的腿，如图 2-38 所示。

（17）再次选择【切角长方体】工具，绘制一个切角长方体作为床头柜的一个“抽屉门”，如图 2-39 所示。绘制后使用【选择并移动】工具调整好其位置。

（18）将第一个“抽屉门”向上方复制一个副本，如图 2-40 所示。

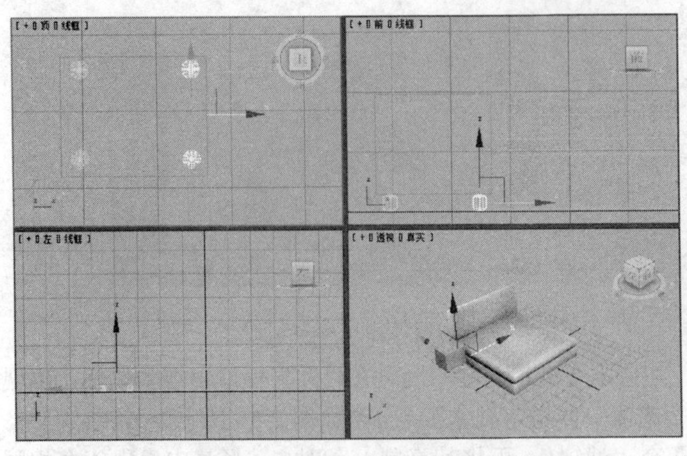
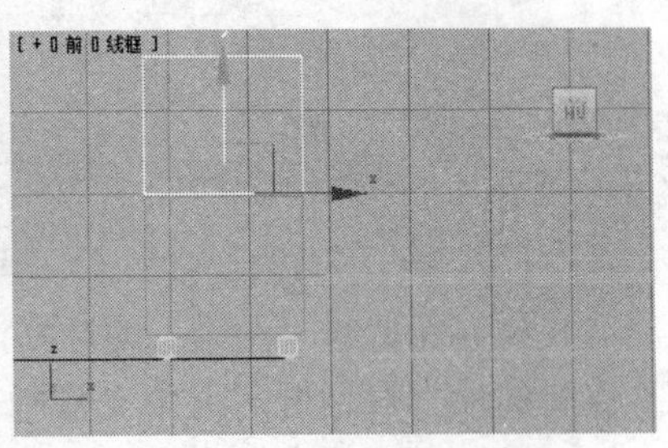

图 2-38 移动“床头柜的腿”的位置

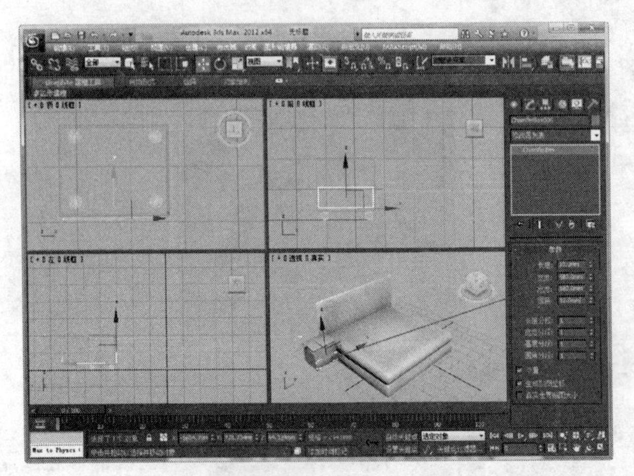

图 2-39 制作床头柜的一个“抽屉门”

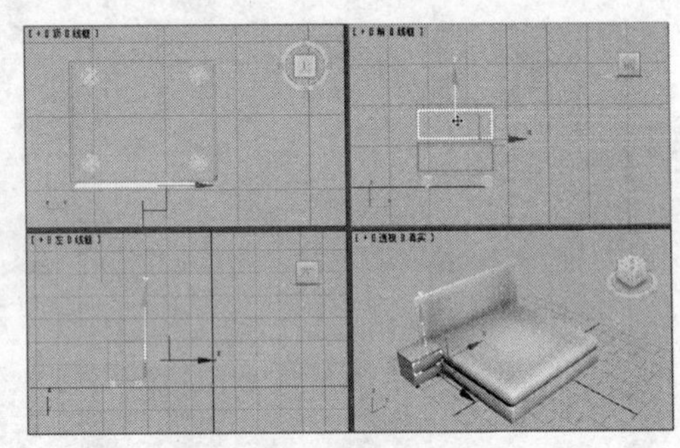

图 2-40 复制“抽屉门”

（19）从“创建”面板的“扩展基本体”类别中选择【软管】工具，在“前”视口中绘制一个作为“抽屉拉手”的软管对象，如图 2-41 所示。

在 3ds Max 中，软管是一种能连接两个对象的弹性对象，可以反映这两个对象的运动。它类似于弹簧，但不具备动力学属性。可以指定软管的总直径和长度、圈数以及其“线”的直径和形状。

（20）将光标定位到“创建”面板的空白处，向上拖动鼠标使其显示出更多的卷展栏，如图 2-42 所示。

（21）分别设置软管的高度、周期数、直径和边数等参数，如图 2-43 所示。

（22）使用【选择并移动】工具，在不同“视口”中移动“抽屉拉手”，使之与“床头柜”对齐，如图 2-44 所示。

（23）将“抽屉拉手”复制一个副本到另一个抽屉上，如图 2-45 所示。

（24）选择【选择并移动】工具，从右下角向左上角拖动鼠标，选中“床头柜”的全部对象，如图 2-46 所示。

（25）按下【Shift】键的同时向右拖动鼠标，复制一个“床头柜”副本，如图 2-47 所示。

（26）调整好“床头柜”副本的位置，效果如图 2-48 所示。

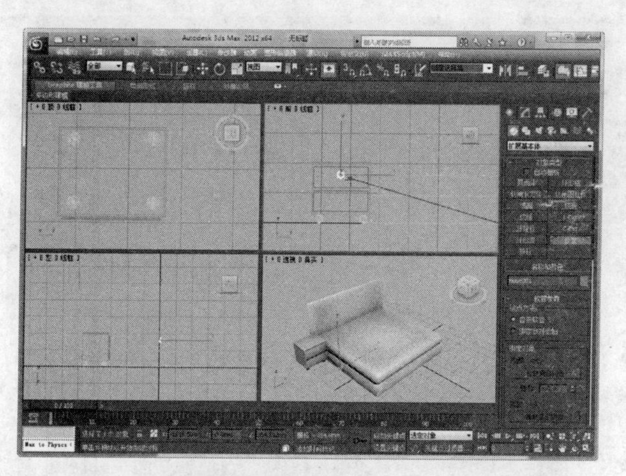

图 2-41　绘制软管

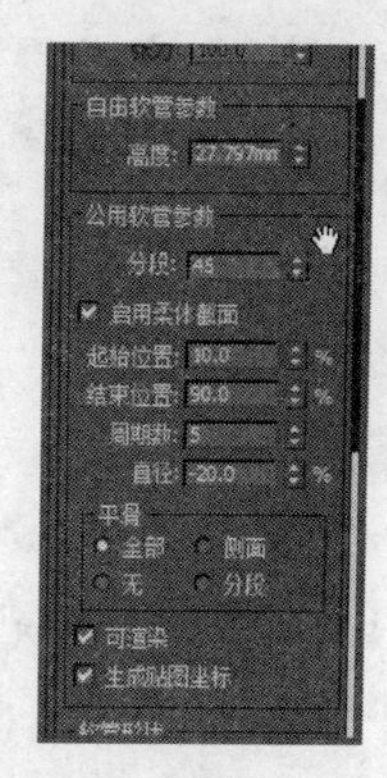

图 2-42　显示出更多的卷展栏

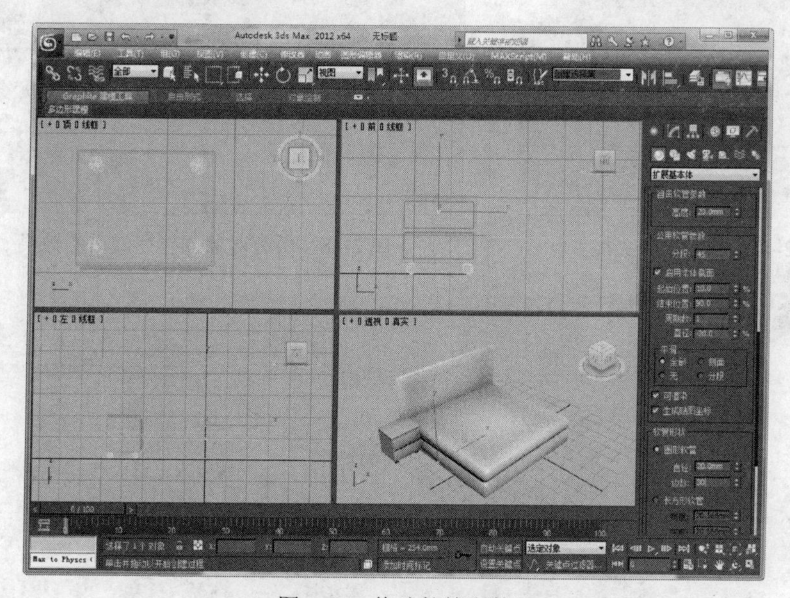

图 2-43　修改软管参数

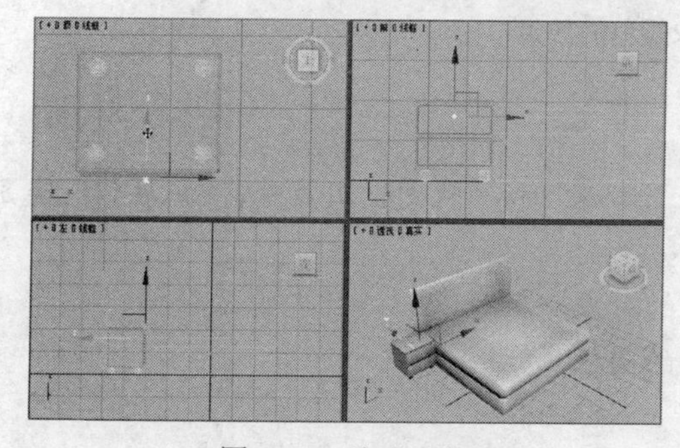

图 2-44　移动对象

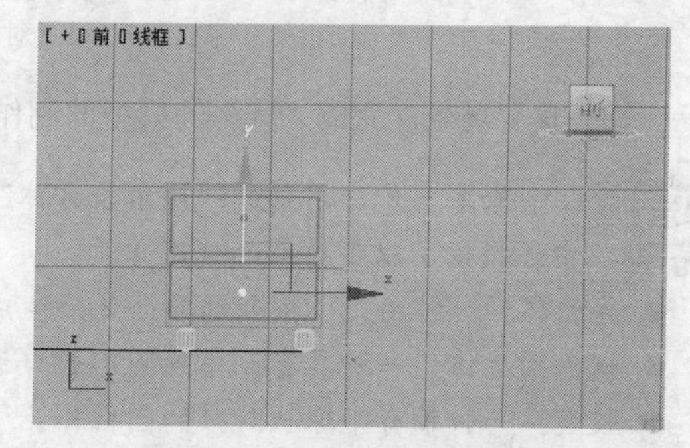

图 2-45　复制“抽屉拉手”

（27）按下【Ctrl】键的同时，单击“床垫”“床体”和“靠背”3 个对象将它们同时选中，然后在“名称和颜色”卷展栏中为它们设置同一种颜色。用同样的方法设置“床头柜”的颜色，效果如图 2-49 所示。

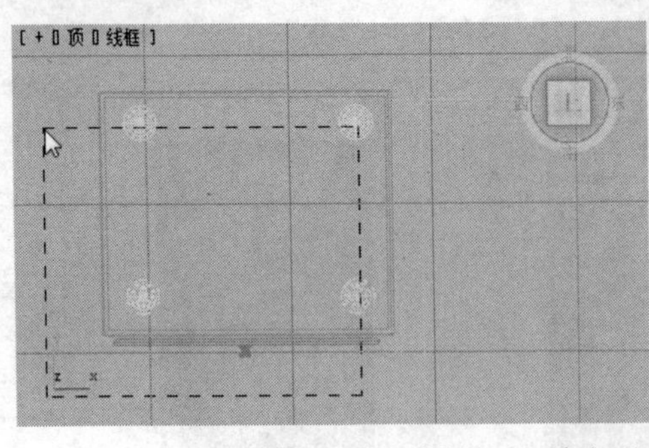

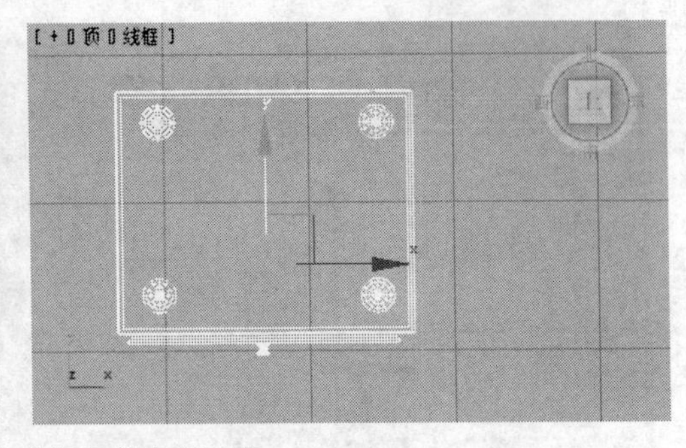

图 2-46　选定“床头柜”的全部对象

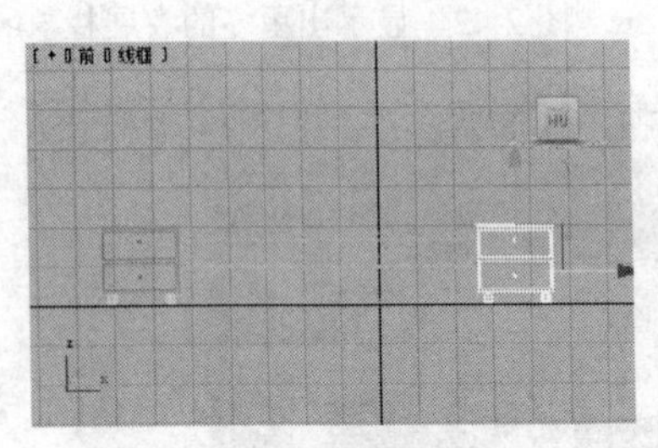

图 2-47　复制“床头柜”

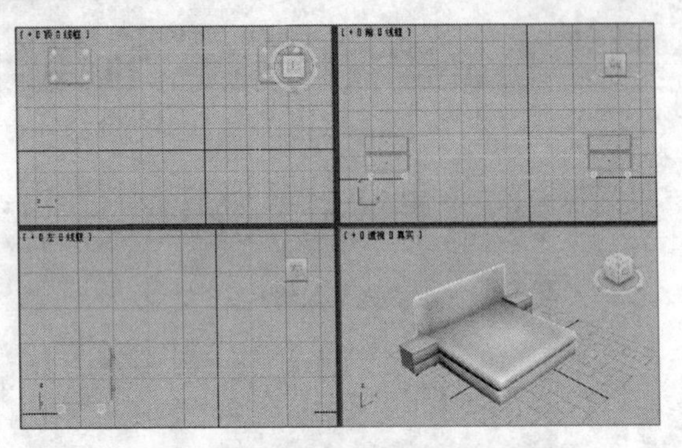

图 2-48　所有对象创建完成后的效果

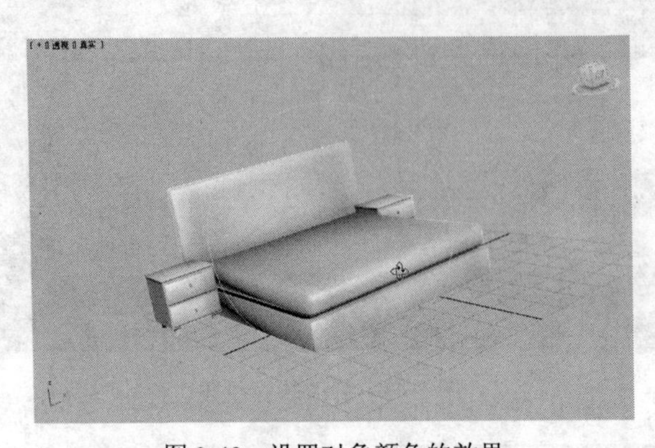

图 2-49　设置对象颜色的效果

（28）保存场景，完成“床”的模型的制作。

除本实例中用到的“切角长方体”、“油罐”和“软管”工具外，“扩展体”类别中还提供了以下对象的创建工具。

- 异面体：一种由几个系列的多面体所生成的对象。
- 切角圆柱体：一种具有倒角或圆形封口边的圆柱体。
- 胶囊：一种带有半球状封口的圆柱体。
- 纺锤：一种带有圆锥形封口的圆柱体。
- L-Ext：一种挤出的 L 形对象。
- 球棱柱：一种挤出的规则面多边形。
- C-Ext：一种挤出的 C 形对象。
- 环形波：一种特殊的环形，其图形可以设置为动画。

● 棱柱：一种有独立分段面的三面棱柱。

2.3　实例：办公桌（模型对象的编辑）

无论是在三维对象建模过程中，还是三维模型创建完成后，都常常需要对模型中的对象进行必要的编辑操作。常用的编辑操作包括对象的选择、轴心变换、对象变换、对象复制、对象对齐、对象阵列、对象镜像和对象群组等。

本节以制作如图2-50所示的“办公桌”模型为例，介绍模型对象编辑的基本方法和技巧，其中各个对象的初始模型都是通过“合并”操作的方式加入到场景中然后进行编辑处理的，模型的具体尺寸参考本书“配套资料\chapter02\2-3 办公桌.max”文件。

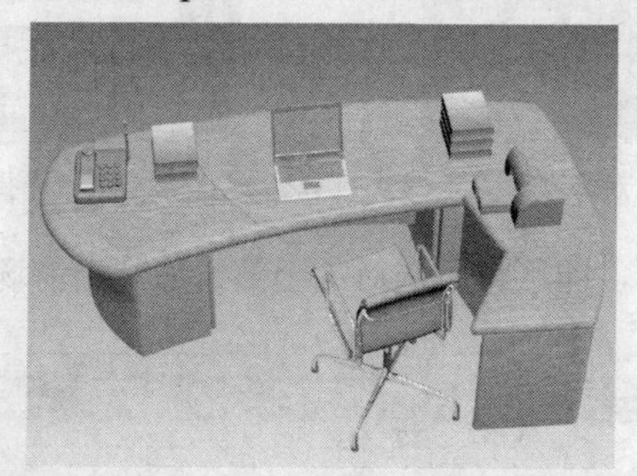

图2-50　“办公桌”模型

1. 合并场景

（1）启动3ds Max，打开本书“配套资料\chapter02\素材模型\办公桌.max”文件，效果如图2-51所示。

（2）单击【应用程序】按钮，从出现的【应用程序】菜单中选择【另存为】命令，将场景另外保存一个文件。

（3）单击【应用程序】按钮，从出现的【应用程序】菜单中选择【导入】|【合并】命令，在出现的“合并文件”对话框中选择要添加到场景中的“办公椅”模型（本书“配套资料\chapter02\素材模型\办公椅.max”文件），如图2-52所示。

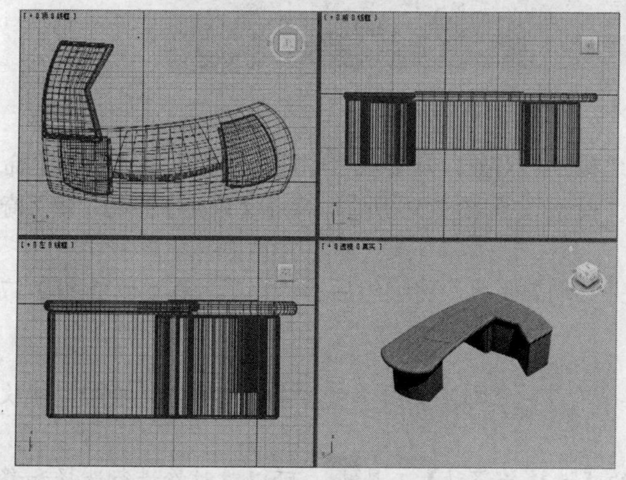

图2-51　打开“办公桌”模型

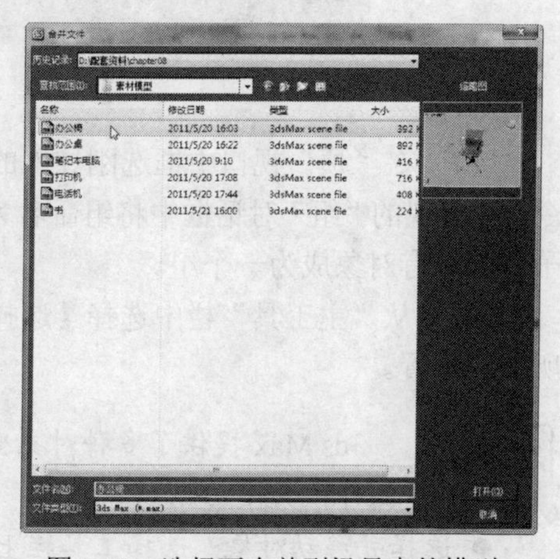

图2-52　选择要合并到场景中的模型

（4）单击【打开】按钮，出现“合并”对话框，在其中选择需要合并的“列出类型”选项，所选的对象类型将出现在左窗格中，如图 2-53 所示。

（5）在左窗格中单击【全部】按钮，选中所有列出的对象，如图 2-54 所示。

图 2-53　选择对象类型

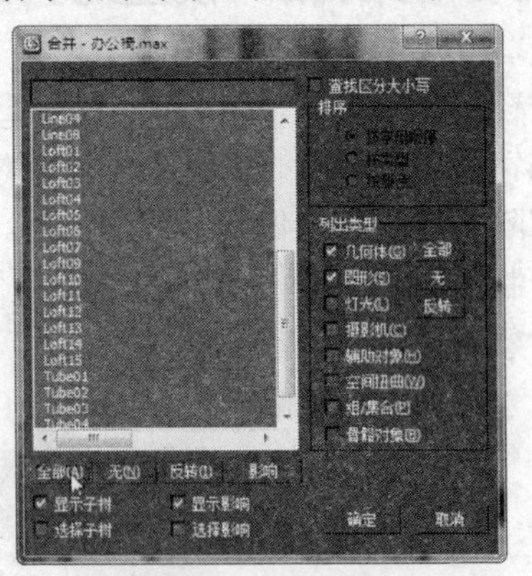

图 2-54　选择要合并的对象

（6）单击【确定】按钮，即可将所选对象全部添加到当前场景中，如图 2-55 所示。

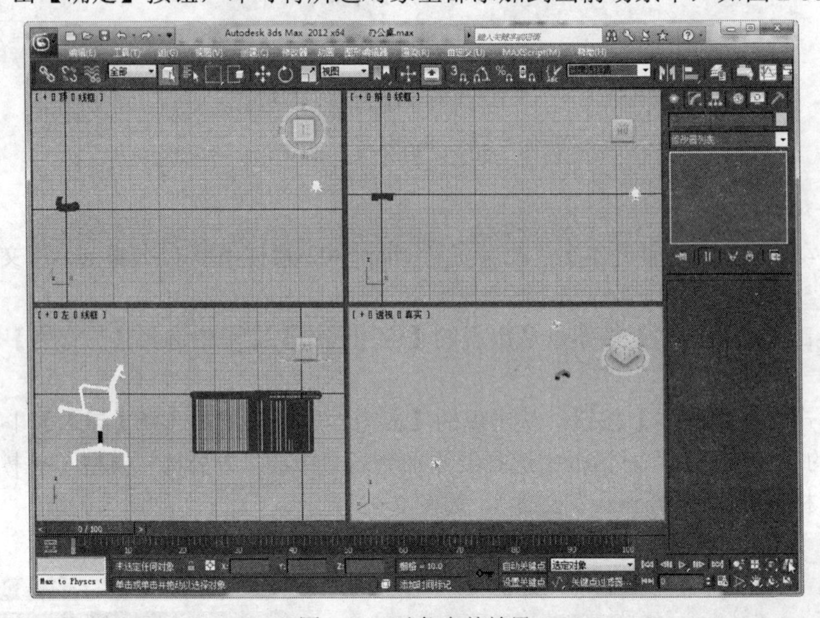

图 2-55　对象合并效果

（7）在“顶”视口中框选刚导入的“椅子”对象，从菜单栏中选择【组】|【成组】命令，在出现的“组”对话框中将组命名为“椅子”，如图 2-56 所示。单击【确定】按钮，使“椅子”的所有对象成为一个组。

（8）从“主工具”栏中选择【选择并移动】工具，将编组后的“椅子”移动到如图 2-57 所示的位置。

提示　3ds Max 提供了多种对象变换工具，它们主要用于对对象进行移动、旋转、缩放等操作。具体功能如下。

● 选择并移动对象：选择工具栏上的【选择并移动】工具，可以对对象进行选择和移动操作。

● 选择并旋转对象：选择工具栏上的【选择并旋转】工具，可以选择并旋转对象。

● 选择并缩放对象：选择工具栏上的【选择并均匀缩放】弹出工具组中的【选择并均匀缩放】工具，可以沿所有三个轴以相同量缩放对象，同时保持对象的原始比例；选择工具栏上的【选择并均匀缩放】弹出工具组中的【选择并非均匀缩放】工具，可以根据活动轴约束以非均匀方式缩放对象；选择工具栏上的【选择并均匀缩放】弹出工具组中的【选择并挤压】工具，可以根据活动轴约束来缩放对象。挤压对象时，会使对象在一个轴上按比例缩小，同时在另两个轴上均匀地按比例增大。

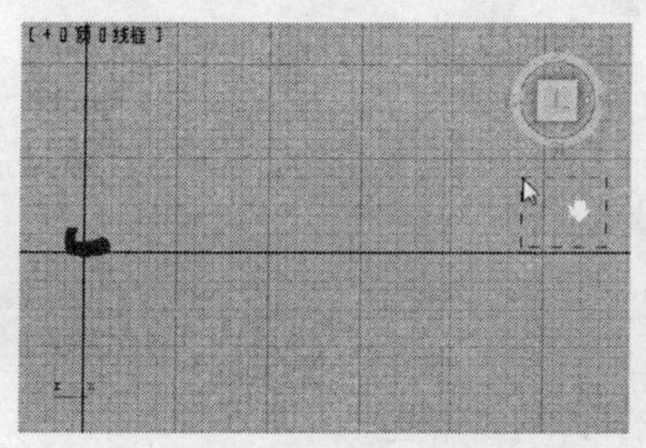
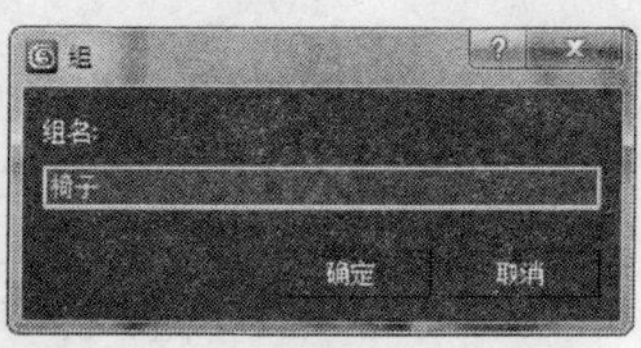

图 2-56　编组构成“椅子”的全部对象

（9）从“主工具”栏中选择【选择并旋转】工具，将“椅子”旋转到合适的角度，如图 2-58 所示。

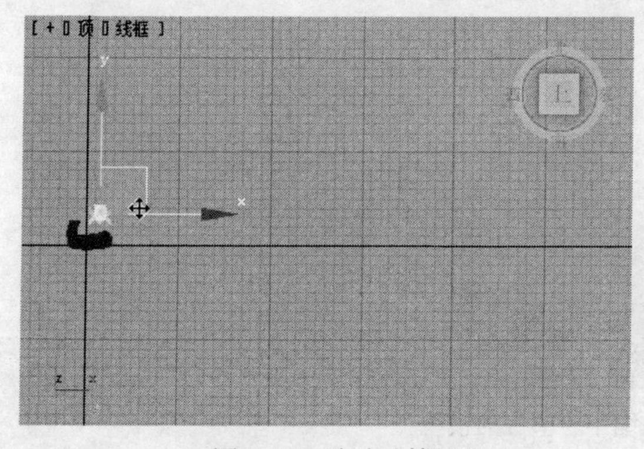

图 2-57　移动“椅子”

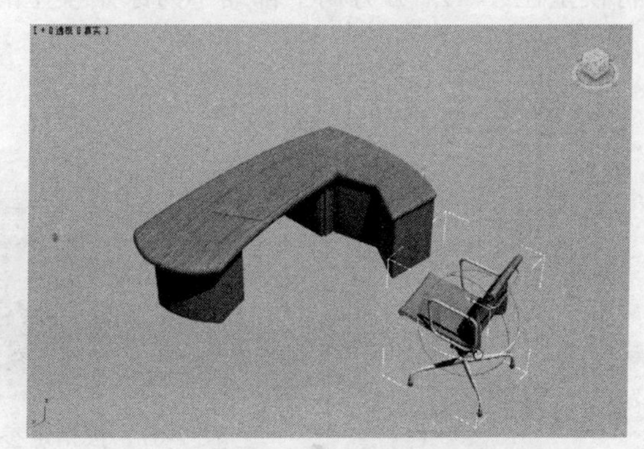

图 2-58　旋转“椅子”

（10）从“主工具”栏中选择【选择并均匀缩放】工具，调整“椅子”的大小，如图 2-59 所示。

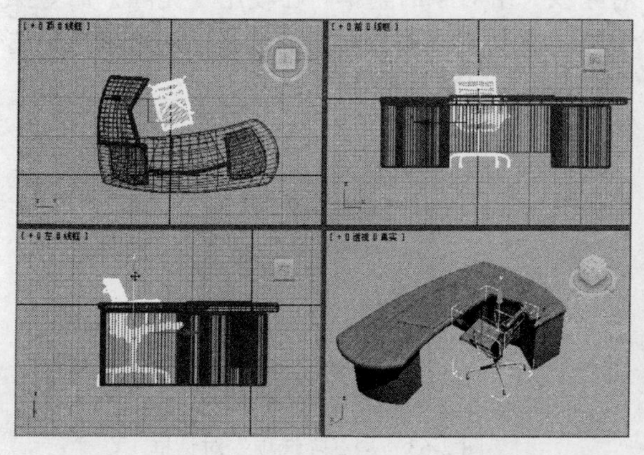
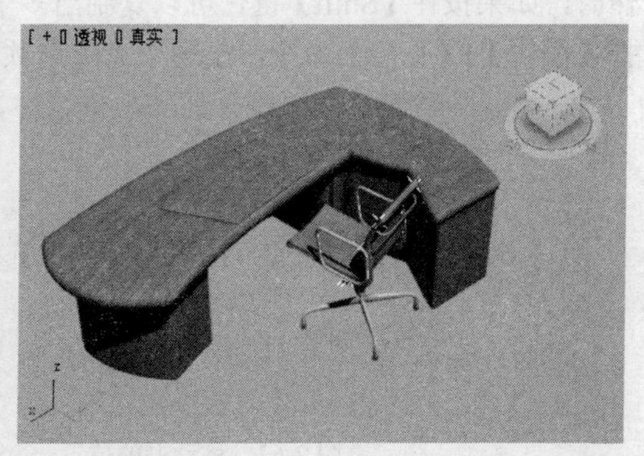

图 2-59　调整“椅子”的大小

（11）单击【应用程序】按钮，从出现的【应用程序】菜单中选择【导入】|【合并】命令，在出现的"合并文件"对话框中选择要添加到场景中的"书"模型（本书"配套资料\chapter02\素材模型\书.max"文件）。在出现的"合并"对话框中选中要合并的对象，单击【确定】按钮将其合并到场景中，然后使用【组】|【成组】命令将其组织成一个名为"书"的组，效果如图 2-60 所示。

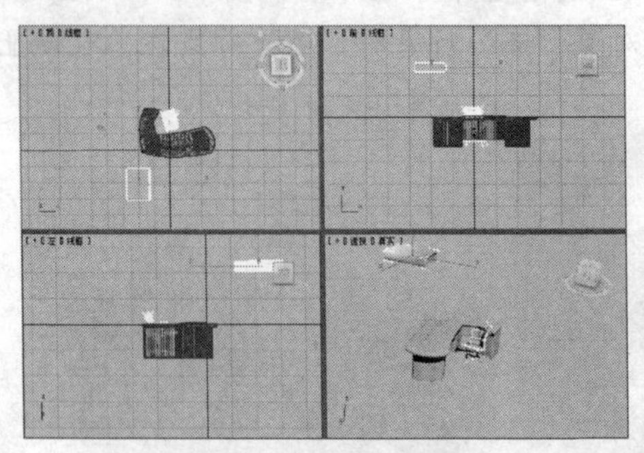

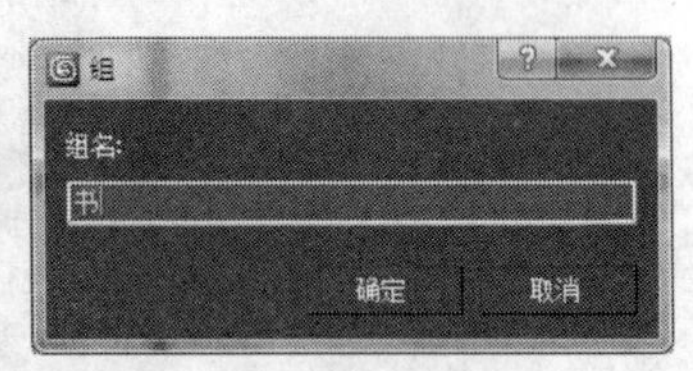

图 2-60 合并"书"模型

（12）保持对"书"模型的选择，右击"主工具"栏上的【选择并均匀缩放】工具，在出现的"缩放变换输入"对话框的"偏移：世界"框中输入数字 25，按【Enter】键确认，即可将模型在 *X*、*Y*、*Z* 方向上都缩小为原始模型的 25%，如图 2-61 所示。

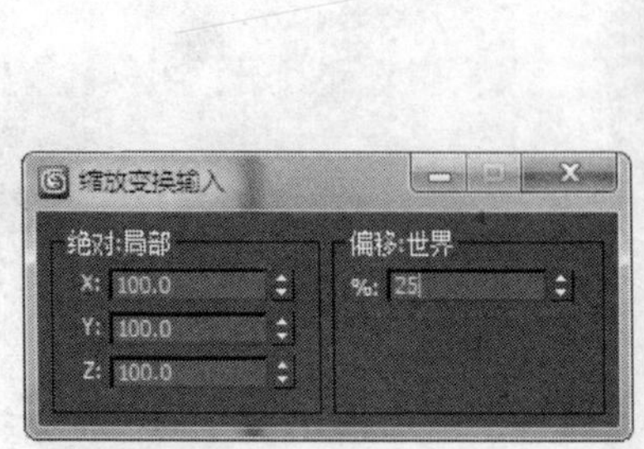

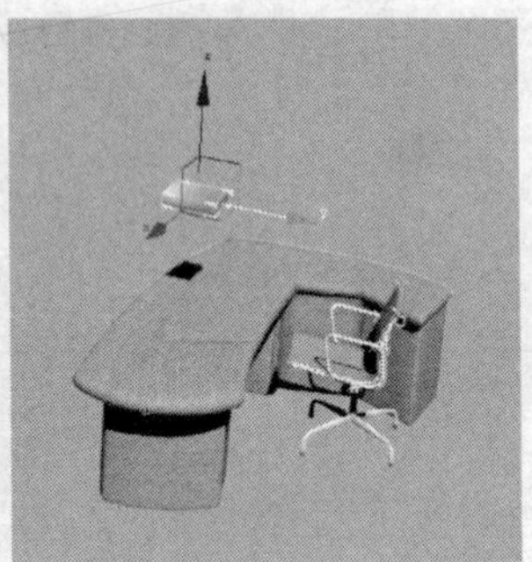

图 2-61 按指定参数缩小"书"的模型

（13）使用【选择并移动】工具，将"书"移动到桌面的合适位置上，如图 2-62 所示。

2. 复制对象

（1）使用【克隆】命令，可以创建某个对象或一组对象的副本。在使用【克隆】命令操作时，如果按住【Shift】键，可以复制出多个副本。保持对"书"对象的选择，从菜单栏中选择【编辑】|【克隆】命令，出现"克隆选项"对话框，如图 2-63 所示。

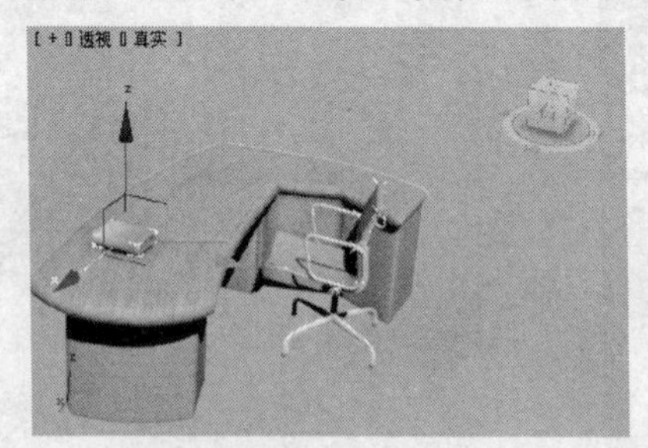

图 2-62 移动书的位置

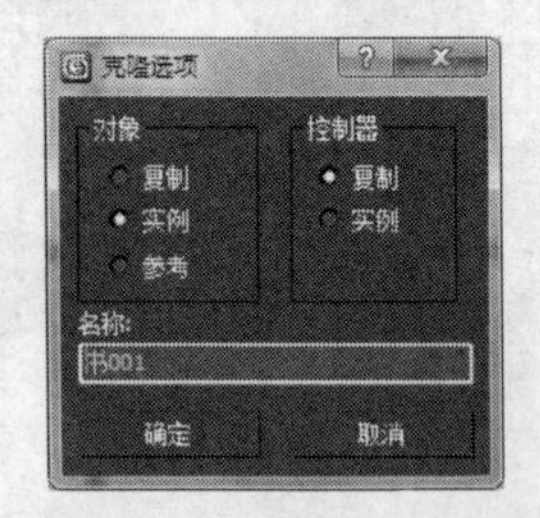

图 2-63 "克隆选项"对话框

（2）在“对象”组中选择“复制”选项，在“名称”框中输入对象副本的名称。单击【确定】按钮，复制出对象的副本并放置到与原对象相同位置，如图 2-64 所示。

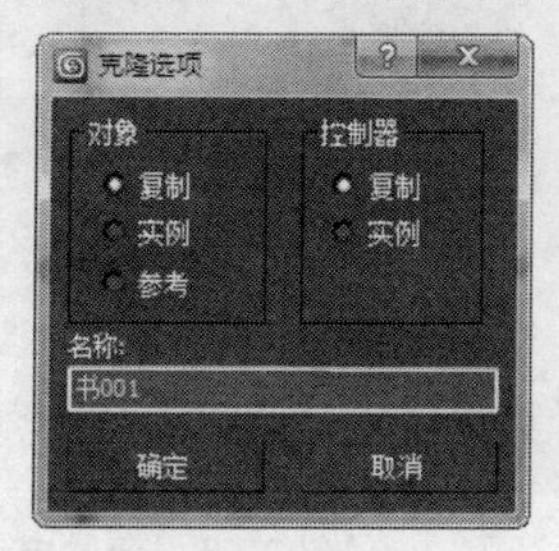

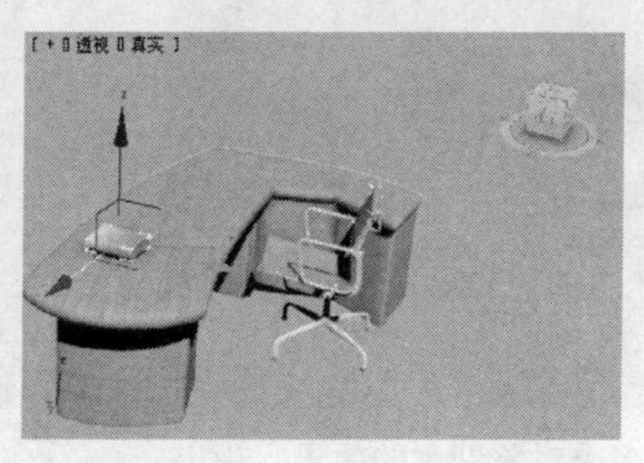

图 2-64　复制对象

选择“实例”选项，可以将选定对象的实例放置到指定位置；选择“参考”选项，则将选定对象的参考放置到指定位置。

（3）要查看复制后的对象，用【选择并移动】工具将对象副本移动到其他位置即可，如图 2-65 所示。

（4）从主工具栏中选择【选择并移动】工具，选取桌面右侧上的“书”对象，按住【Shift】键并拖动选定对象，释放鼠标按钮后，将出现 “克隆选项”对话框，在其中设置如图 2-66 所示的参数，将对象复制 3 个副本。

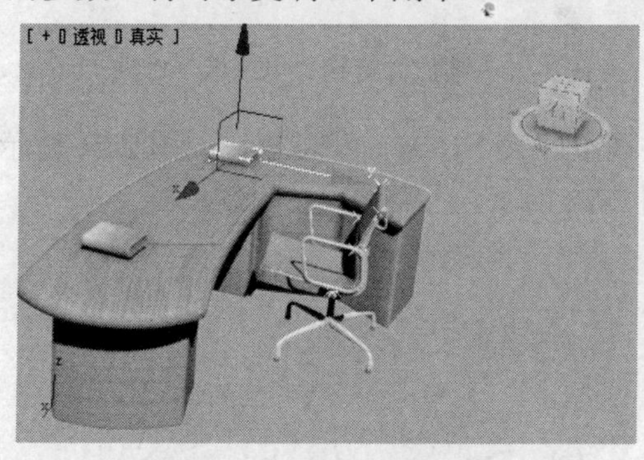

图 2-65　复制效果

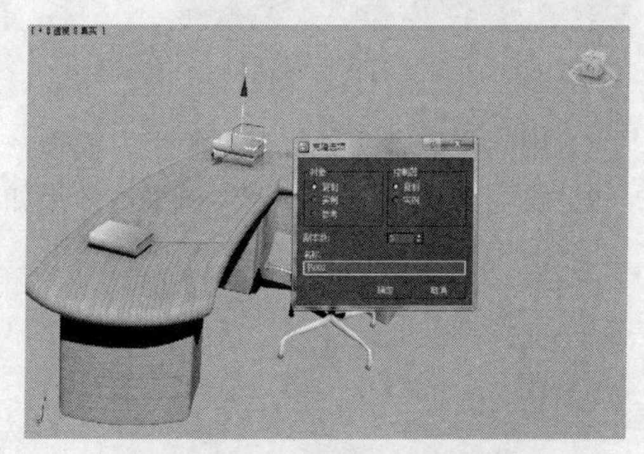

图 2-66　“克隆选项”对话框

（5）更改设置选项后单击【确定】按钮，即可完成复制并移动对象的操作，复制并移动对象的效果如图 2-67 所示。

（6）单击【应用程序】按钮，从出现的【应用程序】菜单中选择【导入】|【合并】命令，在出现的“合并文件”对话框中选择要添加到场景中的“电话机”模型（本书“配套资料\chapter02\素材模型\电话机.max”文件），在出现的“合并”对话框中选中要合并的对象，单击【确定】按钮将其合并到场景中，然后使用【组】|【成组】命令将其组织成一个名为“电话机”的组，效果如图 2-68 所示。

合并对象时，可能会出现“重复名称”的对话框，如图 2-69 所示。这是由于要合并到场景中的模型与场景中已有模型对象的名称相同，只需单击【自动重命名】按钮即可。

（7）使用【选择并均匀缩放】工具缩小“电话机”对象，再用【选择并旋转】工具对其进行旋转，然后调整到合适的位置，效果如图 2-70 所示。

图 2-67 复制多个对象副本的效果

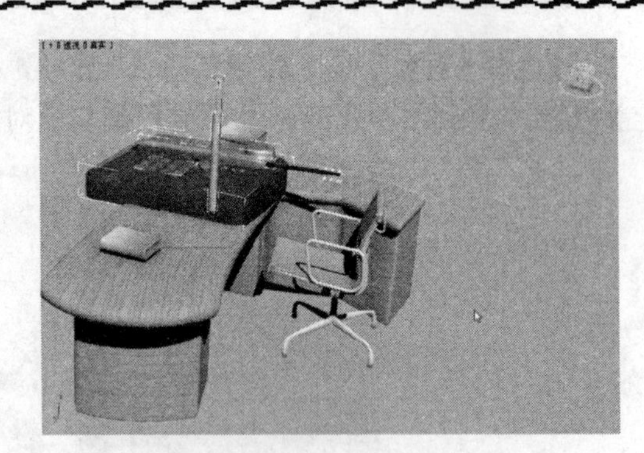

图 2-68 合并电话机模型

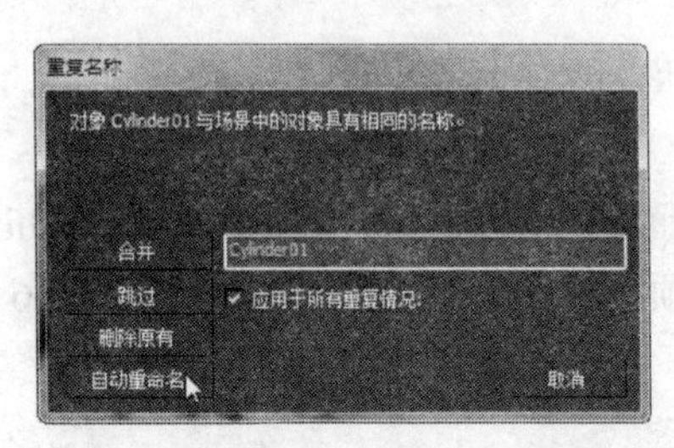

图 2-69 “重复名称”对话框

图 2-70 缩放并旋转“电话机”对象

（8）用同样的方法导入“打印机”模型，并调整好大小、方向和位置，如图 2-71 所示。

（9）再合并“笔记本电脑”模型，效果如图 2-72 所示。

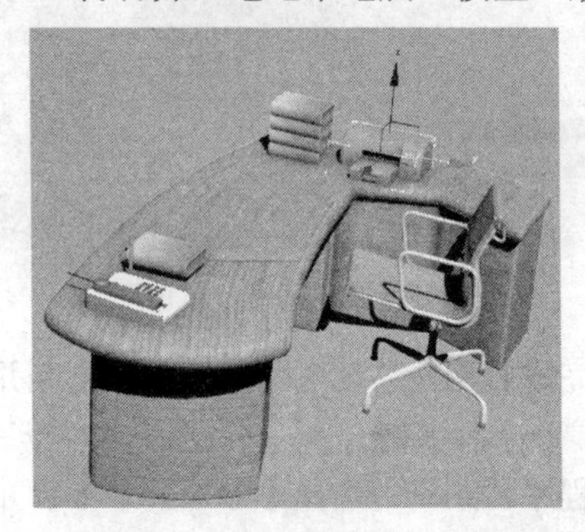

图 2-71 合并入“打印机”模型

图 2-72 合并“笔记本电脑”模型

3. 锁定对象

（1）为了避免对场景中的其他对象进行误操作，可以将需要编辑的对象锁定起来。选中“办公桌”和“办公椅”对象后，单击状态栏上的【选择锁定切换】按钮，使该按钮被激活成黄色状态，如图 2-73 所示。锁定后将无法取消选择，将光标放置在视图中的任何位置，光标都会一直显示为“选择并移动”状态，在视图中拖动鼠标便可以任意移动所选对象。

提示 一个场景往往是由多个对象组成的，要编辑某个特定的对象，就必须先将其选取。选取对象的方法很多，主要有如下方法。

- 选择一个对象：要在场景中选择一个对象，只需在主工具栏上选中【选择对象】工具，然后在任意视口中单击要选取的对象即可。被选取的对象将以白色线框显示，在“透视图”中会看到对象用白色外框包围。要选择另一个对象，只需再单击其他对象即可。选中其他对象后，原来选取的对象会取消选择。

● 选择多个对象：选中一个对象后，按住【Ctrl】键不放，再单击其他对象，可以将新选择的对象加入选择集。再次单击已选择的对象，可以使其退出选择集。可见，配合键盘上的【Ctrl】键，可以对选择的对象进行追加和排除。

●【矩形选择区域】工具：以矩形方式框选对象。

●【圆形区域选择】工具：从【矩形选择区域】工具下拉列表中选择该工具，将以圆形的方式框选对象。

●【围拦区域选择】工具：从【矩形选择区域】工具下拉列表中选择该工具，将以手绘多边形的方式框选对象。

●【套索区域选择】工具：从【矩形选择区域】工具下拉列表中选择该工具，将以自由手绘的方式框选对象。

●【绘制选择区域选择】工具：从【矩形选择区域】工具下拉列表中选择该工具，可以直接将鼠标拖至对象之上，然后释放鼠标按钮来选择对象。在进行拖放时，鼠标周围将会出现一个以画笔大小为半径的圆圈。

● 单击主工具栏上的【窗口/交叉选择】工具，可以在窗口和交叉模式之间进行切换。在“窗口”模式下，只能对所选内容内的对象或子对象进行选择；在“交叉”模式下，可以选择区域内的所有对象或子对象，以及与区域边界交叉的任何对象。

● 按名称选择对象：使用主工具栏上的【按名称选择】工具，可以根据对象的名称来选择对象。单击【按名称选择】按钮，将出现“选择对象”对话框，其中列出了视口中所有对象名称，只需选中要选择的对象，然后单击【选择】按钮，即可选择指定的对象。

● 取消当前的全部选择：要取消当前的全部选择，只需单击视口中没有物体的地方。

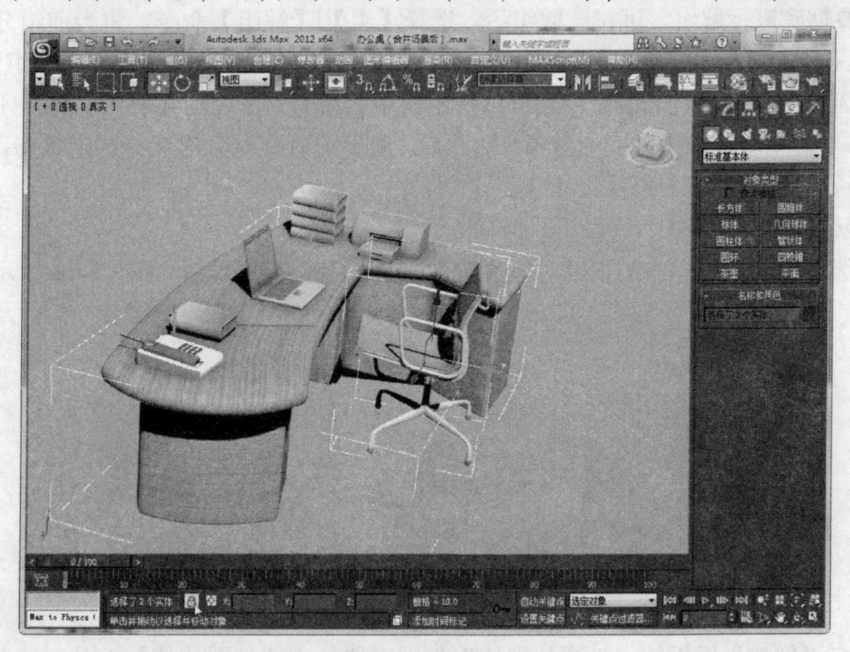

图 2-73　锁定状态

（2）激活锁定的功能后，不能再选择其他对象或取消对象的选取状态。在进行其他操作前，应再次单击【选择锁定切换】按钮，才能返回标准编辑模式。

4. 组对象的操作

（1）要临时对组进行解组，并访问组内的某个对象，可以使用【打开】命令来实现。选取要打开的组后，选择【组】|【打开】命令，组的边界框将变为粉红色。此时，可以使用编辑工具（如【选择】工具等）来单独访问组中的对象。本例将“电话机”组打开后，对子机的“天线”的大小进行缩放，如图 2-74 所示。

用【打开】命令打开组后，选取组中要分离的一个或多个对象，再选择【组】|【分离】命令，即可以从对象的组中分离选定对象。分离后的对象与组完全脱离关系。

（2）缩放组中子机的“天线”对象后，再使用【选择并移动】工具重新调整好其位置，如图 2-75 所示。

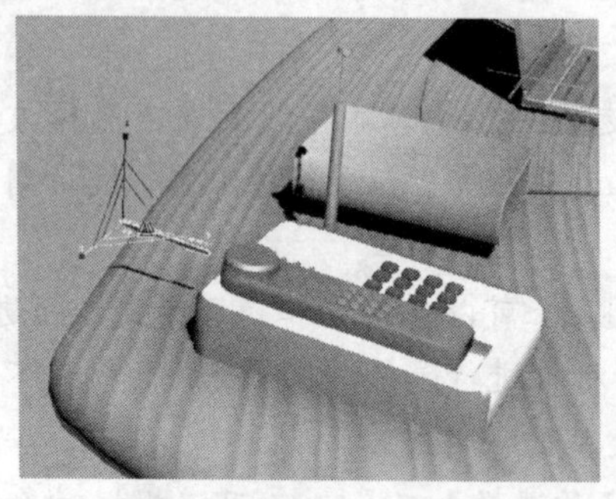

图 2-74　缩放组中的对象

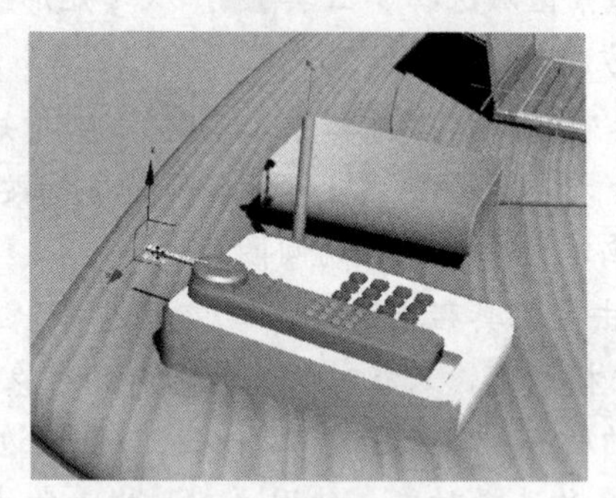

图 2-75　调整对象位置

（3）调整完成后，选择表示组的粉红色边界框，然后选择【组】|【关闭】命令，即可重新组合临时打开的组。

（4）要彻底进行解组，可在选取组后，选择【组】|【解组】命令，将当前组分离为其组件对象或组。选择【解组】后，组内的所有组件都保持选定状态，但它们不再是组的一部分。

（5）选择【组】|【炸开】命令，可以解组组中的所有对象，与【解组】命令不同，炸开后组中的对象被重新解散为独立的对象。炸开后，组中的所有对象都保持选定状态，但不再是该组的成员，且所有嵌套的组都将炸开。

5. 阵列对象

（1）选中“电话机”中的按键对象，按【Delete】键将其删除，如图 2-76 所示。

图 2-76　删除对象

（2）在“创建”面板的“扩展基本体”类别中选择【切角圆柱体】工具，绘制一个圆柱体对象作为新的电话机按键，参数设置和效果如图 2-77 所示。

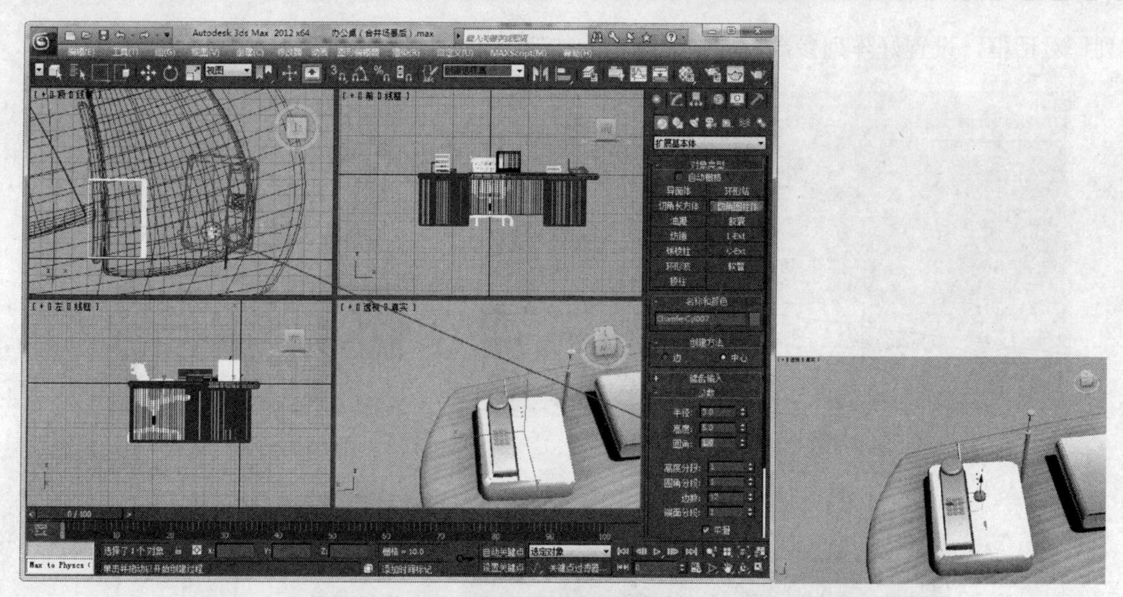

图 2-77　绘制按键

（3）保持对第 1 个按键的选择，从菜单栏中选择【工具】|【阵列】命令，出现“阵列”对话框，可在对话框中进行阵列参数设置，如图 2-78 所示。通过陈列，可以克隆、精确变换和定位多组对象。将选中物体进行一维、二维、三维的复制操作。

对话框中各选项的含义如下。

- “增量”选项：分别用于设置 X、Y、Z 轴向上阵列物体之间距离大小、旋转角度、缩放程度的增量。
- “总计”选项：分别用于设置 X、Y、Z 轴向上阵列物体距离大小、旋转角度、缩放程度的总量。
- “重新定向”选项：选中该选项后，阵列物体在围绕世界坐标轴旋转时也围绕自身坐标旋转。
- “均匀”选项：选中选该项后，“增量”输入框禁止 Y、Z 轴向的参数输入，从而保持阵列物体不产生形变，只进行等比缩放。
- “对象类型”选项：用于设置产生阵列复制物体的属性，有标准复制、实例复制和参考复制 3 种类型。
- “阵列维度”选项：用于确定阵列变换维数，后面设置的维度依次对前一维度发生作用。1D 用于设置一维阵列产生的总数；2D 用于设置二维阵列产生的总数，右侧的 X、Y、Z 用于设置新的偏移值；3D 用于设置三维阵列产生的总数，右侧的 X、Y、Z 用于设置新的偏移值。
- “数量”选项：用于设置阵列各维上对象的总数。
- “阵列中的总数”：显示包括当前选中对象在内所要创建的对象总数。
- 【重置所有参数】按钮：用于将所有参数恢复到默认设置。

（4）单击【确定】按钮，即可按设置的参数阵列出对象，效果如图 2-79 所示。

（5）同时选中已有的 3 个按键，再次从菜单栏中选择【工具】|【阵列】命令，出现“阵

列”对话框，设置好阵列参数后单击【确定】按钮，生成如图 2-80 所示的按键。

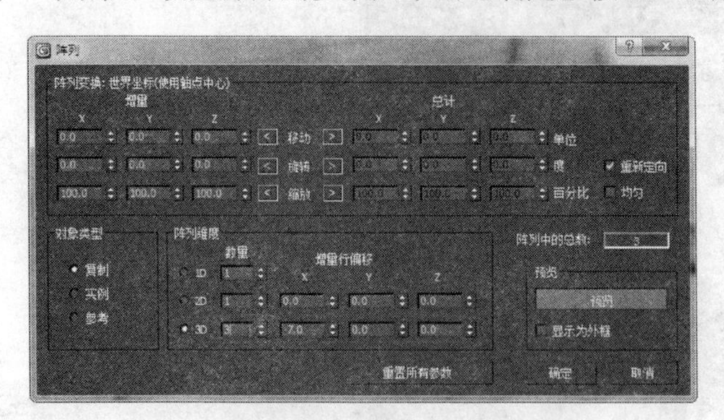

图 2-78 “阵列”参数

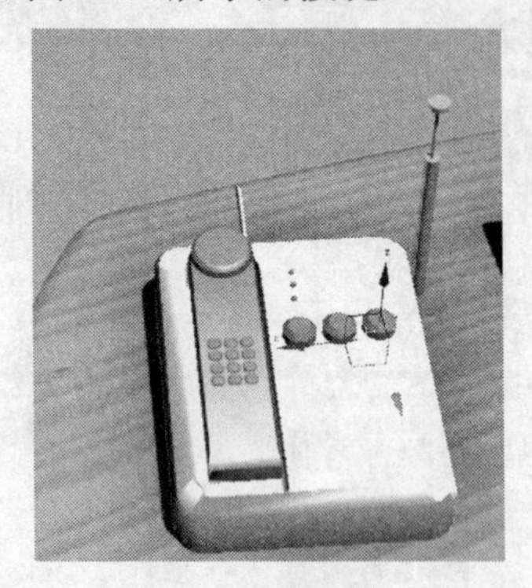

图 2-79 阵列效果

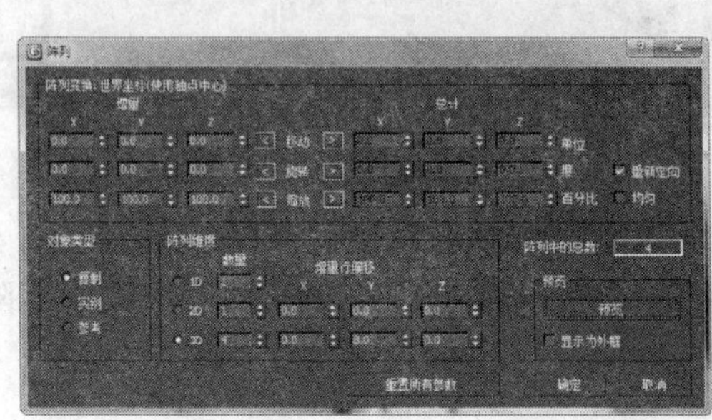

图 2-80 阵列出其他按键

6. 镜像对象

（1）用框选法在场景中选取如图 2-81 所示的 4 本“书”。

（2）使用主工具栏上的【镜像】工具，可以使物体沿设置的坐标轴向进行移动或复制操作。选择该工具后，在出现的“镜像”对话框中设置好镜像参数，如图 2-82 所示。

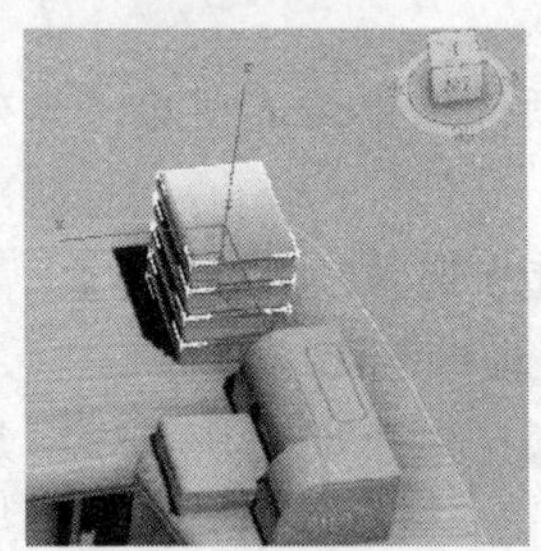

图 2-81 选择对象

主要的镜像参数如下。

- 镜像轴：用于设置镜像的轴向，共提供了 6 个轴向选项。
- 偏移：用于设置镜向物体和原始物体轴心点之间的距离。
- 克隆当前选择：用于设置是否克隆及克隆的方法。选择“不克隆”选项，仅会镜像物体，不进行复制；选择“复制”选项将选中物体复制镜像到指定位置；选择“实例”选项，会将选中的物体复制镜像到指定位置，但它具有关联属性，即复制对象后，对复制物体和原始物体任何一个进行修改，另一个也会同时产生变化；选择“参考”选项，会将选中物体复制镜像到指定位置，但它具有参考属性，即单向的关联，对原始物体进行修改会影响复制物体，对复制物体进行修改不会影响原始物体。

● 镜像 IK 限制：选中该项，在镜像几何体时，连同它的 IK 约束一同镜像。

图 2-82　镜像参数设置

（3）单击【确定】按钮，即可使所选的 4 本“书”镜像翻转，如图 2-83 所示。

7. 对齐对象

（1）选中场景中如图 2-84 所示的“书”对象。

图 2-83　镜像效果

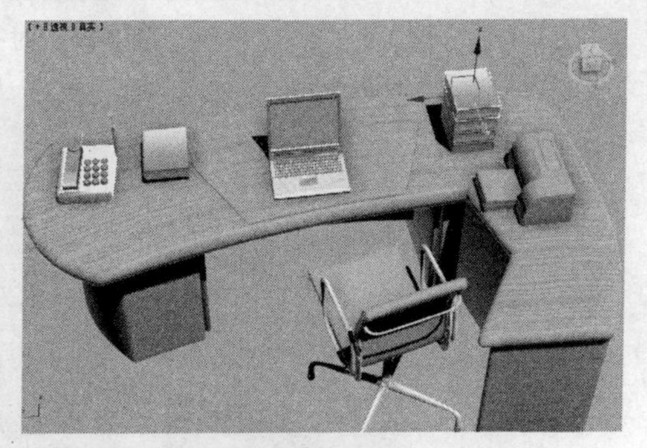

图 2-84　选择要对齐的对象

（2）从“对齐”工具组中选择【对齐】工具，在状态栏中出现“拾取对齐目标对象”的提示后，在场景中将光标移向要与当前选中对象对齐的目标对象（另一本“书”对象），如图 2-85 所示。

（3）单击目标对象，出现如图 2-86 所示的“对齐当前选择”对话框。

提示　“对齐当前选择”对话框分为“对齐位置”、“对齐方向（局部）”和“匹配比例”几个选项组。其功能如下。

● “X/Y/Z 位置”选项用于指定执行对齐操作的一个或多个轴，如果同时选中 3 个选项，可以将当前对象移动到目标对象位置，与目标对象重叠。

● “当前对象”/“目标对象”子选项组用于指定对象边界框上用于对齐的点，可以为当前对象和目标对象选择不同的点。选择“最小”选项，可以将具有最小 X、Y 和 Z 值的对象边界框上的点与其他对象上选定的点对齐；选择“中心”选项，可以将对象边界框的中心与其他对象上的选定点对齐；选择“轴点”选项，可以将对象的轴点与其他对象上的选定点对齐；选择“最大”选项：可以将具有最大 *X*、*Y* 和 *Z* 值的对象边界框上的点与其他对象上选定的点对齐。

- “对齐方向（局部）”组：“*X* 轴”、“*Y* 轴”和“*Z* 轴”复选项用于在轴的任意组合上匹配两个对象之间的局部坐标系的方向。该选项与位置对齐设置无关。位置对齐使用世界坐标，而方向对齐使用局部坐标。
- “匹配比例”组：“*X* 轴”、“*Y* 轴”和“*Z* 轴”复选项用于匹配两个选定对象之间的缩放轴值。

图 2-85　对齐操作状态

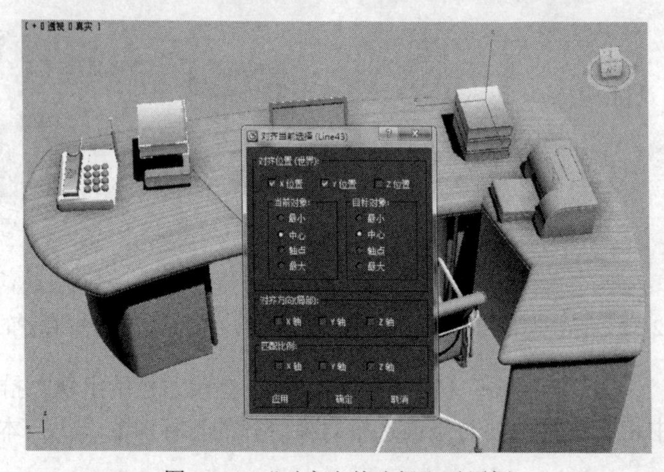

图 2-86　“对齐当前选择”对话框

（4）选中“对齐位置”组中的“*X* 位置”和“*Y* 位置”选项，即可在 4 个视口中预览到对齐效果，再将“当前对象”和“目标对象”的对齐位置都设置为“中心”，单击【确定】按钮，即可将之前选中的对象与目标对象对齐，效果如图 2-87 所示。

（5）使用【选择并移动】工具向下移动对象，效果如图 2-88 所示。

（6）从“对齐工具”组中选择【快速对齐】工具，可将当前选择的位置与目标对象的位置立即对齐，如图 2-89 所示。如果当前选择是单个对象，则“快速对齐”使用两个对象的轴。如果当前选择包含多个对象或子对象，则使用“快速对齐”可将源的选择中心与目标对象的轴对齐。

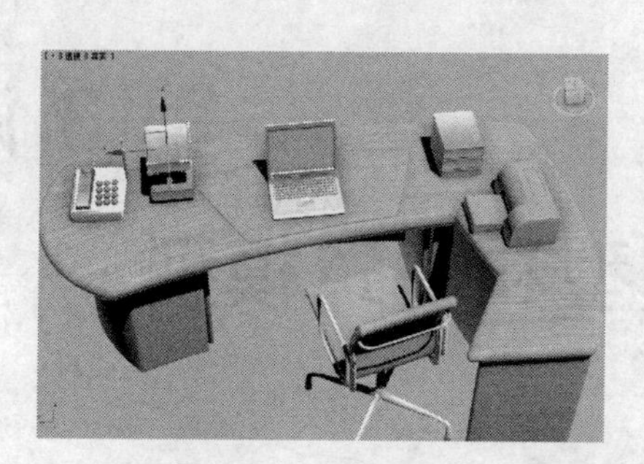

图 2-87　对齐效果

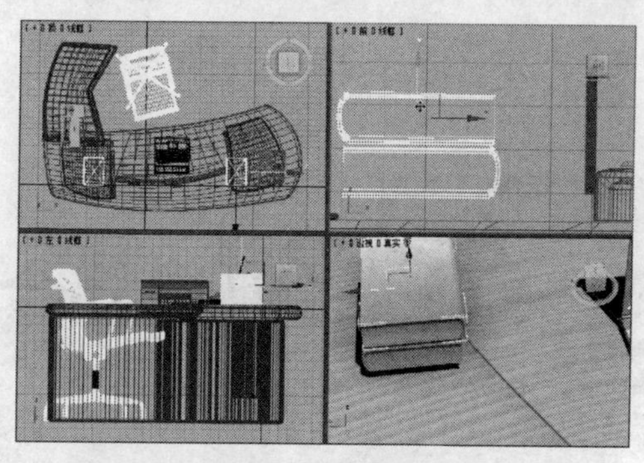

图 2-88　移动对象

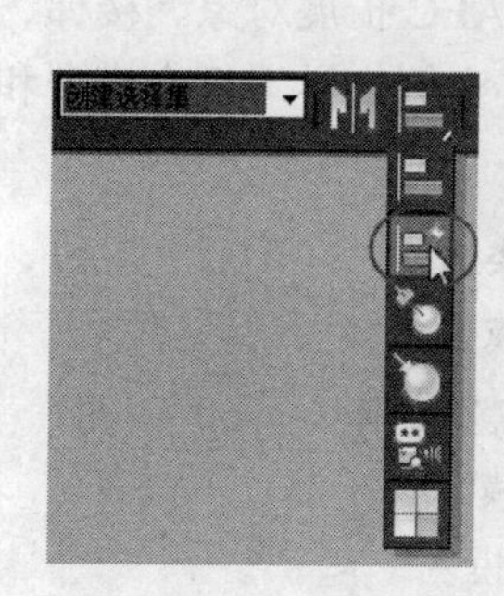

图 2-89　快速对齐对象

（7）保存场景文件，完成“办公桌”模型的制作。

课后练习

1．综合使用各种标准基本体工具，创建一个书柜模型。

2．综合使用各种扩展基本体工具，创建一个玩具模型。

3．收集整理一些.max 格式的模型素材，然后将它们合并到同一个场景中，通过编辑处理，制作出一个商店的柜台模型。

第 3 课

创建复合模型和建筑模型

本课知识结构

3ds Max 的“创建”面板中提供了一种“复合对象”创建工具，可以创建出由两个或两个以上对象复合而成的复杂对象。此外，使用“创建”面板中的 AEC 扩展对象、楼梯、门和窗等创建工具，可以创建出建筑需要的专用标准模型。本课将通过实例来学习复合模型和建筑专用模型的创建与设置方法，具体知识结构如下。

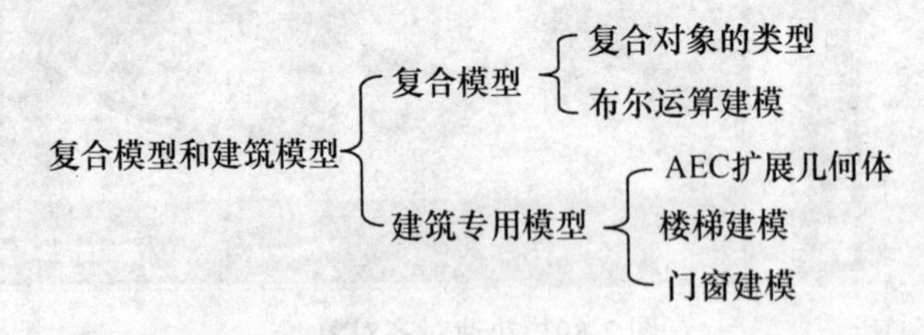

就业达标要求

☆ 了解复合模型的基础知识和创建方法。

☆ 重点掌握利用布尔运算创建组合模型的方法。

☆ 了解建筑模型的基础知识。

☆ 掌握建筑专用模型的创建方法。

3.1　实例：砚台（复合对象）

复合模型是指由两个或多个对象组合而成的单个对象模型。3ds Max 在“创建”面板中的“几何体”选项的“复合对象”类别中，提供了变形复合对象、散布复合对象、一致复合对象、连接复合对象、水滴网格复合对象、图形合并复合对象、布尔复合对象、地形复合对象、放样复合对象、网格化复合对象、ProBoolean 复合对象和 ProCutter 复合对象等 12 种复合对象的创建工具。

本节以制作如图 3-1 所示的“砚台”模型为例，介绍创建复合对象模型的基本方法和技巧（模型的具体尺寸参考本书“配套资料\chapter03\3-1 砚台.max”文件）。

（1）启动 3ds Max，从菜单栏中选择【自定义】|【单位设置】命令，在出现的“单位设置”对话框中将“显示单位比例”设置为“公制”，将单位设置为“毫米”。再单击【系统单位设置】按钮，在“系统单位设置”对话框中将“系统单位比例”设置为 1.0 毫米。

（2）使用【长方体】工具在“顶”视口中拖动鼠标绘制一个长方体对象，然后在“参数”卷展栏中设置其参数，参数设置和效果如图 3-2 所示。

图 3-1　“砚台”模型

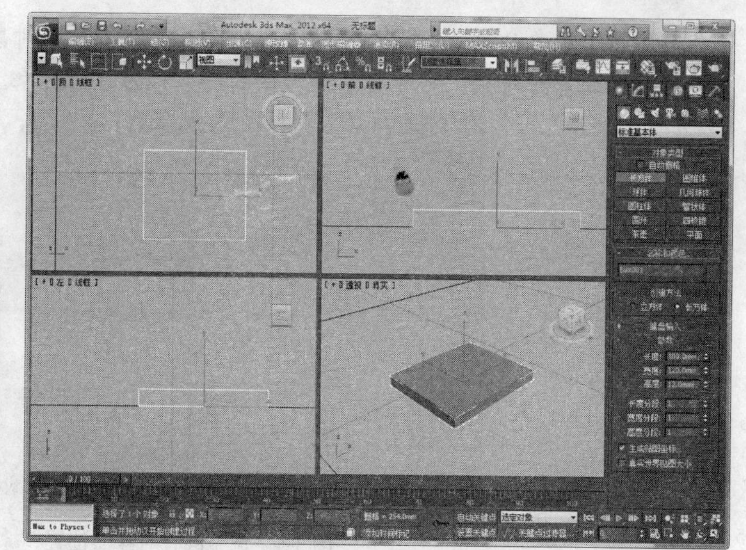

图 3-2　绘制长方体

（3）选择【管状体】工具，在“顶”视口中拖动鼠标绘制一个圆管对象，然后在“参数”卷展栏中设置其参数，参数设置和效果如图 3-3 所示。

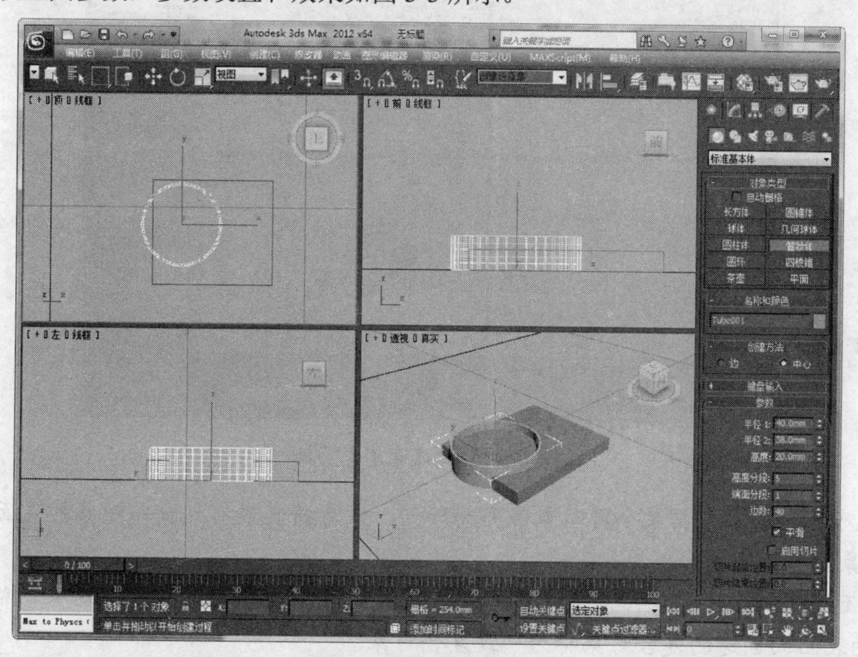

图 3-3　绘制圆管对象

（4）使用【选择并移动】工具，分别在“顶”“前”和“左”视口中调整圆管对象的位置，如图 3-4 所示。

（5）保持“圆管对象”的选择，然后在“创建”命令面板的“几何体”下选择“复合对象”选项，再从复合对象的对象类型中选择【布尔】工具，如图 3-5 所示。

提示　“复合对象”的对象类型包括以下几种。

- 变形复合对象：一种动画技术，变形复合对象可以通过插补第 1 个对象的顶点，使其与另一个对象的顶点位置相符的方法来合并两个或多个对象。在变形复合对象中，原始对象称为种子或基础对象，种子对象变形成的对象称为目标对象。

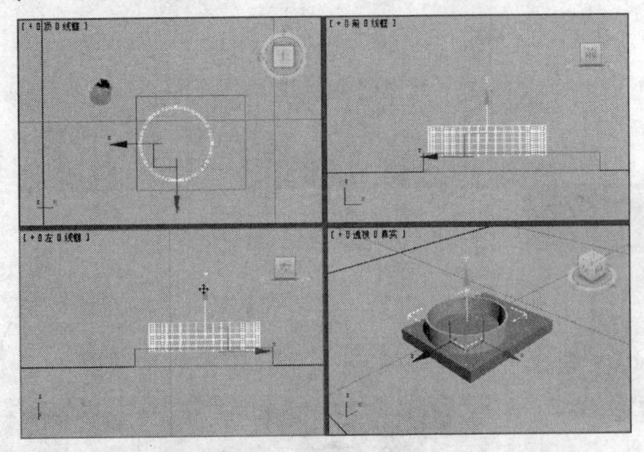

图 3-4　调整圆管对象的位置

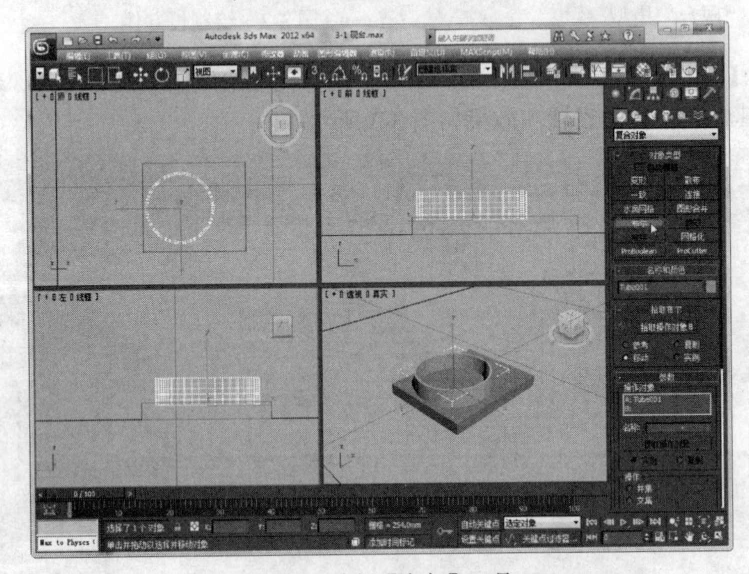

图 3-5　选择【布尔】工具

● 散布复合对象：将某个源对象散布为阵列，或者将其散布到分布对象的表面后所形成的复合对象称为散布复合对象。

● 一致复合对象：将某个对象（称为“包裹器”）的顶点投影至另一个对象（称为“包裹对象”）的表面而创建的复合对象称为一致复合对象。

● 连接复合对象：将一个对象表面上的“洞”连接到两个或多个对象后形成的复合对象称为连接复合对象。

● 水滴网格复合对象：一种利用几何体或粒子创建一组球体，还可以将球体连接起来，就好像这些球体是由柔软的液态物质构成的一样。这种复合对象有一个特点，当球体在离另一个球体的一定范围内移动时，它们就会连接在一起；当球体相互移开时，又会重新显示球体的形状。

● 图形合并复合对象：一种包含网格对象和一个或多个图形的复合对象，其中的图形会嵌入在网格中，或者从网格中消失。

● 布尔复合对象：一种通过两个对象执行布尔并集、交集或差集操作而组合起来的复合对象。

● 地形复合对象：一种利用轮廓线数据生成的复合对象。可以根据选择表示海拔轮廓的可编辑样条线，并在轮廓上创建网格曲面，还可以创建地形对象的“梯田”表示，使每个层级的轮廓数据都是一个台阶。

● 放样复合对象：一种沿着第 3 个轴挤出的二维图形，可以通过两个或多个样条线对象来创建放样对象。其中一条样条线作为路径，其余样条线作为放样对象的横截面或图形，当沿着路径排列图形时，就会在图形之间生成曲面。

● 网格化复合对象：一种以每帧为基准将程序对象转化而成的网格对象。网格化复合对象可以使用弯曲、UVW 贴图等修改器进行编辑。

● ProBoolean 复合对象：一种将大量功能添加到传统布尔对象而形成的新对象，如果每次使用不同的布尔运算，就会立刻组合出多个对象。ProBoolean 还可以自动将布尔结果细分为四边形面，以便于进行网格平滑和涡轮平滑。

● ProCutter 复合对象：也用于执行特殊的布尔运算，以便进行分裂或细分体积等操作。

（6）在命令面板中展开“参数”卷展栏，选择“操作”选项为“差集（B-A）”，如图 3-6 所示。

（7）单击“拾取布尔”卷展栏中的【拾取操作对象 B】按钮，然后将光标指向场景中的长方体对象，如图 3-7 所示。

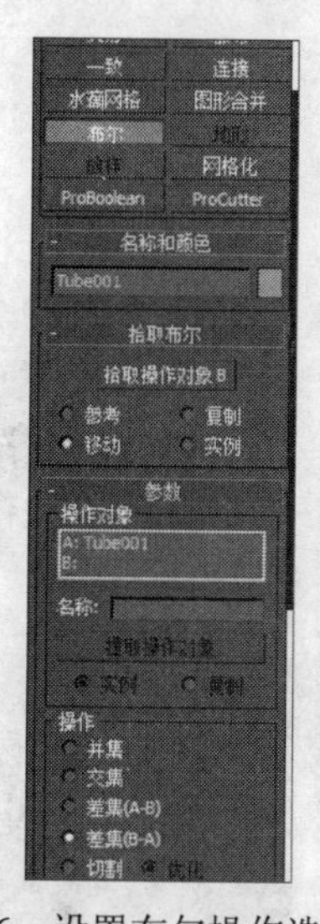

图 3-6　设置布尔操作选项

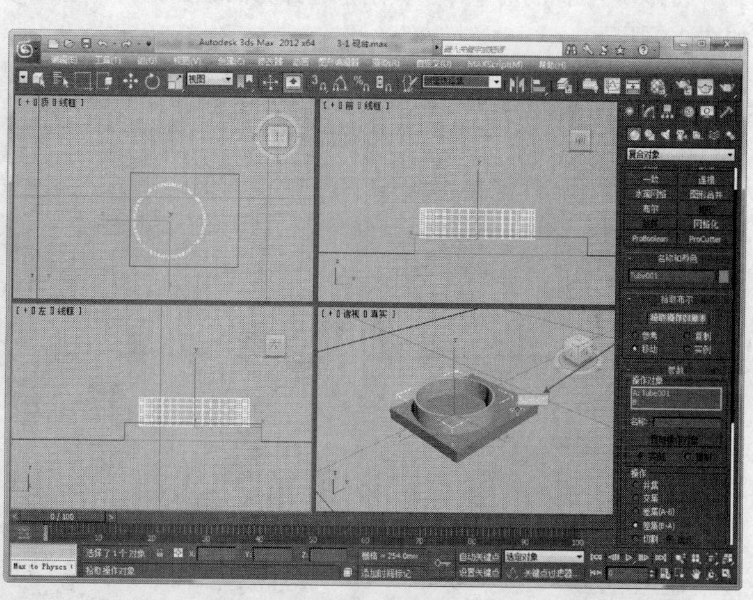

图 3-7　准备拾取对象

（8）单击长方体对象，即可完成“差集”运算，从长方体对象中减去圆管部分，效果如图 3-8 所示。

布尔对象是一种通过对其他两个对象执行布尔操作而获得的组合对象。在 3ds Max 中，可对一个对象进行多次的布尔运算，还可对原对象的参数进行修改，且直接影响布尔运算的结果。常用的几何体的布尔操作有以下几种。

● 并集：移去几何体的相交部分或重叠部分，使运算后的对象包含两个原始对象的体积。

并运算一般用于将两个相交的对象合并相加为一个对象。

● 交集：只包含两个原始对象共用的体积。通过交运算，可以将两个对象的重叠部分复合为一个特殊对象。

● 差集：只包含减去相交体积的原始对象的体积。3ds Max 提供了两种差运算的方式，一是 A-B，即从先选中的对象 A 中减去后选中的对象 B；二是 B-A，即从后选中的对象 B 中减去先选中的对象 A。

● 切割：在“操作”卷展栏中还有一种“切割”运算。该运算使用操作对象 B 切割操作对象 A，但不给操作对象 B 的网格添加任何内容。切割有优化、分割、移除内部和移除外部 4 种类型。

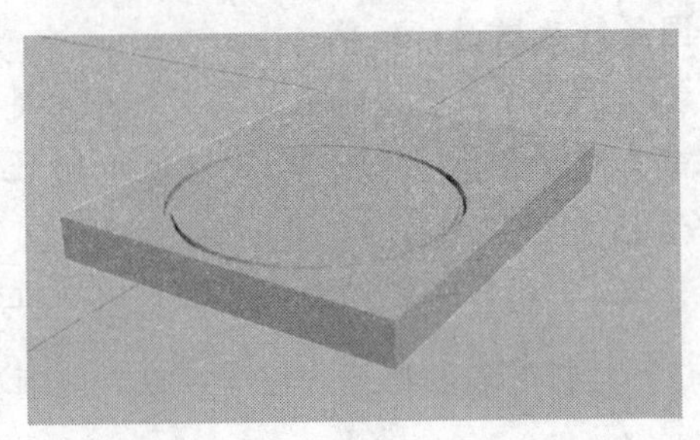

图 3-8 “差集”运算效果

（9）从“扩展基本体”类别中选择【油罐】工具，绘制一个油罐，参数设置和绘制效果如图 3-9 所示。

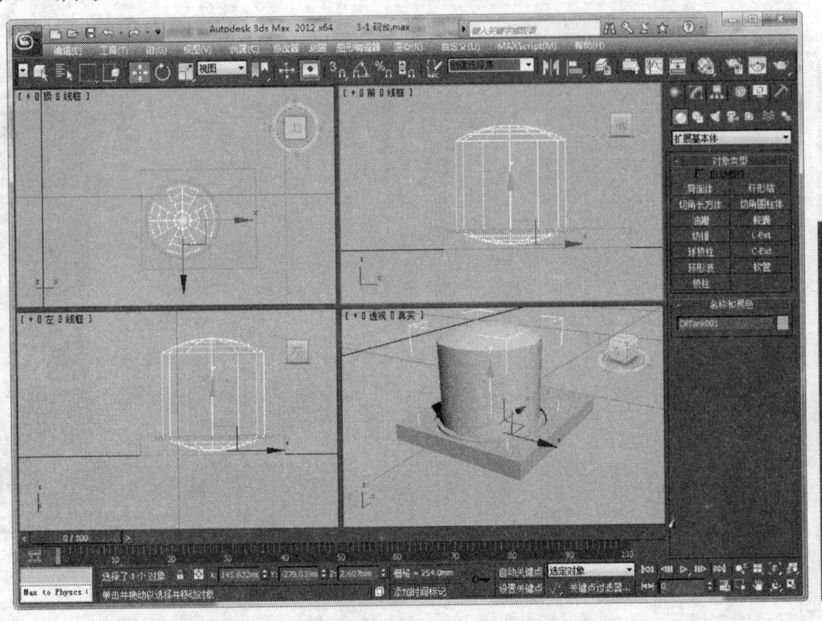

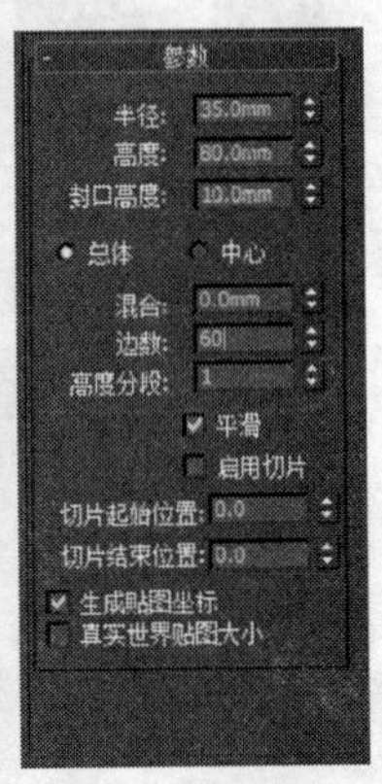

图 3-9 绘制“油罐”

（10）从“复合对象”类别中选择【布尔】工具，在命令面板中展开“参数”卷展栏。选择“操作”选项为“差集（B-A）”，单击“拾取布尔”卷展栏中的【拾取操作对象 B】按钮，然后将光标指向场景中的长方体对象，单击长方体对象，即可完成“差集”运算，从长方体对象中减去油罐部分，效果如图 3-10 所示。

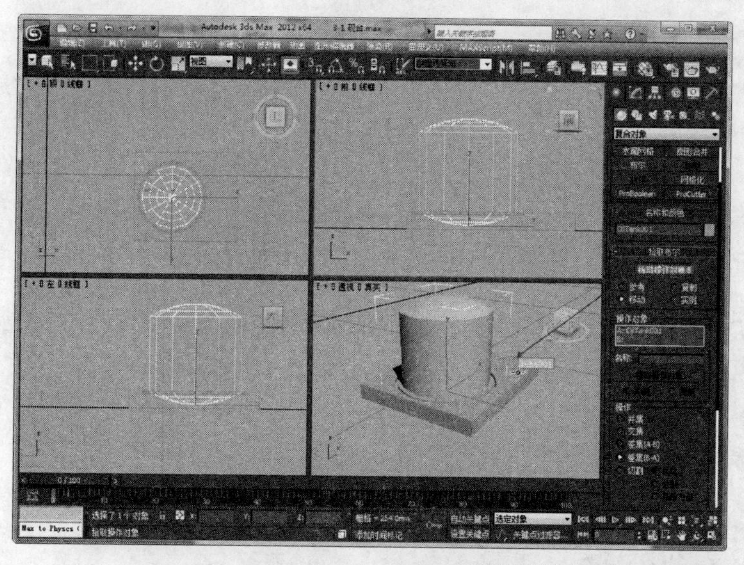

图 3-10　再次进行"差集"运算

（11）从"扩展基本体"类别中选择【纺锤】工具，在"前"视口中绘制一个纺锤体，如图 3-11 所示。

（12）切换到"修改"面板，对纺锤体的参数进行设置，如图 3-12 所示。

（13）再切换到"创建"面板，从"复合对象"类别中选择【布尔】工具，在命令面板中展开"参数"卷展栏。选择"操作"选项为"差集（B-A）"，单击"拾取布尔"卷展栏中的【拾取操作对象 B】按钮，然后将光标指向场景中的长方体对象，单击长方体对象，即可完成"差集"运算，从长方体对象中减去纺锤体部分，效果如图 3-13 所示。

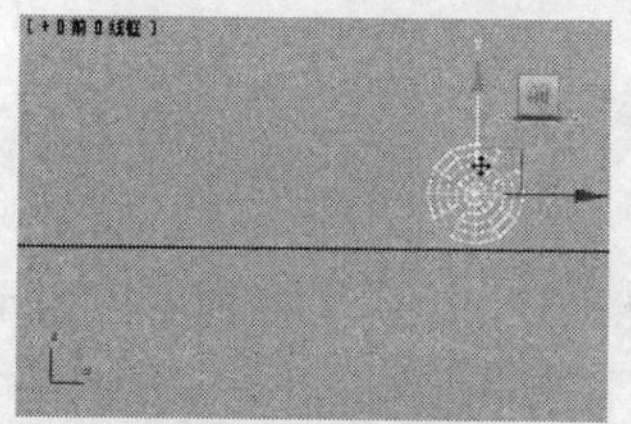

图 3-11　绘制纺锤体

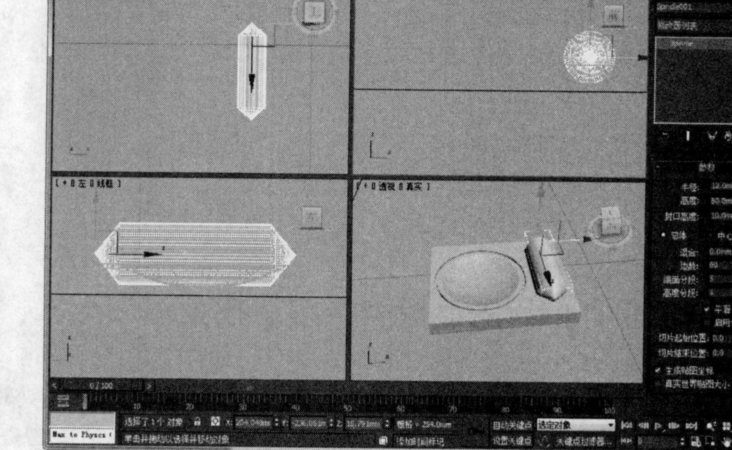

图 3-12　设置纺锤体的参数

（14）在"Windows 资源管理器"窗口中找到"砚台"的贴图图像（本书"配套资料\chapter03\贴图\3-1.jpeg"文件），将其拖放到场景中的对象上，即可快速为模型添加贴图效果，如图 3-14 所示。

（15）保存场景文件，完成"砚台"模型的创建。

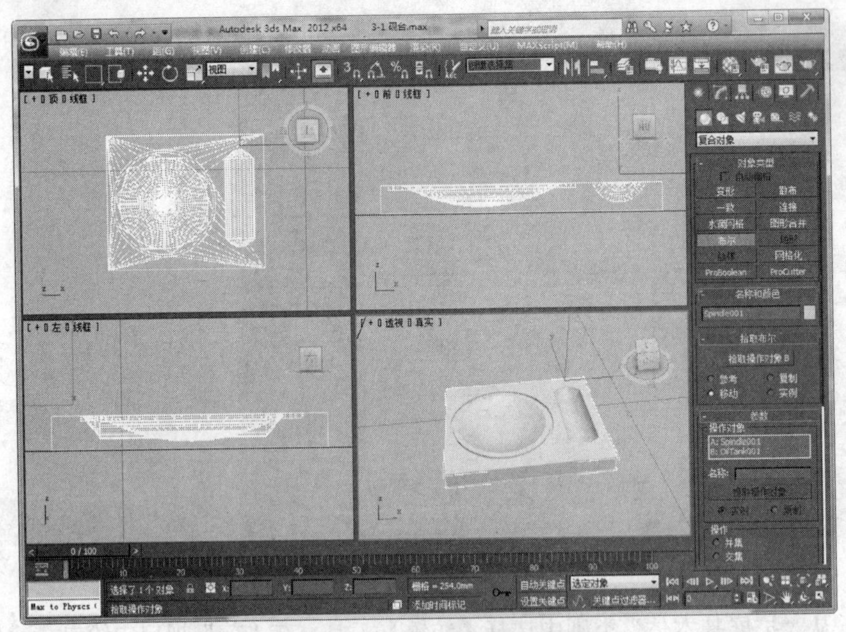

图3-13 布尔运算效果

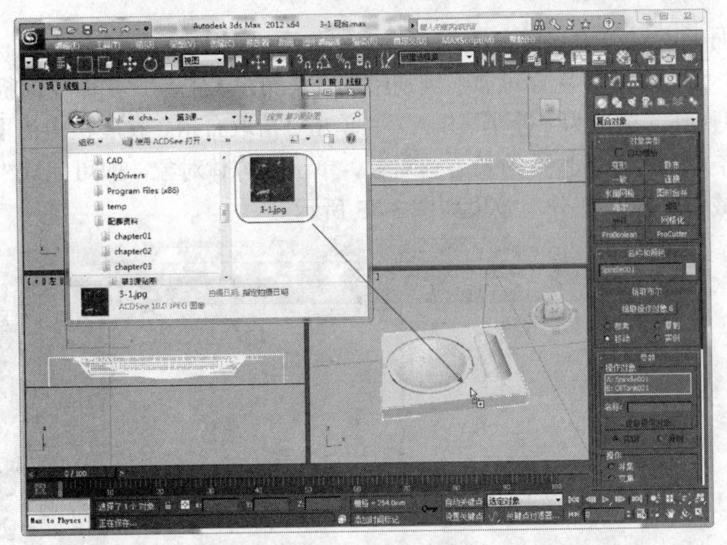

图3-14 为模型添加贴图

3.2 实例：门厅基础模型（建筑模型）

建筑设计和装潢设计是3ds Max主要的应用领域之一。3ds Max因此提供了多种专门用于建筑模型创建的工具，它们分别是AEC扩展几何体（包括植物、栏杆和墙）、门、窗和楼梯。

本节以制作如图3-15所示的“门厅基础模型”为例，介绍建筑模型工具的应用方法和技巧（模型的具体尺寸参考本书“配套资料\chapter03\3-2门厅.max”文件）。

1. 创建墙体模型

（1）启动3ds Max，从菜单栏中选择【自定义】|【单位设置】命令，在出现的“单位设置”对话框中将“显示单位比例”设置为“公制”，将单位设置为“毫米”。再单击【系统单位

设置】按钮，在“系统单位设置”对话框中将“系统单位比例”设置为 1.0 毫米。

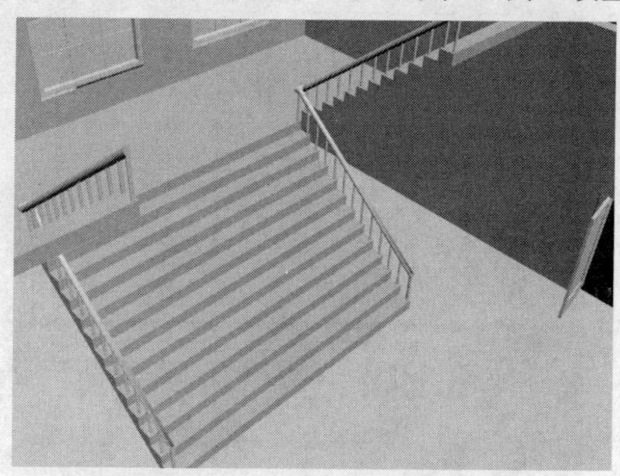

图 3-15　门厅的基础模型

（2）墙体是最常用的建筑对象，可以使用 AEC 扩展几何体中的【墙】工具来精确地创建出各种墙体。从“几何体”创建面板的类别下拉菜单中选择“AEC 扩展”选项，从出现的子类别中选择【墙】工具，如图 3-16 所示。

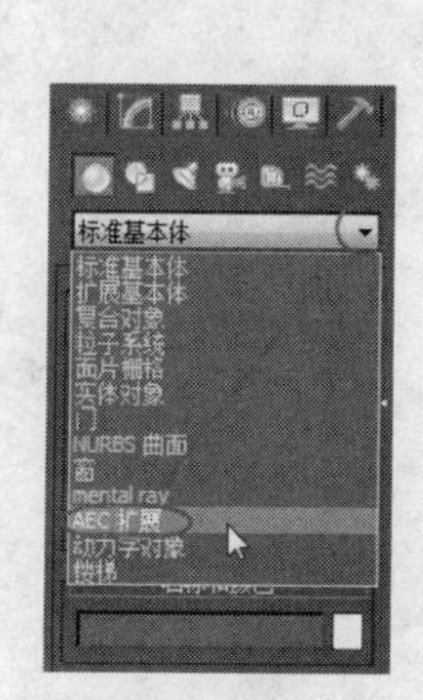

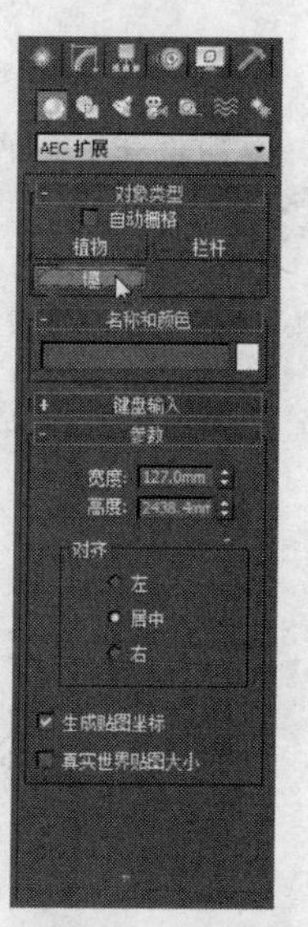

图 3-16　选择“AEC 扩展”几何体子类别中的【墙】工具

（3）在“参数”卷展栏中设置好墙的“宽度”、“高度”和“对齐”参数，如图 3-17 所示。

除了【墙】工具外，还可以使用【植物】工具来快速、高效地制作出各种植物对象。创建后，可以通过参数面板控制植物的高度、密度、修剪、种子、树冠显示和细节级别。也可以利用【栏杆】工具创建出各种样式的栅栏。栏杆模型的组件包括栏杆、立柱和栅栏，栅栏又包括支柱（栏杆）或实体填充材质，如玻璃、木条等。

（4）展开“键盘输入”卷展栏，在其中指定墙的起点坐标，然后单击【添加点】按钮确认起点，如图 3-18 所示。

（5）在“键盘输入”卷展栏中指定第 1 段墙的终点坐标，然后单击【添加点】按钮确认，即可创建出如图 3-19 所示的一段墙体。

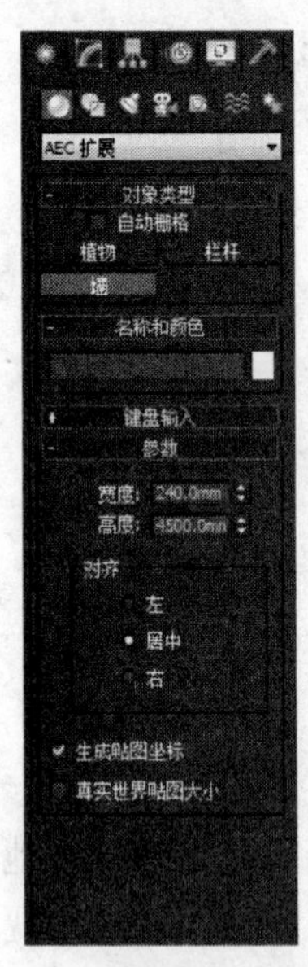

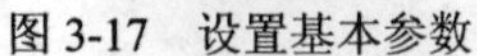
图 3-17 设置基本参数

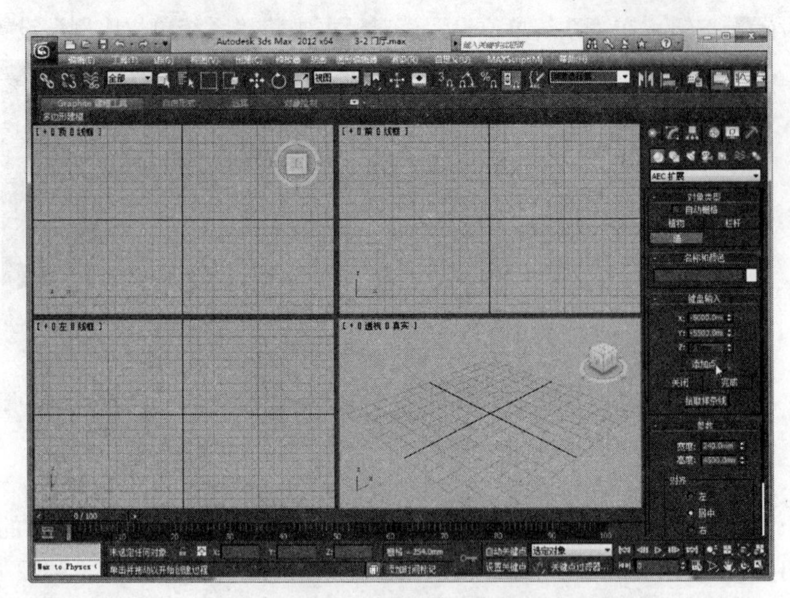

图 3-18 指定墙的起点坐标

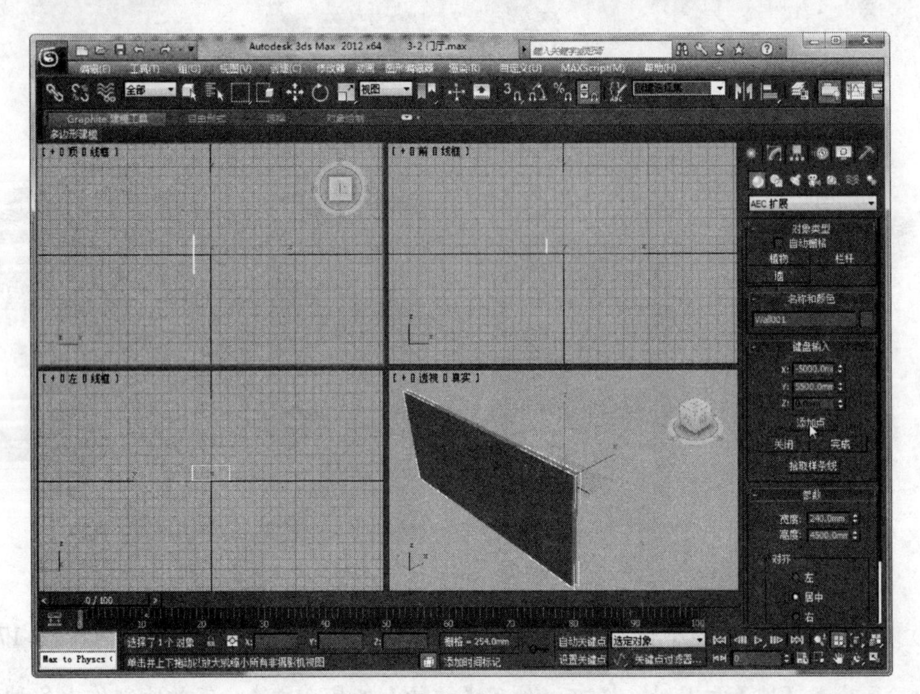

图 3-19 绘制第 1 段墙体

（6）用同样的方法绘制第 2 段墙体，参数设置和效果如图 3-20 所示。

（7）再用同样的方法绘制第 3 段墙体，参数设置和效果如图 3-21 所示。

（8）右击“主工具”栏上的【捕捉开关】工具，在出现的“栅格和捕捉设置”对话框中仅选中“端点”选项，如图 3-22 所示。设置后单击【关闭】按钮退出。

（9）单击【捕捉开关】工具将其激活（使其处于“按下”状态），然后从“标准基本体”类别中选择【平面】工具，将光标移动到“顶”视口中捕捉墙体左上角的端点，如图 3-23 所示。

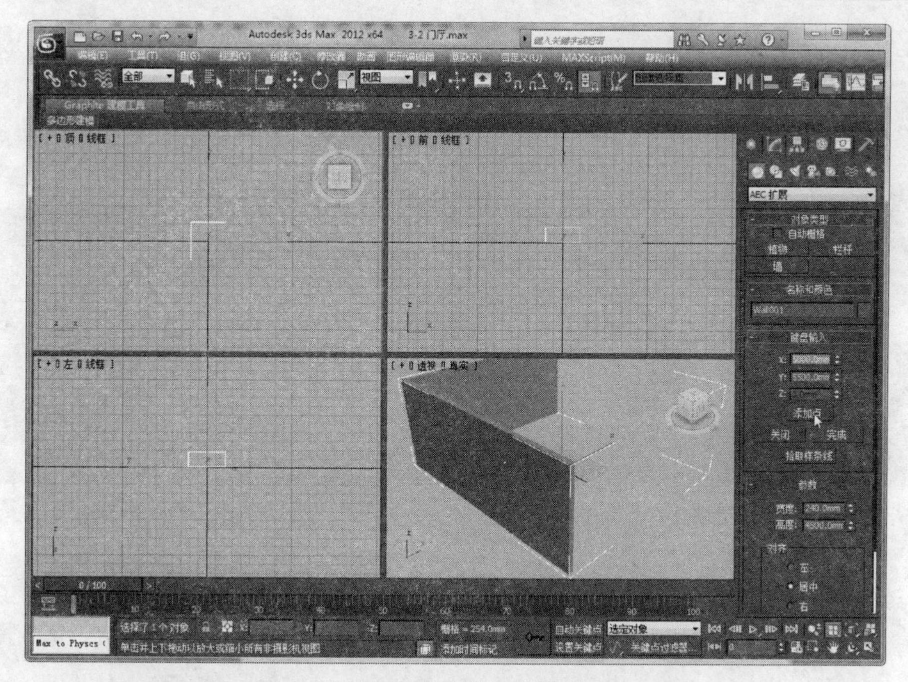

图 3-20　绘制第 2 段墙体

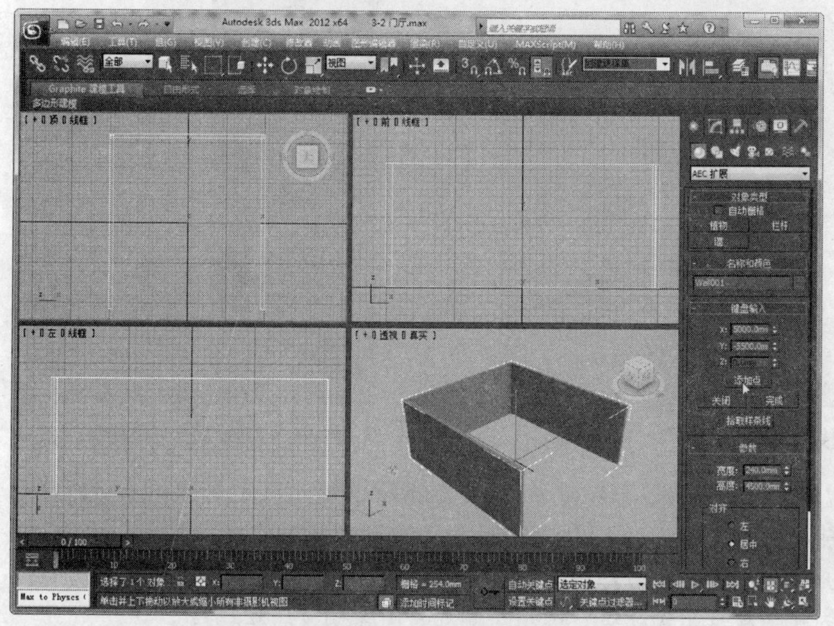

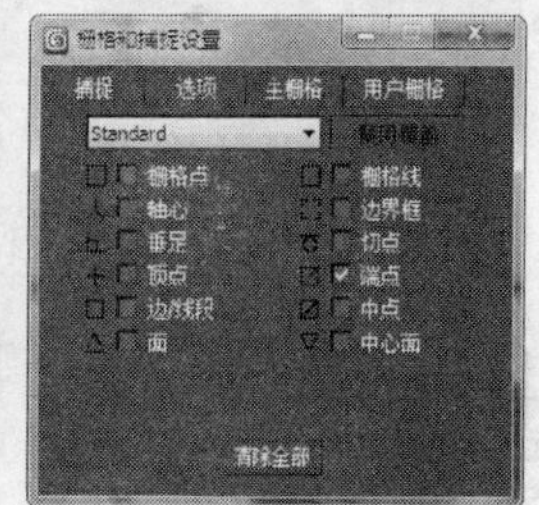

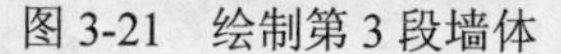
图 3-21　绘制第 3 段墙体

图 3-22　设置捕捉选项

（10）单击鼠标确定“平面”的第 1 个点后拖动鼠标，捕捉到墙体右下角的端点后单击鼠标，即可创建出如图 3-24 所示的平面对象，其大小和墙体外侧的大小完全相同。

（11）使用【选择并移动】工具将“平面”对象移动到墙体下方，如图 3-25 所示。

2．创建楼梯模型

（1）从“几何体”创建面板的类别下拉菜单中选择“楼梯”选项，从出现的子类别中选择【U 型楼梯】工具，并将楼梯的设置为“封闭式”，如图 3-26 所示。

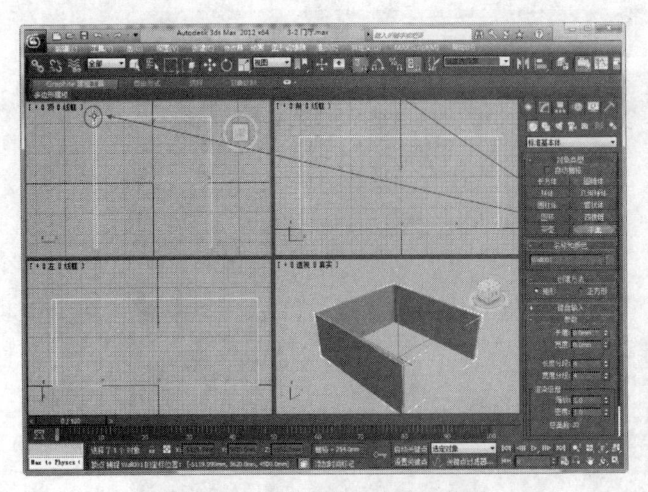

图 3-23　捕捉墙体左上角的端点

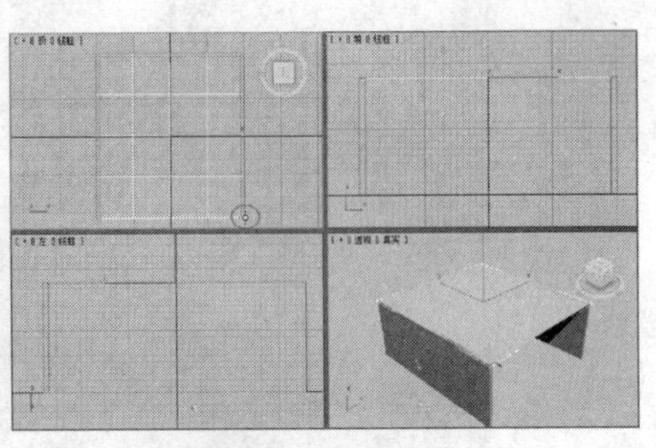

图 3-24　绘制平面

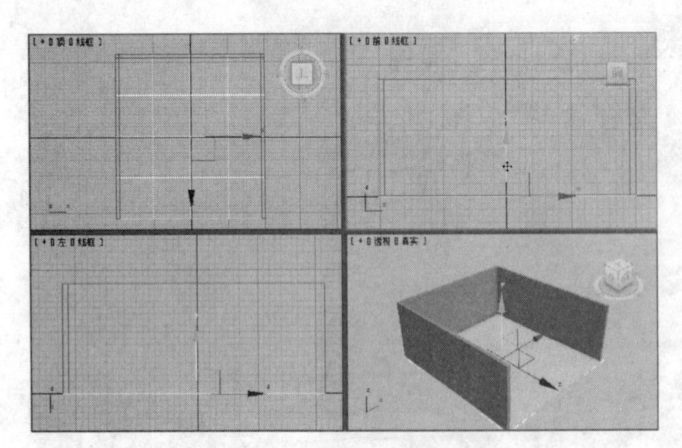

图 3-25　移动“平面”对象

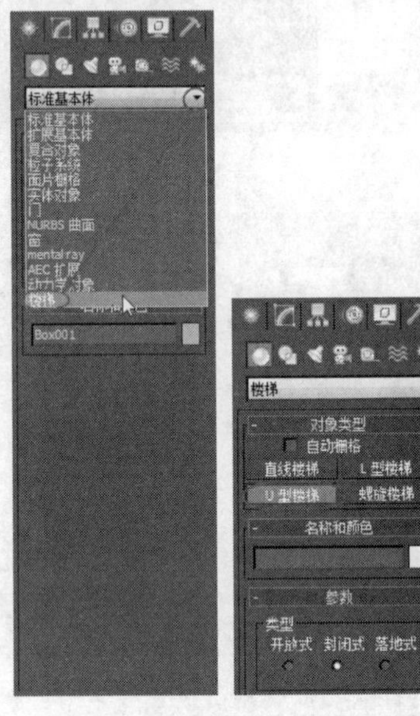

图 3-26　选择【U 型楼梯】工具

3ds Max 提供了螺旋楼梯、直线楼梯、L 型楼梯和 U 型楼梯 4 种不同类型的楼梯创建工具。每种楼梯都提供了“类型”选项，可以调整楼梯的外形。其中，“开放式”选项创建的是开放式的梯级竖板楼梯；“封闭式”创建的是封闭式的梯级竖板楼梯；“落地式”则创建带有封闭式梯级竖板和两侧有封闭式侧弦的楼梯。

（2）在“顶”视口中拖动鼠标创建一个初步的楼梯模型，如图 3-27 所示。

（3）在“参数”卷展栏中修改楼梯的布局参数和梯级参数，参数设置如图 3-28 所示。

（4）单击“主工具”栏上的【镜像】工具，打开“镜像”对话框，参数设置如图 3-29 所示。

（5）单击【确定】按钮，得到如图 3-30 所示的镜像效果。

（6）使用【选择并移动】工具，将镜像生成的楼梯副本移动到房间右侧并与第 1 个楼梯对象对齐，如图 3-31 所示。

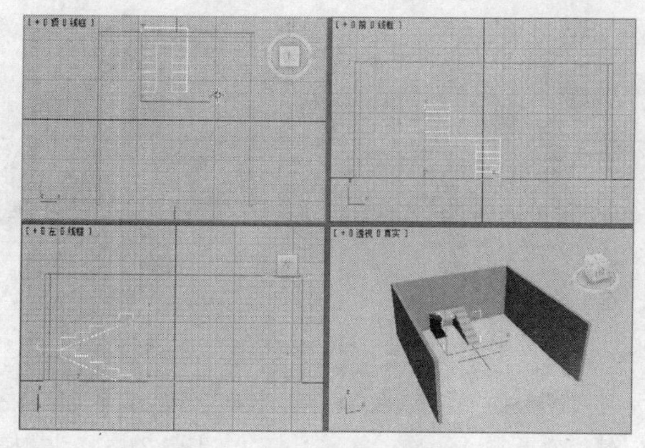

图 3-27　创建初步的楼梯模型

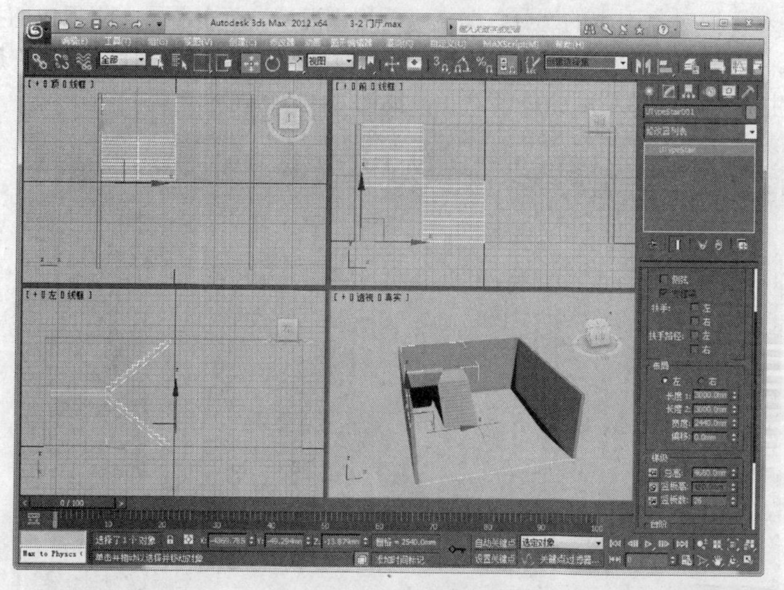

图 3-28　更改楼梯参数

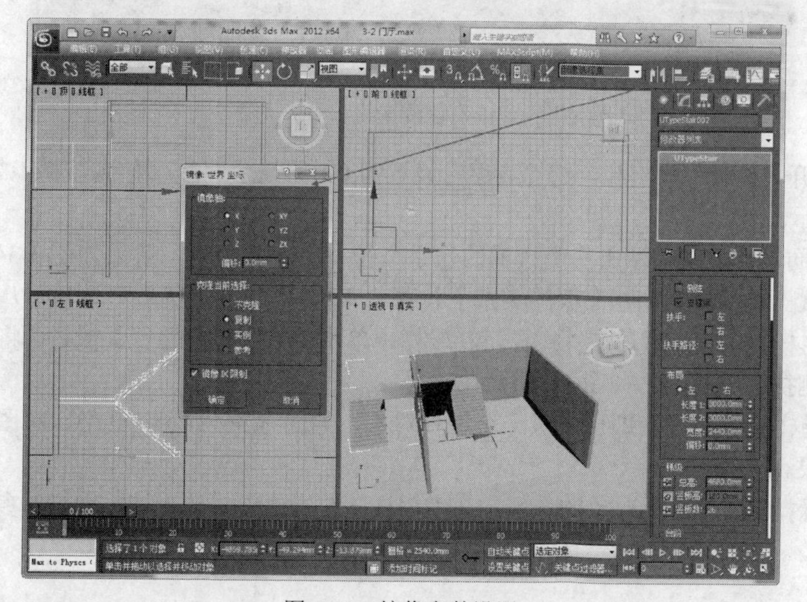

图 3-29　镜像参数设置

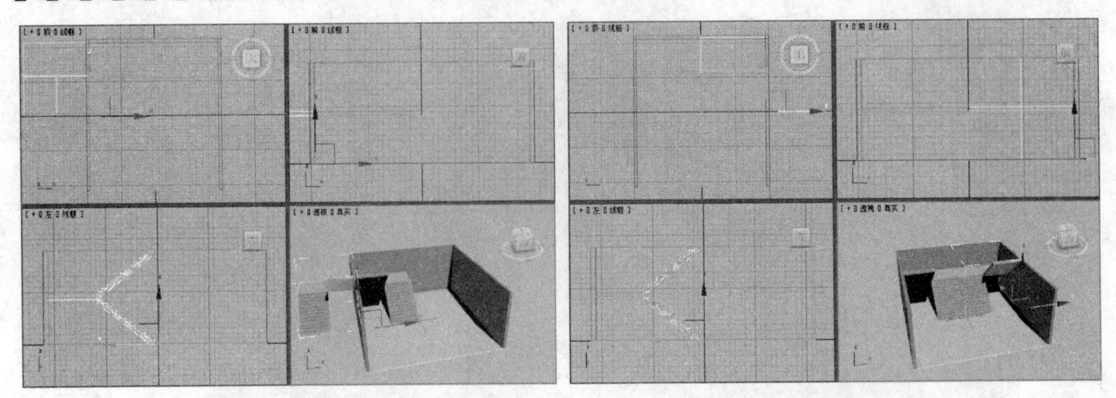

图 3-30 镜像效果　　图 3-31 移动楼梯对象的副本

（7）保持对楼梯对象副本的选择，激活“透视”视口，单击【最大化视口切换】工具将其最大化显示。然后在“参数”卷展栏的“生成几何体”组中选取“扶手路径”后的“左”选项，在场景中生成当前楼梯左侧的扶手路径，如图 3-32 所示。

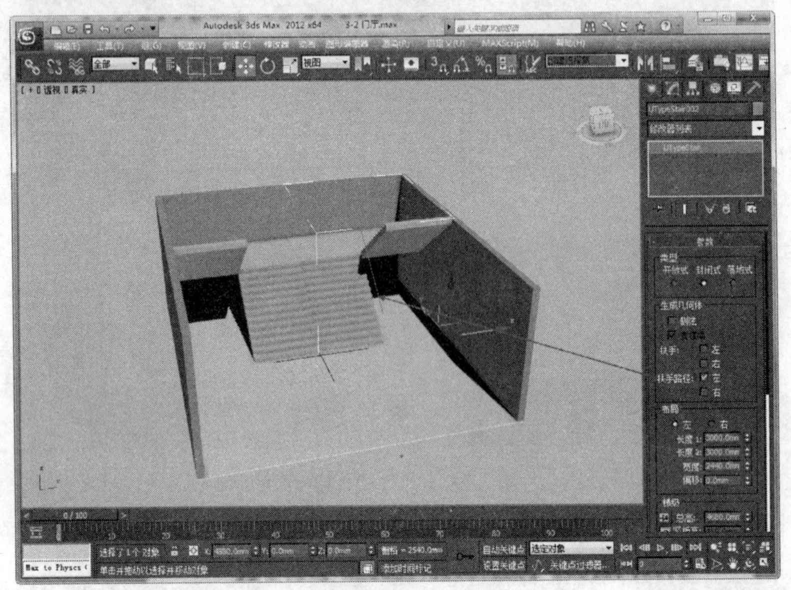

图 3-32 生成右侧楼梯的左侧扶手路径

（8）展开“栏杆”卷展栏，将“高度”设置为 0，将扶手路径下移到与梯步靠齐的位置，如图 3-33 所示。

（9）用同样的方法显示出左侧楼梯的扶手路径并更改其高度，效果如图 3-34 所示。

（10）从“几何体”创建面板的类别下拉菜单中选择“AEC 扩展”选项，从出现的子类别中选择【栏杆】工具，然后在“栏杆”卷展栏中单击【拾取栏杆路径】按钮，将光标移动到场景中的右侧扶手路径上，如图 3-35 所示。

（11）单击扶手路径，即可生成一个栏杆对象，如图 3-36 所示。其中，右图为更改视角后的观察效果。

（12）保持对“栏杆”对象的选择，在“栏杆”卷展栏中修改上、下围栏的参数，效果如图 3-37 所示。

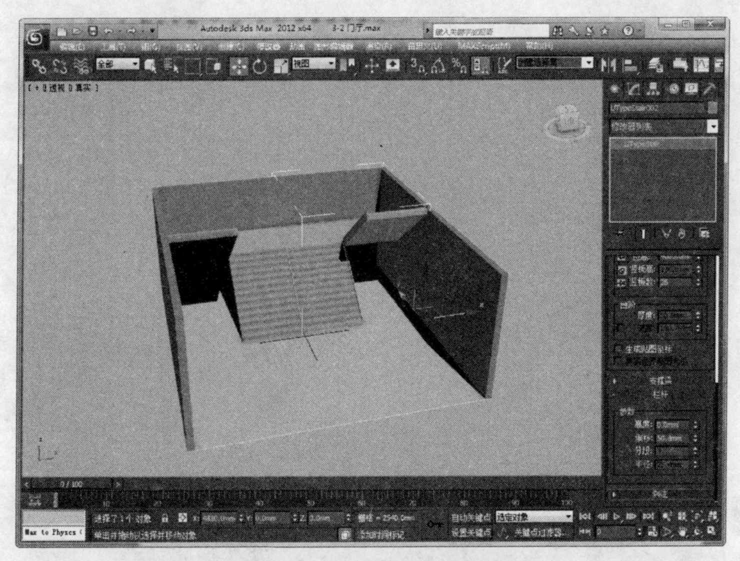

图 3-33 更改扶手路径的高度

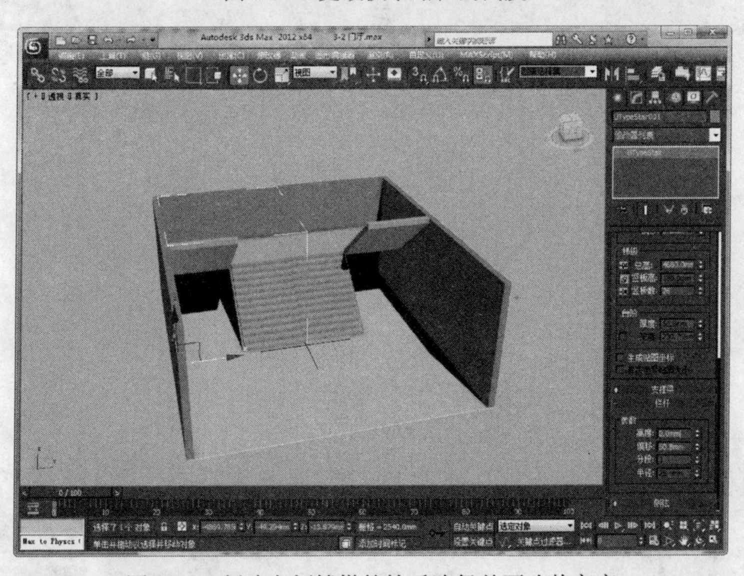

图 3-34 创建左侧楼梯的扶手路径并更改其高度

（13）展开“栅栏”卷展栏，单击其中的【支柱间距】按钮，在出现的“支柱间距”对话框中设置如图 3-38 所示的参数。

（14）用同样的方法创建右侧的栏杆并设置其参数，效果如图 3-39 所示。

3. 创建门窗洞的模型

（1）选择“长方体”工具，在“顶”视口中绘制如图 3-40 所示的长方体。

（2）利用“参数”卷展栏中的选项，设置长方体的详细参数。再使用【选择并移动】工具将其移动到如图 3-41 所示的位置，作为开门洞的物体。

（3）保持对长方体对象的选择，然后在“创建”命令面板的“几何体”下选择“复合对象”选项，再从复合对象的对象类型中选择【布尔】工具，在“参数”卷展栏中选择“操作”选项为“差集（B-A）”，单击“拾取布尔”卷展栏中的【拾取操作对象 B】按钮，然后将光标指向场景中的墙体对象。单击鼠标，即可开出一个门洞，如图 3-42 所示。

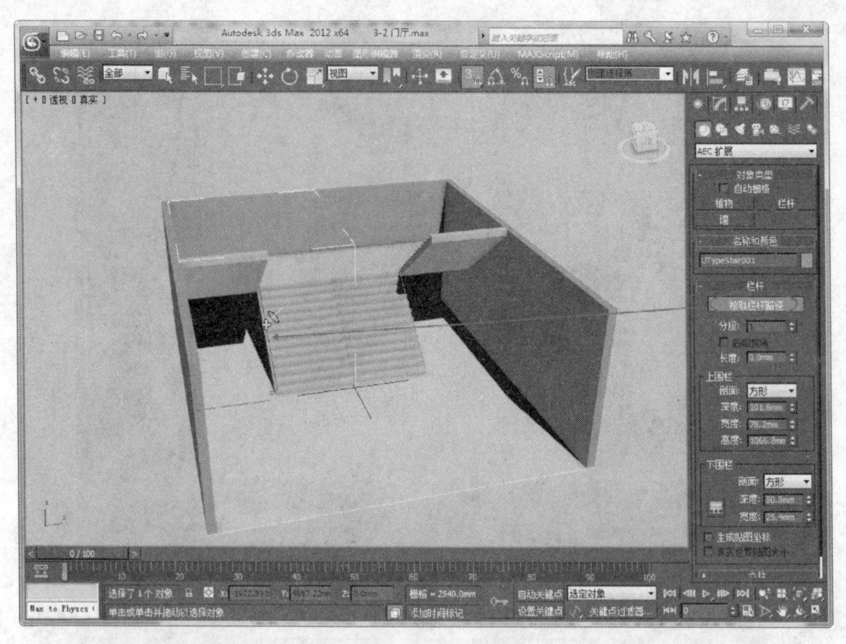

图 3-35 选择【栏杆】工具并拾取栏杆路径

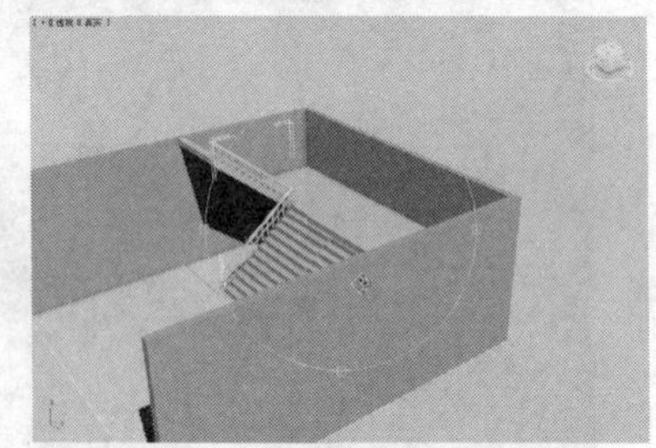

图 3-36 栏杆对象生成效果

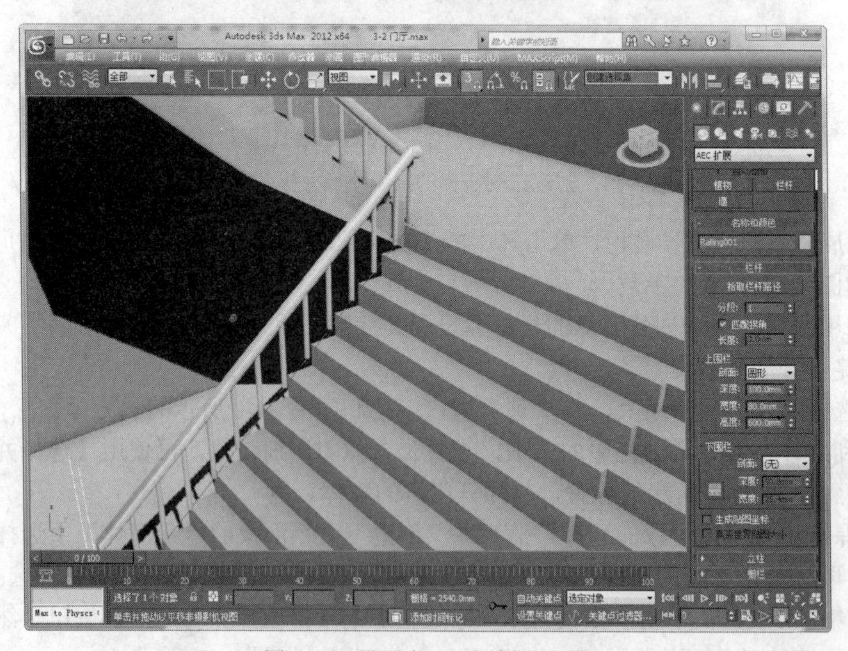

图 3-37 设置上、下围栏的参数

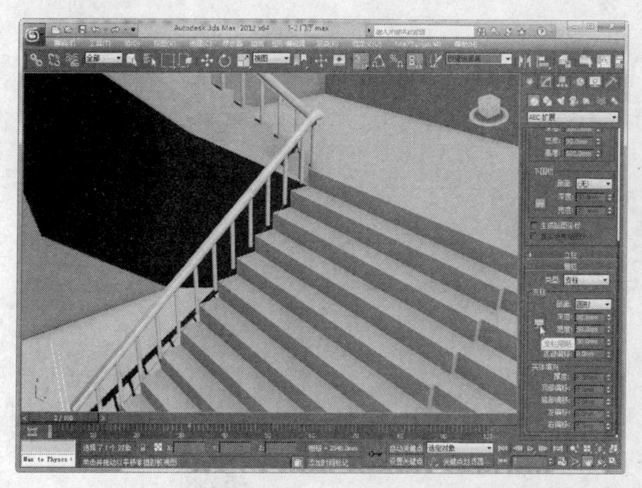

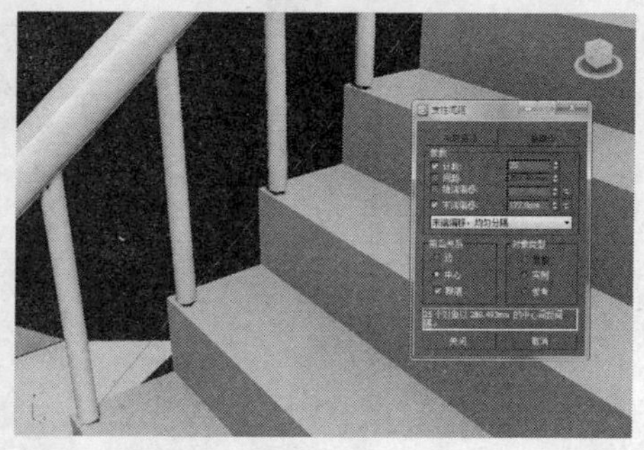

图 3-38 设置支柱间距

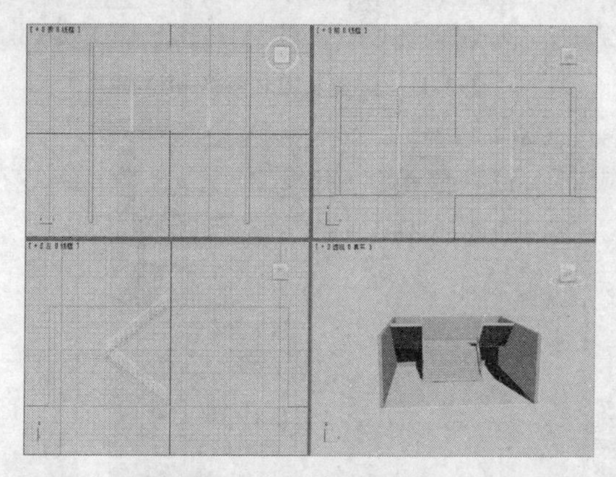

图 3-39 创建右侧栏杆

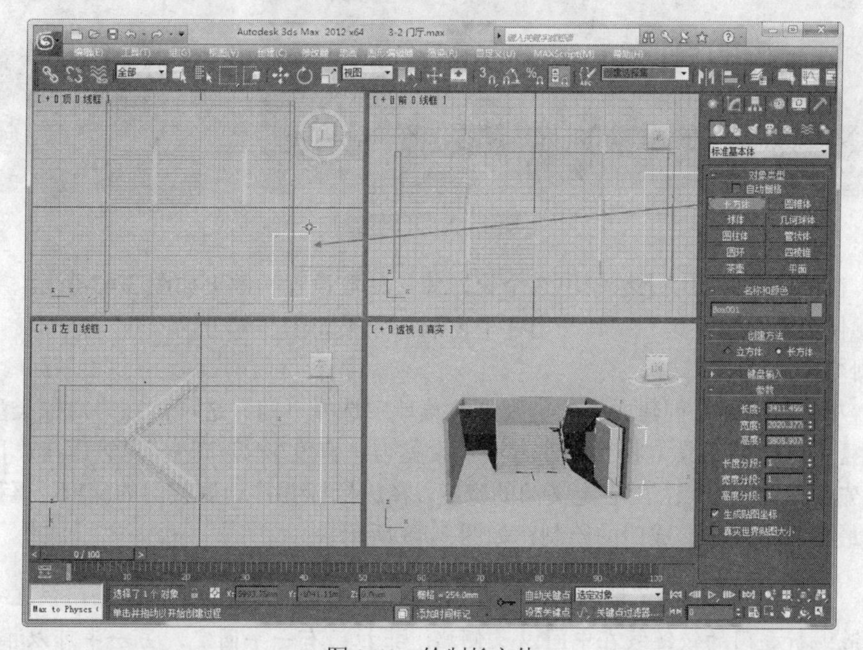

图 3-40 绘制长方体

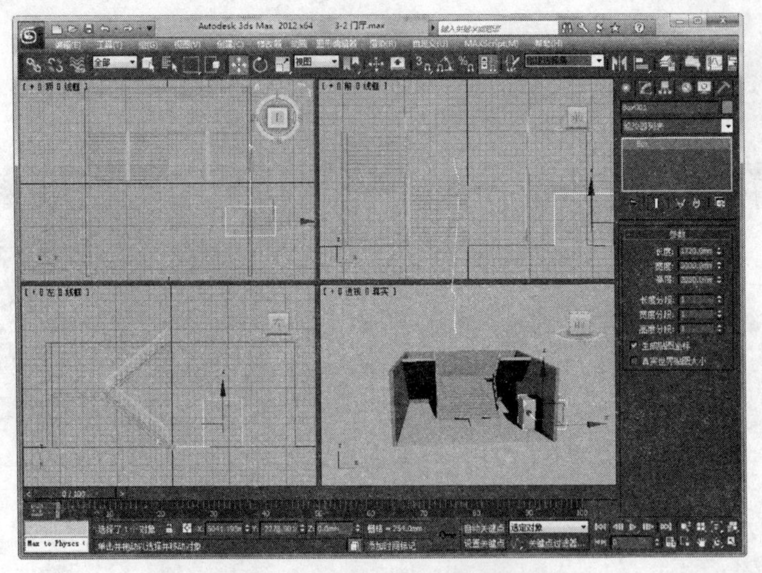

图 3-41 调整长方体参数和位置

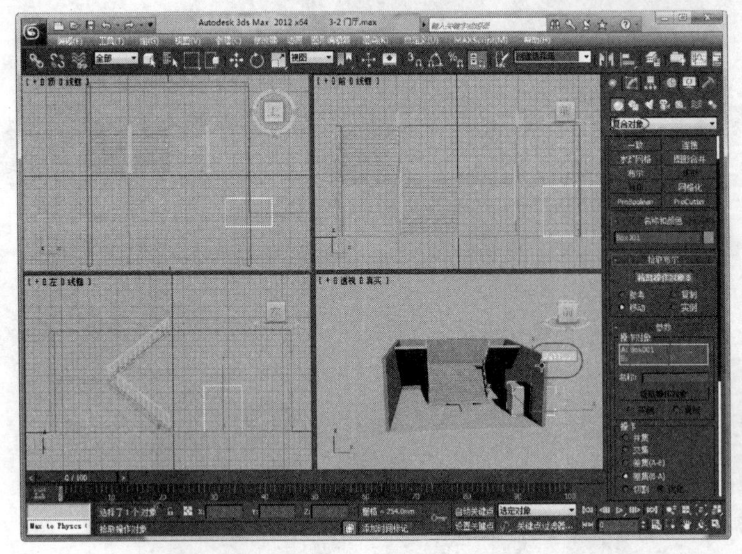

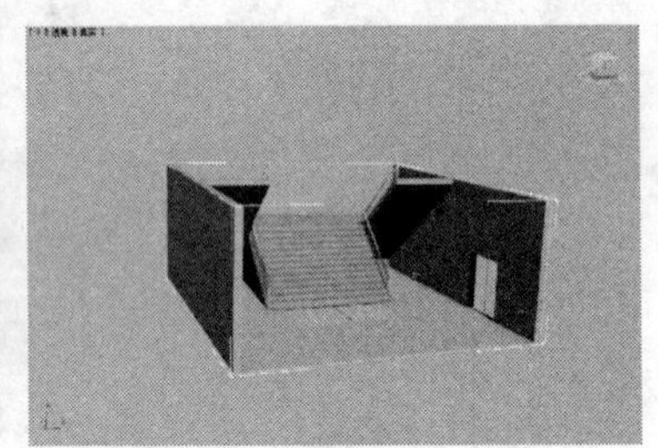

图 3-42 开出门洞

（4）在楼梯背面的墙上绘制出 3 个长方体，参数设置和效果如图 3-43 所示。

（5）使用“布尔差集”工具开出 3 个窗洞，效果如图 3-44 所示。

4. 创建门模型

（1）从“几何体”创建面板的类别下拉菜单中选择“门”选项，在“对象类型”卷展栏上，单击【枢轴门】工具，将“创建方法”设置为“宽度/深度/高度”，然后在“顶”视口中拖动鼠标先创建前两个点，用于定义门的宽度，释放鼠标并移动调整门的深度，再移动鼠标调整高度，最后单击鼠标完成门的绘制，如图 3-45 所示。

3ds Max 提供了枢轴门、折叠门和推拉门 3 种类型的门。枢轴门仅在一侧装有铰链；折叠门的铰链装在中间以及侧端；推拉门有一半固定，另一半可以推拉。

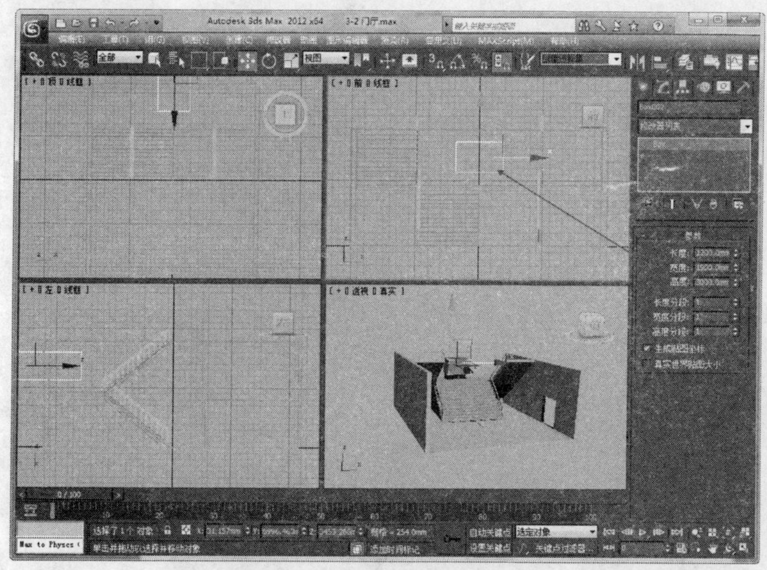
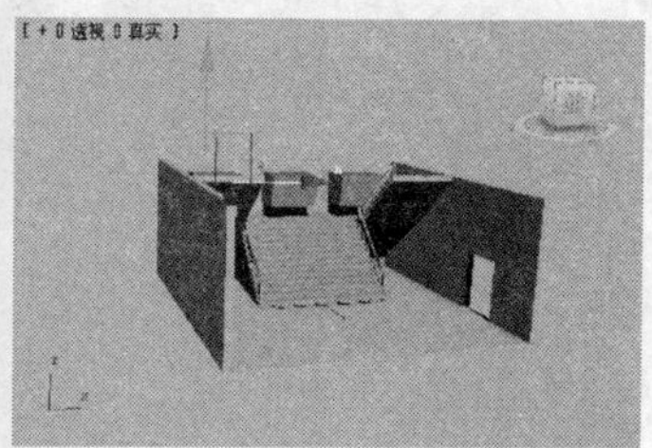

图 3-43　绘制 3 个用于开窗洞的长方体

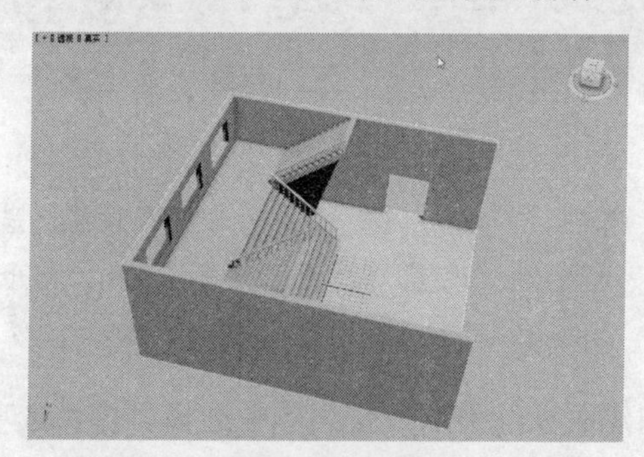

图 3-44　窗洞创建效果

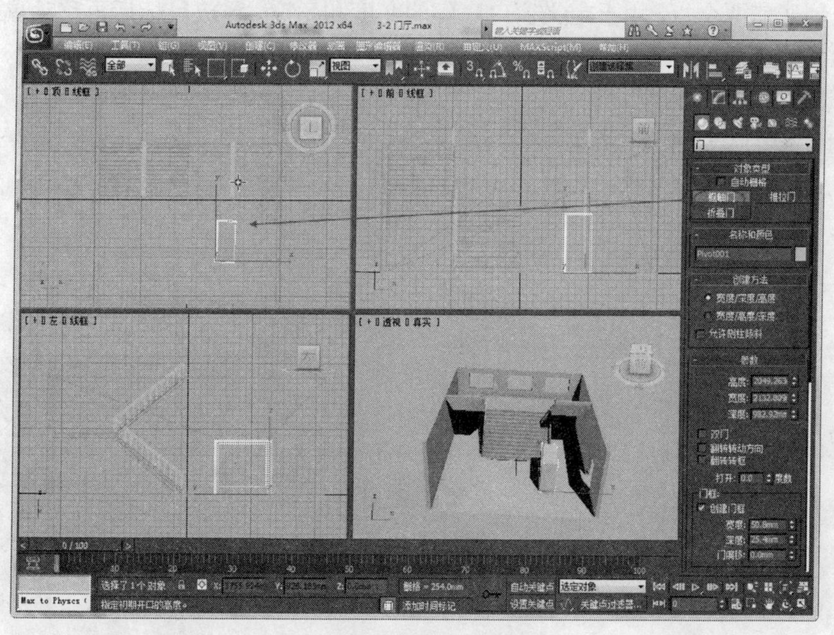

图 3-45　创建枢轴门

（2）在“参数”卷展栏上调整门的“高度”、“宽度”和“深度”值以及门框参数，具体设置和效果如图 3-46 所示。

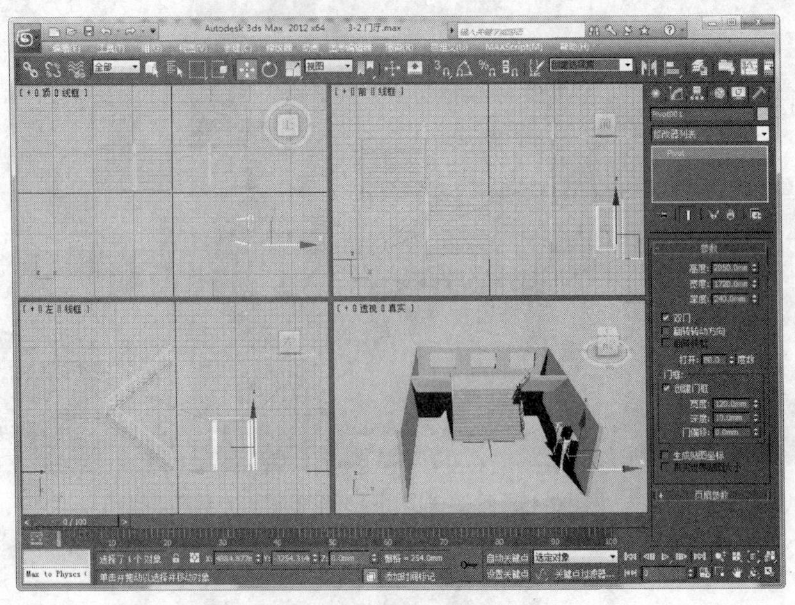

图 3-46 设置门的参数

选中“双门”选项，可以将门变换为“双门”效果；选中“翻转转动方向”选项，可使开门的方向发生变化；设置“打开”度数，可以使开门的角度发生变化。

5. 创建窗模型

（1）从“几何体”创建面板的类别下拉菜单中选择“窗”选项，在“对象类型”卷展栏上，单击【固定窗】工具，将“创建方法”设置为“宽度/深度/高度”，然后在“顶”视口中拖动鼠标先创建前两个点，用于定义窗口底座的宽度和角度，释放鼠标后再移动鼠标调整窗口的深度，最后单击鼠标完成固定窗的绘制，如图 3-47 所示。

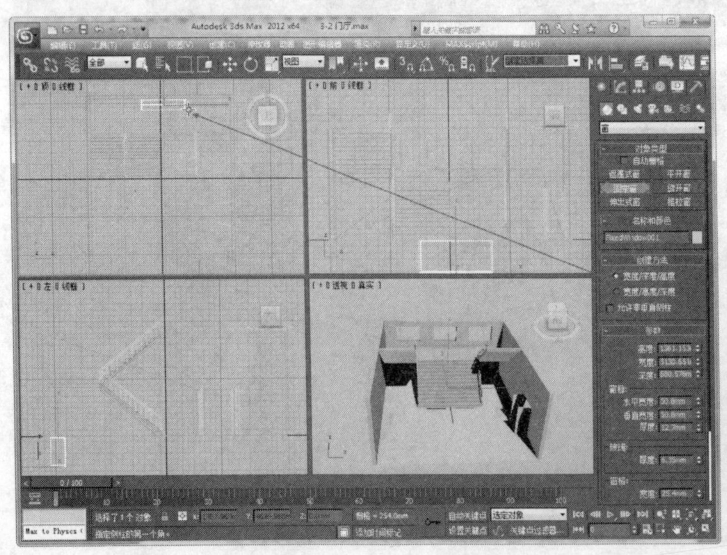

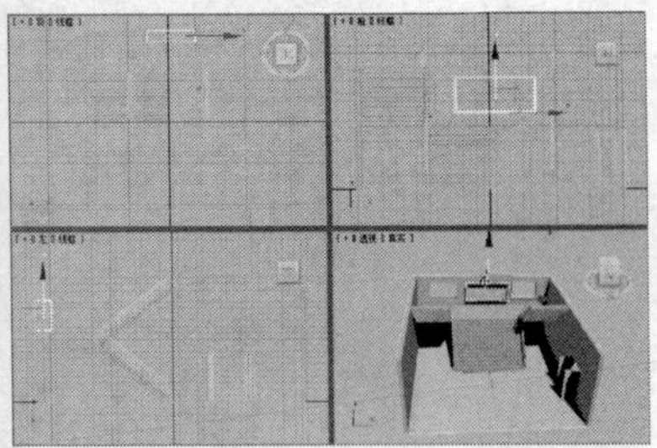

图 3-47 绘制窗户

3ds Max 提供了以下 6 种类型的窗户创建工具。

- 遮篷式窗：有一扇通过铰链与顶部相连的窗框。
- 平开窗：有一到两扇像门一样的窗框，它们可以向内或向外转动。
- 固定式窗：不能打开。
- 旋开窗：其轴垂直或水平位于其窗框的中心。
- 伸出式窗：有三扇窗框，其中两扇窗框打开时像反向的遮蓬。
- 推拉窗：有两扇窗框，其中一扇窗框可以沿着垂直或水平方向滑动。

（2）在“参数”卷展栏中调整窗户的参数，如图 3-48 所示。

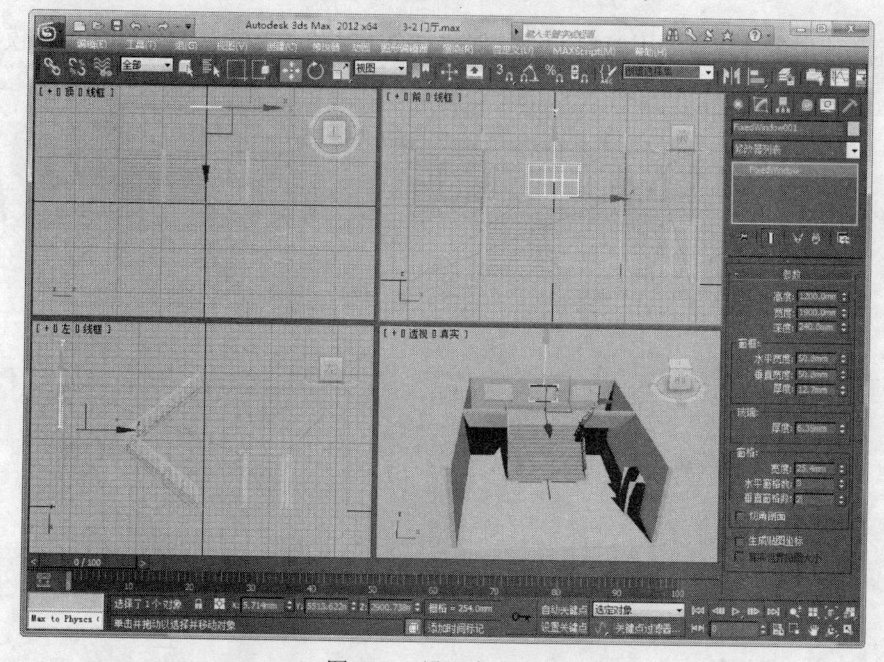

图 3-48　设置窗户参数

（3）将窗户复制到另外两个窗洞中，效果如图 3-49 所示。

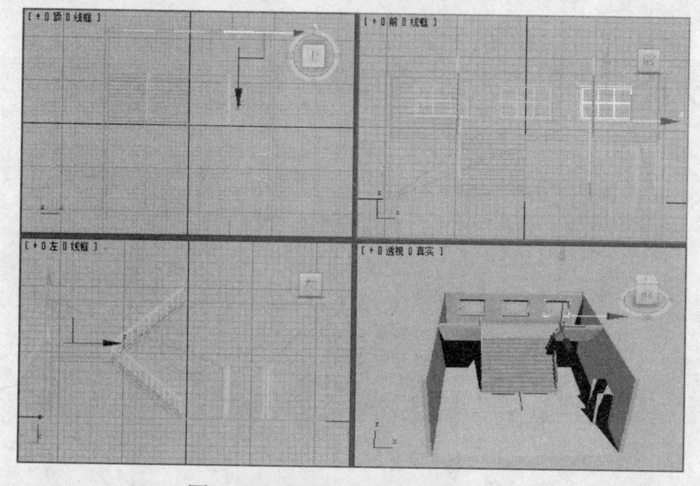

图 3-49　复制生成另外两扇窗户

（4）保存文档，完成门厅的基础模型工作。

课后练习

1．使用布尔复合对象工具，参考如图 3-50 所示的图形，创建一个扳手模型。

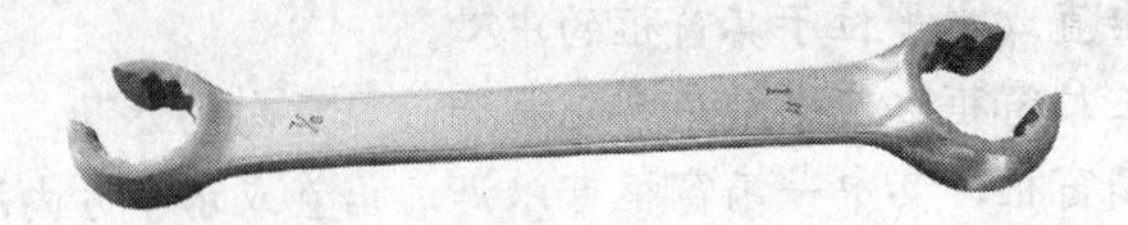

图 3-50 扳手

2．综合使用各种建筑专用模型工具，创建一个未装修的复式住宅客厅的基本模型。

第 4 课

由二维图形生成三维模型

本课知识结构

实际建模时，很多三维模型难以分解为简单的几何形体。要创建这些复杂物体的模型，最简单易行的方法是先制作出二维形体，然后再通过挤出、放样、车削、倒角等操作将其转换成三维形体。本课将通过实例学习由二维图形生成三维模型的方法和技巧，具体知识结构如下。

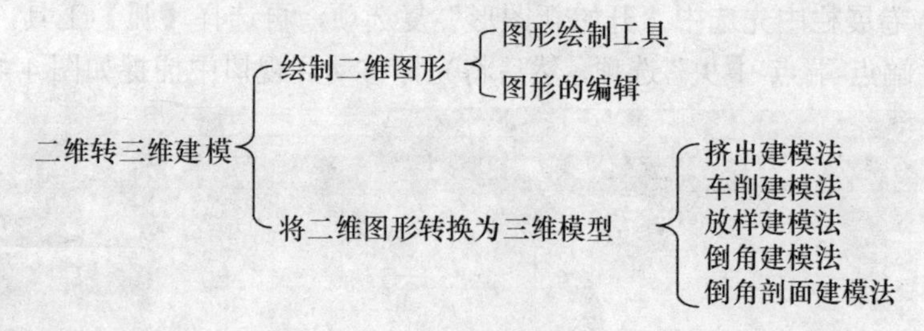

就业达标要求

☆ 了解二维图形的基本常识。

☆ 熟悉二维图形的绘制方法。

☆ 熟练掌握挤出建模的方法。

☆ 熟练掌握车削建模的方法。

☆ 掌握放样建模的方法。

☆ 掌握倒角建模的方法。

☆ 掌握倒角剖面建模的方法。

4.1　实例：吊扇俯视图（二维图形的绘制和编辑）

图形是指由若干曲线或直线组成的对象。在 3ds Max 中，二维造型是由一条或多条曲线组成的平面二维图形，而每一条曲线是由点和线段的连接组合而成的。调整形体中顶点的数值就可以使曲线的某一线段变成曲线或直线。这些造型是对象立体化和建立形体对象必备的基本元素。可以利用“创建”命令面板的“图形”子面板中提供的二维形体工具来绘制各种二维图形。

本节以绘制如图 4-1 所示的“吊扇俯视图”为例，介绍在 3ds Max 中二维图形的绘制和编辑方法及基本技巧（图形的具体尺寸参考本书“配套资料\chapter04\4-1 吊扇俯视图.max”文件）。

（1）启动 3ds Max，从菜单栏中选择【自定义】|【单位设置】命令，在出现的“单位设置”对话框中将“显示单位比例”设置为“公制”，将单位设置为“毫米”。再单击【系统单位设置】按钮，在“系统单位设置”对话框中将“系统单位比例”设置为 1.0 毫米。

（2）右击“主工具”栏上的【捕捉开关】工具，在出现的“栅格和捕捉设置”对话框中选中“主栅格”选项卡，在其中设置如图 4-2 所示的栅格尺寸。

（3）切换到“捕捉”选项卡，仅选中其中的“栅格点”选项，如图 4-3 所示。

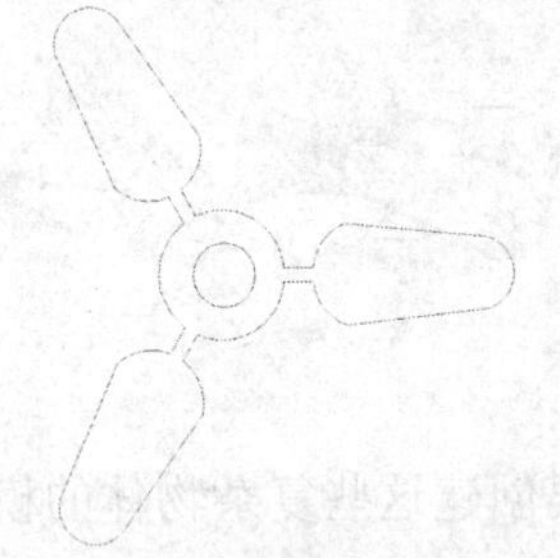

图 4-1 吊扇俯视图

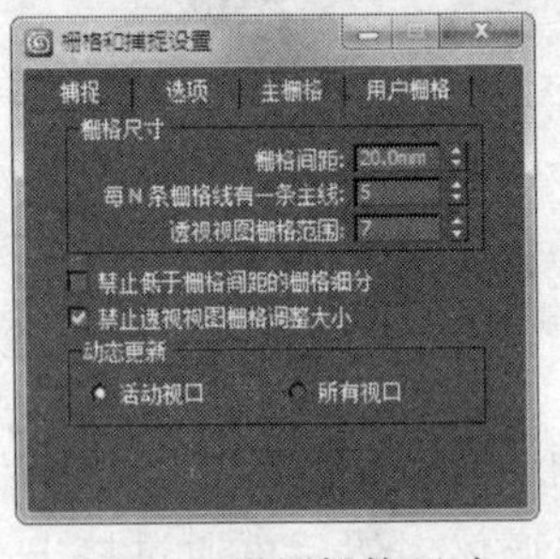

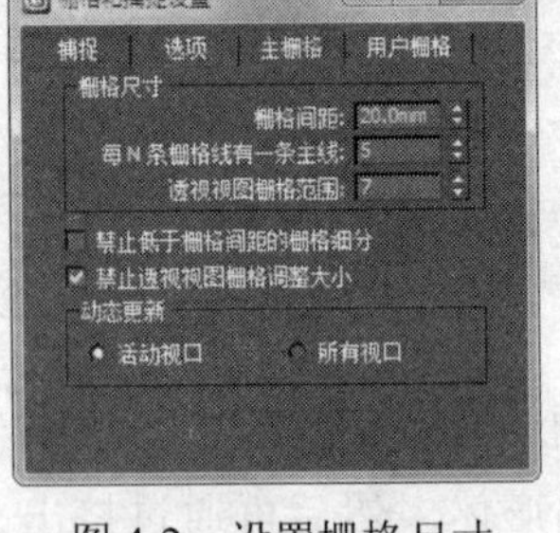

图 4-2 设置栅格尺寸

图 4-3 选择捕捉内容

（4）将“顶”视口最大化显示，切换到“创建”命令面板下的“图形”子面板，在“对象类型”卷展栏中先选中“开始新图形”复选项，再选择【弧】工具，在“创建方法”卷展栏中选择“端点-端点-中央”选项，然后将光标移动到视口中捕捉如图 4-4 所示的栅格点。

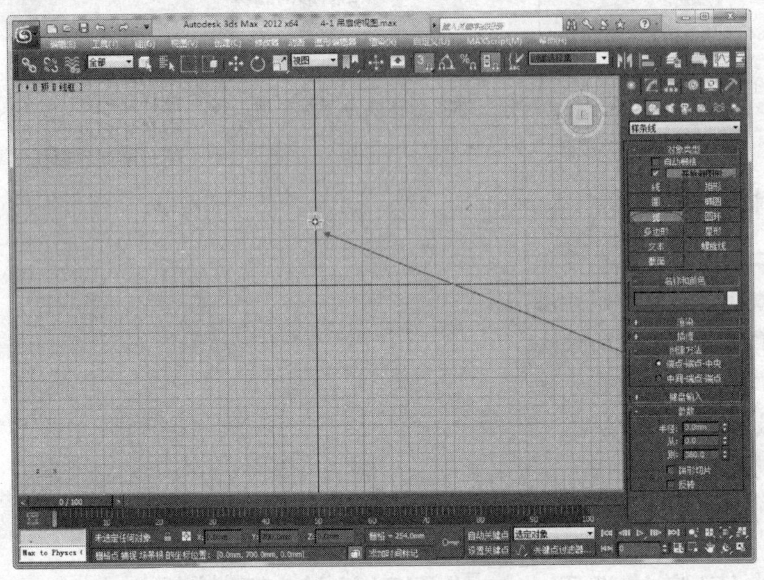

图 4-4 选择绘图工具并捕捉栅格点

（5）单击鼠标确定圆弧的起点，再向下拖动鼠标到如图 4-5 所示栅格点。

（6）不单击鼠标，向左拖动鼠标到如图 4-6 所示的栅格点，单击鼠标即可绘制出一段圆弧。

（7）用同样的方法捕捉栅格点，绘制右侧的圆弧，如图 4-7 所示。

（8）从“对象类型”卷展栏中选择【线】工具，捕捉如图 4-8 所示的栅格线，然后单击鼠标确定线的起点。

（9）移动光标，捕捉另一个栅格点，单击鼠标即可绘制出一条直线，如图 4-9 所示。

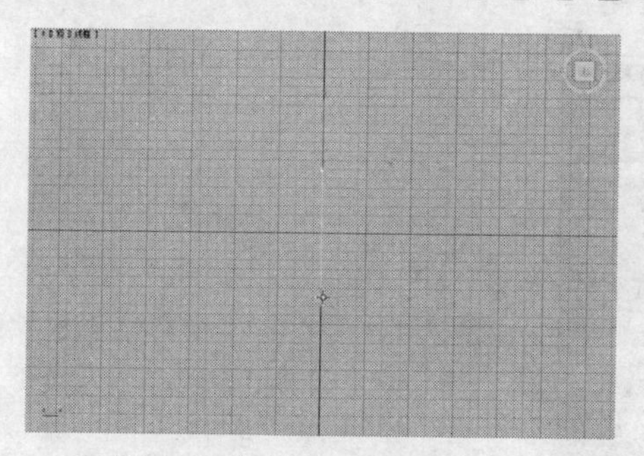

图 4-5　确定圆弧的两个端点

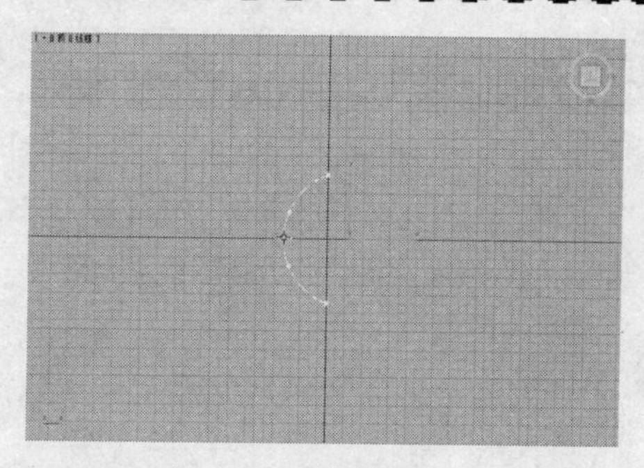

图 4-6　绘制圆弧

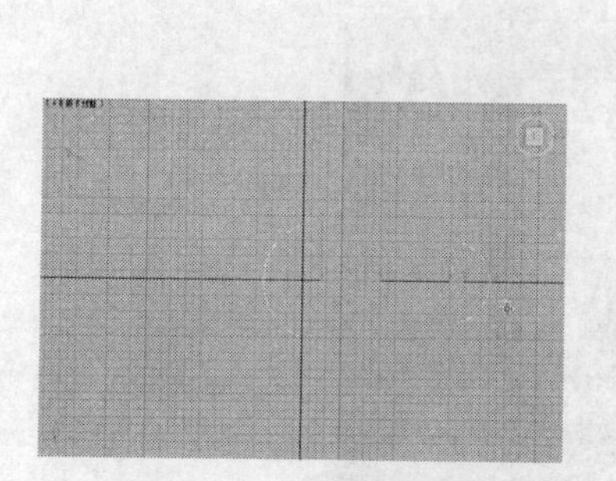

图 4-7　绘制另一个圆弧

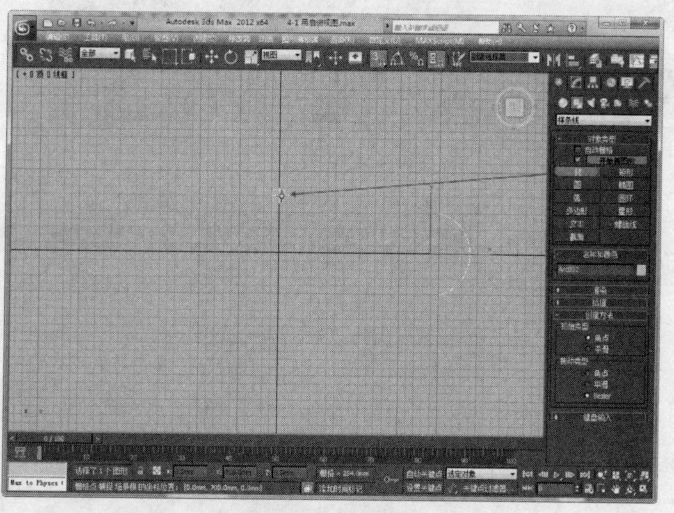

图 4-8　捕捉线的起点

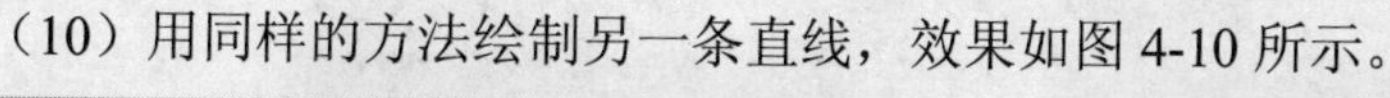

（10）用同样的方法绘制另一条直线，效果如图 4-10 所示。

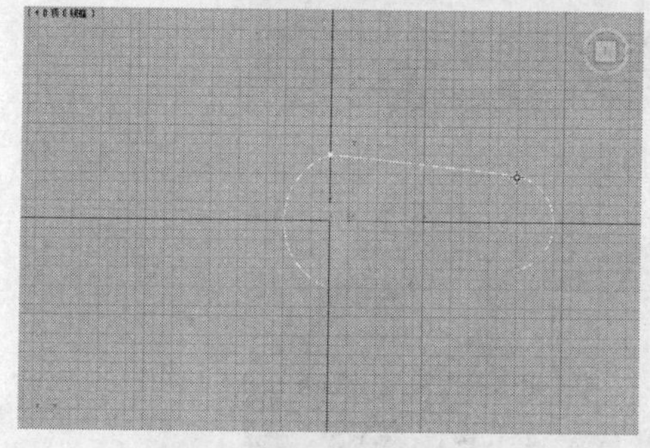

图 4-9　通过捕捉绘制直线

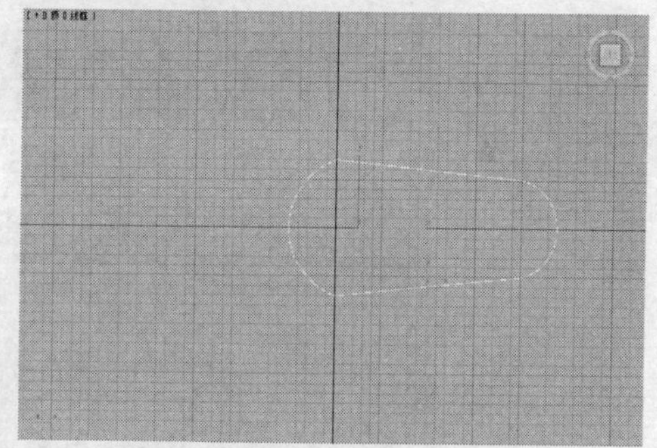

图 4-10　绘制另一条直线

（11）选择【圆】工具，在如图 4-11 所示的栅格点位置单击鼠标，将该点设置为圆心。

（12）拖动鼠标到如图 4-12 所示的栅格点，再单击鼠标，即可绘制出一个圆形。

（13）选择【矩形】工具，先捕捉矩形的起点，再向右下方拖动鼠标，捕捉矩形终点，绘制出如图 4-13 所示的矩形。

（14）右击已绘制的矩形，从出现的快捷菜单中选择【转换为可编辑样条线】命令，将矩形的线段转换为可编辑样条线，执行命令后，将自动切换到“修改”面板，其中显示了“可编辑样条线”修改器，如图 4-14 所示。

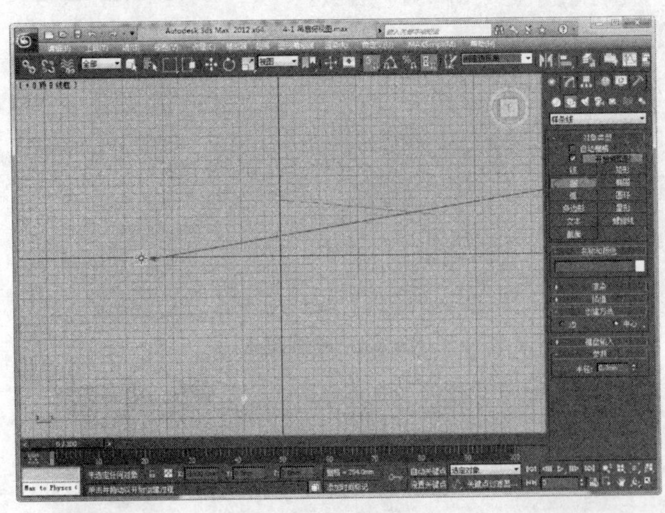

图 4-11 定位圆心

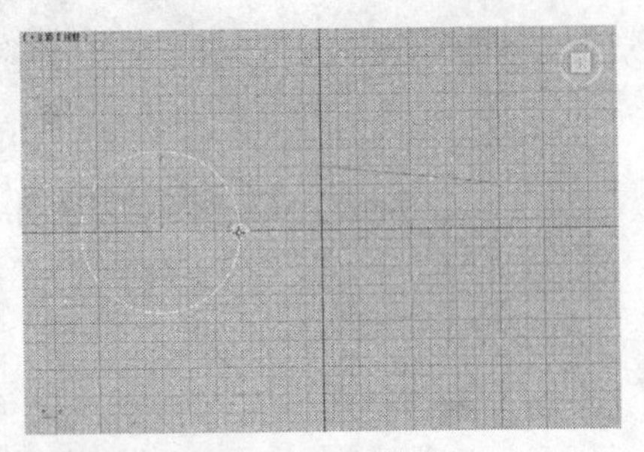

图 4-12 绘制圆形

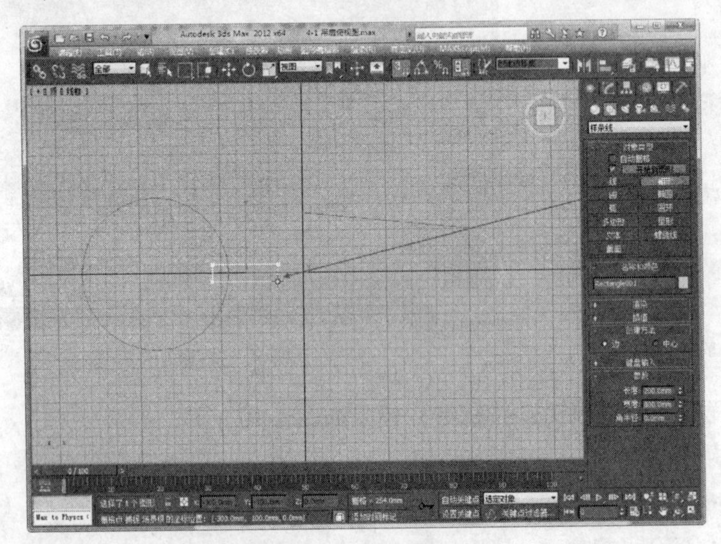

图 4-13 绘制矩形

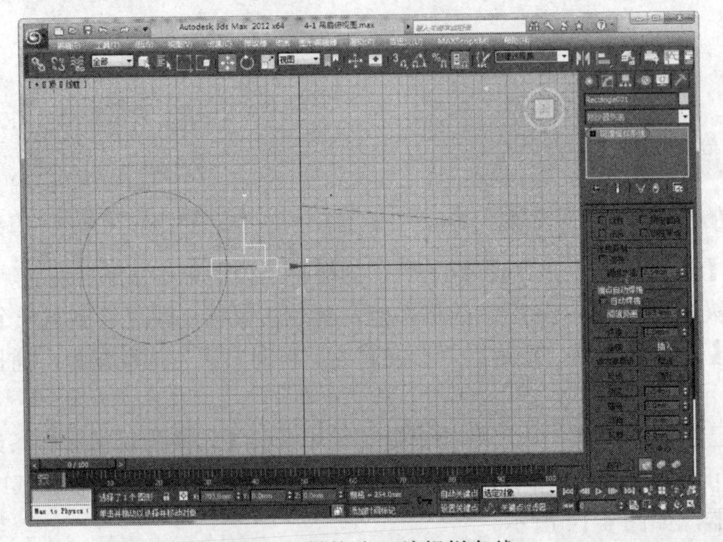

图 4-14 转换为可编辑样条线

使用修改器可以塑形和编辑对象，这些修改器可以更改对象的几何形状及其属性。“修改”面板中有一个“修改器列表”，要将修改器应用于对象，只需在选中对象后从“修改器列表”中选择一种修改器。选择修改器后，在修改器堆栈的下方，将显示出修改器的设置。更改这些设置时，对象将在视口中更新。

（15）单击“几何体”卷展栏中的【附加】按钮，然后在视口中单击如图 4-15 所示的圆弧，将圆弧附加到矩形图形中。

（16）用同样的方法附加上如图 4-16 所示的几个图形对象。

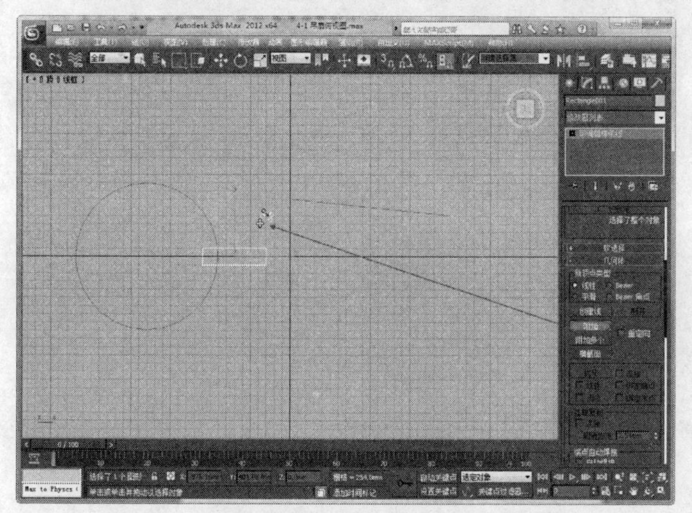

图 4-15　附加图形对象

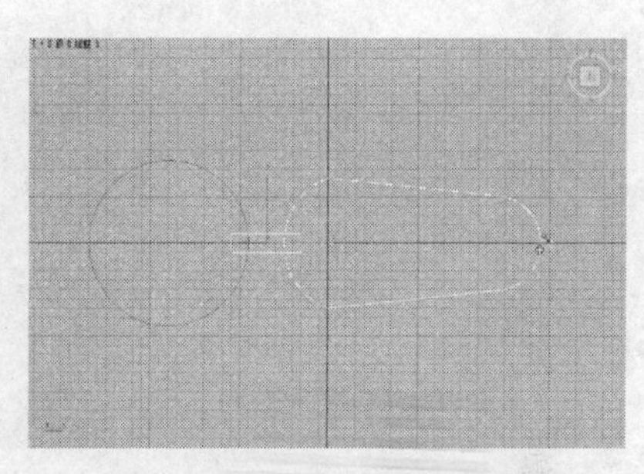

图 4-16　附加其他图形

（17）在“修改器”堆栈中展开“可编辑样条线”修改器，选中“样条线”层级，如图 4-17 所示。

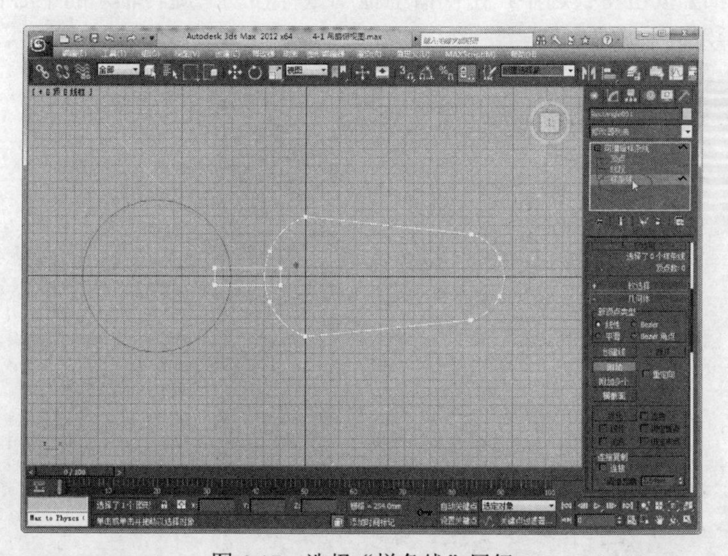

图 4-17　选择“样条线”层级

（18）找到并单击【修剪】按钮，然后在视口中单击不需要保留的线段，将其修剪掉，如图 4-18 所示。

（19）用同样的方法修剪其他图形对象，效果如图 4-19 所示。

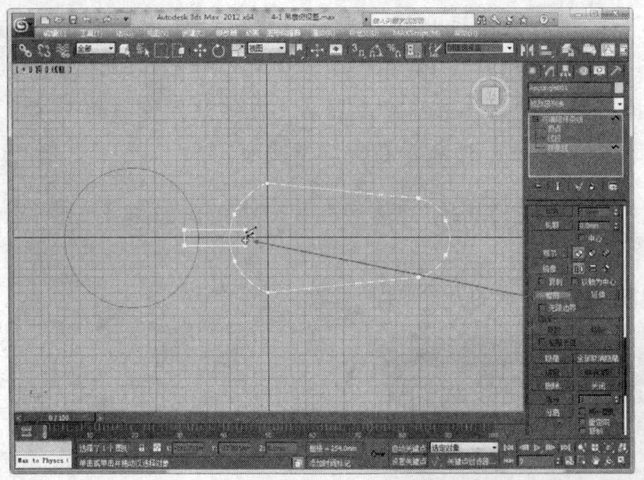

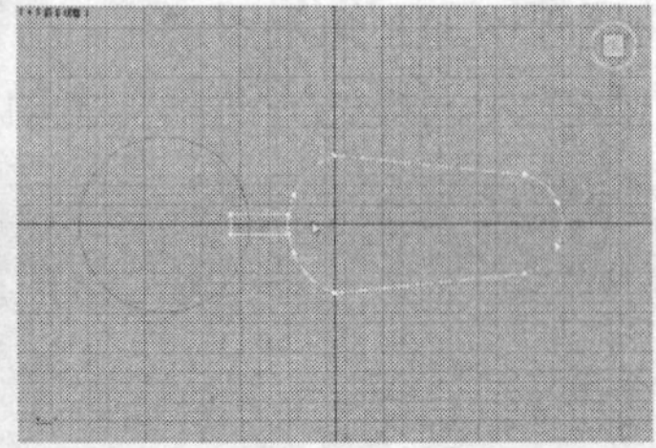

图 4-18 修剪图形

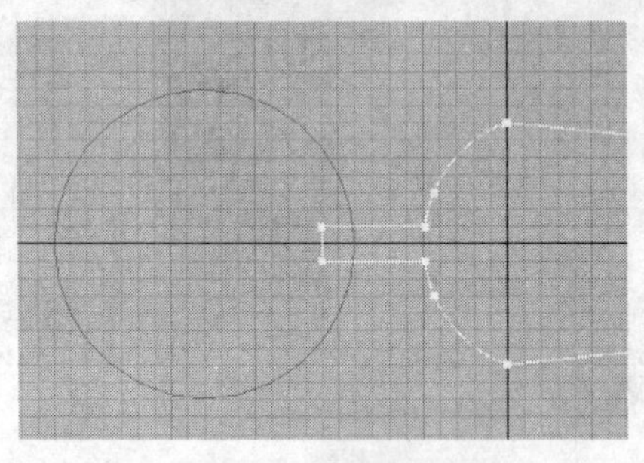

图 4-19 修剪效果

（20）先选中【选择并移动】工具，然后切换到“层次”面板，单击其中的【轴】按钮，再单击【仅影响轴】按钮将其选中，在视口中拖动鼠标移动“旋转轴”的中心位置到圆的圆心处，如图 4-20 所示。

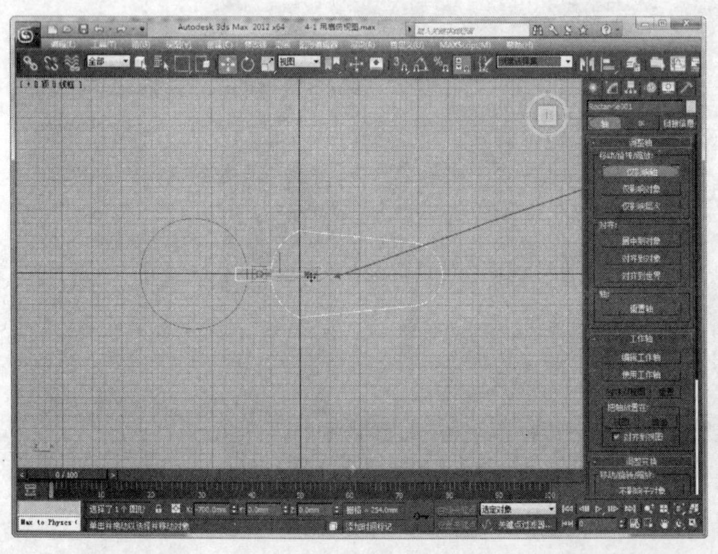

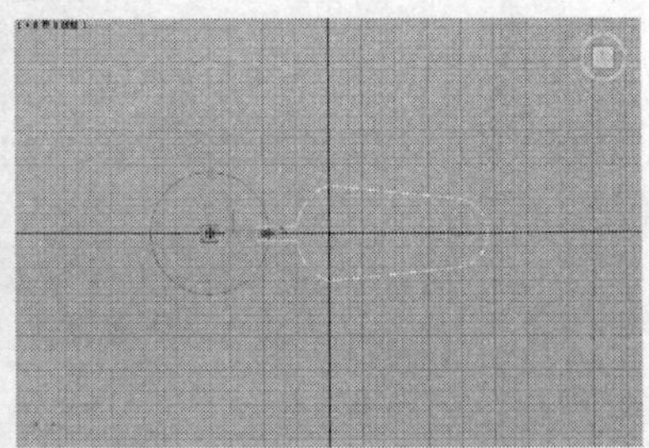

图 4-20 移动“旋转轴”的中心位置

（21）从菜单栏中选择【工具】|【阵列】命令，打开“阵列”对话框，参数设置如图 4-21 所示。

（22）单击【预览】按钮，即可在视口中预览到阵列效果，预览后单击【确定】按钮，效果如图 4-22 所示。

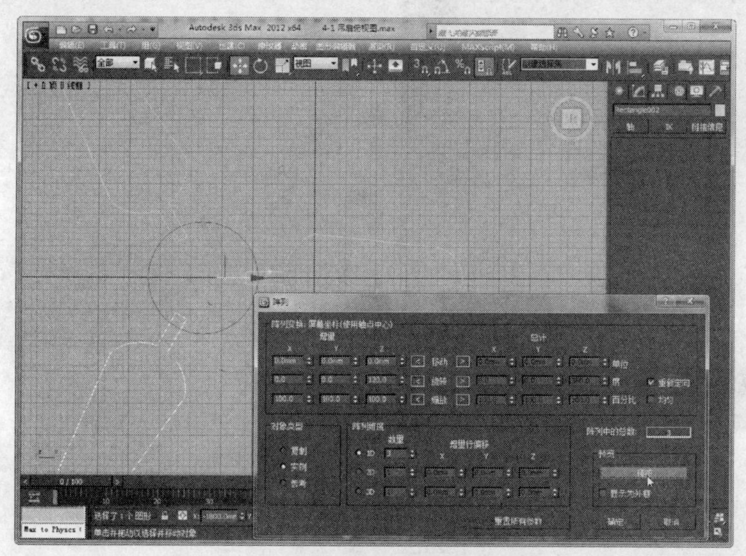

图 4-21　设置阵列参数

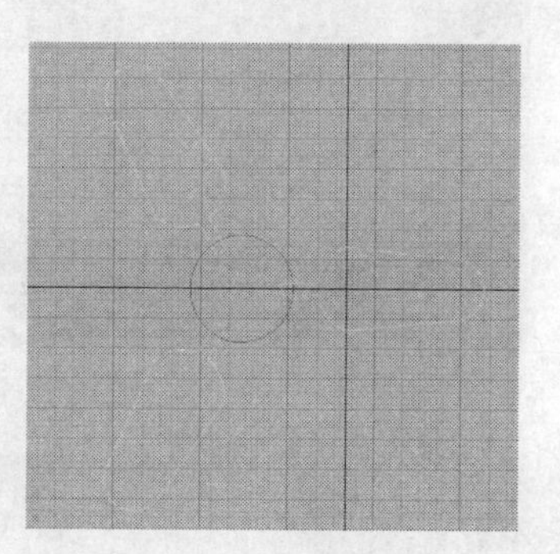

图 4-22　阵列效果

（23）在“修改器”面板中选择“样条线”层级，然后单击【附加】按钮，将所有对象都附加到同一个图形对象中，如图 4-23 所示。

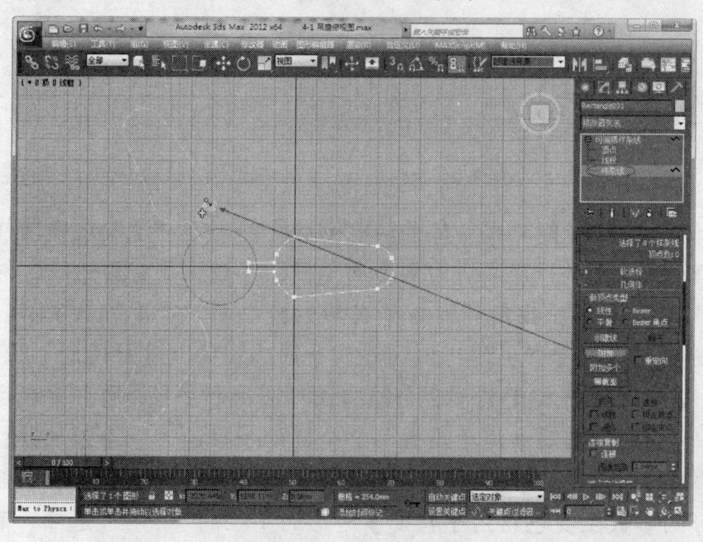

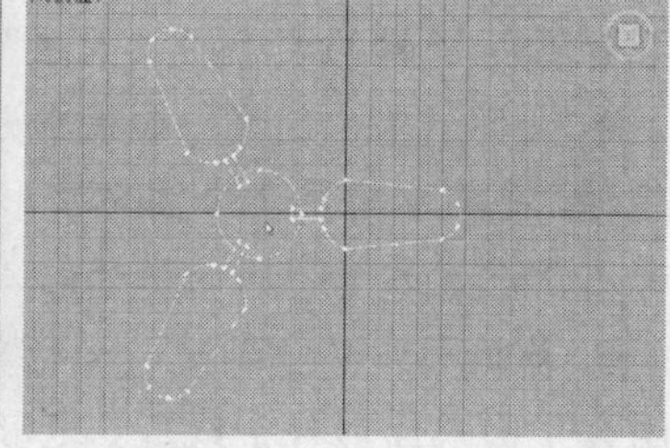

图 4-23　附加图形

（24）在“修改”面板中单击【修剪】按钮，对图形进行修剪，如图 4-24 所示。

（25）再使用【圆】工具，绘制如图 4-25 所示的圆形。

（26）保存场景文件，完成一个吊扇俯视图的绘制。

大多数图形都是由样条线组成的，这些样条线图形在建模时可以用于生成面片和三维曲面或用于定义放样组件（如路径和图形等），还可以生成旋转曲面或挤出对象，也可以定义运动路径。除本例中用到的图形工具外，常用的二维图形工具还有以下几种。

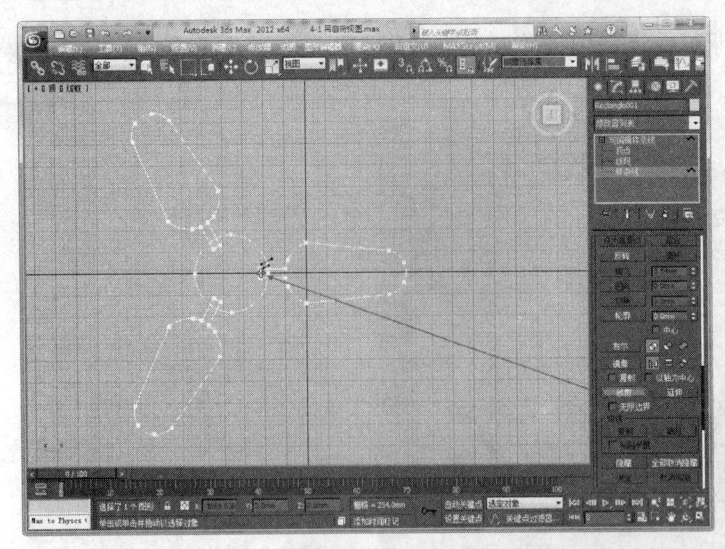

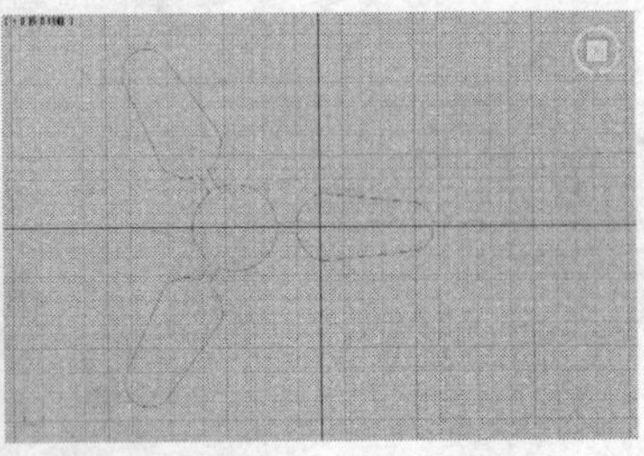

图 4-24　修剪图形

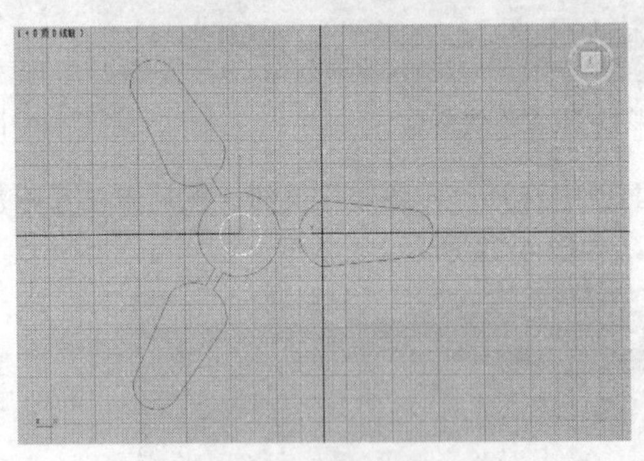

图 4-25　绘制圆形

● 椭圆：从“创建”面板中选择【椭圆】工具，在视口中拖动鼠标，可以绘制出椭圆样条线。如果在拖动鼠标时按住 Ctrl 键，可以将样条线约束为圆。椭圆参数主要有用于指定椭圆沿着局部 Y 轴的大小的“长度”选项和用于指定椭圆局部 X 轴的大小的“宽度”选项。

● 圆环：从“创建”面板中选择【圆环】工具，可以通过两个同心圆来创建封闭的形状。创建时，先拖动出第 1 个圆环圆形，再移动鼠标定义第 2 个同心圆环圆形的半径。圆环参数主要有用于设置第 1 个圆的半径的“半径 1”选项和用于设置第 2 个圆的半径的“半径 2”选项。

● 多边形：从“创建”面板中选择【多边形】工具，可以创建出具有任意面数或顶点数的闭合平面或圆形样条线。多边形的参数主要包括用于指定多边形的半径的“半径”选项，用于指定多边形使用的面数和顶点数的“边数”选项，用于指定应用于多边形角的圆角度数的“角半径”选项，以及用于绘制圆形“多边形”的“圆形”复选项。

● 星形：从“创建”面板中选择【星形】工具，可以创建出具有很多个点的闭合星形样条线，星形样条线使用两个半径来设置外点和内谷之间的距离。创建时，先拖动出第 1 个星形圆形，再移动鼠标确定第 2 个星形的半径。

● 文本：从“创建”面板中选择【文本】工具，可以创建出文本图形的样条线。创建文本时，可以先在“创建”面板中编辑文本，也可以使用默认的文本，然后再在“修改”面板中编辑这些文本。【文本】工具的“参数”卷展栏中的选项可以设置字体、大小、字间距、行间距、对齐方式等参数。

● 螺旋线：从“创建”面板中选择【螺旋线】工具，可以创建开口平面或 3D 螺旋形。创建时，先定义螺旋线起点圆的第 1 个点，再移动鼠标定义螺旋线的高度，最后移动鼠标定义螺旋线末端的半径。

● 截面：从“创建”面板中选择【截面】工具，可以创建一种特殊的截面对象。截面可以通过网格对象基于横截面切片生成其他形状。创建截面图形时，先在视口中拖动一个矩形，然后使用移动和旋转工具移动并旋转截面，使其平面与场景中的网格对象相交。

4.2　实例：乒乓球拍（挤出建模）

使用二维变三维修改器，可以灵活地将二维图形变换为复杂的三维图形。二维变三维的修改器很多，常用的有挤出、车削、倒角、倒角剖面等。其中，“挤出”操作主要是针对二维图形的，通过挤出，可以生成实体模型，使二维的图形成为有一定厚度的物体。具体思路是，在创建三维物体前，先绘制出对象的二维截面，然后再挤出一定的厚度。

本节以制作如图 4-26 所示的“乒乓球拍”模型为例，介绍通过挤出法创建三维模型的方法和技巧（模型的具体尺寸参考本书“配套资料\chapter04\4-2 乒乓球拍.max”文件）。

1. 绘制二维图形

（1）启动 3ds Max，从菜单栏中选择【自定义】|【单位设置】命令，在出现的“单位设置”对话框中将“显示单位比例”设置为“公制”，将单位设置为“毫米”。再单击【系统单位设置】按钮，在“系统单位设置”对话框中将“系统单位比例”设置为 1.0 毫米。

（2）右击“主工具”栏上的【捕捉开关】工具，在出现的“栅格和捕捉设置”对话框中选中“主栅格”选项卡，在其中设置如图 4-27 所示的栅格尺寸。

（3）切换到“捕捉”选项卡，仅选中其中的“栅格点”选项，如图 4-28 所示。

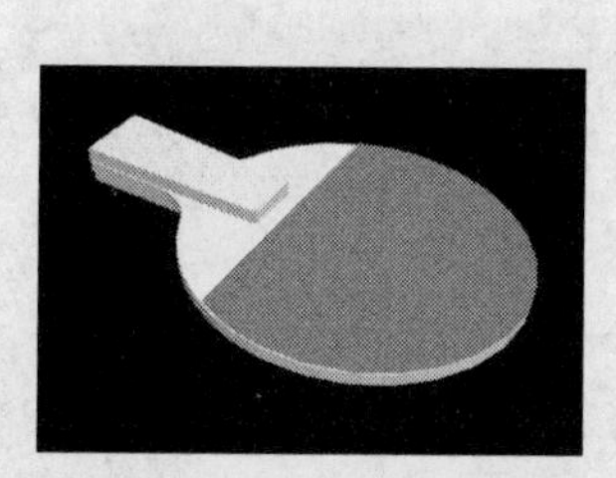

图 4-26　“乒乓球拍”模型创建效果

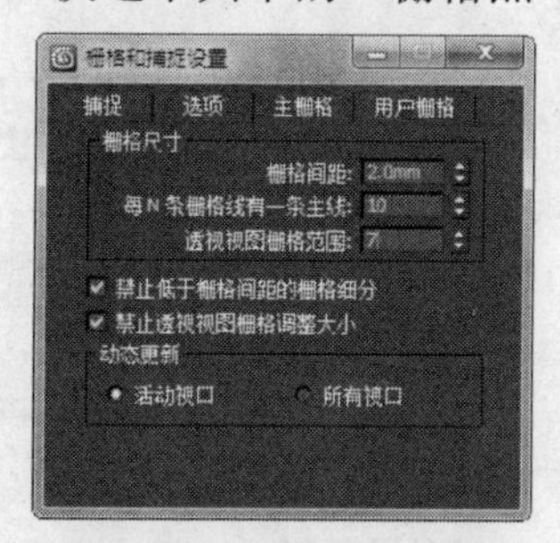

图 4-27　栅格尺寸设置

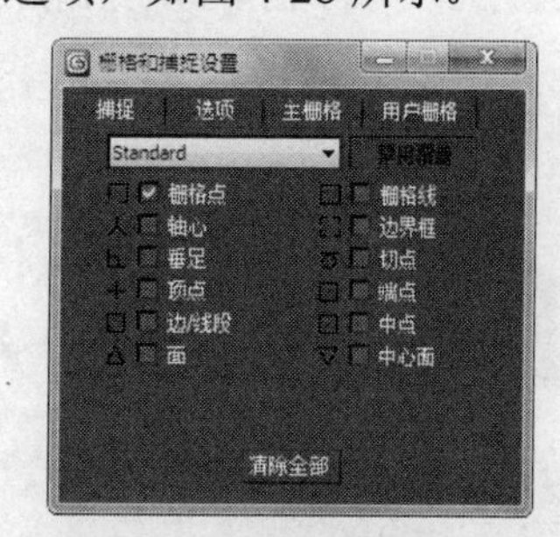

图 4-28　捕捉类型设置

（4）从“创建”面板的“几何体”选项中选择【椭圆】工具，在“创建方法”卷展栏中将创建方法设置为“中心”，然后在“顶”视口中拖动鼠标绘制一个椭圆形，再在“参数”卷展栏中精确设置椭圆形的长度和宽度，如图 4-29 所示。

（5）使用【线】工具，通过捕捉栅格点的方法绘制如图 4-30 所示的四边形对象。

（6）使用【选择并移动】工具，在按下【Shift】键的同时拖动鼠标，复制场景中的所有对象，如图 4-31 所示。

（7）选定场景中的圆形，单击鼠标右键，从出现的快捷菜单中选择【转换为】|【转换为可编辑样条线】命令，将圆形转换为可编辑样条线，如图 4-32 所示。

（8）在“修改”面板中单击“几何体”卷展栏中的【附加】按钮，将四边形的各条边都附加到圆形上，如图 4-33 所示。

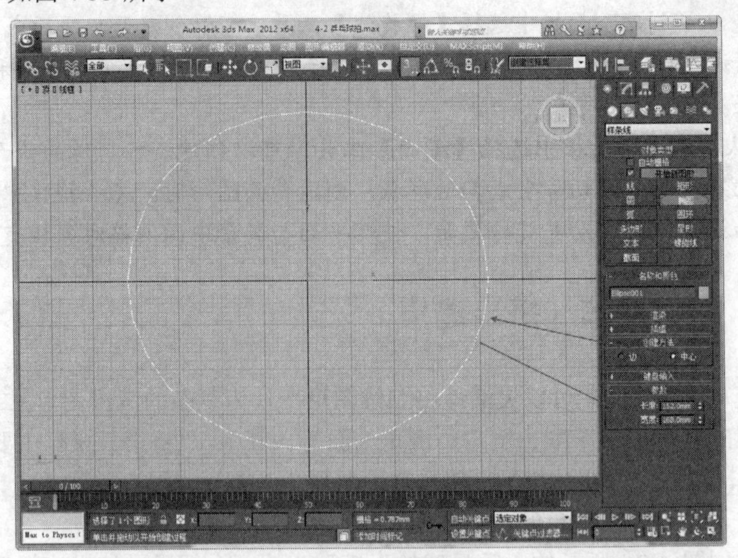

图 4-29 绘制椭圆形

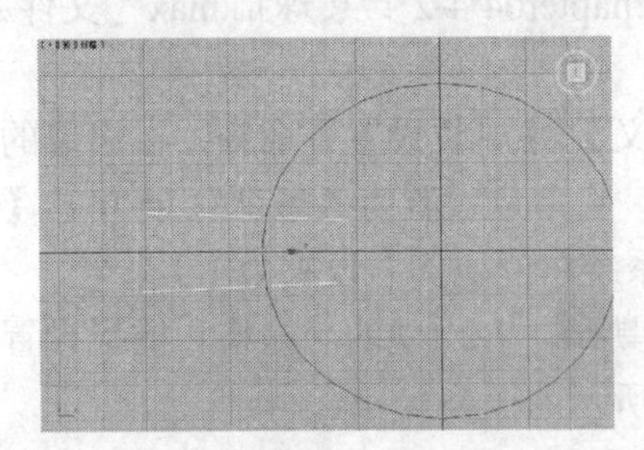

图 4-30 绘制四边形

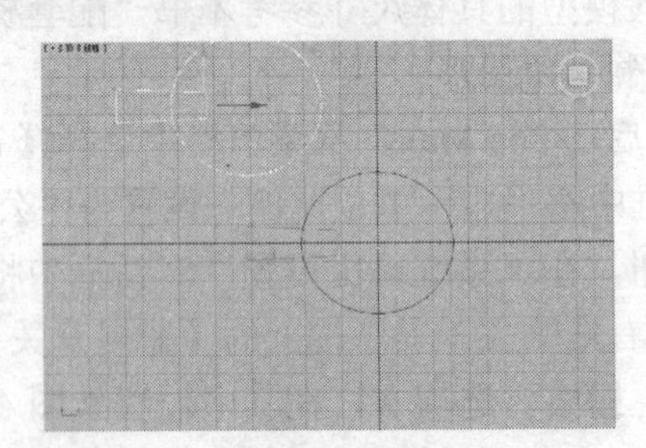

图 4-31 复制图形

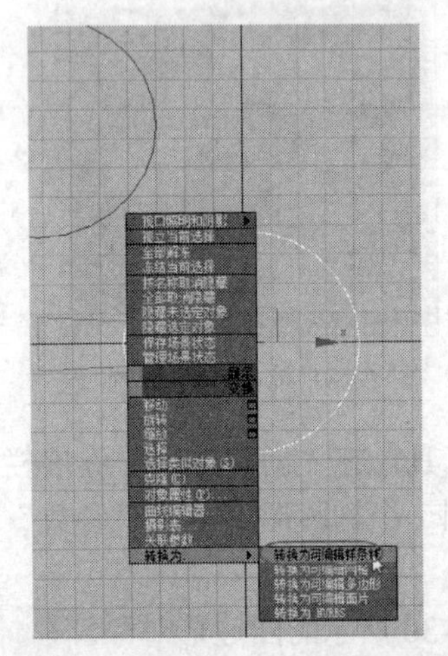

图 4-32 将圆形转换为可编辑样条线

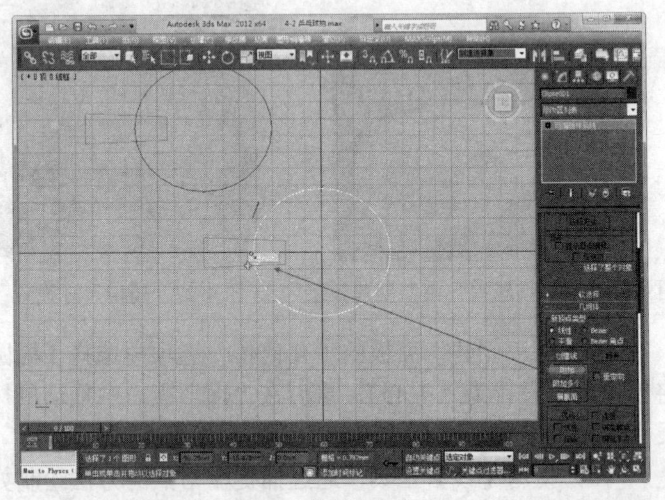

图 4-33 附加图形

（9）选择“样条线”层级，单击“几何体”卷展栏中的【修剪】按钮，对图形进行修剪，如图 4-34 所示。

（10）选择“顶点”层级，框选图中椭圆形和四边形交叉处的两个顶点，然后单击“几何体”卷展栏中的【焊接】按钮，将两个点焊接在一起，如图 4-35 所示。

必须将顶点焊接在一起才能进行正常的挤出操作。

（11）用同样的方法焊接另外两个顶点，如图 4-36 所示。

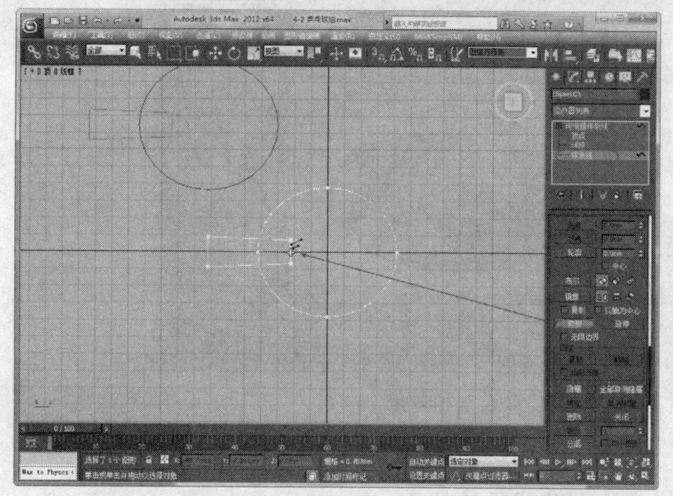

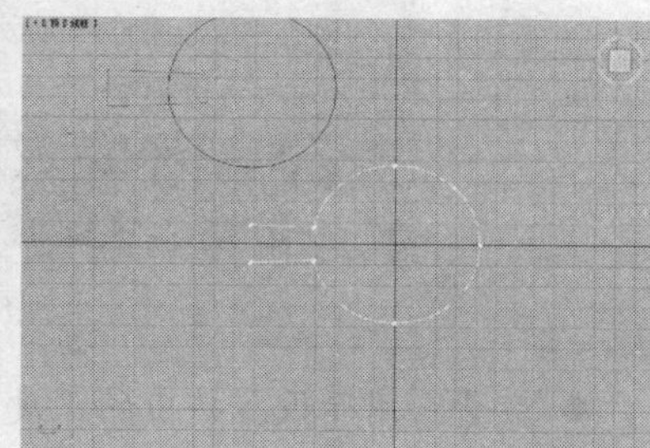

图 4-34　修剪图形

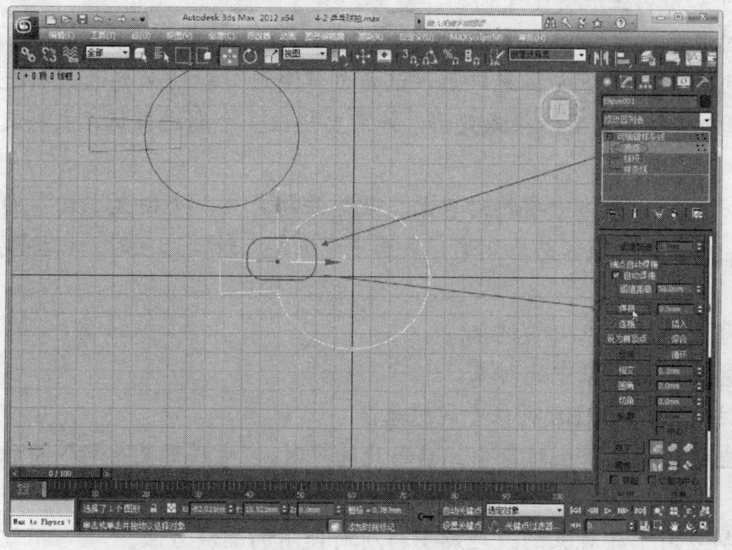

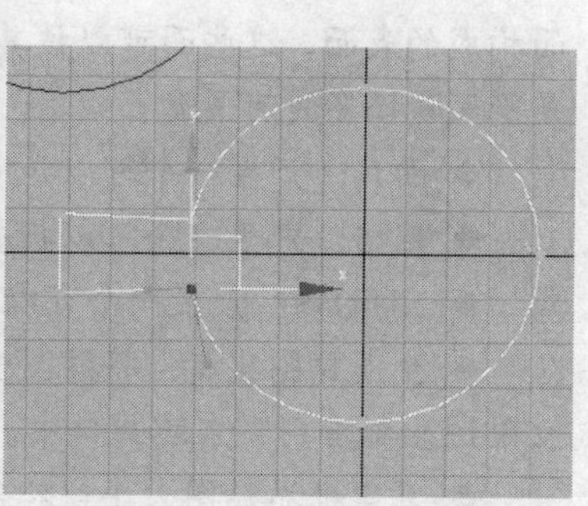

图 4-35　焊接顶点

图 4-36　焊接另两个顶点

（12）焊接完成后返回“可编辑样条线”层级。

2. 挤出三维模型

（1）选中修剪后的图形，从菜单栏中选择【修改器】|【网格编辑】|【挤出】命令，即可将二维图形挤出一定厚度，变为一个三维图形。在“修改”面板中将“数量”设置为 6mm，表示图形的挤出厚度为 6mm，参数设置和效果如图 4-37 所示。

“挤出”修改器的“参数”卷展栏中主要的选项如下。

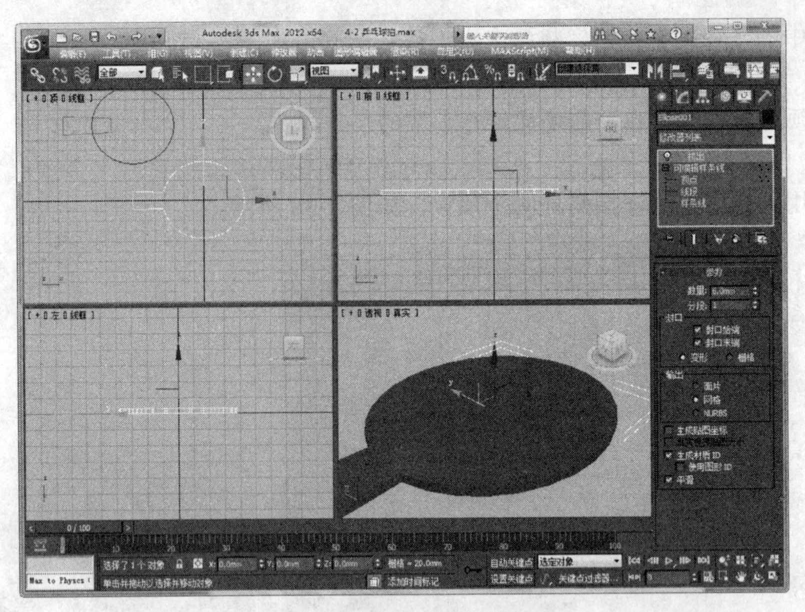

图 4-37 挤出参数设置和效果

- 数量：用于设置挤出的深度。
- 分段：用于指定将要在挤出对象中创建线段的数目。
- 封口始端：用于在挤出对象始端生成一个平面。
- 封口末端：用于在挤出对象末端生成一个平面。
- 变形：在一个可预测、可重复模式下安排封口面，这是创建渐进目标所必要的。渐进封口可以产生细长的面，而不像栅格封口需要渲染或变形。如果要挤出多个渐进目标，主要使用渐进封口的方法。
- 栅格：在图形边界上的方形修剪栅格中安排封口面。此方法将产生一个由大小均等的面构成的表面，这些面可以被其他修改器很容易地变形。当选中“栅格”封口选项时，栅格线是隐藏边而不是可见边。
- 面片：产生一个可以折叠到面片对象中的对象。
- 网格：产生一个可以折叠到网格对象中的对象。
- NURBS：产生一个可以折叠到 NURBS 对象中的对象。
- 生成贴图坐标：将贴图坐标应用到挤出对象中。启用此选项时，“生成贴图坐标”将独立贴图坐标应用到末端封口中，并在每一封口上放置一个 1×1 的平铺图案。
- 真实世界贴图大小：控制应用于该对象的纹理贴图材质所使用的缩放方法。
- 生成材质 ID：将不同的材质 ID 指定给挤出对象侧面与封口。
- 使用图形 ID：将材质 ID 指定给在挤出产生的样条线中的线段，或指定给在 NURBS 挤出产生的曲线子对象。
- 平滑：将平滑应用于挤出图形。

（2）选择“可编辑样条线”的“顶点”层级，选定视口中椭圆形和四边形的交叉点，将其“圆角”值设置为 12mm，对其进行圆角处理，如图 4-38 所示。

（3）用同样的方法对另一个角进行圆角处理，效果如图 4-39 所示。

（4）返回“挤出”修改器，即可看到圆角后的挤出效果，如图 4-40 所示。

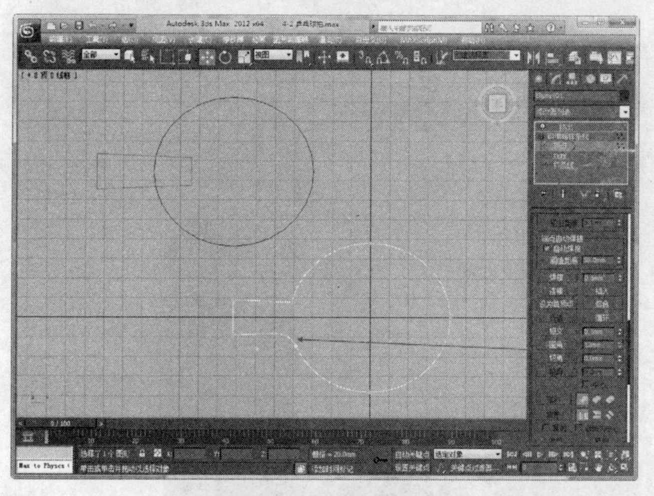

图 4-38 圆角图形

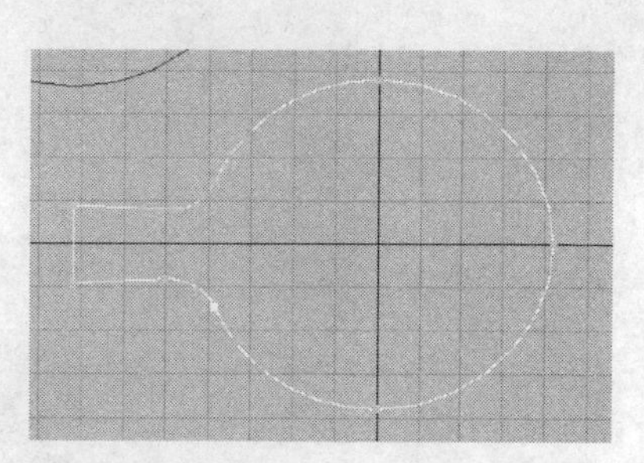

图 4-39 对另一个角进行圆角处理

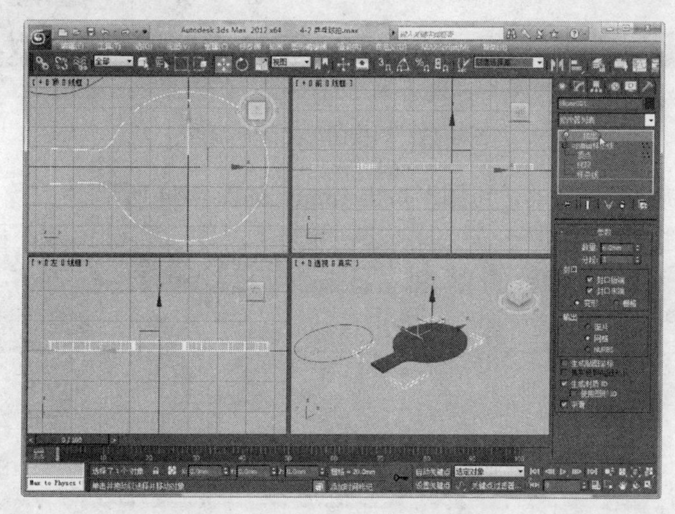

图 4-40 圆角后的挤出效果

3. 制作球拍的其他部分

（1）选择【矩形】工具，在“顶”视口中绘制一个长方形，如图 4-41 所示。

（2）使用“复合对象”中的【布尔】工具，对矩形和椭圆形进行“布尔差集”运算，从椭圆形中减去矩形，效果如图 4-42 所示。

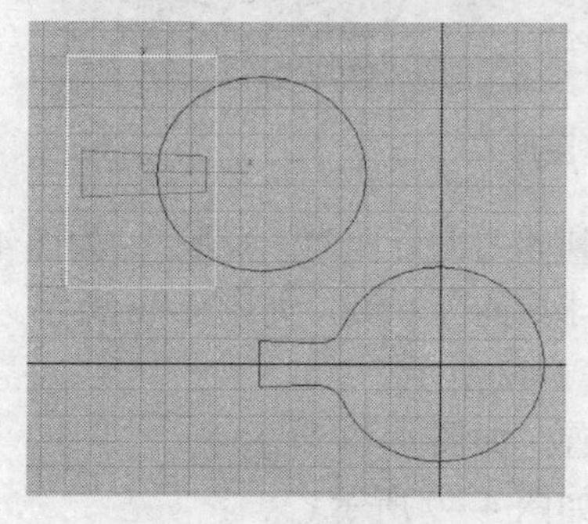

图 4-41 绘制长方形

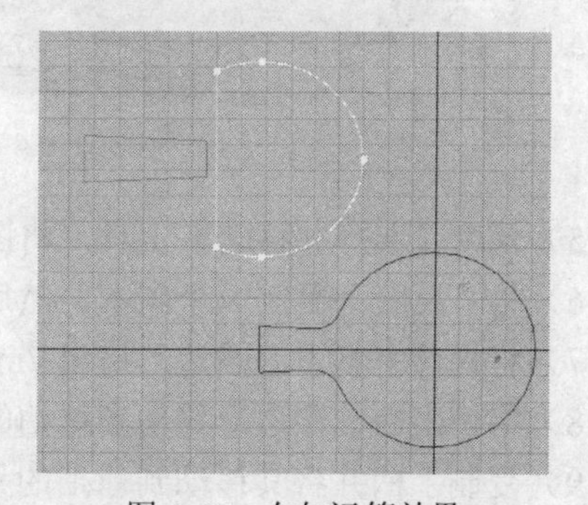

图 4-42 布尔运算效果

（3）将图形转换为可编辑样条线，然后选中“顶点”层级，使用【焊接】工具分别焊接图形的两个交叉点，如图 4-43 所示。

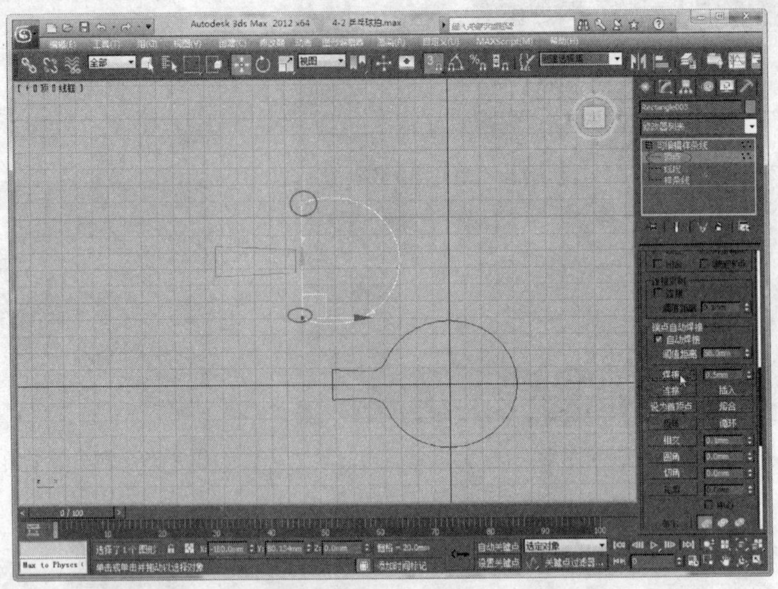

图 4-43　焊接图形的两个顶点

（4）使用【挤出】修改器，将图形挤出 1mm，如图 4-44 所示。

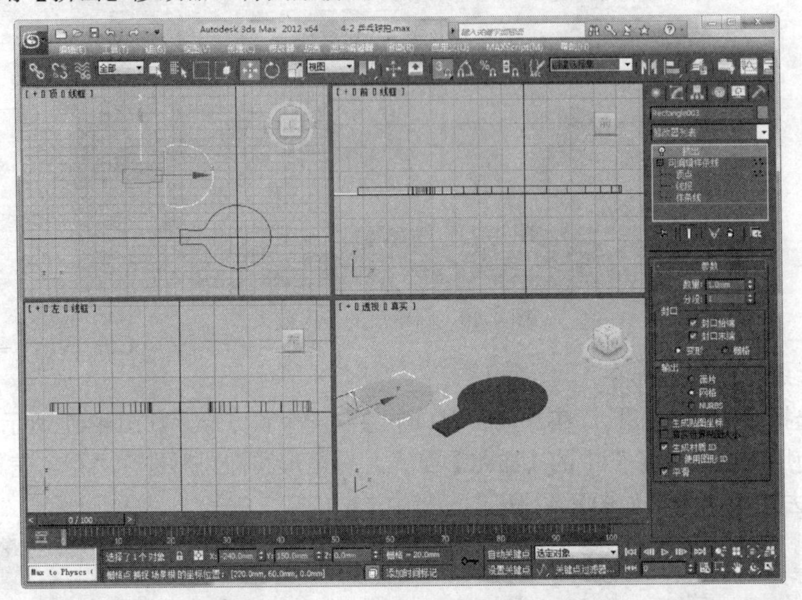

图 4-44　挤出图形

（5）使用【选择并移动】工具，将图形移动到球拍上方作为“反胶”，如图 4-45 所示。

（6）将“反胶”复制一个副本，然后移动到球拍的另一侧，如图 4-46 所示。

（7）将视口中剩下的四边形挤出 7mm，如图 4-47 所示。

（8）将挤出后的四边形移动到球拍的手柄位置，如图 4-48 所示。

（9）复制手柄并将其移动到球拍的另一侧，如图 4-49 所示。

（10）分别选中视口中球拍的不同部分，然后为其指定不同的颜色，如图 4-50 所示。

（11）保存场景，完成“乒乓球拍”模型的创建。

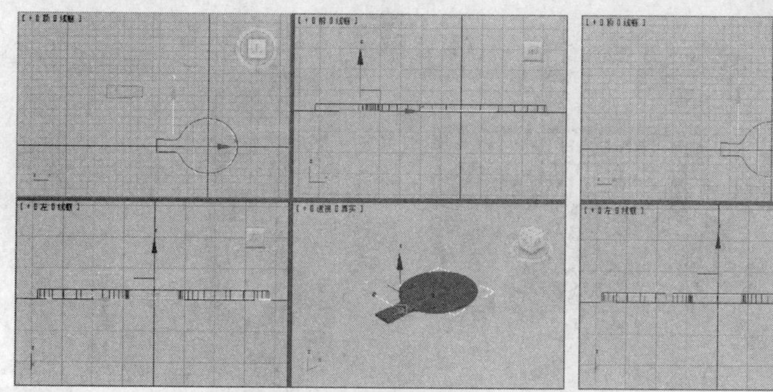

图 4-45　移动对象

图 4-46　复制并移动“反胶”

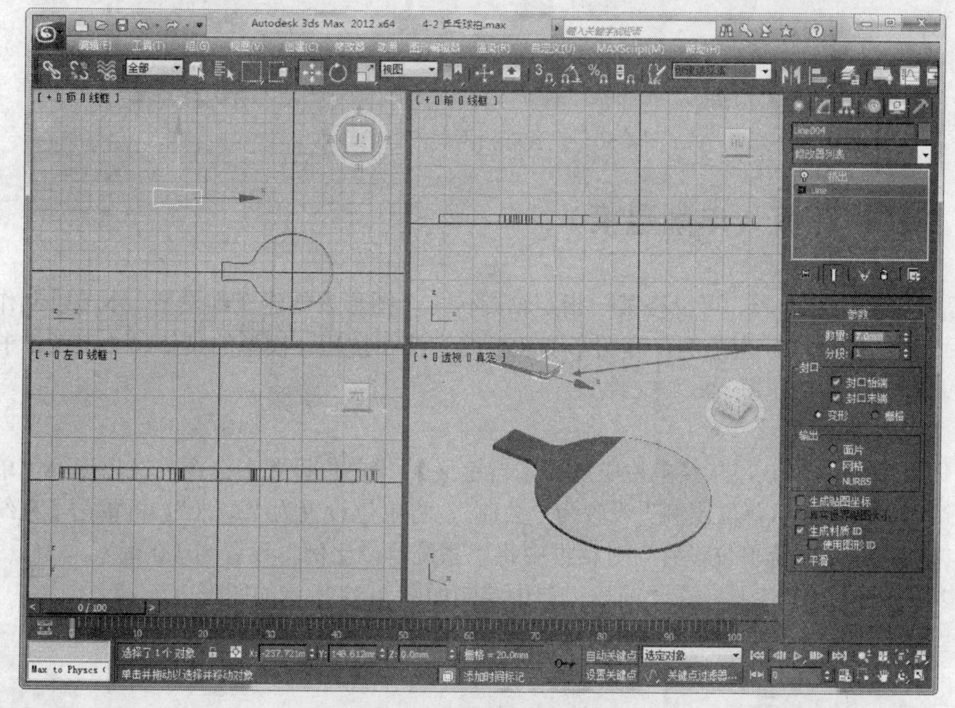

图 4-47　挤出四边形

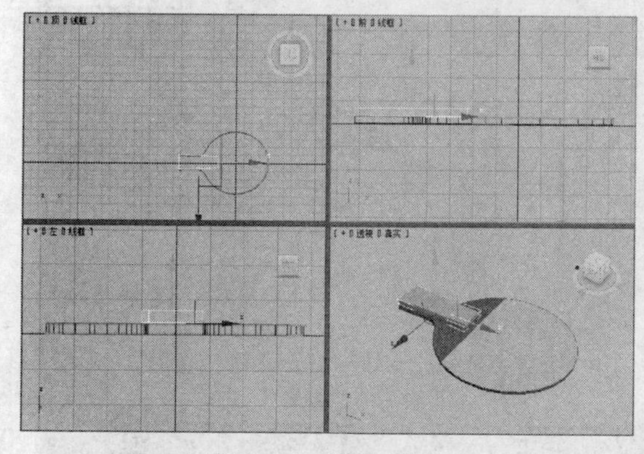

图 4-48　移动手柄

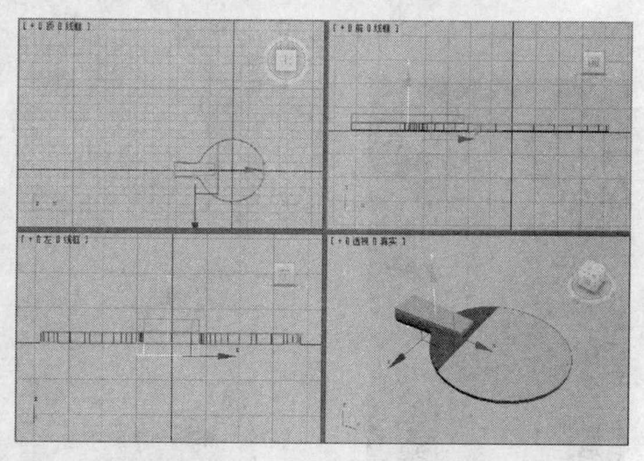

图 4-49　复制并移动手柄

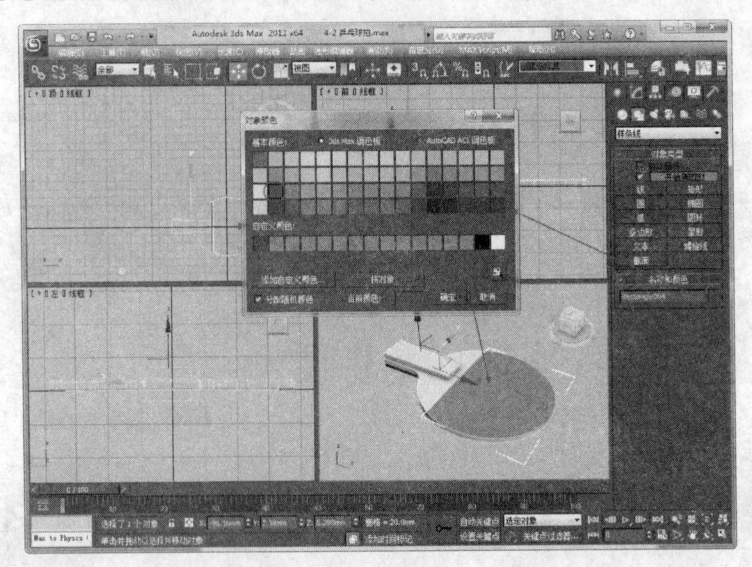

图 4-50　设置球拍不同部分的颜色

4.3　实例：花瓶（车削建模）

使用“车削”修改器，可以绕某一指定轴旋转一个图形来创建三维模型。本节以制作如图 4-51 所示的“花瓶”模型为例，介绍车削建模的方法和技巧（模型的具体尺寸参考本书“配套资料\chapter04\4-3 花瓶.max”文件）。

1. 绘制二维图形

（1）启动 3ds Max，从菜单栏中选择【自定义】|【单位设置】命令，在出现的“单位设置”对话框中将“显示单位比例”设置为“公制”，将单位设置为“毫米”。再单击【系统单位设置】按钮，在“系统单位设置”对话框中将“系统单位比例”设置为 1.0 毫米。

（2）选择【线】工具，在“前”视口中绘制如图 4-52 所示的图形。

图 4-51　“花瓶”模型

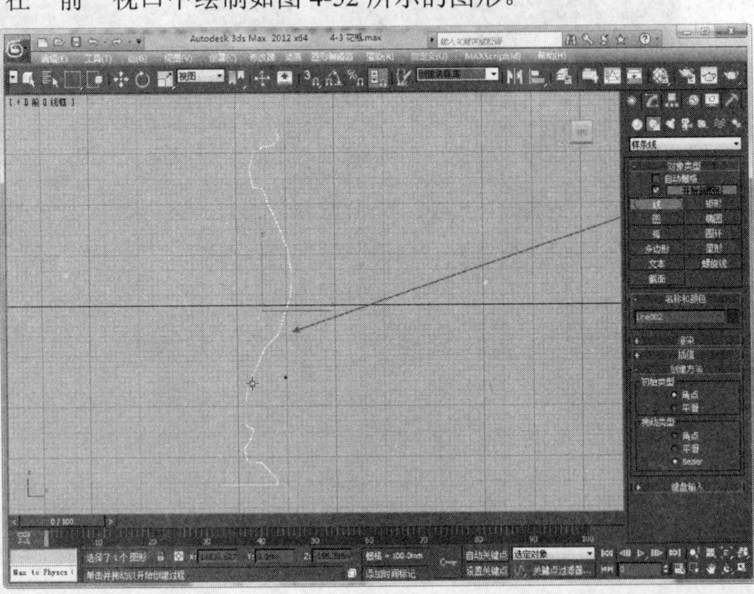

图 4-52　绘制图形

（3）切换到“修改”面板，在“修改器”堆栈中选择 Line 的“顶点”层级，选中图形中要修改的所有点，单击鼠标右键，从出现的快捷菜单中选择【平滑】命令，平滑所选择的顶点，如图 4-53 所示。

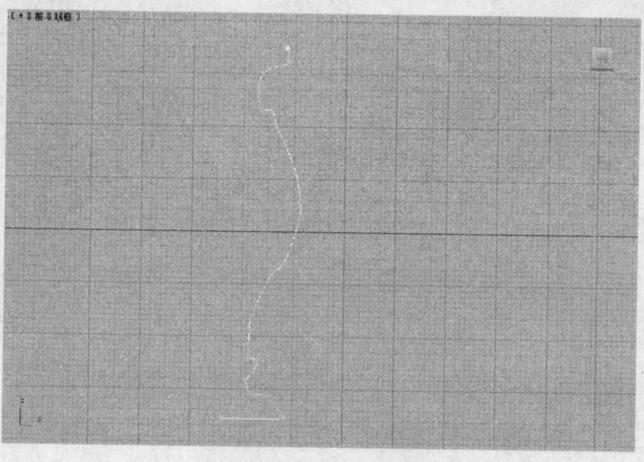

图 4-53　平滑顶点

（4）使用【选择并移动】工具，对其中的顶点位置进行调整，更改图形外观，如图 4-54 所示。

（5）在“修改器”堆栈中选择“样条线”层级，在“几何体”卷展栏中将“轮廓”值设置为 3mm，然后单击【轮廓】按钮，使图形产生 3mm 宽度的轮廓，如图 4-55 所示。

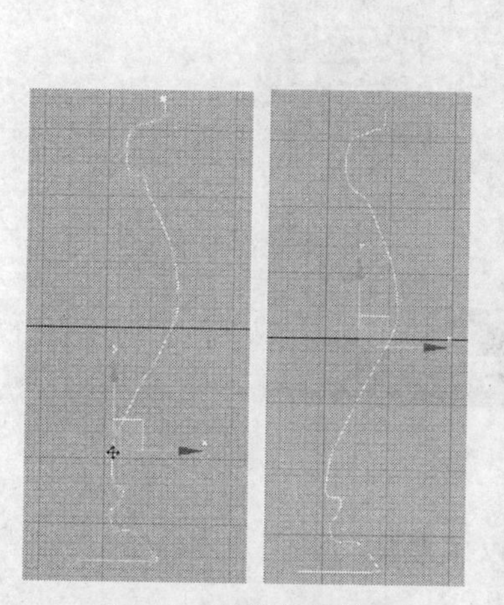

图 4-54　编辑样条线

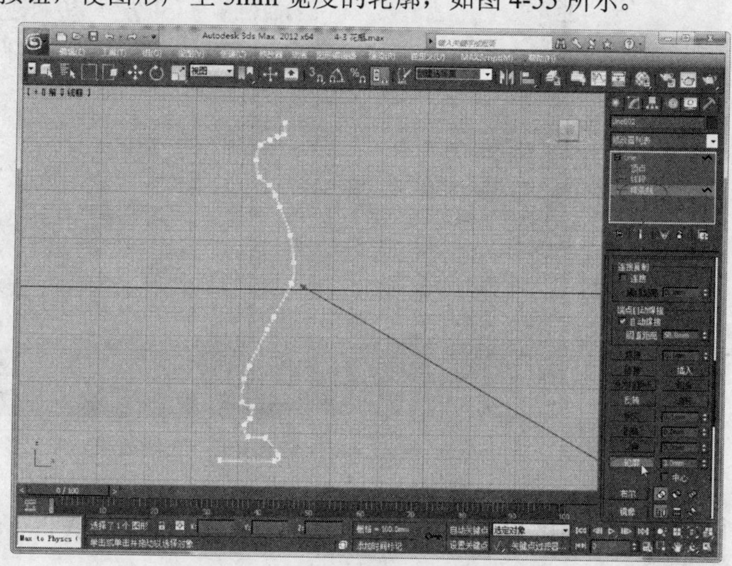

图 4-55　使图形产生轮廓

（6）单击“修改器”堆栈中的“Line”层级返回对象编辑状态。

2. 车削生成三维模型

（1）保持对样条线的选择，从菜单栏中选择【修改器】|【面片/样条线编辑】|【车削】命令，如图 4-56 所示。

（2）执行【车削】命令后，在“修改器”列表中将出现一个名为“车削”的修改器，同时视口中将显示出车削效果，如图 4-57 所示。

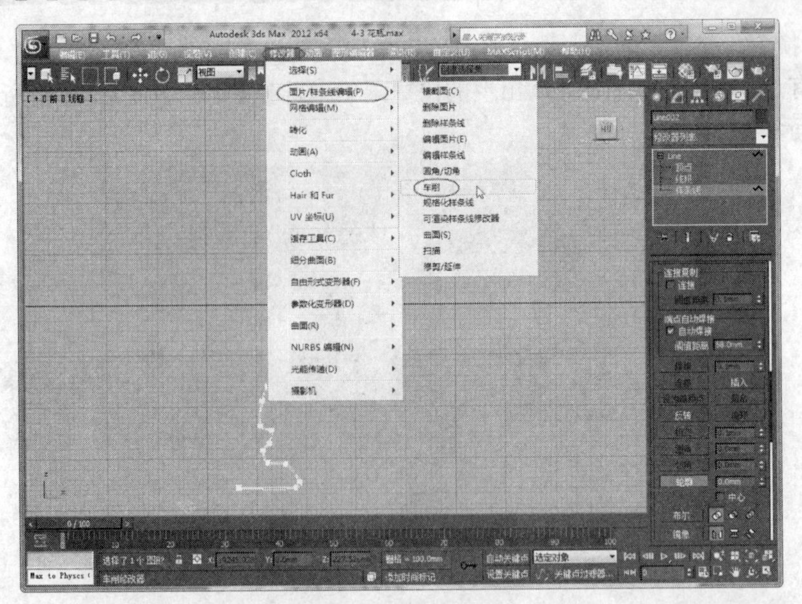

图 4-56　执行【车削】命令

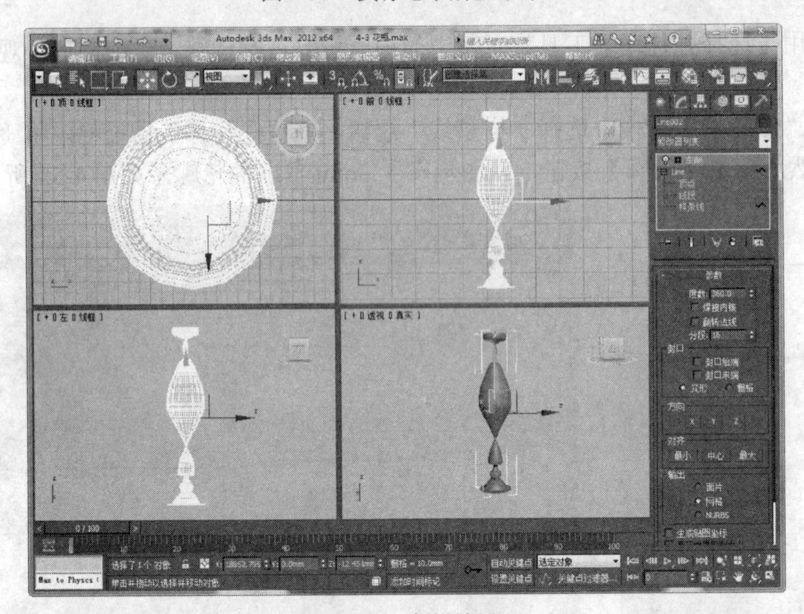

图 4-57　车削效果

“车削”修改器面板的“参数”卷展栏中主要提供了以下参数。

● 度数：确定对象绕轴旋转多少度（默认值是 360）。

● 焊接内核：通过将旋转轴中的顶点焊接来简化网格。如果要创建一个变形目标，应禁用此选项。

● 翻转法线：依赖图形上顶点的方向和旋转方向，旋转对象可能会内部外翻，此时可以切换“翻转法线”复选框来修正它。

● 分段：在起始点之间，确定在曲面上创建多少插值线段。

● 封口始端：封口设置的“度”小于 360 度的车削对象的始点，并形成闭合图形。

● 封口末端：封口设置的“度”小于 360 度的车削对象的终点，并形成闭合图形。

● 变形：按照创建变形目标所需的可预见且可重复的模式排列封口面。渐进封口可以产生细长的面，而不像栅格封口需要渲染或变形。如果要车削出多个渐进目标，主要使用渐进封口的方法。

● 栅格：在图形边界上的方形修剪栅格中安排封口面。

● X/Y/Z：相对对象轴点，设置轴的旋转方向。

● 最小/中心/最大：将旋转轴与图形的最小、中心或最大范围对齐。

● 面片：产生一个可以折叠到面片对象中的对象。

● 网格：产生一个可以折叠到网格对象中的对象。

● NURBS：产生一个可以折叠到 NURBS 对象中的对象。

● 生成贴图坐标：将贴图坐标应用到车削对象中。当“度”的值小于 360 并启用“生成贴图坐标”时，应启用此选项，将另外的图坐标应用到末端封口中，并在每一封口上放置一个 1×1 的平铺图案。

● 真实世界贴图大小：控制应用于该对象的纹理贴图材质所使用的缩放方法。

● 生成材质 ID：将不同的材质 ID 指定给车削对象侧面与封口。特别是，侧面 ID 为 3，封口（当“度”的值小于 360 且车削对象是闭合图形时）ID 为 1 和 2。

● 使用图形 ID：将材质 ID 指定给在车削产生的样条线中的线段，或指定给在 NURBS 车削产生的曲线子对象。

● 平滑：将平滑应用于车削图形。

（3）展开“车削”层级，选中“轴”子层级，在“参数”卷展栏中将“度数”设置为 360 度，将“方向”设置为 Y 轴，如图 4-58 所示。

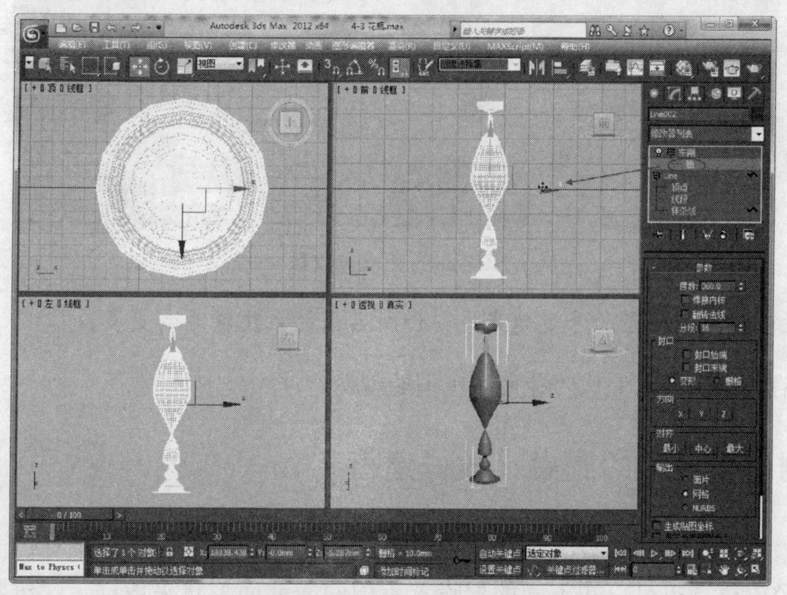

图 4-58　设置“轴”参数

（4）选择【选择并移动】工具，在“前”视口中拖动鼠标移动转轴，更改车削效果，如图 4-59 所示。

（5）返回“车削”层级，将“分段”数设置为 60，如图 4-60 所示。

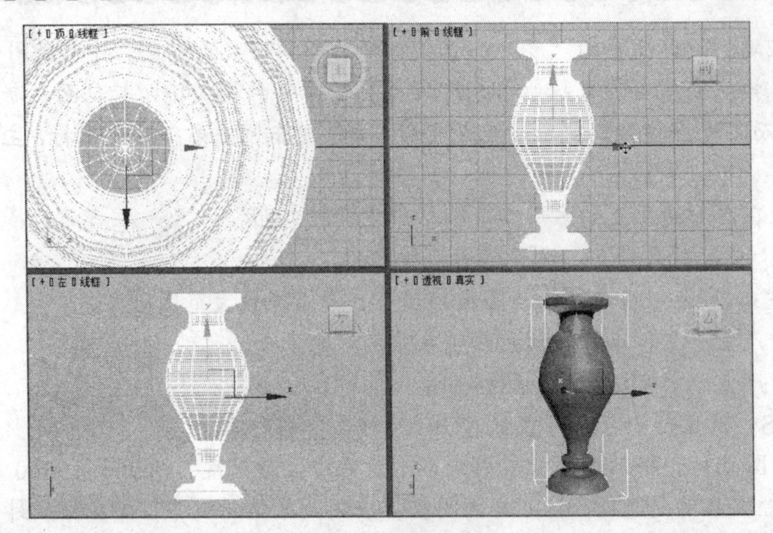

图 4-59 调整车削转轴

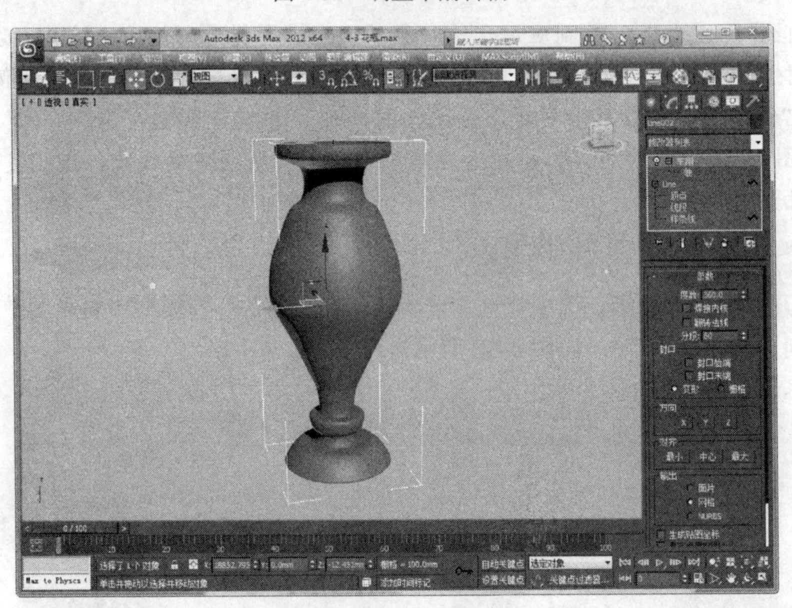

图 4-60 更改分段数

分段数越大，模型的外观越光滑，但所占用的系统资源会更多。

（6）保存场景文件，完成“花瓶”模型的创建。

4.4 实例：带台布的圆桌（放样建模）

放样是指使一个截面沿着一个路径伸展，从而创建出复杂的三维物体。既可以沿直线或曲线的路径放样，也可以在不同的层设置不同的横截面形状来放样。二维物体放样建模是生成三维模型的一个重要手段，要用放样法建模，至少需要两个二维图形，一个用于定义物体的放样路径，另一个用于定义物体放样的截面模型。放样截面可以是一个也可以是多个，形态和数目没有限制，而放样路径只有一个。路径本身可以为开放的线段，也可以为封闭的图形。

本节以制作如图 4-61 所示的“带台布的圆桌”模型为例，介绍放样建模的方法和技巧（模型的具体尺寸参考本书“配套资料\chapter04\4-4 带台布的圆桌.max”文件）。

图 4-61　“带台布的圆桌”模型

1. 创建圆桌模型

（1）启动 3ds Max，从菜单栏中选择【自定义】|【单位设置】命令，在出现的“单位设置”对话框中将“显示单位比例”设置为“公制”，将单位设置为“毫米”。再单击【系统单位设置】按钮，在“系统单位设置”对话框中将“系统单位比例”设置为 1.0 毫米。

（2）选择【圆柱体】工具，在“顶”视口中拖动鼠标绘制一个圆柱体，然后在“参数”卷展栏中修改其半径和高度值，如图 4-62 所示。该圆柱体将作为圆桌的桌面。

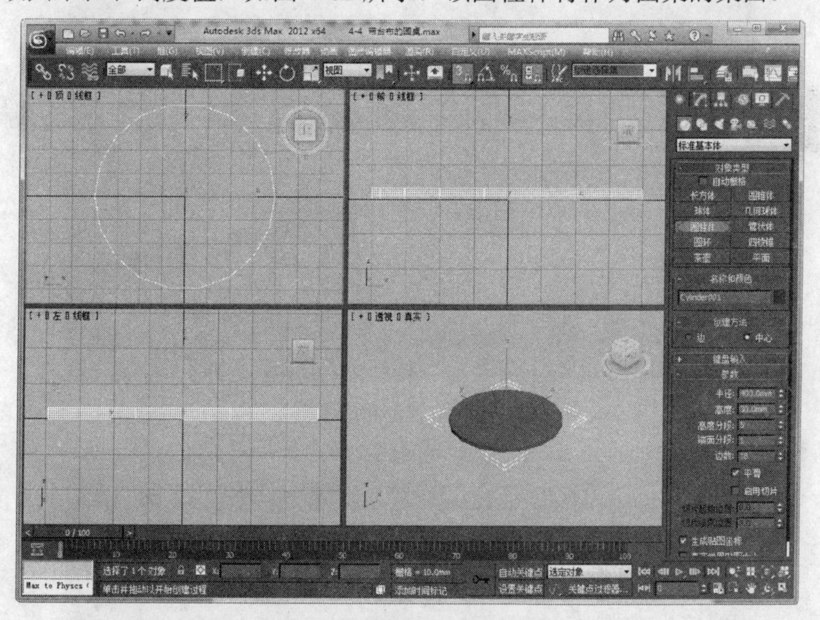

图 4-62　绘制并设置圆柱体

（3）再使用【圆柱体】工具，绘制一个作为圆桌第 1 条腿的圆柱体，参数设置和效果如图 4-63 所示。

（4）使用复制的方法复制出另外 3 条桌腿，效果如图 4-64 所示。

2. 绘制放样图形

（1）选择【圆】工具，在“顶”视口中绘制一个半径为 400mm 的圆形，作为台布的上截面，如图 4-65 所示。

（2）选择【星形】工具，在“顶”视口中创建中一个星形作为台布的下截面，参数设置和效果如图 4-66 所示。

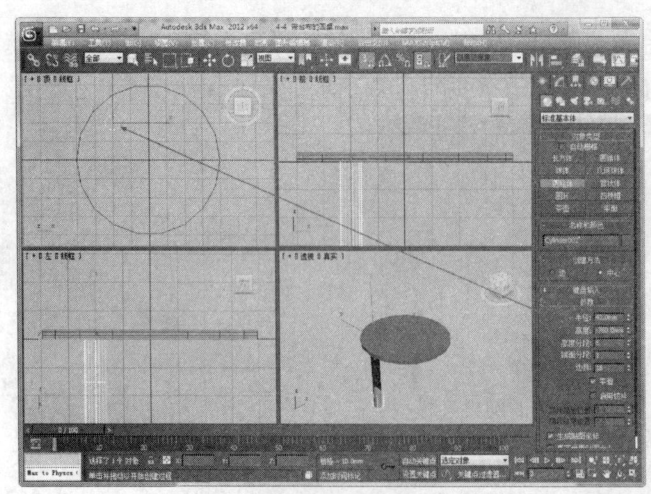

图 4-63 绘制圆桌第 1 条腿

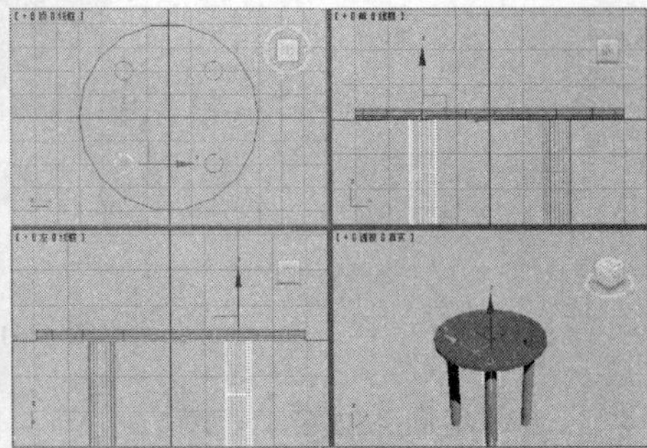

图 4-64 复制生成其他桌腿

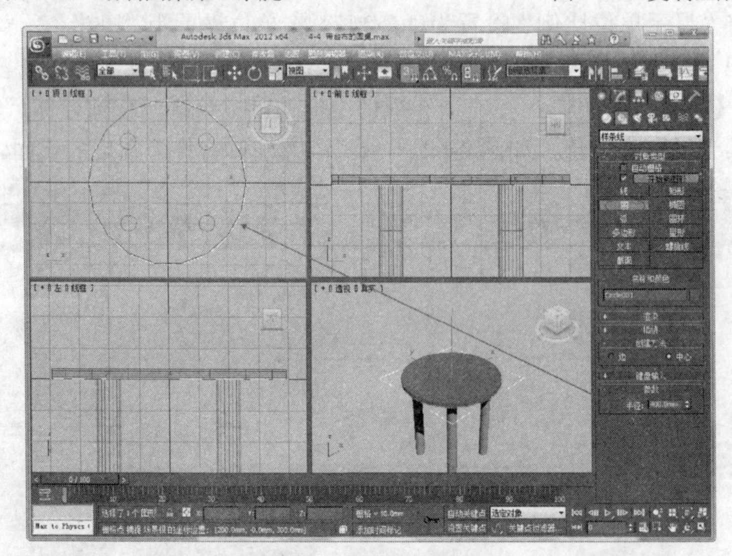

图 4-65 绘制台布的上截面

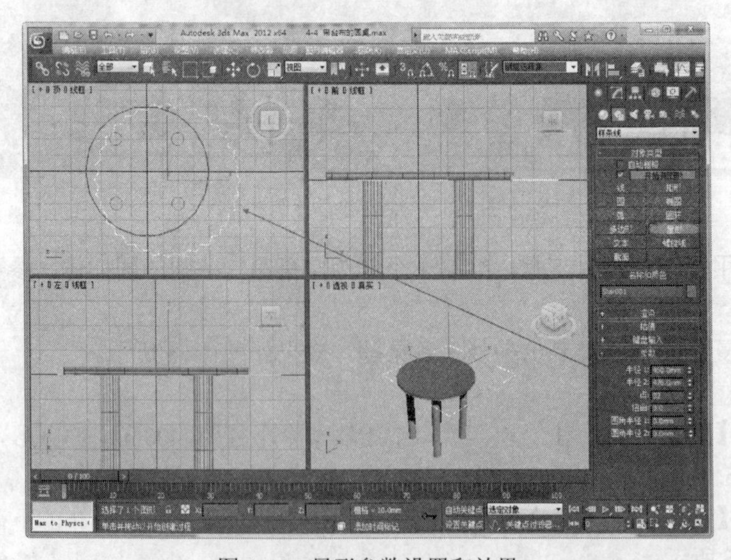

图 4-66 星形参数设置和效果

（3）选择【线】工具，在“前”视口中绘制一条作为放样路径的直线，如图 4-67 所示。

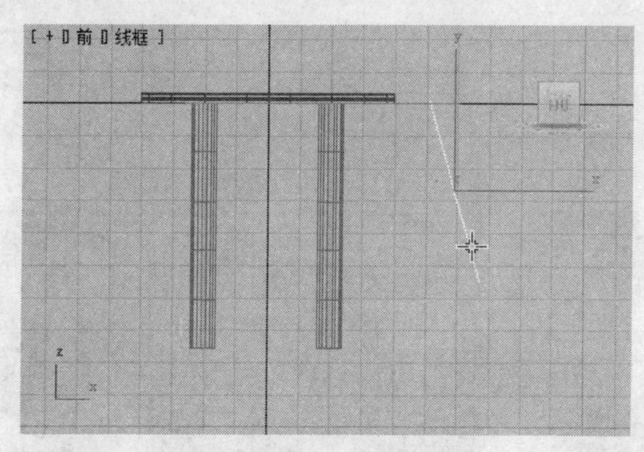

图 4-67　绘制直线路径

3. 放样生成三维模型

（1）选中直线路径，从“复合对象”类别中选择【放样】工具，在“创建方法”卷展栏中单击【获取图形】按钮，然后将光标移向“顶”视口中的圆形，如图 4-68 所示。

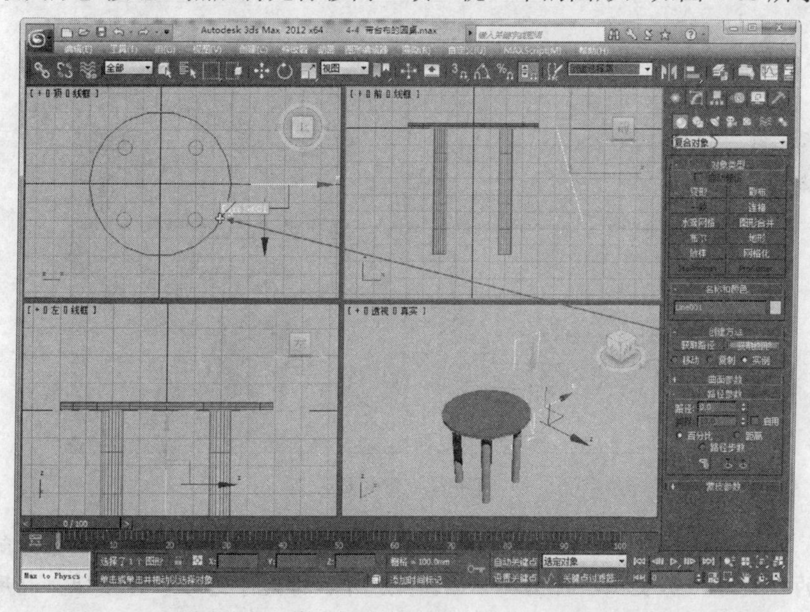

图 4-68　将光标移向“顶”视口中的圆形

放样时，可以通过“获取路径”和“获取图形”两种方法生成三维实体造型。即可以选择物体的截面图形后获取路径放样物体，也可通过选择路径后获取图形的方法放样物体。同时，在获取形状时，会出现一个提示框，通过该提示框可确认是否选择正确。

（2）单击鼠标，即可放样生成一个圆柱体，如图 4-69 所示，

（3）在“路径参数”卷展栏中将“路径”参数设置为 100，再单击“创建方法”卷展栏中的【获取图形】按钮，将光标移至“顶”视口中再次获取作为底面的星形图形，如图 4-70 所示。

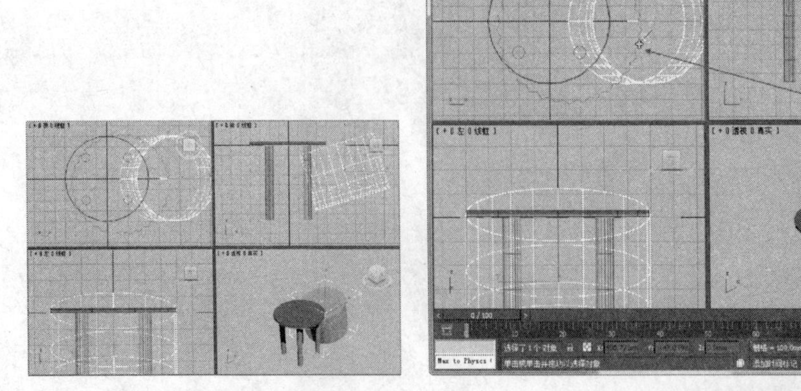

图 4-69　放样生成的圆柱体　　　　图 4-70　获取底面图形

（4）单击鼠标，即可第 2 次获取截面。放样得到的台布造型，如图 4-71 所示。

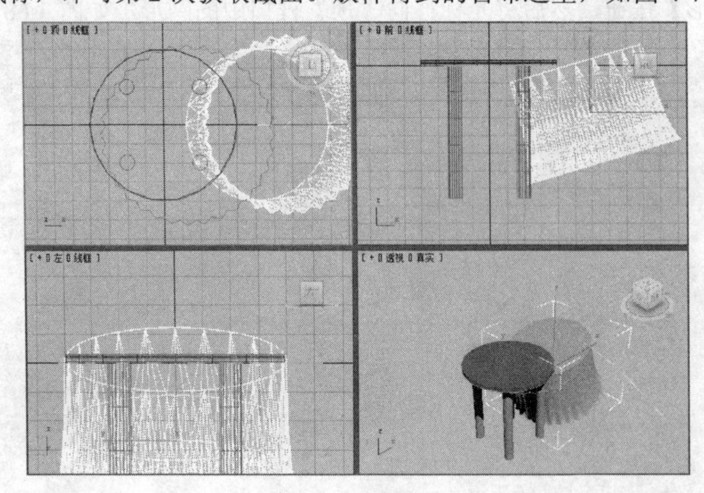

图 4-71　台布造型

放样生成模型后，选中放样物体，切换到“修改”命令面板，展开命令面板最下方的“变形”卷展栏，将出现如图 4-72 所示的放样变形工具按钮。利用这些按钮，可以对放样物体进行更丰富的设置。其中，“缩放”变形用于缩放放样物体的路径；“扭曲”变形用于将路径上的截面以路径为轴线作不同角度的扭曲；“倾斜”变形用于将路径中的截面绕 X 或 Y 轴旋转；“倒角”变形用于模拟切角化、倒角或减缓的边的效果；“拟合”变形可以使用两条“拟合”曲线来定义对象的顶部和侧剖面。要想通过绘制放样对象的剖面来生成放样对象时，便可以使用“拟合”变形。

（5）使用【选择并移动】工具，将“台布”移动到圆桌上方，如图 4-73 所示。

（6）选中“星形”图形对象，单击鼠标右键，从出现的快捷菜单中选择【隐藏选定对象】命令隐藏图形，如图 4-74 所示。

（7）保存场景文件，完成“带台布的圆桌”模型的创建。

图 4-72　放样变形工具按钮

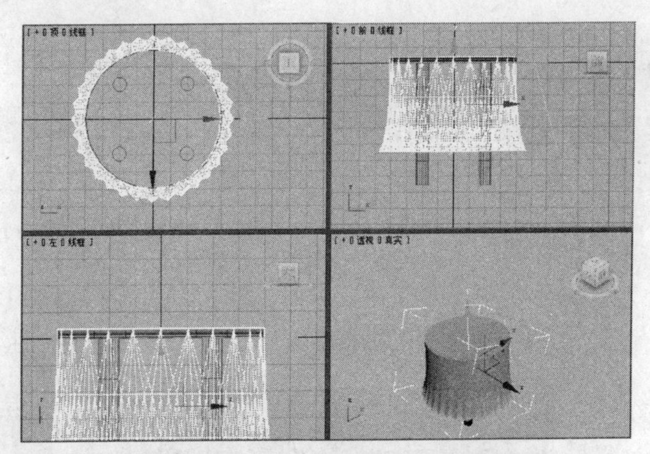

图 4-73　对齐桌布

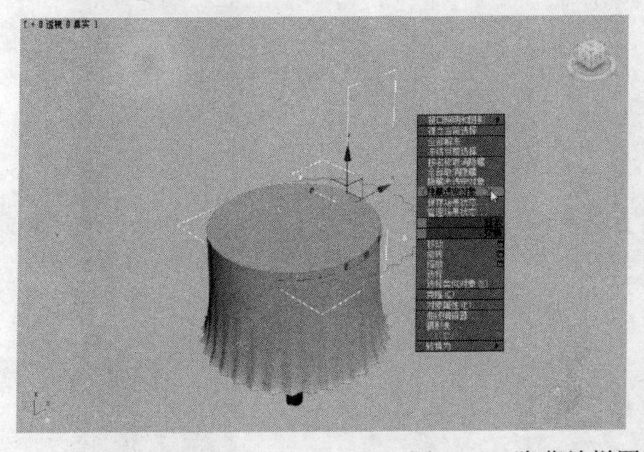

图 4-74　隐藏放样图形

4.5　实例：店招（倒角建模）

使用“倒角修改器”，可以将一个二维图形作为三维实体对象的基部，然后将图形挤出为 4 个层次的三维实体。由于每个层次都可以单独指定轮廓量，用这种方法创建的模型具有很强的灵活性。

本节以制作如图 4-75 所示的“店招”模型为例，介绍创建标准基本体的具体用法和技巧（模型的具体尺寸参考本书“配套资料\chapter04\4-5 店招.max”文件）。

（1）启动 3ds Max，从菜单栏中选择【自定义】|【单位设置】命令，在出现的“单位设置”对话框中将“显示单位比例”设置为“公制”，将单位设置为“毫米”。再单击【系统单位设置】按钮，在“系统单位设置”对话框中将“系统单位比例”设置为 1.0 毫米。

（2）使用【线】工具，绘制如图 4-76 所示的样条线作为企业标志的基部图形。

（3）选择【文本】工具，在“文本”框中将文本内容输入为“三创科技”，大小设置为 220mm，然后在“前”视口中单击鼠标，创建一个文本对象，如图 4-77 所示。

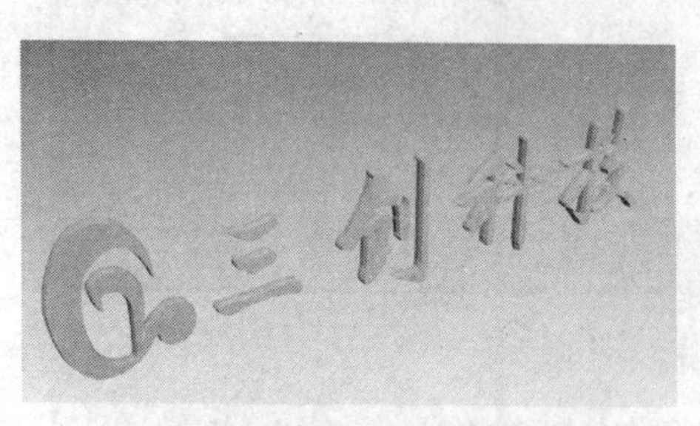

图 4-75 “店招”模型

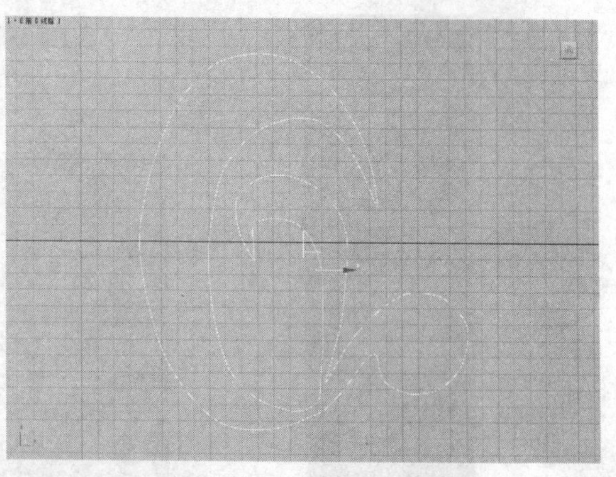

图 4-76 绘制标志基部图形

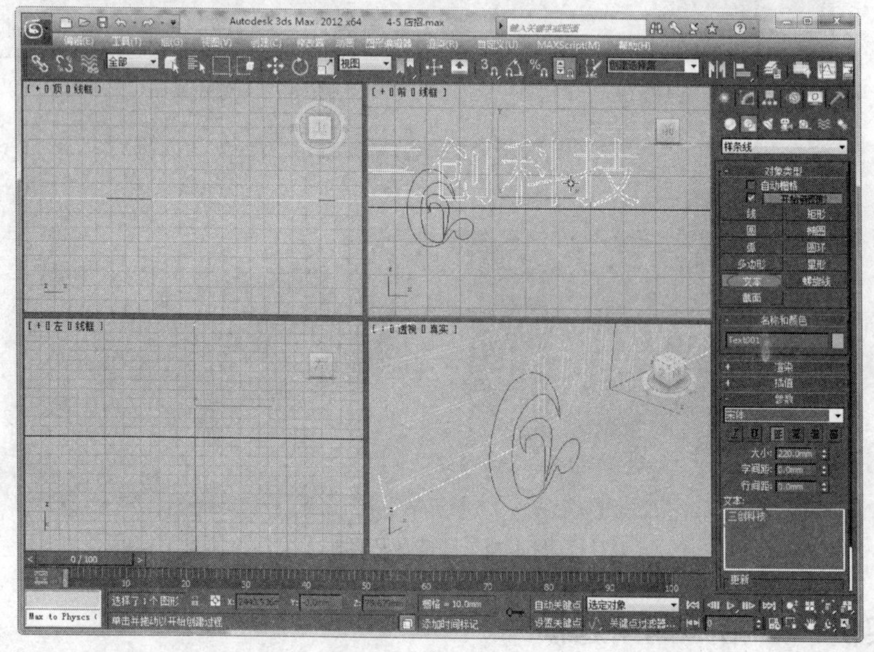

图 4-77 创建文本对象

（4）在“修改”面板中修改文本的字体、大小和字间距等参数，然后使用【选择并移动】工具，将文本移动到合适的位置，如图 4-78 所示。

（5）选定场景中的全部对象，从“修改器列表”中选择“倒角”选项，参数设置和效果如图 4-79 所示。

（6）将“透视”视口最大化显示，再切换到“修改”面板，对倒角参数进行进一步的设置，如图 4-80 所示。

在倒角修改器面板的“参数”卷展栏中的主要选项如下。

- 始端：用对象的最低局部 Z 值（底部）对末端进行封口。
- 末端：用对象的最高局部 Z 值（底部）对末端进行封口。

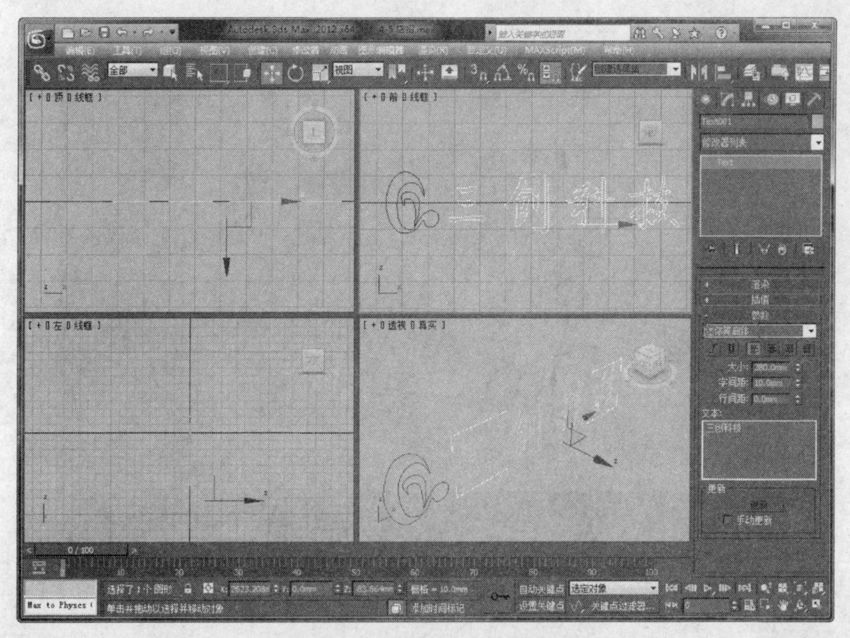

图 4-78　调整文本属性和位置

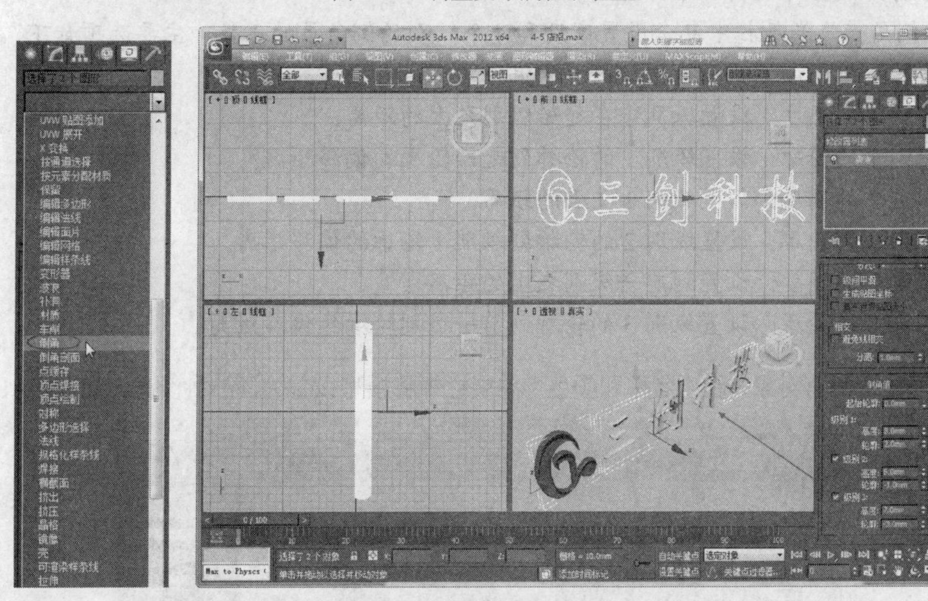

图 4-79　倒角图形和文本对象

● 变形：为变形创建适合的封口曲面。

● 栅格：在栅格图案中创建封口曲面。封装类型的变形和渲染要比渐进变形封装效果好。

● 线性侧面：激活此项后，级别之间会沿着一条直线进行分段插值。

● 曲线侧面：激活此项后，级别之间会沿着一条 Bezier 曲线进行分段插值。对于可见曲率，使用曲线侧面的多个分段。

● 分段：在每个级别之间设置中级分段的数量。

● 级间平滑：控制是否将平滑组应用于倒角对象侧面。

● 避免线相交：防止轮廓彼此相交。它通过在轮廓中插入额外的顶点并用一条平直的线段覆盖锐角来实现。

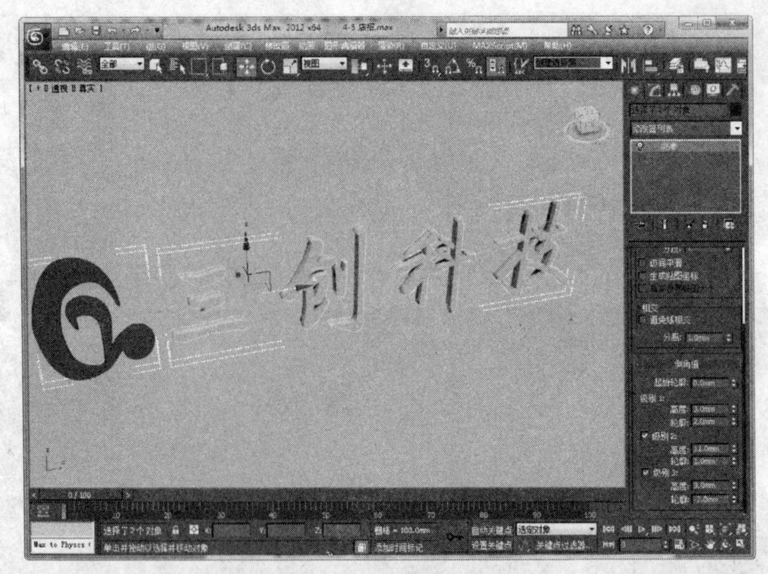

图 4-80 微调倒角参数

- 分离：设置边之间所保持的距离。

在“倒角值”卷展栏中包含设置高度和 4 个级别的倒角量的参数，主要选项如下。

- 起始轮廓：设置轮廓从原始图形的偏移距离。
- 级别 1 的高度：设置级别 1 在起始级别之上的距离。
- 级别 1 的轮廓：设置级别 1 的轮廓到起始轮廓的偏移距离。
- 级别 2 的高度：设置级别 1 之上的距离。
- 级别 2 的轮廓：设置级别 2 的轮廓到级别 1 轮廓的偏移距离。
- 级别 3 的高度：设置到前一级别之上的距离。
- 级别 3 的轮廓：设置级别 3 的轮廓到前一级别轮廓的偏移距离。

（7）选定所有对象，在“名称和颜色”卷展栏中将模型设置为同一种颜色，如图 4-81 所示。

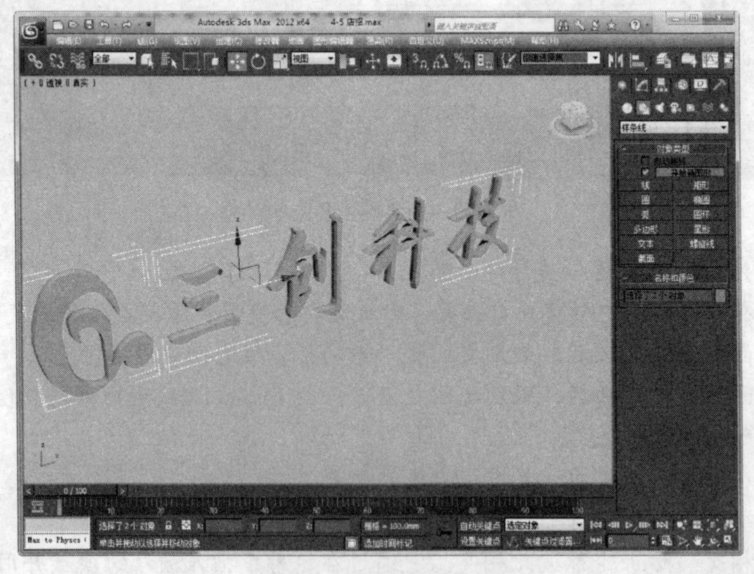

图 4-81 设置模型颜色

（8）保存场景文件，完成“店招”模型的制作。

4.6　实例：台灯（倒角剖面建模）

“倒角剖面”修改器使用一个二维路径作为“倒角截剖面”来挤出另一个图形，从而生成三维模型。

本节以制作如图 4-82 所示的“台灯”模型为例，介绍用倒角剖面法建模的方法和技巧（模型的具体尺寸参考本书“配套资料\chapter04\4-6 台灯.max”文件）。

1. 制作灯座

（1）启动 3ds Max，从菜单栏中选择【自定义】|【单位设置】命令，在出现的“单位设置”对话框中将“显示单位比例”设置为“公制”，将单位设置为“毫米”。再单击【系统单位设置】按钮，在“系统单位设置”对话框中将“系统单位比例”设置为 1.0 毫米。

（2）在“创建”面板的“几何体”选项的“扩展基本体”类别中选择【切角圆柱体】工具，在“顶”视口中拖动鼠标绘制一个切角圆柱体，然后在“参数卷展栏”中设置切角圆柱体的参数，如图 4-83 所示。

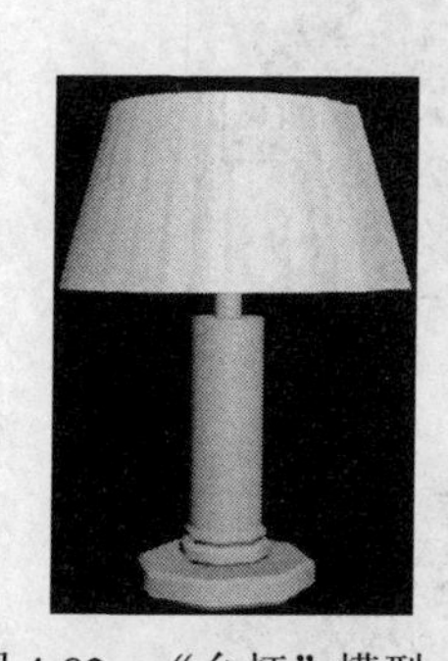

图 4-82　“台灯”模型

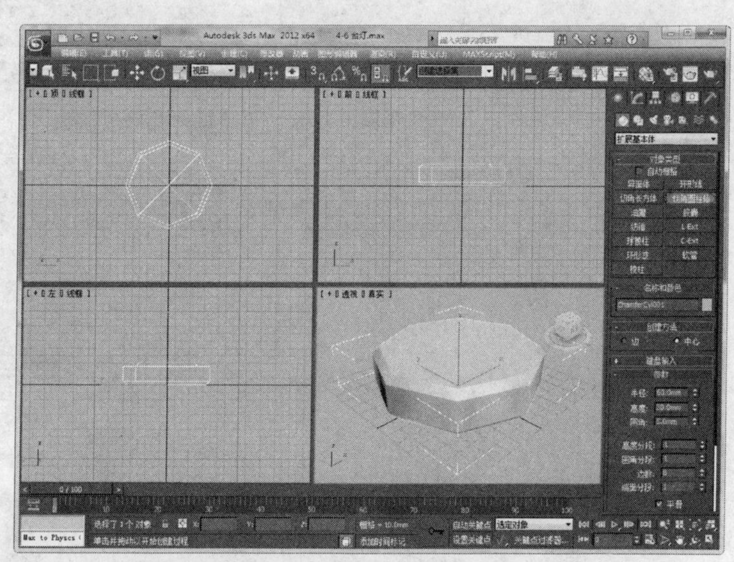

图 4-83　切角圆柱体的参数设置和创建效果

（3）使用【选择并移动】工具，在按下【Shift】键的同时向上拖动鼠标，复制一个切角圆柱体副本，然后在“修改”面板的“参数”卷展栏中修改切角圆柱体的半径和高度值，如图 4-84 所示。

（4）再向上复制一个切角圆柱体副本，并修改其参数，如图 4-85 所示。

（5）再向上复制一个切角圆柱体，并修改其参数，将其边数设置为 50，使副本由切角圆柱体变为一个圆柱体，如图 4-86 所示。

（6）用同样的方法再复制一个切角圆柱体，然后修改其参数，如图 4-87 所示。

2. 倒角剖面建模

（1）从“创建”面板的“几何体”选项中选择【星形】工具，在“顶”视口中拖动鼠标绘制一个星形，然后在“参数”卷展栏中修改星形参数，如图 4-88 所示。该星形将作为倒角剖面建模的图形。

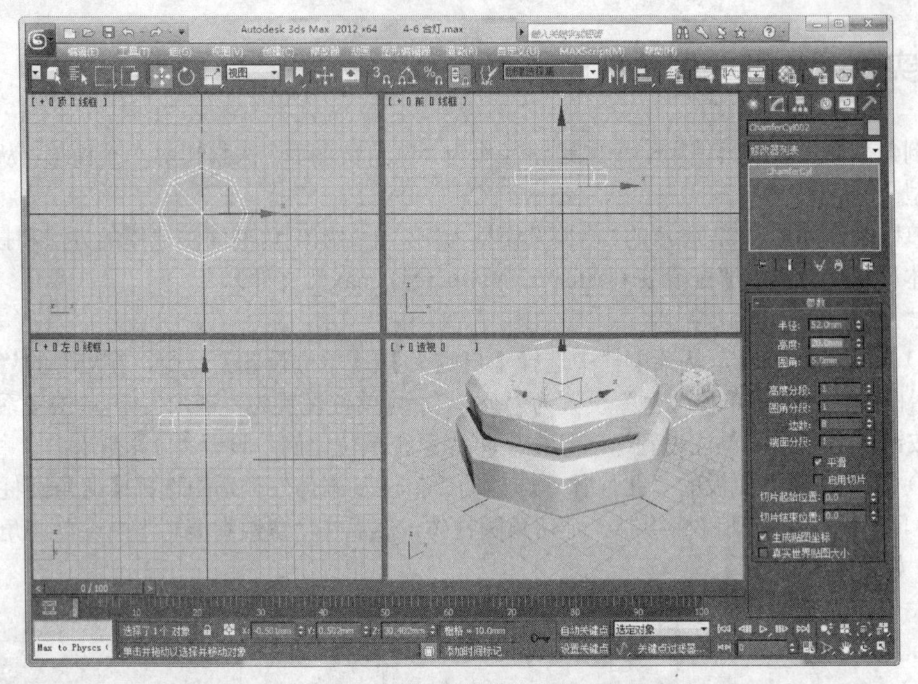

图 4-84　复制切角圆柱体并修改参数

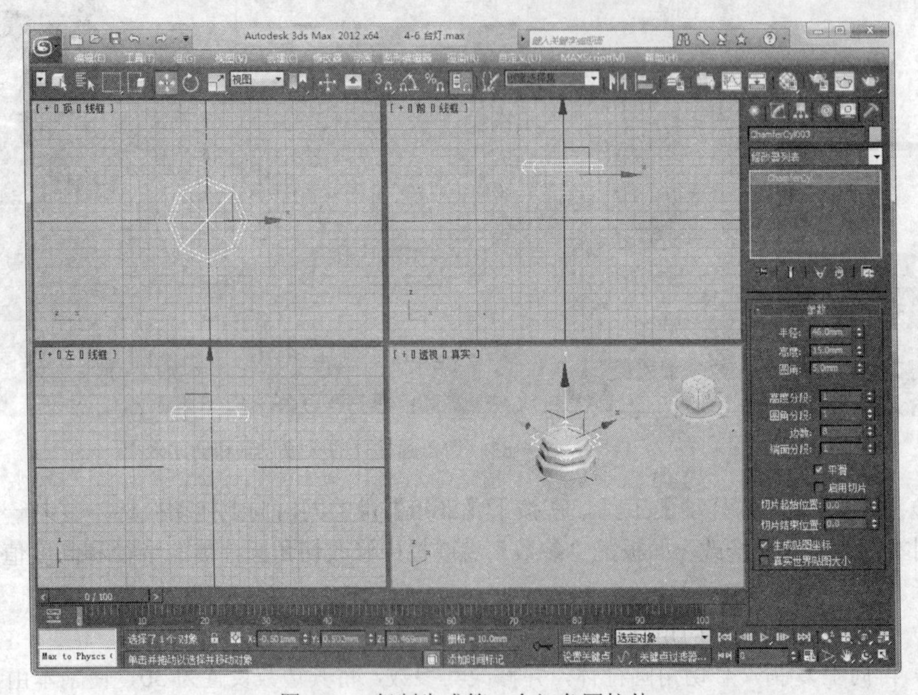

图 4-85　复制生成第 3 个切角圆柱体

（2）选择【线】工具，在“前”视口中，绘制如图 4-89 所示的路径。

（3）切换到“修改”面板，展开 Line 选项，选中“样条线”层级，在“几何体”卷展栏中将“轮廓”值设置为 2mm，单击【轮廓】按钮后在视口中单击已绘制完成的线段，为线段添加上宽度为 2mm 的轮廓，如图 4-90 所示。该图形将作为进行倒角剖面建模的剖面图形。

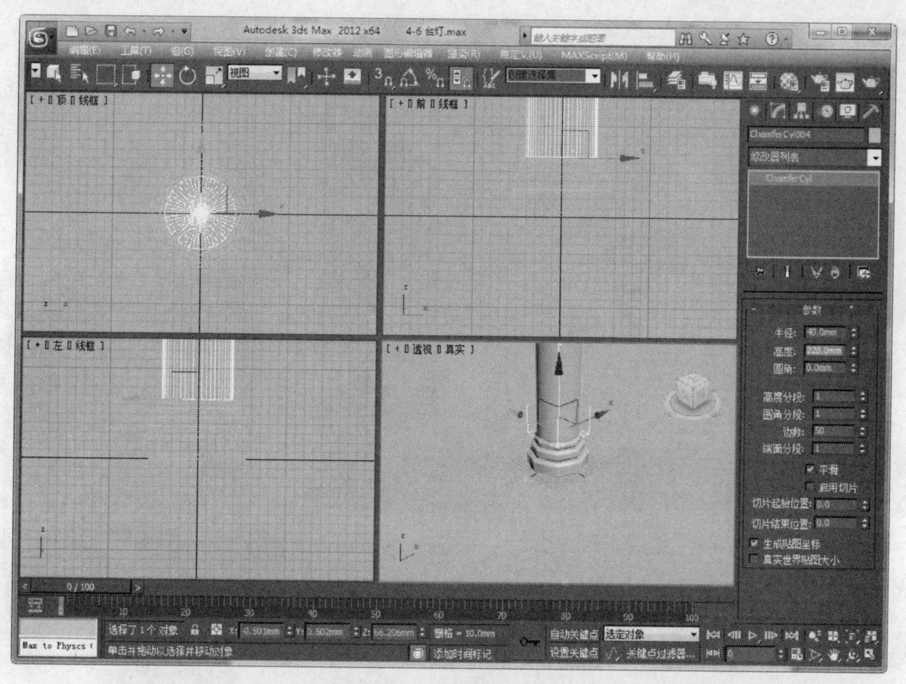

图 4-86　复制生成圆柱体

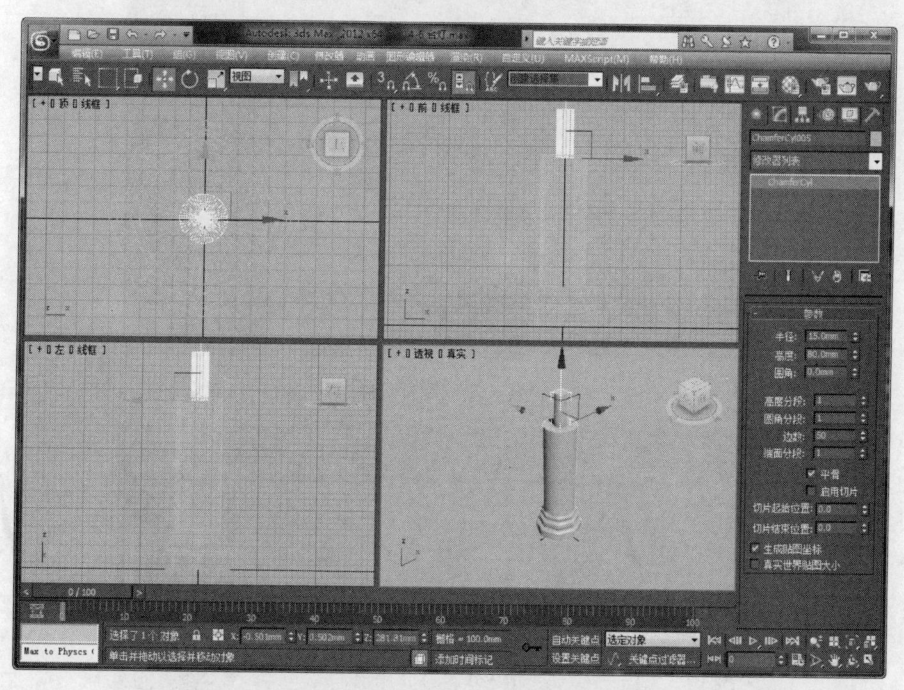

图 4-87　第 5 个切角圆柱体的参数设置和绘制效果

（4）选中“星形”图形，从“修改器”下拉列表中选择“倒角剖面”修改器，如图 4-91 所示。

（5）单击“参数”卷展栏上的【拾取剖面】按钮，拾取图中的线段轮廓图形，如图 4-92 所示。

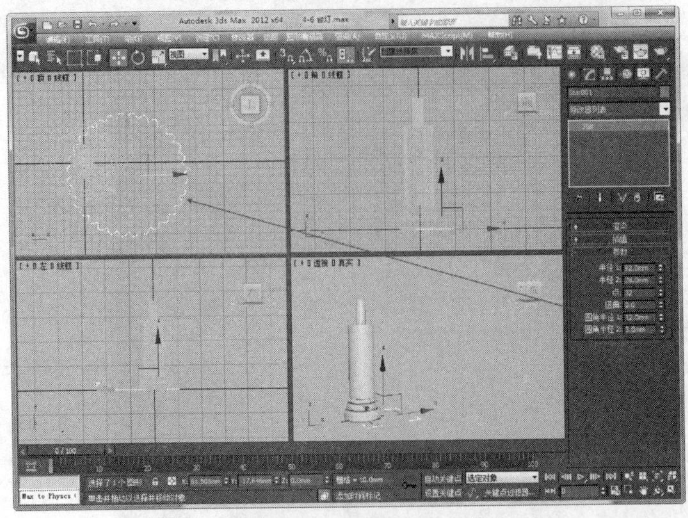
图 4-88 绘制星形

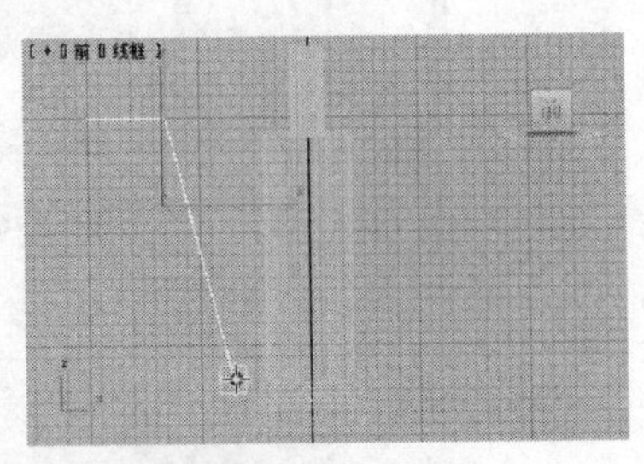
图 4-89 绘制线段

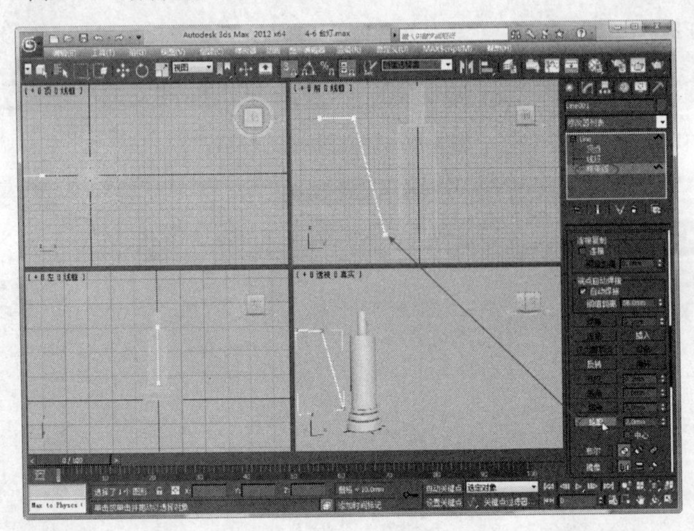
图 4-90 为线段添加轮廓

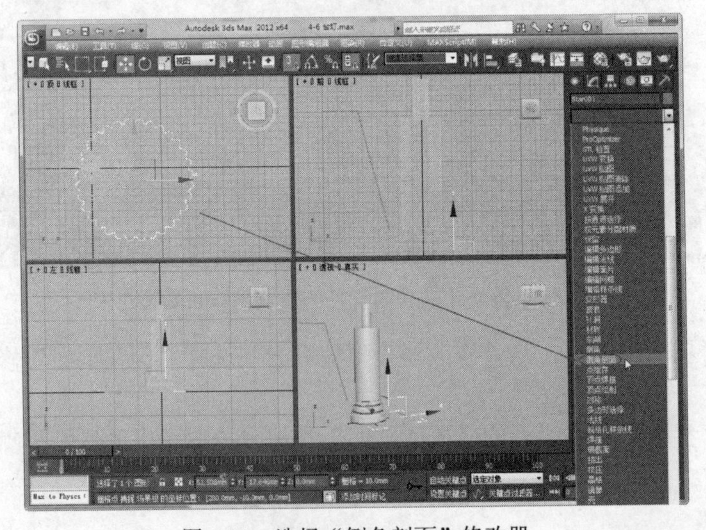
图 4-91 选择“倒角剖面”修改器

"参数"卷展栏中的选项可以修改倒角剖面模型的外观，主要选项如下。

- 拾取剖面：选中一个图形或 NURBS 曲线来用于剖面路径。
- 生成贴图坐标：指定 UV 坐标。
- 真实世界贴图大小：控制应用于该对象的纹理贴图材质所使用的缩放方法。
- 始端：对挤出图形的底部进行封口。
- 末端：对挤出图形的顶部进行封口。
- 变形：选中一个确定性的封口方法，为对象间的变形提供相等数量的顶点。
- 栅格：创建更适合封口变形的栅格封口。
- 避免线相交：防止倒角曲面自相交。
- 分离：设定侧面为防止相交而分开的距离。

（6）释放鼠标，即可生成倒角剖面模型，如图 4-93 所示。

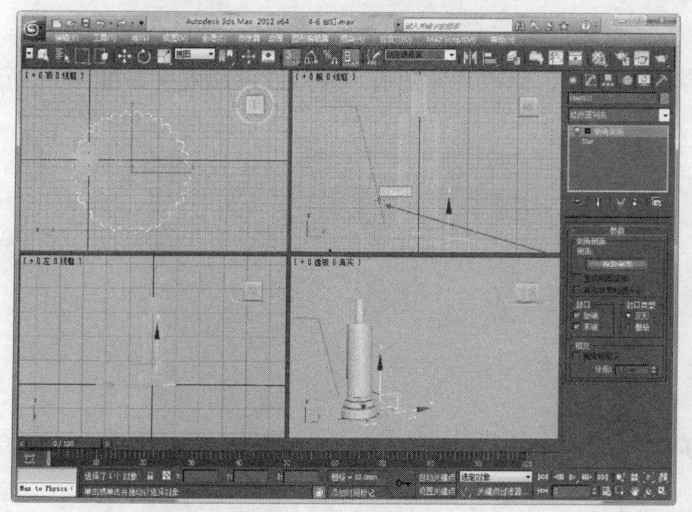

图 4-92　拾取剖面

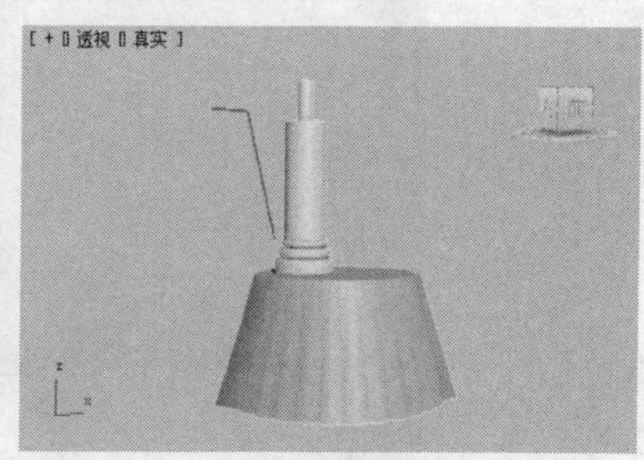

图 4-93　倒角剖面模型创建效果

（7）使用【选择并移动】工具，将"灯罩"移动到灯座上方合适的位置上，如图 4-94 所示。

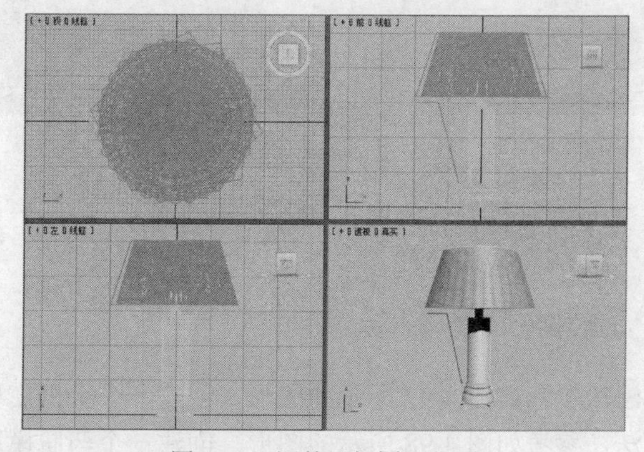

图 4-94　调整"灯罩"位置

（8）选定“灯罩”的剖面图形，单击鼠标右键，从出现的快捷菜单中选择【隐藏选定对象】命令隐藏图形，如图 4-95 所示。

图 4-95　隐藏不需要的图形

（9）分别选定“灯罩”和“灯座”对象，在“名称和颜色”卷展栏中修改它们的颜色。

（10）选定“灯罩”最下方的切角圆柱体，修改其半径值，参数设置和效果如图 4-96 所示。

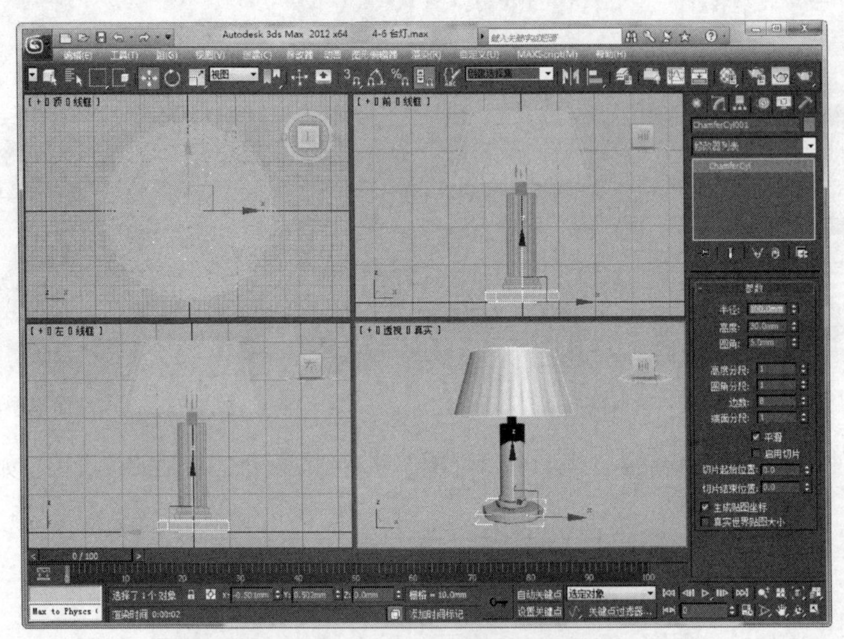

图 4-96　修改对象参数

（11）保存场景，完成台灯模型的创建。

课后练习

1．使用挤出建模法，参考如图 4-97 所示的图形，创建一个手机模型。

2．使用车削建模法，参考如图 4-98 所示的图形，创建一个药瓶模型。

3．使用放样建模法，参考如图 4-99 所示的图形，创建一个电脑椅模型。

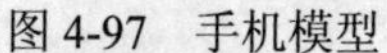

图 4-97　手机模型

图 4-98　药瓶模型

图 4-99　电脑椅模型

4．使用倒角建模法，参考如图 4-100 所示的图形，创建一个齿轮模型。

5．使用倒角剖面建模法，参考如图 4-101 所示的图形，创建一个圆桌模型。

图 4-100　齿轮模型

图 4-101　圆桌模型

第 5 课 三维修改器建模

本课知识结构

创建二维或三维对象后，可以利用 3ds Max 的“修改器”面板来对对象进行塑形和编辑操作，从而更改对象的几何形状及其属性。事实上，三维修改器已经成为一种非常实用的建模工具，是创建各种不规则模型的利器。三维修改器的类型非常多，本课将通过实例学习使用常用的三维修改器进行建模的方法和技巧，具体知识结构如下。

三维修改器建模

- 修改器的基础知识
- FDD修改器建模
- 弯曲修改器建模
- 拉伸修改器建模
- 噪波修改器建模
- 锥化和网格平滑修改器建模
- 扭曲、推力和涡轮平滑修改器建模
- 波浪修改器建模
- 涟漪修改器建模
- 松弛和挤压修改器建模

就业达标要求

☆ 熟悉修改器的基本结构和使用方法。

☆ 熟练掌握球形化、晶格、FFD、弯曲、拉伸等修改器的功能和塑形方法。

☆ 掌握噪波、锥化和网格平滑等修改器的功能和塑形方法。

☆ 熟悉扭曲、推力和涡轮平滑修改器的功能和塑形方法。

☆ 初步掌握波浪和涟漪修改器的功能和塑形方法。

☆ 初步掌握松弛和挤压修改器的功能和塑形方法。

5.1 实例：桌罩（认识修改器）

要更改任意对象的几何形状及其属性，可以利用 3ds Max 的“修改器”面板来实现。“修改器”面板提供了大量对象塑形和对象编辑工具。大多数修改器可以在对象空间中对对象的内部结构进行操作，既可以将所作的修改应用于整个对象，也可以应用于对象的部分子对象上。但某些修改器的可用性取决于当前选择的对象，比如只有选定图形或样条线对象时，“倒角”和“倒角剖面”修改器才出现在“修改器列表”的下拉菜单中。

本节以制作如图 5-1 所示的“桌罩”模型为例，介绍三维修改器的基础知识以及“球形化”修改器和“晶格”修改器的功能和用法（模型的具体尺寸参考本书“配套资料\chapter05\5-1 桌罩.max”文件）。

图 5-1　“桌罩”模型

（1）启动 3ds Max，从菜单栏中选择【自定义】|【单位设置】命令，在出现的“单位设置”对话框中将“显示单位比例”设置为“公制”，将单位设置为“毫米”。再单击【系统单位设置】按钮，在“系统单位设置”对话框中将“系统单位比例”设置为 1.0 毫米。

（2）选择【圆柱体】工具，在“顶”视口中拖动鼠标创建一个圆柱体，然后在“修改”面板中设置其参数，如图 5-2 所示。

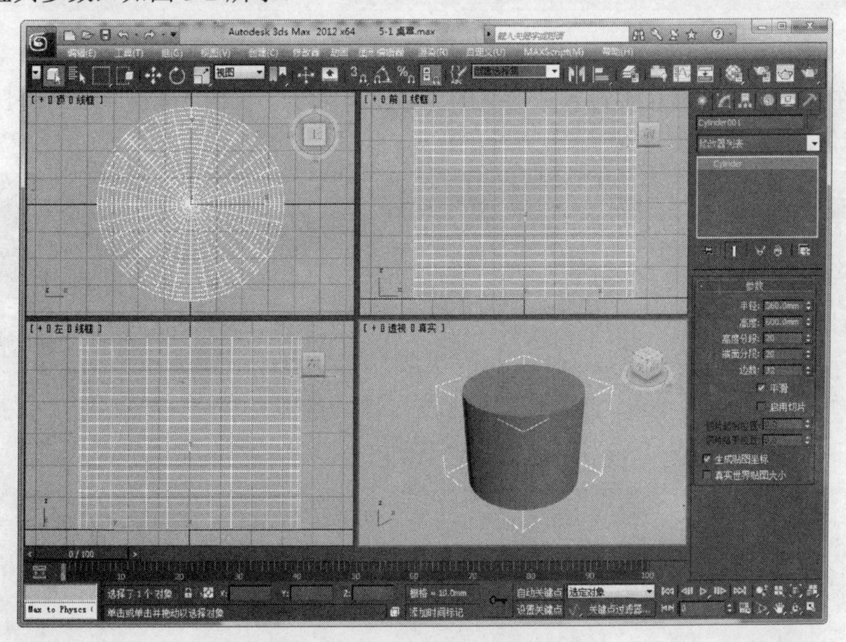

图 5-2　绘制并修改圆柱体参数

（3）从“修改器”下拉列表中选择【球形化】修改器选项，为圆柱体添加球形化修改器，如图 5-3 所示。球形化修改器可以将选定的对象扭曲为一个球形。

在 3ds Max 主界面的命令面板中，单击【修改】图标切换到“修改”面板后，如果在场景中选中要修改的对象，在“修改”面板中将显示出对象的名称、颜色和类型，同时还将显示当前对象可修改的各种属性参数。“修改”面板中提供了一个“修改器列表”，要将修改器应用于对象，只需在选中，对象后从“修改器列表”中选择一种修改器，也可以使用菜单栏上的【修改器】菜单来选择修改器。选择某种修改器后，相应的设置选项将出现在修改器堆栈的下方，只需更改其中的参数，即可在视口中更新对象。

图 5-3　选择球形化修改器

（4）在“参数”卷展栏中设置球形化的百分比为 85%，如图 5-4 所示。百分比越大，对象越接近球体。

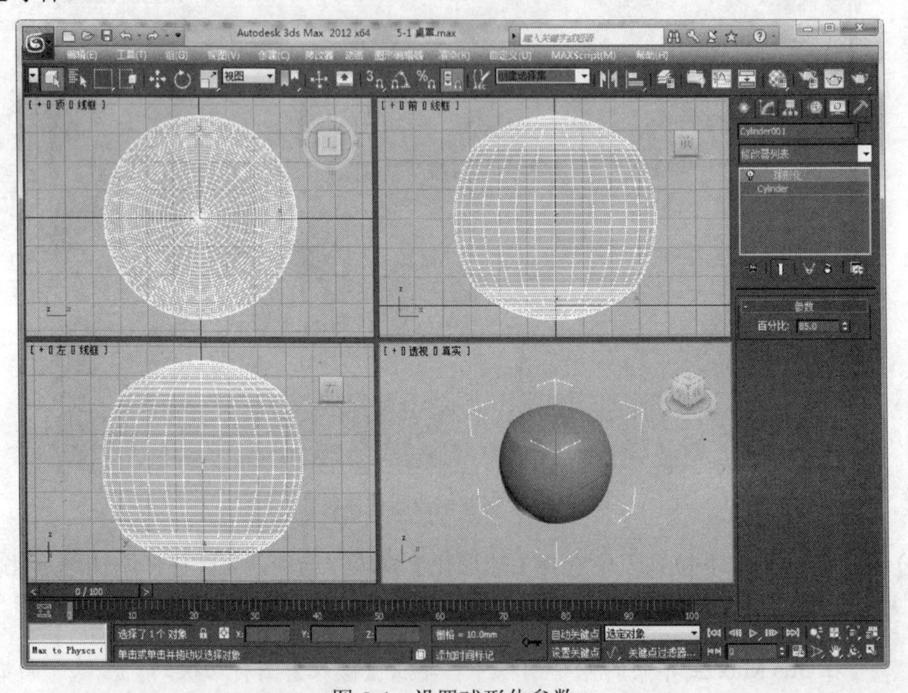

图 5-4　设置球形化参数

修改器堆栈是“修改”面板上的一个列表，应用于对象的修改器都将存储在堆栈中，其中提供了当前选定对象的名称，以及应用于它的所有修改器。修改器堆栈的主

要操作如下。

● 了解修改器堆栈的顺序：修改器堆栈符合“先进后出”的堆栈规则，向对象应用修改器时，修改器将按应用的先后顺序“入栈”。第 1 个应用的修改器会出现在堆栈底部，最后应用的修改器出现在堆栈的最上方。修改器的顺序不同，其应用效果完全不同。

● 修改原始对象：在堆栈的最下方，倒数第 1 个条目的前面没有标记，表明该条目不是修改器，而是对象类型。选中该条目，即可显示创建原始对象的参数，可以根据需要进行修改。

● 设置修改器参数：在堆栈中的对象类型的上方，所显示的是当前应用的对象空间修改器。单击某个修改器条目，即可显示修改器的参数。

● 删除修改器：右击某个修改器名称，从出现的快捷菜单中选择【删除】命令，或者选中某个修改器后，单击“修改器堆栈”卷展栏下方的【从堆栈中移除修改器】按钮，都将删除当前修改器。删除修改器后，修改器名称以及该修改器对对象所作的所有属性修改都将同时消失。

● 显示子修改器：如果某个修改器含有子修改器，其前面会有一个【+】或【-】图标。单击【+】可以将其子级别展开，单击【-】则可以将其子级别收起。选定某个子修改器条目，将出现该子修改器的参数选项卷展栏。同样，可以使用这些选项来修改对象。

● 使用修改器堆栈控件：在“修改器堆栈”卷展栏的下方，提供了一些用于管理修改器的控件。其中，【锁定堆栈】工具用于将堆栈和所有“修改”面板控件锁定到选定对象的堆栈；【显示最终结果】工具启用后，会在选定的对象上显示整个堆栈中修改器的效果，禁用此选项则只显示选定修改器的应用效果；【使唯一】工具用于使实例化对象成为唯一的，或者使实例化修改器对于选定对象是唯一的；【从堆栈中移除修改器】工具，用于从堆栈中删除当前的修改器，并消除该修改器引起的所有更改；【配置修改器集】工具用于配置在“修改”面板中显示和选择修改器的方式。

（5）选定变形后的圆柱体对象，再从“修改器”下拉列表中选择名为【晶格】的修改器，在球形化修改器的上方再添加一个修改器，如图 5-5 所示。晶格修改器主要用于将图形的线段或边转化为圆柱形结构，并在顶点上产生可选的关节多面体。

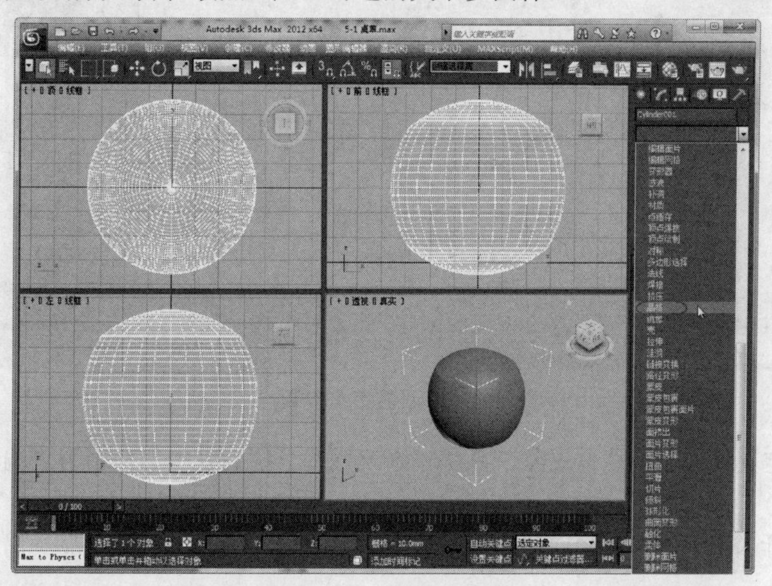

图 5-5　选择晶格修改器

（6）在晶格修改器的“参数”卷展栏中修改晶格的“支柱”参数，更改对象支柱的外观，如图 5-6 所示。

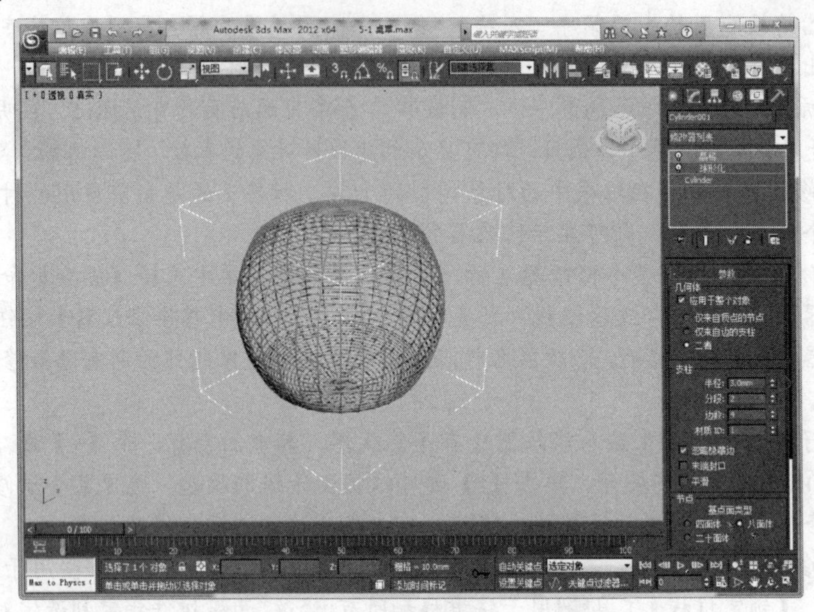

图 5-6　设置晶格参数

（7）在晶格修改器的“参数”卷展栏的“节点”选项组中选中“八面体”选项，并将八面体的半径设置为 4mm，如图 5-7 所示。

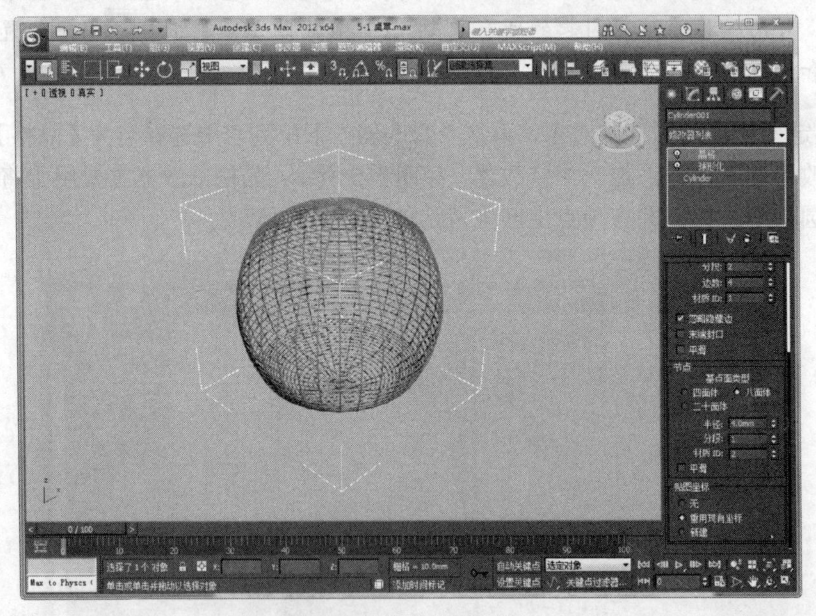

图 5-7　设置节点参数

（8）选定变形后的圆柱体对象，再从“修改器”下拉列表中选择名为“编辑网格”的修改器。

（9）展开“编辑网格”修改器，选中其中的“顶点”层级，视口中显示出对象的节点，如图 5-8 所示。

图 5-8　编辑“顶点”层级

（10）从右下方向左上方拖动鼠标，框选对象下方的节点，如图 5-9 所示。

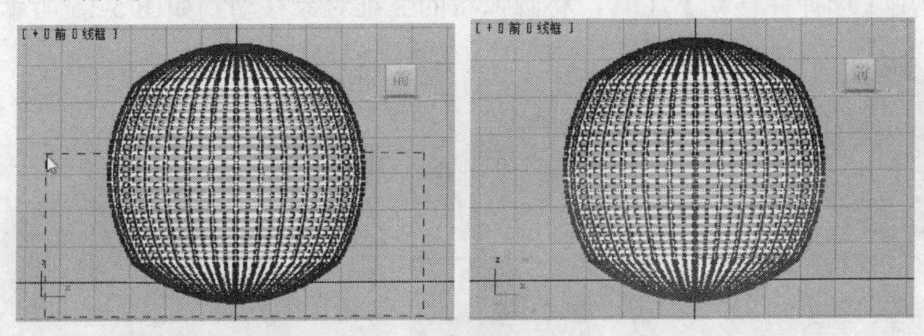

图 5-9　框选对象下方的节点

（11）按下键盘上的【Delete】键删除所选的节点，即可获得如图 5-10 所示的效果。
（12）返回“编辑网格”层级，退出顶点的编辑状态，效果如图 5-11 所示。

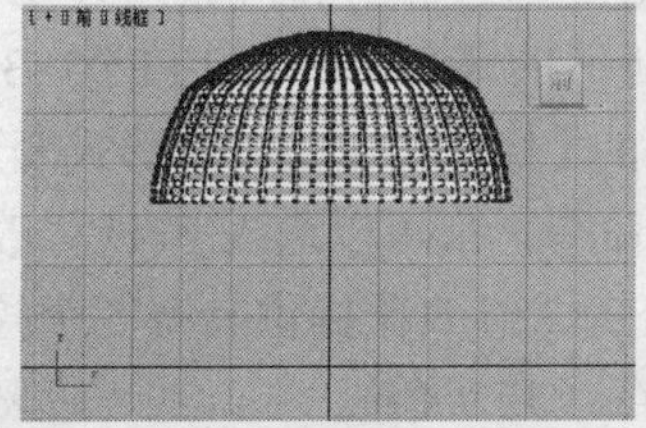

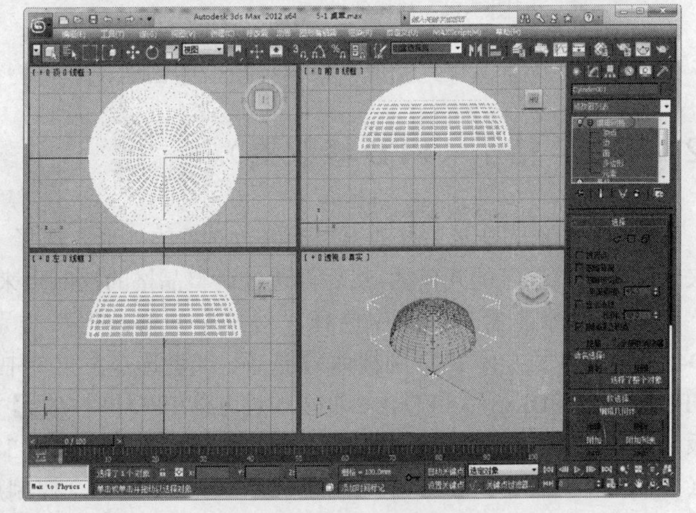

图 5-10　删除节点

图 5-11　退出顶点编辑状态

（13）在“前”视口中绘制一个圆弧形和一个椭圆形，如图 5-12 所示。

（14）选中圆弧对象，在“复合对象”选项中选择“放样”工具，单击【获取图形】按钮，在视口中拾取椭圆对象，如图 5-13 所示。

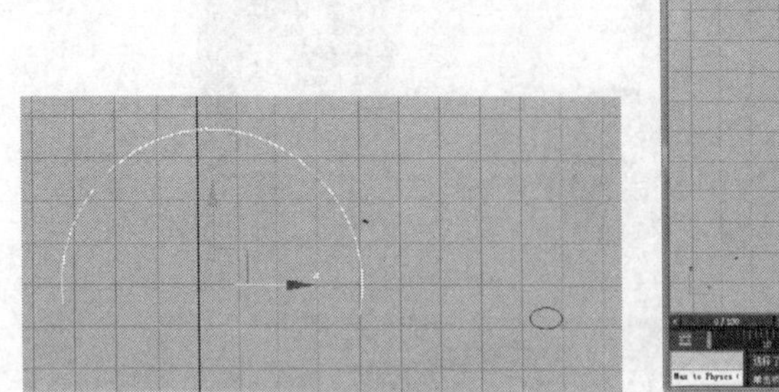

图 5-12　绘制圆弧和椭圆

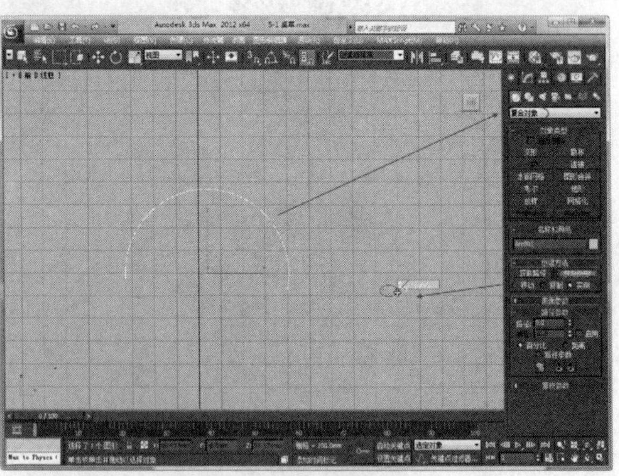

图 5-13　选择放样对象

（15）单击椭圆对象后，即可放样生成一个圆弧状的三维对象，如图 5-14 所示。

（16）使用【选择并移动】工具，将圆弧状的三维对象移动到如图 5-15 所示的位置。

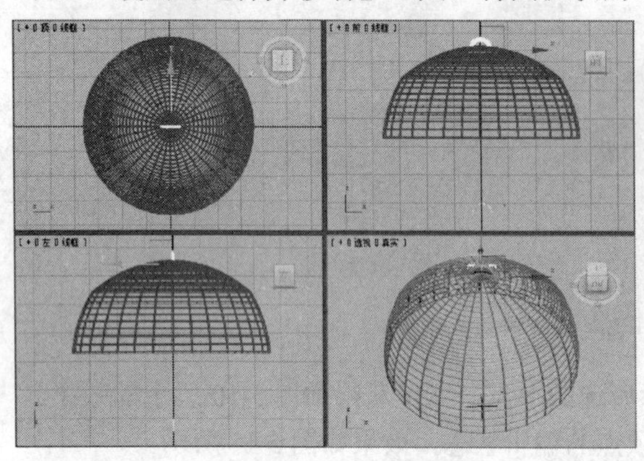

图 5-14　放样结果

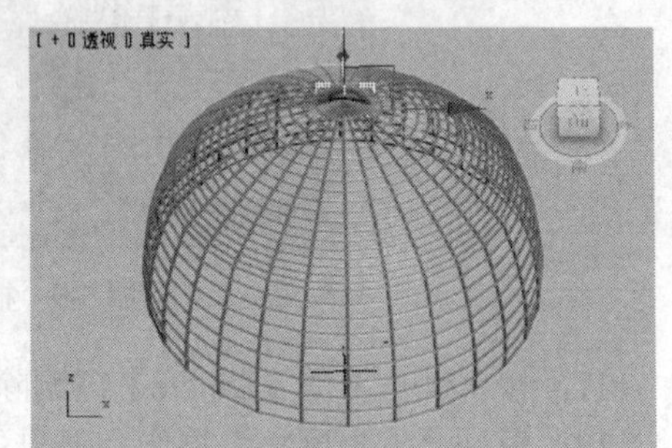

图 5-15　移动对象

（17）保存场景文件，完成“桌罩”模型的创建。

5.2　实例：桔子（FFD 修改器）

FFD（自由形式变形）修改器用于修改对象的外形。选择 FFD 修改器后，将用一个晶格框来包围住当前选中的几何体，然后再通过调整晶格的控制点来改变封闭几何体的形状。在“修改”面板的“修改器”列表中选择“对象空间修改器”类别下的【FFD2×2×2/FFD3×3×3/FFD4×4×4/FFD 长方体/FFD 圆柱体)】选项，或者选择主菜单中的【修改器】|【自由形式变形】|【FFD2×2×2/FFD3×3×3/FFD4×4×4/FFD 长方体/FFD 圆柱体)】命令，都可以进入 FFD 修改器面板。这 5 个 FFD 修改器分别提供了不同的晶格方案，比如 3×3×3 修改器提供具有 5 个控制点（控制点穿过晶格每一方向）的晶格或在每一侧面一个控制点（共 9 个）。

本节以制作如图 5-16 所示的“桔子”模型为例，介绍 FFD 修改器用法和技巧（模型的具体尺寸参考本书“配套资料\chapter05\5-2 桔子.max”文件）。

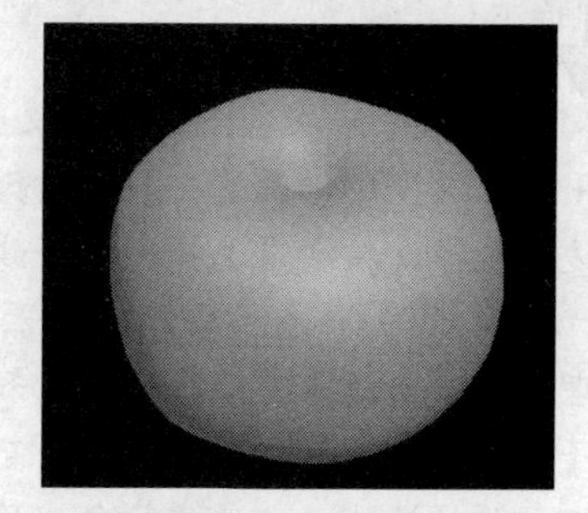
图 5-16　“桔子”模型

（1）启动 3ds Max，从菜单栏中选择【自定义】|【单位设置】命令，在出现的“单位设置”对话框中将“显示单位比例”设置为“公制”，将单位设置为“毫米”。再单击【系统单位设置】按钮，在“系统单位设置”对话框中将“系统单位比例”设置为 1.0 毫米。

（2）选择【球体】工具，创建一个半径为 300mm，分段数为 32 的球体，如图 5-17 所示。

（3）选中球体对象，从菜单栏中选择【修改器】|【自由形式变形器】|【FFD 圆柱体】选项，如图 5-18 所示。

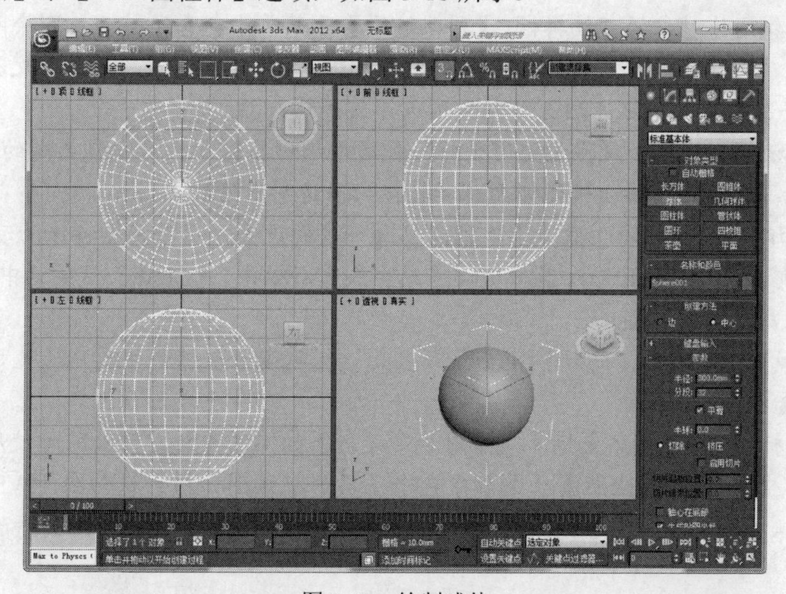
图 5-17　绘制球体

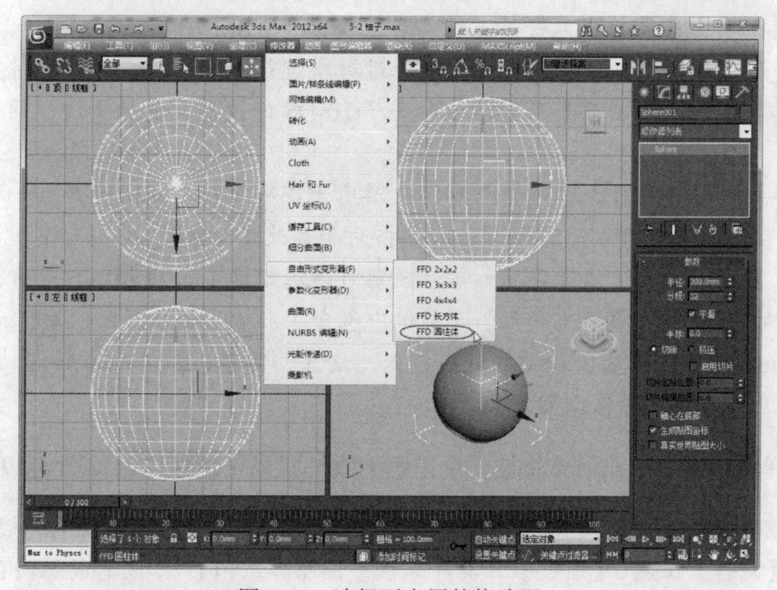
图 5-18　选择要应用的修改器

提示 从【修改器】菜单中可以看到，修改器有非常多的品种，这里仅简要介绍其中的主要类型。

● 选择修改器：选择修改器用于对不同类型的子对象进行选择，再通过相应的选择来应用其他类型的修改器。【选择修改器】子菜单中包含了 FFD 选择、网格选择、面片选择、多边形选择、按通道选择、样条线选择和体积选择等修改器。

● 面片/样条线编辑修改器：面片/样条线编辑修改器主要用于面片和样条曲线的编辑处理，可以通过“可编辑面片”和“可编辑样条曲线”来修改对象。【面片/样条线编辑修改器】子菜单中包含了横截面、删除面片、删除样条线、编辑面片、编辑样条线、圆角/切角、车削、规格化样条线、可渲染样条线修改器、曲面、扫描和修剪/延伸等修改器。

● 网格编辑修改器：网格编辑修改器主要用于对网格进行编辑处理，使用其中的子命令，可以提高可编辑网格对象的可编辑性。【网格编辑】子菜单中包含了补洞、删除网格、编辑网格、编辑法线、编辑多边形、挤出、面挤出、MultiRes（多分辨率）、法线修改器、优化、平滑、STL 检查、对称、细化、顶点绘制和顶点焊接等修改器。

● 转化修改器：转化修改器主要用于将一种类型的对象转化为另一种类型的对象。【转化】子菜单中包含了转化为网格、转化为面片和转化为多边形等修改器。

● 动画修改器：动画修改器用于单独改变每一帧的设置，从而产生特殊的动画效果。

● Cloth 修改器：Cloth 修改器用于设置或生成布料效果。【Cloth】子菜单中包含了 Cloth 和 Gaement 生成器等修改器。

● Hair 和 Fur 修改器：Hair 和 Fur 修改器是一个毛发修改器，主要用于生成角色的头发和胡须。

● UV 坐标修改器：UV 坐标修改器用于定义材质的贴图坐标，可以同时使用多个修改器来控制相应的坐标。【UV 坐标】子菜单中包含了摄影机贴图、摄影机贴图（WSM）、贴图缩放器 (WSM) 、投影、展开 UVW、UVW 贴图、UVW 贴图添加、UVW 贴图清除和 UVW 变换等修改器。

● 缓存工具修改器：缓存工具修改器用于将对象的每个顶点的变化情况保存到.pts 格式的文件中。【缓存工具】子菜单中包含了点缓存和点缓存（WSM）等修改器。

● 细分曲面修改器：细分曲面修改器用于对对象进行光滑修改或者增加对象的分辨率，从而实现细化建模。【细分曲面】子菜单中包含了 HSDS 修改器、涡轮平滑、网格平滑等修改器。

● 自由形式变形器：自由形式变形器修改器用于在一个对象的附近产生一种点阵网格，点阵网格捆绑在对象上，可以通过移动点阵网格曲面来改变对象。

● 参数化变形修改器：参数化变形器修改器可以通过牵引、推和拉伸等方法来影响几何体，从而更改对象造型。【参数化变形】子菜单中包含了影响区域、弯曲、置换、晶格、镜像、噪波、Physique、推力、保留、松弛、涟漪、壳、切片、倾斜、拉伸、球形化、挤压、扭曲、锥化、替换、变换和波浪等修改器。

（4）选择修改器后，几何体将被一个橙色的圆柱状晶格所包围，如图 5-19 所示。

默认的晶格体是包围选中几何体的一个长方体。可以使用主工具栏的【移动】工具、【旋转】工具、【缩放】工具等来调整晶格体。FFD 修改器的“FFD 参数”卷展栏中主要提供了以下选项。

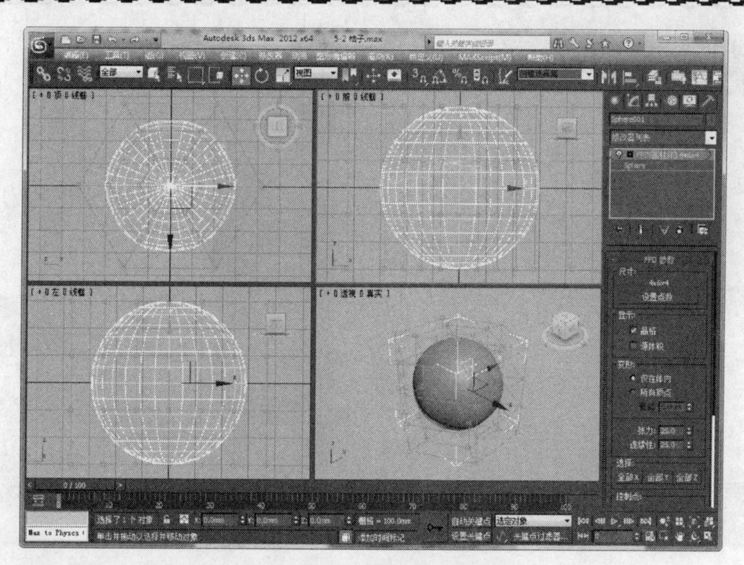

图 5-19　添加 FDD 修改器的效果

● 晶格：选中该选项，可以绘制连接控制点的线条来形成栅格，从而使晶格更形象化。

● 源体积：选中该选项，控制点和晶格会以未修改的状态显示。

● 仅在体内：选中该选项，只有位于源体积内的顶点会变形。

● 所有顶点：选中该选项，所有顶点都会变形，体积外的变形是对体积内的变形的延续，而远离源晶格的点的变形可能会很严重。

● 重置：单击该按钮，所有控制点会自动返回到原始位置。

● 全部动画化：单击该按钮，会将"点 3"控制器指定给所有控制点，这样它们在"轨迹视图"中立即可见。

● 与图形一致：单击该按钮，将在对象中心控制点位置之间沿直线延长线，让每一个 FFD 控制点移到修改对象的交叉点上，从而增加一个由"偏移"微调器指定的偏移距离。

● 内部点：选中该选项，只能控制受"与图形一致"影响的对象内部点。

● 外部点：选中该选项，只能控制受"与图形一致"影响的对象外部点。

● 偏移：用于设置受"与图形一致"影响的控制点偏移对象曲面的距离。

● About：单击该按钮，将显示版权和许可信息对话框。

（5）展开"FDD（圆柱体）"修改器，选中其中的"控制点"层级，框选橙色晶格的上方部分，选中圆柱体晶格最上方的一组控制点，所选中的控制点将以黄色显示，如图 5-20 所示。

FFD 修改器堆栈中各个选项的含义如下。

● 控制点：在"控制点"子对象层级中，可以选择并操纵晶格的控制点来影响基本对象的形状。还可以为控制点使用移动、旋转等标准变形方法。

● 晶格：在"晶格"子对象层级中，可以从几何体中单独的摆放、旋转或缩放晶格框。默认晶格是一个包围几何体的边界框，在移动或缩放晶格时，位于体积内的顶点子集合可应用局部变形。

● 设置体积：在"设置体积"子对象层级中，变形晶格控制点变为绿色，可以选择并操作控制点而不影响修改对象。"设置体积"主要用于设置晶格原始状态。

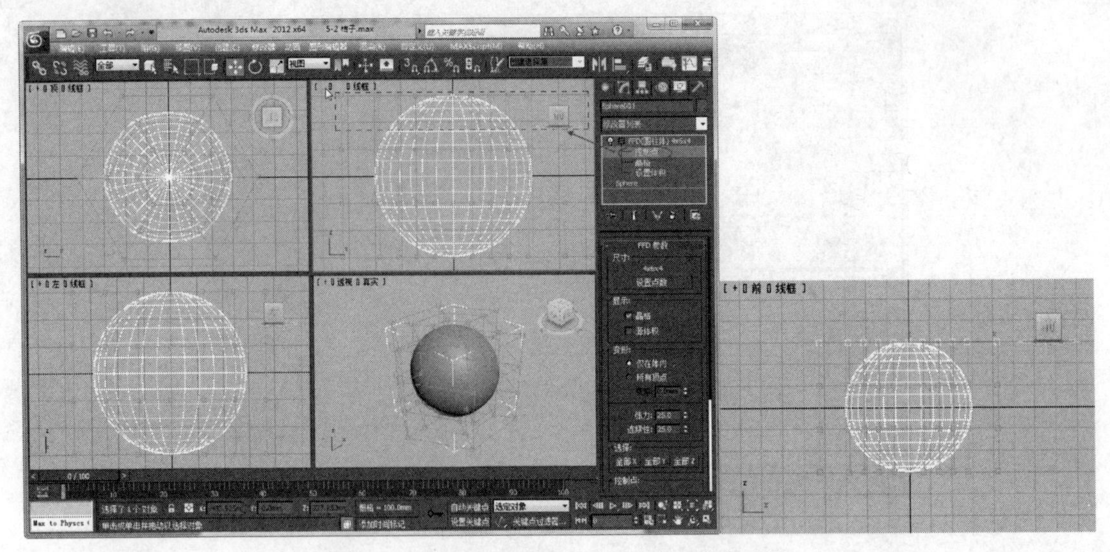

图 5-20　选中圆柱体晶格最上方的一组控制点

（6）使用【选择并移动】工具，在“前”视口中向下拖动鼠标，调节控制点的位置，使对象由顶部向下凹进一段，如图 5-21 所示。

（7）用类似的方法选择并调整下方的控制点，效果如图 5-22 所示。

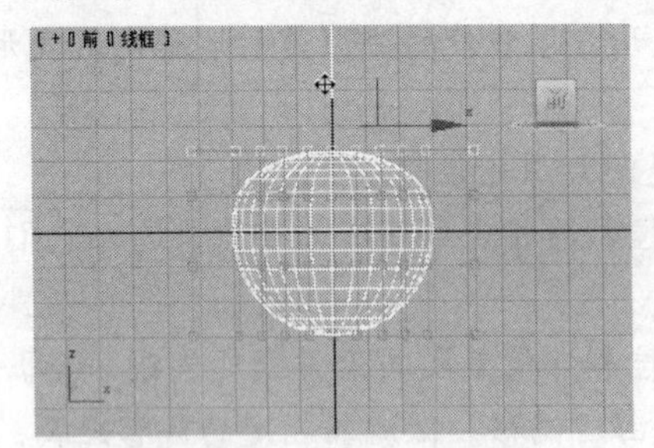

图 5-21　调整顶部控制点

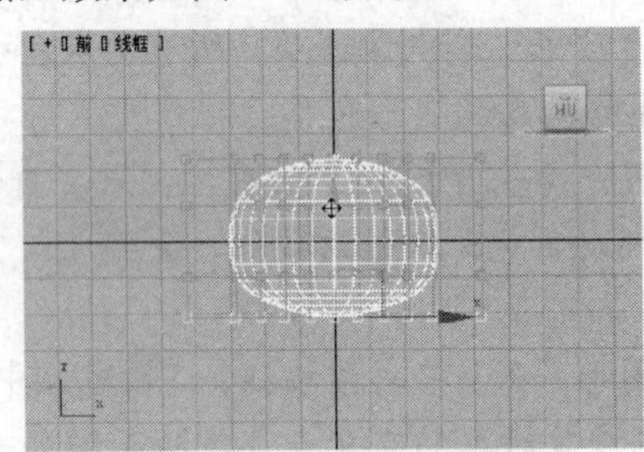

图 5-22　调节下方的控制点

（8）选定顶部最中间的控制点，使用【选择并移动】工具，在“前”视口中向下拖动鼠标，初步产生“桔子”的外轮廓，如图 5-23 所示。

（9）再用同样的方法适当向上调节底部中央的控制点，效果如图 5-24 所示。

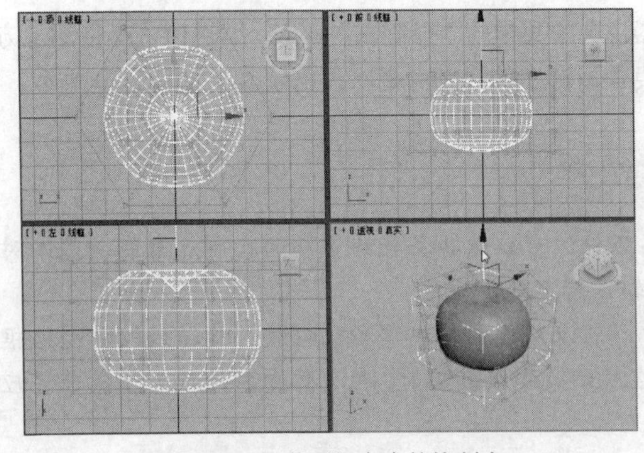

图 5-23　调节顶部中央的控制点

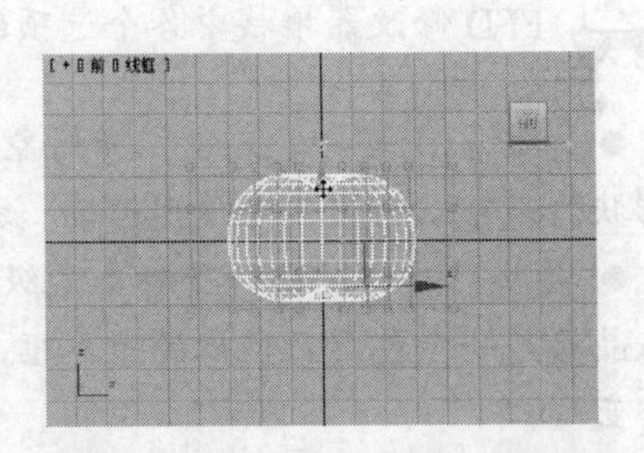

图 5-24　调节底部中央的控制点

（10）选定晶格四周的控制点，根据需要进行适当调节，使“桔子”表面产生不规则的凹凸效果，如图5-25所示。

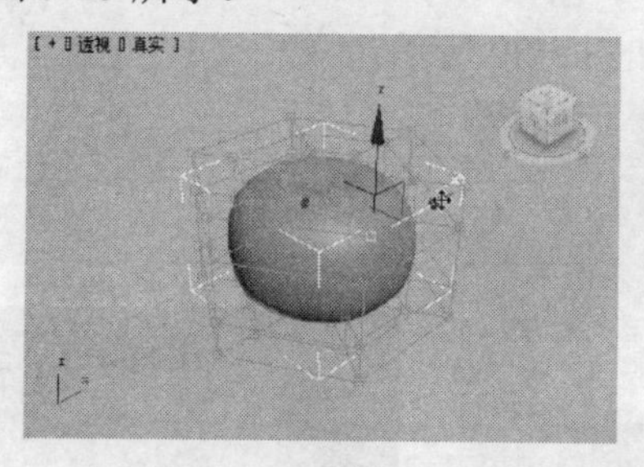
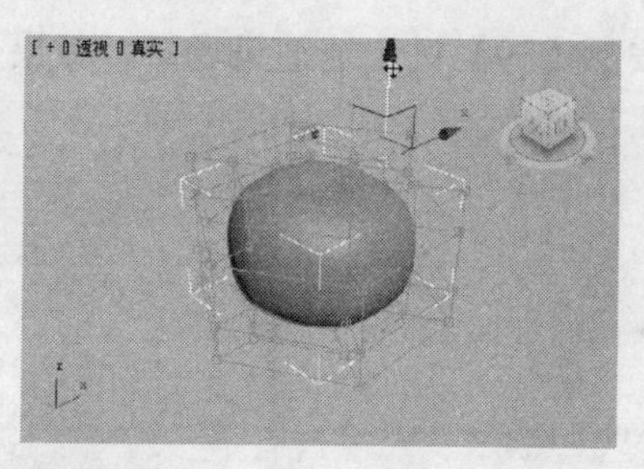

图5-25　调节四周控制点

（11）调节好“桔子”的外表后，返回“FDD（圆柱体）”层级，取消选择，效果如图5-26所示。

（12）使用【线】工具，绘制如图5-27所示的不规则多边形。

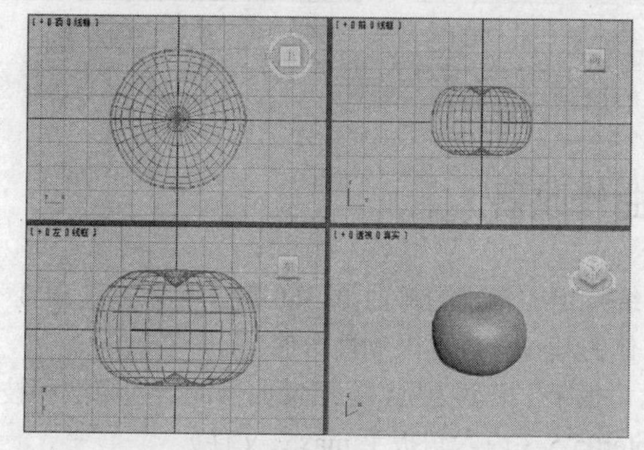

图5-26　返回“FDD（圆柱体）”层级并取消选择的效果

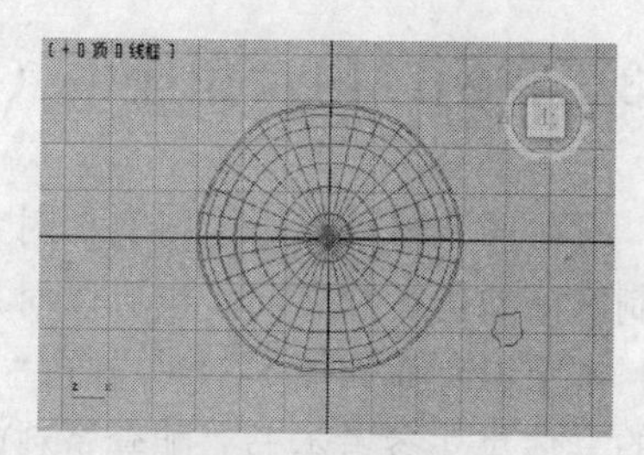

图5-27　绘制多边形

（13）在菜单栏中选择【修改器】|【网格编辑】|【挤出】命令，将图形挤出1.5mm，如图5-28所示。

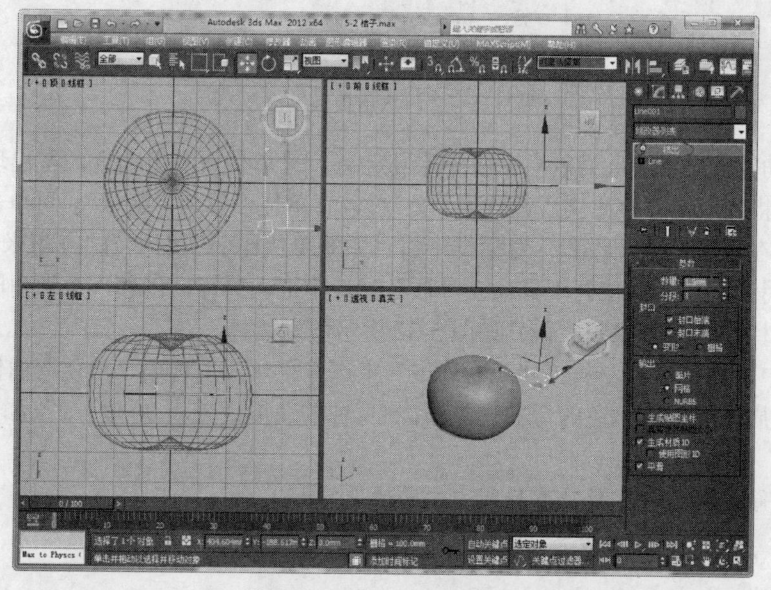

图5-28　挤出多边形对象

（14）使用【选择并移动】工具，将挤出后的多边形移动到“桔子”上部的正中央，如图 5-29 所示。

（15）按下【F9】键快速渲染场景，效果如图 5-30 所示。

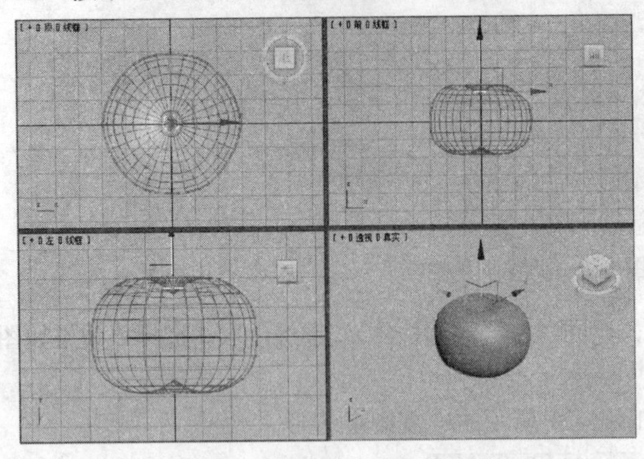

图 5-29　移动挤出后的多边形

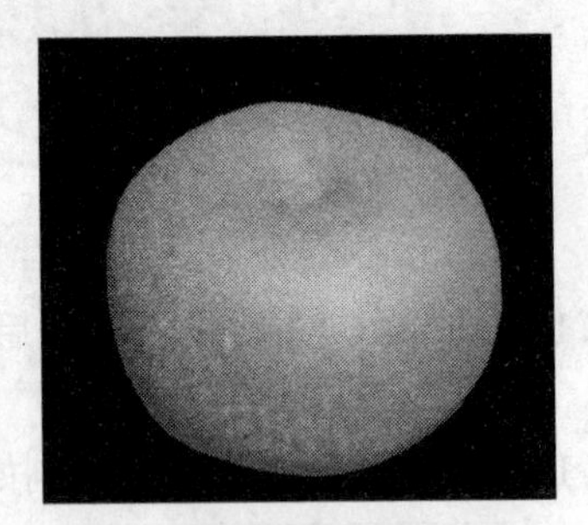

图 5-30　快速渲染效果

（16）保存场景文件，完成“桔子”模型的创建。

5.3　实例：内六角扳手（弯曲修改器）

“弯曲”修改器用于将实体对象围绕特定的轴均匀弯曲 0~360 度，可以在任意 3 个轴上控制弯曲的角度和方向，也可以对几何体的某一段进行限制性弯曲。

本节以制作如图 5-31 所示的“内六角扳手”模型为例，介绍弯曲修改器的用法和技巧（模型的具体尺寸参考本书“配套资料\chapter05\5-3 内六角扳手.max”文件）。

图 5-31　“内六角扳手”模型

（1）启动 3ds Max，从菜单栏中选择【自定义】|【单位设置】命令，在出现的“单位设置”对话框中将“显示单位比例”设置为“公制”，将单位设置为“毫米”。再单击【系统单位设置】按钮，在“系统单位设置”对话框中将“系统单位比例”设置为 1.0 毫米。

（2）使用【切角圆柱体】工具，在“顶”视口中拖动鼠标，创建一个切角圆柱体，再在“参数”卷展栏中修改其参数，得到如图 5-32 所示的六棱柱。

（3）选中六棱柱对象，从“修改器列表”中选择“弯曲”选项，出现弯曲修改器面板，并在对象的四周出现一个黄色的弯曲调整框，将弯曲的角度设置为 90 度，效果如图 5-33 所示。

弯曲修改器的“参数”卷展栏中主要的选项如下。

- 角度：从顶点平面设置要弯曲的角度。
- 方向：设置弯曲相对于水平面的方向。

● *X*/*Y*/*Z*：用于指定要弯曲的轴，默认设置为 Z 轴。

限制效果：将限制约束应用于弯曲效果，默认设置为禁用状态。

● 上限：以世界单位设置上部边界，此边界位于弯曲中心点上方，超出此边界弯曲不再影响几何体。其默认设置为 0。范围为 0~999 999.0。

● 下限：以世界单位设置下部边界，此边界位于弯曲中心点下方，超出此边界弯曲不再影响几何体。其默认设置为 0。范围为-999 999.0~0。

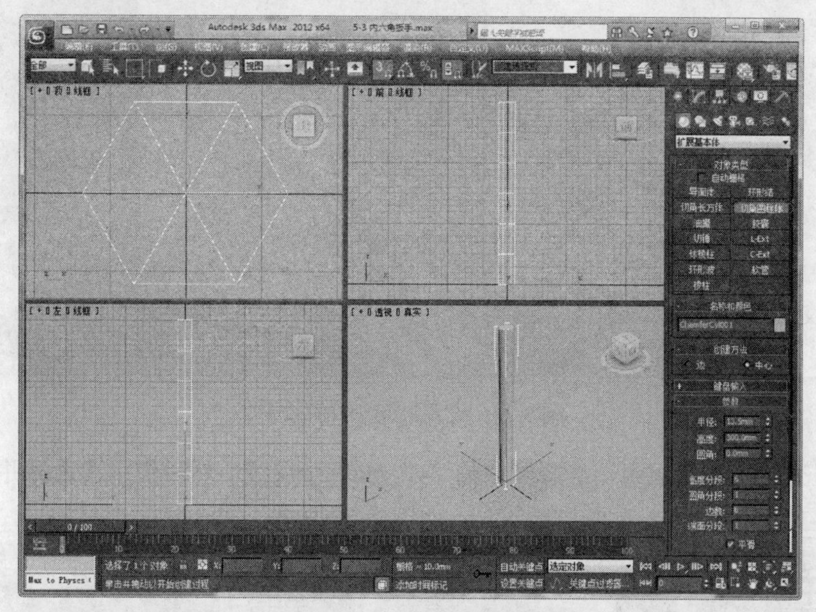

图 5-32　绘制六棱柱

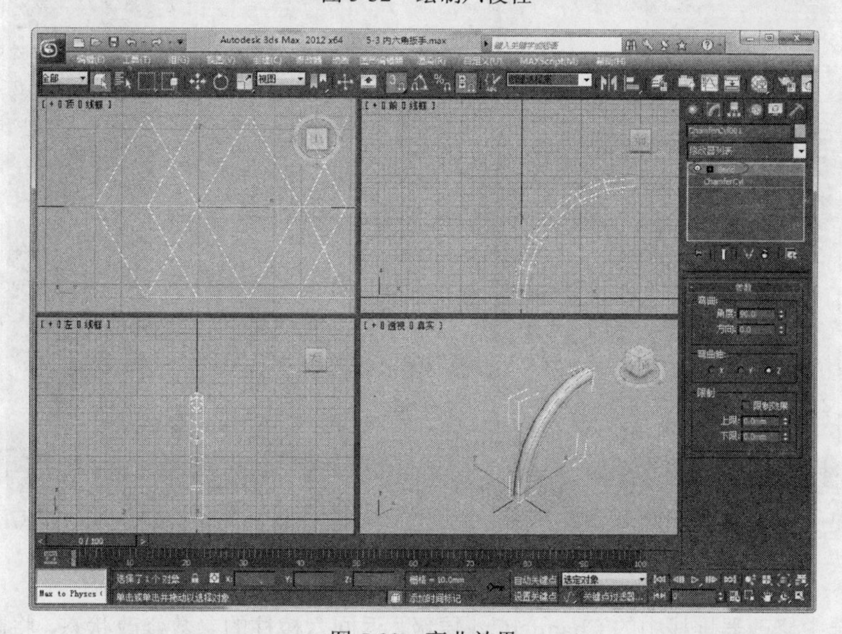

图 5-33　弯曲效果

（4）在“参数”卷展栏的“限制”选项组中选中“限制效果”复选项，将“上限”值设置为 80，效果如图 5-34 所示。

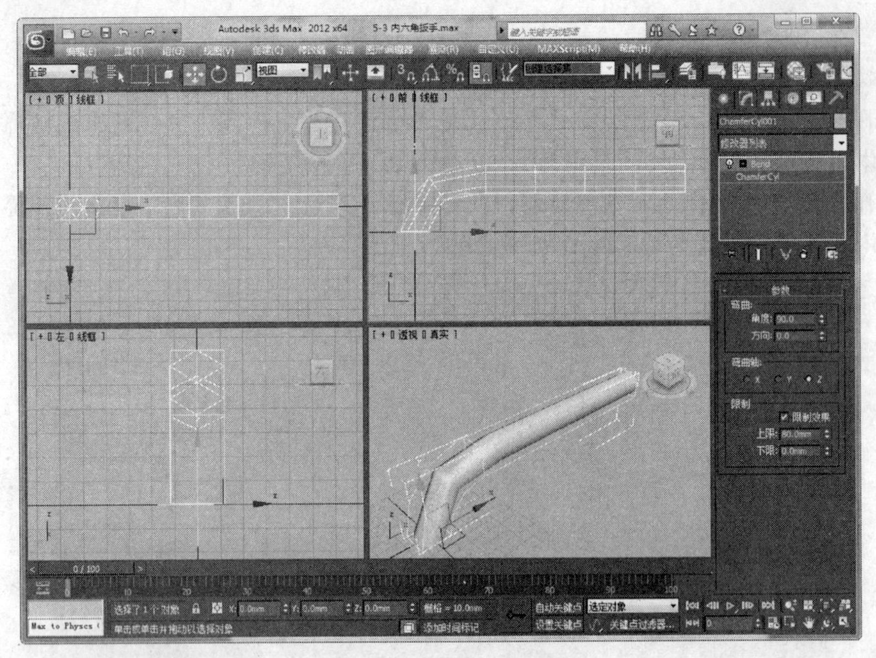

图 5-34 设置限制参数的效果

（5）展开“Bend”层级，选择其中的“Gizmo”子层级，然后使用【选择并移动】工具在“前”视口中拖动鼠标，更改弯曲效果，如图 5-35 所示。

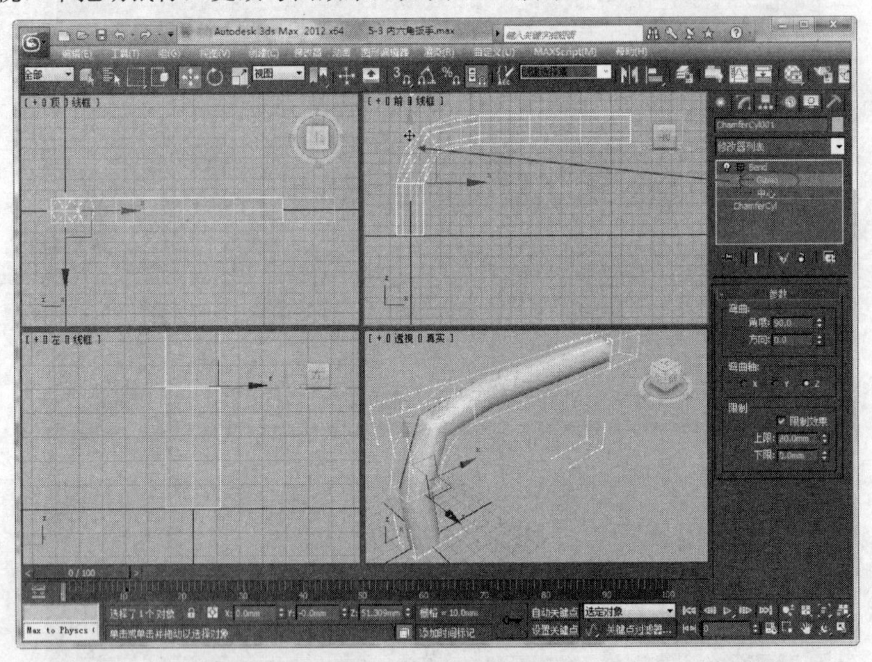

图 5-35 更改弯曲效果

（6）选中修改器堆栈中的 ChamferCyi 层级，返回六棱柱的参数修改状态，将高度分段数修改为 30，并取消对“平滑”选项的选择，如图 5-36 所示。

（7）在修改器堆栈中单击“Bend”层级，即可看到增加分段数后的效果，如图 5-37 所示。

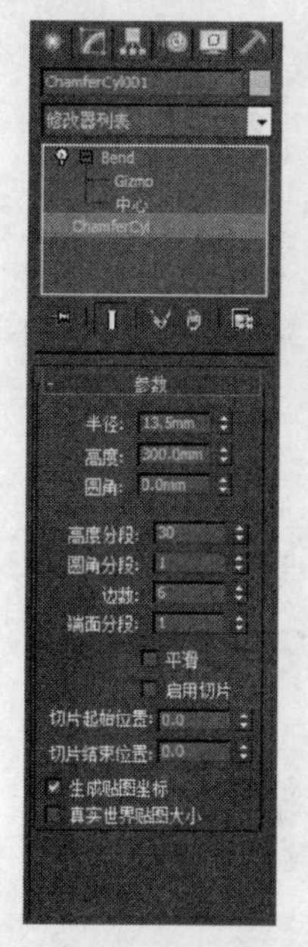

图 5-36　再次修改六棱柱的参数

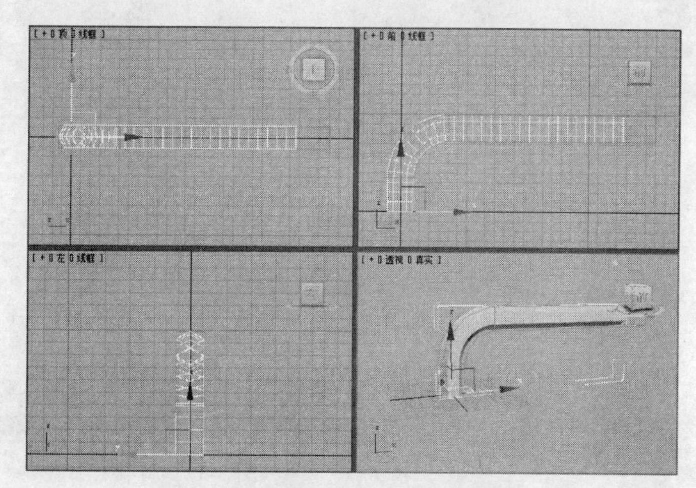

图 5-37　修改分段数的效果

（8）再次选择“Gizmo”子层级，然后使用【选择并移动】工具在“前”视口中拖动鼠标，更改弯曲效果，如图 5-38 所示。

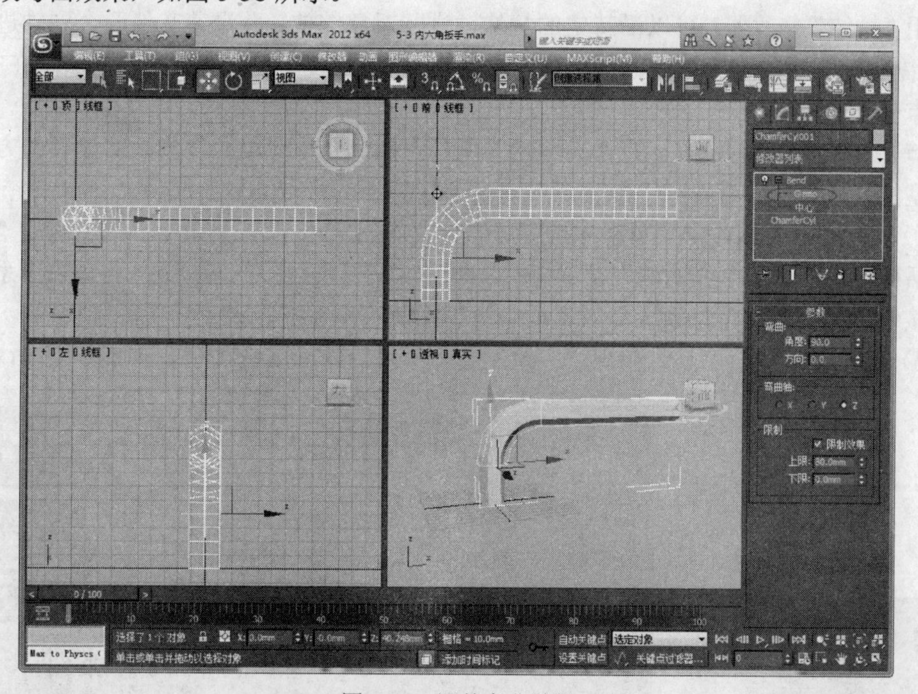

图 5-38　调整弯曲效果

（9）在“参数”卷展栏的“限制”选项组中继续调节“上限”值，最后的效果如图 5-39 所示。

（10）保存场景文件，完成“内六角扳手”模型的创建。

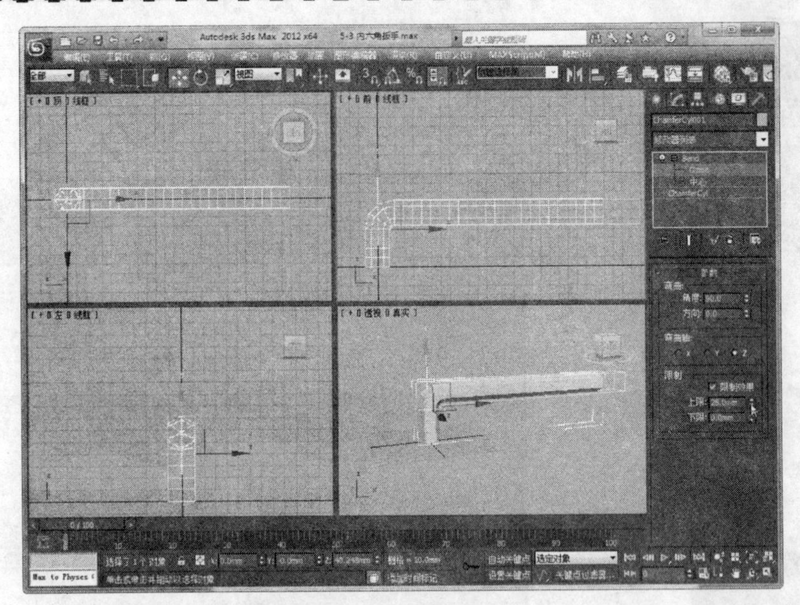

图 5-39　调节上限值

5.4　实例：洗耳球（拉伸修改器）

使用“拉伸”修改器，可以沿特定的拉伸轴进行对象缩放，并沿着其他两个副轴进行相反的缩放。副轴上相反的缩放量会根据距离缩放效果中心的远近而变化，最大的缩放量在中心处，然后朝末端方向衰减。

本节以制作如图 5-40 所示的“洗耳球”模型为例，介绍使用拉伸修改器建模的方法和技巧（模型的具体尺寸参考本书“配套资料\chapter05\5-4 洗耳球.max”文件）。

（1）启动 3ds Max，从菜单栏中选择【自定义】|【单位设置】命令，在出现的“单位设置”对话框中将“显示单位比例”设置为“公制”，将单位设置为“毫米”。再单击【系统单位设置】按钮，在“系统单位设置”对话框中将“系统单位比例”设置为 1.0 毫米。

（2）选择【球体】工具，在视口中绘制一个半径为 60mm 的球体，如图 5-41 所示。

图 5-40　“洗耳球”模型

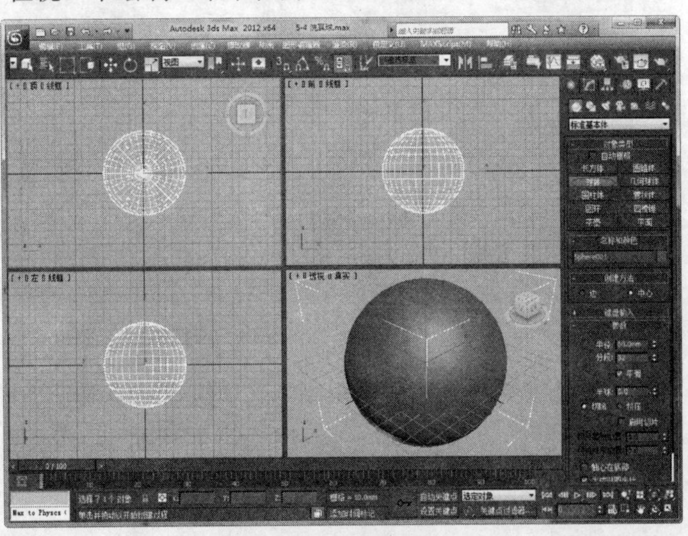

图 5-41　绘制球体

（3）保持对球体对象的选择，从“修改器”列表中选择【拉伸】选项，为对象添加“拉伸修改器”。在“参数”卷展栏中的“拉伸轴”组上，可以设置拉伸方向为 Z 轴；在“拉伸”字段中输入拉伸量为 4，在“放大”选项中设置改沿副轴的缩放量为 1。选中“限制效果”复选项，将“上限”值设置为 100，如图 5-42 所示。

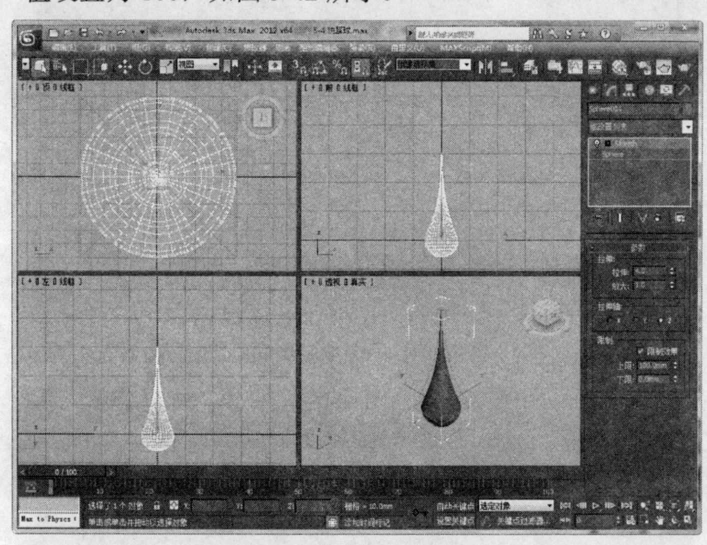

图 5-42　设置拉伸参数

“参数”卷展栏中主要提供了设置“拉伸量”、“主拉伸轴”和“受拉伸影响的区域”等方面的设置选项，主要参数如下。

● “拉伸”选项：用于为 3 个轴设置基本缩放因子。

● “放大”选项：用于更改应用到副轴上的缩放因子。

● X、Y、Z：用于选择作为拉伸轴的对象局部轴。比如选择 X，表明选择 X 轴作为拉伸轴。

● “限制效果”复选项：用于限制拉伸效果。

● “上限”选项：用于设置沿“拉伸轴”的正向限制拉伸效果的边界，“上限”值可以是 0，也可以是任意正数。

● “下限”选项：用于设置沿“拉伸轴”负向限制拉伸效果的边界，“下限”值可以是 0，也可以是任意负数。

（4）展开 Stretch 层级，选中其中的 Gizmo 子层级，然后在“透视”视口中拖动鼠标调整拉伸效果，如图 5-43 所示。

“拉伸”修改器堆栈中提供了两个子对象层级。

● Gizmo：选中该子对象层级后，可以像其他对象一样变换 Gizmo 坐标，从而修改“拉伸”修改器的效果。

● 中心：选择该子对象层级后，可以转换缩放中心，从而修改“拉伸”的图形。

（5）返回 Stretch 层级，在“透视”视口中更改场景观察的视角，如图 5-44 所示。

（6）选择【长方体】工具，在“顶”视口中拖动鼠标绘制一个长方体，然后在“修改”面板中修改其参数，如图 5-45 所示。

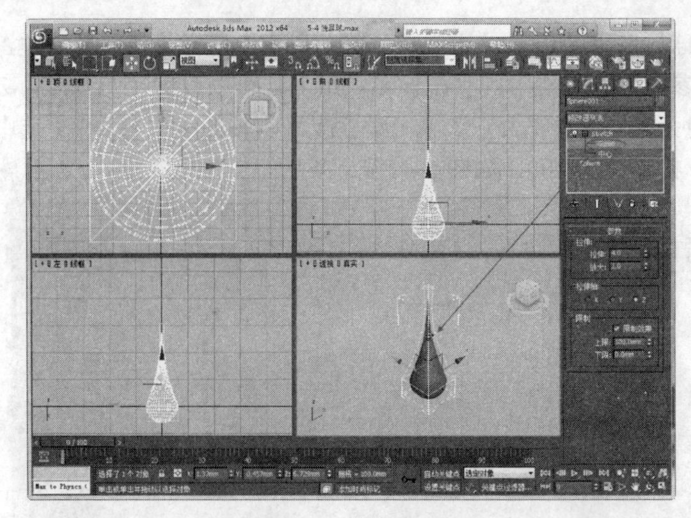

图 5-43　调整 Gizmo

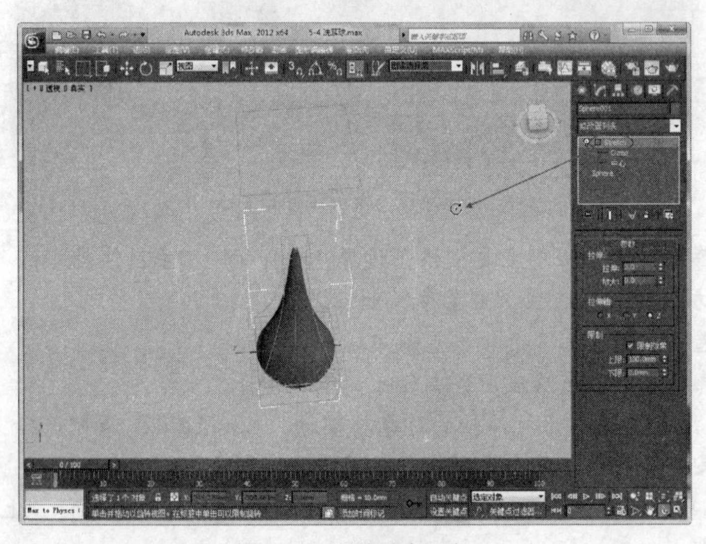

图 5-44　调整观察视角

（7）使用【选择并移动】工具，将长方体移动到如图 5-46 所示的位置。

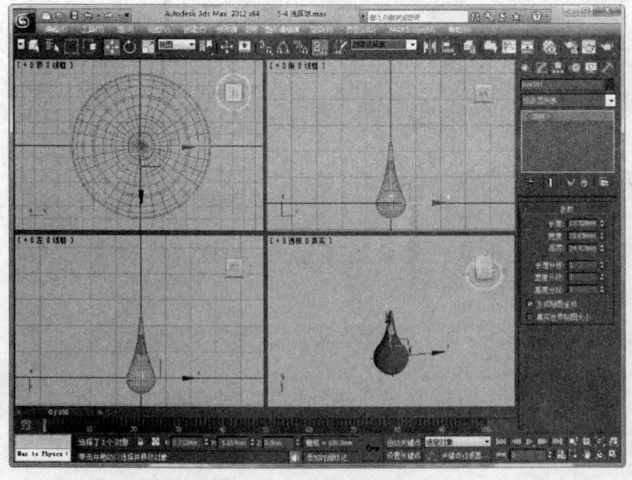

图 5-45　绘制并设置长方体

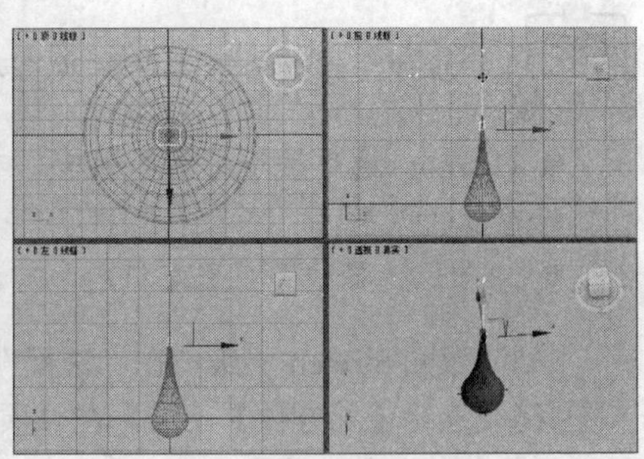

图 5-46　移动长方体对象

（8）使用【布尔】工具，将长方体从主体对象中减去，如图 5-47 所示。

（9）按下【F9】键快速渲染场景，效果如图 5-48 所示。

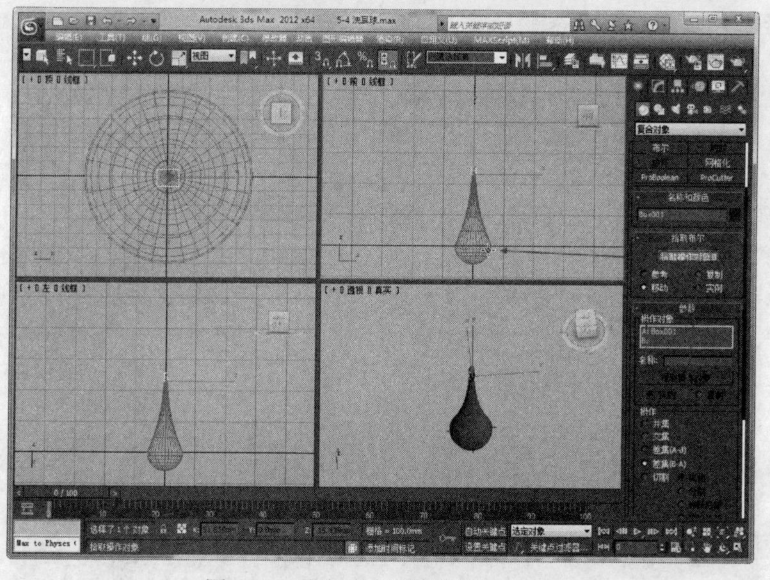

图 5-47　进行布尔差集运算

图 5-48　快速渲染效果

（10）保存场景文件，完成“洗耳球”模型的创建。

5.5　实例：翡翠原石（噪波修改器）

对某个实体对象应用“噪波”修改器后，将会沿 *X*、*Y*、*Z* 三个轴的任意组合调整对象顶点的位置，从而更改对象的形状。

本节以制作如图 5-49 所示的“翡翠原石”模型为例，介绍用噪波修改器建模的方法和技巧（模型的具体尺寸参考本书“配套资料\chapter05\5-5 翡翠原石.max”文件）。

（1）启动 3ds Max，从菜单栏中选择【自定义】|【单位设置】命令，在出现的“单位设置”对话框中将“显示单位比例”设置为“公制”，将单位设置为“毫米”。再单击【系统单位设置】按钮，在“系统单位设置”对话框中将“系统单位比例”设置为 1.0 毫米。

（2）选择【球体】工具，设置好球体的颜色后在“顶”视口中拖动鼠标绘制一个球体，然后在“参数”卷展栏中将球体的半径设置为 300mm，分段数设置为 80，如图 5-50 所示。

（3）切换到“修改”面板，从“修改器列表”中选择【噪波】选项，为球体添加噪波修改器，如图 5-51 所示。

（4）在“参数”卷展栏中将“种子”数设置为 120，“比例”值设置为 166，*X*、*Y*、*Z* 方向的强度分别设置为 50mm、50mm 和-60mm，更改球体的外观，如图 5-52 所示。

噪波修改器的主要参数如下。

- 种子：根据设置的数量生成一个随机起始点。
- 比例：用于设置噪波影响的大小。比例值越大，噪波更加平滑。
- 分形：选中该项，将会根据当前设置产生分形效果。

● 粗糙度：用于设置分形变化的程度。
● 迭代次数：用于控制分形功能所使用的迭代的数目。
● X、Y、Z：用于设置沿三条轴的噪波效果的强度。

图 5-49 “翡翠原石”模型

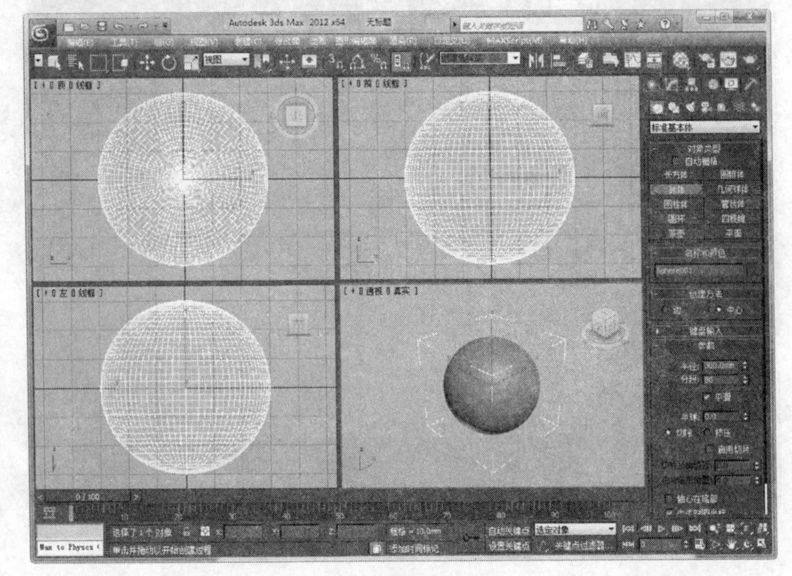

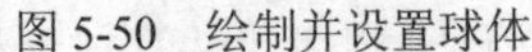

图 5-50 绘制并设置球体

图 5-51 添加噪波修改器

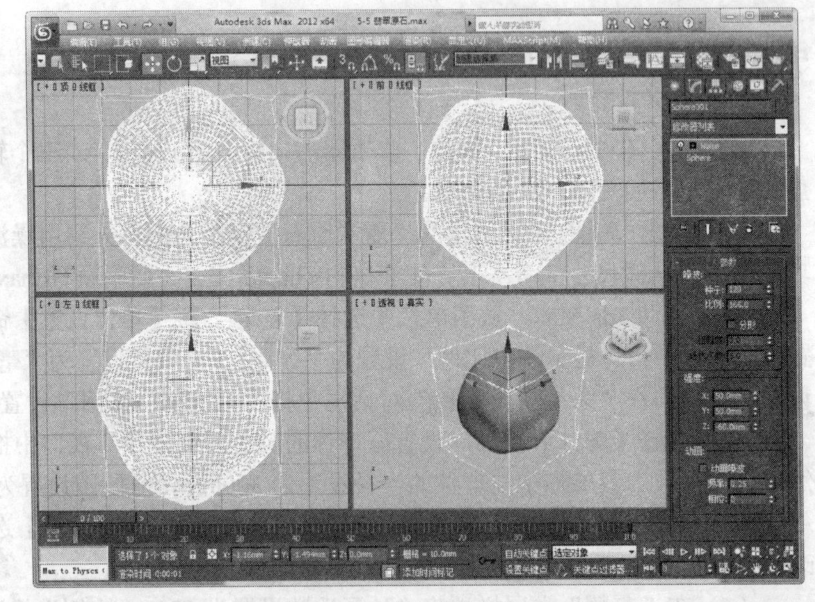

图 5-52 设置噪波参数

（5）在修改器堆栈中展开 Noise 层级，选中 Gizmo 子层级，使用【选择并移动】工具调整 Gizmo，更改噪波效果，如图 5-53 所示。

（6）在修改器堆栈中单击 Noise 层级，然后取消对对象的选择，效果如图 5-54 所示。

（7）保存场景文件，完成“翡翠原石”模型的创建。

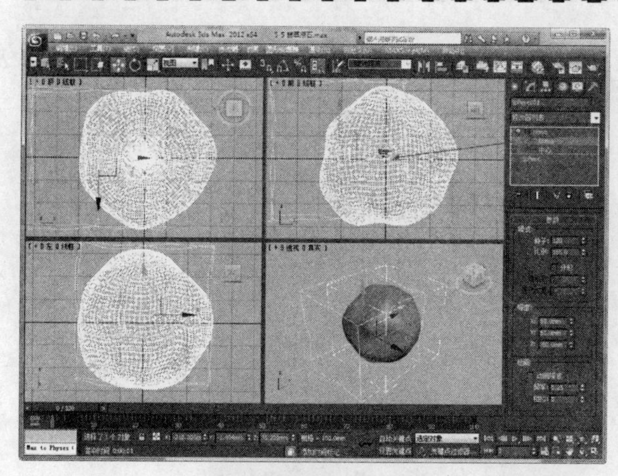

图 5-53　更改噪波效果

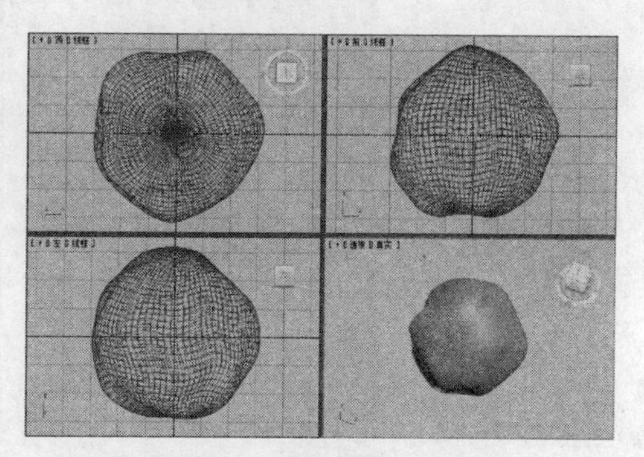

图 5-54　取消选择的效果

5.6　实例：电子体温计（锥化和网格平滑修改器）

锥化修改器可以通过缩放对象的两端来产生一端放大而另一端缩小的锥化效果，而网格平滑修改器可以平滑对象的所有表面，使对象的角和边变圆。

本节以制作如图 5-55 所示的“电子体温计”模型为例，介绍使用锥化和网格平滑修改器建模的方法和技巧（模型的具体尺寸参考本书“配套资料\chapter05\5-6 电子体温计.max”文件）。

（1）启动 3ds Max，从菜单栏中选择【自定义】|【单位设置】命令，在出现的“单位设置”对话框中将“显示单位比例”设置为“公制”，将单位设置为“毫米”。再单击【系统单位设置】按钮，在“系统单位设置”对话框中将“系统单位比例”设置为 1.0 毫米。

（2）选择【长方体】工具，在视口中创建一个长方体对象，参数设置和效果如图 5-56 所示。

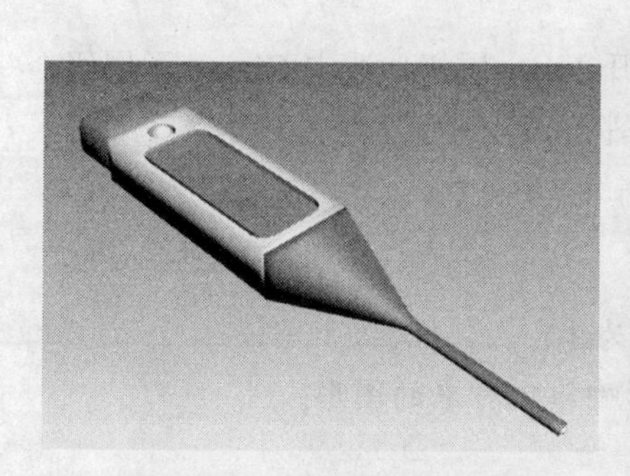

图 5-55　“电子体温计”模型

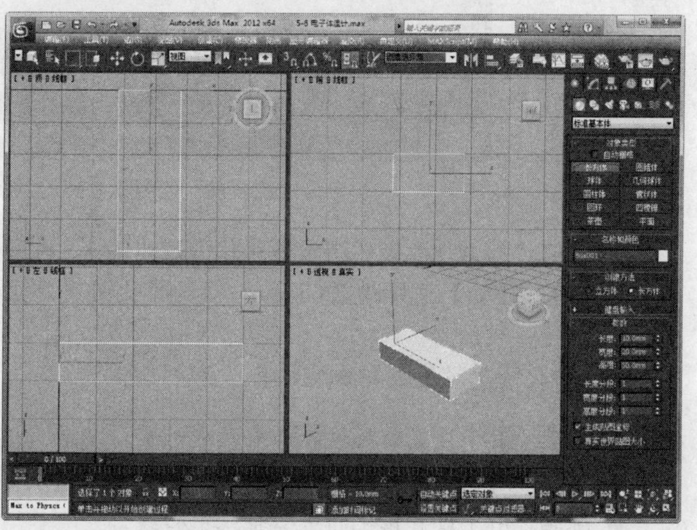

图 5-56　绘制长方体

（3）使用【切角长方体】工具，绘制一个切角长方体，参数设置和效果如图 5-57 所示。

（4）再使用【长方体】工具，绘制一个长方体，参数设置和效果如图 5-58 所示。

（5）为第 2 个长方体对象添加锥化修改器，如图 5-59 所示。

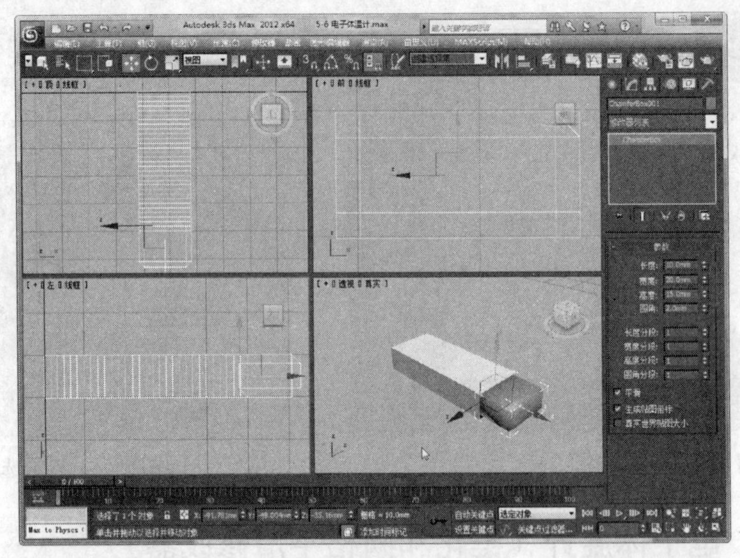

图 5-57　绘制切角长方体

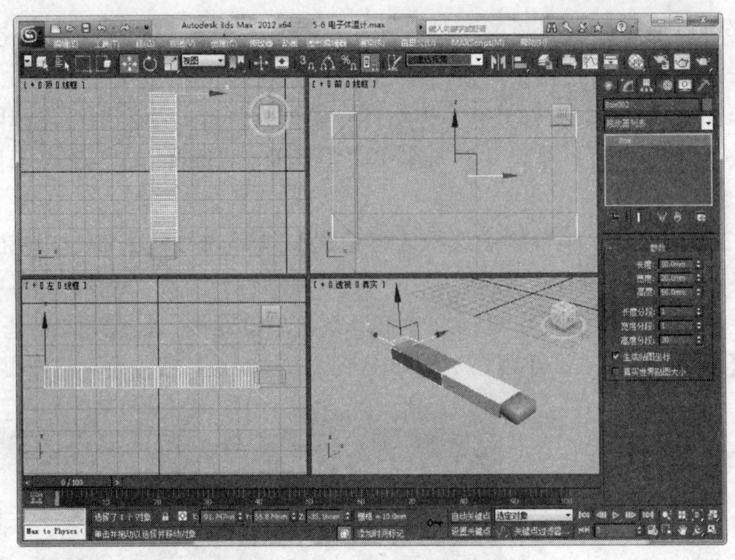

图 5-58　绘制第 2 个长方体

（6）在“参数”卷展栏中设置锥化的数量为 2，再展开 Taper 层级，选中 Gizmo 子层级，使用【选择并移动】工具调整 Gizmo，更改锥化效果，如图 5-60 所示。

锥化修改器的主要参数如下。

- 数量：用于设置缩放扩展的末端相对量，其最大值为 10。
- 曲线：用于设置对锥化 Gizmo 的侧面应用曲率，影响锥化对象的图形。
- 主轴：用于设置锥化的中心轴或中心线。
- 效果：用于设置主轴上的锥化方向的轴。

（7）选中“限制效果”复选项，然后将“上限”值设置为 25mm，“下限”值设置为-25mm，参数设置和效果如图 5-61 所示。

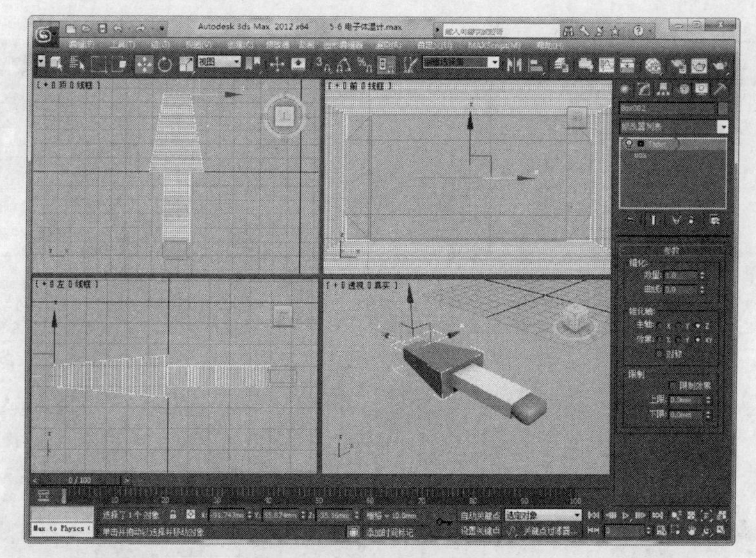

图 5-59　添加锥化修改器

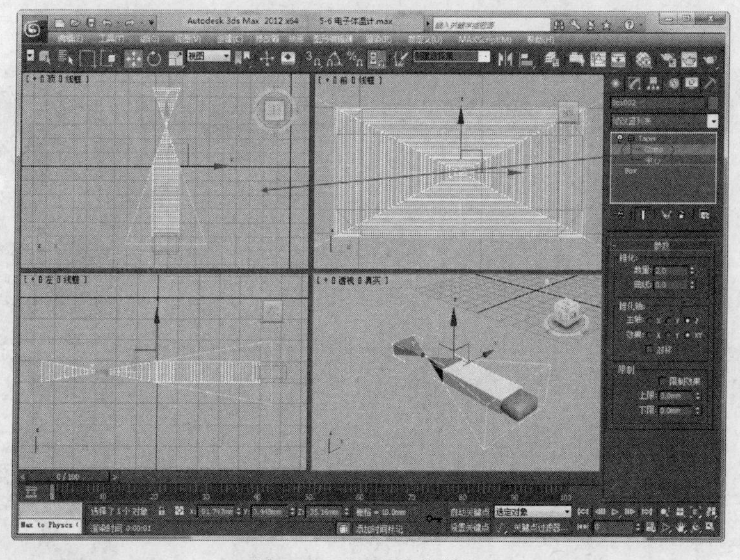

图 5-60　更改锥化效果

（8）保持锥化后的对象的选择，再为其添加【网格平滑】修改器，使对象的各个面变得平滑，参数设置和效果如图 5-62 所示。

网格平滑修改器最重要的参数是迭代次数和平滑度。迭代次数用于设置网格细分的次数；平滑度用于设置面的平滑程度。

（9）使用【球体】工具，绘制一个小球体，参数设置和效果如图 5-63 所示。

（10）为球体对象添加“FDD 4×4×4”修改器，选中该修改器的“控制点”子层级，使用【选择并移动】工具调整球体上方的控制点，如图 5-64 所示。

（11）用同样的方法调整球体下方的控制点，如图 5-65 所示。

（12）返回 FDD 4×4×4 层级，移动变形后的球体的位置，使之与其他对齐，效果如图 5-66 所示。

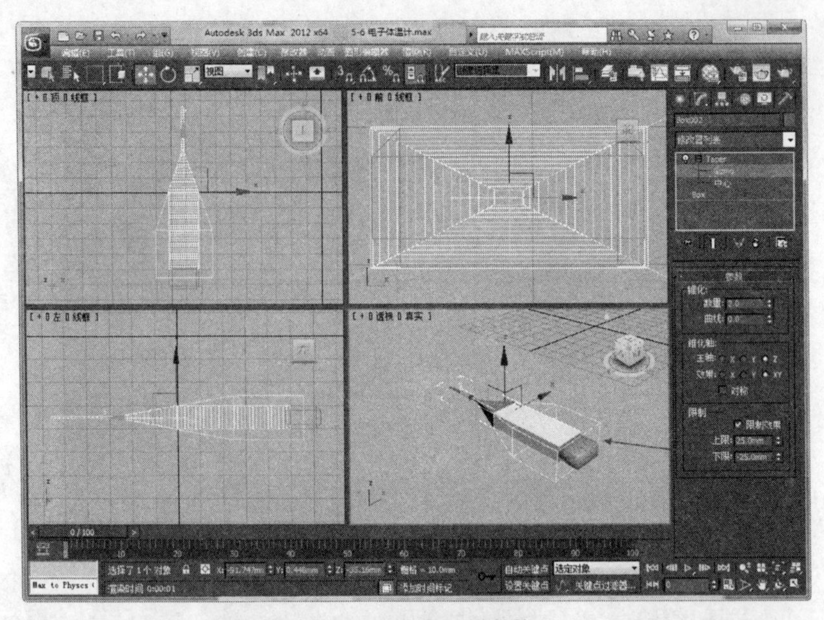

图 5-61 设置限制参数

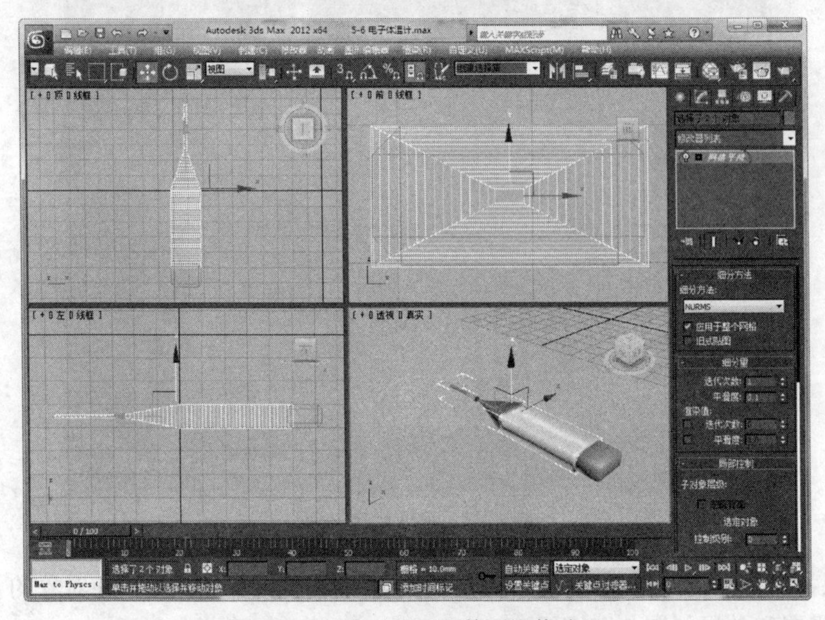

图 5-62 添加并设置网格平滑修改器

（13）选择【切角长方体】工具，在视口中创建一个切角长方体，参数设置和效果如图 5-67 所示。

（14）使用【布尔】工具，从“电子体温计”的主体对象中减去切角长方体对象，效果如图 5-68 所示。

（15）使用【长方体】工具，绘制一个作为“液晶显示屏”的长方体对象，参数设置和效果如图 5-69 所示。

（16）使用【选择并移动】工具，将长方体移动到如图 5-70 所示的位置。

（17）使用【圆柱体】工具，绘制一个圆柱体，参数设置和效果如图 5-71 所示。

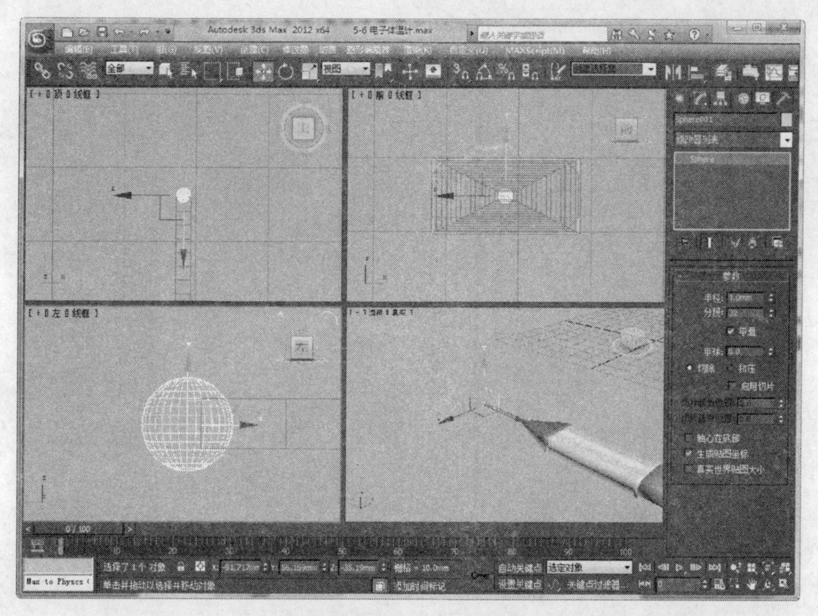

图 5-63 绘制球体

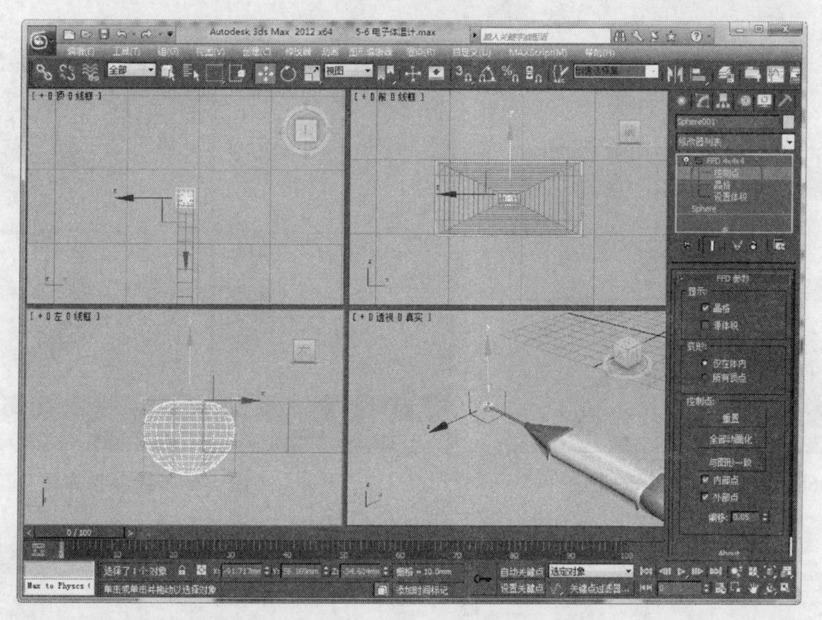

图 5-64 添加 FDD 修改器并调整控制点

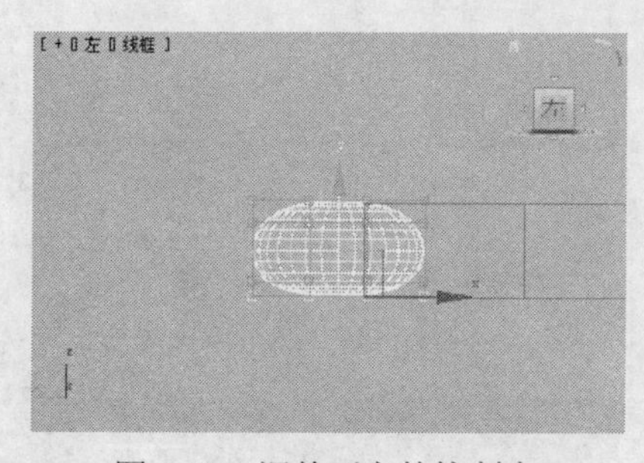

图 5-65 调整下方的控制点

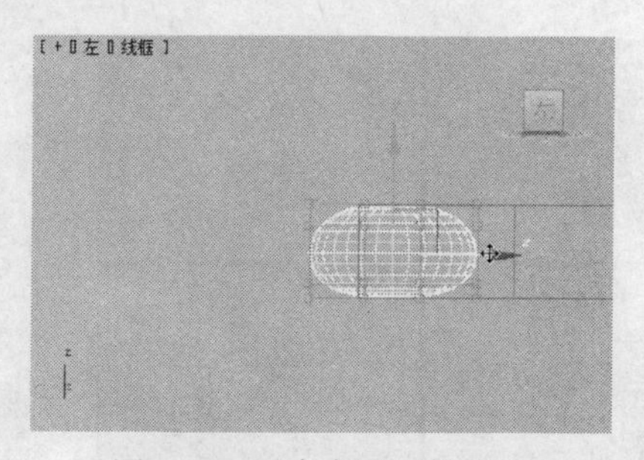

图 5-66 对齐变形后的球体

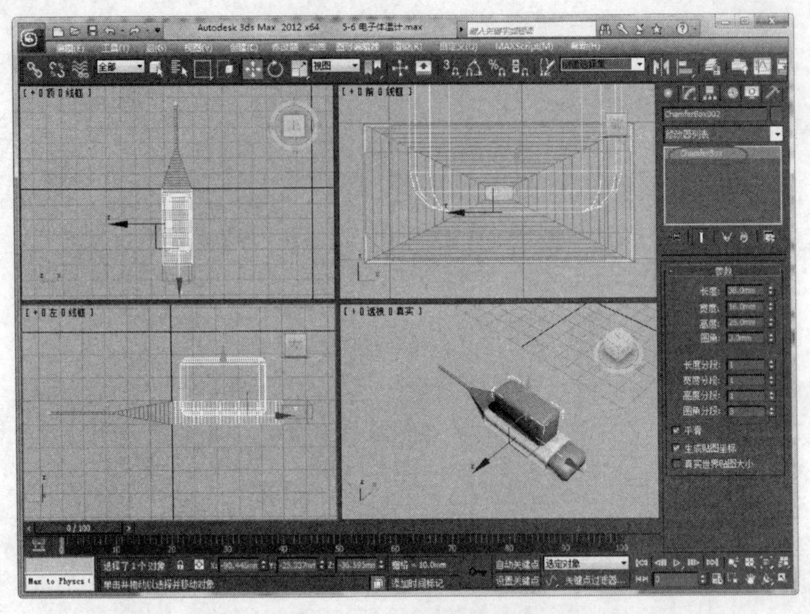

图 5-67 绘制切角长方体

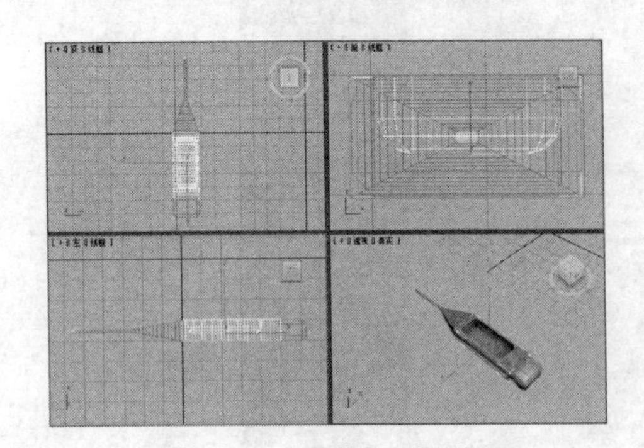

图 5-68 布尔差集运算效果

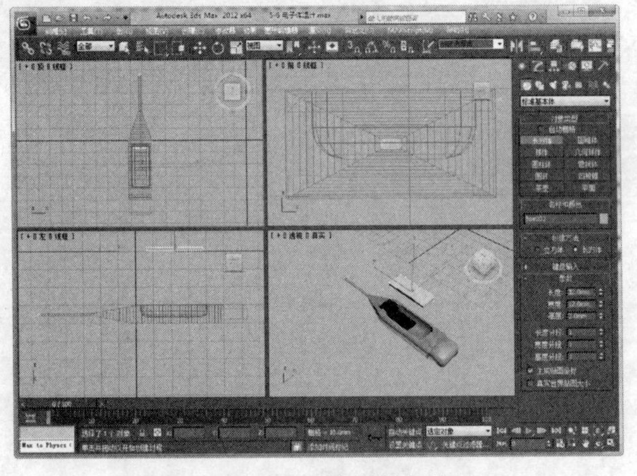

图 5-69 绘制长方体

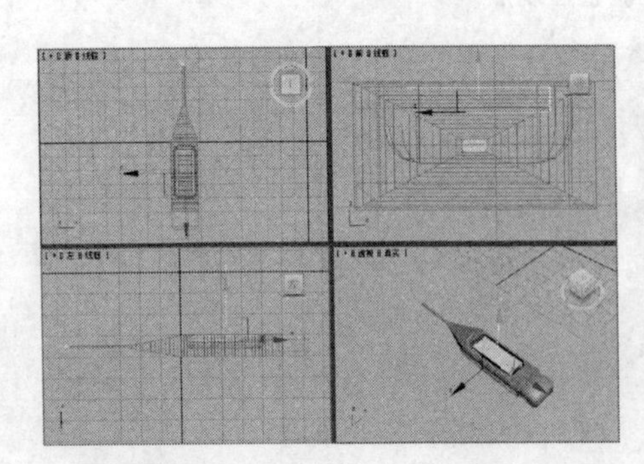

图 5-70 移动长方体对象

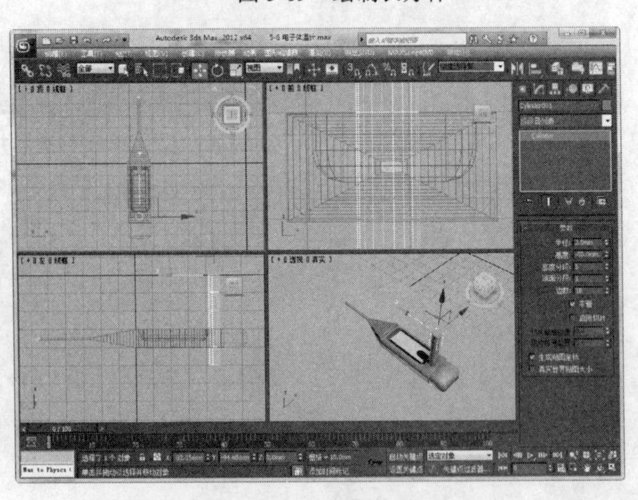

图 5-71 绘制圆柱体

（18）使用“布尔差集”工具，从主体对象中减去圆柱体对象，效果如图 5-72 所示。

（19）使用【球体】工具，绘制一个球体，参数设置和效果如图 5-73 所示。

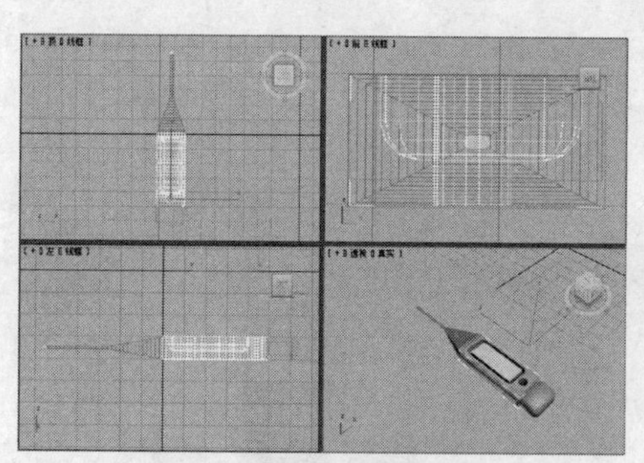

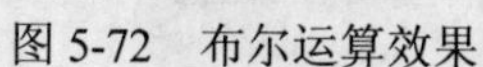

图 5-72　布尔运算效果

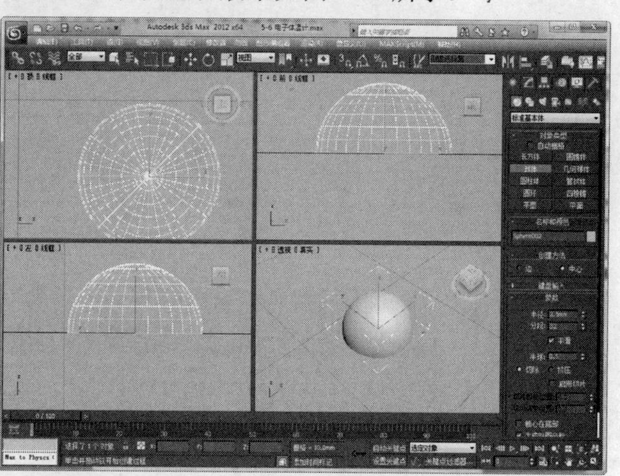

图 5-73　绘制球体

（20）使用【选择并移动】工具，将球体移动到如图 5-74 所示的位置。

（21）缩放“透视”视口，即可看到制作完成的“电子体温计”模型，如图 5-75 所示。

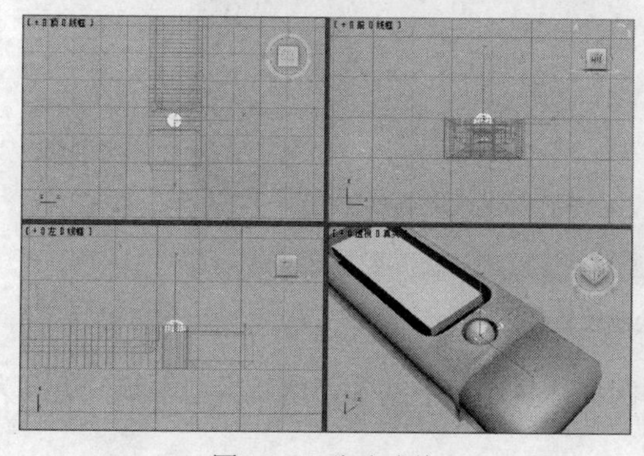

图 5-74　移动球体

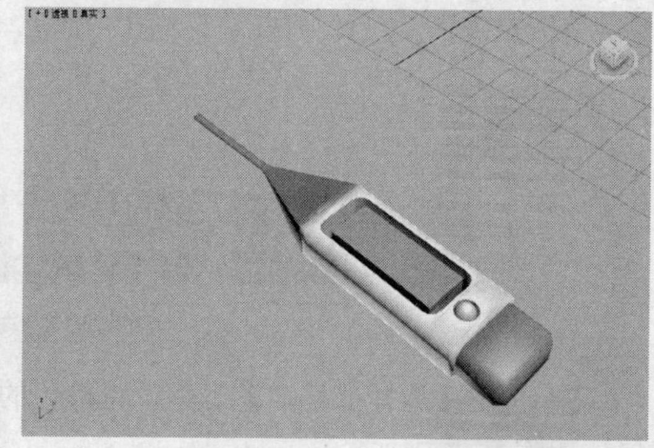

图 5-75　模型制作效果

（22）保存场景文件，完成“电子体温计”模型的创建。

5.7　实例：双绞线（扭曲、推力和涡轮平滑修改器）

扭曲修改器用于在对象上产生一个旋转效果，推力修改器则用于沿平均顶点法线将对象顶点向外或向内膨胀，而涡轮平滑修改器则用于平滑场景中的任意几何体。

本节以制作如图 5-76 所示的“双绞线”模型为例，介绍扭曲、推力和涡轮平滑修改器建模的方法和技巧（模型的具体尺寸参考本书“配套资料\chapter05\5-7 双绞线.max”文件）。

（1）启动 3ds Max，从菜单栏中选择【自定义】|【单位设置】命令，在出现的“单位设置”对话框中将“显示单位比例”设置为“公制”，将单位设置为“毫米”。再单击【系统单位设置】按钮，在“系统单位设置”对话框中将“系统单位比例”设置为 1.0 毫米。

（2）使用【圆柱体】工具，在视口中绘制一个棕色的圆柱体，参数设置和效果如图 5-77 所示。

图 5-76 “双绞线”模型

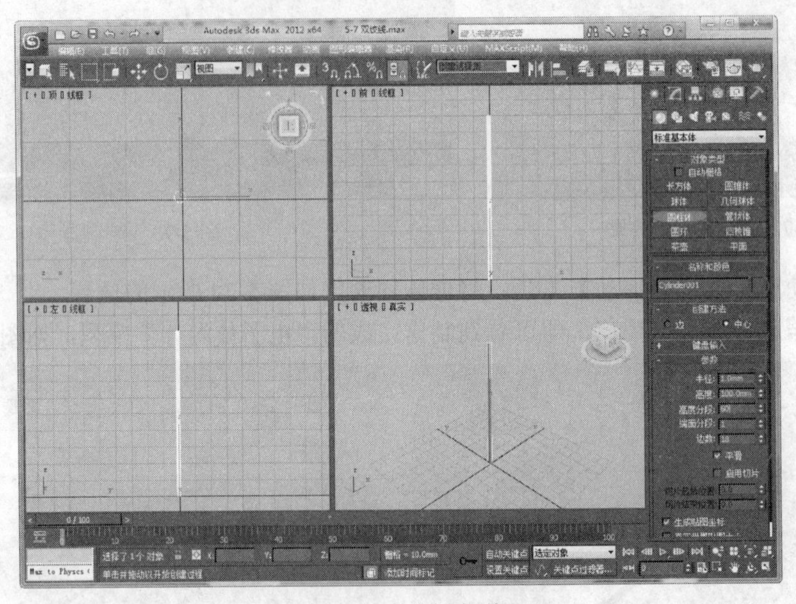

图 5-77 绘制圆柱体

（3）使用【选择并移动】工具，将棕色的圆柱体复制一个副本，然后将副本颜色更改为白色，如图 5-78 所示。

（4）同时选中两个圆柱体，为它们添加扭曲修改器，如图 5-79 所示。

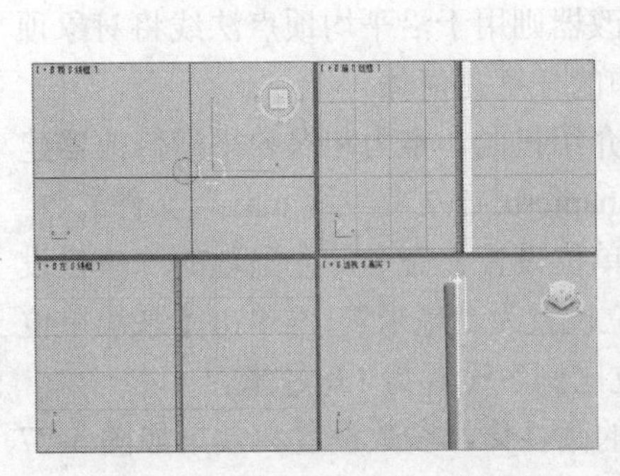

图 5-78 复制圆柱体并更改颜色

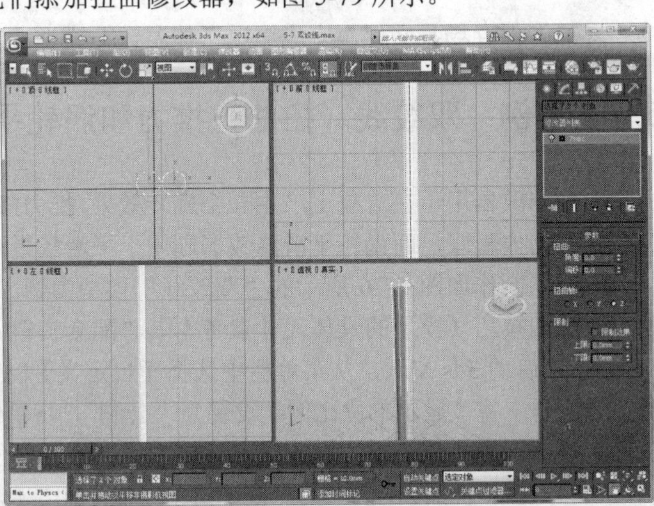

图 5-79 为两个对象添加扭曲修改器

（5）在“参数”卷展栏中设置扭曲参数，将角度设置为 880，效果如图 5-80 所示。

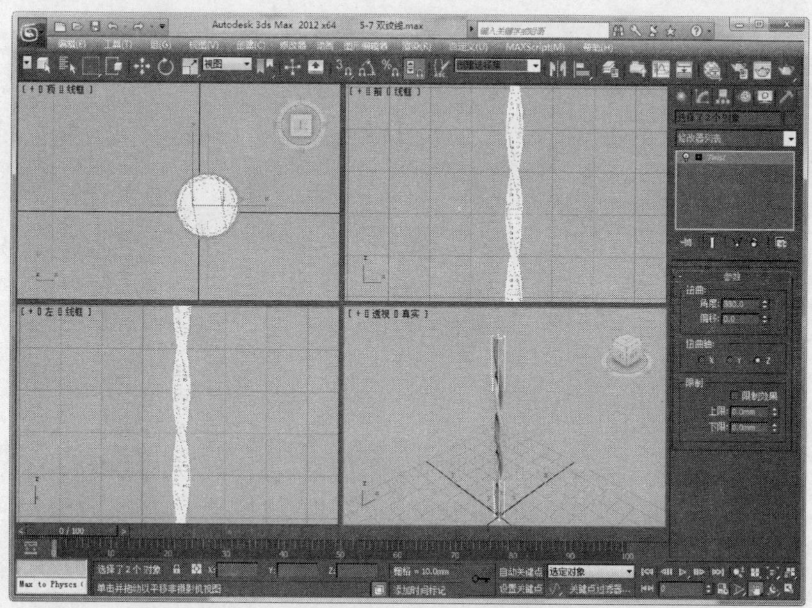

图 5-80　设置扭曲参数

扭曲修改器扭曲对象时，可以控制任意 3 个轴上扭曲的角度，并可通过设置偏移来压缩扭曲相对于轴点的效果。其“参数”卷展栏中的主要参数选项如下。

- 角度：确定围绕垂直轴扭曲的量。
- 偏移：使扭曲旋转在对象的任意末端聚团。
- *X*/*Y*/*Z*：指定执行扭曲所沿着的轴。这是扭曲 Gizmo 的局部轴。默认设置为 *Z* 轴。
- 限制效果：对扭曲效果应用限制约束。
- 上限：设置扭曲效果的上限。默认值为 0。
- 下限：设置扭曲效果的下限。默认值为 0。

（6）选中修改器的 Gizmo 层级，使用移动工具调整 Gizmo，更改扭曲效果，如图 5-81 所示。

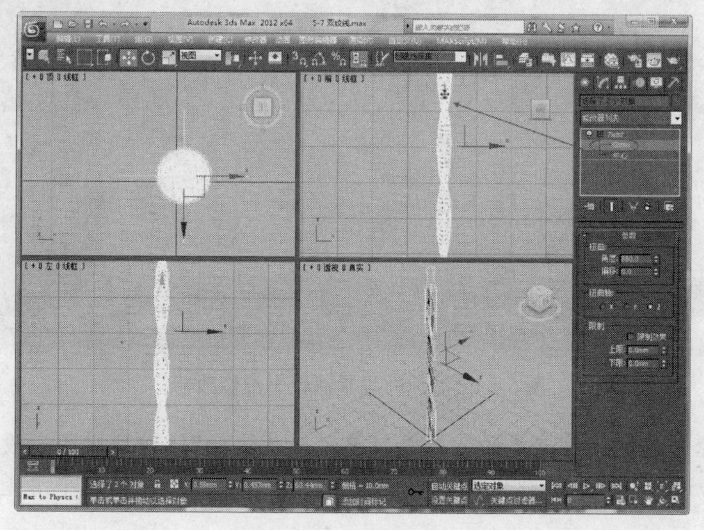

图 5-81　移动 Gizmo

（7）再为两个对象添加推力修改器，并将推进值设置为 0.8，如图 5-82 所示。

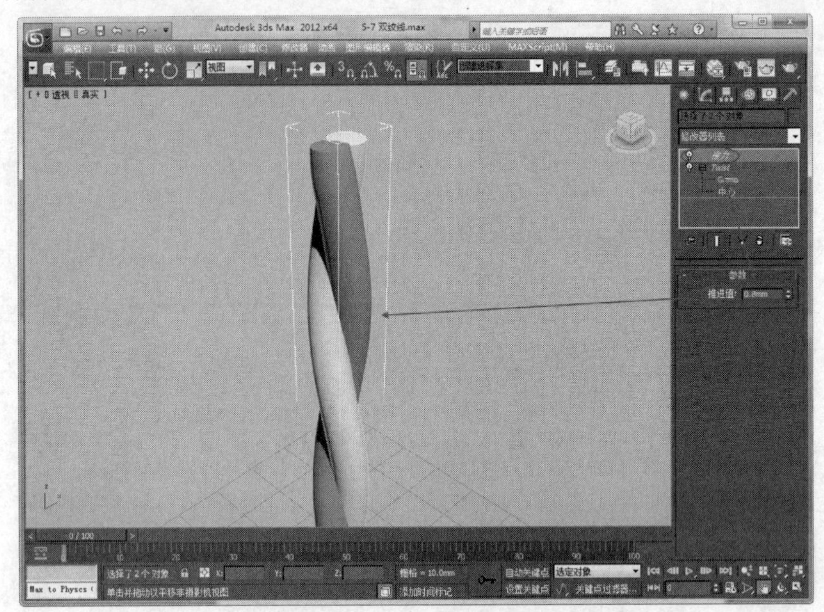

图 5-82 添加并设置推力修改器

“推进值”参数用于设置顶点相对于对象中心移动的距离，该值为正时，可将顶点向外移动，为负值时可将顶点向内移动。

（8）再为两个对象添加涡轮平滑修改器，并将“迭代次数”设置为 1，如图 5-83 所示。

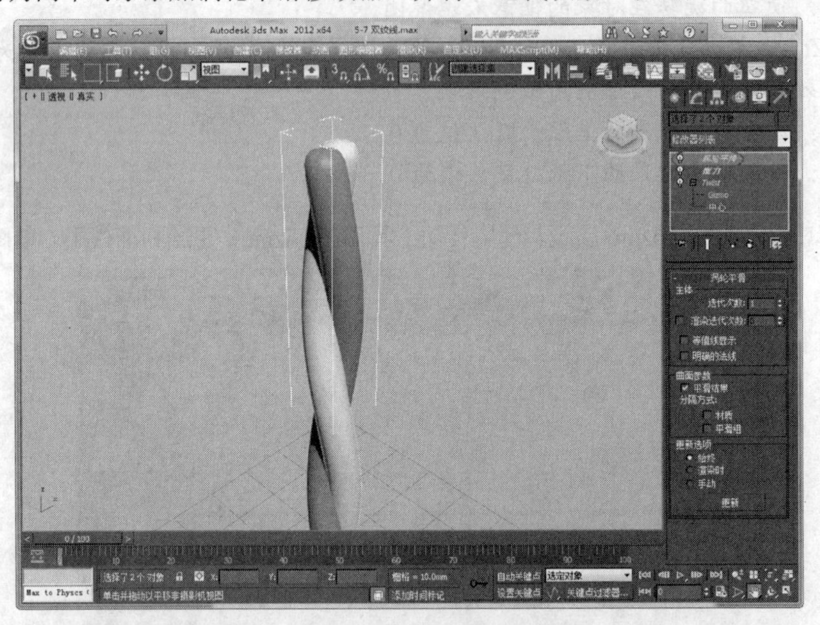

图 5-83 添加并设置涡轮平滑修改器

涡轮平滑修改最重要的基本参数是“迭代次数”，该参数用于设置网格细分的次数。增加迭代次数，会通过在迭代之前对顶点、边和曲面创建平滑差补顶点来细分网格。

(9) 再为两个对象添加弯曲修改器，并修改其参数，具体设置和应用效果如图 5-84 所示。

(10) 使用【选择并移动】工具，调整弯曲修改器的 Gizmo，效果如图 5-85 所示。

(11) 从菜单栏中选择【组】|【成组】命令，将两个对象群组为一个组，如图 5-86 所示。

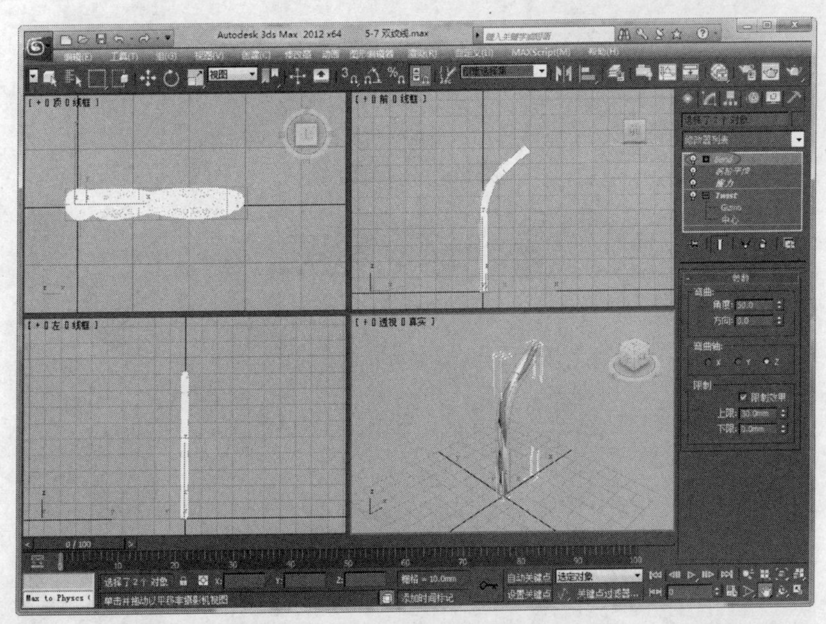

图 5-84　添加并设置弯曲修改器

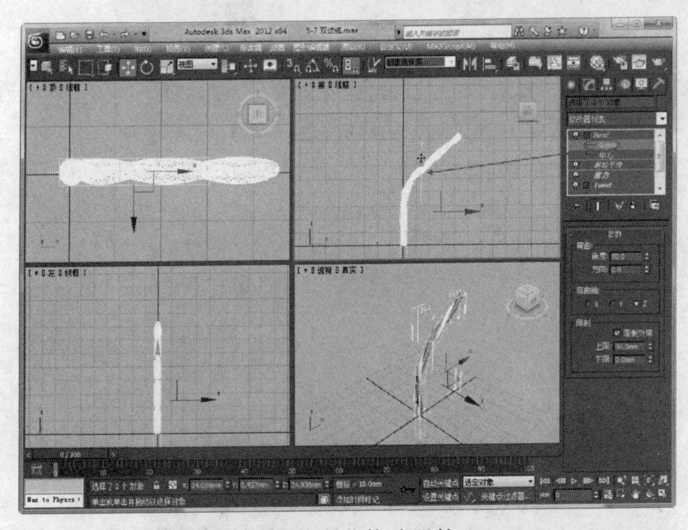

图 5-85　调整弯曲修改器的 Gizmo

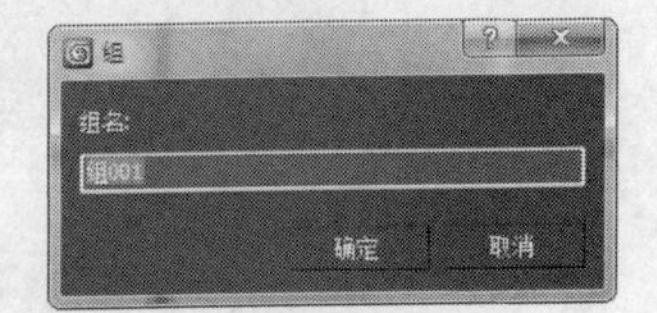

图 5-86　群组对象

(12) 选中组，然后用【选择并移动】工具将组复制 3 个副本，如图 5-87 所示。

(13) 选择其中一个副本组，从菜单栏中选择【组】|【打开】命令打开组，再选择其中的棕色对象，将其颜色更改为绿色，如图 5-88 所示。

(14) 选定更改颜色的组，在修改器堆栈中选中 Bend（弯曲）修改器，修改其弯曲方向，效果如图 5-89 所示。

(15) 用同样的方法更改另一个组中对象的颜色和组的弯曲方向，参数设置效果如图 5-90 所示。

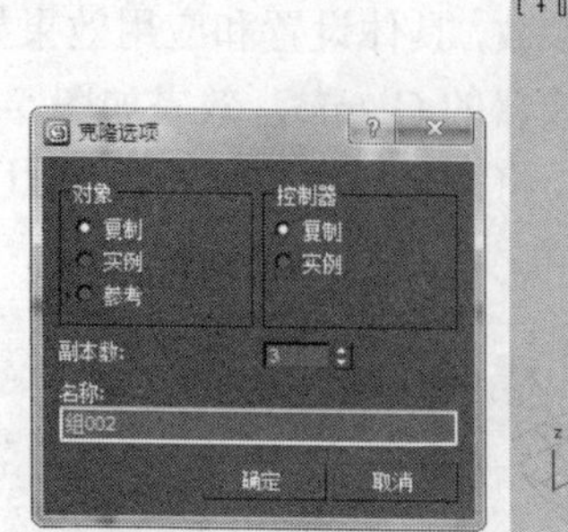

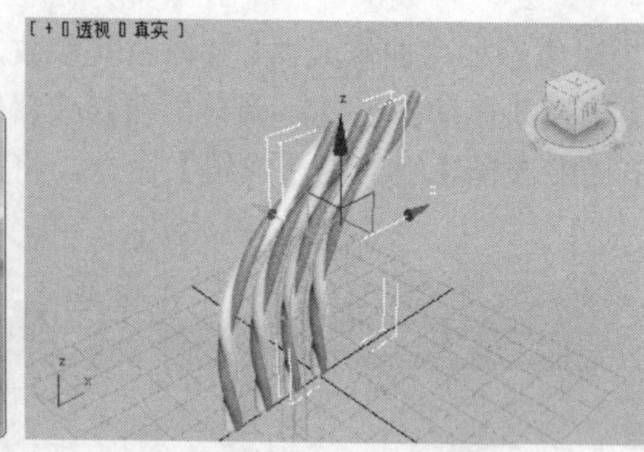

图 5-87 复制组

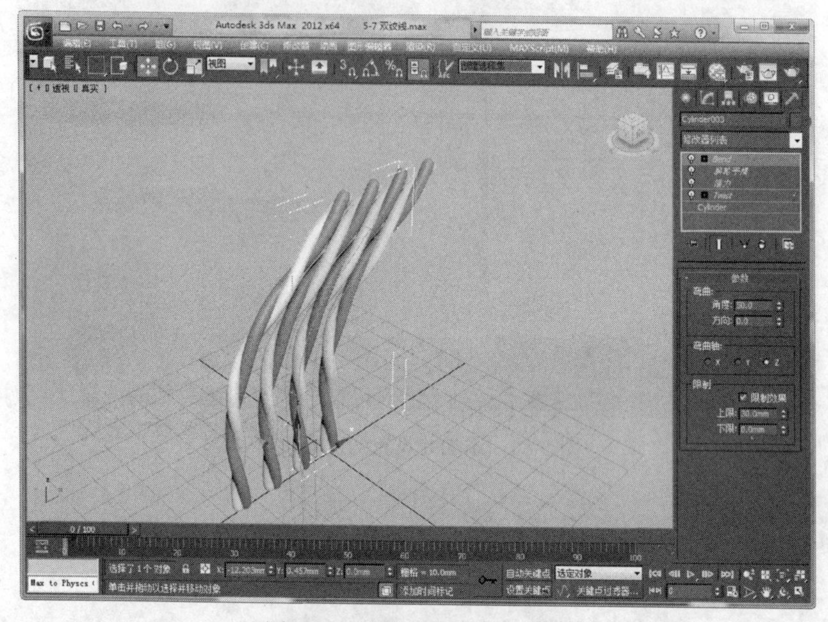

图 5-88 更改组中对象的颜色

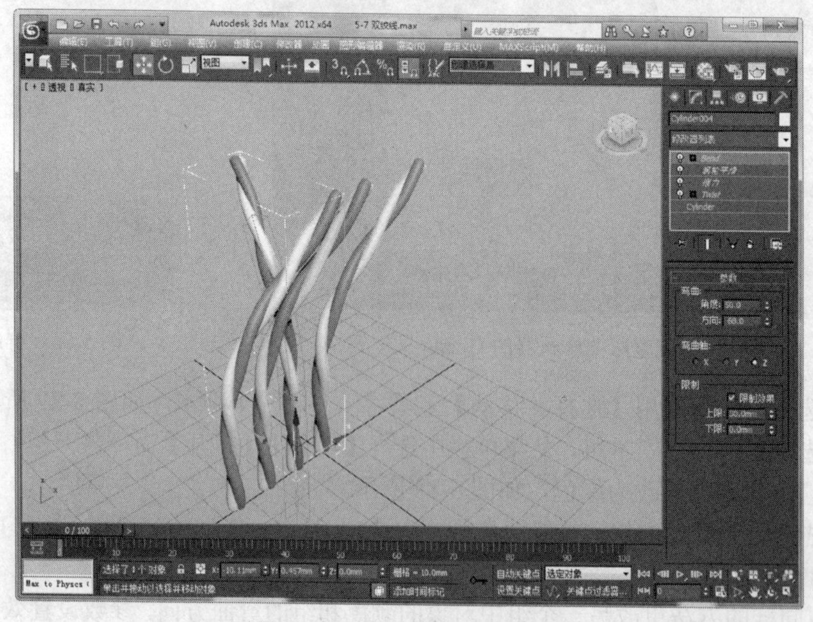

图 5-89 更改组副本的弯曲方向

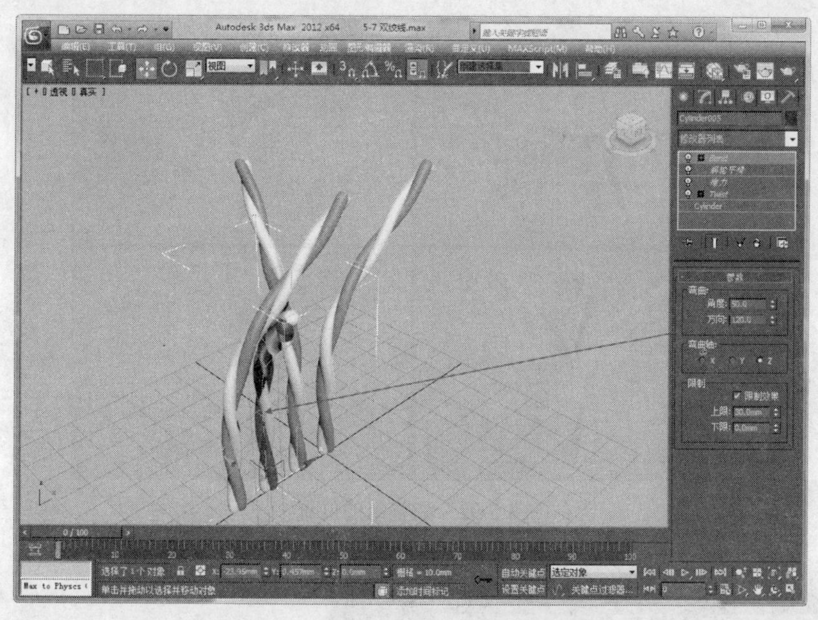

图 5-90　更改另一个组的颜色和弯曲效果

（16）再用同样的方法更改最后一个组中对象的颜色和组的弯曲方向，参数设置效果如图 5-91 所示。

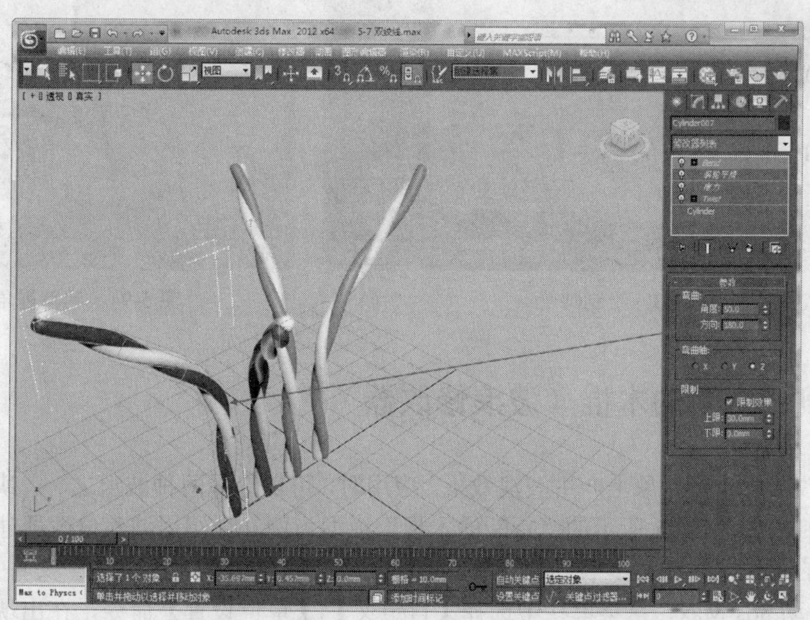

图 5-91　更改另一个组的颜色和弯曲效果

（17）使用【选择并移动】工具，调整各个组的位置，效果如图 5-92 所示。

（18）使用【管状体】工具，绘制一个圆管，参数设置和效果如图 5-93 所示。

（19）将“透视”视口最大化显示，然后使用【环绕子对象】工具调整视角，效果如图 5-94 所示。

（20）保存场景文件，完成“双绞线”模型的创建。

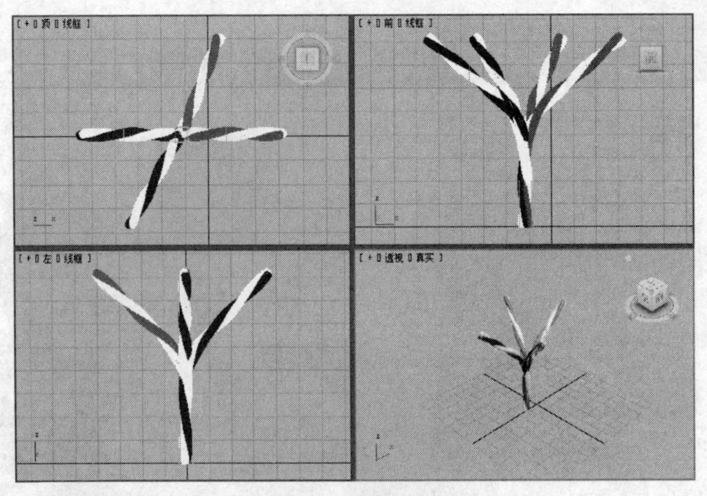

图 5-92 调整组的位置

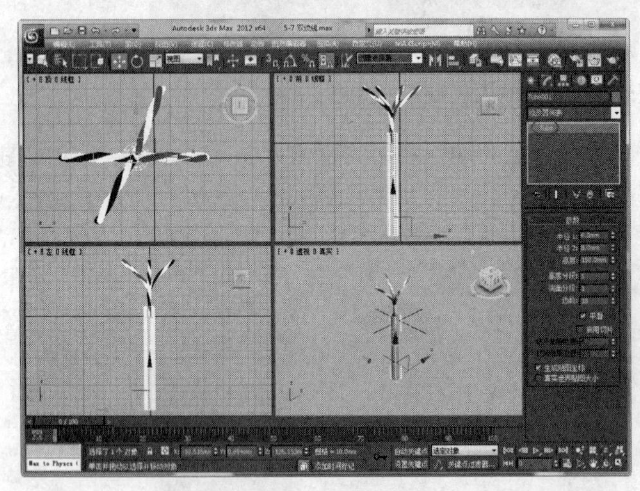

图 5-93 绘制圆管

图 5-94 调整视角

5.8 实例：折断的木棍（波浪修改器）

波浪修改器用于在对象上产生波浪效果。应用时，可以选择两种波浪之一，或将其组合使用。本节以制作如图 5-95 所示的“折断的木棍”模型为例，介绍用波浪修改器建模的方法和技巧（模型的具体尺寸参考本书“配套资料\chapter05\5-8 折断的木棍.max”文件）。

（1）启动 3ds Max，从菜单栏中选择【自定义】|【单位设置】命令，在出现的“单位设置”对话框中将“显示单位比例”设置为“公制”，将单位设置为“毫米”。再单击【系统单位设置】按钮，在“系统单位设置”对话框中将“系统单位比例”设置为 1.0 毫米。

（2）选择【圆柱体】工具，在视口中创建一个圆柱体，然后在“参数”卷展栏中修改圆柱体的参数，如图 5-96 所示。

（3）为圆柱体添加“波浪”修改器，然后在“参数”卷展栏中设置“波浪”的振幅和波长，如图 5-97 所示。

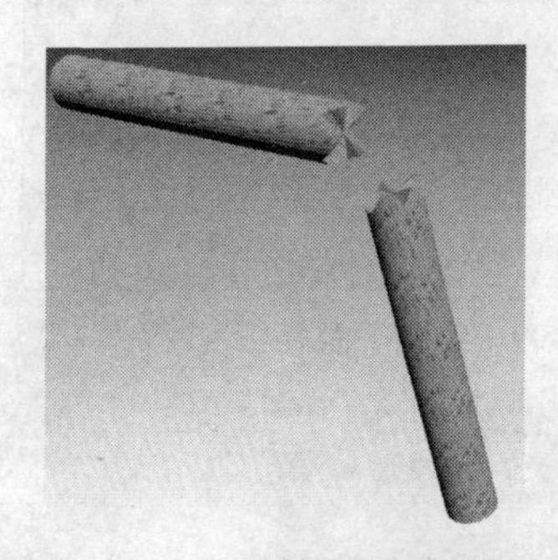

图 5-95　“折断的木棍”模型

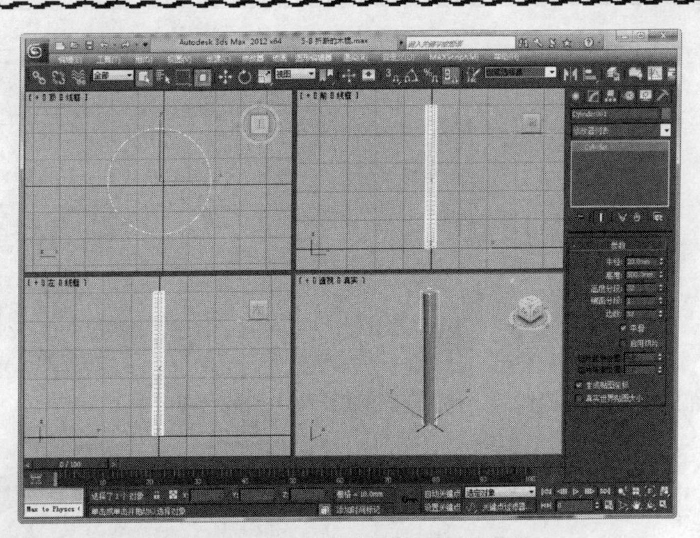

图 5-96　圆柱体参数设置和绘制效果

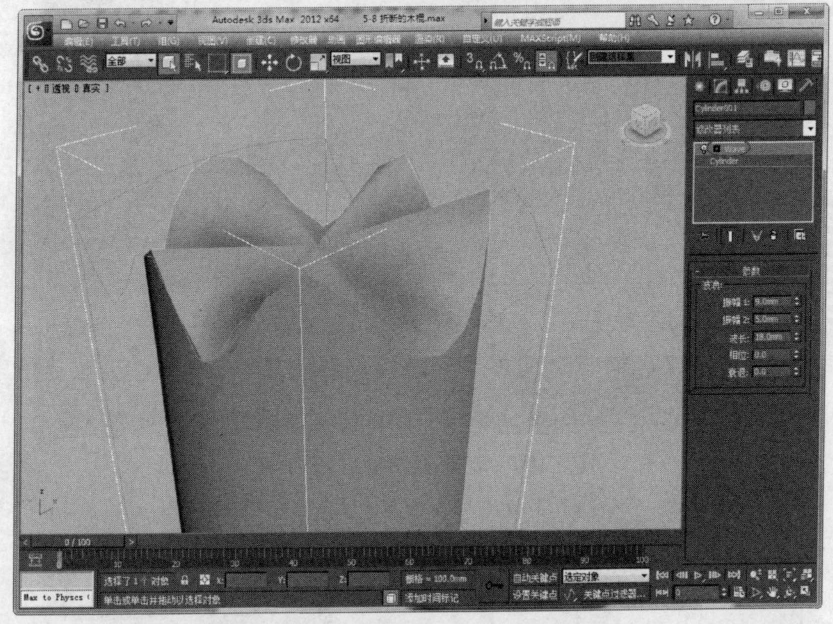

图 5-97　添加并设置“波浪”修改器

（4）使用【平移视图】工具，在“透视”视口中拖动鼠标，观察圆柱体对象的下方。可以看到，其下方也产生了一种与上方完全对称的“波浪”效果，如图 5-98 所示。

（5）选择【平面】工具，在视口中绘制一个平面对象，将圆柱体一分为二，如图 5-99 所示。

（6）从“几何体”创建面板中选择“实体对象”类别，然后单击其中的【实体割器】工具，如图 5-100 所示。

（7）选中“自动提取实体对象”选项，然后单击【拾取被切割对象】按钮，在视口中拾取圆柱体对象，如图 5-101 所示。

（8）单击鼠标，即可将圆柱体切割为不同颜色的两段，如图 5-102 所示。

（9）删除平面对象，将切割生成的任意一个对象移开，即可看到如图 5-103 所示的效果。

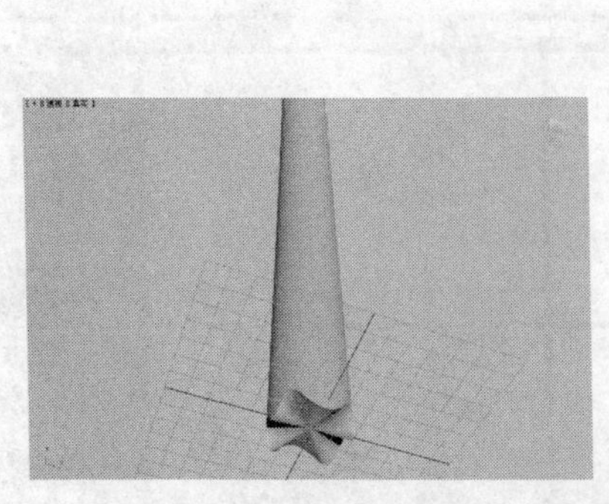

图 5-98　观察圆柱体下方应用“波浪”修改器的效果

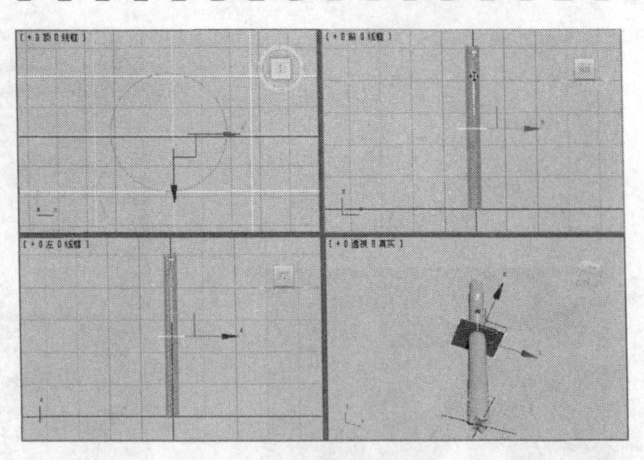

图 5-99　绘制平面

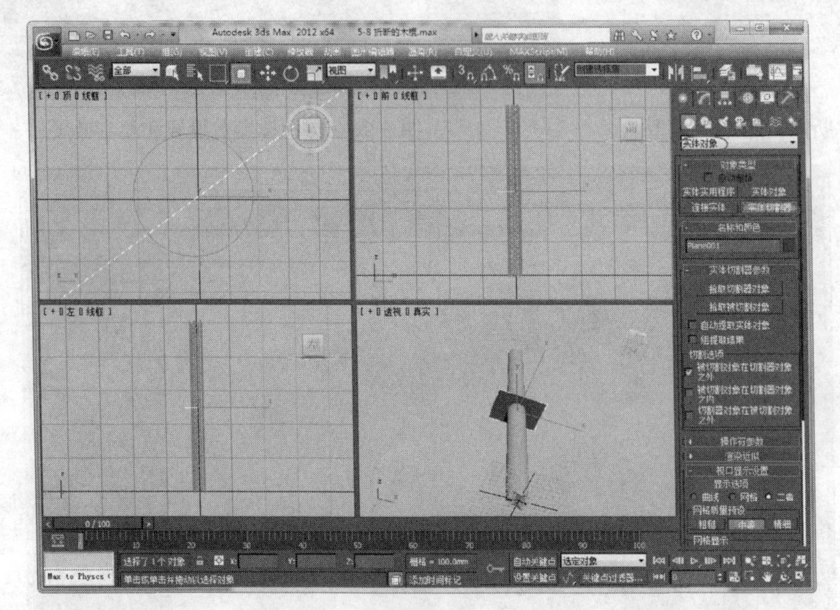

图 5-100　选择【实体割器】工具

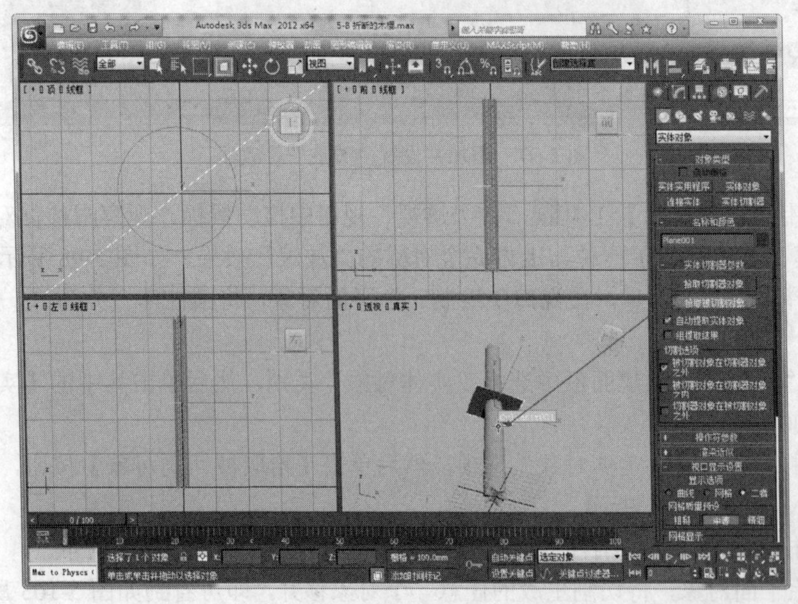

图 5-101　拾取被切割对象

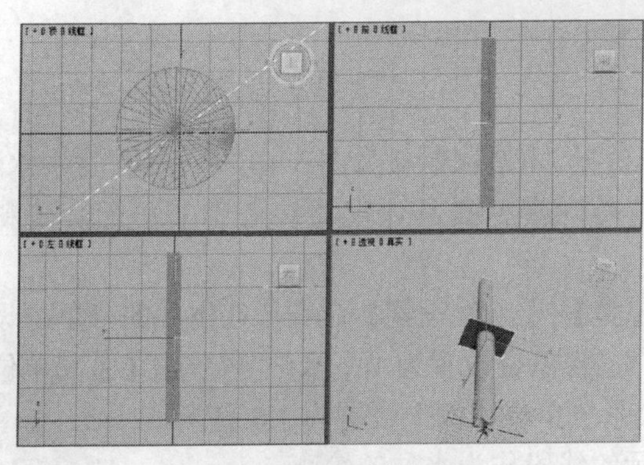

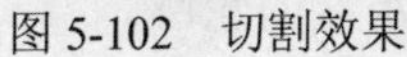

图 5-102　切割效果

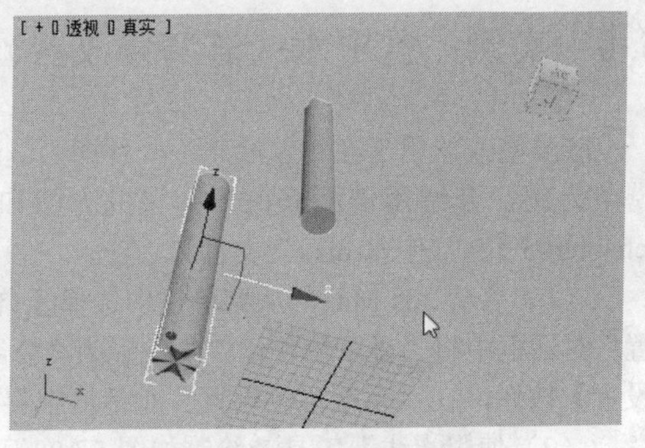

图 5-103　移开一段“木棍”

（10）右击“主工具”栏上的【选择并旋转】工具，在出现的“旋转变换输入”对话框中将“绝对世界”的 Y 值设置为－90，将对象绕 Y 轴旋转－90 度，如图 5-104 所示。

（11）使用【选择并移动】工具，将另一段“木棍”移动到如图 5-105 所示的位置。

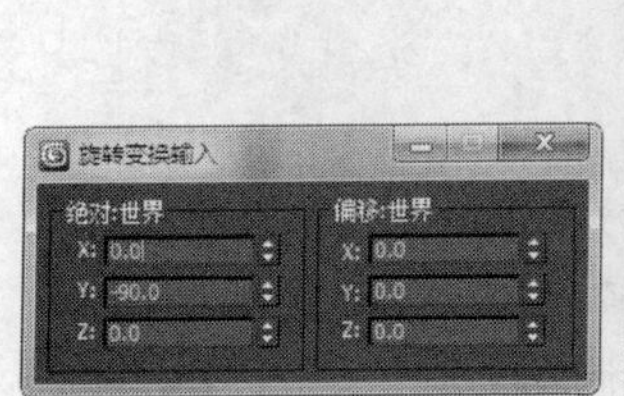

图 5-104　旋转对象

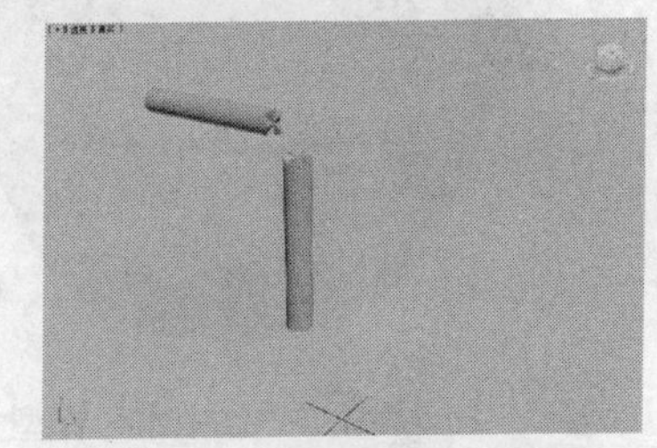

图 5-105　移动另一段“木棍”

（12）在“资源管理器”窗口中找到一幅木质贴图图像，分别将其拖放到两段“木棍”上，为对象添加贴图效果，如图 5-106 所示。

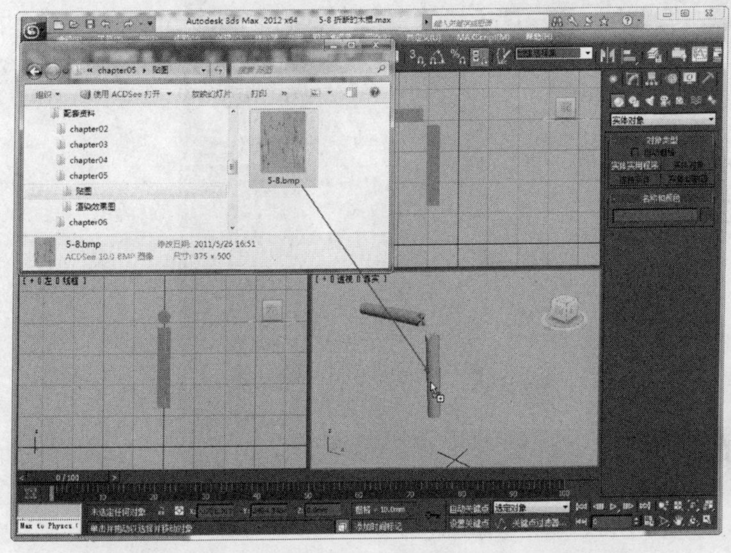

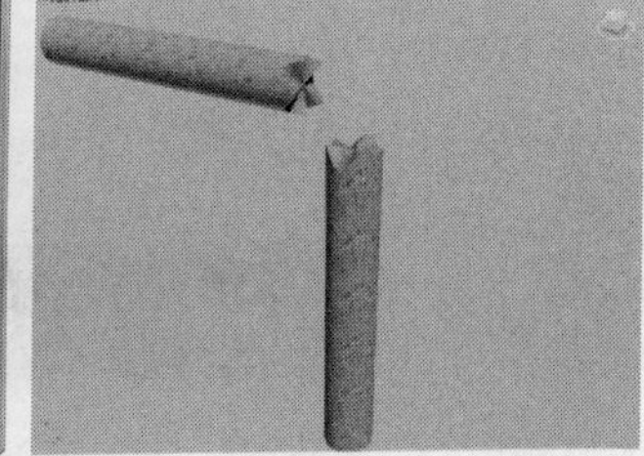

图 5-106　添加贴图

（13）保存场景文件，完成“折断的木棍”模型的创建。

5.9 实例：盆中水（涟漪修改器）

涟漪修改器用于在对象中产生一种同心涟漪效果。本节以制作如图 5-107 所示的“盆中水”模型为例，介绍用涟漪修改器建模的方法和技巧（模型的具体尺寸参考本书“配套资料\chapter05\5-9 盆中水.max”文件）。

（1）启动 3ds Max，从菜单栏中选择【自定义】|【单位设置】命令，在出现的“单位设置”对话框中将“显示单位比例”设置为“公制”，将单位设置为“毫米”。再单击【系统单位设置】按钮，在“系统单位设置”对话框中将“系统单位比例”设置为 1.0 毫米。

（2）使用【线】工具，绘制如图 5-108 所示的线段作为水盆的轮廓。

图 5-107 “盆中水”模型

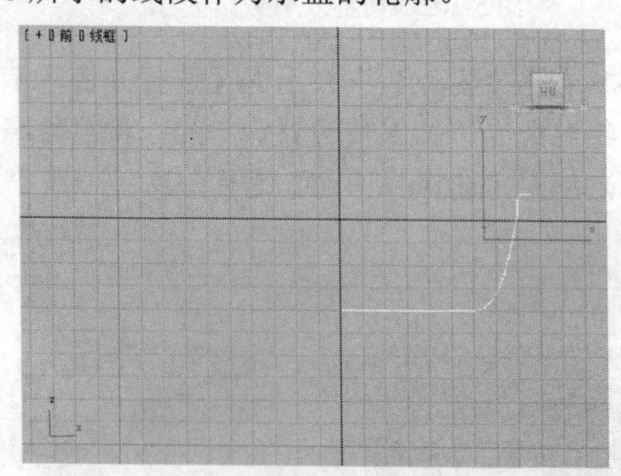

图 5-108 绘制线段

（3）在“修改”面板中选择“样条线”层级，然后为其添加 2mm 的轮廓，如图 5-109 所示。

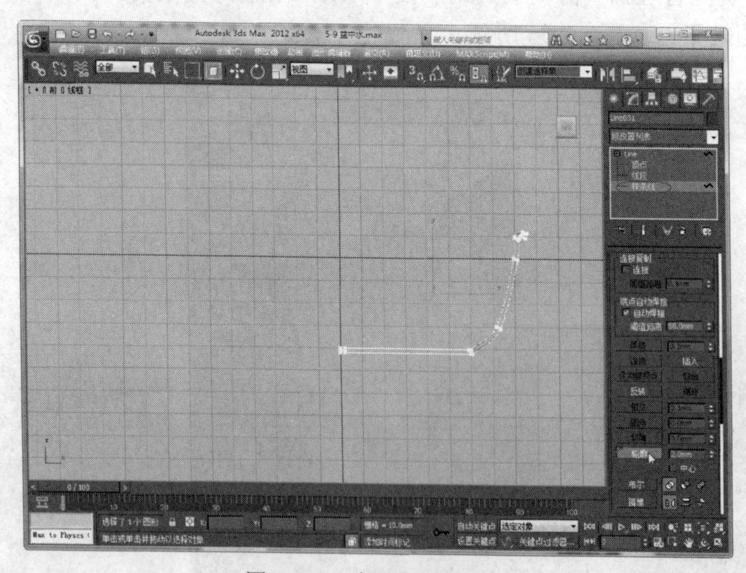

图 5-109 为对象添加轮廓

（4）为图形添加“车削”修改器，然后选择“轴”层级，使用【选择并移动】工具移动其轴，产生如图 5-110 所示的水盆效果。

（5）在“参数”卷展栏中将分段数设置为 52，使水盆更加光滑，如图 5-111 所示。

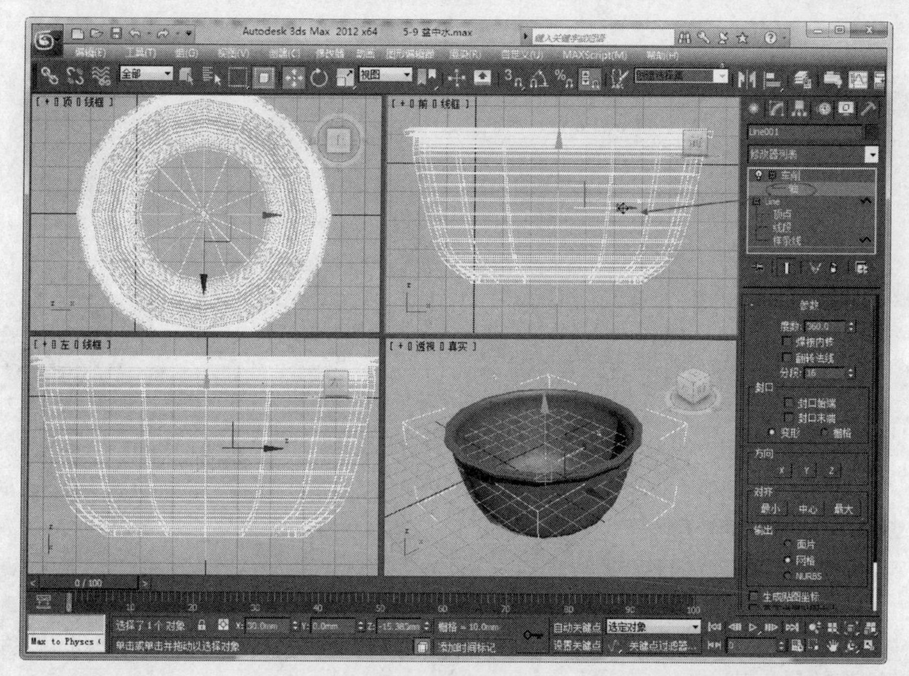

图 5-110　车削效果

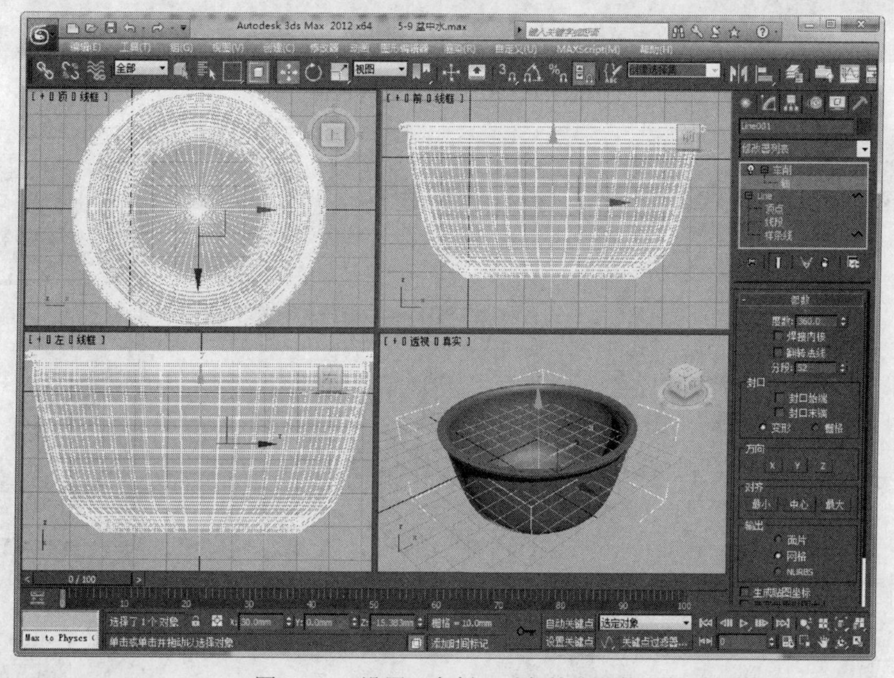

图 5-111　设置“车削”对象的分段数

（6）选择【圆柱体】工具，绘制如图 5-112 所示的圆柱体并设置其参数。

（7）为圆柱体添加“涟漪”修改器，使盆中的水初步产生涟漪效果，如图 5-113 所示。

（8）在“参数”卷展栏中修改“涟漪”修改器的振幅，效果如图 5-114 所示。

（9）在修改器堆栈中重新选择圆柱体层级，将其“端面分段”数增加为 10，增强涟漪效果，如图 5-115 所示。

（10）保存场景文件，完成“盆中水”模型的创建。

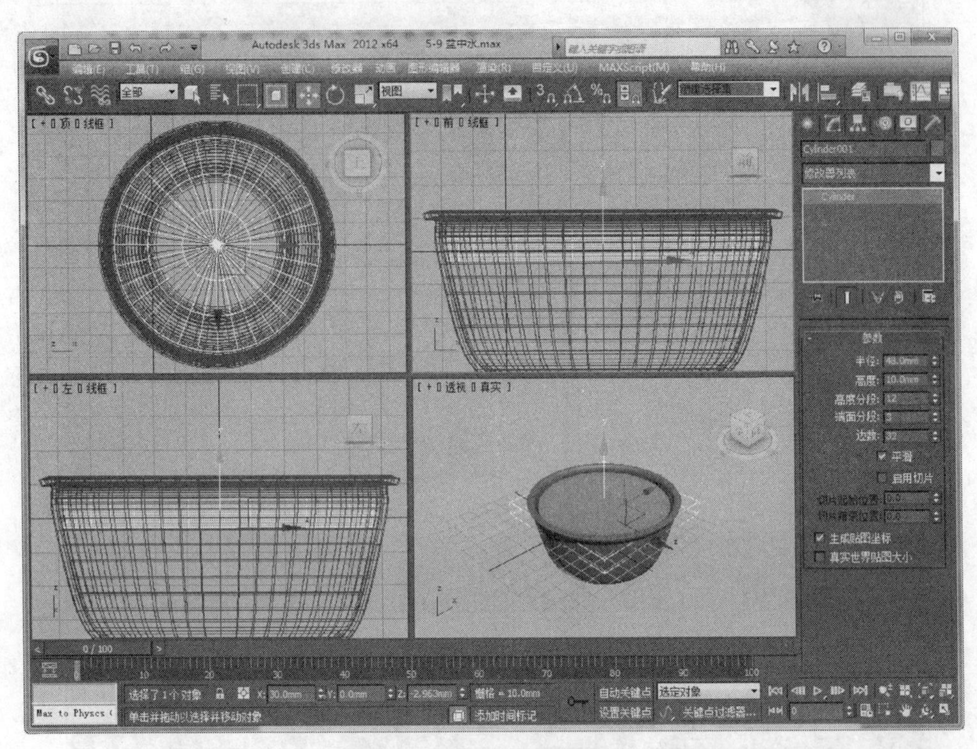

图 5-112　绘制并设置圆柱体

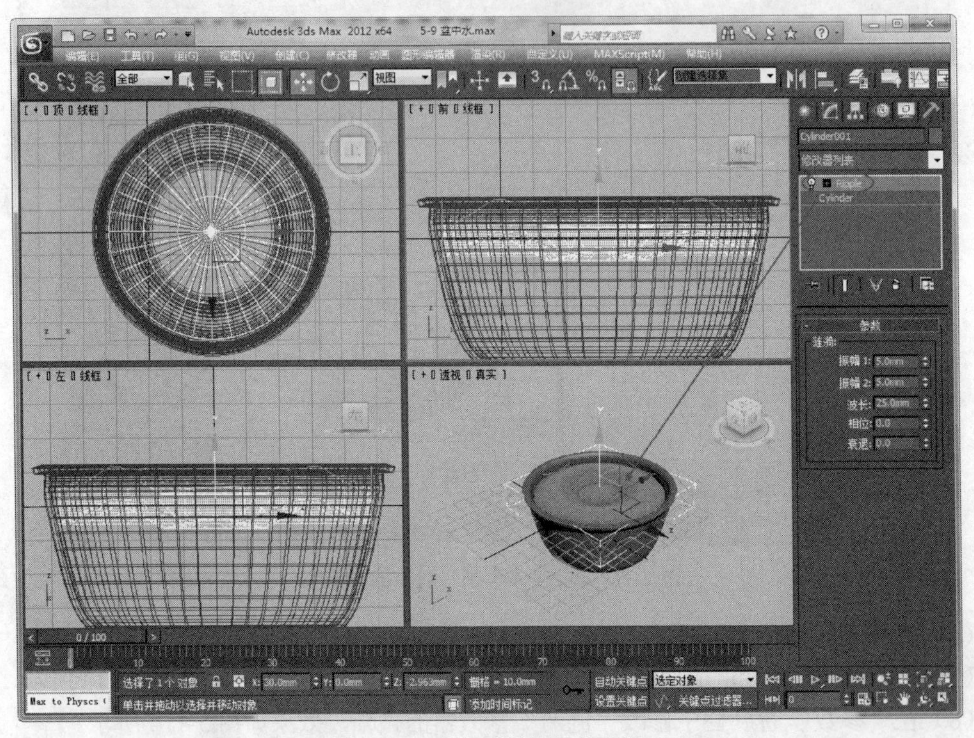

图 5-113　添加“涟漪”修改器

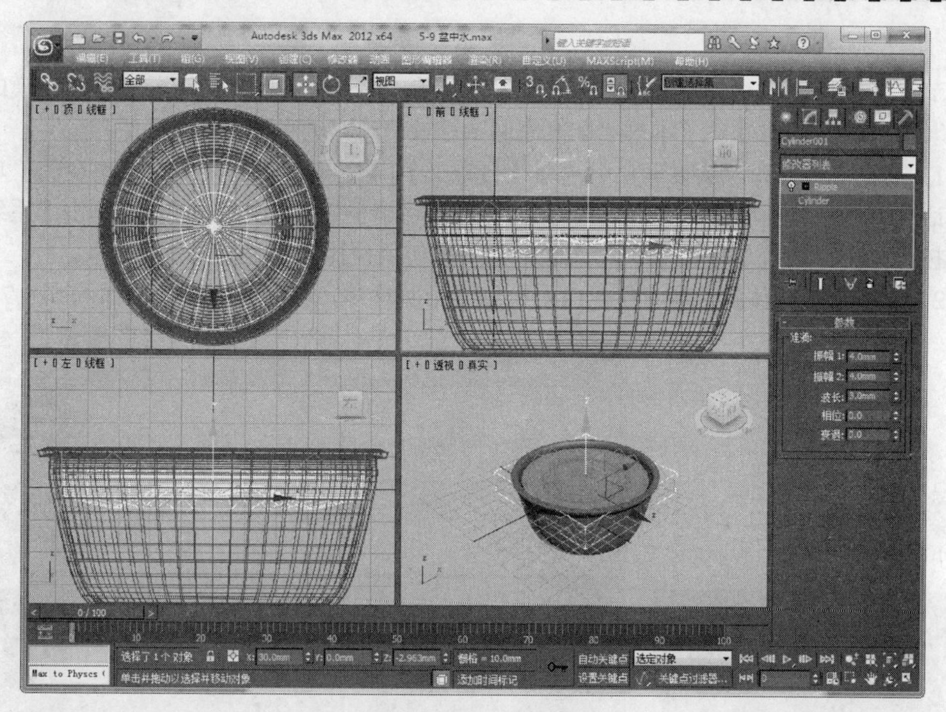

图 5-114　修改振幅

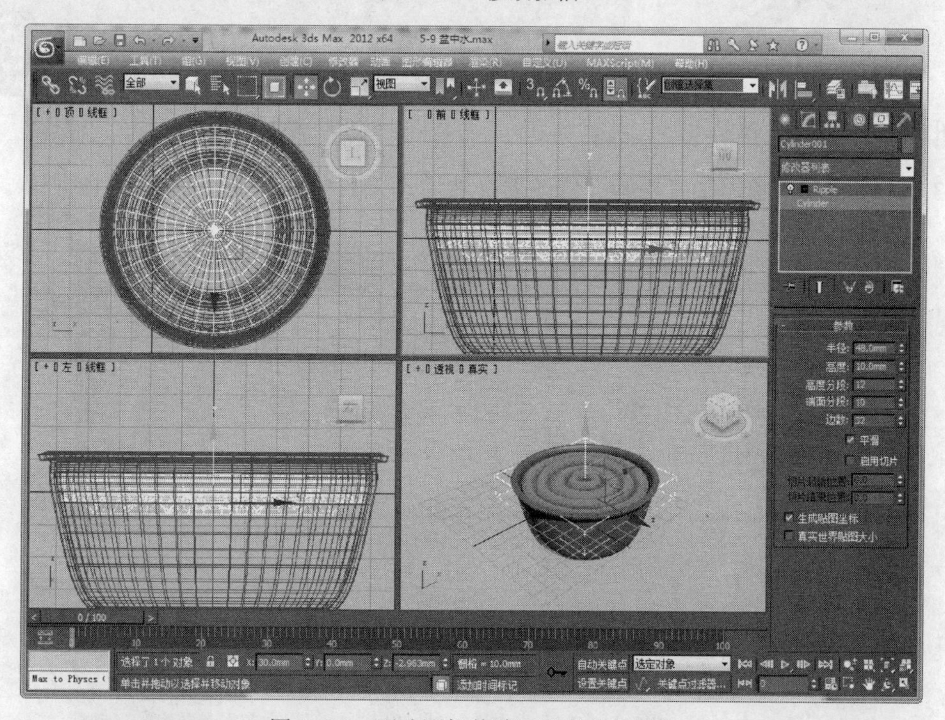

图 5-115　更改圆柱体端面分段数的效果

5.10　实例：毛笔（松弛和挤压修改器）

松弛修改器应用于实体对象后，可以移动其相邻顶点来更改网格的外观曲面张力，当顶点向平均中点移动时，对象将会变小变平滑。挤压修改器应用于对象，可以产生一种特殊的挤压效果。

本节以制作如图 5-116 所示的“毛笔”模型为例，介绍使用松弛和挤压修改器建模的方法与技巧（模型的具体尺寸参考本书“配套资料\chapter05\5-10 毛笔.max”文件）。

（1）启动 3ds Max，从菜单栏中选择【自定义】|【单位设置】命令，在出现的“单位设置”对话框中将“显示单位比例”设置为“公制”，将单位设置为“毫米”。再单击【系统单位设置】按钮，在“系统单位设置”对话框中将“系统单位比例”设置为 1.0 毫米。

（2）选择【圆柱体】工具，在视口中绘制一个圆柱体，参数设置和效果如图 5-117 所示。

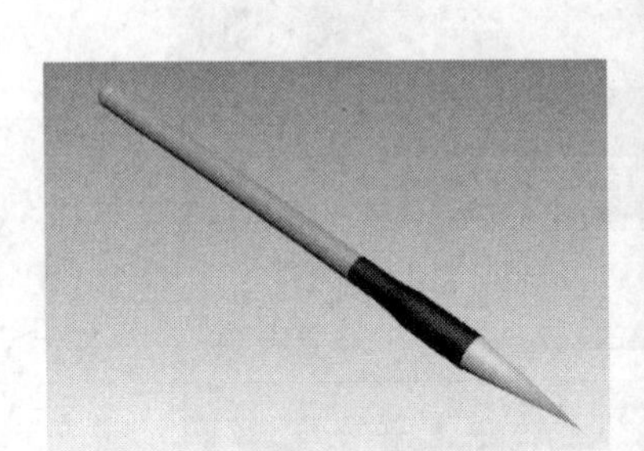

图 5-116 “毛笔”模型

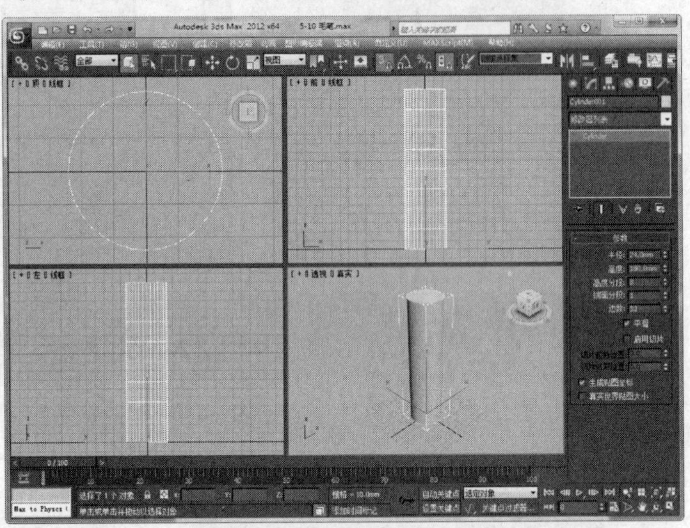

图 5-117 绘制圆柱体

（3）为圆柱体对象添加“松弛”修改器，然后设置其参数，效果如图 5-118 所示。

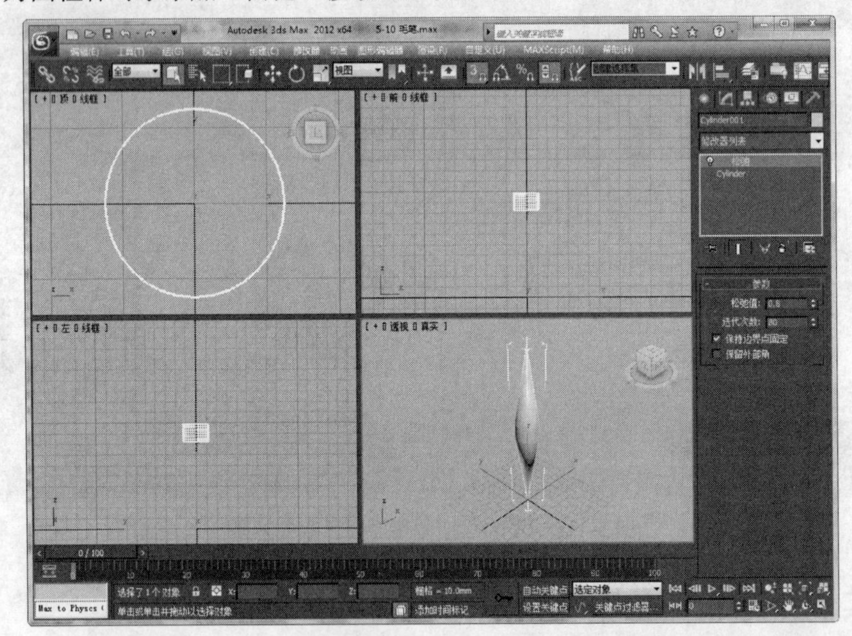

图 5-118 添加“松弛”修改器并设置参数

“松驰值”用于设置移动每个迭代次数的顶点程度；“迭代次数”用于设置重复松驰过程的次数。

（4）再绘制一个圆柱体，参数设置和效果如图 5-119 所示。

图 5-119　绘制第 2 个圆柱体

（5）为第 2 个圆柱体添加“挤压”修改器，然后在“参数”卷展栏中设置挤压参数，如图 5-120 所示。

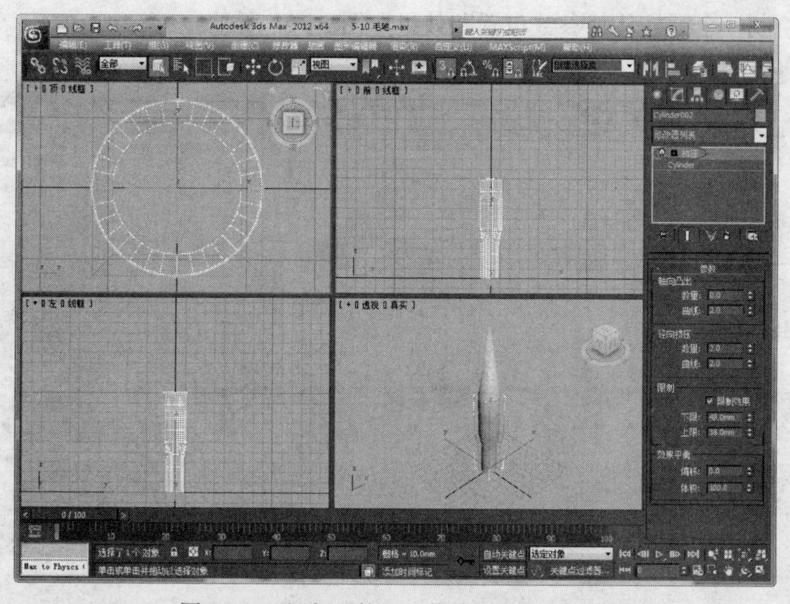

图 5-120　添加“挤压”修改器并设置参数

在“轴向凸出”组中，“数量”选项用于调节凸起程度，数量大时会拉伸对象并使末端向外弯曲；“曲线”选项用于设置在凸起效果为平滑效果还是尖锐效果。在“径向挤压”组中，“数量”选项用于调节挤压操作的数量，该值大于 0 时，会压缩对象的“腰部”，小于 0 时会使腰围向外凸起；“曲线”选项用于设置挤压曲率的度数。

（6）选中“挤压”修改器的 Gizmo 子层级，然后使用【选择并移动】工具移动 Gizmo，修改挤压效果，如图 5-121 所示。

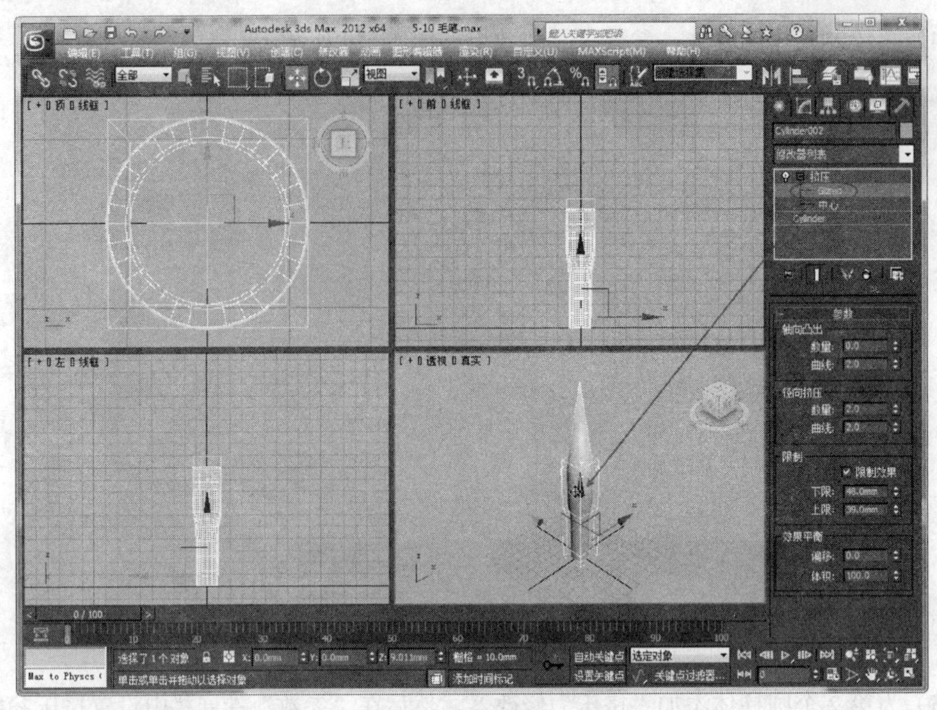

图 5-121　更改挤压效果

（7）再绘制一个圆柱体，参数设置和效果如图 5-122 所示。

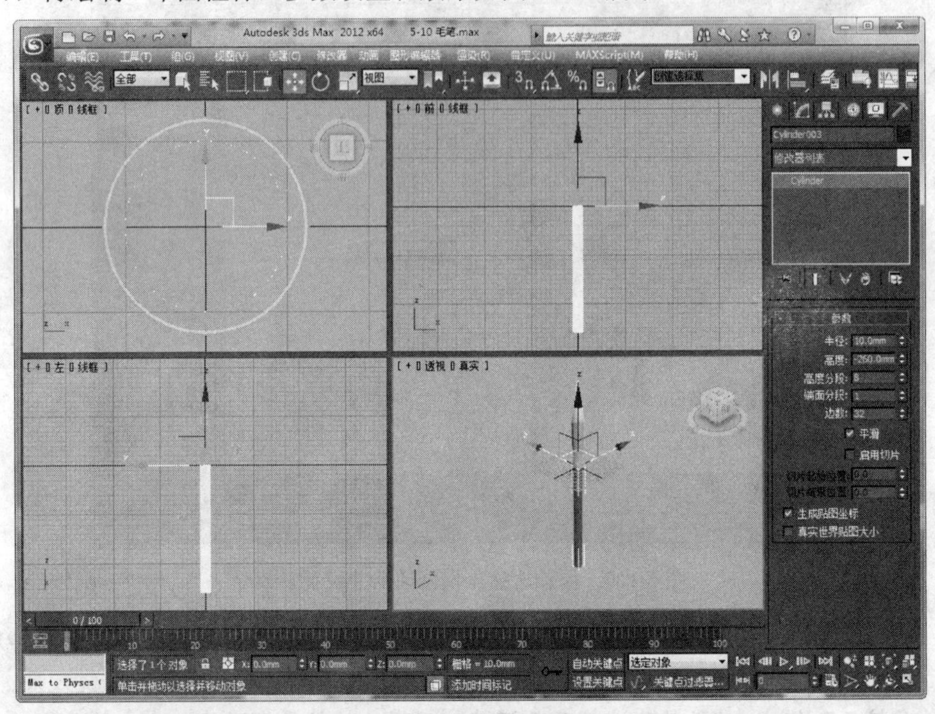

图 5-122　绘制第 3 个圆柱体

（8）使用【球体】工具，绘制一个球体，参数设置和效果如图 5-123 所示。

（9）分别设置“毛笔”不同部分的颜色，最后的效果如图 5-124 所示。

（10）保存场景文件，完成“毛笔”模型的创建。

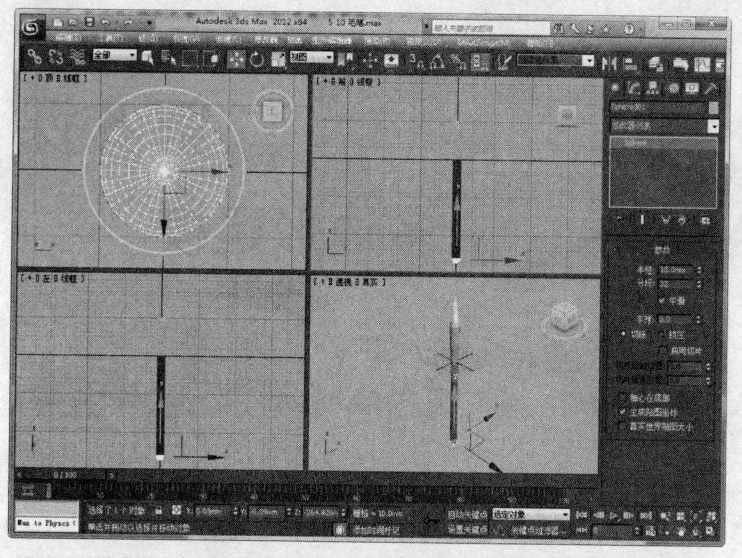

图 5-123　绘制并设置球体

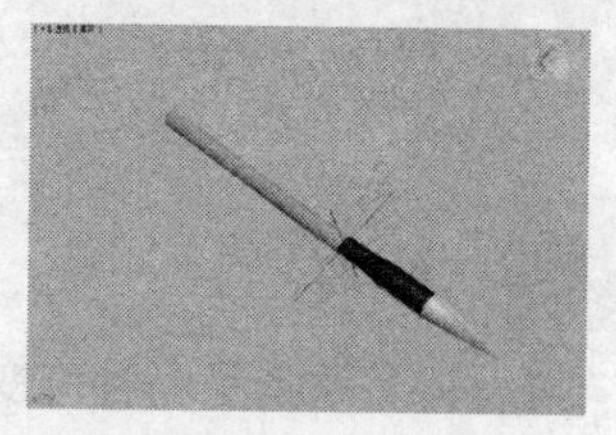

图 5-124　“毛笔”模型创建效果

课后练习

1．选用适当的三维修改器，参考如图 5-125 所示的图形，创建一个鼠标模型。
2．选用适当的三维修改器，参考如图 5-126 所示的图形，创建一个插线板模型。
3．选用适当的三维修改器，参考如图 5-127 所示的图形，创建一个挂钟模型。

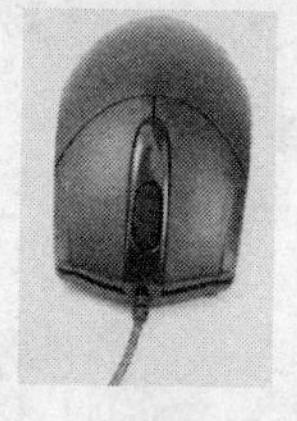

图 5-125　鼠标模型

图 5-126　插线板模型

图 5-127　挂钟模型

4．选用适当的三维修改器，参考如图 5-128 所示的图形，创建一个铁链模型。
5．选用适当的三维修改器，参考如图 5-129 所示的图形，创建一个鲜花模型。
6．选用适当的三维修改器，参考如图 5-130 所示的图形，创建一个剪刀模型。

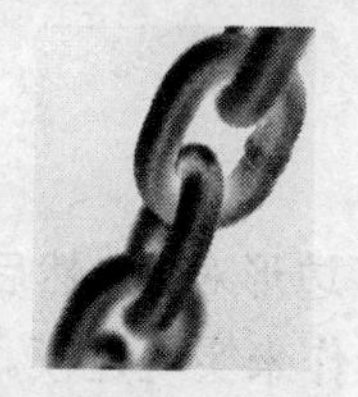

图 5-128　铁链模型

图 5-129　鲜花模型

图 5-130　剪刀模型

第 6 课 多边形建模

本课知识结构

可编辑多边形是一种可变形的多边形网格对象，它将对象的任何一个面定义为独立的子对象进行编辑，包含顶点、边、边界、多边形和元素 5 个子对象层级。可编辑多边形提供了多种控件，可以在不同的子对象层级将对象作为多边形网格进行操作，从而产生需要的模型。与几何体建模方式相比，多边形建模方式具有巨大的想象空间和可修改余地，能够通过对各种曲面的调整实现复杂对象的精确建模。多边形建模是最流行的建模方式，已经基本取代网格建模和面片建模。本课将通过实例学习使用可编辑多边形进行建模的方法和技巧，具体知识结构如下。

多边形建模
- 多边形建模的基本概念
- 多边形建模的基本方法
- 顶点层级的编辑方法
- 边和边界层级的编辑方法
- 多边形层级的编辑方法
- 石墨建模工具的功能和用法

就业达标要求

☆ 充分领会多边形建模的实质。

☆ 掌握多边形建模的基本方法。

☆ 初步掌握顶点、边、边界、多边形和元素层级的编辑方法。

☆ 熟悉石墨建模工具的使用方法。

6.1 实例：包装盒（认识多边形建模）

多边形建模的一般方法是，先将要编辑的对象转化为可编辑的多边形对象，然后通过对多边形对象的顶点、边、边界、多边形面和元素等软件对象进行编辑操作来实现建模。多边形对象的面包含了任意数目顶点，还可以任意变换或对选定内容执行克隆操作。

本节以制作如图 6-1 所示的“包装盒”模型为例，介绍多边形建模的基础知识和一般建模方法（模型的具体尺寸参考本书“配套资料\chapter06\6-1 包装盒.max”文件）。

（1）启动 3ds Max，从菜单栏中选择【自定义】|【单位设置】命令，在出现的“单位设置”对话框中将“显示单位比例”设置为“公制”，将单位设置为“毫米”。再单击【系统单位设置】按钮，在“系统单位设置”对话框中将“系统单位比例”设置为 1.0 毫米。

（2）使用【长方体】工具，在"顶"视口中拖动鼠标绘制一个长方体，再在"参数"卷展栏中设置长方体参数，参数设置和效果如图 6-2 所示。

图 6-1　"包装盒"模型

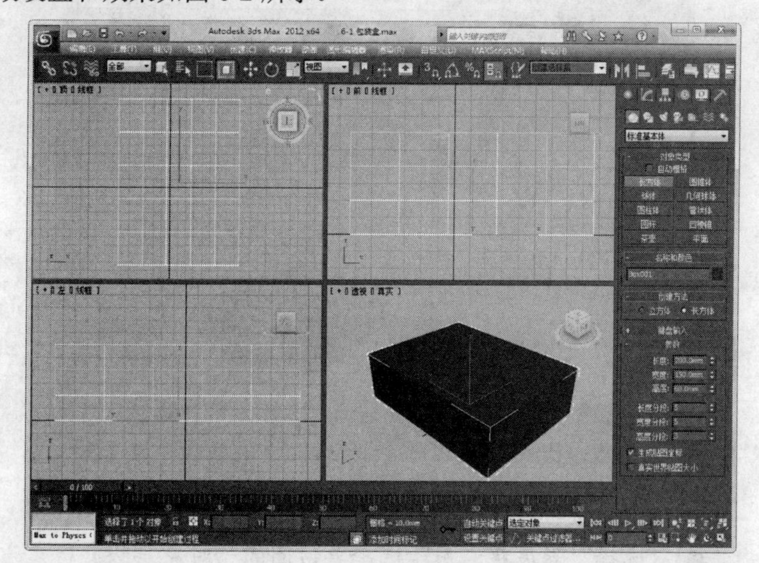

图 6-2　绘制长方体

提示　设置对象参数时，应注意设置对象的分段数。分段数越多，可编辑的细节越丰富，但占用的系统资源也越大。

（3）右击任意视口中的长方体对象，从出现的快捷菜单中选择【转换为】|【转换为可编辑多边形】命令，将对象转换为可编辑多边形的对象，如图 6-3 所示。

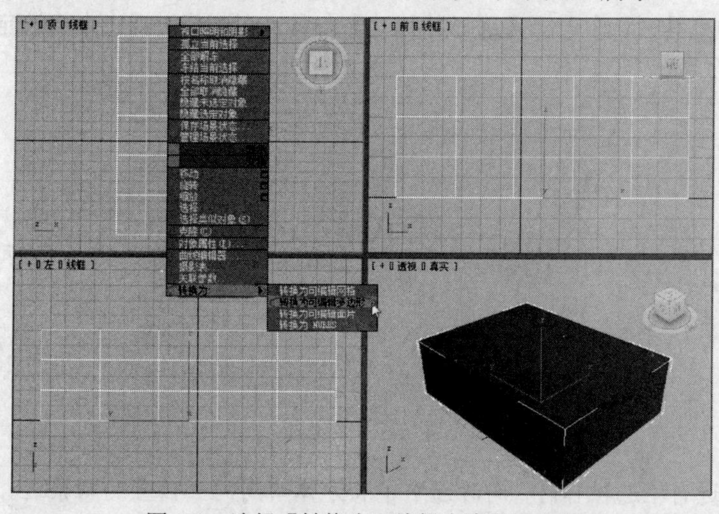

图 6-3　选择【转换为可编辑多边形】命令

（4）执行命令后，将自动添加可编辑多边形修改器，并自动切换到"可编辑多边形"修改器面板。用该面板，可以对顶点、边、边界、多边形和元素等子对象层级进行编辑和操作。本例选择其中的"边"层级，然后在"前"视口中拖动鼠标框选要编辑的边，如图 6-4 所示。

"可编辑多边形"修改器中主要提供了"选择"卷展栏、"软选择"卷展栏、"编辑几何体"卷展栏、"细分曲面"卷展栏、"细分置换"卷展栏和"绘制变形"卷展栏，

它们的功能如下。

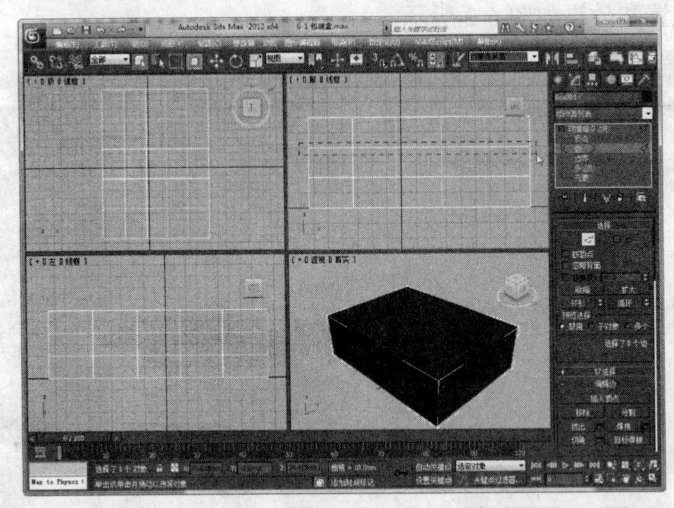

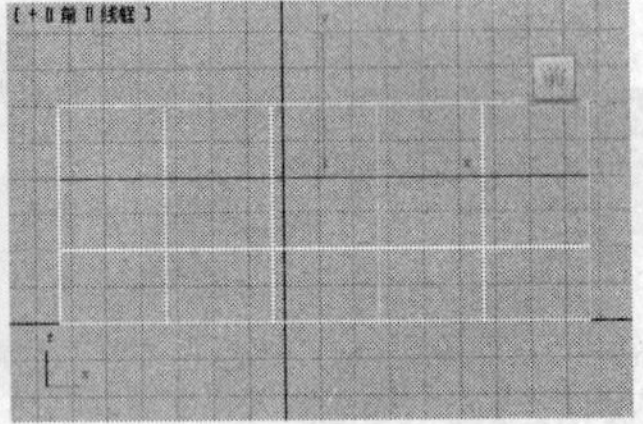

图 6-4　框选要编辑的边

- “选择”卷展栏：用于选择要访问的子对象层级。
- “软选择”卷展栏：用于在选定子对象和取消选择的子对象之间应用平滑衰减。
- “编辑几何体”卷展栏：用于对可编辑的多边形对象及其子对象进行全局编辑。
- “细分曲面”卷展栏：用于将细分应用到“网格平滑”修改器格式的多边形网格。
- “细分置换”卷展栏：设置用于细分多边形网格的曲面近似设置。
- “绘制变形”卷展栏：用于将抬起和缩进的区域直接置入对象曲面。

（5）从“主工具栏”中选择【选择并移动】工具，在“前”视口中将选定的边向上移动，如图 6-5 所示。

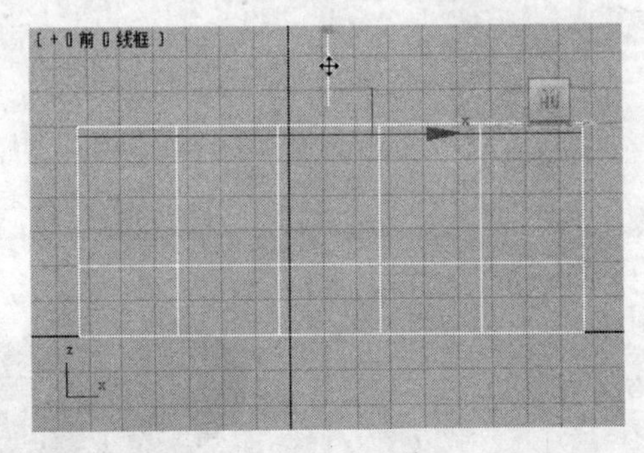

图 6-5　移动边

在进行框选操作时，同时选中了长方体四周同一位置的四条边。移动后，这四条边都将上移。

（6）选择“顶点”层级，各个视口中都将出现对象的顶点，用框选的方法选中长方体顶面上的所有顶点，选中的顶点以红色小点显示（未选中的顶点以蓝色显示），如图 6-6 所示。

各个面上顶点的数目取决于创建长方体对象时所设置的分段数。

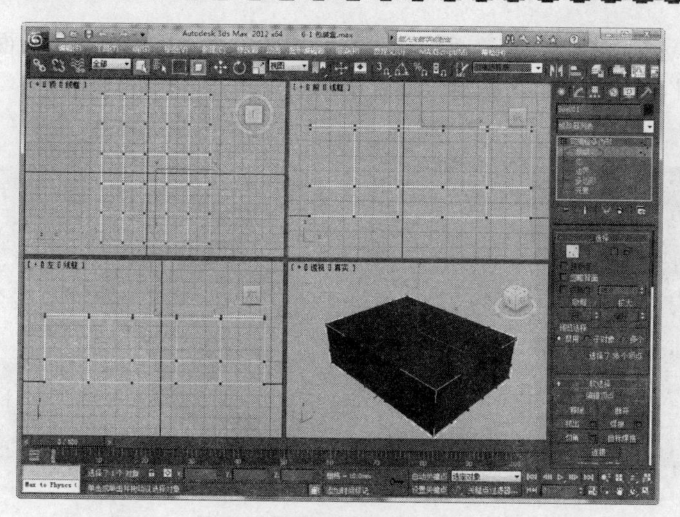

图 6-6　选中顶面的顶点

（7）按下键盘上的【Delete】键删除选定顶点，即可删除长方体对象顶部的面，如图 6-7 所示。

在 3ds Max 中，实体是由厚度为 0 的面所组成的空心对象。在本例中，也可以直接删除长方体顶面的多边形对象。

（8）在修改器堆栈中选中“边”层级，然后选中“选择”卷展栏中的“忽略背面”复选项，如图 6-8 所示。

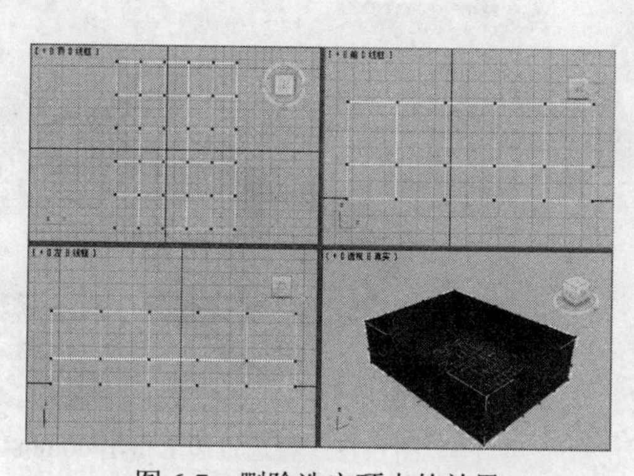

图 6-7　删除选定顶点的效果

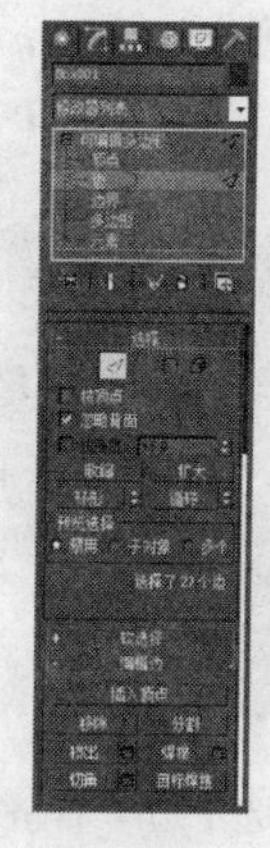

图 6-8　进入“边”编辑状态

（9）在“透视”视口中拖动鼠标框选长方体上部右侧的边，如图 6-9 所示。由于设置了“忽略背面”，将不会选中其他“边”对象，选择效果如图 6-10 所示。

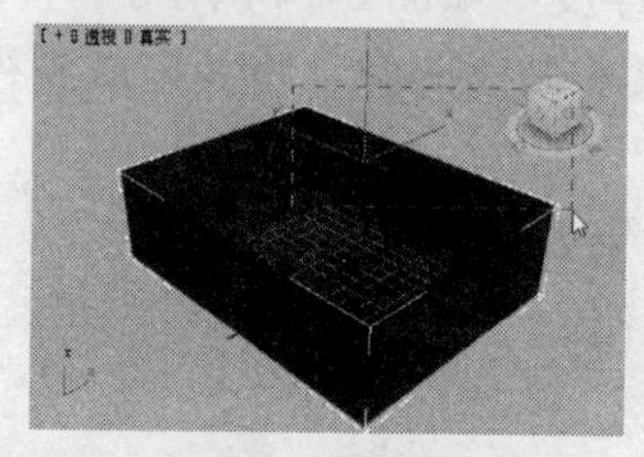

图 6-9　框选边

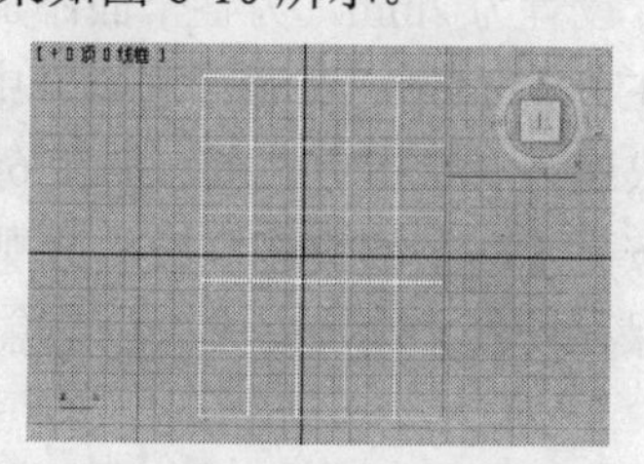

图 6-10　选择效果

（10）激活“透视”视口，在“编辑边”卷展栏中单击“挤出”选项后面的【设置】按钮，视口中将出现如图 6-11 所示的“挤出”设置选项。

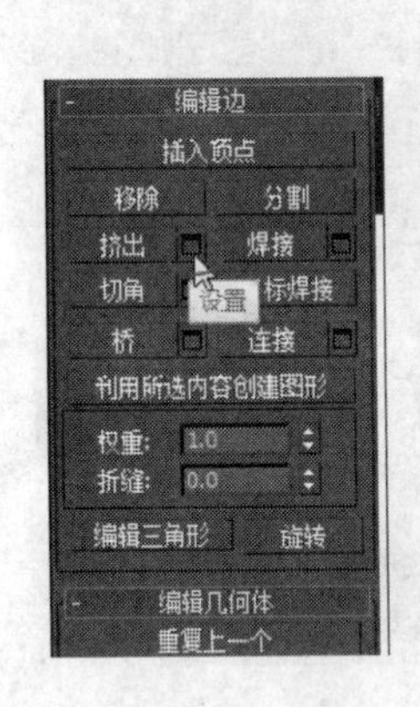

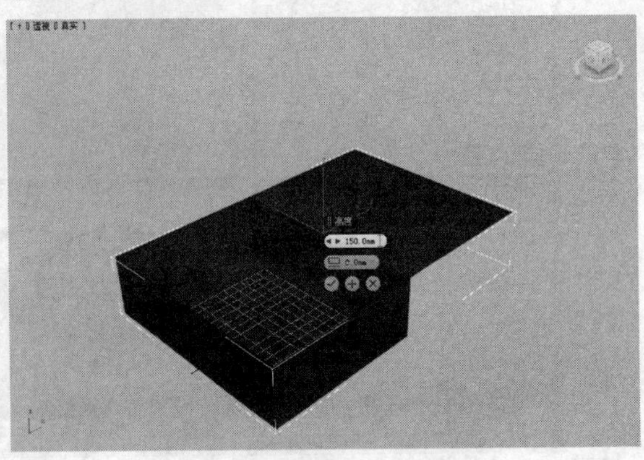

图 6-11 “挤出”设置选项

（11）将“挤出高度”量设置为 150mm，“挤出宽度”量设置为 0，然后单击【确定】按钮确认，如图 6-12 所示。

修改参数时可以在视口中预览到设置效果。

（12）保持对当前边的选择，再次单击“编辑边”卷展栏中“挤出”选项后面的【设置】按钮，将“挤出高度”量设置为−60mm，“挤出宽度”量设置为 0，如图 6-13 所示。该项设置将选定边向上挤出 60mm，然后单击【确定】按钮确认。

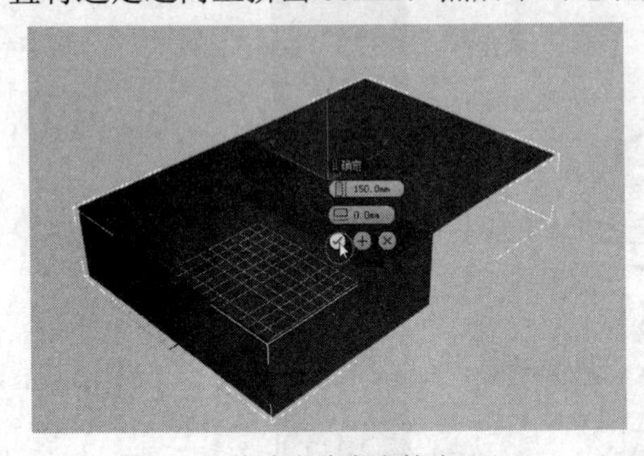

图 6-12 将选定边上右挤出 150mm

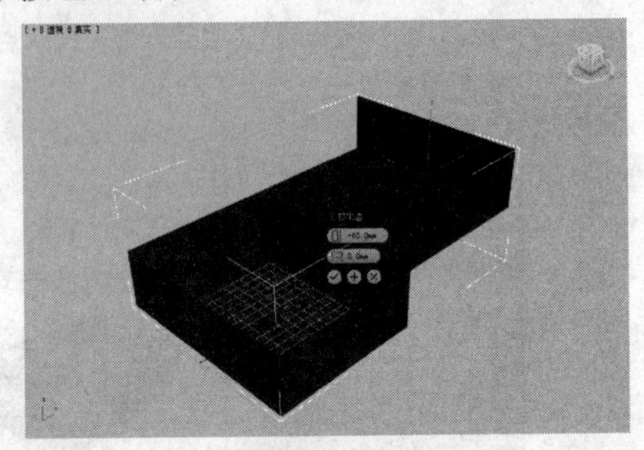

图 6-13 将选定边上挤出 60mm

（13）在修改器堆栈中选中“可编辑多边形”层级，然后从菜单栏中选择【修改器】|【参数化变形器】|【壳】命令，为编辑后的长方体对象添加“壳”修改器，在“参数”卷展栏中将“外部量”设置为 2mm，为各个面添加上 2mm 的厚度，如图 6-14 所示。

（14）在“Windows 资源管理器”中找到包装盒的贴图图像，将其拖放到视口中的包装盒对象上，快速为对象指定贴图，如图 6-15 所示。

（15）按下【F9】键快速渲染“透视”视口，效果如图 6-16 所示。

（16）保存场景文件，完成“包装盒”模型的制作。

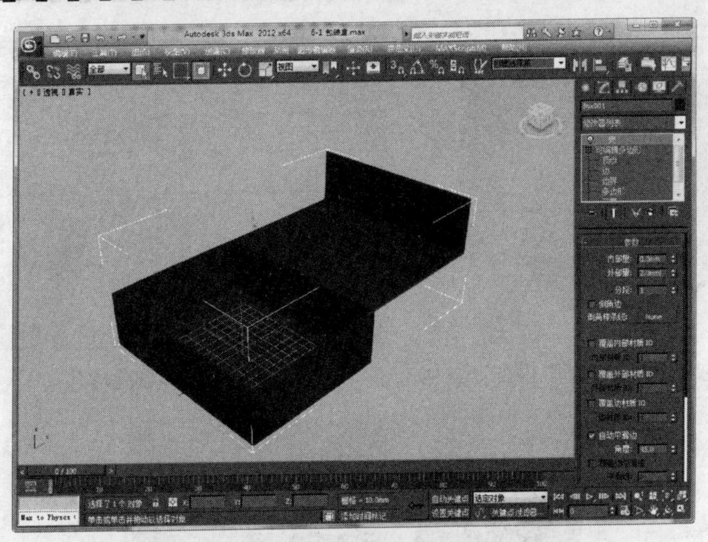

图 6-14　添加“壳”修改器并设置参数

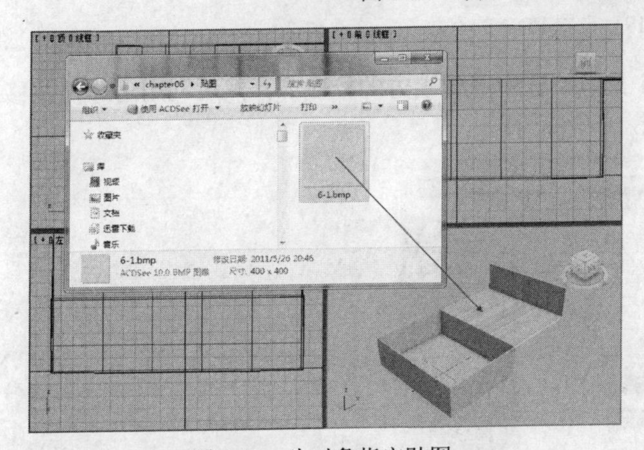

图 6-15　为对象指定贴图

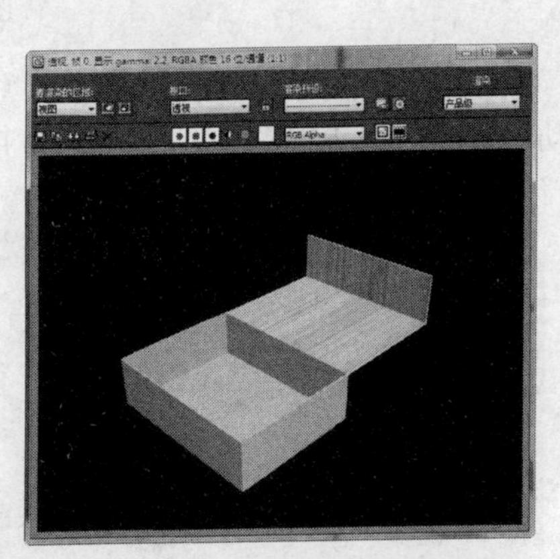

图 6-16　“包装盒”渲染效果

6.2　实例：西红柿（顶点层级）

“顶点”层级是可编辑多边形的基本子对象，是构成其他子对象的基础。选中可编辑多边形的某个或某些顶点后，可以对其进行各种编辑操作，从而更改几何体的外观。

本节以制作如图 6-17 所示的“西红柿”模型为例，介绍利用顶点层级编辑可编辑多边形的方法和技巧（模型的具体尺寸参考本书“配套资料\chapter06\6-2 西红柿.max”文件）。

（1）启动 3ds Max，从菜单栏中选择【自定义】|【单位设置】命令，在出现的“单位设置”对话框中将“显示单位比例”设置为“公制”，将单位设置为“毫米”。再单击【系统单位设置】按钮，在“系统单位设置”对话框中将“系统单位比例”设置为 1.0 毫米。

（2）选择【球体】工具，将颜色设置为红色，在视口中创建一个球体对象，如图 6-18 所示。

（3）为球体添加“FDD 长方体”修改器，然后在修改器面板中单击“FDD 参数”卷展栏上的【设置点数】按钮，在出现的“设置 FDD 尺寸”对话框中修改 FDD 的长度和宽度方向的点数，如图 6-19 所示。设置后单击【确定】按钮确认。

图 6-17 “西红柿”模型

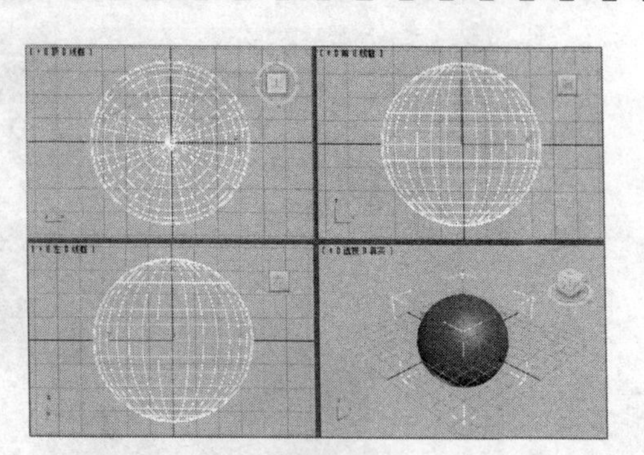

图 6-18 创建球体

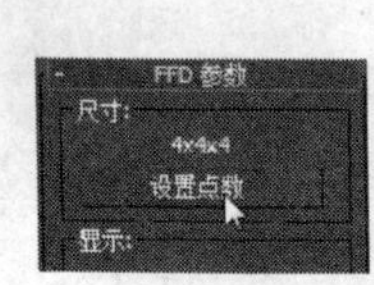

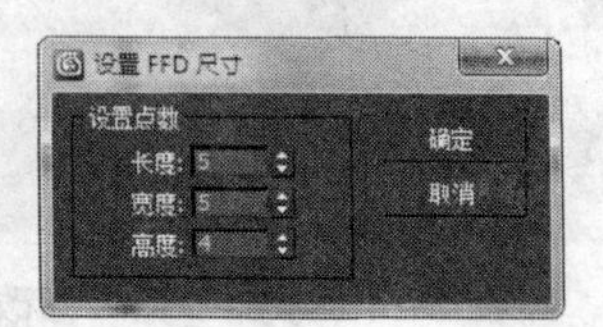

图 6-19 设置 FDD 的点数

（4）选中“控制点层级”，在“前”视口中选中球体上方的控制点，然后利用【选择并移动】工具将其下向移动，如图 6-20 所示。

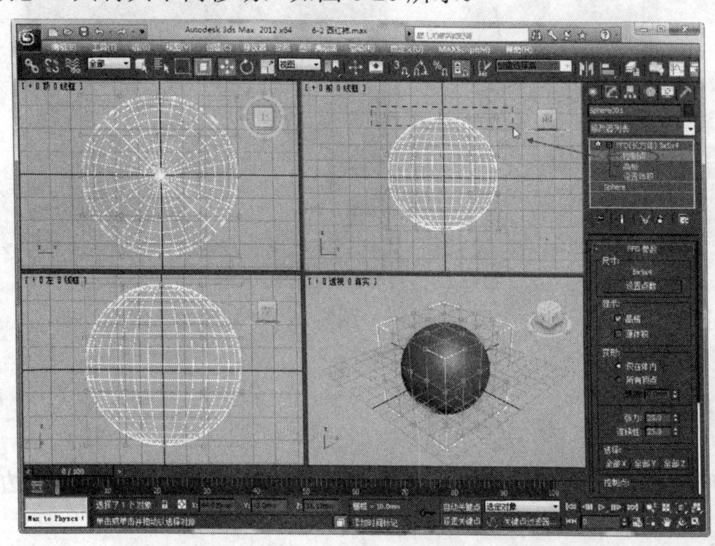

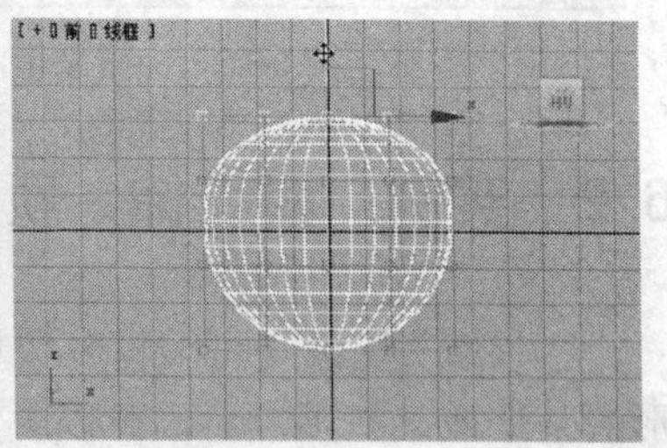

图 6-20 选择并移动控制点

（5）用同样的方法选择并向上移动球体下方的控制点，如图 6-21 所示。

（6）选中球体顶部正中央的控制点，用【选择并移动】工具向下拖动鼠标，产生向中心凹进的效果，如图 6-22 所示。

（7）选择并调整球体四周的控制点，使球体四周呈现不规则凹凸，如图 6-23 所示。

（8）返回“FDD 长方体”层级，取消对对象的选择，效果如图 6-24 所示。

（9）右击“球体”对象，从出现的快捷菜单中选择【冻结当前选择】命令，将球体在场景中冻结起来，如图 6-25 所示。冻结后，球体显示为深灰色，且无法对其应用任何编辑命令。

（10）从“图形”创建面板中选择【星形】工具，在“顶”视口的“西红柿”对象的正上方绘制一个星形，然后在“参数”卷展栏中设置其参数，如图 6-26 所示。

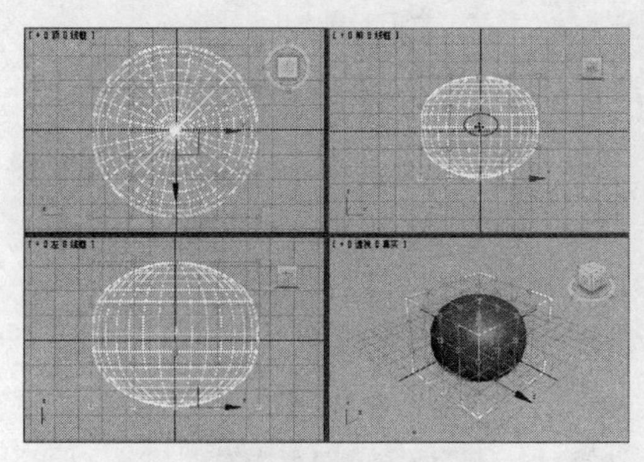

图 6-21　调整球体下方的控制点

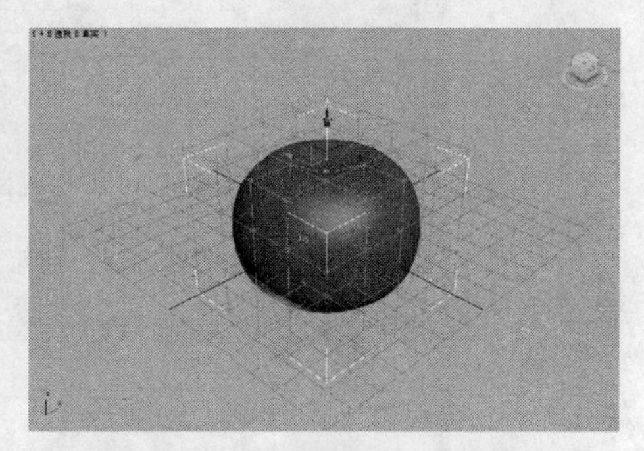

图 6-22　使球体中心凹进

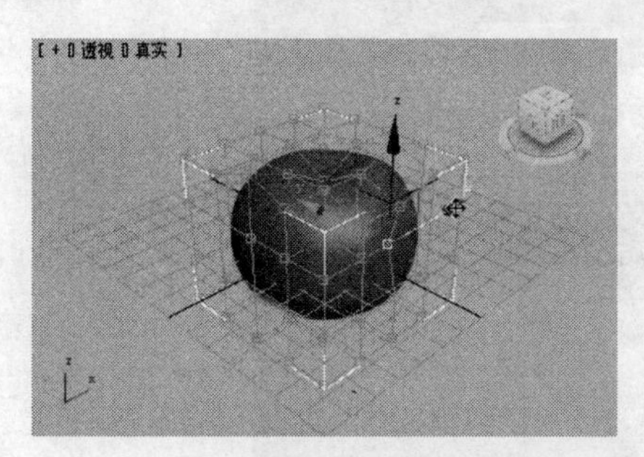

图 6-23　调整球体四周控制点

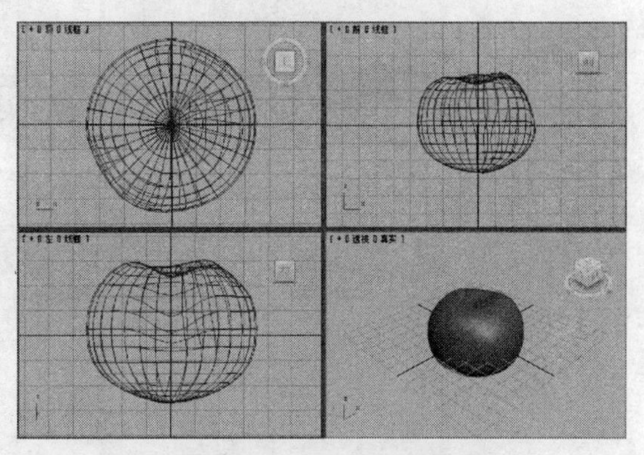

图 6-24　取消选择的效果

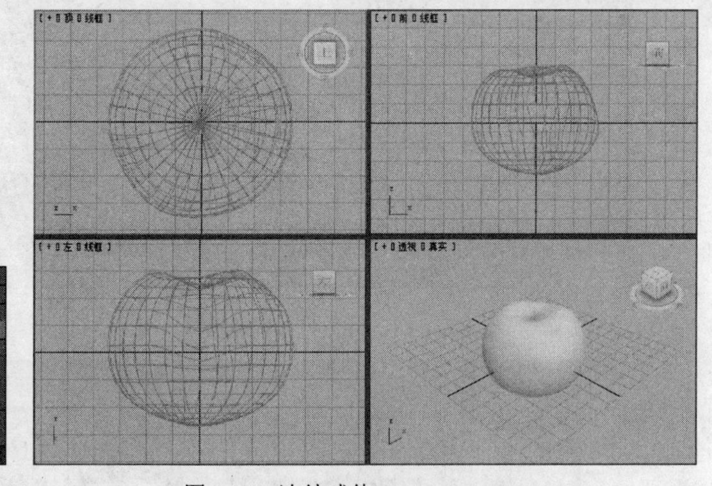

图 6-25　冻结球体

（11）为星形添加“挤出”修改器，将挤出量设置为 1mm，如图 6-27 所示。

（12）右击挤出后的星形，从出现的快捷菜单中选择【转换为】|【转换为可编辑多边形】命令，将三维的星形转换为可编辑多边形，如图 6-28 所示。

（13）在修改器堆栈中，选中可编辑多边形的“顶点”层级，进入顶点编辑状态，视口中显示出星形的各个顶点，如图 6-29 所示。

（14）选定框选星形一个角的两个顶点，然后用【选择并移动】工具在“透视”视口中调整其 *Z* 轴方向的位置，如图 6-30 所示。

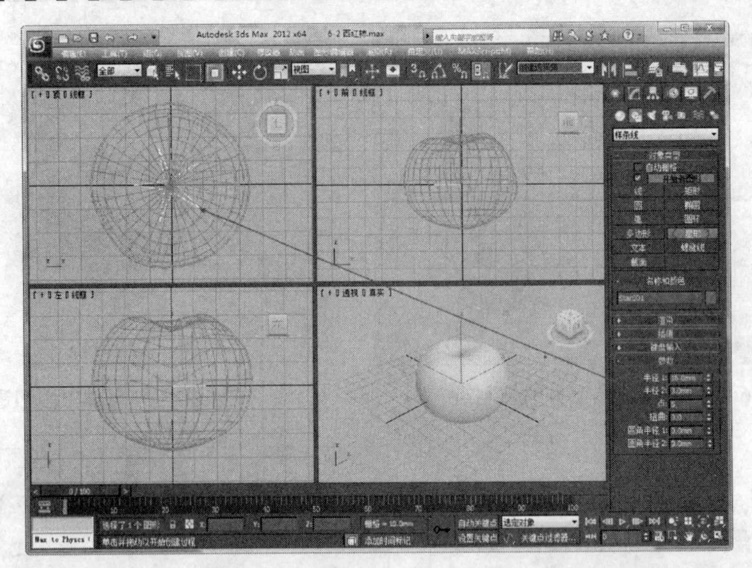

图 6-26 绘制星形

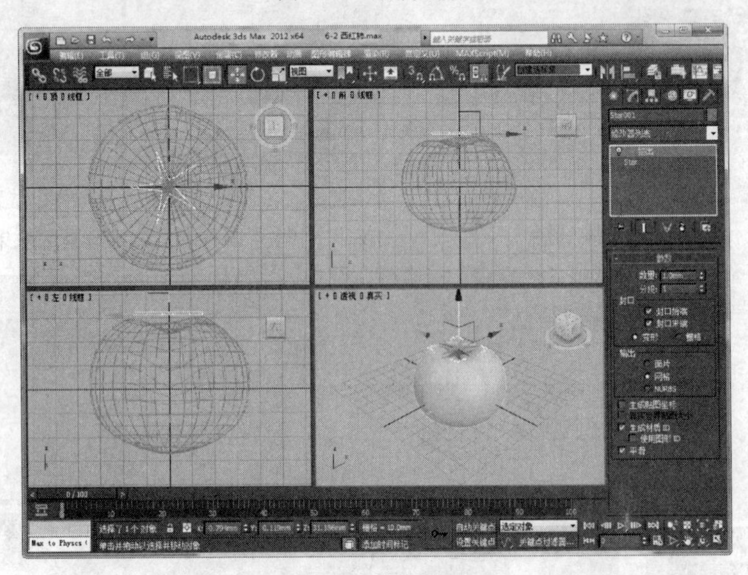

图 6-27 挤出星形

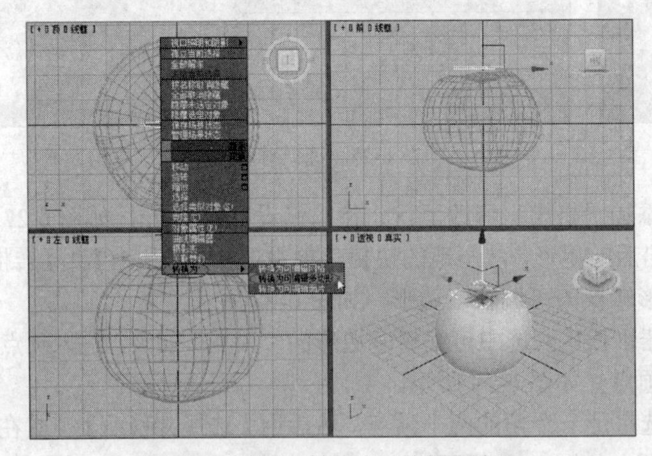

图 6-28 将星形转换为可编辑多边形

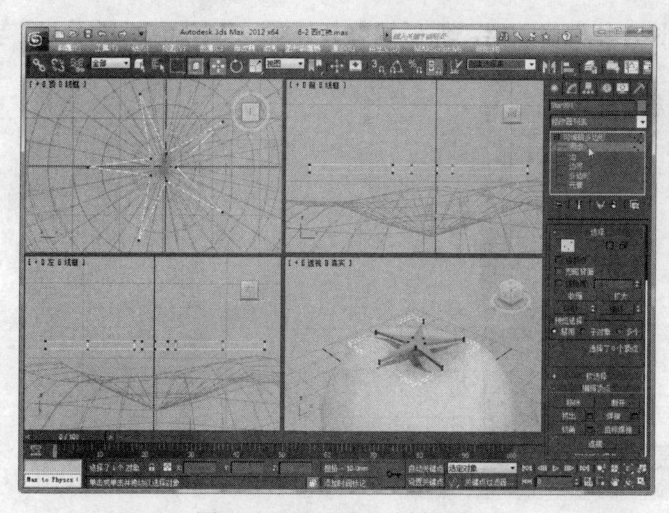

图 6-29　进入顶点编辑状态

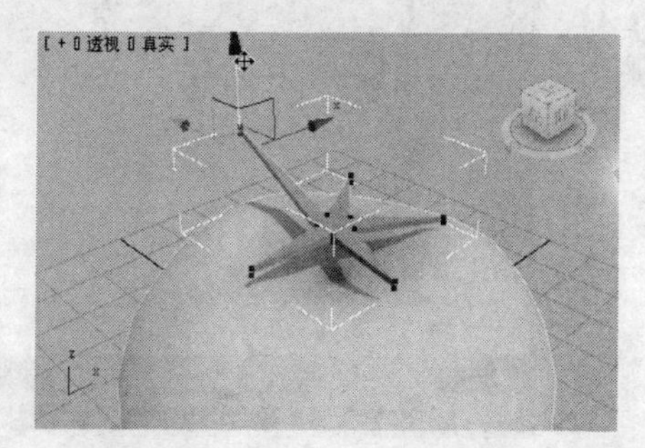

图 6-30　调整一个角的高度

（15）选定同一个角下方的顶点，向上移动顶点，使之与同一角的上方顶点基本重合，如图 6-31 所示。

（16）再同时选中同一星形角的两个顶点，调整其 X 轴方向的位置，如图 6-32 所示。

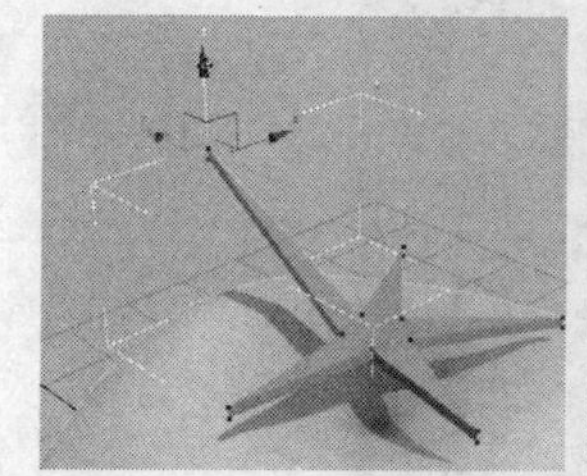

图 6-31　调整角尖的厚度

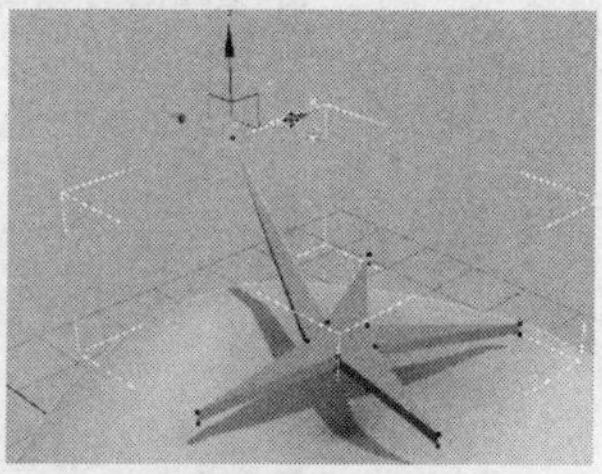

图 6-32　调整 X 轴方向的位置

（17）用同样的方法对星形的其他 4 个角进行调整，效果如图 6-33 所示。

（18）返回“可编辑多边形”层级，将变形后的星形移动到“西红柿”对象的正上方，如图 6-34 所示。

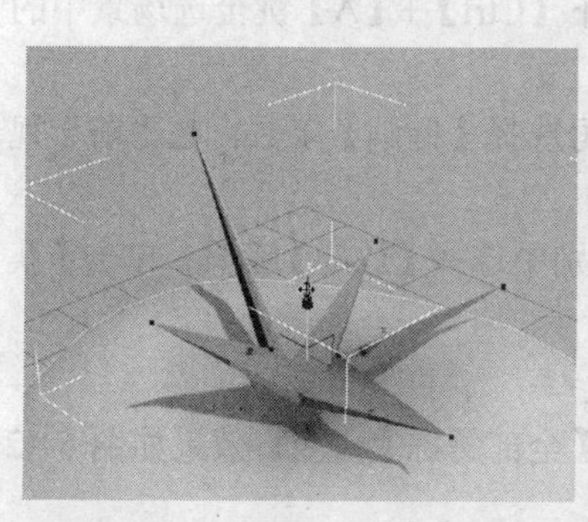

图 6-33　调整星形的其他角

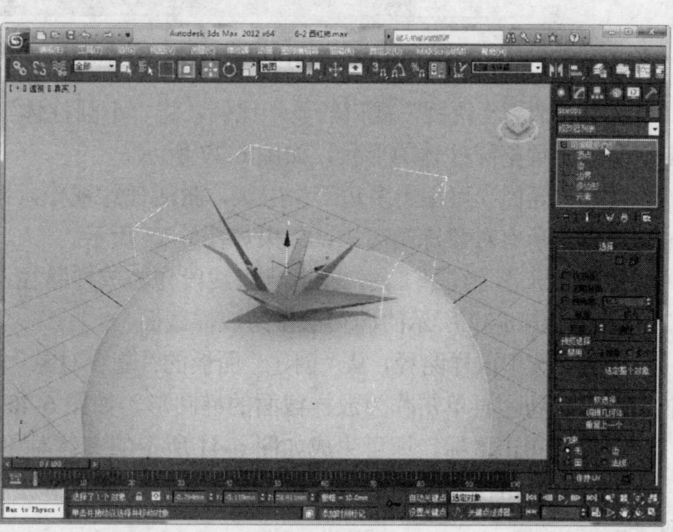

图 6-34　移动对象

（19）再为星形对象添加“FDD 长方体”修改器，然后调整其外观，如图 6-35 所示。

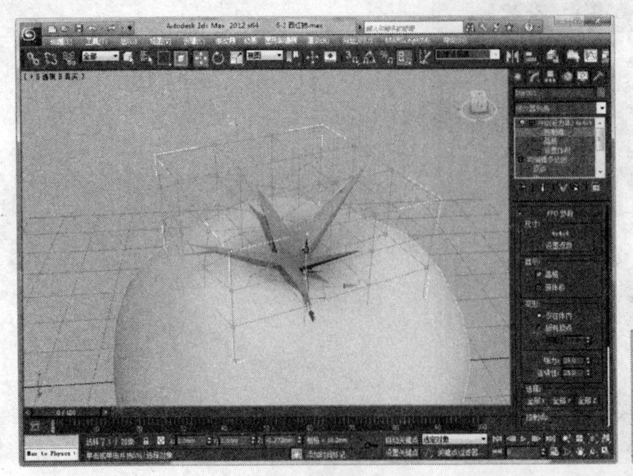
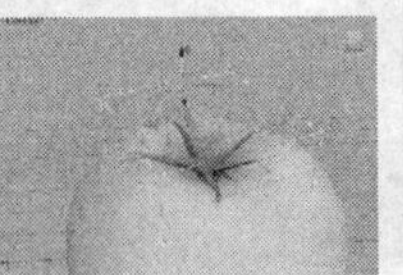
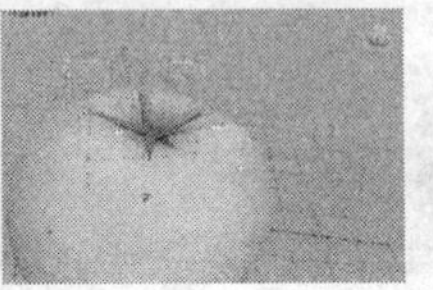

图 6-35 添加 FDD 修改器并调整外观

（20）选择【圆柱体】工具，绘制一个小圆柱体，参数设置如图 6-36 所示。

图 6-36 绘制圆柱体

（21）放大“透视”视口的显示比例，将“小圆柱体”转换为可编辑多边形，选中其“顶点”层级，调整圆柱体的形状，如图 6-37 所示。

（22）返回“可编辑多边形”层级，激活任意视口，按下【Ctrl】+【A】键全选场景中的对象，再将所有对象冻结起来，效果如图 6-38 所示。

（23）选择【线】工具，绘制一条线段作为放样路径，再选择【椭圆】工具，在“前”视口中绘制如图 6-39 所示的椭圆形作为放样截面。

（24）选中放样路径，从“创建”面板的“复合对象”类别中选择【放样】工具，单击【获取图形】按钮，再单击作为放样截面的椭圆形，如图 6-40 所示。

（25）单击鼠标，即可生成如图 6-41 所示的实体对象。

（26）右击任意视口空白处，从出现的快捷菜单中选择【全部解冻】命令，效果如图 6-42 所示。

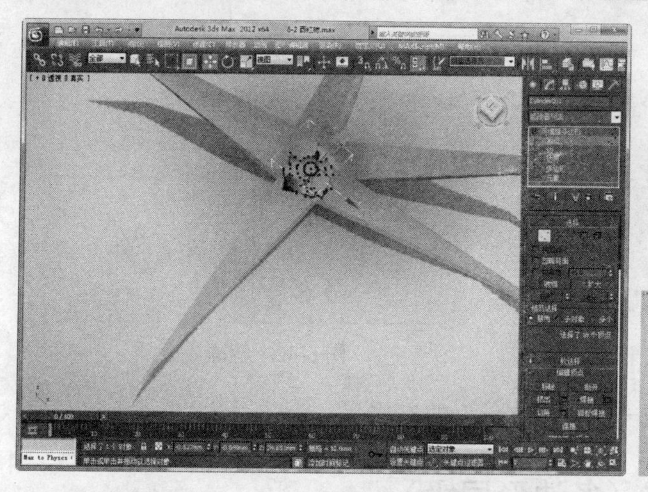
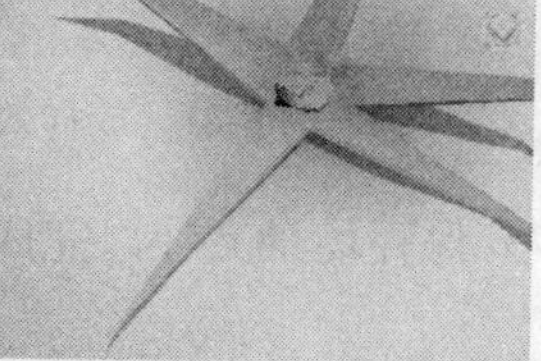

图 6-37　调整圆柱体的形状

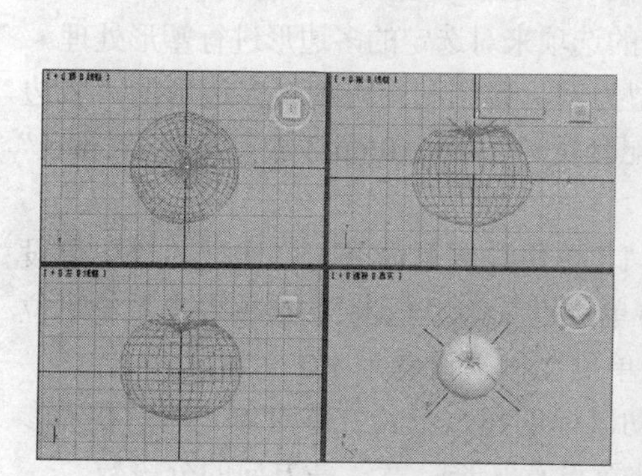

图 6-38　冻结所有对象

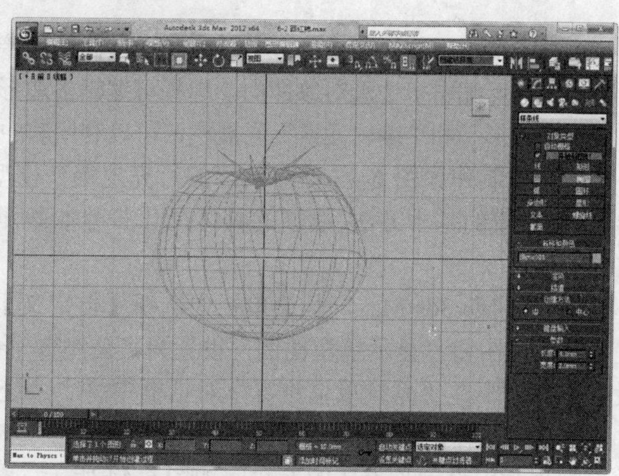

图 6-39　绘制放样圆形

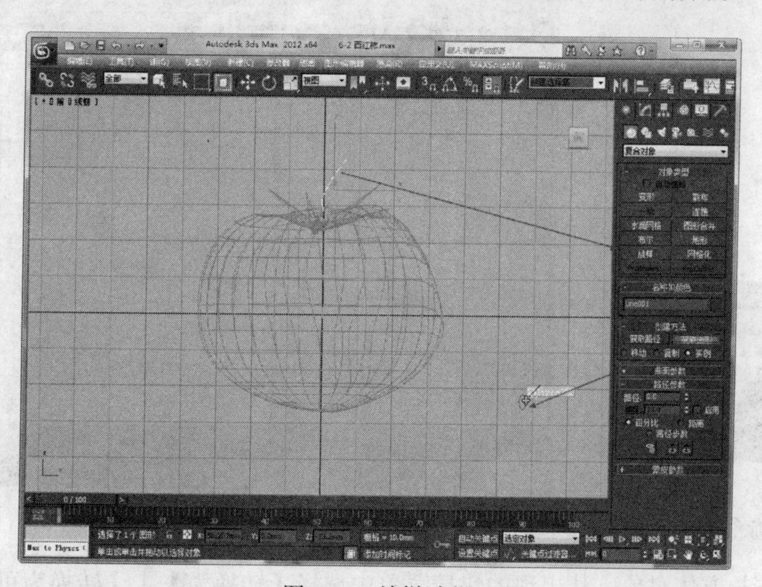

图 6-40　放样过程

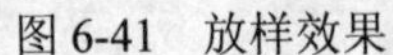

图 6-41 放样效果

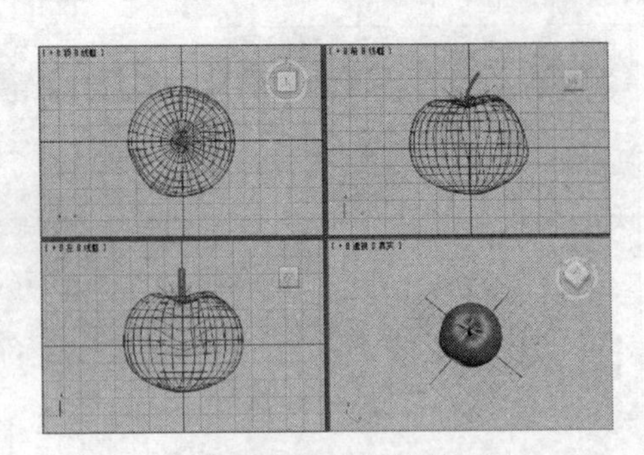

图 6-42 解冻效果

（27）保存场景文件，完成一个“西红柿”的制作。

6.3 实例：旅行充电器（多边形层级）

可编辑多边形的“多边形”子对象是通过曲面连接的三条或多条边的封闭序列，多边形提供了可渲染的可编辑多边形对象曲面。选择可编辑多边形的“多边形”层级后，命令面板中将出现“编辑多边形”和“编辑元素”卷展栏，可以利用其中的选项来对选定的多边形进行塑形处理。

本节以制作如图 6-43 所示的“旅行充电器”模型为例，介绍利用可编辑多边形的“多边形”层级建模的基本方法（模型的具体尺寸参考本书“配套资料\chapter06\6-3 旅行充电器.max”文件）。

（1）启动 3ds Max，从菜单栏中选择【自定义】|【单位设置】命令，在出现的“单位设置”对话框中将“显示单位比例”设置为“公制”，将单位设置为“毫米”。再单击【系统单位设置】按钮，在“系统单位设置”对话框中将“系统单位比例”设置为 1.0 毫米。

（2）选择【长方体】工具，在“顶”视口中拖动鼠标创建一个长方体对象，然后在“参数”卷展栏中设置长方体的参数，如图 6-44 所示。注意设置其长、宽、高方向的分段数。

图 6-43 “旅行充电器”模型

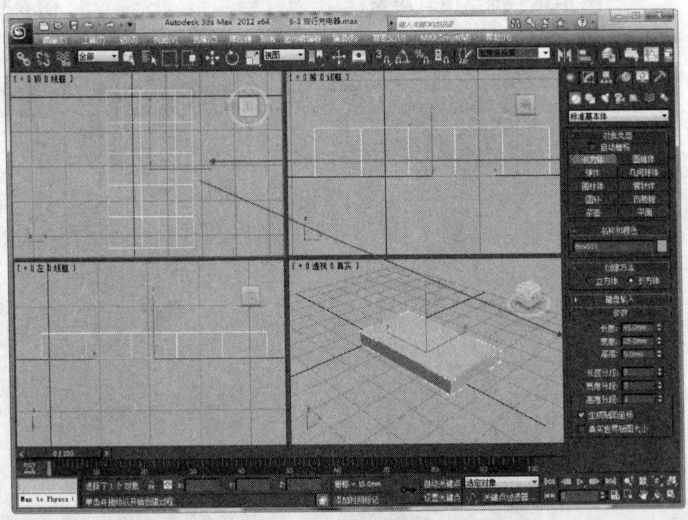

图 6-44 绘制长方体

（3）右击长方体对象，从出现的快捷菜单中选择【转换为】|【转换为可编辑多边形】命令，将长方体对象转换为可编辑多边形对象，如图 6-45 所示。

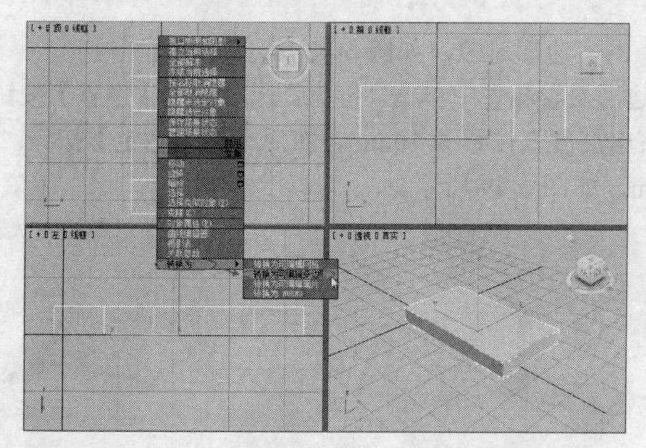

图 6-45　长方体对象转换为可编辑多边形对象

（4）选中“多边形”层级，选中长方体底部的所有多边形对象，如图 6-46 所示。选择时，可适当翻转“透视”视口中的长方体，然后按下【Ctrl】键单击鼠标进行选择。

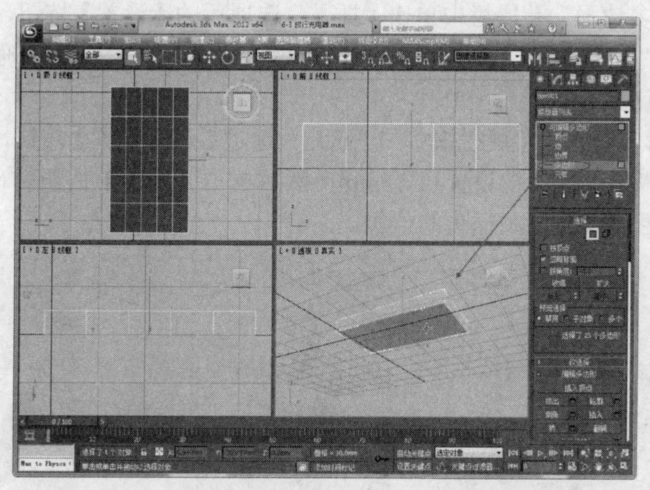

图 6-46　选中长方体底部的所有多边形对象

（5）在“编辑多边形”卷展栏中单击“倒角”选项后的【设置】按钮，在视口中出现“倒角”设置选项，将“倒角高度”设置为 30mm，将“倒角”值设置为-2mm。然后单击【确定】按钮确认，将所选的多边形对象向下挤出 30 mm 并向内倒角-2mm，如图 6-47 所示。

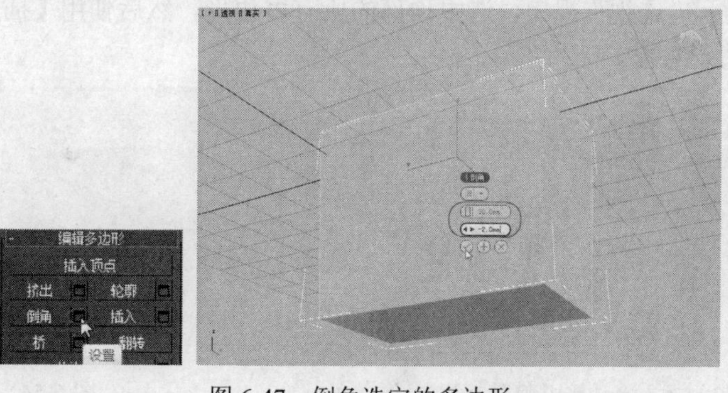

图 6-47　倒角选定的多边形

（6）保持对多边形对象的选择，单击“编辑多边形”卷展栏中的【插入】按钮，然后拖动鼠标，插入一个较小的多边形对象，如图 6-48 所示。

（7）在“编辑多边形”卷展栏中单击“挤出”选项后的【设置】按钮，在视口中出现“挤出”设置选项，将“挤出高度”设置为 10mm，然后单击【确定】按钮确认，将所选的多边形对象向下挤出 10 mm，如图 6-49 所示。

图 6-48　插入多边形

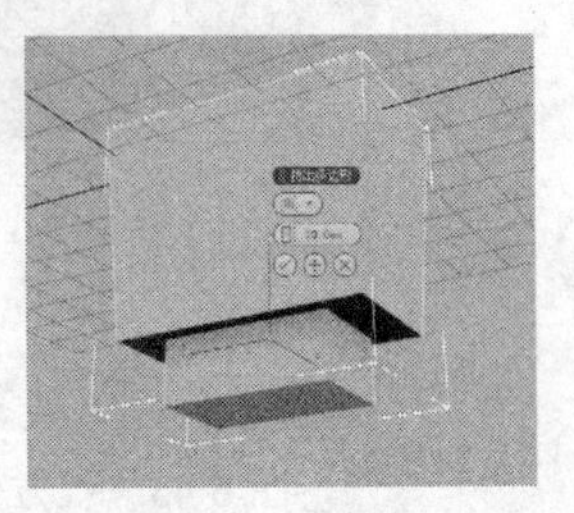

图 6-49　将插入的多边形向下挤出 10mm

（8）翻转显示“透视”视口，选择如图 6-50 所示的多边形对象。

（9）在“编辑多边形”卷展栏中单击“插入”选项后的【设置】按钮，在视口中出现“插入”设置选项，将“插入数量”设置为 3mm，然后单击【确定】按钮确认，插入一个更小的多边形，如图 6-51 所示。

（10）在“编辑多边形”卷展栏中单击“挤出”选项后的【设置】按钮，在视口中出现“挤出”设置选项，将“挤出高度”设置为 15mm，然后单击【确定】按钮确认，如图 6-52 所示。所挤出的多边形将作为电源插头的一极。

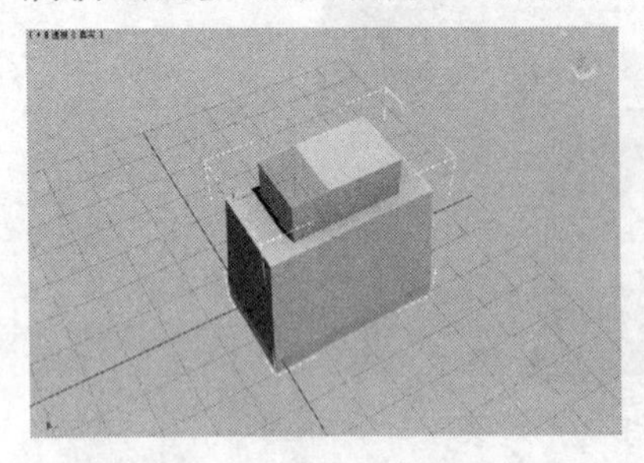

图 6-50　选择多边形对象

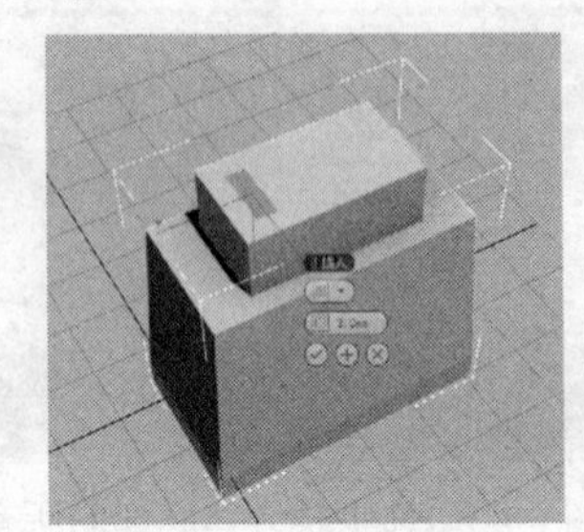

图 6-51　插入多边形

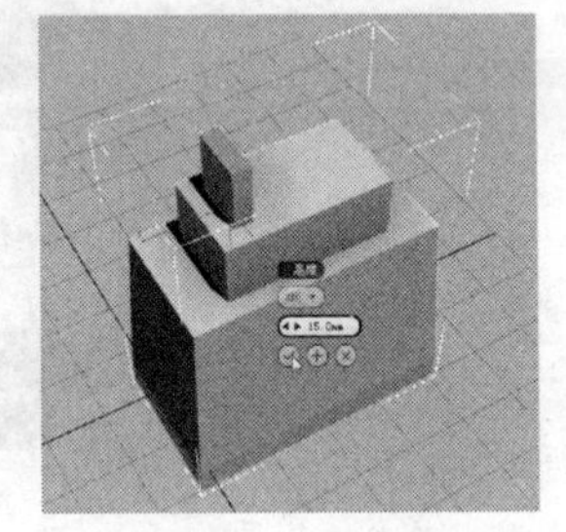

图 6-52　挤出多边形

（11）用同样的方法选择右侧的多边形对象，然后插入一个小多边形，再将其挤出 15mm，作为电源插头的另一极，如图 6-53 所示。

（12）翻转显示“透视”视口，选中顶部的所有多边形，然后使用【插入】工具插入如图 6-54 所示的小多边形对象。

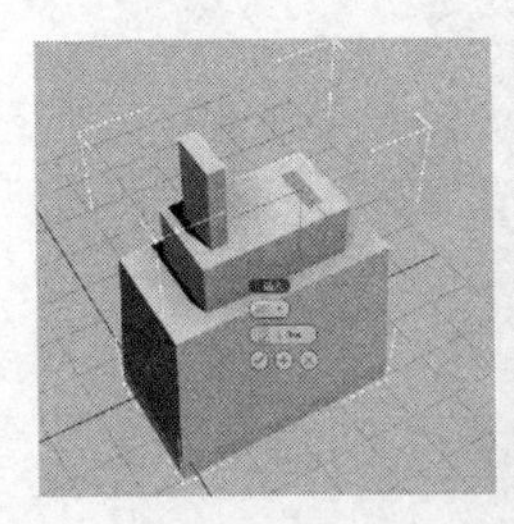

图 6-53　插入多边形并将其挤出

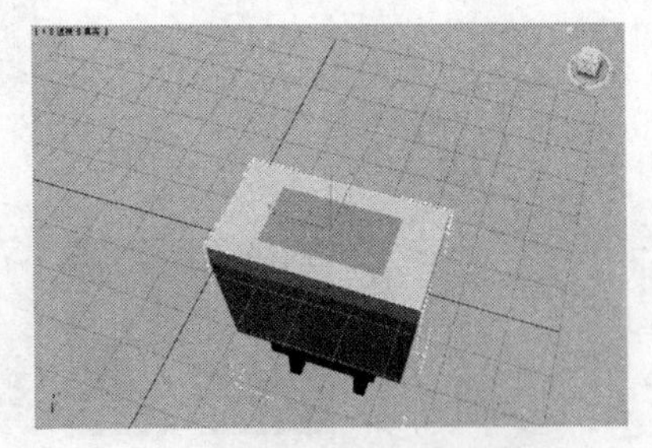

图 6-54　插入多边形

（13）将插入的多边形向内挤出 2mm（参数设置为-2mm），设置后单击【确定】按钮确认，如图 6-55 所示。

（14）选定可编辑多边形对象右侧的多边形对象，然后使用【插入】工具插入一个小多边形，将其向内挤出 5 mm（参数设置为-5mm），设置后单击【确定】按钮确认，如图 6-56 所示。

图 6-55　制作凹形槽

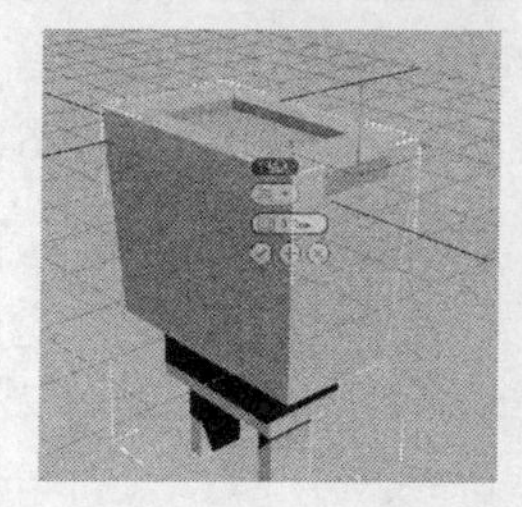

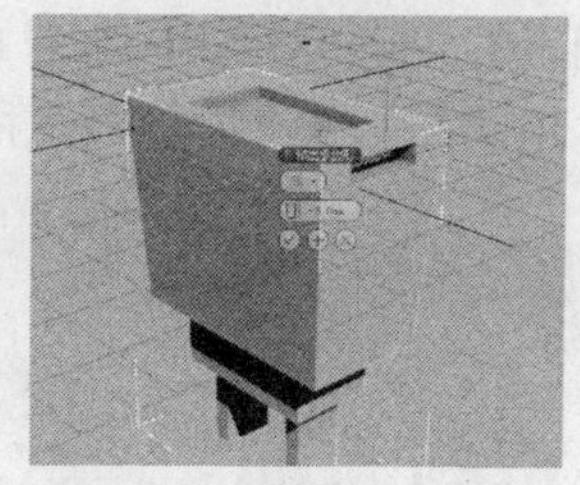

图 6-56　挤出多边形

（15）返回“可编辑多边形”层级，从菜单栏中选择【修改器】|【细分曲面】|【涡轮平滑】命令，使对象的各个面变得平滑起来，如图 6-57 所示。

（16）重新选择“多边形”的“边”层级，如图 6-58 所示。

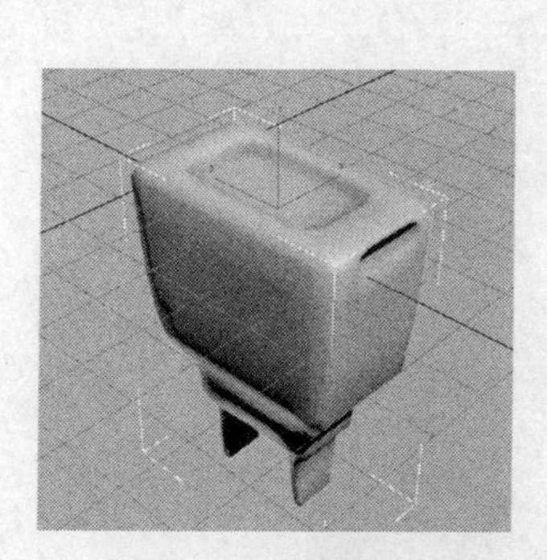

图 6-57　涡轮平滑效果

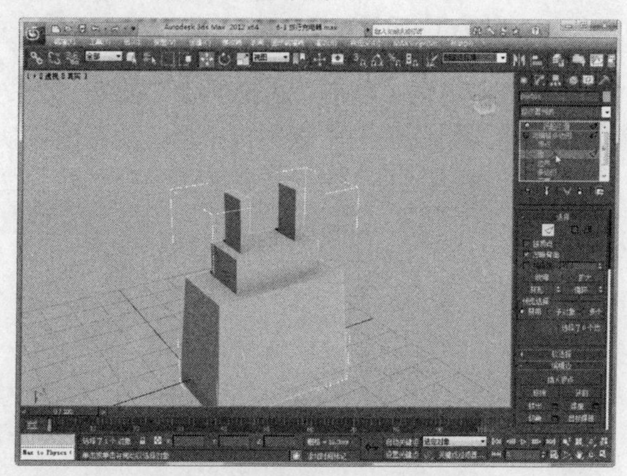

图 6-58　进入“边”编辑状态

（17）按下键盘上的【F4】键，在视口中显示出对象的各条边，如图 6-59 所示。

（18）选中电源插头的一极，再选中其任意一条边，单击“选择”卷展栏中的【环形】按钮，使插头的所有边都被选中，如图 6-60 所示。

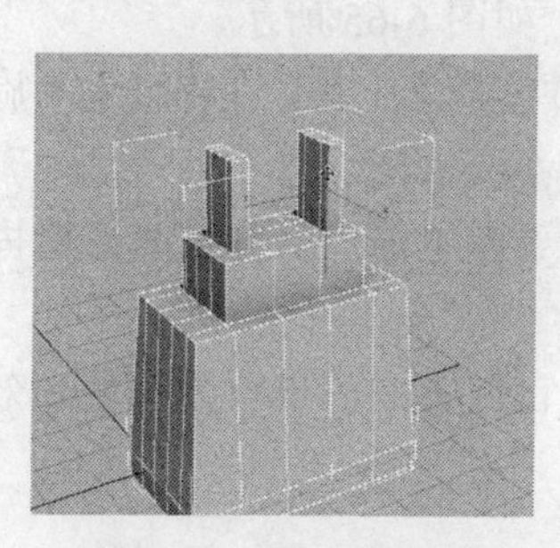

图 6-59　显示“边”

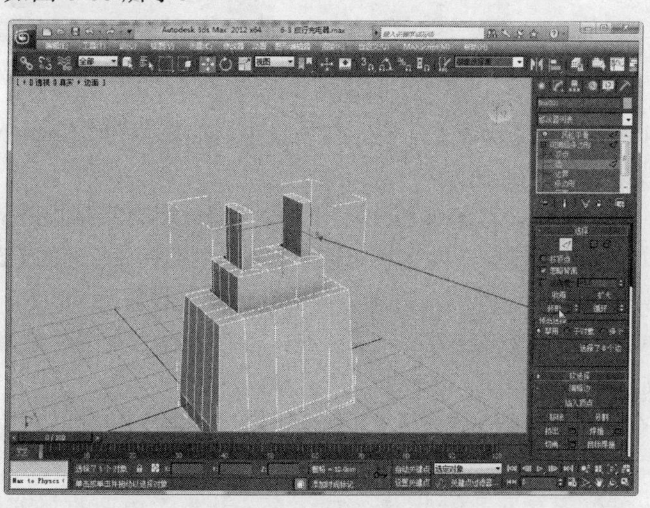

图 6-60　使用【环形】工具扩展选择集

（19）单击“编辑边”卷展栏的“插入顶点”组中的“连接”选项右侧的【设置】按钮，出现“连接”设置选项，将“分段数”设置为 2，“收缩量”设置为 92，“滑块”设置为 0，然后单击【确定】按钮确认，如图 6-61 所示。

（20）用同样的方法设置电源插头的另一极，如图 6-62 所示。

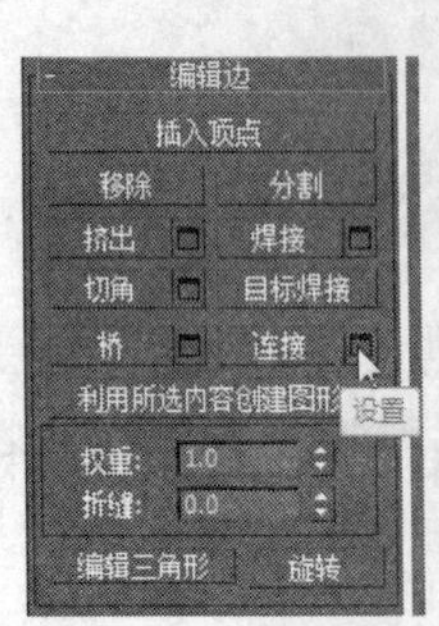

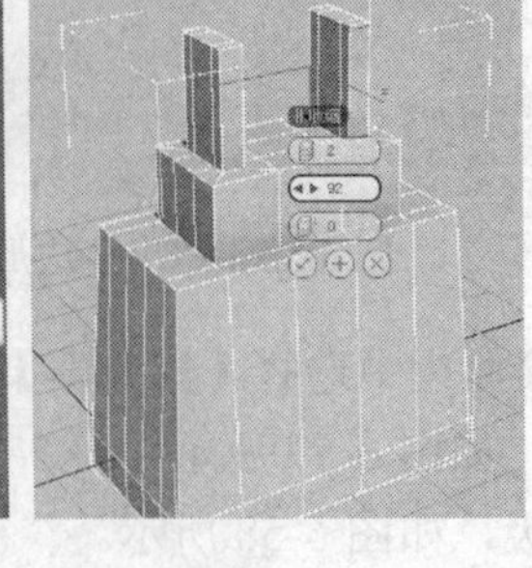

图 6-61　设置连接参数

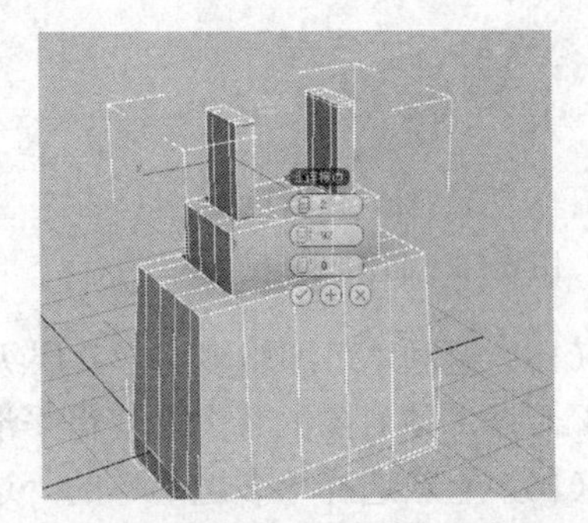

图 6-62　另一极的连接参数

（21）在修改器堆栈中单击“涡轮平滑”层级，效果如图 6-63 所示。可以看到，通过“连接”设置，使“电源插头”的两极不再平滑，更接近真实对象。

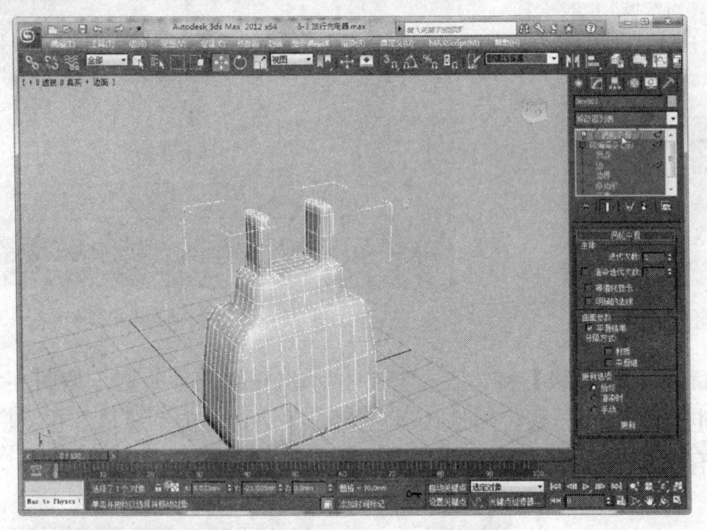

图 6-63　重新启用“涡轮平滑”的效果

（22）使用【文本】工具，在场景中添加内容为“Shanchuang”的文本对象，参数设置和添加效果如图 6-64 所示。

（23）为文本对象添加“挤出”修改器，将文字挤出 0.5mm，如图 6-65 所示。

（24）选定挤出后的文字对象，右击“主工具栏”上的【选择并旋转】工具，在出现的“旋转变换输入”对话框中将 Z 轴方向的旋转角度设置为 90 度，如图 6-66 所示。

（25）使用【选择并移动】工具，将旋转后的文字对象移动到“充电器”上方的凹形槽内部，如图 6-67 所示。

（26）按下【Ctrl】+【A】键全选视口中的全部对象，然后将它们的颜色设置为黑色，效果如图 6-68 所示。

（27）保存场景文件，完成“旅行充电器”模型的制作。

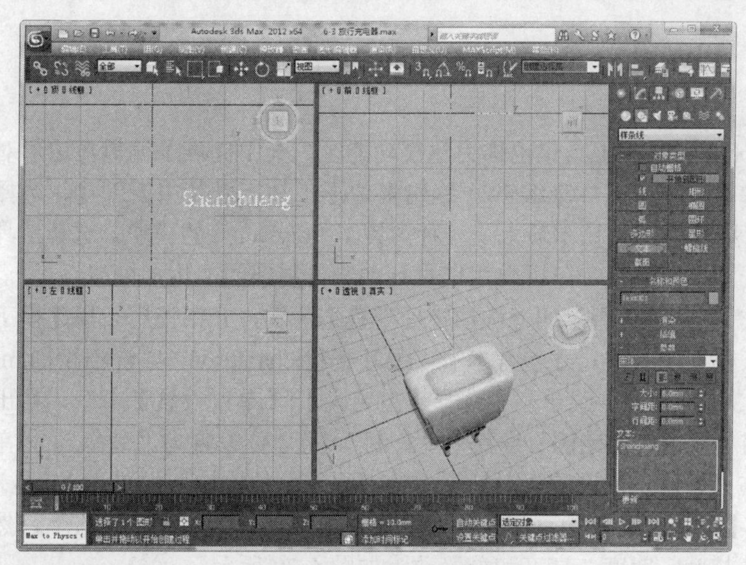

图 6-64　添加文本对象

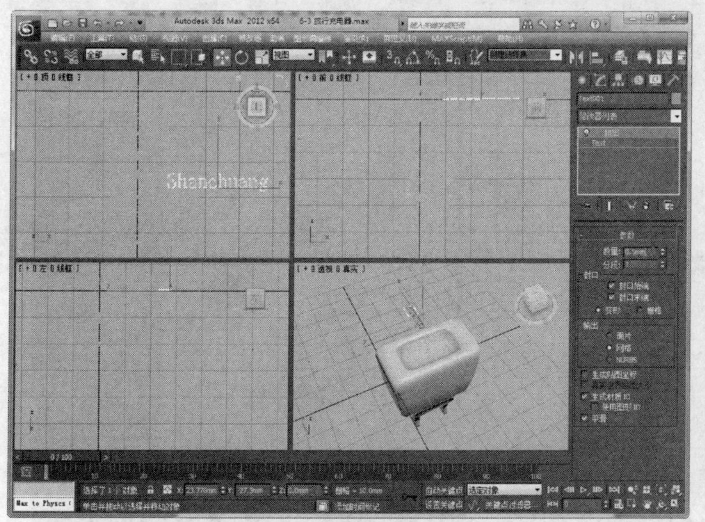

图 6-65　挤出文字对象

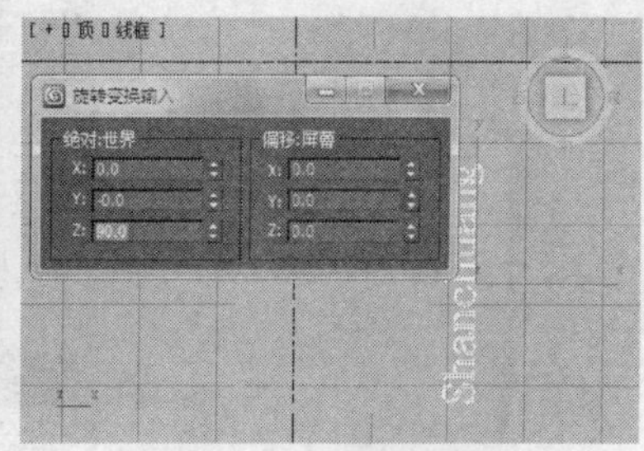

图 6-66　旋转参数设置

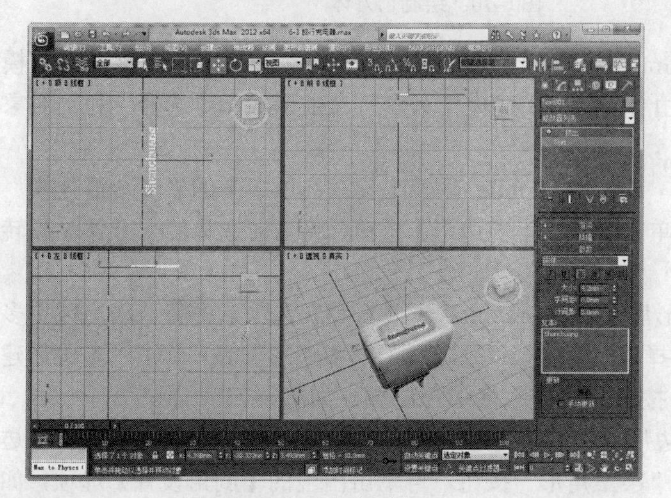

图 6-67　移动文字对象

图 6-68　更改对象颜色

6.4 实例：洗洁精桶（石墨建模工具）

石墨（Graphite）建模工具集也称为建模功能区，其中提供了编辑多边形对象所需的所有工具。功能区中提供了所有标准编辑/可编辑多边形工具，以及用于创建、选择和编辑几何体的其他工具。石墨建模工具在本质上是一种内置了 PolyBoost 的模块，这套工具集把多边形建模工具向上提升到全新层级，可以自由地设计和制作复杂的多边形模型。

本节以制作如图 6-69 所示的“洗洁精桶”模型为例，介绍使用石墨建模工具创建复杂模型的基本方法（模型的具体尺寸参考本书“配套资料\chapter06\6-4 洗洁精桶.max”文件）。

（1）启动 3ds Max，从菜单栏中选择【自定义】|【单位设置】命令，在出现的“单位设置”对话框中将“显示单位比例”设置为“公制”，将单位设置为“毫米”。再单击【系统单位设置】按钮，在“系统单位设置”对话框中将“系统单位比例”设置为 1.0 毫米。

（2）选择【长方体】工具，在“顶”视口中拖动鼠标绘制一个长方体，然后在“参数”卷展栏中设置其长度、宽度、高度和分段数，如图 6-70 所示。

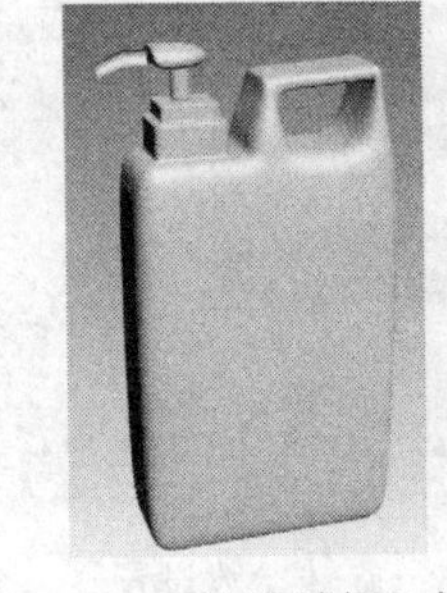

图 6-69 “洗洁精桶”模型

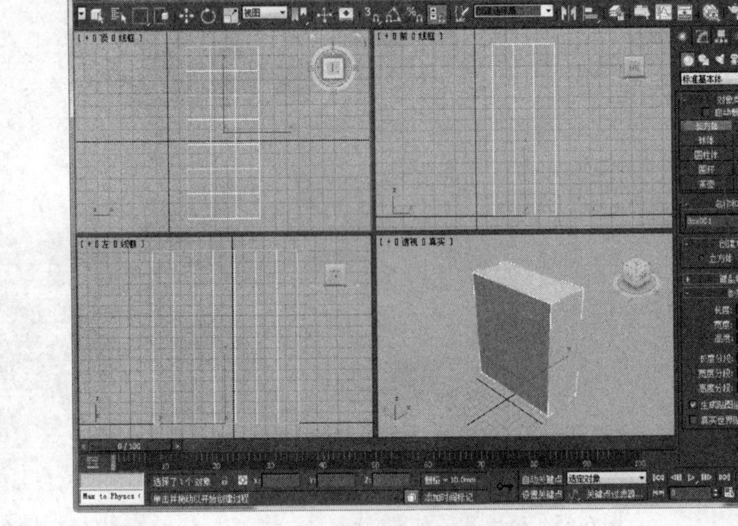

图 6-70 绘制长方体

（3）单击“主工具栏”上的【Graphite 建模工具】按钮，在视口的上方出现石墨建模功能区，如图 6-71 所示。该功能区由“Graphite 建模工具”、“自由形式”、“选择”和“对象控制”4 个选项卡组成。

（4）选定视口中的长方体对象，单击“Graphite 建模工具”选项卡下的“多边形建模”面板，出现多边形建模的相关选项，单击【转化为多边形】按钮，将当前选择的长方体对象转换为可编辑多边形，如图 6-72 所示。

（5）将对象转换为可编辑多边形后，在“Graphite 建模工具”选项卡中将自动出现更多的多边形编辑面板标签，如“修改选择”、“编辑”、“几何体”、“多边形”等。单击“多边形建模”面板，再单击其中的【多边形】按钮，进入多边形层级，如图 6-73 所示。

（6）选中长方体底部的所有多边形，然后单击“Graphite 建模工具”选项卡下的“多边形”面板，单击【倒角】工具下方的“小三角形”按钮，再单击出现的【倒角设置】选项，如图 6-74 所示。

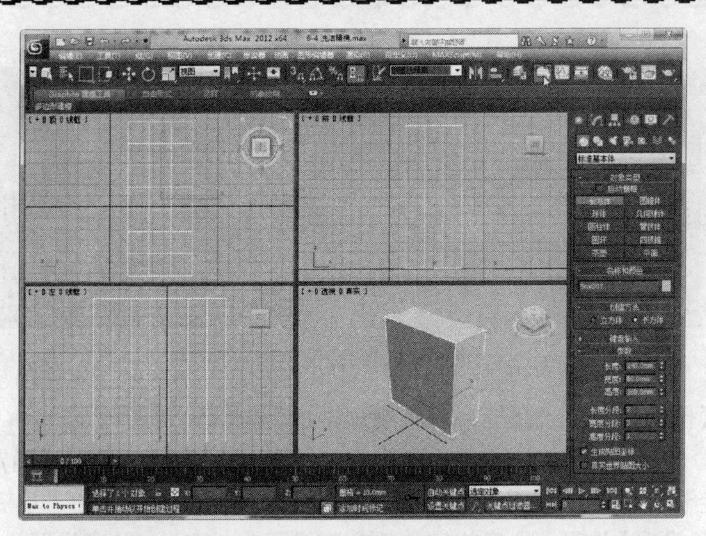

图 6-71　打开石墨建模功能区

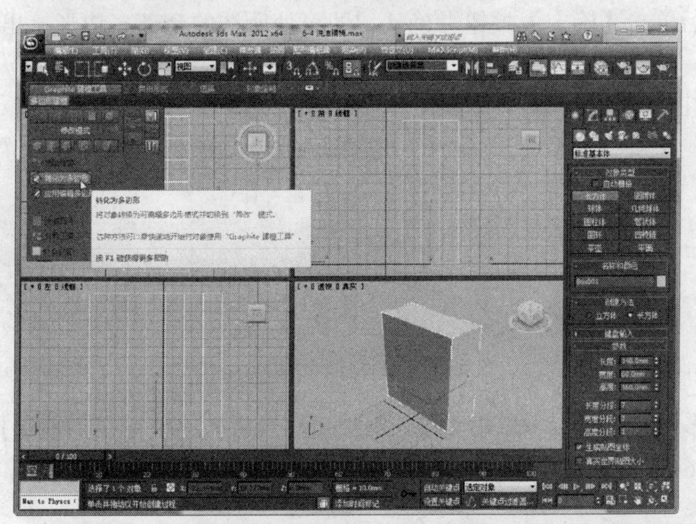

图 6-72　将对象转换为可编辑多边形

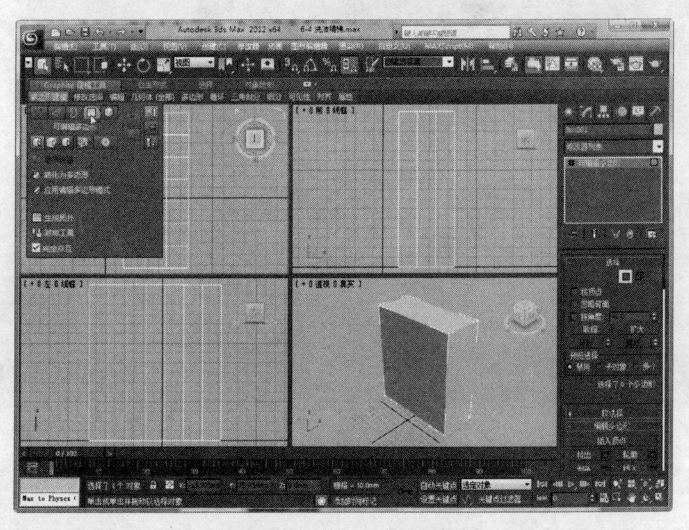

图 6-73　进入多边形层级

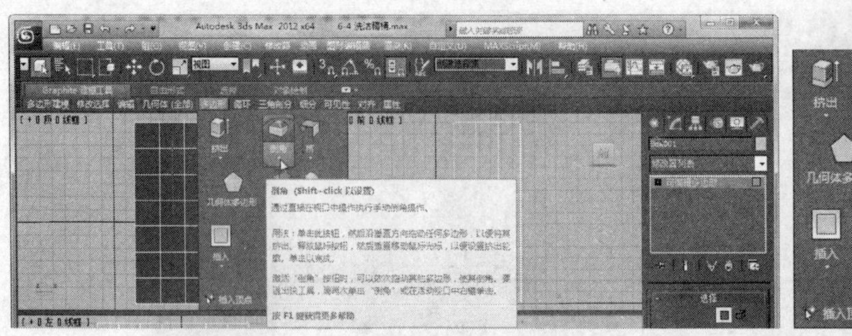

图 6-74 选择倒角选项

（7）单击【倒角设置】选项后，将在视口中出现倒角设置图标及选项，然后将倒角的高度设置为 30mm，轮廓设置为-4mm，如图 6-75 所示。设置完成后单击【确定】按钮确认。

（8）再选定长方体顶部的所有多边形，单击【倒角】工具下方的“小三角形”按钮，再单击出现的【倒角设置】选项，然后将倒角的高度设置为 20mm，轮廓设置为-4mm，如图 6-76 所示。设置完成后单击【确定】按钮确认，即可使所选的全部多边形挤出 20mm 并向内倒角 4mm。

（9）选定如图 6-77 所示的多边形。

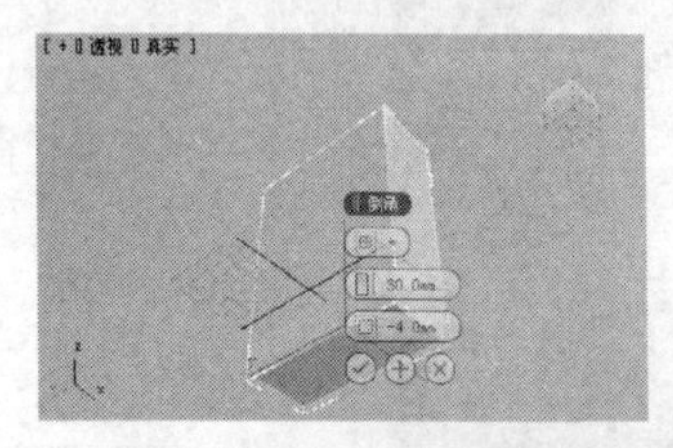

图 6-75 倒角底部的所有多边形

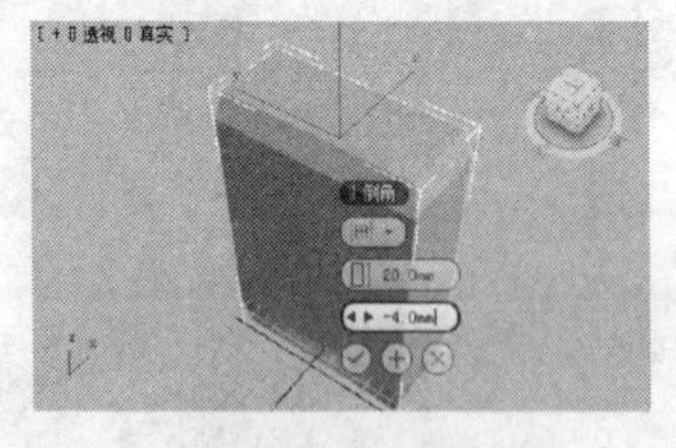

图 6-76 设置顶部的所有多边形

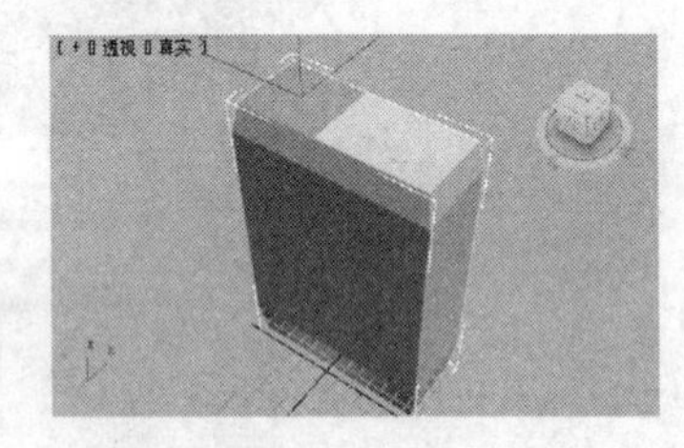

图 6-77 选择多边形

（10）在“多边形”面板中单击【插入】按钮，然后拖动鼠标在当前选择中插入一个较小的多边形，如图 6-78 所示。

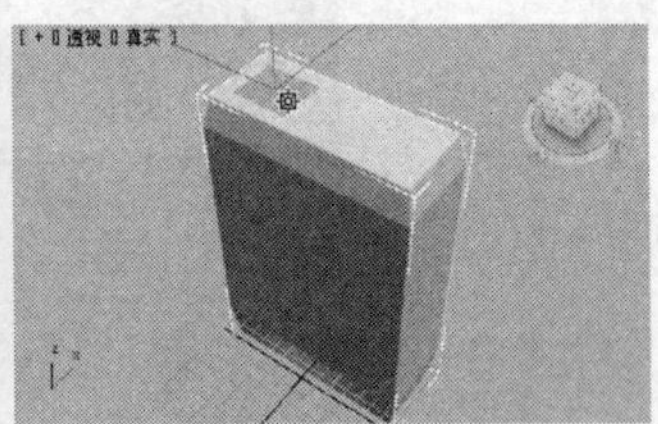

图 6-78 插入多边形

（11）单击“多边形”面板中【挤出】工具下方的“小三角形”按钮，单击出现的【挤出设置】选项，设置小多边形的挤出量为 18mm，如图 6-79 所示。设置完成后单击【确定】按钮☑确认。

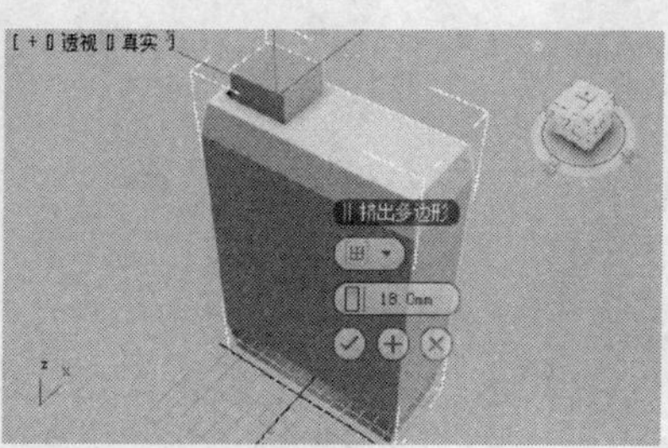

图 6-79　挤出多边形

（12）再在“多边形”面板中单击【插入】按钮，然后拖动鼠标在当前选择中插入一个更小的多边形，如图 6-80 所示。

（13）单击“多边形”面板中【挤出】工具下方的“小三角形”按钮，单击出现的【挤出设置】选项，将小多边形的挤出量设置为 8mm，如图 6-81 所示。设置完成后单击【确定】按钮☑确认。

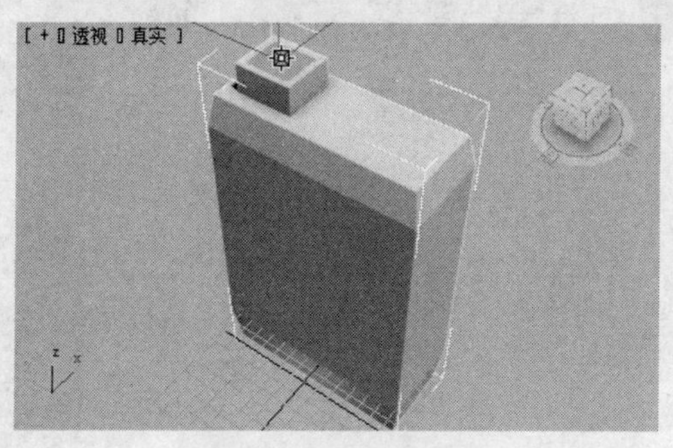

图 6-80　插入多边形

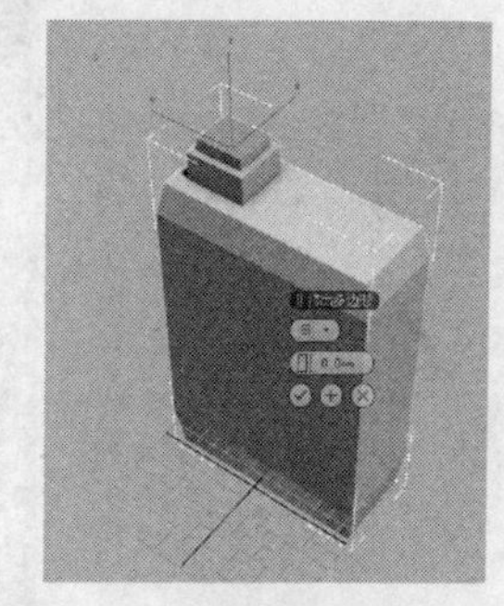

图 6-81　再挤出小多边形

（14）用同样的方法插入一个小正方形的多边形对象，并将其挤出 28mm，参数设置和效果如图 6-82 所示。

（15）再插入一个多边形，将其挤出 12mm，参数设置如图 6-83 所示。

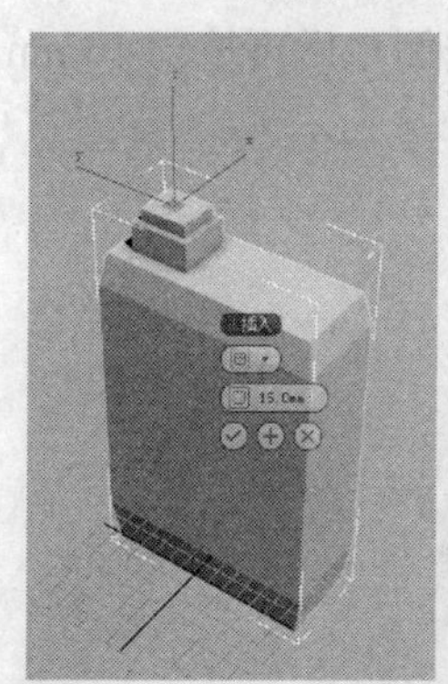

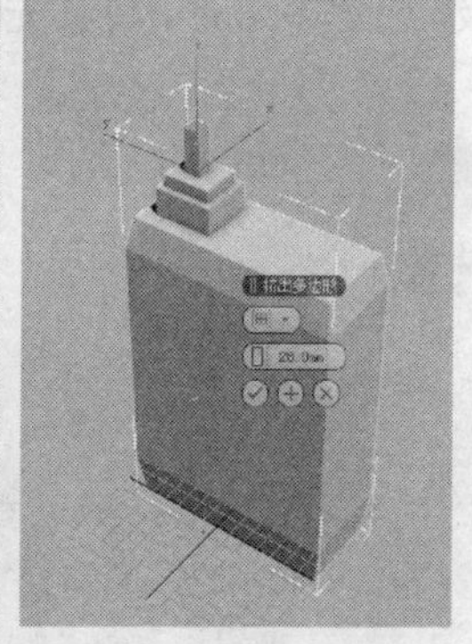

图 6-82　插入并挤出多边形

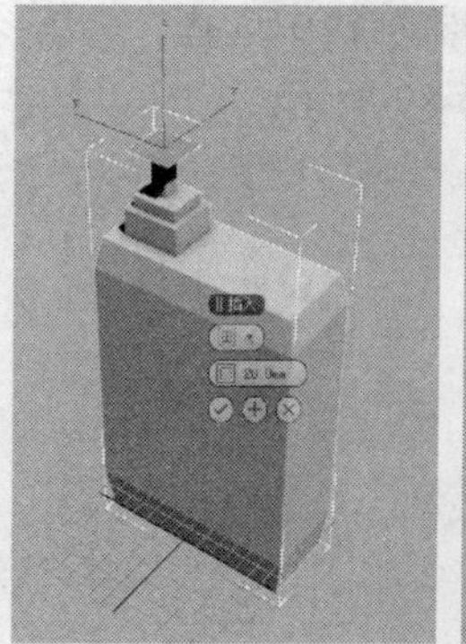

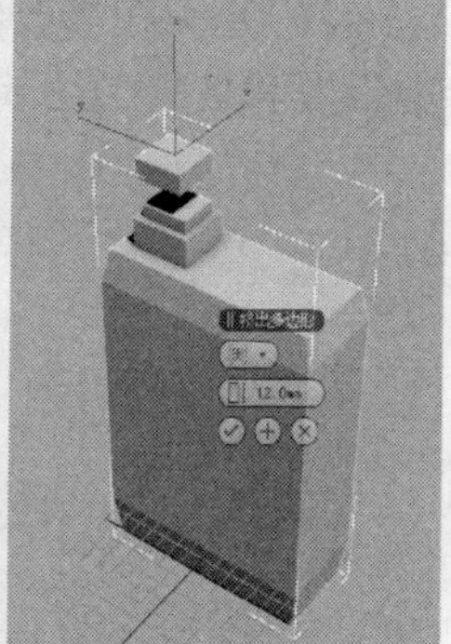

图 6-83　插入并挤出另一个多边形

（16）选中如图 6-84 所示的多边形对象，然后在其中插入一个小多边形，参数设置和效果如图 6-85 所示。

（17）将多边形挤出-12mm，参数设置和效果如图 6-86 所示。

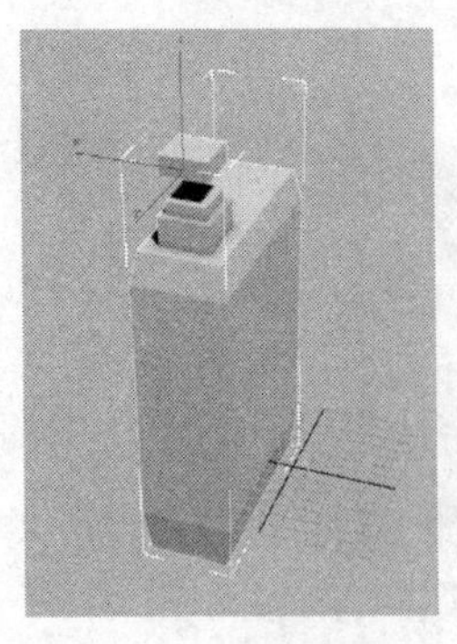

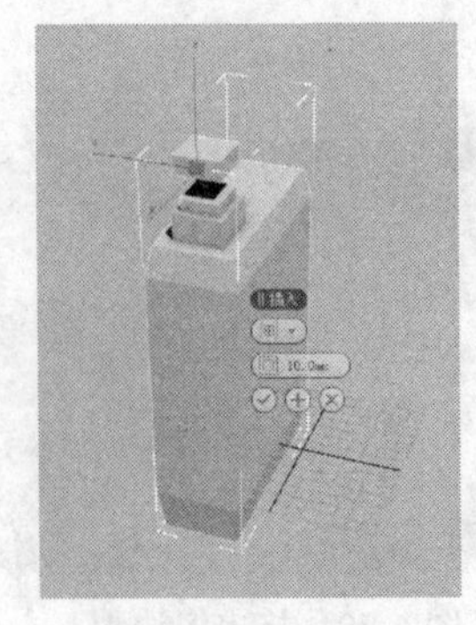

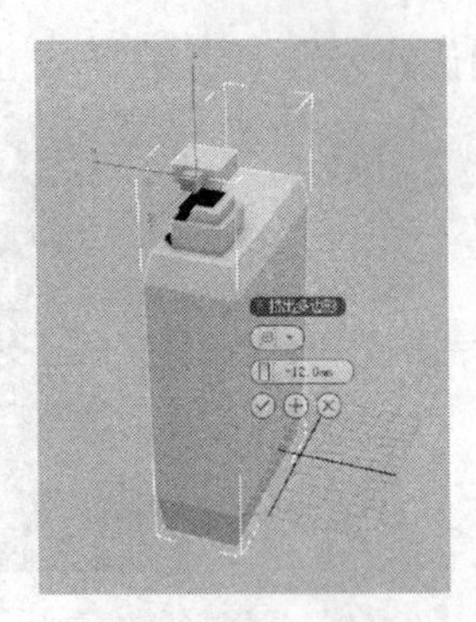

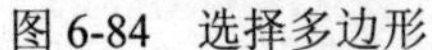

图 6-84　选择多边形　　图 6-85　插入多边形　　图 6-86　挤出多边形

（18）再将当前多边形挤出-18mm，如图 6-87 所示。

（19）在修改器堆栈中选择“顶点”层级，选中挤出后的长方体对象最外侧的所有顶点，然后使用【选择并移动】工具将其向下移动，产生如图 6-88 所示的效果。

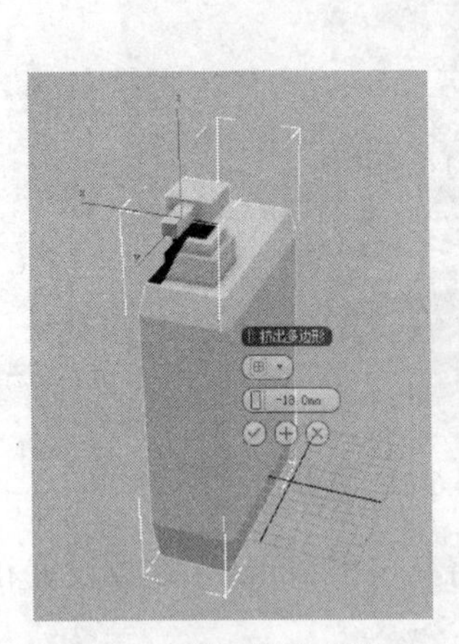

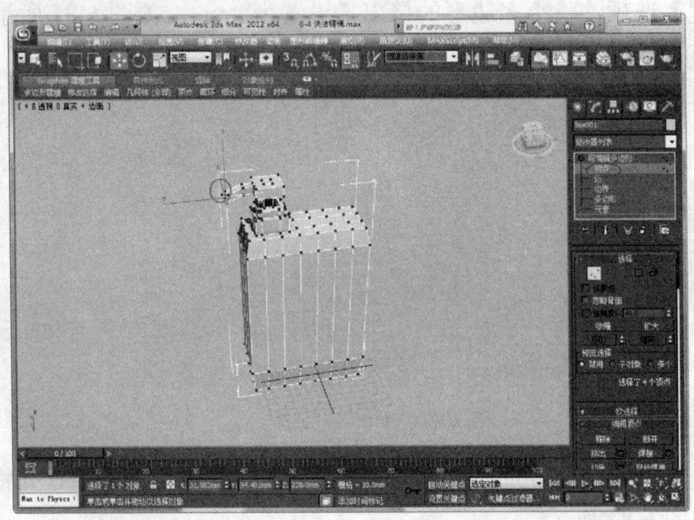

图 6-87　再次挤出多边形　　图 6-88　移动效果

（20）重新在修改器堆栈中选择“多边形”层级，选定多边形，将其先倒角后再挤出 10mm，参数设置和效果如图 6-89 所示。

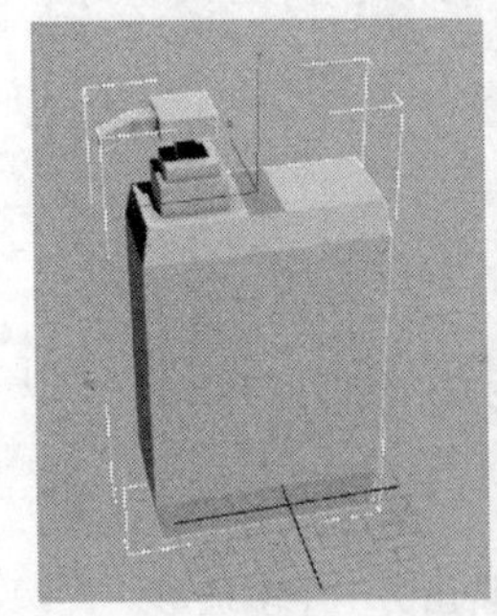

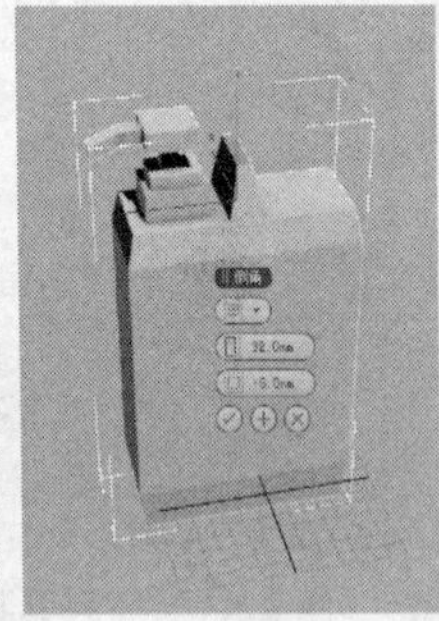

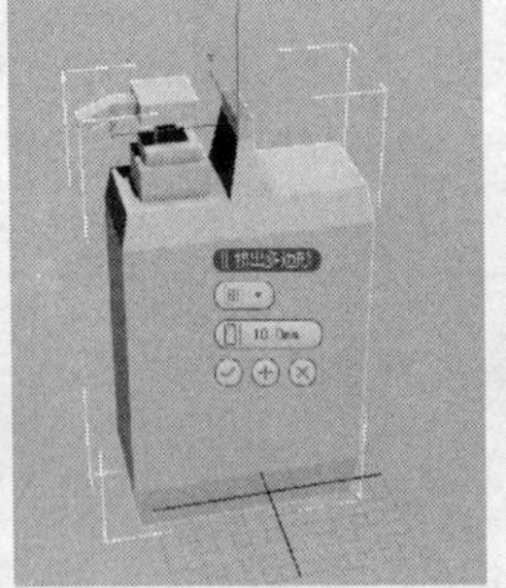

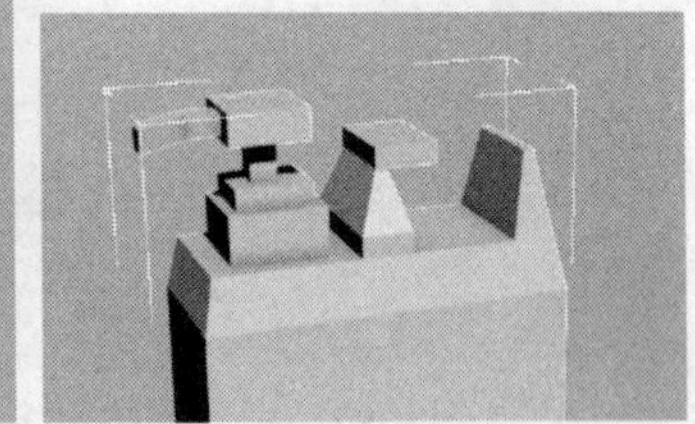

图 6-89　倒角和挤出多边形对象

（21）用同样的方法倒角和挤出生成另一侧的多边形，效果如图 6-90 所示。

（22）同时选中两侧的多边形对象，单击“多边形”面板中的【桥】工具，将两个对象连接在一起，如图 6-91 所示。

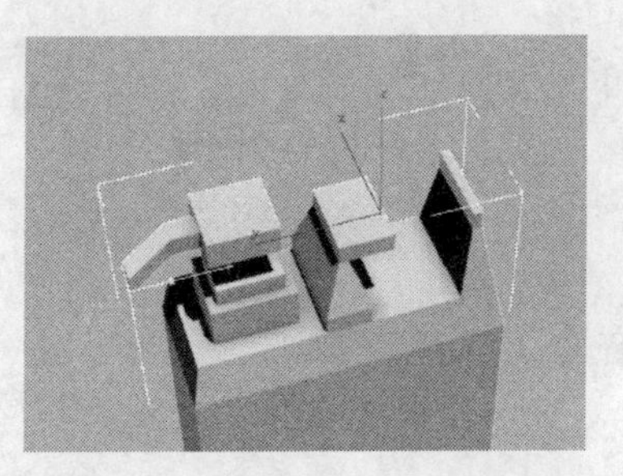

图 6-90　倒角另一侧的多边形

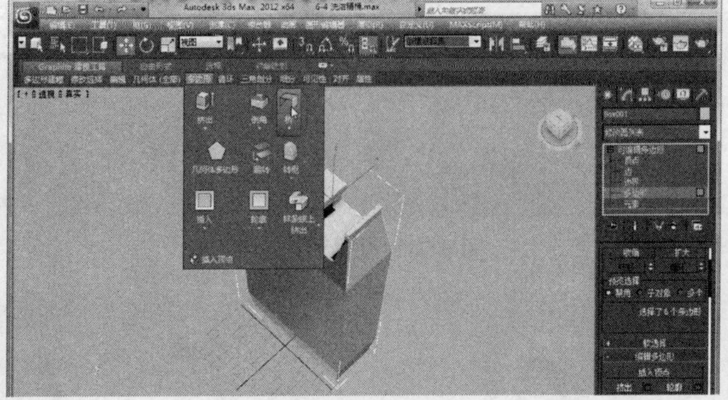

图 6-91　用“桥”连接多边形

（23）在修改器堆栈中选中“可编辑多边形”层级，然后为可编辑多边形对象添加“涡轮平滑”修改器，效果如图 6-92 所示。

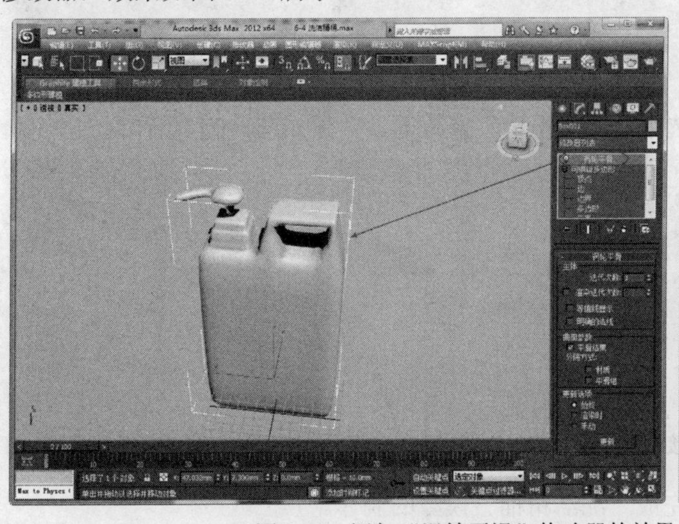

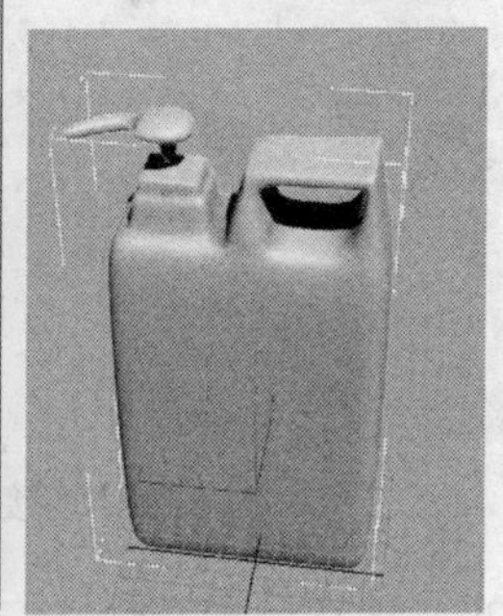

图 6-92　添加“涡轮平滑”修改器的效果

（24）在修改器堆栈中选择可编辑多边形的“边”层级，然后选中如图 6-93 所示的边对象。

（25）单击“循环”面板中【连接】选项下方的小三角形按钮，单击出现的【连接设置】选项，参数设置如图 6-94 所示。

（26）用同样的方法“连接”瓶嘴的另外两个柱体对象，如图 6-95 所示。

（27）再“连接”瓶嘴的两个“洗洁精挤出管”，参数设置如图 6-96 所示。

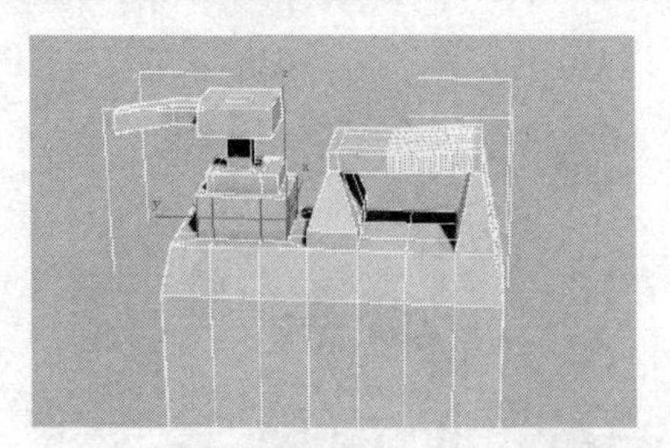

图 6-93　选择边对象

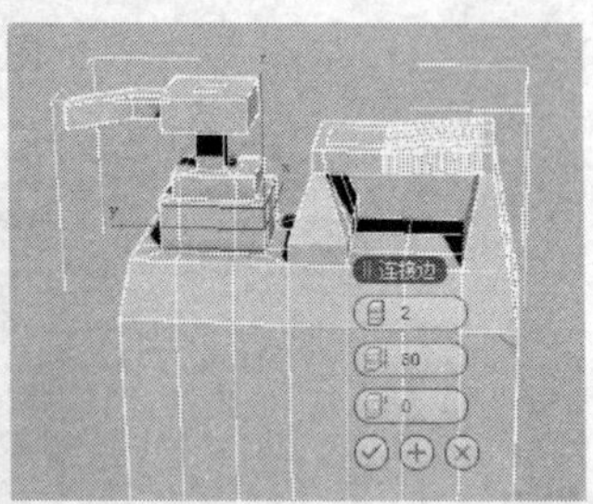

图 6-94　设置连接选项

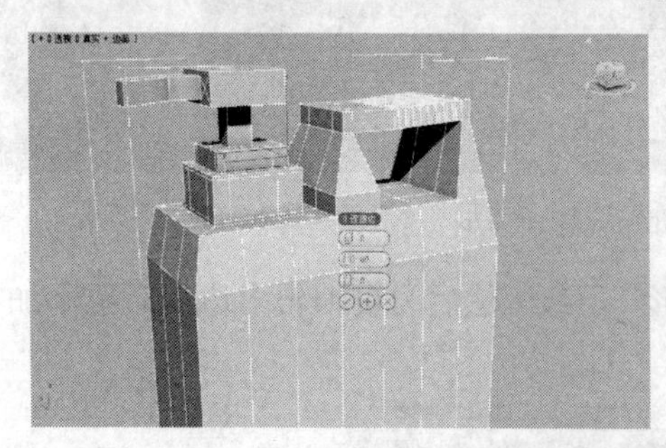

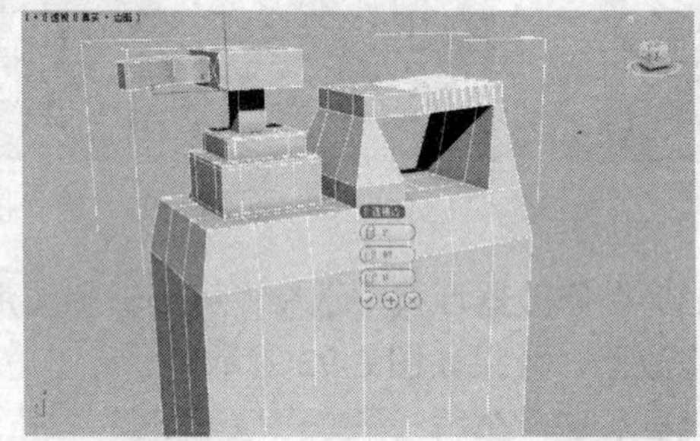

图 6-95　连接另外两个柱体

（28）在修改器堆栈中选中“涡轮平滑”修改器，效果如图 6-97 所示。

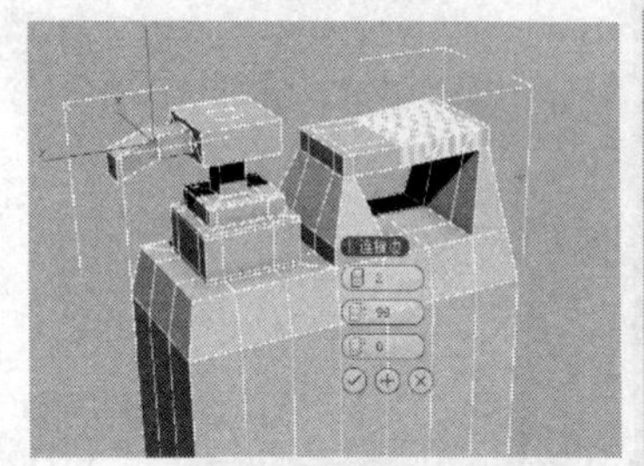

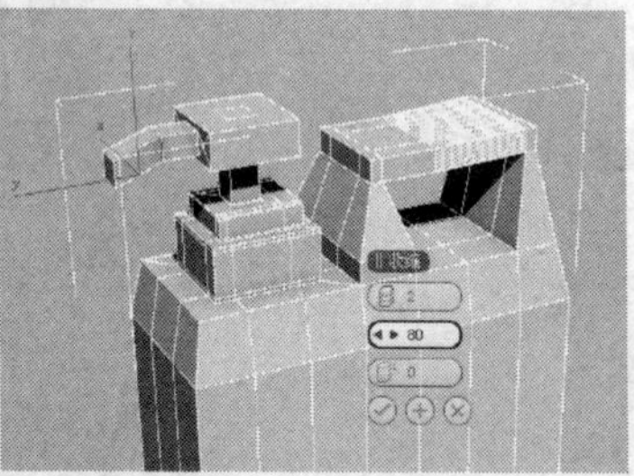

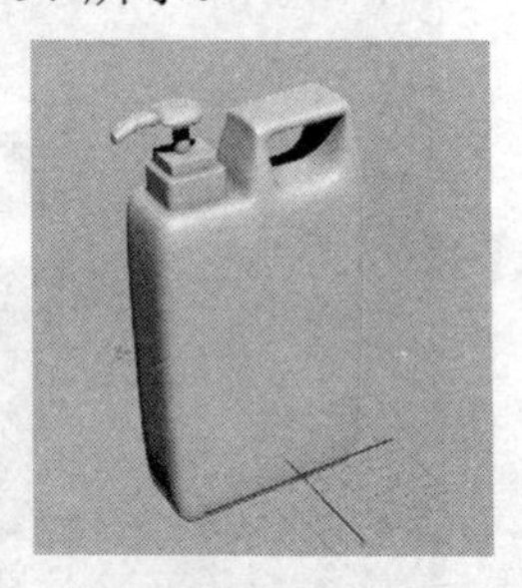

图 6-96　连接洗洁精挤出管

图 6-97　修改参数后的涡轮平滑效果

（29）保存场景文件，完成“洗洁精桶”模型的制作。

课后练习

1．使用多边形建模功能，创建一个电话机模型。
2．使用多边形建模功能，创建一个笔记本电脑模型。
3．使用石墨建模工具，创建一个玩具飞机模型。

第 7 课

配置材质和贴图

本课知识结构

要使三维模型富有真实感和生气，必须为模型指定材质和贴图。其中，材质用于表现物体的表面特性，使对象呈现出不同的颜色、反光度、自发光度和透明度。而指定到材质上的图形称为贴图，包含一个或多个图像的材质称为贴图材质。贴图可以模拟纹理、反射、折射和其他效果，也可以用作环境和投射灯光。配置材质和贴图是三维建模的重点和难点之一，本课将通过实例学习材质与贴图的基础知识和应用方法，具体知识结构如下。

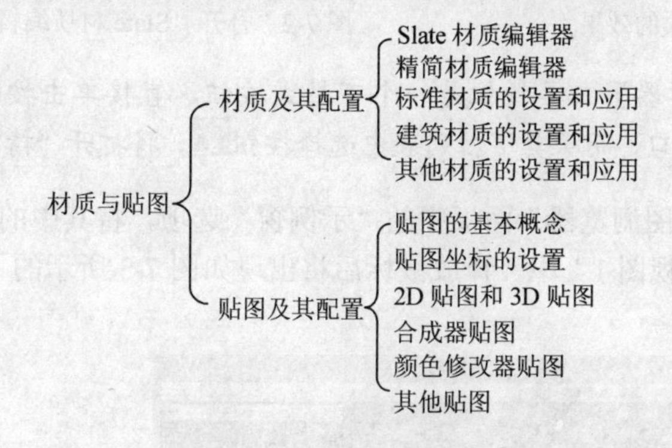

就业达标要求

☆ 充分理解材质和贴图的含义及其重要作用。
☆ 熟练掌握“Slate 材质编辑器”和“精简材质编辑器”的结构。
☆ 熟悉标准材质和建筑材质的参数设置方法。
☆ 初步掌握其他材质的设置方法。
☆ 熟悉 3ds Max 的贴图类型。
☆ 掌握贴图的设置和指定方法。

7.1 实例：配置“桌罩”材质（认识“Slate 材质编辑器”）

“Slate 材质编辑器”是从 3ds Max 2011 版本开始新增的材质编辑工具，也是 3ds Max 2012 默认的材质编辑器，这是一种基于节点式编辑方式的材质编辑器，可以很方便地编辑处理各种材质。

本节将为本书 5.1 节所制作的“桌罩”模型配置材质，赋予材质后“桌罩”的效果如图 7-1 所示，材质的具体参数请参考本书“配套资料\chapter07\7-1 桌罩.max”文件。

（1）打开本书第 5 课第 1 节制作的“桌罩”模型，单击【应用程序】按钮，从出现的菜单中选择【另存为】命令，将其另存为名为“7-1 桌罩.max”的场景文件。

（2）单击“主工具”栏上的【材质编辑器】工具（快捷键为【M】），打开“Slate 材质编辑器”窗口，如图 7-2 所示。

图 7-1　“桌罩”赋予材质的效果

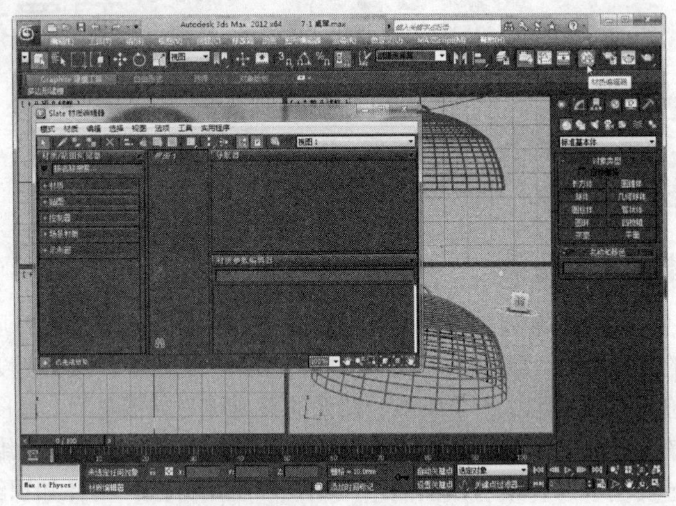

图 7-2　打开“Slate 材质编辑器”窗口

【材质编辑器】工具按钮是一个下拉式按钮，直接单击按钮，将打开“Slate 材质编辑器”窗口，而从其下拉列表中选择按钮，将打开“精简材质编辑器”窗口。

（3）展开“材质/贴图浏览器”面板中的“示例窗”选项，将其中的第 1 个材质球（名称为 01-Default）拖放到“视图 1”中，释放鼠标后将出现如图 7-3 所示的“实例（副本）材质”对话框。

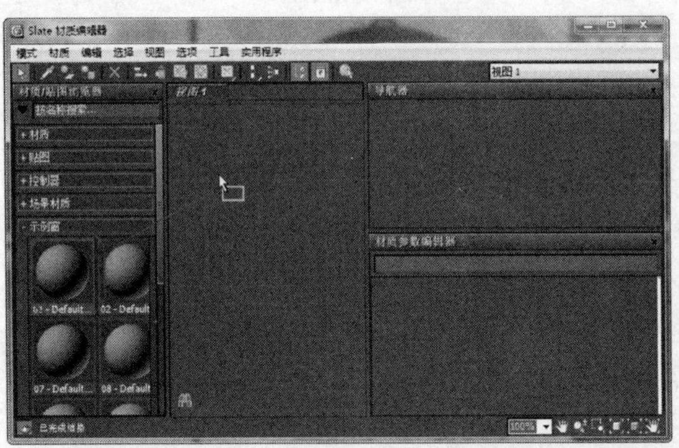

图 7-3　在视图中添加材质实例

（4）选择“实例”选项，然后单击【确定】按钮，即可在“视图 1”中添加如图 7-4 所示的名为 01-Default 的材质面板。

（5）双击材质面板的标题栏，在“材质参数编辑器”面板中将出现名为“01-Default”的材质的相关参数，如图 7-5 所示。

（6）从“明暗器基本参数”卷展栏中的明暗器下拉列表中选择 Phong 选项，如图 7-6 所示。Phong 明暗器可以平滑各个面之间的边缘，也可以真实地渲染有光泽、规则曲面的高光。

图 7-4　实例添加效果

图 7-5　打开材质参数面板

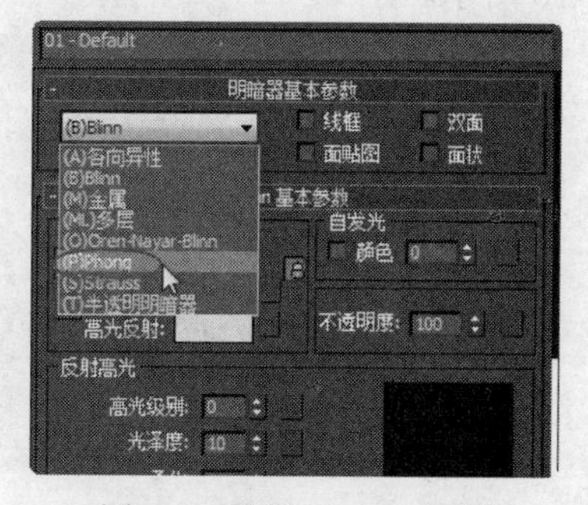

图 7-6　选择 Phong 明暗器

（7）单击“Phong 基本参数”卷展栏中“环境光”选项右侧的色块，在出现的“颜色选择器”中将“环境光”的颜色设置为红色，如图 7-7 所示。设置完成后单击【确定】按钮，使“环境光”和“漫反射”的颜色均为红色。

当一束平行的光线射入到粗糙的表面时，表面会将光线向四方反射，由于各点的法线方向不一致，造成反射光线向不同的方向无规则地反射，这种反射称之为“漫反射”。漫反射一般与环境光绑定在一起，即人们肉眼看到的颜色。

图 7-7　设置“环境光”的颜色

（8）在“反射高光”组中将“高光级别”设置为 100，“光泽度”设置为 53，“柔化”设置为 0.1，如图 7-8 所示。

（9）展开“扩展参数”卷展栏，在其中修改“折射率”和“反射级别”两个参数，参数设置如图 7-9 所示。

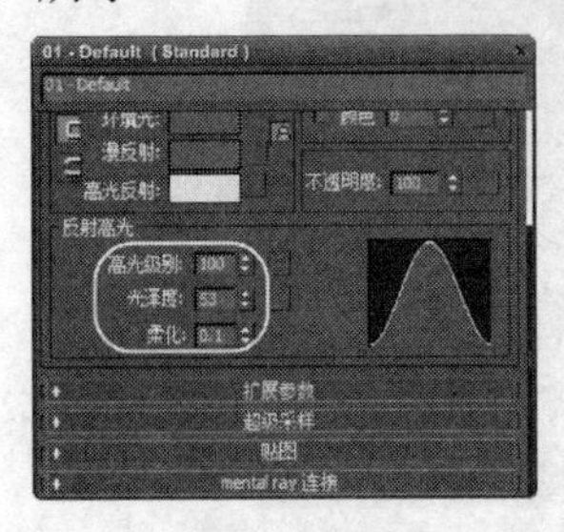

图 7-8　设置反射高光参数

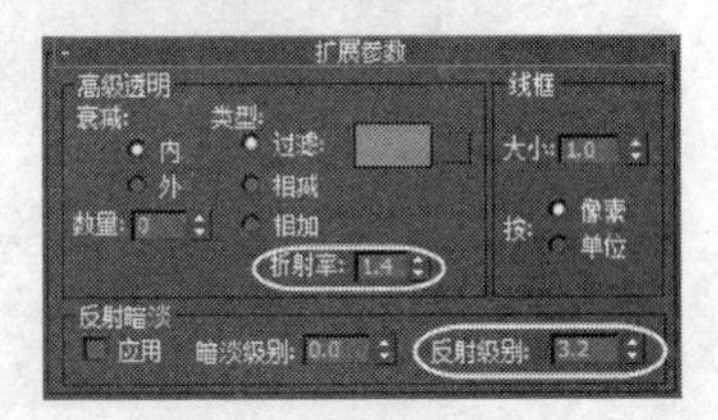

图 7-9　设置扩展参数

（10）激活场景，按下【Ctrl】+【A】键选中全部对象，然后单击“Slate 材质编辑器”窗口中的【将材质指定给选定对象】按钮，将设置好的材质指定给“桌罩”的所有对象，如图 7-10 所示。

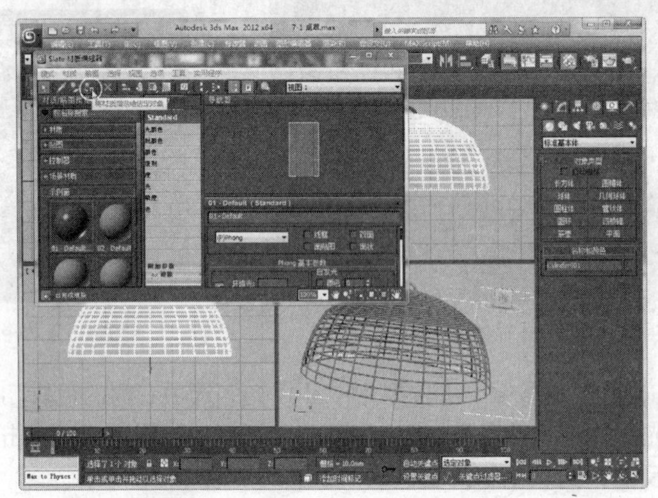

图 7-10　将材质指定给选定对象

（11）单击“Slate 材质编辑器”窗口中的【视口中显示明暗处理材质】按钮，使视口中的对象显示出指定材质后的效果，如图 7-11 所示。

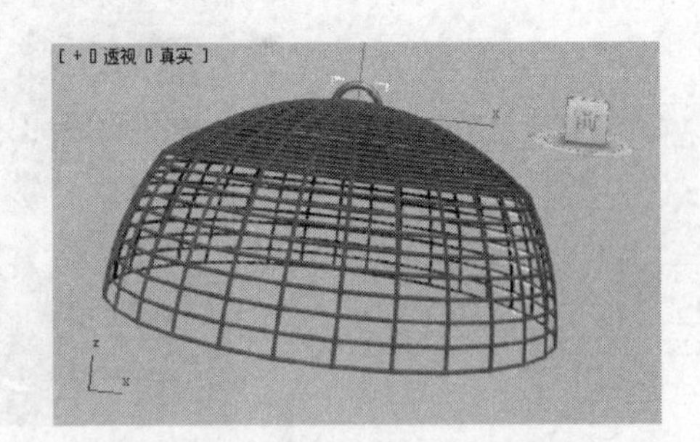

图 7-11　在视口中显示明暗处理材质

（12）关闭或最小化“Slate 材质编辑器”窗口，按下快捷键【F9】渲染视口，效果如图 7-12 所示。

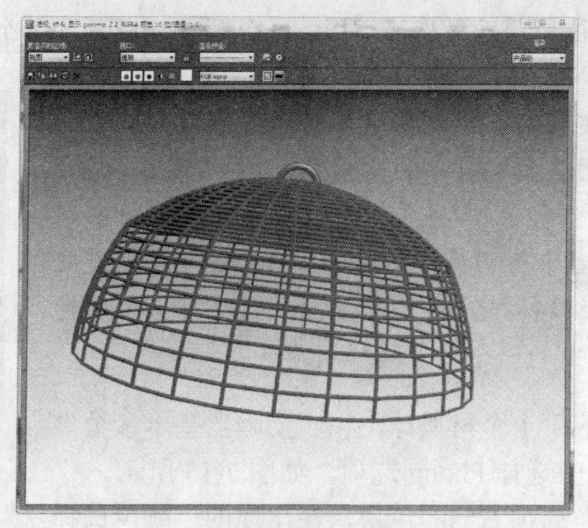

图 7-12　渲染效果

（13）保存场景文件，完成“桌罩”的材质配置。

7.2　实例：配置“毛笔”材质（认识“精简材质编辑器”）

“精简材质编辑器”是简化的材质编辑界面，也可以在其中创建和编辑材质和贴图。其界面主要由菜单栏、示例窗、工具栏和随材质/贴图类型的不同而不同的多个卷展栏组成。

本节将为本书 5.10 节所制作的“毛笔”模型配置材质，赋予材质后“毛笔”的效果如图 7-13 所示，材质的具体参数请参考本书“配套资料\chapter07\7-2 毛笔.max”文件。

（1）打开本书第 5 课第 10 节制作的“毛笔”模型，单击【应用程序】按钮，从出现的菜单中选择【另存为】命令，将其另存为名为“7-2 毛笔.max”的场景文件。

（2）按下键盘上的【M】键，打开“精简材质编辑器”窗口，如图 7-14 所示。如果按下键盘上的【M】键后打开的是“Slate 材质编辑器”窗口，只需从其菜单栏中选择【精简材质编辑器】命令即可转换为“精简材质编辑器”窗口。

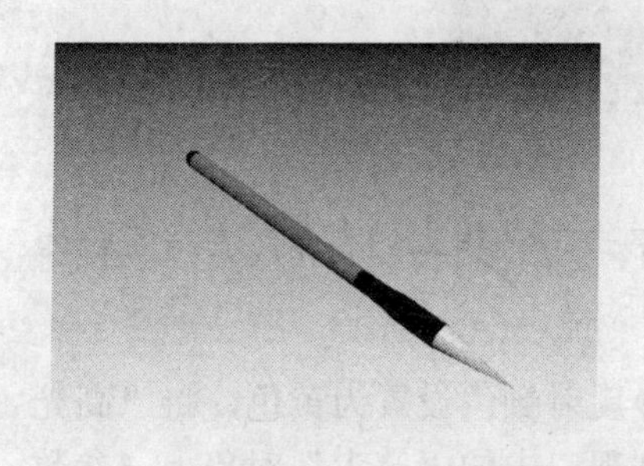

图 7-13　“毛笔”效果

图 7-14　打开“精简材质编辑器”窗口

提示

“精简材质编辑器”窗口主要由以下几个部分组成。

菜单栏：其中提供了调用各种材质编辑器工具的命令。

示例窗：用于保存和预览材质与贴图，每个窗口可以预览单个材质或贴图。材质编辑器提供了 24 个示例窗。

材质编辑器工具：材质编辑器示例窗的下面和右侧提供了多个工具按钮及控件。可以使用这些工具来获取材质，将材质放入场景，将材质指定给选定对象，重置贴图/材质为默认设置，生成材质副本，在视口中显示贴图或者进行切换到父级的操作，还可以设置采样类型、图案背景和材质编辑器选项。此外，使用【从对象拾取材质】按钮，可以从场景中的一个对象选择材质。

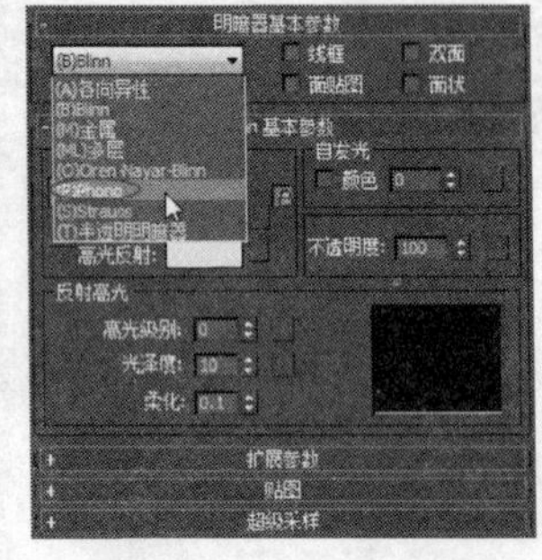

图 7-15 选择明暗器

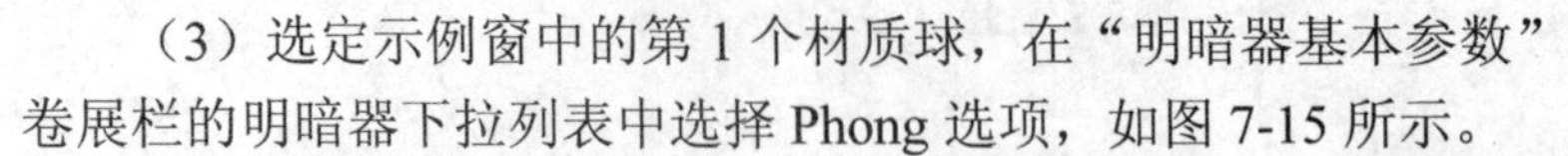

（3）选定示例窗中的第 1 个材质球，在“明暗器基本参数”卷展栏的明暗器下拉列表中选择 Phong 选项，如图 7-15 所示。

（4）单击“环境光”选项右侧的色块，在出现的“颜色选择器”对话框中将环境光和漫反射颜色设置为褐色，然后设置“高光反射”参数，参数设置如图 7-16 所示。

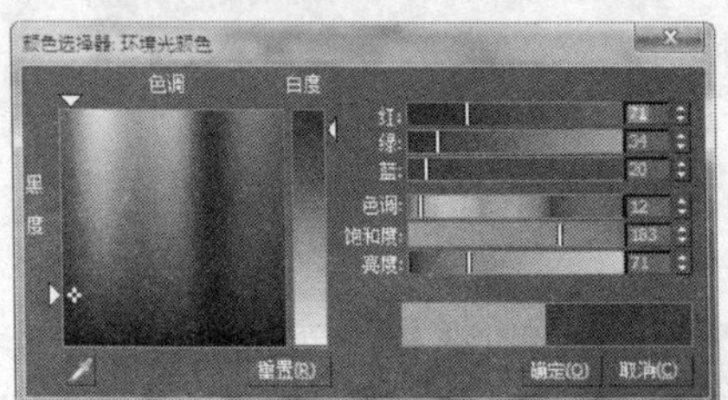

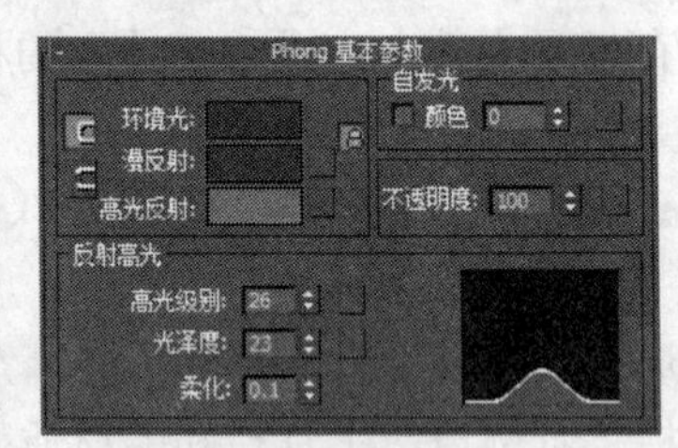

图 7-16 设置环境光和漫反射颜色及高光反射参数

（5）将第 1 个材质球拖放到视口的“笔杆”对象上，为“笔杆”指定材质，如图 7-17 所示。

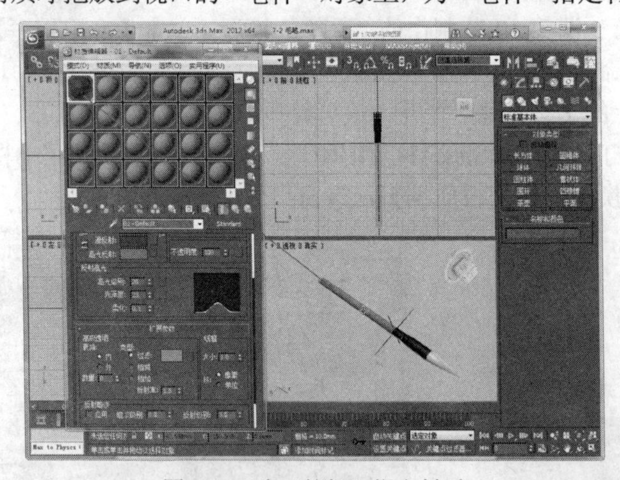

图 7-17 为“笔杆”指定材质

提示

也可以在视口中选定要指定材质的对象，然后单击工具栏上的【将材质指定给选定对象】按钮来指定材质。

（6）选中示例窗口中的第 2 个材质球，将其环境光和漫反射颜色设置为黄色，将“高光级别”设置为 71，将“光泽度”设置为 50，然后将其拖放到视口中的“笔尖”对象上，参数设置如图 7-18 所示。

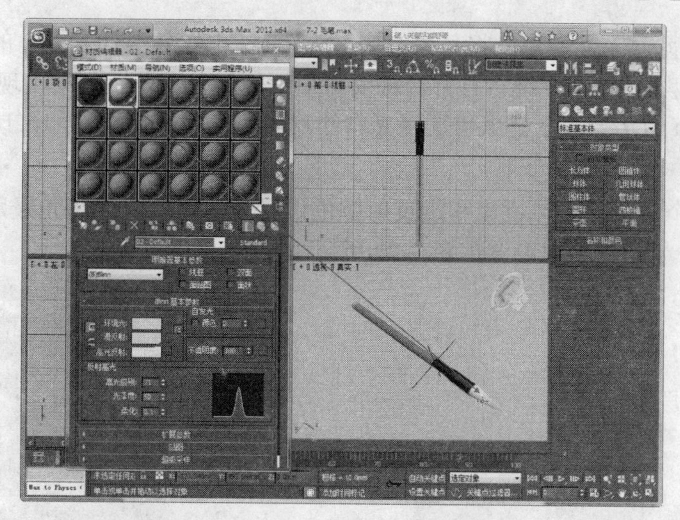

图 7-18　设置和指定“笔尖”的材质

（7）选中示例窗口中的第 3 个材质球，从明暗器下拉列表中选择 Phong 选项，将其环境光和漫反射颜色设置为黑色，将“高光级别”设置为 100，将“光泽度”设置为 53，然后选中视口中如图 7-19 所示的两个对象，单击工具栏上的【将材质指定给选定对象】按钮，将配置好的材质赋予“毛笔”的其他部分。

（8）关闭或最小化“精简材质编辑器”窗口，按下快捷键【F9】渲染视口，效果如图 7-20 所示。

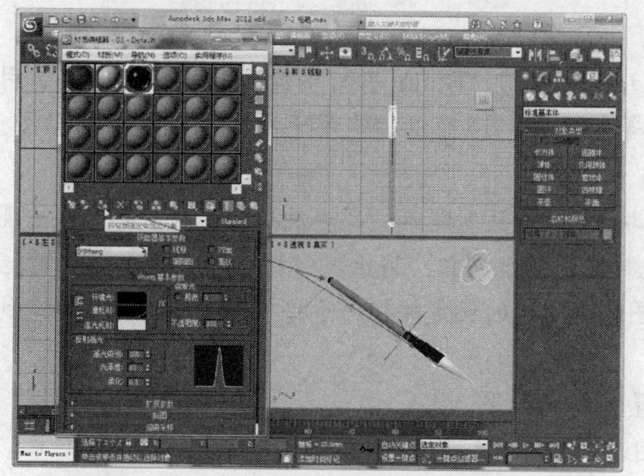

图 7-19　配置并指定其他部分的材质

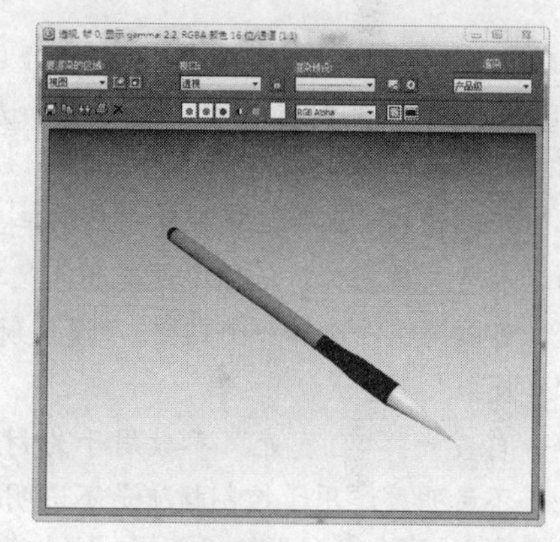

图 7-20　渲染效果

（9）保存场景文件，完成“毛笔”的材质配置。

7.3　实例：配置“电子体温计”材质（标准材质）

材质是一种为对象的曲面或面指定的特殊数据，应用材质后，将对对象的颜色、光泽度和不透明度等产生重大影响。3ds Max 默认的材质类型为“标准材质（Standard）”，普通的标准材质主要由环境、漫反射和高光反射组件所组成。

本节将为本书 5.6 节所制作的“电子体温计”模型配置材质，赋予材质后“电子体温计”的效果如图 7-21 所示，材质的具体参数请参考本书“配套资料\chapter07\7-3 电子体温计.max”文件。

（1）打开本书第 5 课第 6 节制作的“电子体温计”模型，单击【应用程序】按钮，从出现的菜单中选择【另存为】命令，将其另存为名为“7-3 电子体温计.max”的场景文件。

（2）按下键盘上的【M】键，打开“精简材质编辑器”窗口。如果出现的是“Slate 材质编辑”，应从对话框的【模式】菜单中选择【精简材质编辑器】命令，即可切换到“精简材质编辑”模式。

（3）将第 1 个材质球的环境光和漫反射颜色设置为白色，将“高光级别”设置为 283，将“光泽度”设置为 33，参数设置如图 7-22 所示。

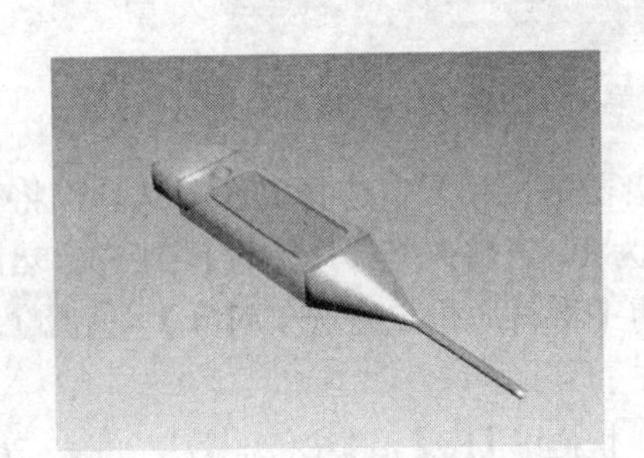

图 7-21 “电子体温计”赋予材质的效果

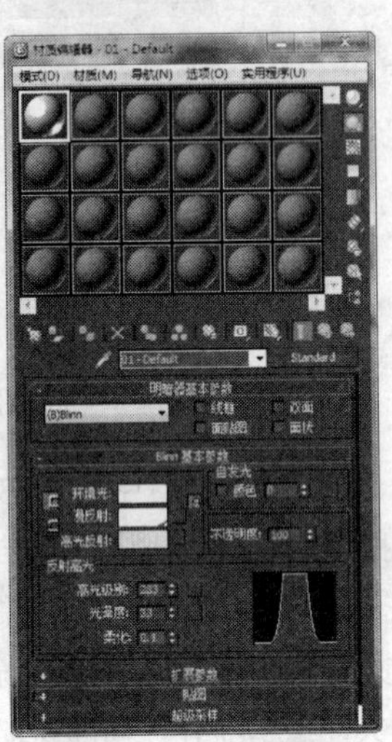

图 7-22 设置材质

材质编辑器在 Standard（标准）模式下的“Blinn 基本参数”卷展栏中提供了用于设置材质颜色、反光度、透明度等的控件，还可以指定用于材质各种组件的贴图。主要选项如下。

颜色控件：用于设置颜色，只需单击“环境光”“漫反射”或“高光反射”色样，都可在出现的“颜色选择器”对话框中设置颜色。单击色样右边的小按钮，将出现“材质/贴图浏览器”对话框，可以为组件选择一个贴图。“漫反射”贴图选项右边的锁定按钮用于将“环境光”贴图锁定到“漫反射”贴图。

自发光：“自发光”参数用于为材质设置自发光效果。

不透明度：用于控制材质是不透明、透明还是半透明。降低材质的不透明度的方法很简单，只需选定对象后，在“不透明度”组中设置一个小于 100%的参数，再将材质指定给选定对象即可。

高光控件：高光控件用于设置反射高光。其中，“高光级别”用于影响反射高光的强度；“光泽度”用于影响反射高光的大小；“柔化”用于柔化反射高光的效果，特别是由掠射光形成的反射高光；“高光图”使用曲线显示调整“高光级别”和“光泽度”值的效果。

（4）选中视口中“电子体温计”的主体部分，单击工具栏上的【将材质指定给选定对象】按钮，将配置好的材质赋予选定的对象，如图 7-23 所示。

（5）选中示例窗口中的第 2 个材质球，将其环境光和漫反射颜色设置为浅蓝色，将“高光级别”设置为 283，将“光泽度”设置为 33，如图 7-24 所示。

材质分为热材质和冷材质两种类型。热材质是已经在场景中应用过的材质，在材质编辑器选中热材质示例窗时，示例窗四周会有一个白色小三角形标志。如果改变热材质参数时，场景中的相应物体的材质会立即发生变化。而冷材质是指未应用于场景中的材质，改变冷材质时，场景对象不会发生相应的变化。

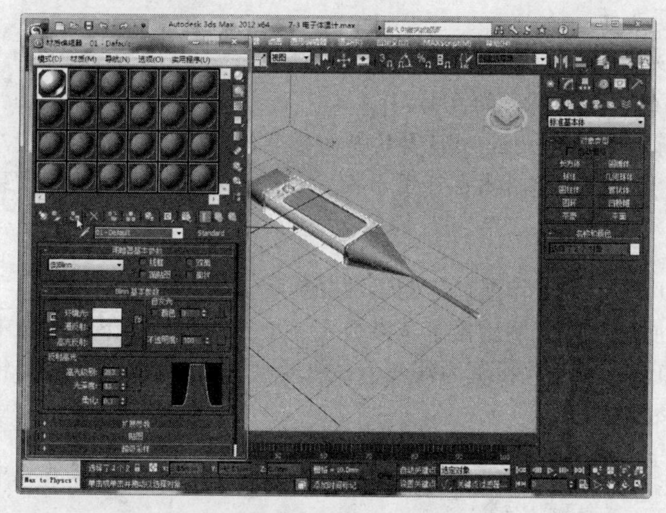

图 7-23　将材质赋予选定的对象

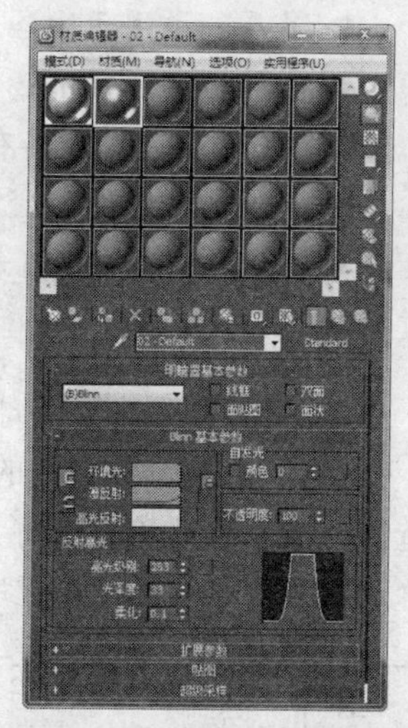

图 7-24　设置第 2 个材质球

（6）同时选中视口中“电子体温计”的测量杆和后端盖，单击工具栏上的【将材质指定给选定对象】按钮，将配置好的材质赋予这两个部分，效果如图 7-25 所示。

（7）选定示例窗中的第 3 个材质球，在“明暗器基本参数”卷展栏的明暗器下拉列表中选择“半透明明暗器”选项，再将其环境光和漫反射颜色设置为灰色，将“高光级别”设置为 22，将“光泽度”设置为 30，参数设置如图 7-26 所示。

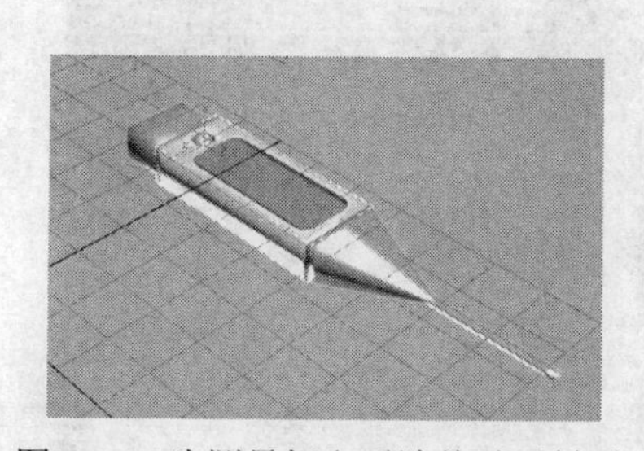

图 7-25　为测量杆和后端盖赋予材质

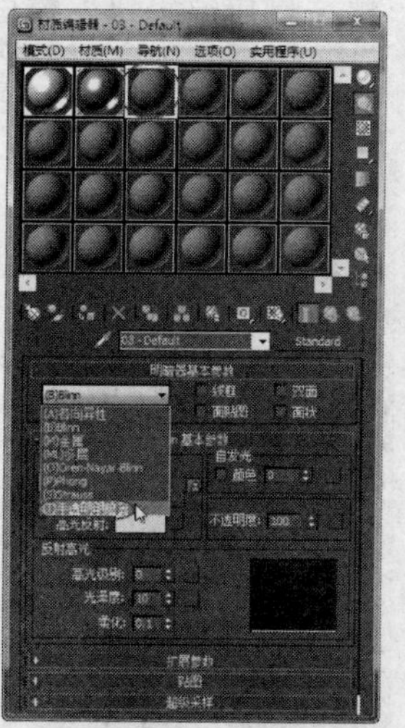

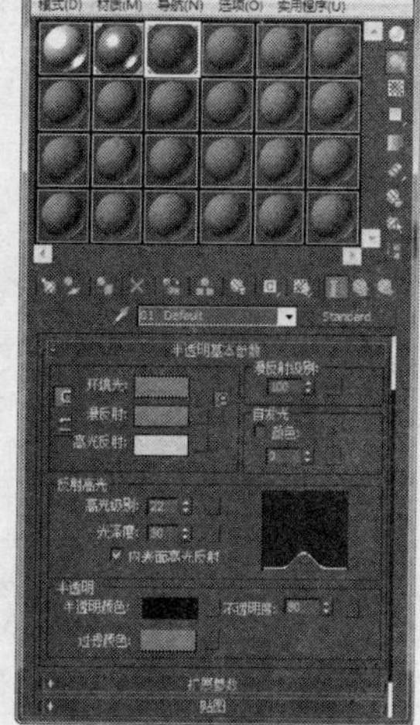

图 7-26　配置第 3 个材质球

“明暗器基本参数”卷展栏用于选择要用于标准材质的明暗器类型，此外，选中“线框”选项，将以线框模式渲染材质；选中“双面”选项，会将材质应用到选定面的双面；选中“面贴图”选项，会将材质应用到几何体的各面；选中“面状”选项，就像表面是平面一样，渲染表面的每一面。明暗器下拉列表中主要提供了以下明暗器。

- 各向异性：适用于椭圆形表面，这种情况有“各向异性”高光。如果为头发、玻璃或磨沙金属建模，这些高光很有用。
- Blinn：适用于圆形物体。

- 金属：适用于金属表面。
- 多层：适用于比各向异性更复杂的高光。
- Oren-Nayar-Blinn：适用于无光表面（如纤维或赤土）。
- Phong：适用于具有强度很高的、圆形高光的表面。
- Strauss：适用于金属和非金属表面。Strauss 明暗器的界面比其他明暗器的简单。
- 半透明：与 Blinn 着色类似，“半透明”明暗器也可用于指定半透明，这种情况下光线穿过材质时会散开。

（8）将第 3 个材质球拖放到视口中“电子体温计”的“液晶显示器”对象上。

（9）选定示例窗中的第 3 个材质球，在“明暗器基本参数”卷展栏的明暗器下拉列表中选择“金属”选项，再将其环境光和漫反射颜色设置为浅灰色，将“高光级别”设置为 2，将“光泽度”设置为 14，参数设置如图 7-27 所示。

提示　标准材质还提供了一个“扩展参数”卷展栏，该卷展栏用于对基本参数卷展栏中的数作进一步的控制补充。主要选项如下。

- 高级透明设置：使用“高级透明”组中的控件，可以设置透明材质的不透明度衰减、也可以选择应用不透明度的方式，还可以设置折射贴图和光线跟踪所使用的折射率。
- 线框参数设置：“线框”组中的参数可以设置线框的大小和度量方式。
- 反射暗淡参数设置：“反射暗淡”组中的控件用于使阴影中的反射贴图显得暗淡。

（10）将第 4 个材质球拖放到视口中“电子体温计”的“测量头”对象上。

（11）关闭或最小化“精简材质编辑器”窗口，按下快捷键【F9】渲染视口，效果如图 7-28 所示。

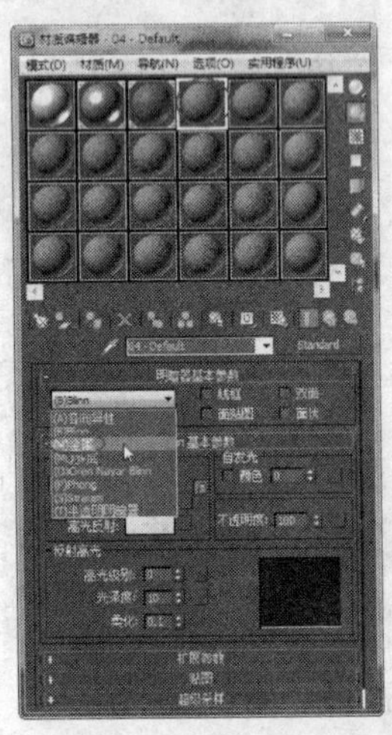
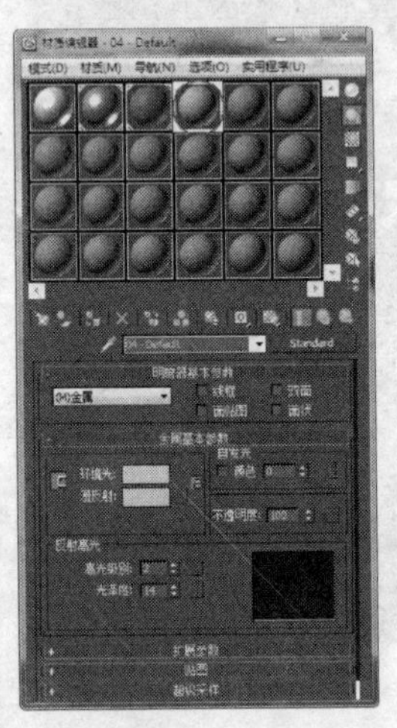
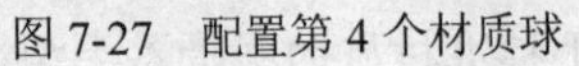

图 7-27　配置第 4 个材质球

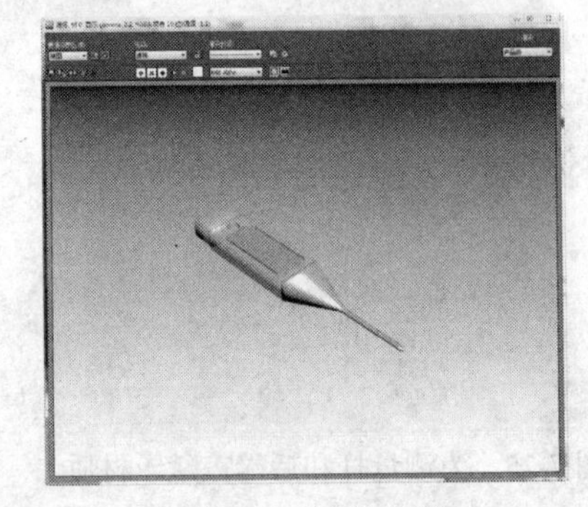

图 7-28　渲染效果

（12）保存场景文件，完成“电子体温计”的材质配置。

7.4 实例：配置“茶几”材质（建筑材质）

3ds Max 的材质种类繁多，每种材质又提供了很多参数选项，要精确地配置和指定材质，需要了解材质参数的含义，熟悉这些参数的设置方法。为提高材质配置的速度和准确度，系统提供了一种事先设置了参数的“建筑”材质，这类材质预设了常用建材的模板，选择某种模板（如金属、石材等），就自动设置了相应材质的物理属性，只需适当修改个别参数即可提供逼真的效果。

本节将为本书 2.1 节所制作的“茶几”模型配置材质，赋予材质后“茶几”的效果如图 7-29 所示，材质的具体参数请参考本书“配套资料\chapter07\7-4 茶几.max”文件。

（1）打开本书第 2 课第 1 节制作的“茶几”模型，单击【应用程序】按钮，从出现的菜单中选择【另存为】命令，将其另存为名为“7-4 茶几.max”的场景文件。

（2）单击“主工具”栏上的【材质编辑器】工具。打开“Slate 材质编辑器”窗口。展开“材质/贴图浏览器”面板中的“材质”选项，从“标准”列表中选择“建筑”材质，将其拖放到“视图 1”面板中，如图 7-30 所示。

图 7-29　“茶几”的材质配置效果

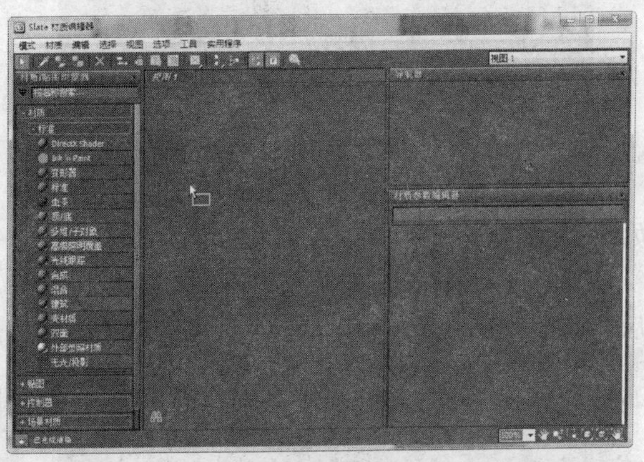

图 7-30　在视图中添加建筑材质

（3）右击“视图 1”中材质的标题栏，从出现的快捷菜单中选择【重命名】命令，在出现的“重命名”对话框中将材质命名为“桌面”，如图 7-31 所示。

（4）双击“桌面”材质标题栏，“材质参数编辑器”面板中将出现“建筑”材质的设置选项。从“模板”卷展栏的“模板”下拉列表中选择“擦亮的石材”选项，出现预设材质的物理性质参数，如图 7-32 所示。

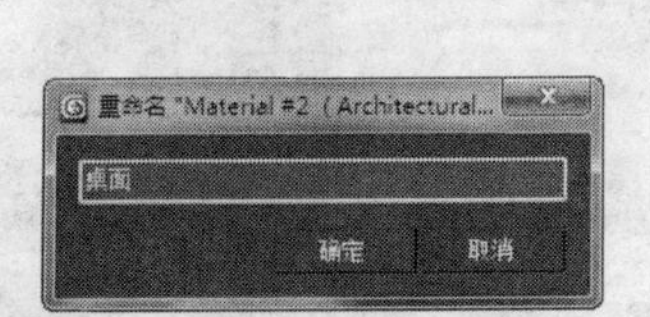

图 7-31　重命名材质

图 7-32　选择材质模板

（5）打开“Windows 资源管理器”，找到并选定事先准备好的材质贴图图像（本例选择一种大理石贴图），然后将其拖放到“漫反射贴图”栏的贴图按钮上，为材质指定大理石贴图，如图 7-33 所示。

（6）指定贴图后，在“视图 1”中可以看到，“桌面”材质自动添加到一个节点并在其中显示可设置的贴图参数，如图 7-34 所示。

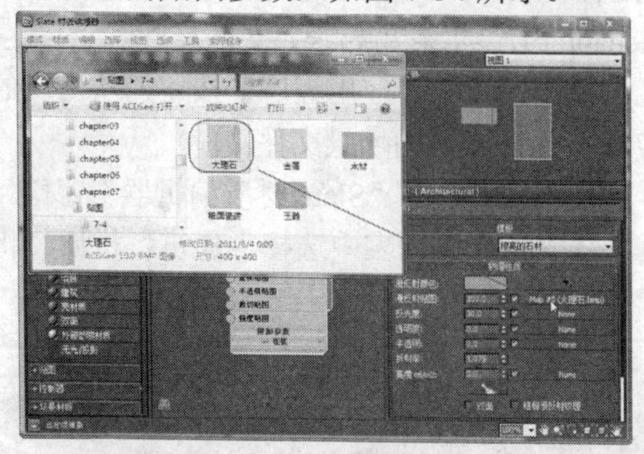

图 7-33　为材质指定大理石贴图

图 7-34　添加贴图后出现的节点

（7）再拖入一个“建筑”材质，将其命名为“桌脚”，并从模板中选择“粗的木材”选项，如图 7-35 所示。

（8）在“Windows 资源管理器”中找到并选定事先准备好的一种“木材”贴图图像，然后将其拖放到“漫反射贴图”栏的贴图按钮上，为材质指定木材贴图，如图 7-36 所示。

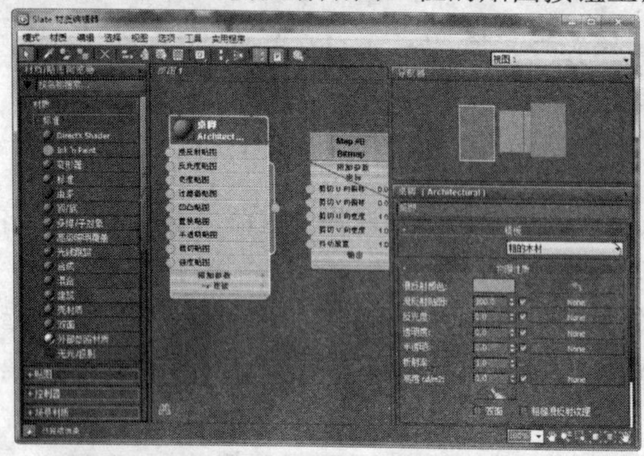

图 7-35　增加“桌脚”材质

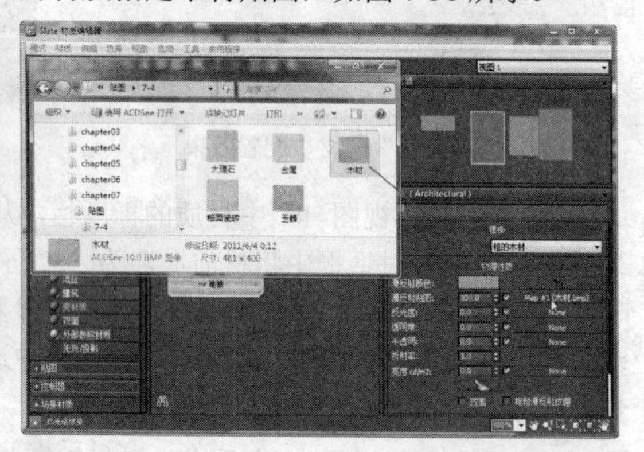

图 7-36　为“桌脚”材质指定贴图

（9）再拖入一个“建筑”材质，将其命名为“茶壶”，并从模板中选择“金属”选项，如图 7-37 所示。

（10）在“Windows 资源管理器”中找到并选定事先准备好的一种“金属”贴图图像，然后将其拖放到“漫反射贴图”栏的贴图按钮上，为材质指定金属贴图，如图 7-38 所示。

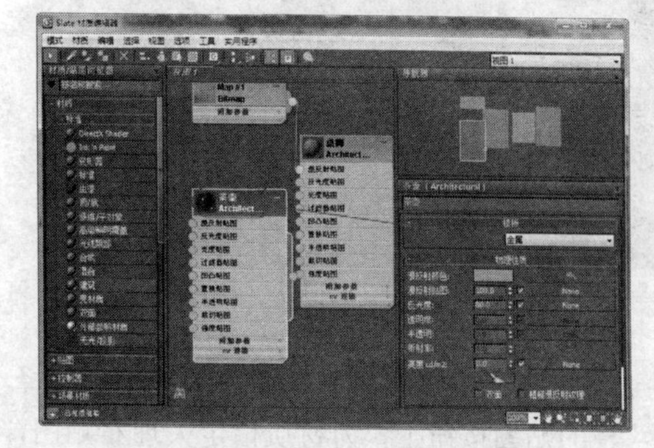

图 7-37　增加“茶壶”材质

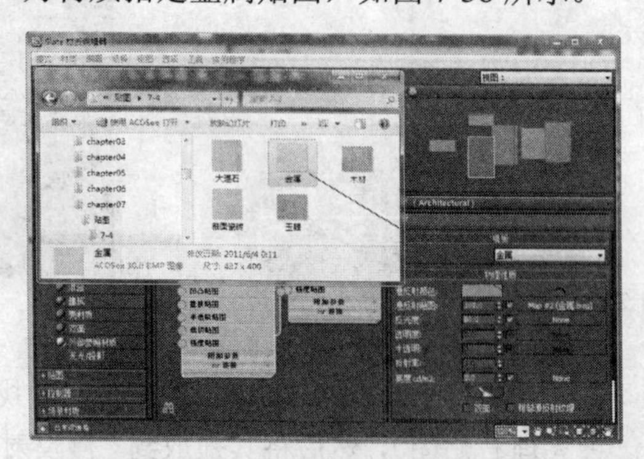

图 7-38　为“茶壶”材质指定贴图

（11）再拖入一个“建筑”材质，将其命名为“手镯”，并从模板中选择“擦亮的石材”选项，如图 7-39 所示。

（12）在“Windows 资源管理器”中找到并选定事先准备好的一种“玉器”贴图图像，然后将其拖放到“漫反射贴图”栏的贴图按钮上，为材质指定玉器贴图，如图 7-40 所示。

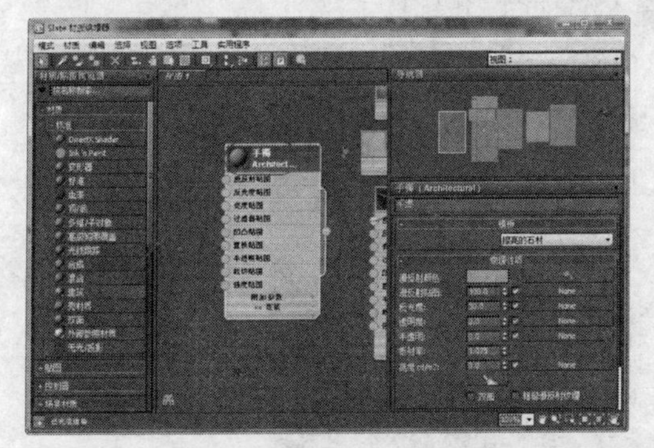

图 7-39　添加“手镯”材质

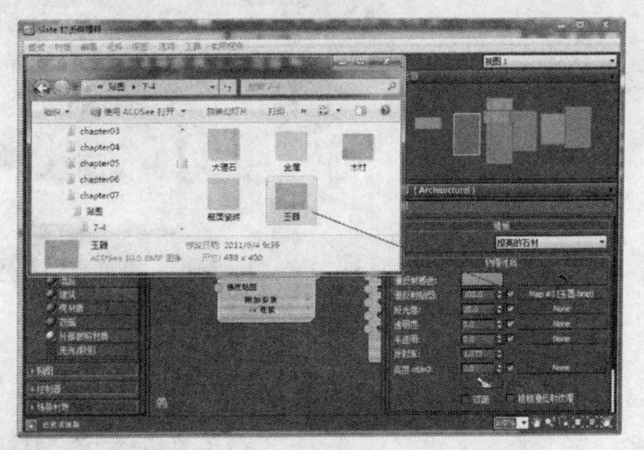

图 7-40　为“手镯”材质指定贴图

（13）最后，再拖入一个“建筑”材质，将其命名为“地面”，并从模板中选择“瓷砖，光滑的”选项，如图 7-41 所示。

（14）在“Windows 资源管理器”中找到并选定事先准备好的一种“釉面瓷砖”贴图图像，然后将其拖放到“漫反射贴图”栏的贴图按钮上，为材质指定釉面瓷砖贴图，如图 7-42 所示。

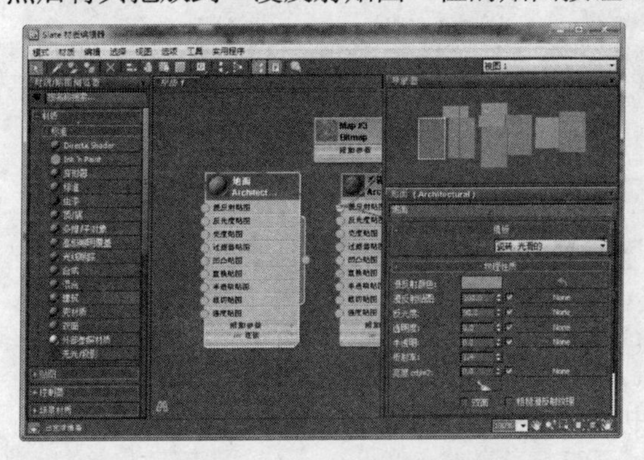

图 7-41　添加“地面”材质

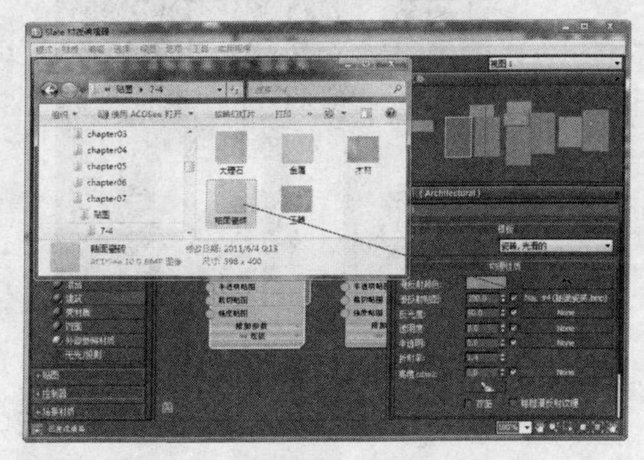

图 7-42　为“地面”材质指定贴图

（15）在“视图 1”中适当调整各个材质及其节点的位置，如图 7-43 所示。

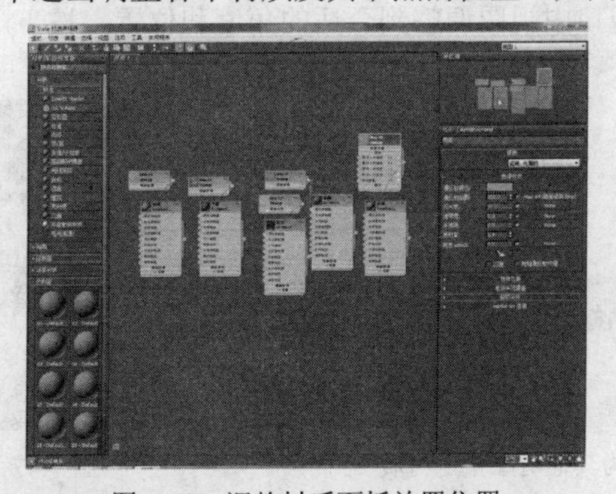

图 7-43　调整材质面板放置位置

（16）将“透视”视口最大化显示，然后选定视口中的“茶几桌面”对象，激活“Slate材质编辑器”中名为“桌面”的材质，单击【将材质指定给选定对象】按钮，将材质指定给“茶几桌面”，如图 7-44 所示。

图 7-44　为“茶几桌面”指定材质

（17）再单击【视口中显示明暗处理材质】按钮，使视口中显示出贴图效果，如图 7-45 所示。

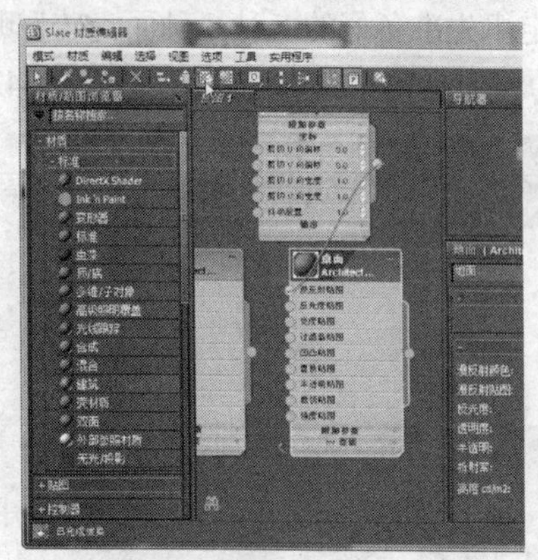

图 7-45　在视口中显示贴图效果

（18）用同样的方法将其他设置好的材质分别指定给视口中的“桌脚”、“手镯”、“茶壶”和“地面”对象，效果如图 7-46 所示。

（19）将“透视”视口中视图调整到合适的角度和位置，按下【F9】键快速渲染视口，效果如图 7-47 所示。

图 7-46　为其他对象指定材质

图 7-47　渲染效果

（20）保存场景文件，完成“茶几”的材质配置。

7.5　实例：配置“床”材质（复合材质）

复合材质是一种由两个或两个以上的子材质通过一定方法组合而成的特殊材质，其子材质既可以是标准材质，也可以是其他复合材质。复合材质的类型很多，常用的主要有“虫漆”材质、“顶/底”材质、“多维/子对象”材质、“光线跟踪”材质、“合成”材质、“混合”材质、“双面”材质和“无光/投影”材质等类型。

本节将为本书 2.2 节所制作的“床”模型配置一种“多维/子对象”材质，赋予材质后“床”的效果如图 7-48 所示，材质的具体参数请参考本书“配套资料\chapter07\7-5 床.max”文件。

1. 指定“多维/子对象”材质

（1）打开本书第 2 课第 2 节制作的“床”模型，单击【应用程序】按钮，从出现的菜单中选择【另存为】命令，将其另存为名为“7-5 床.max”的场景文件。

（2）单击“主工具”栏上的【材质编辑器】工具下的小三角形弹出式按钮，从出现的弹出式菜单中选择【精简材质编辑器】工具，打开“精简材质编辑器”窗口。

（3）选中示例窗中的第 1 个材质球，将其命名为“床”，如图 7-49 所示。

图 7-48　“床”赋予材质的效果

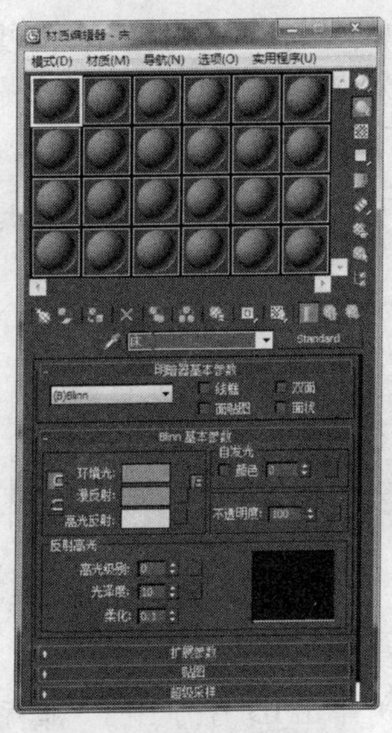

图 7-49　命名材质

（4）单击【材质类型】按钮 Standard ，在出现的“材质/贴图浏览器”中选择“多维/子对象”材质。单击【确定】按钮，出现“多维/子对象基本参数”卷展栏，如图 7-50 所示。

提示　“多维/子对象”材质使用子对象层级，根据材质的 ID 值，将多种材质指定给单个对象或选定的一组对象。“多维/子对象基本参数”卷展栏中主要选项的含义如下。

- “设置数量”选项：用于设置对象子材质的数目，系统默认的数目为 10 个。
- “子材质”选项：用于设置子材质。设置时，单击下方参数区卷展栏中间的按钮进入子材质的编辑层，对子材质进行编辑。单击按钮右边的颜色框，能够改变子材质的颜色，而最右边的小框决定是否使当前子材质发生作用。

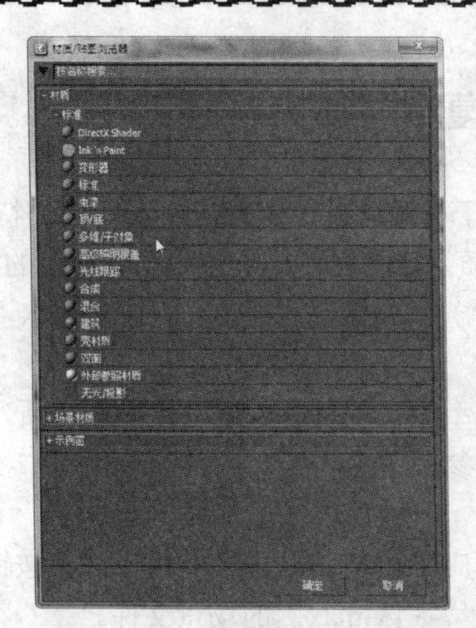

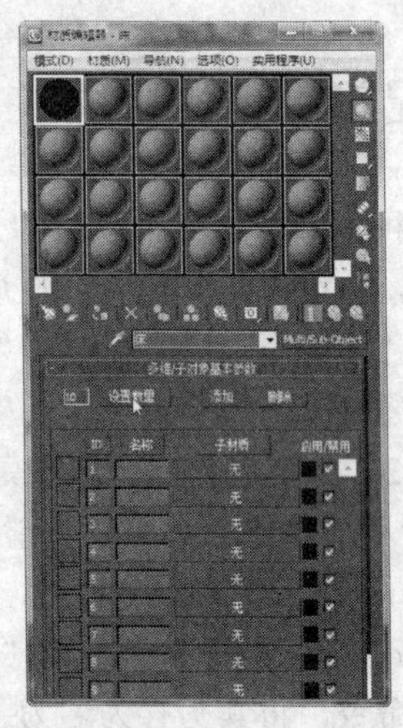

图 7-50 进入“多维/子对象”材质设置环境

（5）在“多维/子对象基本参数”卷展栏中单击【设置数量】按钮，出现“设置材质数量”对话框，将材质数量设置为 6，设置后单击【确定】按钮，即可将“多维/子对象基本参数”卷展栏中的子材质的数目从 10 个更改为 6 个，如图 7-51 所示。

（6）将 6 个子材质的名称分别修改为“靠背”、“床垫”、“床体”、“床头柜”、“拉手”和“床头柜脚”，如图 7-52 所示。

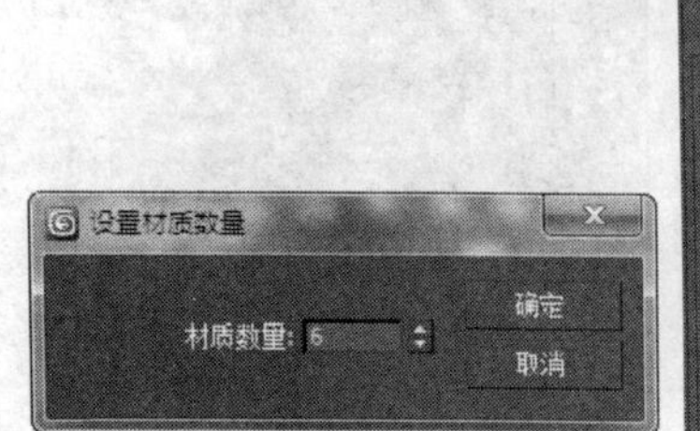

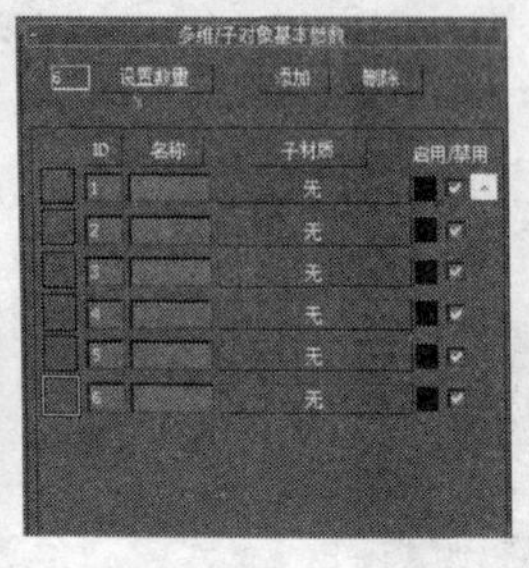

图 7-51 更改子材质的数目

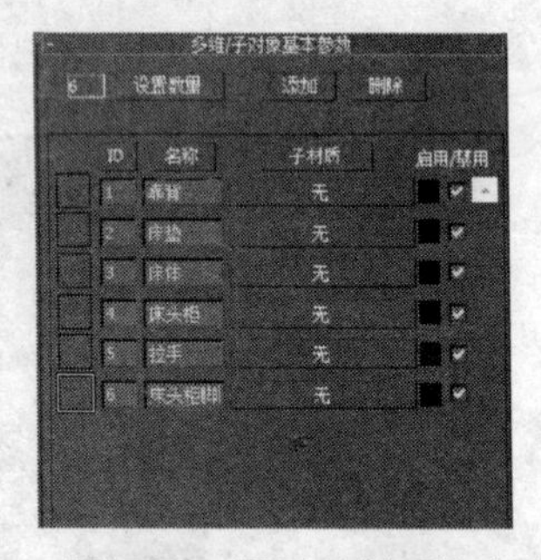

图 7-52 设置子材质的名称

2. 配置 1 号子材质

（1）单击 ID 号为 1 的“靠背”选项后的“子材质”按钮（默认名称为“无”），在出现的“材质/贴图浏览器”对话框中选择“双面”材质选项，如图 7-53 所示。

（2）单击【确定】按钮，在“材质编辑器”对话框中出现“双面基本参数”卷展栏，如图 7-54 所示。

双面材质是一种能够为对象的前和后两个面指定不同质感的特殊材质。为对象指定双面材质后，可以很直观地观察到对象的背面。“双面基本参数”卷展栏中主要选项的含义如下。

● “半透明”选项：用于设置表面、背面材质显现的百分比。当数值为 0 时，第 2 种材质不可见，当数值为 100 时第 1 种材质不可见。

● “正面材质”选项：用于设置对象表面的材质类型和参数，其默认材质为“标准”材质。单击其右侧的材质类型选择按钮，可以选择并设置正面材质的类型。

● “背面材质”选项：用于设置背面材质的类型，设置方法与正面材质相同。

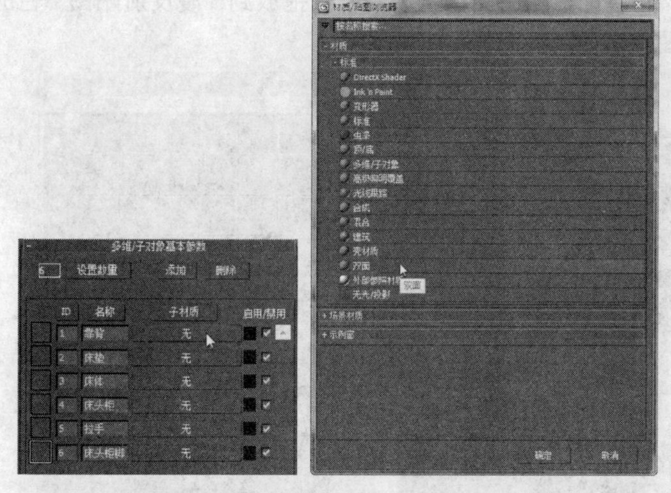

图 7-53　将“靠背”子材质设置为双面材质

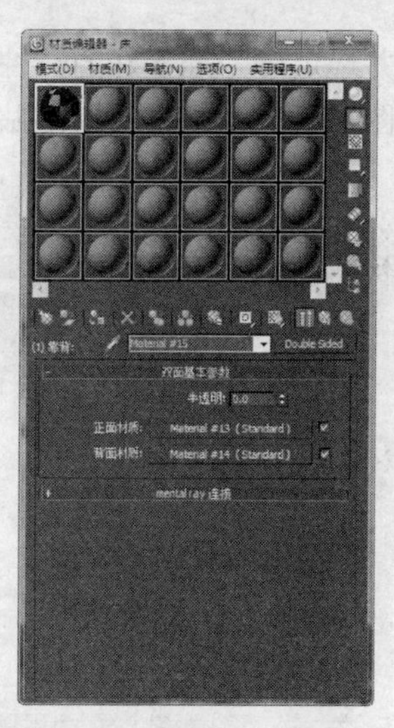

图 7-54　材质设置选项

（3）单击“正面材质”选项右侧的材质类型选择按钮，进入“正面材质”编辑状态，单击其中的【材质类型】按钮，在出现的“材质/贴图浏览器”对话框中选择“建筑”材质作为对象的“表面”材质，如图 7-55 所示。

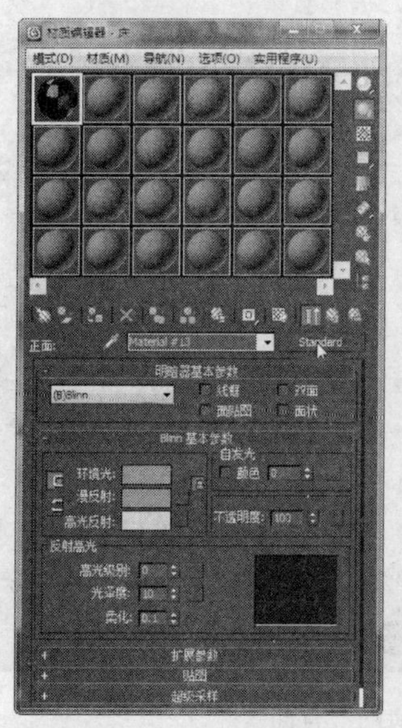

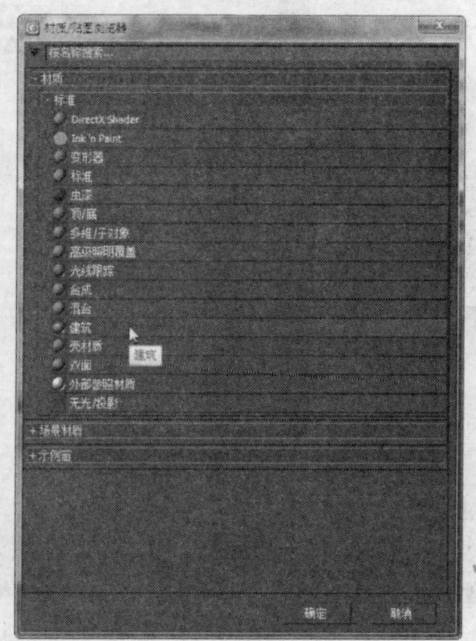

图 7-55　设置“正面材质”的类型

（4）单击【确定】按钮，出现“建筑”材质设置选项。从“模板”中选择“纺织品”选项，然后在“Windows 资源管理器”中将事先准备好的“靠背正面”贴图图像拖放到“漫反射贴图”栏的贴图按钮上，为材质指定贴图，如图 7-56 所示。

（5）将子材质命名为“靠背正面”，然后单击【转到父对象】按钮返回“双面”材质编辑环境，如图 7-57 所示。

（6）单击“背面材质”选项右侧的材质类型选择按钮，进入“背面材质”编辑状态，单击其中的【材质类型】按钮，在出现的“材质/贴图浏览器”对话框中选择“建筑”材质作为对象的“背面”材质，然后将材质模板选择为“粗的木材”。在“Windows 资源管理器”中找到并选定事先准备好的一种用于“靠背背面”贴图图像，然后将其拖放到“漫反射贴图”栏的贴图按钮上，为材质指定贴图，如图 7-58 所示。

图 7-56　配置“正面材质”选项

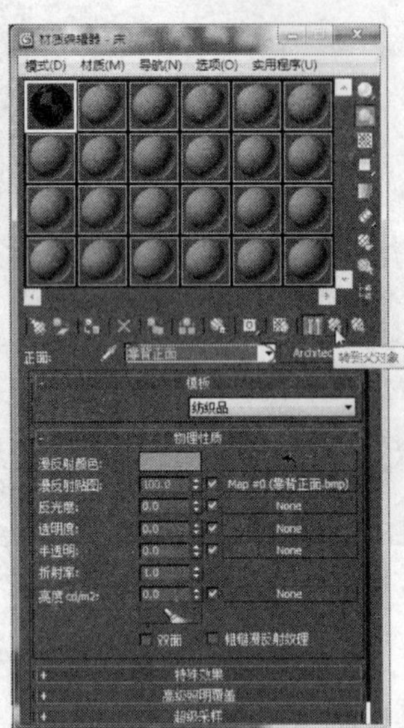

图 7-57　设置子材质名称

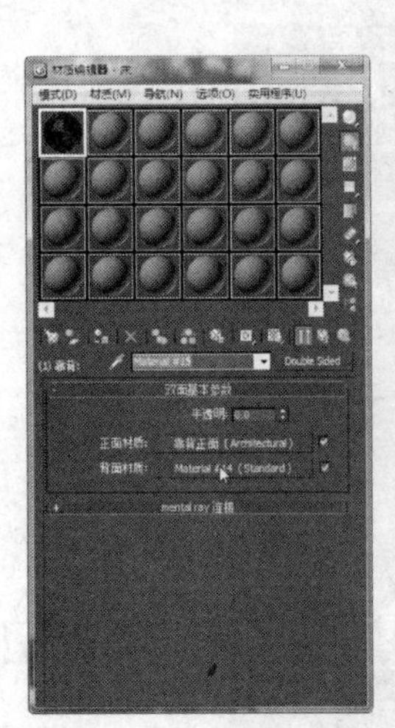

图 7-58　配置双面材质的“背面”

3. 配置 2~6 号子材质

（1）双面材质的两个面都配置完成后，单击【转到父对象】按钮返回“多维/子对象”材质编辑环境，单击 ID 号为 2 的“床垫”选项后的“子材质”按钮，在出现的“材质/贴图浏览器”对话框中选择“建筑”材质选项，从“模板”中选择“纺织品”，并将材质命名为“床垫”，然后在“Windows 资源管理器”中将事先准备好的“床垫”贴图图像拖放到“漫反射贴图”栏的贴图按钮上，为材质指定贴图，如图 7-59 所示。

（2）单击【转到父对象】按钮返回“多维/子对象”材质编辑环境，单击 ID 号为 3 的“床体”选项后的“子材质”按钮，在出现的“材质/贴图浏览器”对话框中选择“混合”材质选项，如图 7-60 所示。

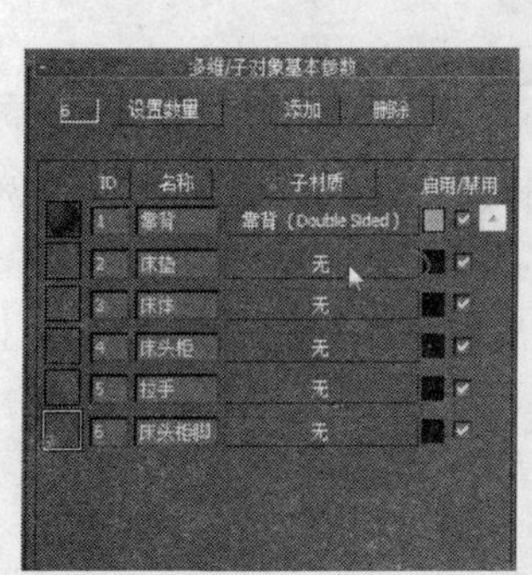
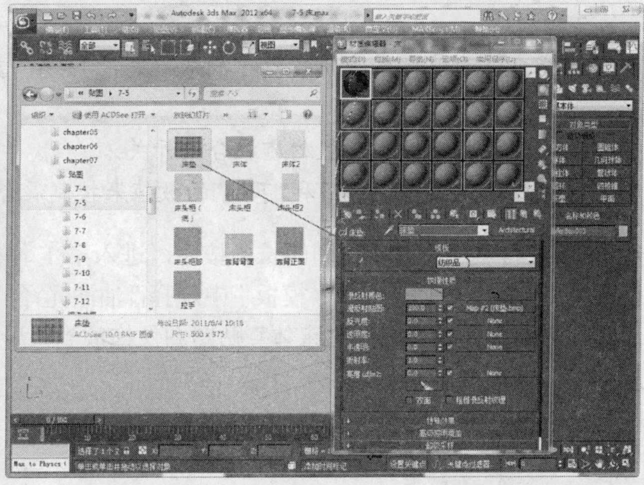

图 7-59　配置“床垫”材质

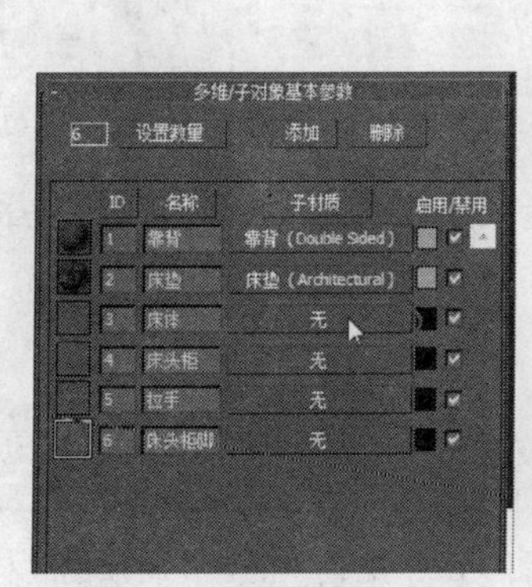
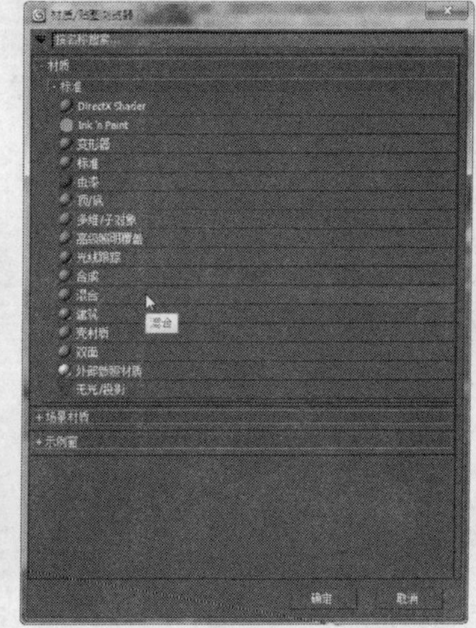

图 7-60　将“床体”材质设置为混合材质

（3）单击【确定】按钮进入“混合”材质编辑环境，出现如图 7-61 所示的“混合基本参数”卷展栏。

混合材质是一种将两种材质混合使用到曲面的一个面上的材质。“混合基本参数”卷展栏的主要参数如下。

● 材质 1：单击其长条按钮，将出现第 1 种材质的材质编辑器，可设定该材质的贴图、参数等。

● 材质 2：单击其长条按钮，将出现第 2 种材质的材质编辑器，也可以调整第 2 种材质的各种选项。

● 遮罩：单击其长条按钮，将出现材质/贴图浏览器，可以从中选择一张贴图作为遮罩，对上面材质 1 和材质 2 进行混合调整。

● 交互式：在材质 1 和材质 2 中选择一种材质展现在物体表面，主要在以实体着色方式进行交互渲染时运用。

● 混合量：用于调整两个材质的混合百分比。当数值为 0 时只显示第一种材质，为 100

时只显示第 2 种材质。

- 混合曲线：以曲线方式来调整两个材质混合的程度，其中的曲线将随时显示调整的状况。
- 使用曲线：以曲线方式设置材质混合的开关。
- 转换区域：通过更改“上部”和“下部”的数值来控制混合曲线。

（4）单击“材质 1”选项右侧的长条按钮，进入第 1 种材质的材质编辑环境。本例将材质类型设置为“建筑”材质，并从“模板”中选择“油漆光泽的木材”选项，然后在“Windows 资源管理器”中将事先准备好的“床体”贴图图像拖放到“漫反射贴图”栏的贴图按钮上，为材质指定贴图，如图 7-62 所示。

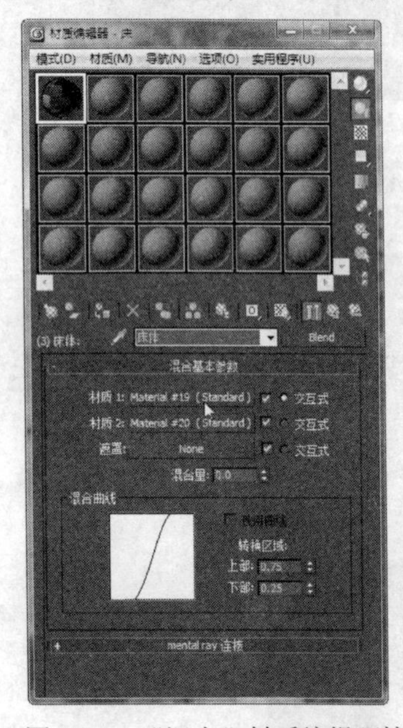

图 7-61 “混合”材质编辑环境

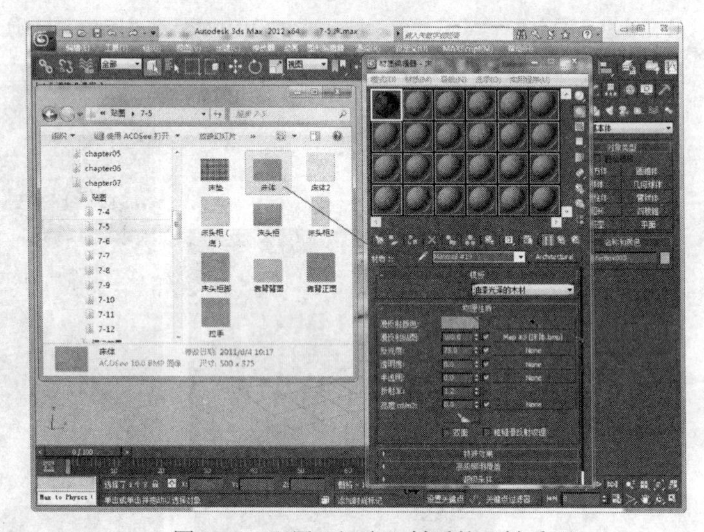

图 7-62 配置“混合”材质的“材质 1”

（5）单击【转到父对象】按钮返回“混合”材质编辑环境，单击“材质 2”选项右侧的长条按钮，进入第 2 种材质的材质编辑环境。本例将材质类型设置为“建筑”材质，并从“模板”中选择“绘制光泽面”选项，然后在“Windows 资源管理器”中将事先准备好的“床体 2”贴图图像拖放到“漫反射贴图”栏的贴图按钮上，为材质指定贴图，如图 7-63 所示。

（6）单击【转到父对象】按钮返回“混合”材质编辑环境，在其中设置如图 7-64 所示的“转换区域”参数。

（7）单击【转到父对象】按钮返回“多维/子对象”材质编辑环境，单击 ID 号为 4 的“床头柜”选项后的“子材质”按钮，在出现的“材质/贴图浏览器”对话框中选择“顶/底”材质选项，如图 7-65 所示。

（8）单击【确定】按钮进入“顶/底”材质编辑环境，出现如图 7-66 所示的“顶/底基本参数”卷展栏。

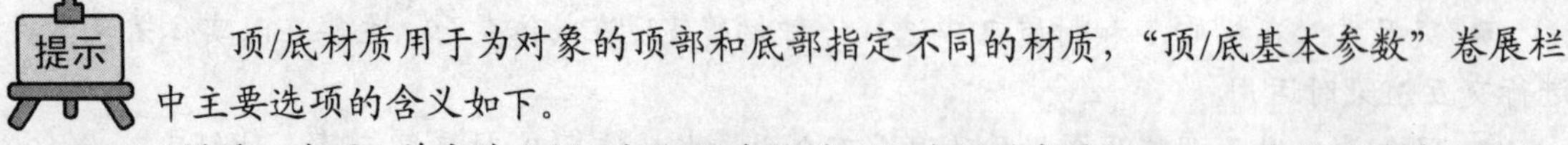

提示 顶/底材质用于为对象的顶部和底部指定不同的材质，“顶/底基本参数”卷展栏中主要选项的含义如下。

- “顶材质”选项：单击其右侧的按钮将直接进入标准材质卷展栏，可以对顶材质进行设置。

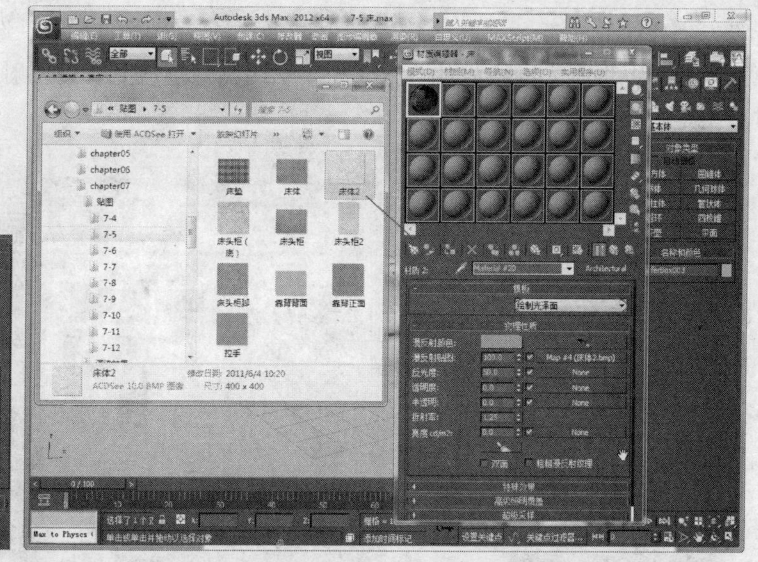

图 7-63　配置“混合”材质的“材质 2”

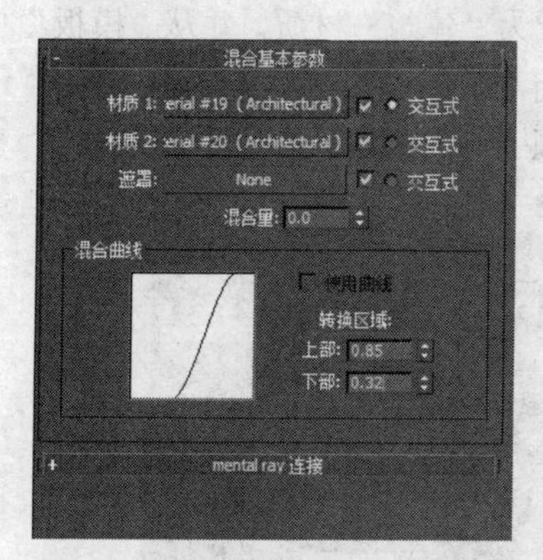

图 7-64　设置“转换区域”参数

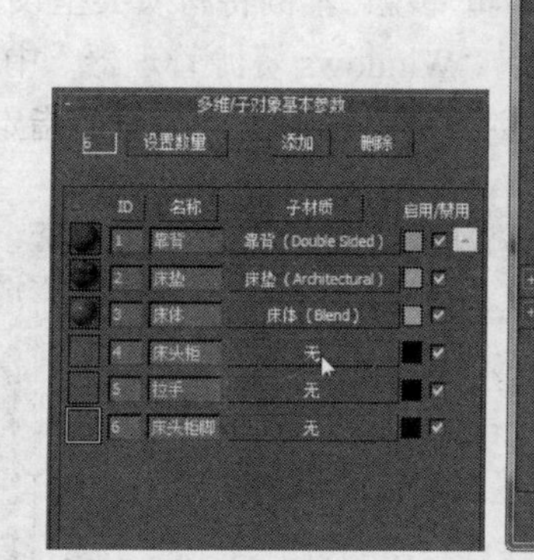

图 7-65　将“床头柜”材质设置为“顶/底”材质

● “底材质”选项：单击其右侧的按钮将直接进入标准材质卷展栏，可以对底材质进行设置。

● “交换”选项：单击该按钮可以把两种材质进行颠倒。即将顶材质置换为底材质，将底材质置换为顶材质。

● “坐标”选项组：用于选择坐标系，设定为“世界”，对象发生变化（如旋转）时，物体的材质将保持不变；设定为“局部”时，旋转变化等将带动物体的材质一起旋转。

● “混合”选项：用于决定上下材质的融合程度。数值为 0 时，不进行融合；为 100 时将完全融合。

● “位置”选项：用于决定上下材质的显示状态。数值为 0 时，只显示第 1 种材质；为 100 时，只显示第 2 种材质。

（9）单击“顶材质”选项右侧的长条按钮，进入“顶材质”编辑环境。本例将材质类型设置为“建筑”材质，并从“模板”中选择“油漆光泽的木材”选项，然后在“Windows 资源管理器”中将事先准备好的“床头柜”贴图图像拖放到“漫反射贴图”栏的贴图按钮上，为材质指定贴图，如图 7-67 所示。

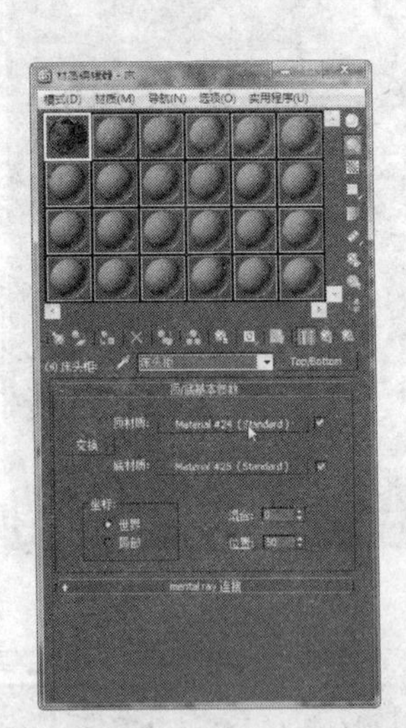

图 7-66 “顶/底”材质编辑环境

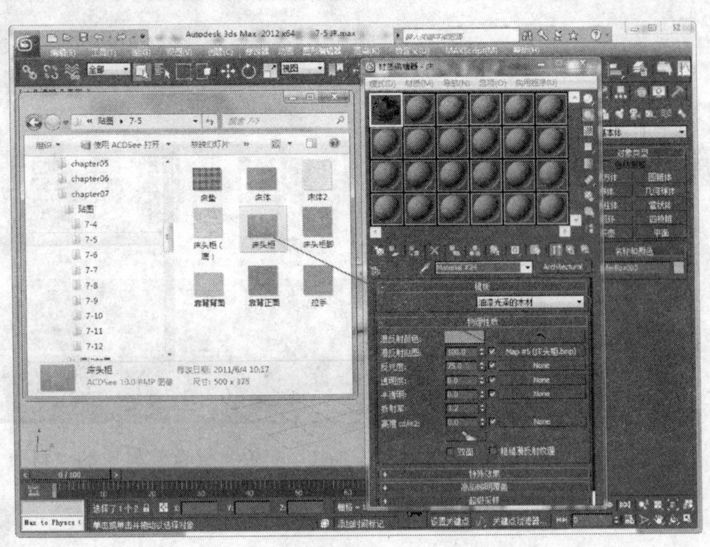

图 7-67 配置“顶材质”

（10）单击【转到父对象】按钮返回“顶/底”材质编辑环境，单击“底材质”选项右侧的长条按钮，进入“底材质”编辑环境。本例将材质类型设置为“建筑”材质，并从“模板”中选择“粗的木材”选项，然后在“Windows 资源管理器”中将事先准备好的“床头柜（底）”贴图图像拖放到“漫反射贴图”栏的贴图按钮上，为材质指定贴图，如图 7-68 所示。

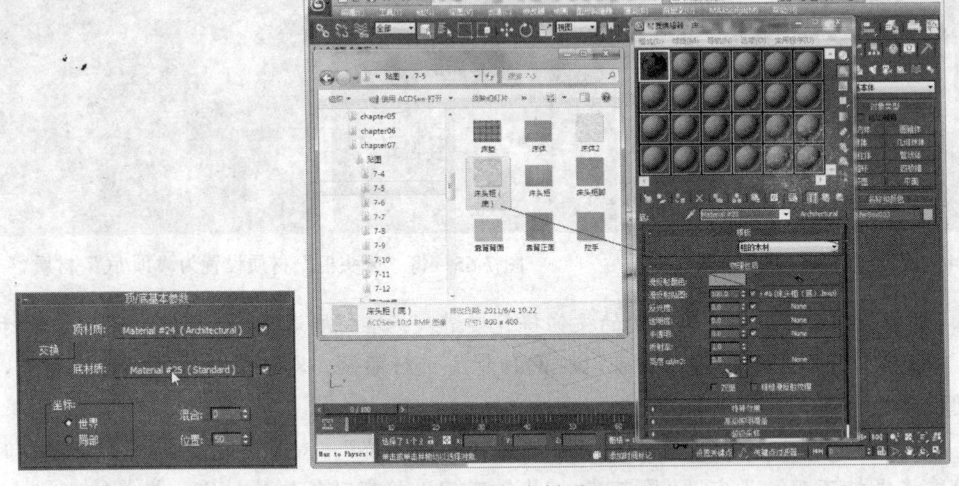

图 7-68 配置“底材质”

（11）单击【转到父对象】按钮返回“顶/底”材质编辑环境，再单击【转到父对象】按钮返回“多维/子对象”材质编辑环境，单击 ID 号为 5 的“拉手”选项后的“子材质”按钮，在出现的“材质/贴图浏览器”对话框中选择“建筑”材质选项将材质类型设置为“建筑”材质，并从“模板”中选择“金属—擦亮的”选项，然后在“Windows 资源管理器”中将事先准备好的“拉手”贴图图像拖放到“漫反射贴图”栏的贴图按钮上，为材质指定贴图，如图

7-69 所示。

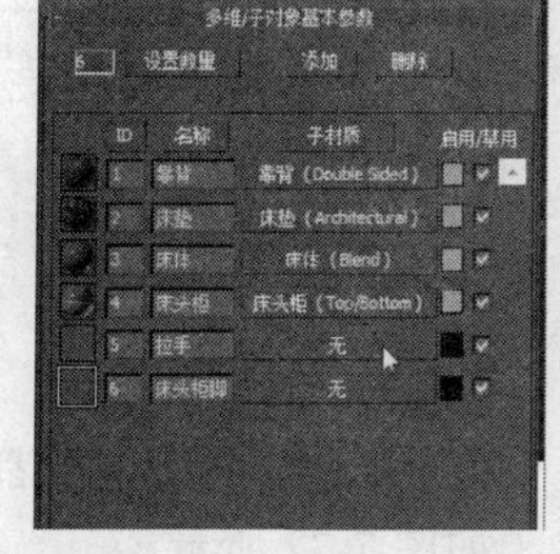

图 7-69　配置“拉手”的材质

（12）返回“多维/子对象”材质编辑环境，单击 ID 号为 6 的“床头柜脚”选项后的“子材质”按钮，为其配置材质，参数设置如图 7-70 所示。

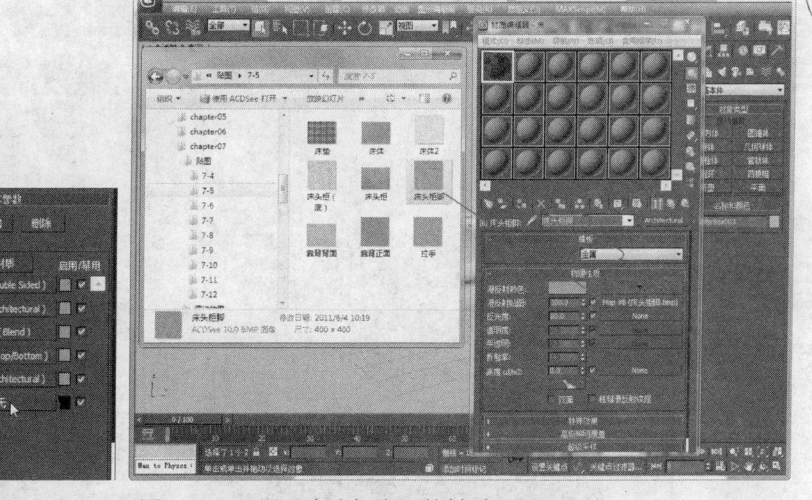

图 7-70　配置“床头柜脚”的材质

（13）6 个子材质都配置好后关闭或最小化“精简材质编辑器”对话框，然后激活“透视”视口，将其最大化显示。

4. 为对象分配 ID 号

（1）按下【Ctrl】+【A】组合键选中视口中的全部对象，从菜单栏中选择【修改器】|【网格编辑】|【编辑多边形】命令，为选定的对象添加“可编辑多边形”修改器。

（2）选中修改器堆栈中的“多边形”层级，然后单击视口中“床垫”对象的任意一个多边形将其选中，如图 7-71 所示。

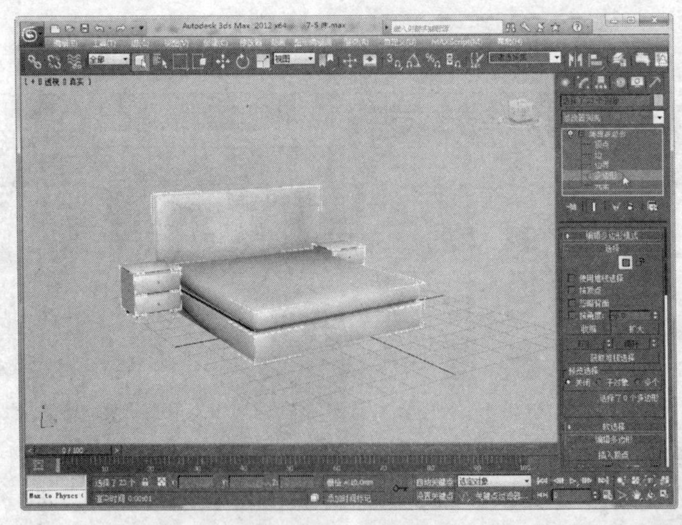

图 7-71　选中“床垫”对象的任意一个多边形

（3）反复单击“选择”卷展栏中的【扩大】按钮，直到“床垫”各个面的多边形对象都被选取，然后展开“多边形：材质 ID”卷展栏，将其 ID 值设置为 2，如图 7-72 所示。

默认情况下，所有多边形对象的 ID 都为 1。在本例中“靠背”的“多维/子对象”材质 ID 为 1，因此不必设置“靠背”对象的 ID。而其他对象的 ID 必须进行设置。

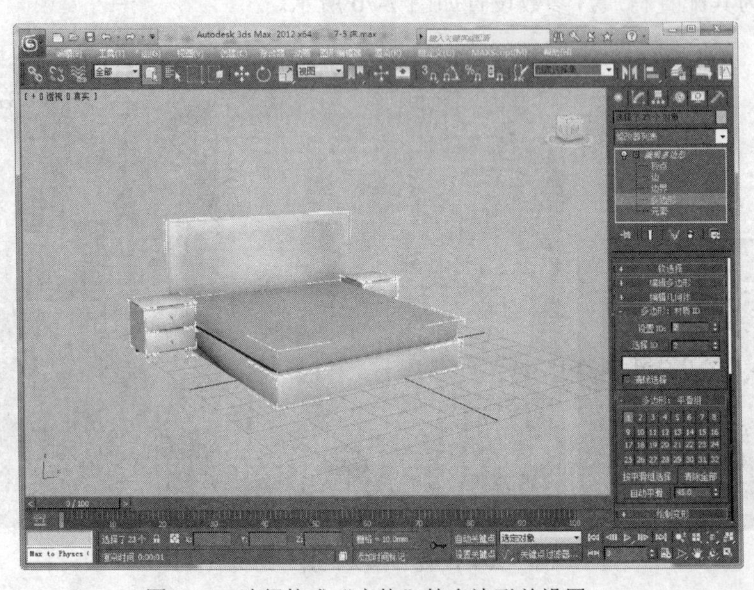

图 7-72　选择构成“床垫”的多边形并设置 ID

（4）单击视口中“床体”对象的任意一个多边形将其选中，然后反复单击“选择”卷展栏中的【扩大】按钮，直到“床垫”各个面的多边形对象都被选取，再展开“多边形：材质 ID”卷展栏，将其 ID 值设置为 3，如图 7-73 所示。

（5）用同样的方法分别设置构成“床头柜”、“拉手”和“床头柜脚”的多边形对象的 ID 值。设置完成后返回“可编辑多边形”层级。

（6）在视口中选中“靠背”“床垫”和“床体”3 个对象，单击鼠标右键，从出现的快捷菜单中选择【隐藏选定对象】命令，将所选的对象隐藏起来，如图 7-74 所示。

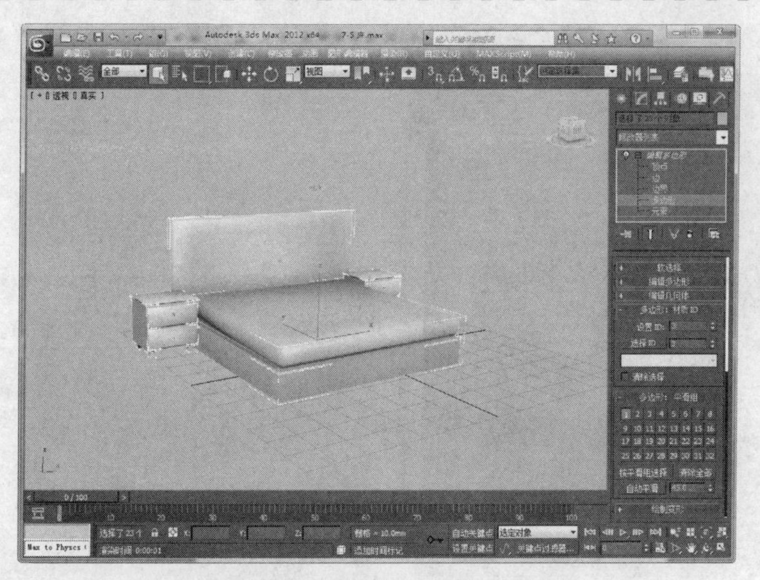

图 7-73　选择构成“床体”的多边形并设置 ID

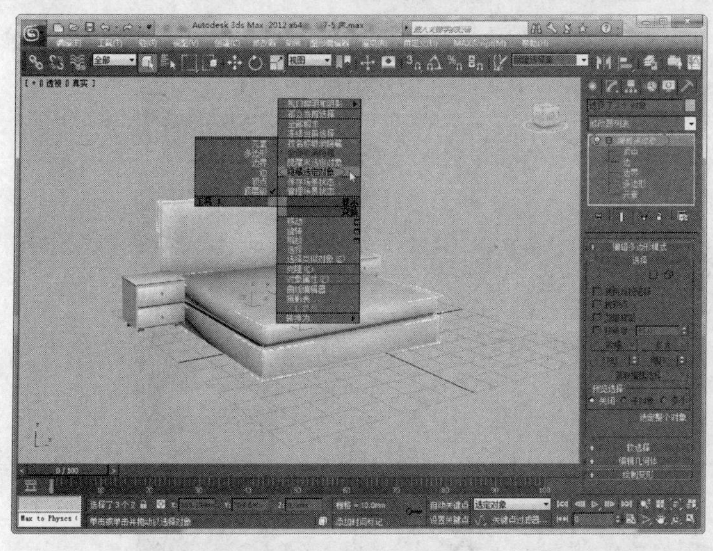

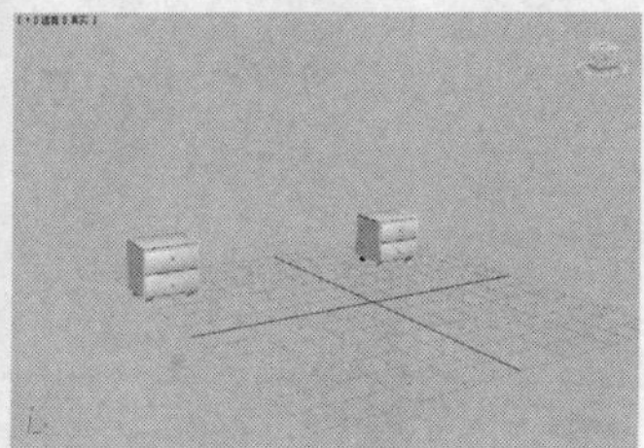

图 7-74　隐藏部分对象

（7）单击“主工具栏”上的【按名称选择】工具，打开“选择对象”对话框，从列表中选择组成“拉手”和“床头柜脚”的 12 个对象，然后单击鼠标右键，从出现的快捷菜单中选择【隐藏选定对象】命令，将所选的对象隐藏起来，如图 7-75 所示。

（8）在修改器堆栈中选中“多边形”层级，然后按下【Ctrl】+【A】组合键，在视口中选中“床头柜”的全部多边形，再展开“多边形：材质 ID”卷展栏，将 ID 值设置为 4，如图 7-76 所示。

（9）返回“可编辑多边形”层级，按下【Ctrl】+【A】组合键选择组成“床头柜”的所有对象，然后单击鼠标右键，从出现的快捷菜单中选择【隐藏选定对象】命令，将所选的对象隐藏起来。

（10）在视口的任意位置单击鼠标右键，从出现的快捷菜单中选择【按名称取消隐藏】命令，打开“选择对象”对话框，从列表中选择组成“拉手”的 4 个对象，然后单击【取消隐藏】命令，将所选的对象重新显示出来，如图 7-77 所示。

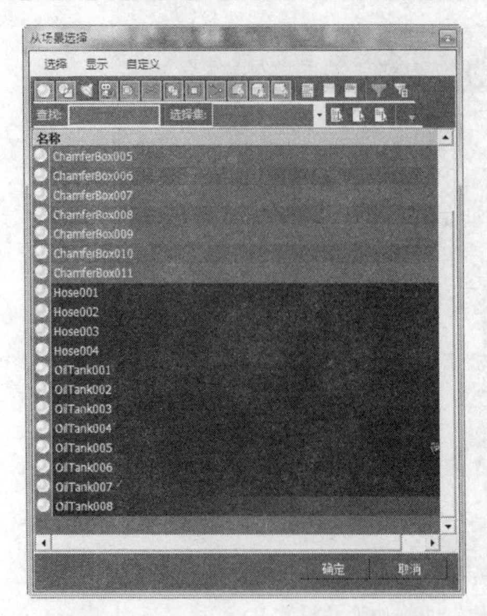

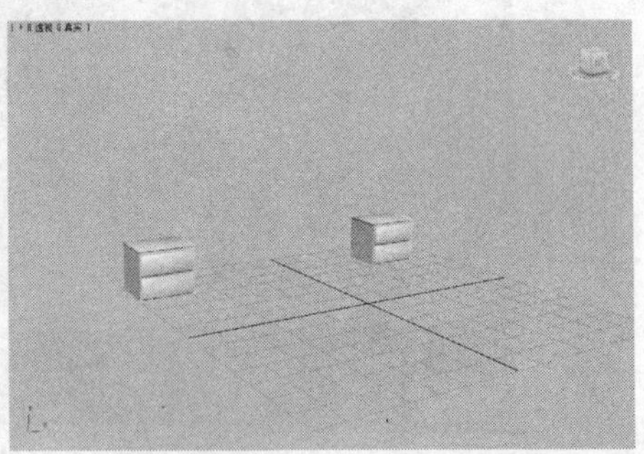

图 7-75 隐藏“拉手”和“床头柜脚”

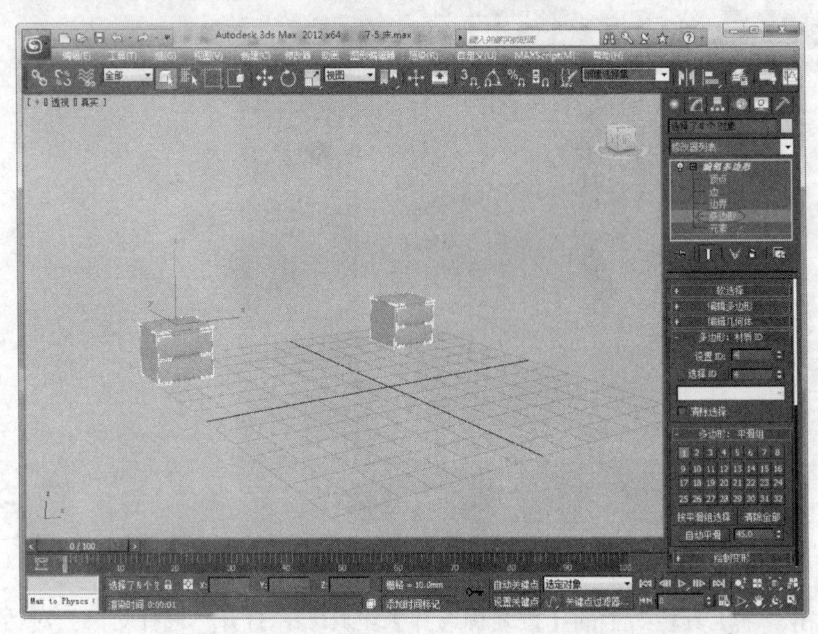

图 7-76 设置构成“床头柜”的多边形的 ID

（11）在修改器堆栈中选择“多边形”层级，然后按下【Ctrl】+【A】组合键在视口中选中“拉手”对象的全部多边形，再展开“多边形：材质 ID”卷展栏，将 ID 值设置为 5，如图 7-78 所示。

（12）返回“可编辑多边形”层级，按下【Ctrl】+【A】组合键选择组成“拉手”的所有对象，然后单击鼠标右键，从出现的快捷菜单中选择【隐藏选定对象】命令，将所选的对象隐藏起来。

（13）在视口的任意位置单击鼠标右键，从出现的快捷菜单中选择【按名称取消隐藏】命令，打开“取消隐藏对象”对话框，从列表中选择组成两个“床头柜脚”的 8 个对象，然后单击【取消隐藏】命令，将所选的对象重新显示出来，如图 7-79 所示。

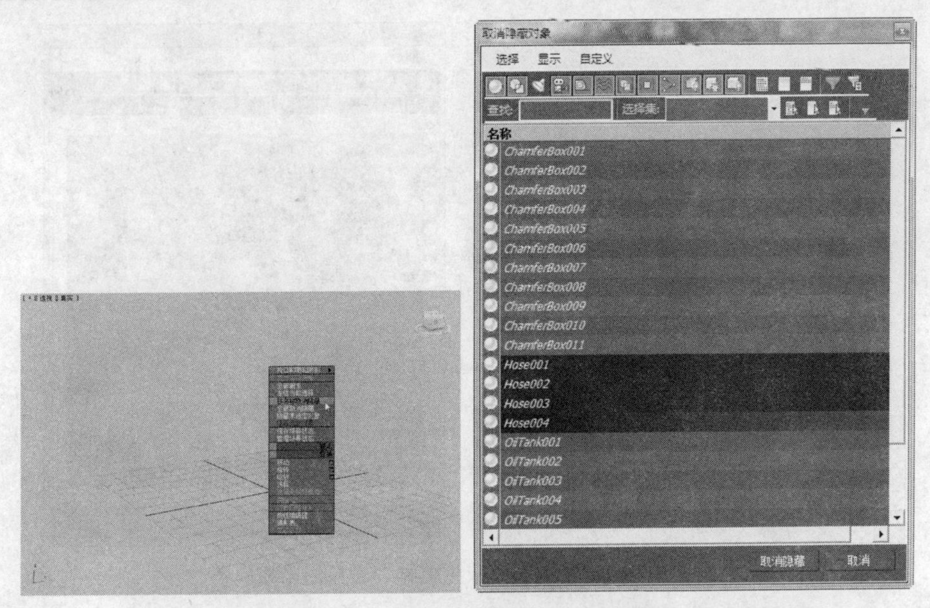

图 7-77　取消对“拉手”对象的隐藏

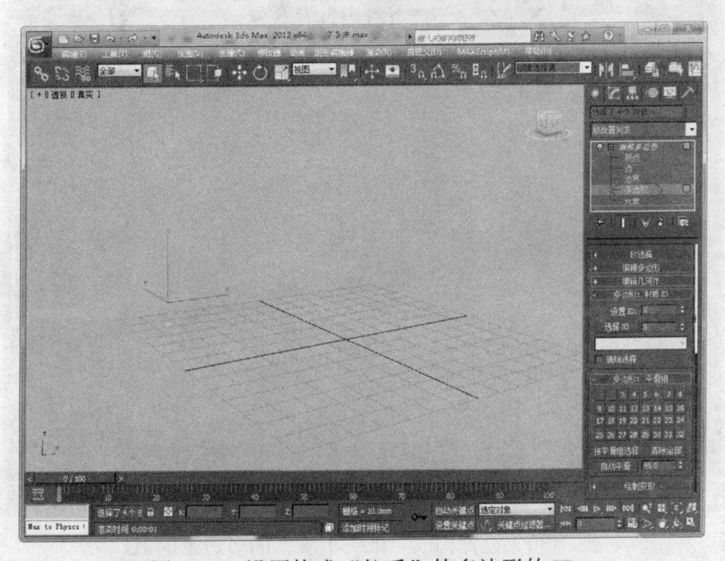

图 7-78　设置构成“拉手”的多边形的 ID

（14）在修改器堆栈中选择“多边形”层级，然后按下【Ctrl】+【A】组合键在视口中选中“床头柜脚”对象的全部多边形，再展开“多边形：材质 ID”卷展栏，将 ID 值设置为 6，如图 7-80 所示。

（15）返回“可编辑多边形”层级，右击视口的空白位置，从出现的快捷菜单中选择【全部取消隐藏】命令，将场景的所有对象重新显示出来，如图 7-81 所示。

5. 为对象指定“多维/子对象”材质

（1）按下【Ctrl】+【A】组合键选定视口的全部对象，再从“材质编辑器”中将第 1 个材质球拖放到选定对象上，出现“指定材质”对话框后选择“指定给选择集”选项，如图 7-82 所示。单击【确定】按钮，即可将配置好的“多维/子对象”材质的各个子材质按 ID 号分别指定给“床”的不同多边形。

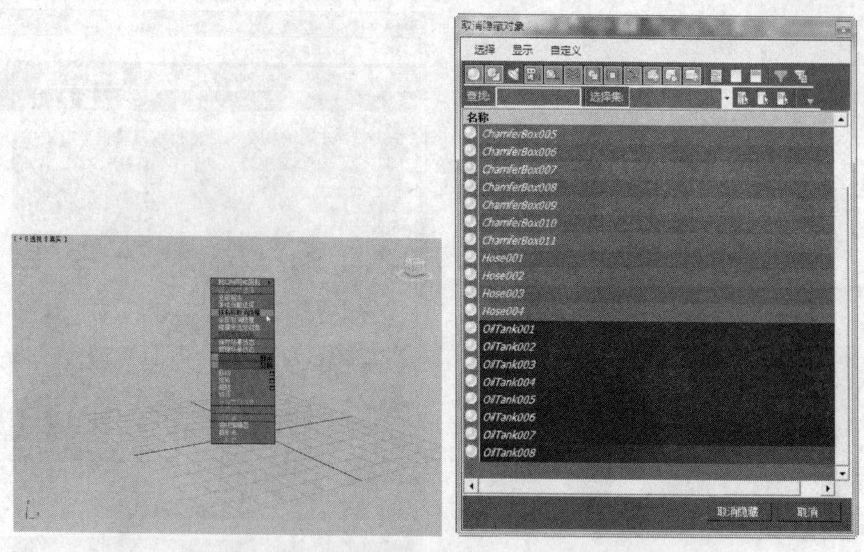

图 7-79　取消对“床头柜脚”对象的隐藏

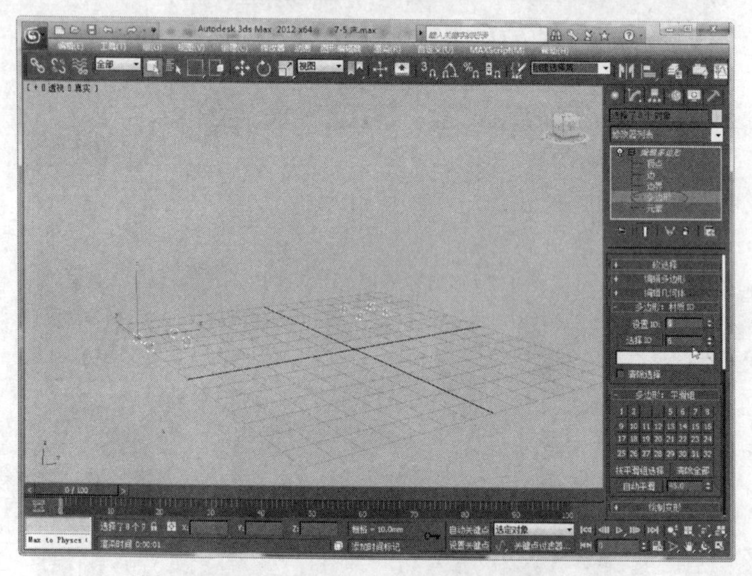

图 7-80　设置构成“床头柜脚”的多边形的 ID

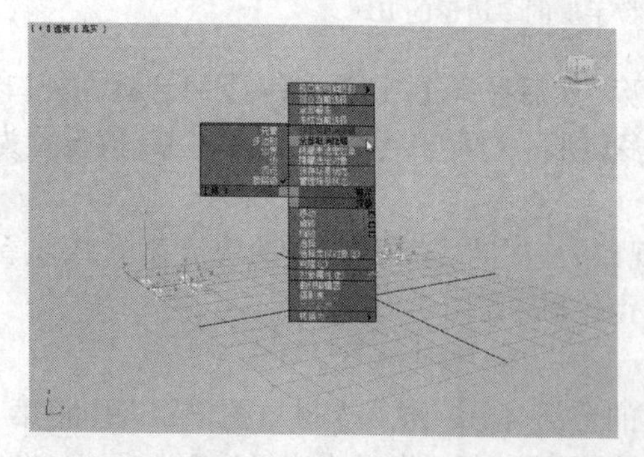

图 7-81　全部取消隐藏

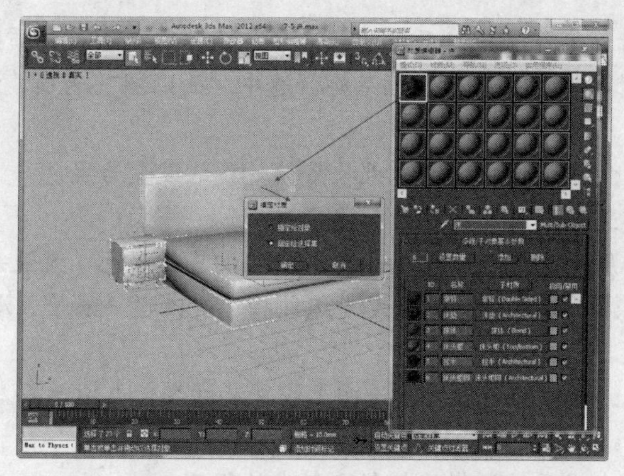

图 7-82　为整个“床”指定材质

可以看到，使用“多维/子对象”材质，不必为每个对象分别指定材质，只需设置好整个对象要用到的各种子材质后，为各个对象的多边形分配 ID 号，然后统一进行指定即可。

（2）在“透视”视口中将视图调整到合适的角度和位置，按下【F9】键快速渲染视口，效果如图 7-83 所示。

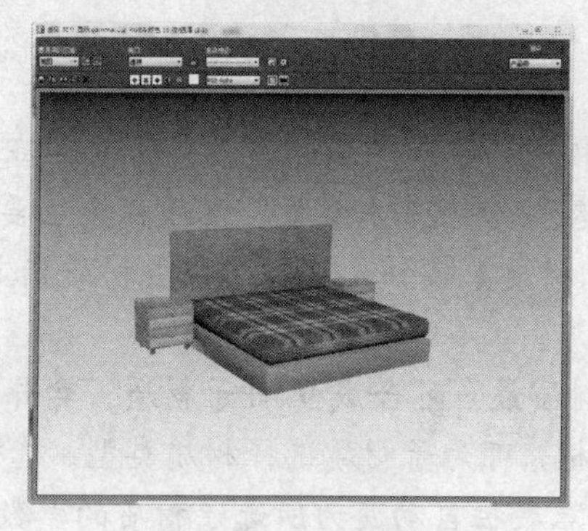

图 7-83　渲染效果

（3）保存场景文件，完成“床”的材质配置。

除本例中涉及到“多维/子对象”材质、“双面”材质、“混合”材质和“顶/底”材质等复合材质外，常用的复合材质还有以下几种。

1）虫漆材质

虫漆材质使用加法合成将一种材质叠加到另一种材质上，并可通过虫漆颜色对两者的混合效果做出调整。“虫漆基本参数”卷展栏中主要选项如下。

- “基础材质”选项：单击其右侧的按钮，可以进入标准材质编辑栏。
- “虫漆材质”选项：单击其右侧的按钮，可以进入虫漆材质编辑栏。
- “虫漆颜色混合”选项：通过百分比控制上述两种材质的混合度。

2）光线跟踪材质

光线跟踪材质具有标准材质的全部特点，并能真实反映光线的反射和折射效果。光线跟踪材质尽管效果很好但需要较长的渲染时间。“光线跟踪基本参数”卷展栏中主要选项如下。

- “着色”选项：光线跟踪材质提供了 4 种渲染方式。选择“双面”选项，光线跟踪材质将在内外表面上均进行渲染；选择“面贴图”选项，将决定是否将材质赋予对象的所有表面；选择“线框”选项，可以将对象设为线框结构；选中“面贴图”选项，就像表面是平面一样，渲染表面的每一面。

● “环境光”选项：用于控制环境光吸收系数，默认设置为黑色。

● “漫反射”选项：用于设置漫反射颜色。

● “反射”选项：用于设置镜面反射颜色，默认设置为黑色（无反射）。

● “发光度”选项：与标准材质的自发光组件相似，但它不依赖于漫反射颜色。蓝色的漫反射对象可以具有红色的发光度。

● “透明度”选项：与标准材质的不透明度控件相结合，类似于基本材质的透射灯光的过滤色。

● “折射率”选项：用于控制材质折射透射光的程度。

● “反射高光”组：用于影响反射高光的外观。其中，“高光颜色”选项用于设置高光的颜色，单击色样，可以显示颜色选择器并更改高光颜色，单击贴图按钮，可将贴图指定给高光颜色。

● “环境”选项：用于指定覆盖全局环境贴图的环境贴图。

● “锁定”按钮：用于对透明度环境贴图锁定环境贴图。

● “凹凸”选项：单击该按钮可指定贴图，使用微调器可更改凹凸量，使用复选框可启用或禁用该贴图。

3）合成材质

合成材质通过添加颜色、相减颜色或者不透明混合的方法将多种材质合成为一种材质，最多可以将10种材料混合在一起。“合成基本参数”卷展栏中主要的选项如下。

● 基础材质：单击【基础材质】按钮，可以为合成材质指定一个基础材质，该材质可以是标准材质，也可以是复合材质。

● 材质1 ~ 材质9：合成材质最多可合成9 种子材质。单击每个子材质旁的空白按钮，都会出现“材质贴图浏览器”对话框，可为子材质选择材质类型。选择后，材质编辑器的参数区卷展栏将从合成材质基础参数区卷展栏自动变为所选子材质的参数区卷展栏。

4）无光/投影材质

无光/投影材质通过给场景中的对象增加阴影，来使物体真实地融入背景，造成阴影的物体在渲染时见不到，不会遮挡背景。“无光/投影基本参数”卷展栏中主要的选项如下。

● “无光”选项组中的“不透明 Alpha”复选项：确定是否将不可见的物体渲染到不透明的 Alpha 通道中。

● “大气”选项组：“应用大气”复选项用于将决定不可见物体是否受场景中的大气设置的影响；选中“以背景深度”单选项，场景中的雾不会影响不可见物体，但可以渲染它的阴影；选中“以对象深度”则雾会覆盖不可见物体表面。

● “阴影”选项组：“接收阴影”选项用于决定是否显示所设置的阴影效果；“影响 Alpha”复选项用于将不可见物体接受的阴影渲染到 Alpha 通道中产生一种半透明的阴影通道图像；“阴影亮度”增量框用于调整阴影的亮度，阴影亮度随数值增大而变得越亮越透明；“颜色”选项用于设置阴影的颜色。

● “反射”选项组：用于决定是否设置反射贴图，系统默认为关闭。需要打开时，单击“贴图”旁的空白按钮指定所需贴图即可。

7.6　实例：配置“翡翠原石”贴图（认识贴图）

贴图可以模拟各种纹理、应用设计、反射、折射和其他效果，贴图也可以用作环境和投射灯光。被指定了材质贴图的对象在渲染后，将表现出特定的颜色、反光度和透明度等外表特性。

本节将为本书 5.5 节所制作的“翡翠原石”模型配置材质，赋予材质后“翡翠原石”的效果如图 7-84 所示，材质的具体参数请参考本书“配套资料\chapter07\7-6 翡翠原石.max”文件。

（1）打开本书第 5 课第 5 节制作的“翡翠原石”模型，单击【应用程序】按钮，从出现的菜单中选择【另存为】命令，将其另存为名为“7-6 翡翠原石.max”的场景文件。

（2）按下快捷键【M】，打开“Slate 材质编辑器”对话框。如果出现的是“精简材质编辑器”，只需从对话框的【模式】菜单中选择【Slate 材质编辑器】命令即可切换到“Slate 材质编辑”模式。

（3）展开“材质/贴图浏览器”面板中的“材质”选项下的“标准”材质，从列表中选择名为“建筑”的材质类型，将其拖放到“视图 1”面板中，如图 7-85 所示。

图 7-84　“翡翠原石”材质的效果

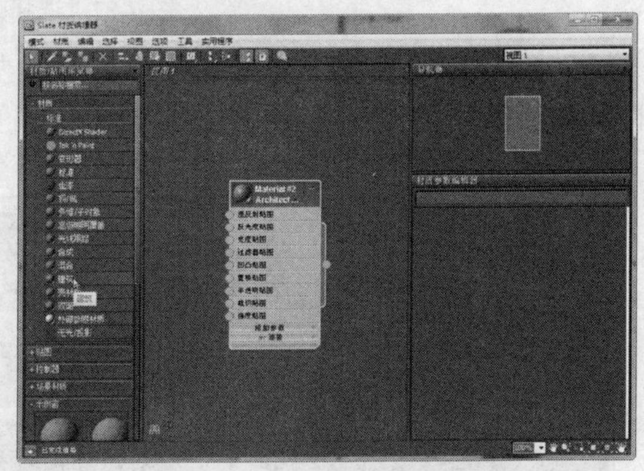

图 7-85　在视图中添加建筑材质

（4）双击所添加材质的标题栏，在“材质参数编辑”面板中出现建筑材质的设置选项，从“模板”下拉列表中选择“石材”选项，出现如图 7-86 所示的“石材”物理性质。

图 7-86　选择“石材”模板

（5）在“物理性质卷展栏”中，单击“漫反射颜色”选项后面的长条按钮，在出现的“材质/贴图浏览器”中选择“位图”选项。单击【确定】按钮，出现“选择位置图像文件”对话框，在其中选择需要的贴图图像，如图 7-87 所示。

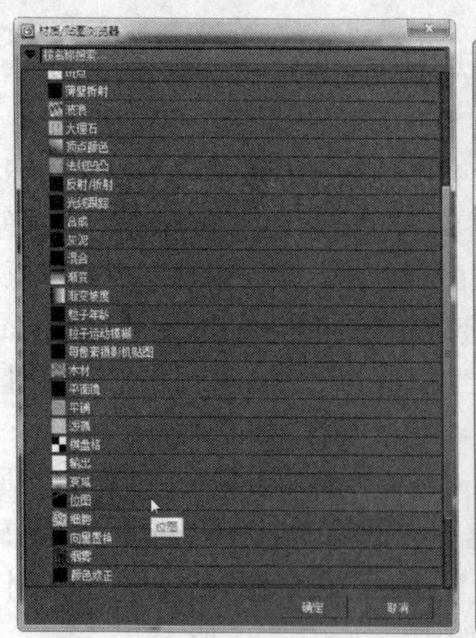
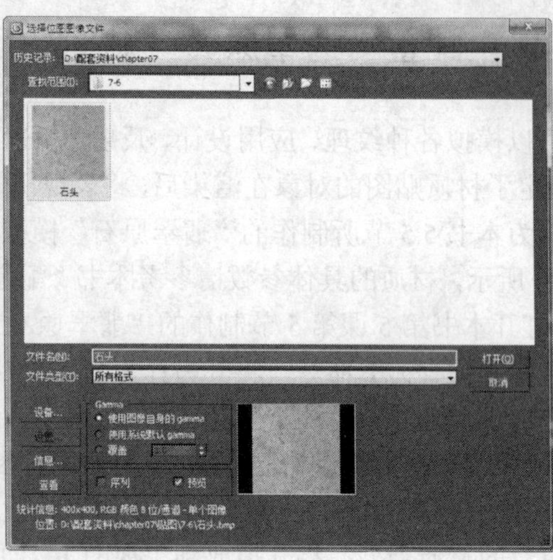

图 7-87　选择贴图图像

（6）在视口中选中要指定材质的对象，单击工具栏上的【将材质指定给选定对象】按钮将材质指定给“翡翠原石”，如图 7-88 所示。

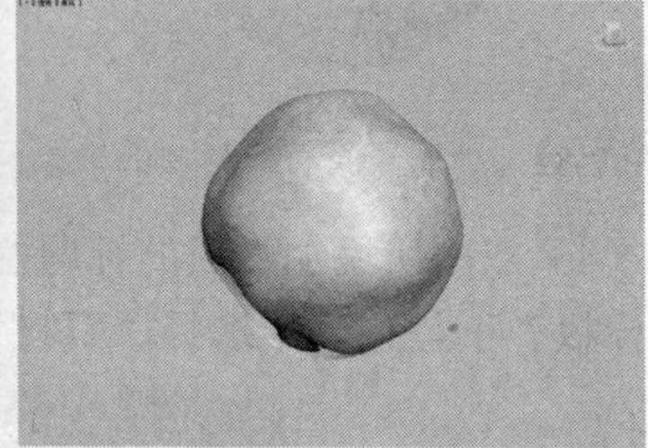

图 7-88　为“翡翠原石”指定材质

（7）激活“透视”视口，按下【F9】键快速渲染，效果如图 7-89 所示。

图 7-89　渲染效果

（8）在“Slate 材质编辑器”的“物理性质”卷展栏中单击“漫反射贴图”选项后面的贴图按钮，出现“贴图参数”面板，可以在其中设置位图的贴图坐标、噪波参数、位图参数、时间参数和输出参数。单击“位图参数”卷展栏中的【查看图像】按钮，图像便显示在“指定裁切/放置”窗口，如图 7-90 所示。可以根据需要在其中对图像进行裁切等处理。

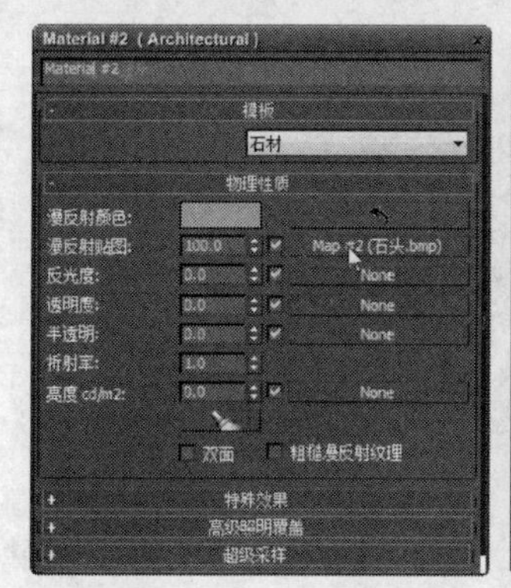

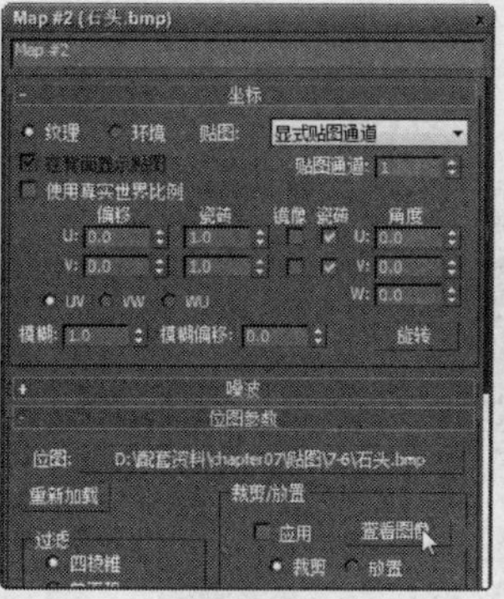

图 7-90　预览图像

（9）保存场景文件，完成“翡翠原石”的材质配置。

7.7　实例：配置“圆桌”贴图（贴图坐标）

贴图坐标用于指定贴图在对象上的放置位置、方向及大小比例。一般情况下，使用系统默认的贴图坐标能较好地显示贴图的位置。但某些特殊情况下，需要改变贴图的位置，比如进行平移、旋转、重复等操作。

本节将为本书 4.4 节所制作的“带台布的圆桌”模型配置材质，赋予材质后“圆桌”的效果如图 7-91 所示，材质的具体参数请参考本书“配套资料\chapter07\7-7 圆桌.max”文件。

（1）打开本书第 4 课第 4 节制作的“带台布的圆桌”模型，单击【应用程序】按钮，从出现的菜单中选择【另存为】命令，将其另存为名为“7-7 圆桌.max”的场景文件。

（2）按下快捷键【M】，打开“Slate 材质编辑器”对话框。如果出现的是“精简材质编辑器”，应从对话框的【模式】菜单中选择【Slate 材质编辑器】命令，即可切换到“Slate 材质编辑”模式。

（3）展开“材质/贴图浏览器”面板中的“材质”选项下的“标准”材质，从列表中选择名为“建筑”的材质类型，将其拖放到“视图 1”面板中。双击所添加材质的标题栏，在“材质参数编辑”面板中出现建筑材质的设置选项，从“模板”下拉列表中选择“粗的木材”选项，出现如图 7-92 所示的物理性质设置选项。

图 7-91　“圆桌”赋予材质的效果

图 7-92　“圆桌”赋予材质的效果

（4）在“场景 1”中拖动当前材质的“漫反射贴图”选项左侧的节点，从出现的菜单中选择【位图】选项，如图 7-93 所示。

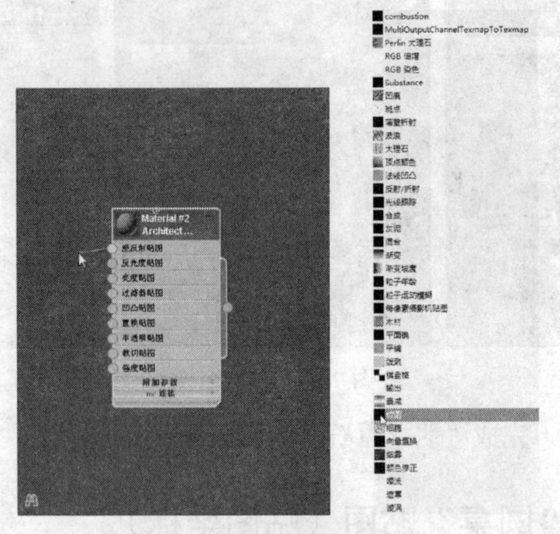

图 7-93　选择漫反射贴图的类型

（5）在随后出现的“选择位置图像文件”对话框中选择需要的贴图图像，如图 7-94 所示。

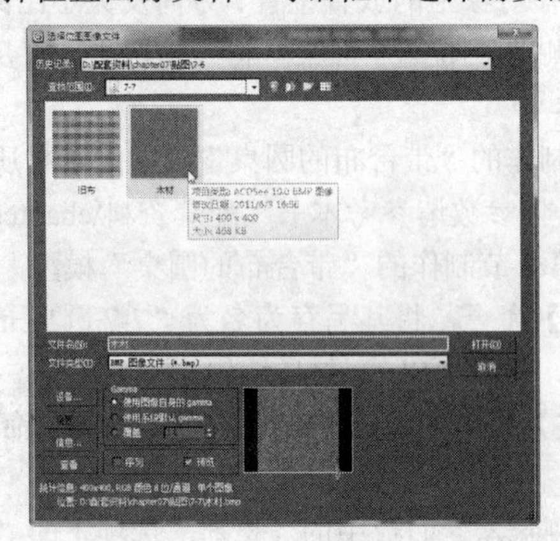

图 7-94　选择漫反射贴图图像

（6）在视口中选中圆桌的 4 个“桌腿”，单击“Slate 材质编辑器”工具栏中的【将材质指定给选定对象】按钮将材质指定给这些“桌腿”，再单击【视口中显示明暗处理材质】按钮，使视口中显示出贴图效果，如图 7-95 所示。

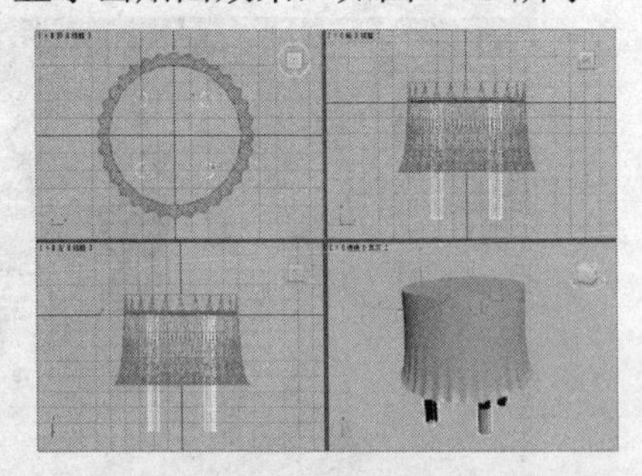
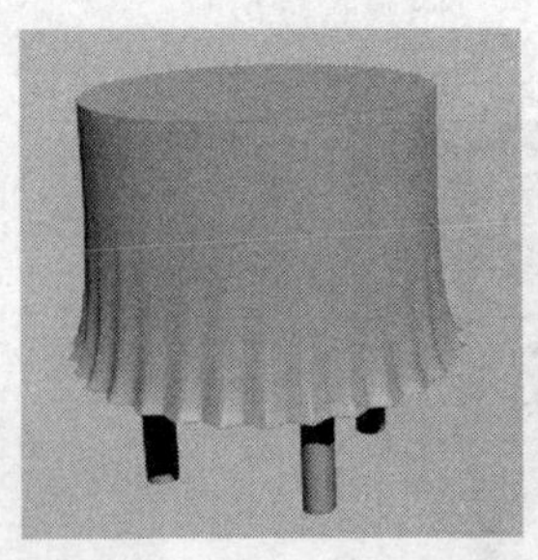

图 7-95　为“桌腿”指定材质

（7）再从“材质/贴图浏览器”面板中将名为“建筑”的材质类型拖放到“视图 1”面板中，如图 7-96 所示。

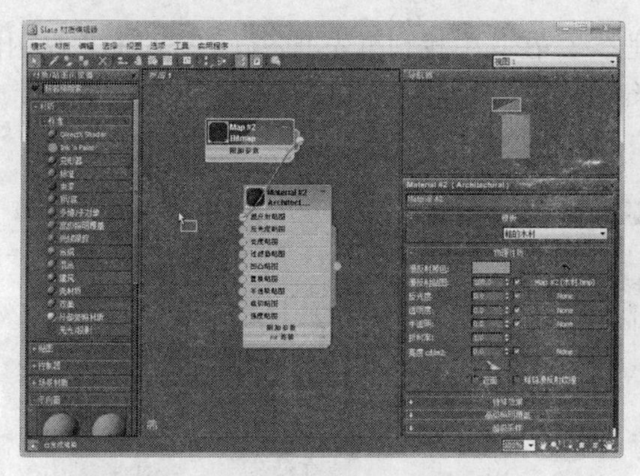

图 7-96　添加第 2 种材质

（8）右击材质标题栏，从出现的快捷菜单中选择【重命名】命令，将材质名更改为“桌布”，如图 7-97 所示。

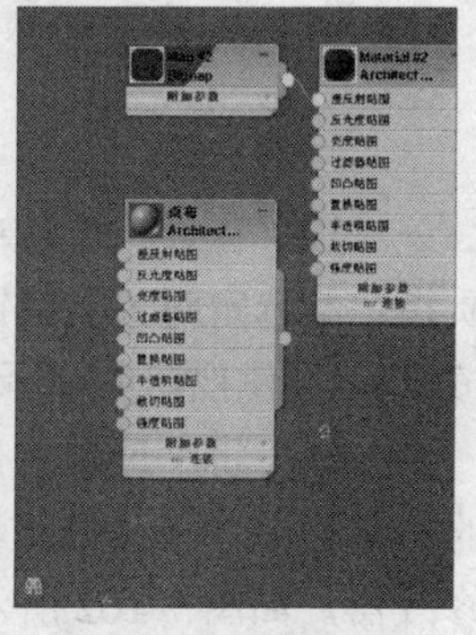

图 7-97　命名材质

（9）用同样的方法将第 1 种材质命名为“桌脚”，如图 7-98 所示。

（10）双击“桌布”材质标题栏，在“材质参数编辑”面板中出现建筑材质的设置选项，从“模板”下拉列表中选择“纺织品”选项，出现如图 7-99 所示的纺织品材质的设置选项。

图 7-98　命名第 1 种材质

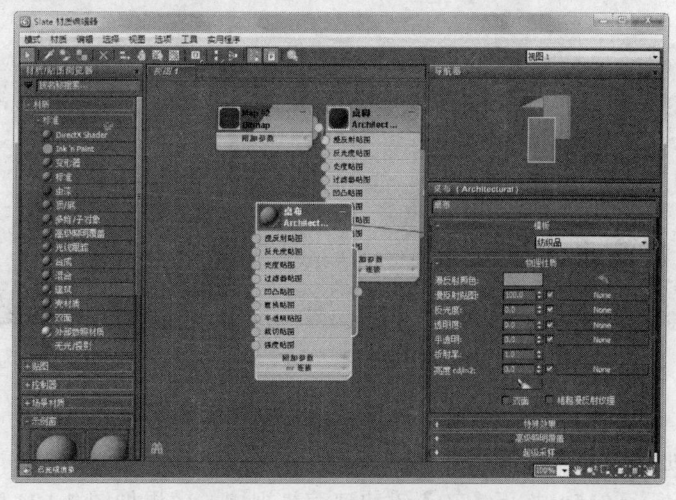

图 7-99　纺织品材质的设置选项

（11）打开“Windows 资源管理器”，在其中找到事先准备好的“桌布”贴图图像，将其拖放到“漫反射贴图”选项后面的长条按钮上，如图 7-100 所示。

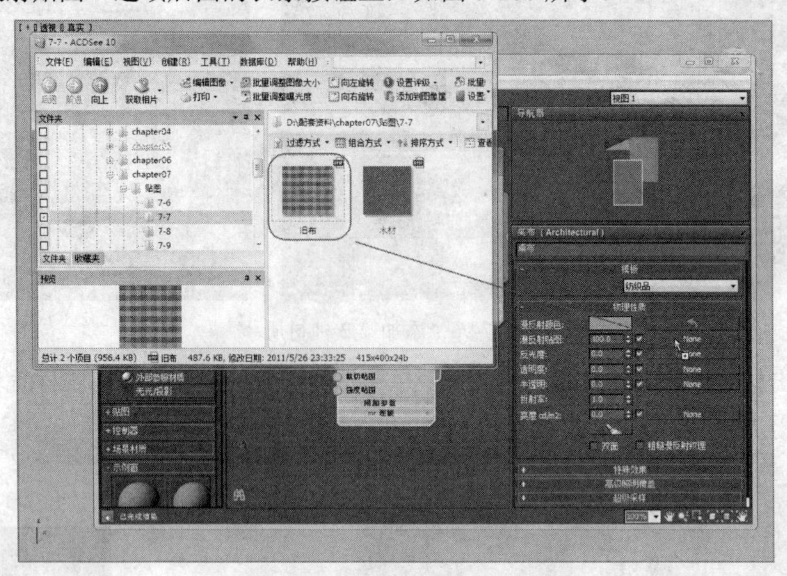

图 7-100　快捷添加漫反射贴图

（12）在视口中选中圆桌的“桌布”对象，单击“Slate 材质编辑器”工具栏中的【将材质指定给选定对象】按钮，将材质指定给这些“桌布”，再单击【视口中显示明暗处理材质】按钮，使视口中显示出贴图效果，如图 7-101 所示。

（13）将“透视”视口最大化显示，然后在视口中选中圆桌的“桌布”对象，从 3ds Max 的菜单栏中选择【修改器】|【UV 坐标】|【UVW 贴图】命令，为对象添加“UVW 贴图”修改器，如图 7-102 所示。

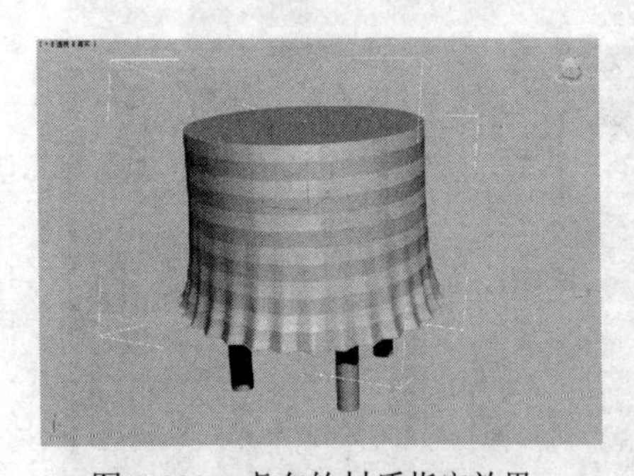

图 7-101　桌布的材质指定效果

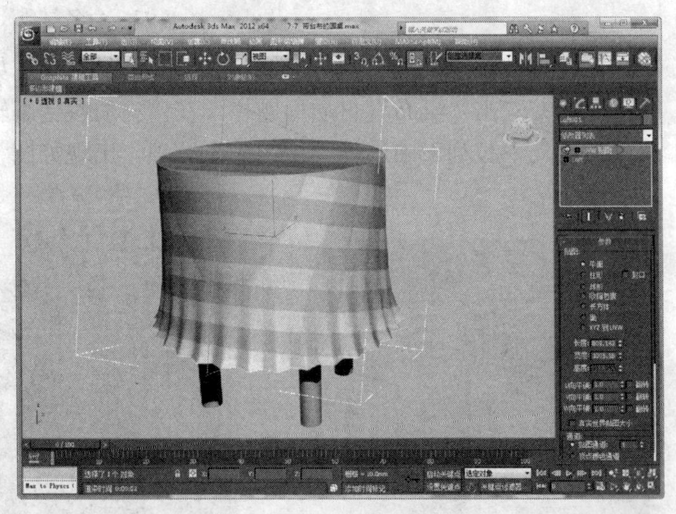

图 7-102　为对象添加“UVW 贴图”修改器

（14）在“参数”卷展栏中将贴图设置为“长方体”贴图，并指定其长度、宽度和高度，如图 7-103 所示。

（15）按下【F9】键快速渲染视口，效果如图 7-104 所示。

（16）保存场景文件，完成“圆桌”的材质配置。

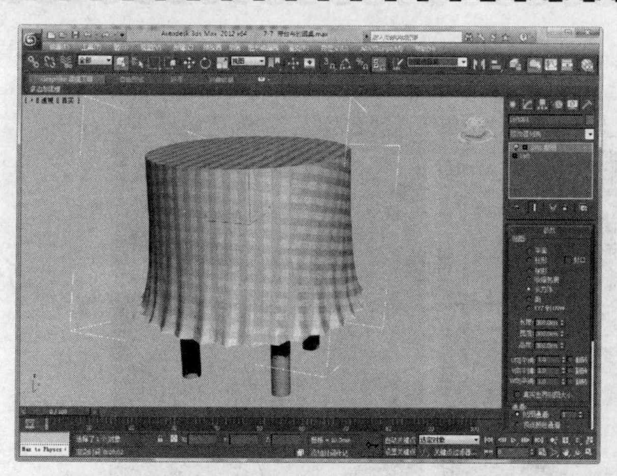

图 7-103 指定贴图选项

图 7-104 渲染效果

7.8 实例：配置“包装盒”贴图（2D 贴图）

2D 贴图是一种二维图像，一般用于贴图到几何对象的表面，或用作环境贴图来为场景创建背景。最简单的 2D 贴图是位图，其他 2D 贴图都是按程序生成的。应用贴图后，可以明显改善材质的外观，增加对象的真实感，也可以创建出环境和灯光投射。将贴图和材质一起使用，还可以为对象添加上必要的细节。

本节将为本书 6.1 节所制作的“包装盒”模型配置材质和贴图，赋予材质后“包装盒”的效果如图 7-105 所示，材质的具体参数请参考本书“配套资料\chapter07\7-8 包装盒.max”文件。

（1）打开本书第 6 课第 1 节制作的“包装盒”模型，单击【应用程序】按钮，从出现的菜单中选择【另存为】命令，将其另存为名为“7-8 包装盒.max”的场景文件。

（2）单击“主工具”栏上的【材质编辑器】工具下角的小三角形弹出式按钮，从出现的弹出式菜单中选择【精简材质编辑器】工具，打开“精简材质编辑器”窗口。

（3）选中第 1 个材质球，然后单击【材质类型】按钮 Standard 将材质类型设置为“建筑材质”，如图 7-106 所示。

图 7-105 “包装盒”效果

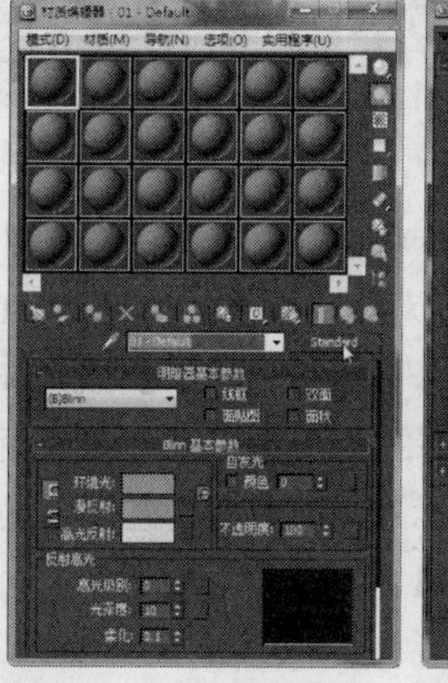

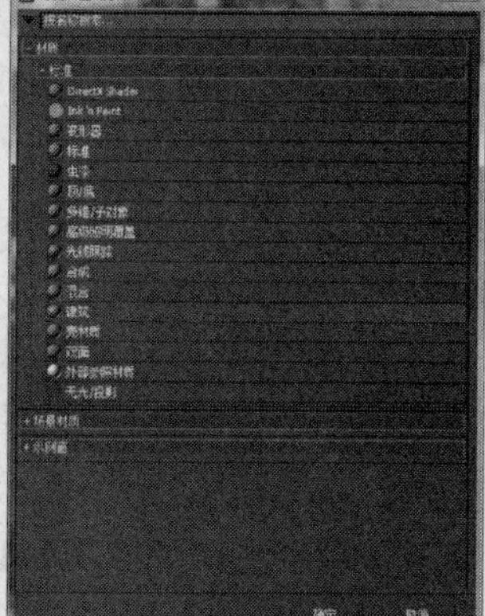

图 7-106 选择“建筑”材质

（4）从“模板”下拉列表中选择“纸”材质，然后在“物理性质”卷展栏中单击“漫反射贴图”选项后面的长条按钮，在出现的“材质/贴图浏览器”中将贴图类型设置为“渐变坡度”贴图，如图 7-107 所示。

渐变坡度贴图使用多种颜色、贴图和混合材质来创建各种坡度。

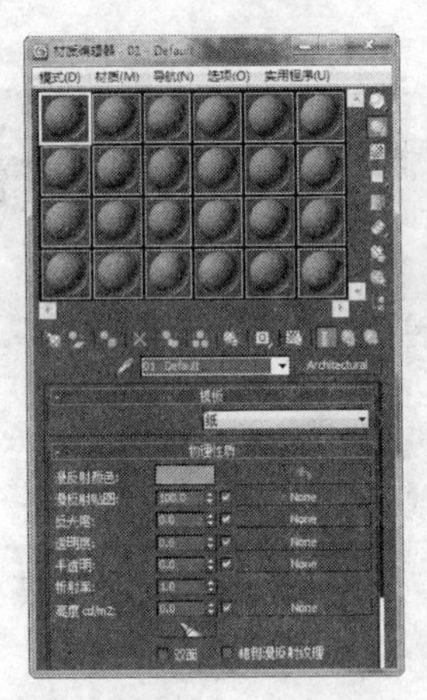
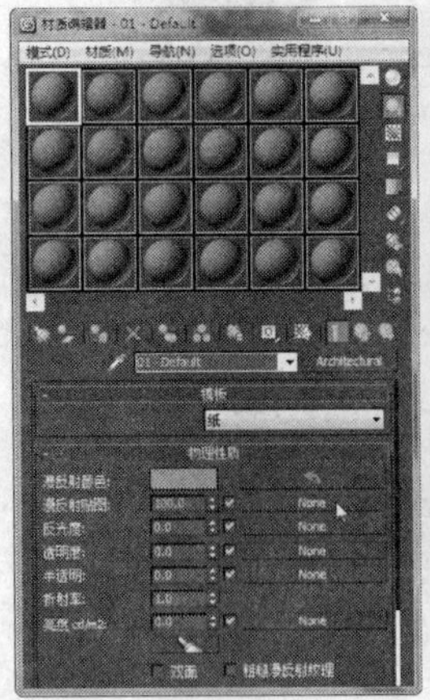
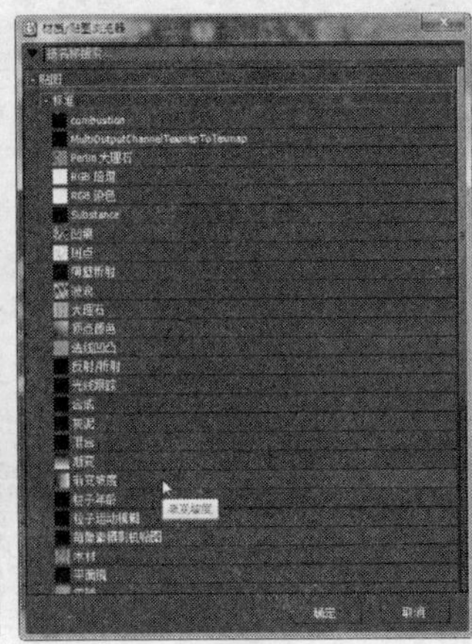

图 7-107 选择“渐变坡度”贴图

（5）单击【确定】按钮，出现“渐变坡度”贴图的设置选项。展开“渐变坡度参数”卷展栏，将渐变类型设置为“贴图”，然后单击“源贴图”选项右侧的长条按钮指定贴图，如图 7-108 所示。

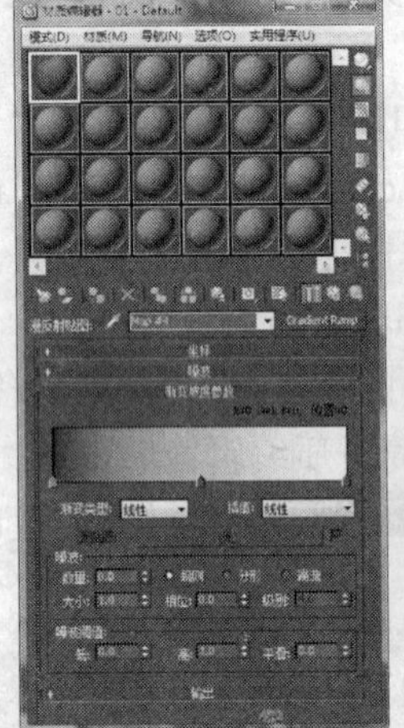
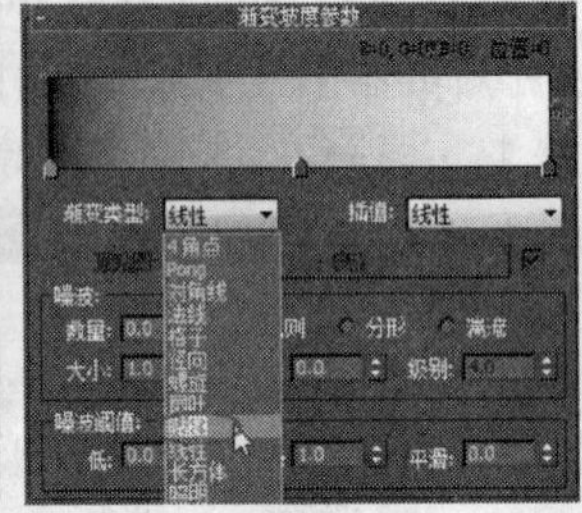

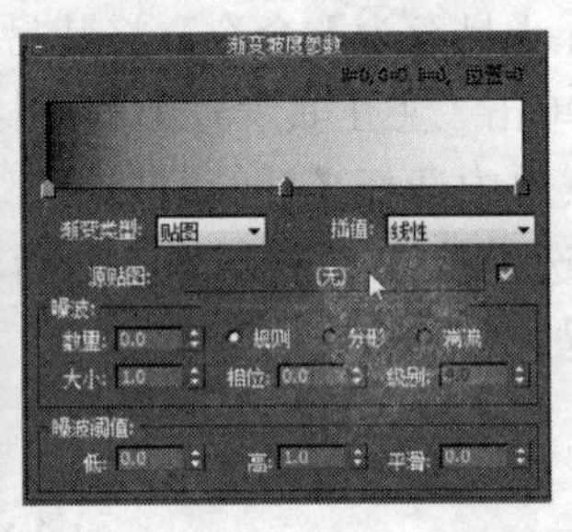

图 7-108 选择渐变类型

（6）单击长条按钮后，将出现“材质/贴图浏览器”对话框，将贴图类型设置为“位图”贴图，然后选择一幅图像作为渐变贴图，如图 7-109 所示。

（7）单击示例窗下方的【转到父对象】按钮返回“渐变坡度参数”设置状态，在“渐变坡度参数”卷展栏中单击左侧的“色标”，将渐变的起始颜色设置为一种桔黄色，如图 7-110 所示。

（8）单击中间的“色标”，将过渡颜色设置为淡紫色；再单击右侧的“色标”，将终止颜色设置为粉红色，如图 7-111 所示。

（9）展开“坐标”卷展栏，在其中设置贴图坐标，如图 7-112 所示。

（10）单击示例窗下方的【转到父对象】按钮返回“渐变坡度参数”设置状态，选中“双面”和“粗糙漫反射纹理”两个复选项，如图 7-113 所示。

（11）激活“透视”视口，将其最大化显示，然后为其添加一个“UVW 贴图”修改器，并在“参数”卷展栏中设置贴图参数，如图 7-114 所示。

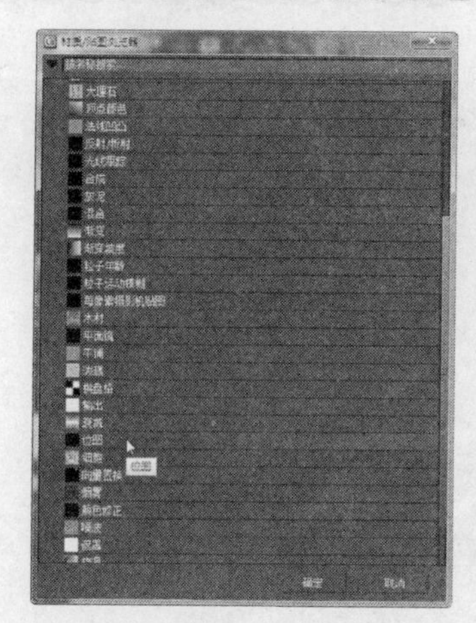

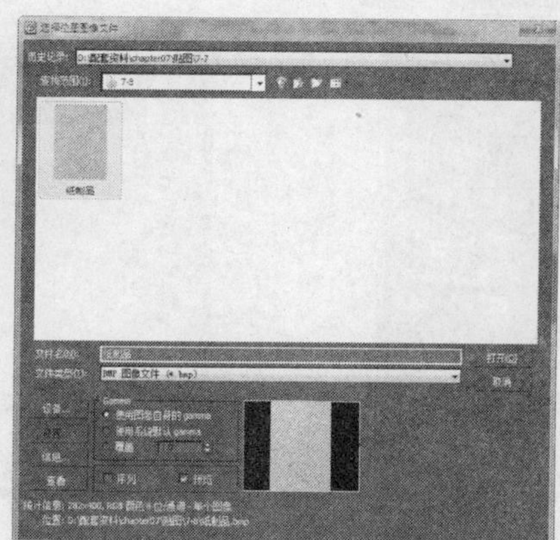

图 7-109　指定渐变贴图

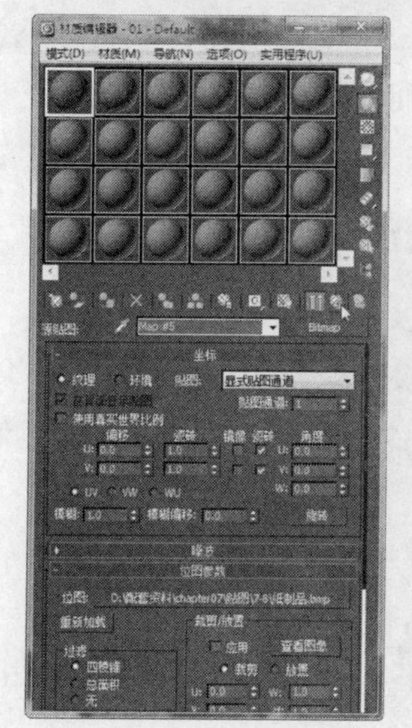

图 7-110　设置渐变的起始颜色

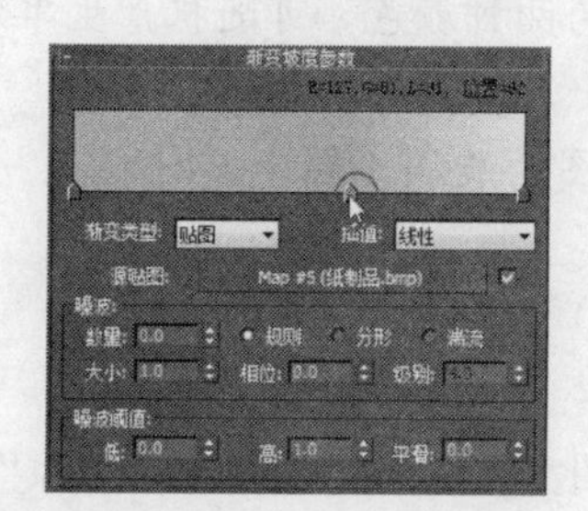

图 7-111　设置过渡颜色和终止颜色

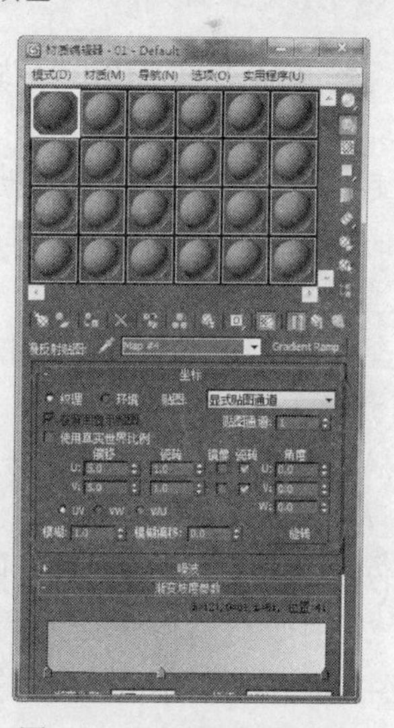

图 7-112　设置贴图坐标

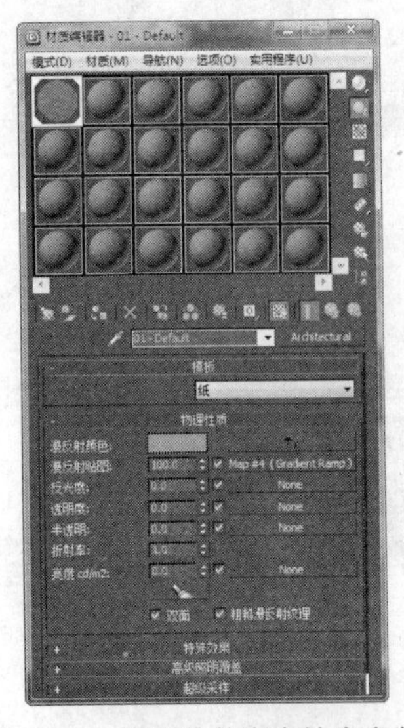

图 7-113 设置其他渐变坡度参数

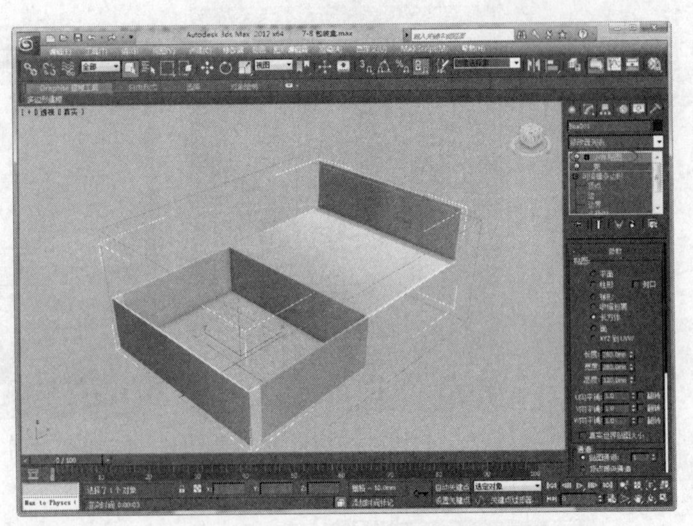

图 7-114 添加贴图修改器并设置参数

（12）按下快捷键【F9】渲染视口，效果如图 7-115 所示。

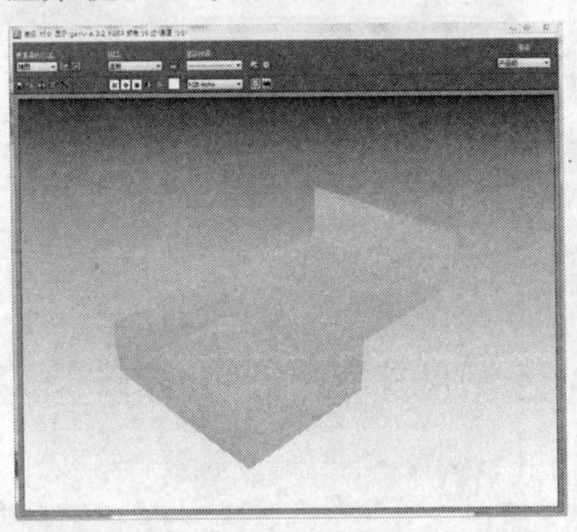

图 7-115 渲染效果

（13）保存场景文件，完成“包装盒”的材质和贴图的配置。

提示　除最常用的“位图”贴图和本例中用到的“渐变坡度”贴图外，还有多种 2D 贴图，常用的如下。

- “渐变”贴图：这种贴图用于创建 3 种颜色的线性或径向坡度。
- “平铺”贴图：这种贴图使用颜色或材质贴图创建砖或其他平铺材质，常用于定义的建筑砖图案或自定义的图案。
- “棋盘格”贴图：这种贴图用于将方格图案组合为两种颜色，可随机产生单元格、鹅卵石状的贴图效果。
- “漩涡”贴图：这种贴图用于创建两种颜色或贴图的漩涡（螺旋）图案。

7.9 实例：配置“花瓶”贴图（3D 贴图）

3D 贴图主要通过程序运算，以三维的方式来生成图案。常用的 3D 贴图包括“Perlin 大理石”贴图、“斑点”贴图、“波浪”贴图、“大理石”贴图、“灰泥”贴图、“木材”贴图、“细胞”贴图、“泼溅”贴图、“行星”贴图、“烟雾”贴图和“噪波”贴图等。

本节将为本书 4.3 节所制作的“花瓶”模型配置材质和贴图（其中主要用到“泼溅”贴图），赋予材质后“花瓶”的效果如图 7-116 所示，材质的具体参数请参考本书“配套资料\chapter07\7-9 花瓶.max”文件。

图 7-116　“花瓶”赋予材质的效果

（1）打开本书第 4 课第 3 节制作的“花瓶”模型，单击【应用程序】按钮，从出现的菜单中选择【另存为】命令，将其另存为名为“7-9 花瓶.max”的场景文件。

（2）单击“主工具”栏上的【材质编辑器】工具下角的小三角形弹出式按钮，从出现的弹出式菜单中选择【精简材质编辑器】工具，打开“精简材质编辑器”窗口。

（3）选中第 1 个材质球，然后单击【材质类型】按钮 Standard 将材质类型设置为“建筑材质”。然后从“模板”下拉列表中选择“瓷砖，光滑的”材质，再在“物理性质”卷展栏中单击“漫反射贴图”选项后面的长条按钮，在出现的“材质/贴图浏览器”中将贴图类型设置为“泼溅”贴图，如图 7-117 所示。

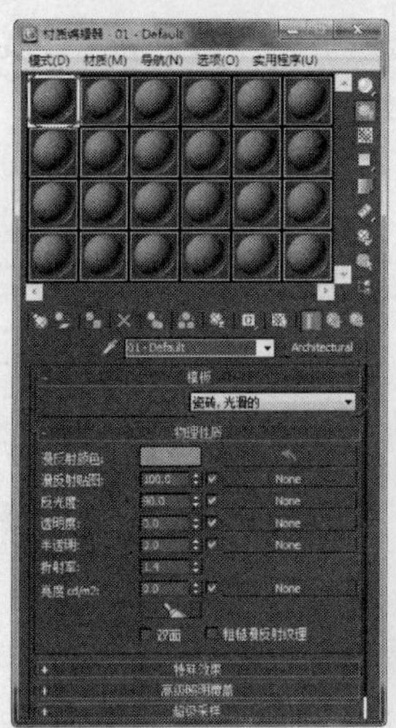

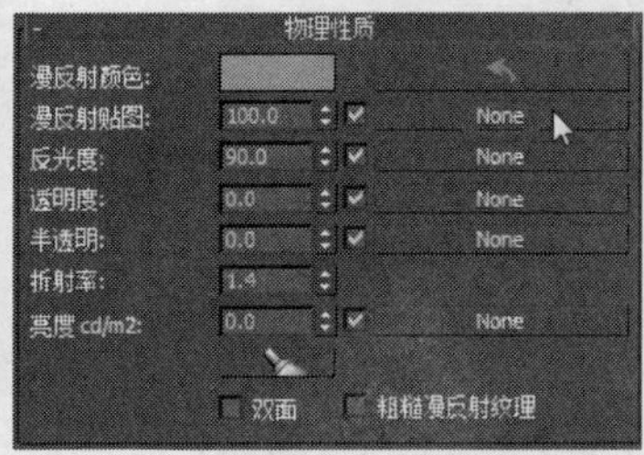

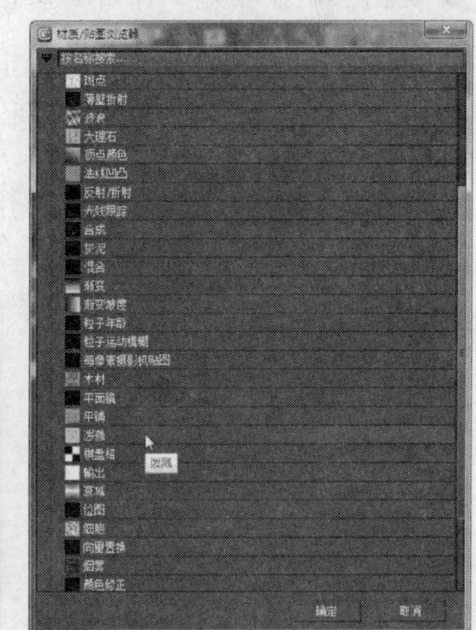

图 7-117　选择贴图类型

（4）单击【确定】按钮，出现“泼溅”贴图的设置选项。展开“泼溅参数”卷展栏，单击“颜色#1”选项右侧的长条按钮，将贴图设置为位图，并选择事先准备好的贴图图像，如图 7-118 所示。

“泼溅”贴图用于生成类似于泼墨画的分形图案。“泼溅参数”卷展栏中主要的选项如下。

- 大小：用于设置泼溅的尺寸，该项设置可以使泼溅与几何体相匹配。
- 迭代次数：用于设置计算分形函数的次数。设置的数值越高，泼溅越详细，但计算时间会更长。

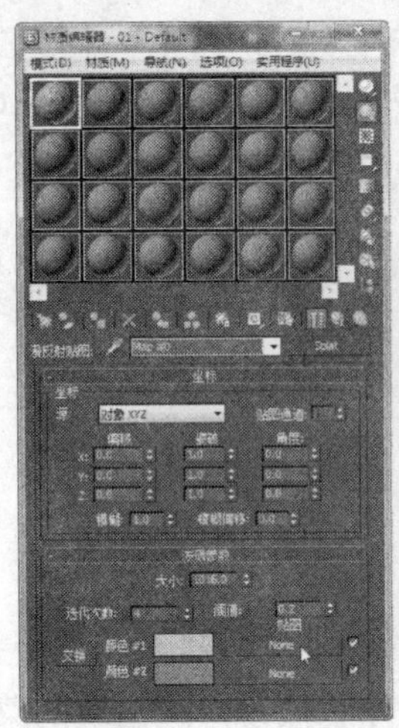
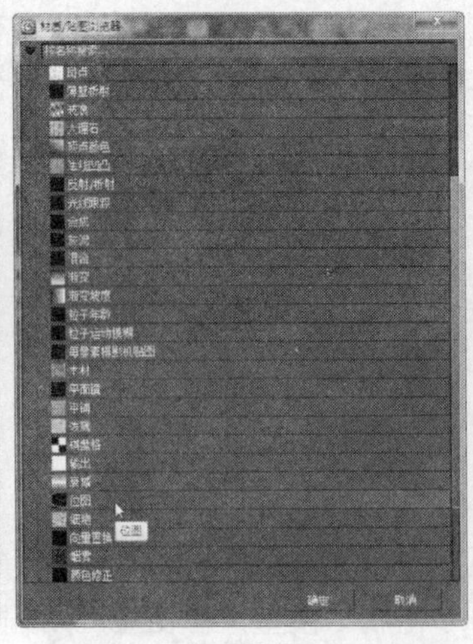

图 7-118 选择用于替代“颜色#1”的位图图像

● 阈值：用于确定与“颜色#2”混合的“颜色#1”的量。该值为 0 时，只显示“颜色#1”的颜色；为 1 时，只显示“颜色#2”的颜色。

● 交换：用于交换“颜色#1”和“颜色#2”两个颜色组件。

● 颜色#1：用于设置背景颜色。

● 颜色#2：用于设置泼溅的颜色。

● 贴图：用于指定一种贴图来替换相应的颜色组件。

（5）选择贴图图像后单击【确定】按钮，在出现的贴图设置选项中展开“坐标”卷展栏，在其中设置贴图坐标，如图 7-119 所示。

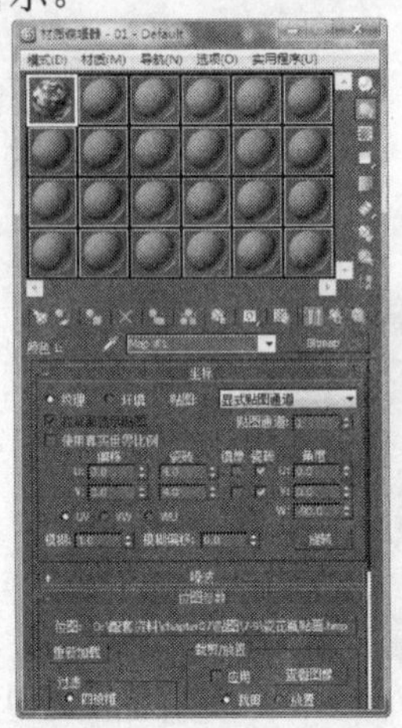

图 7-119 设置贴图坐标

（6）单击示例窗下方的【转到父对象】按钮返回“泼溅参数”设置状态，在其中单击“颜色#2”色块，将“颜色#2”（用于泼溅的颜色）设置为一种黄色，如图 7-120 所示。

（7）激活“透视”视口，按下快捷键【F9】渲染视口，效果如图 7-121 所示。

（8）保存场景文件，完成“花瓶”的材质配置。

提示 除“泼溅”贴图外，其他常用的 3D 贴图的功能如下。

● “Perlin 大理石”贴图：这是一种带有湍流图案的备用程序大理石贴图，能制作出珍珠岩状的大理石贴图效果。

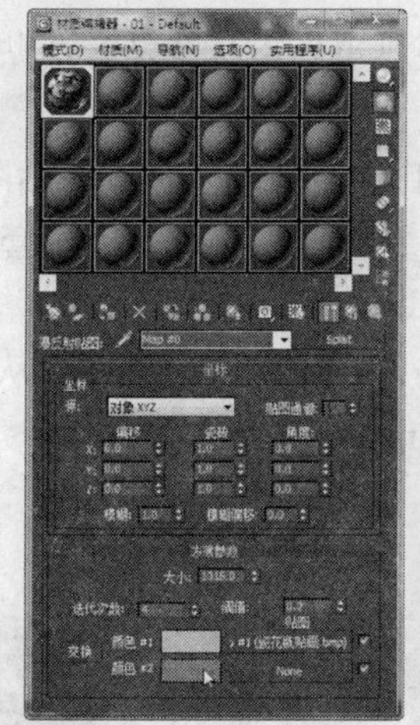

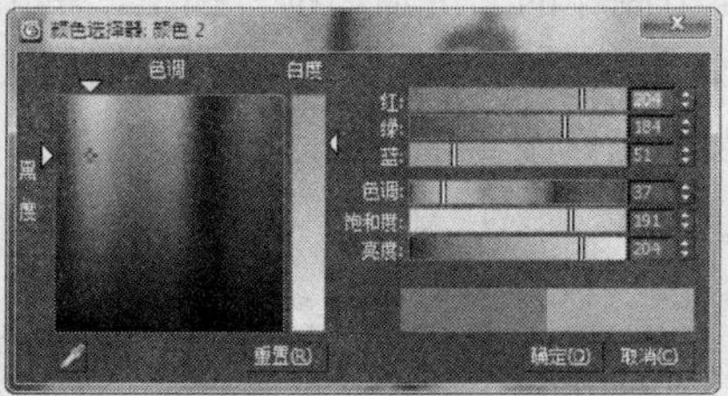

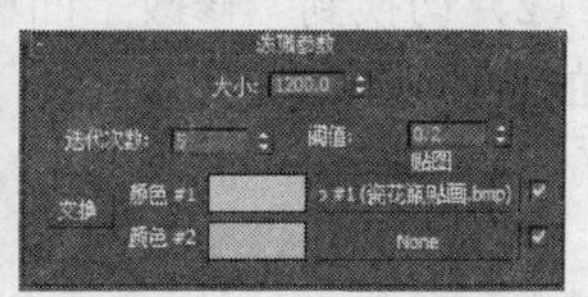

图 7-120　设置“颜色#2”的颜色

图 7-121　渲染效果

● “斑点”贴图：用于生成带斑点的曲面，可以创建出模拟花岗石和类似材质的带有图案的曲面。

● “波浪”贴图：通过生成许多球形波浪中心并随机分布生成水波纹或波形效果。

● “大理石”贴图：使用两种颜色和第三个中间色来模拟大理石的纹理。

● “灰泥”贴图：用于生成类似于灰泥的分形图案。

● “木材”贴图：用于创建 3D 木材纹理图案。

● “细胞”贴图：生成用于各种视觉效果的细胞图案，如马赛克平铺、鹅卵石表面和海洋表面等。

● “行星”贴图：用于模拟空间角度的行星轮廓。

● “烟雾”贴图：用于生成基于分形的湍流图案，从而模拟一束光的烟雾效果或其他云雾状流动贴图效果。

● “噪波”贴图：这是一种三维形式的湍流图案，它基于两种颜色，每一种颜色都可以设置贴图。

7.10　实例：配置“洗洁精桶”贴图（合成器贴图）

合成器贴图用于合成其他颜色或贴图，这种贴图主要包括“RGB 相乘”、“合成”、“混合”和“遮罩”等几类型。其中，“RGB 相乘”贴图通过倍增其 RGB 和 alpha 值来组合两个贴图；“合成”贴图用于将多个贴图合成在一起；“混合”贴图用于混合两种颜色或两种贴图，可以使用指定混合级别来调整混合的量，混合级别可以设置为贴图；“遮罩”本身就是一个贴图，主要用于控制第 2 个贴图应用于表面的位置。

本节将为本书 6.4 节所制作的“洗洁精桶”模型配置材质（其中用到了“合成”贴图），赋予材质后“洗洁精桶”的效果如图 7-122 所示，材质的具体参数请参考本书“配套资料\chapter07\7-10 洗洁精桶.max”文件。

（1）打开本书第 6 课第 4 节制作的“洗洁精桶”模型，单击【应用程序】按钮，从出现的菜单中选择【另存为】命令，将其另存为名为“7-10 洗洁精桶.max”的场景文件。

（2）切换到“修改”面板，在修改器堆栈中选择“多边形”层级，然后选中如图 7-123 所示的多边形对象。

图 7-122　“洗洁精桶”材质效果

图 7-123　选择多边形对象

（3）反复单击“选择”卷展栏中的【扩大】按钮，直到选取瓶嘴四周的多边形为止，如图 7-124 所示。

图 7-124　选取瓶嘴四周的多边形

（4）单击“编辑多边形”卷展栏中的【分离】按钮，出现“分离”对话框，直接单击【确定】按钮，即可将所选的多边形构成的几何体分离为一个独立的对象，如图 7-125 所示。

（5）单击“主工具”栏上的【材质编辑器】工具下角的小三角形弹出式按钮，从出现的弹出式菜单中选择【精简材质编辑器】工具，打开“精简材质编辑器”窗口。

（6）选中第 1 个材质球，然后单击【材质类型】按钮 Standard 将材质类型设置为“建筑材质”。从“模板”下拉列表中选择“塑料”材质，再在“物理性质”卷展栏中单击“漫反射颜色”选项右侧的色块钮，在出现的“颜色选择器”对话框中将漫反射颜色设置为黄色，如图 7-126 所示。

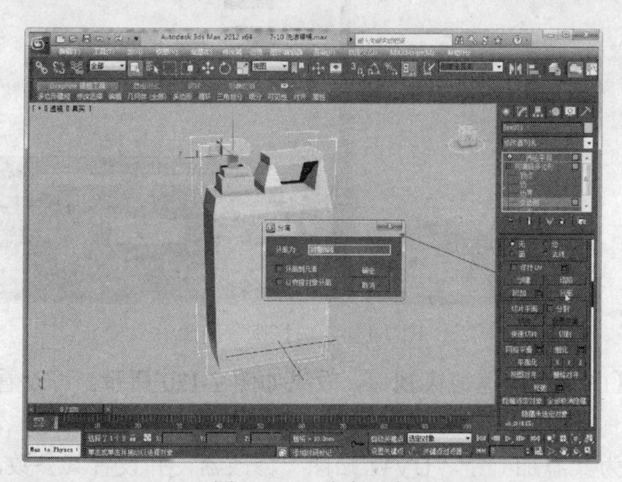

图 7-125　分离对象

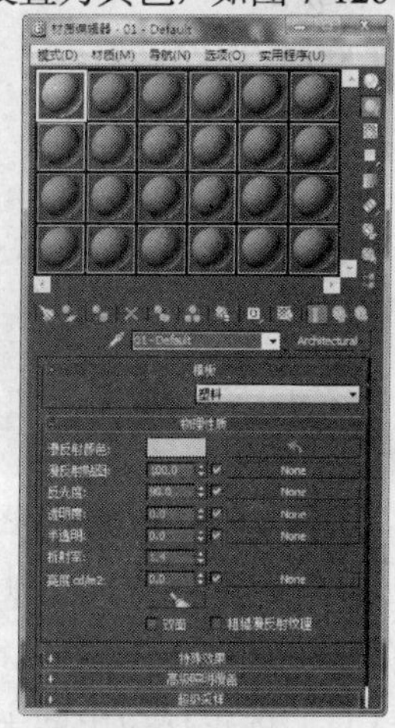

图 7-126　设置漫反射颜色

（7）单击“漫反射贴图”选项右侧的长条按钮，在出现的“材质/贴图浏览器”中选择“遮罩”选项，然后单击【确定】按钮确认。出现“遮罩”贴图选项后，单击“遮罩参数”卷展栏中“贴图”选项右侧的长条按钮，在出现的“材质/贴图浏览器”中选择“位图”选项，如图 7-127 所示。

“遮罩参数”卷展栏中主要选项如下。

- 贴图：用于选择或创建要通过遮罩查看的贴图。
- 遮罩：用于选择或创建用作遮罩的贴图。
- 反转遮罩：用于反转遮罩的效果。

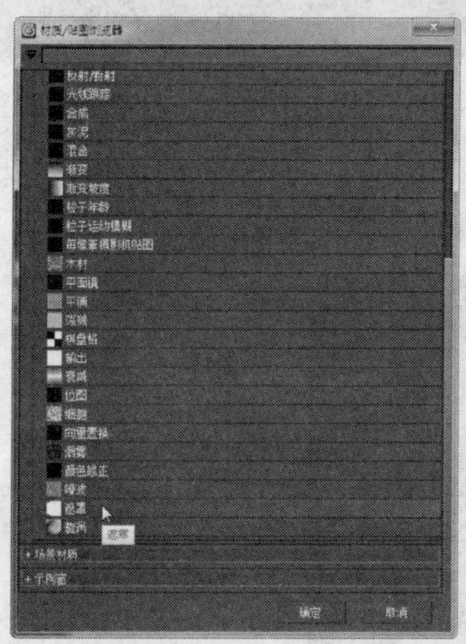

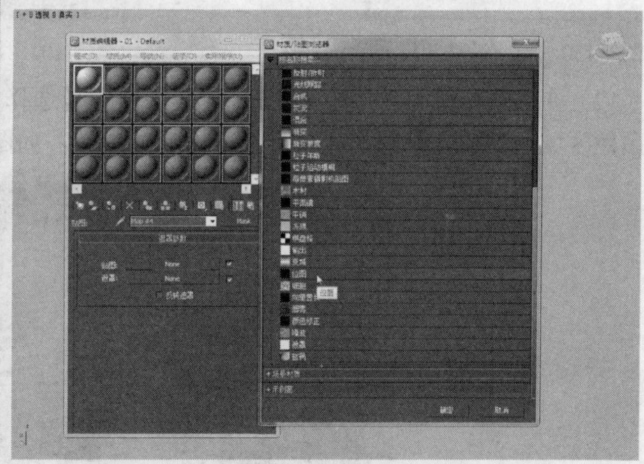

图 7-127　选择并设置“遮罩”贴图

（8）单击【确定】按钮，在出现的“选择位图图像文件”对话框中选择作为贴图的位图图像，然后单击【打开】按钮确认，如图 7-128 所示。

（9）再单击“遮罩”选项右侧的长条按钮，在出现的“选择位图图像文件”对话框中选择作为遮罩的位图，然后单击【打开】按钮确认，如图 7-129 所示。

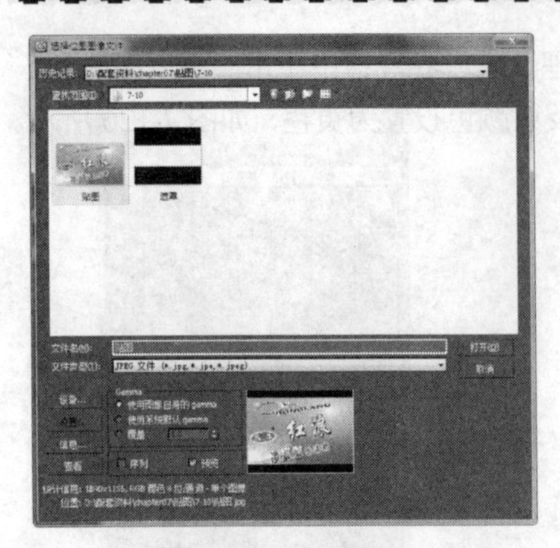

图 7-128 选择贴图图像

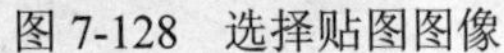

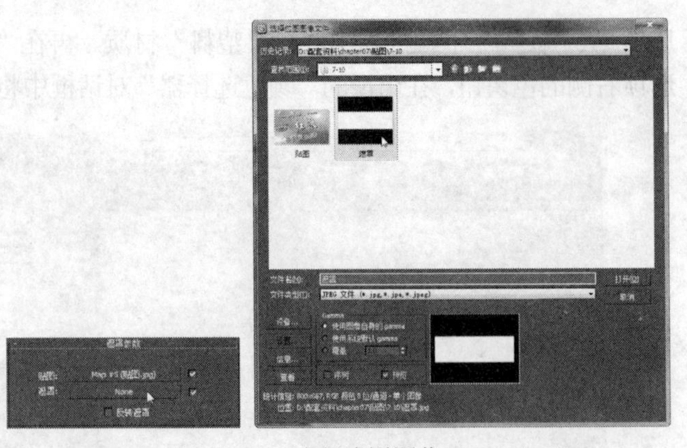

图 7-129 选择遮罩图像

（10）激活“透视”视口，按下【F9】键快速渲染视口，效果如图 7-130 所示。可以看到，贴图的比例和位置不正确。

（11）选定视口中的主体对象，为其添加一个“UVW 贴图”修改器，并设置其参数，如图 7-131 所示。

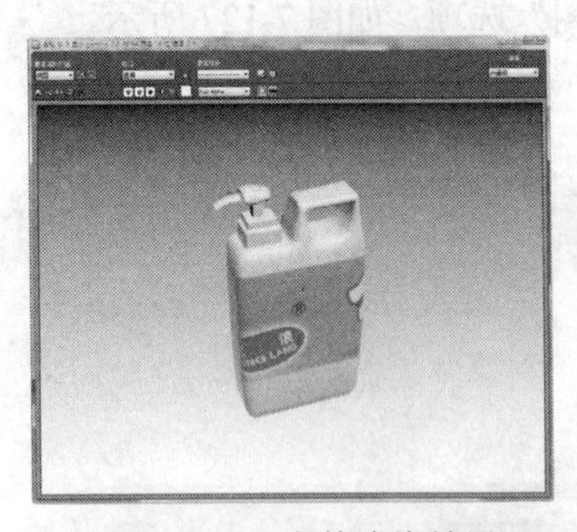

图 7-130 当前渲染效果

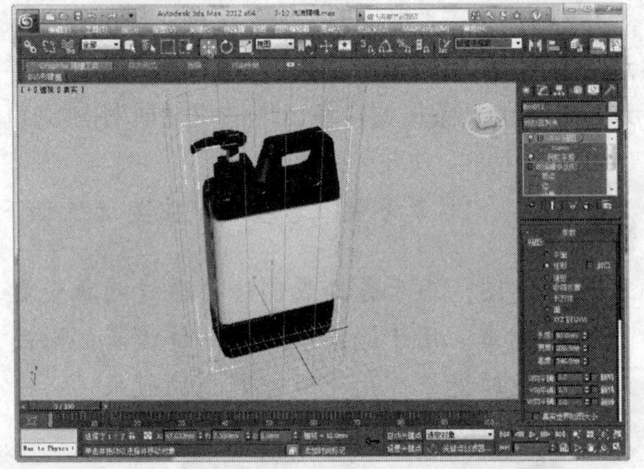

图 7-131 添加“UVW 贴图”修改器并设置参数

（12）在堆栈修改器中选中 Gizmo 层级，使用【选择并移动】工具移动 Gizmo，使视口中的白色区域（即放置贴图的区域）位于适合的位置，如图 7-132 所示。

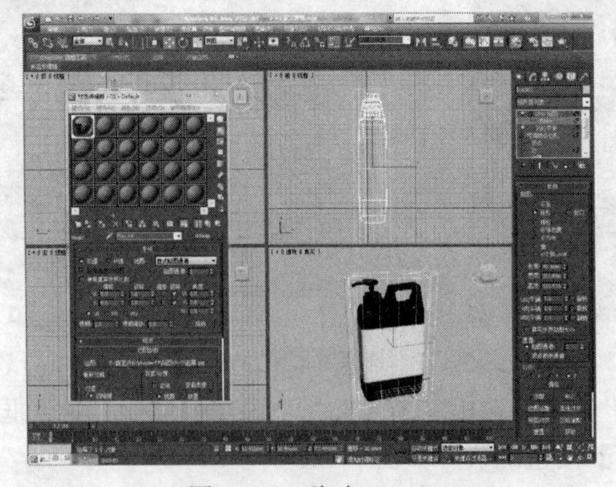

图 7-132 移动 Gizmo

（13）在“材质编辑器”的“坐标”卷展栏中设置贴图“偏移”量和“瓷砖（平铺）”数

量，如图 7-133 所示。

（14）再按下【F9】键快速渲染视口，效果如图 7-134 所示。如果对渲染效果不满意，还可以修改“UVW 贴图”修改器的参数和“坐标”卷展栏中的参数。

图 7-133　设置坐标选项

图 7-134　当前渲染效果

（15）选中“材质编辑器”中的第 2 个材质球，将其材质类型设置为“建筑”材质，从“模板”中选择“塑料”选项，再将其“漫反射颜色”设置为白色，如图 7-135 所示。

（16）将第 2 个材质球设置的材质拖放到分离生成的“瓶嘴”对象上，如图 7-136 所示。

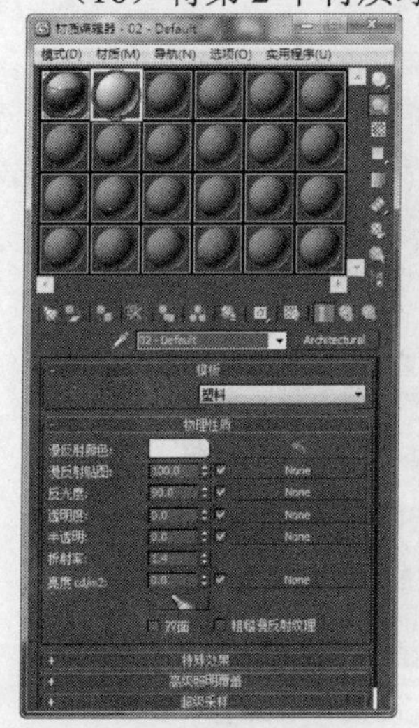

图 7-135　设置第 2 个材质球

图 7-136　为“瓶嘴”指定材质

（17）激活“透视”视口，按下快捷键【F9】渲染视口，效果如图 7-137 所示。

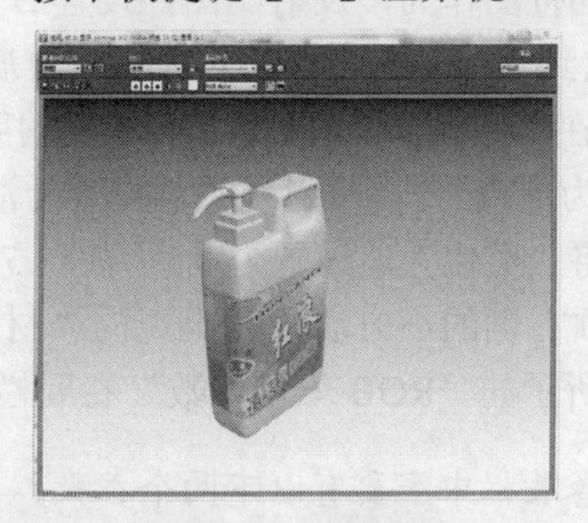

图 7-137　渲染效果

（18）保存场景文件，完成“洗洁精桶”的材质配置。

7.11 实例：配置“桔子”贴图（颜色修改器贴图）

“颜色修改器”贴图主要用于改变材质中像素的颜色，这类贴图包括 3 种类型。其中，“RGB 染色”贴图基于红色、绿色和蓝色值来对贴图进行染色；“顶点颜色”贴图用于显示渲染场景中指定顶点颜色的效果，可以从可编辑的网格中指定顶点颜色；“输出”贴图用于将位图输出功能应用到没有这些设置的参数贴图中（如方格），从而调整贴图的颜色。

本节将为本书 5.2 节所制作的“桔子”模型配置材质（其中用到了“RGB 染色”贴图），赋予材质后“桔子”的效果如图 7-138 所示，材质的具体参数请参考本书“配套资料\chapter07\7-11 桔子.max”文件。

（1）打开本书第 5 课第 2 节制作的“桔子”模型，单击【应用程序】按钮，从出现的菜单中选择【另存为】命令，将其另存为名为“7-11 桔子.max”的场景文件。

（2）单击“主工具”栏上的【材质编辑器】工具下角的小三角形弹出式按钮，从出现的弹出式菜单中选择【精简材质编辑器】工具，打开“精简材质编辑器”窗口。

（3）选定第 1 个材质球，在“明暗器基本参数”卷展栏的明暗器下拉列表中选择“Phong”选项，然后将“环境光”设置为黑色，“漫反射”颜色设置为桔黄色，将“高光级别”设置为 5，将“光泽度”设置为 54，将“柔化”值设置为 0.1，如图 7-139 所示。

图 7-138 “桔子”赋予材质的效果

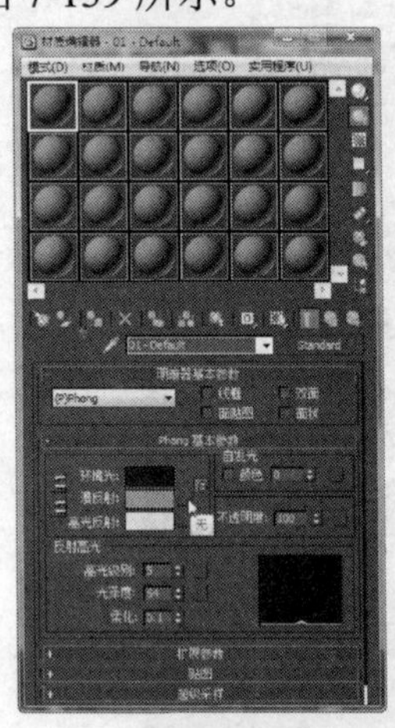

图 7-139 设置明暗器基本参数

（4）单击“漫反射”选项右侧的小方块，从出现的“材质/贴图浏览器”中选择“位图”选项，再选择如图 7-140 所示的位图作为漫反射贴图，设置后单击【打开】按钮确认。

（5）将第 1 个材质球拖放到“桔子”上，为对象指定材质和贴图，如图 7-141 所示。

（6）选定第 2 个材质球，在“明暗器基本参数”卷展栏的明暗器下拉列表中选择“Phong”选项，然后将“环境光”设置为黑色，“漫反射”颜色设置为淡黄色，将“高光级别”设置为 5，将“光泽度”设置为 54，将“柔化”值设置为 0.1，如图 7-142 所示。

（7）单击“漫反射”选项右侧的小方块，从出现的“材质/贴图浏览器”中选择“RGB 染色”选项，出现如图 7-143 所示的“RGB 染色参数”卷展栏。

“RGB 染色参数”卷展栏中主要有以下两个参数。

- "R/G/B" 色样：用于设置 R（红）、G（绿）和 G（蓝）3 个通道颜色。
- 贴图：用于选择要进行染色的贴图。

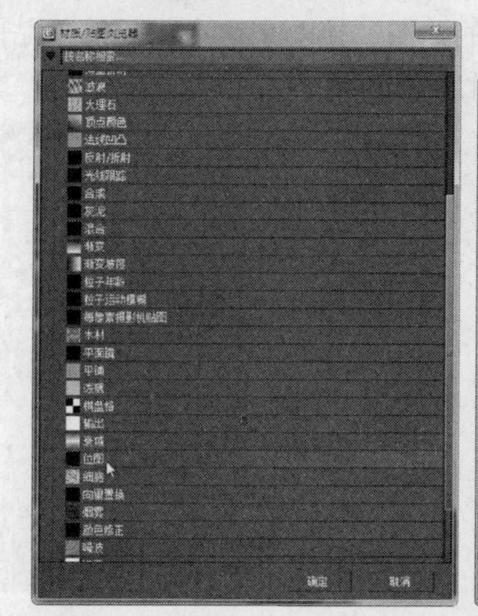

图 7-140　选择漫反射贴图

图 7-141　为"桔子"对象指定材质和贴图

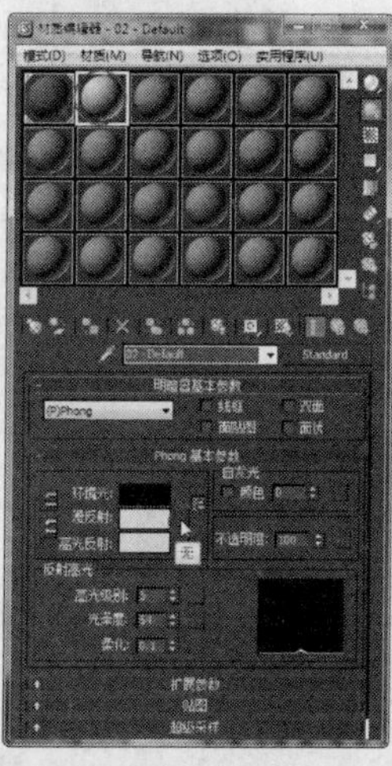

图 7-142　设置第 2 个材质的明暗器参数

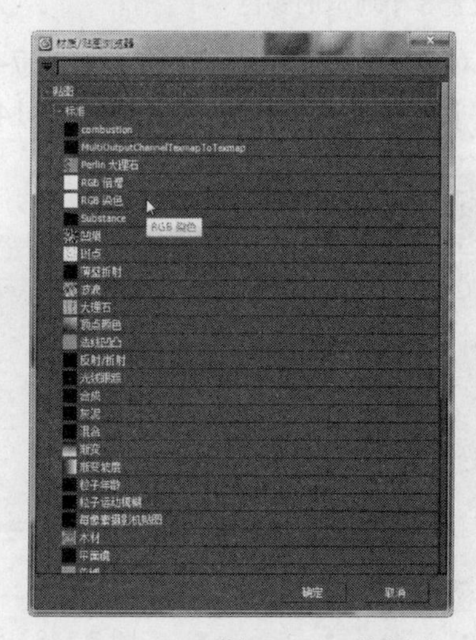

图 7-143　选择"RGB 染色"贴图

（8）单击“贴图”选项下方的长条按钮，在出现的“选择位图图像文件”对话框中选择如图 7-144 所示的贴图作为“叶柄”贴图图像。

（9）单击【打开】按钮即可为材质指定染色的贴图。接下来，在材质的“贴图”卷展栏中设置“漫反射颜色”的数量为 80，如图 7-145 所示。

图 7-144　选择“叶柄”贴图图像

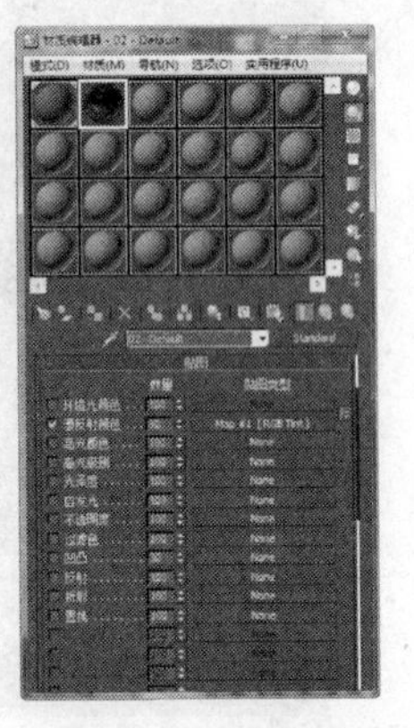

图 7-145　设置“漫反射颜色”的数量

（10）单击“漫反射颜色”选项右侧的贴图按钮，在出现的“RGB 染色参数”卷展栏中分别指定 R、G、B 三种颜色，如图 7-146 所示。

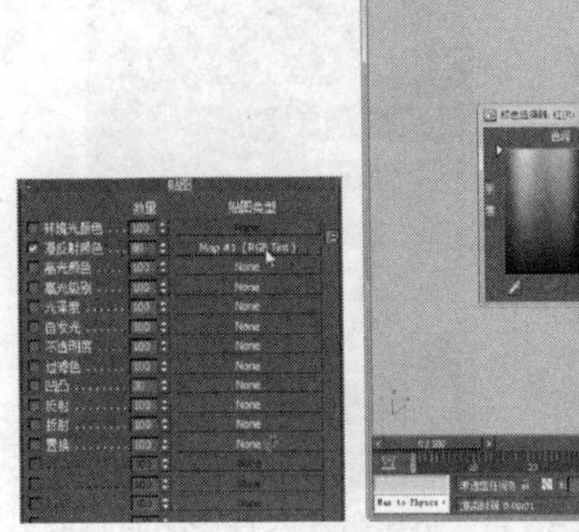

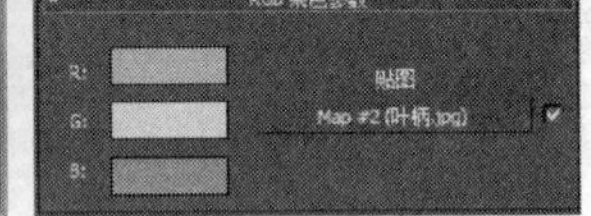

图 7-146　设置 3 个通道的颜色

（11）将第 2 个材质球拖放到“叶柄”对象上，为其指定材质，如图 7-147 所示。

（12）激活“透视”视口，按下快捷键【F9】渲染视口，效果如图 7-148 所示。

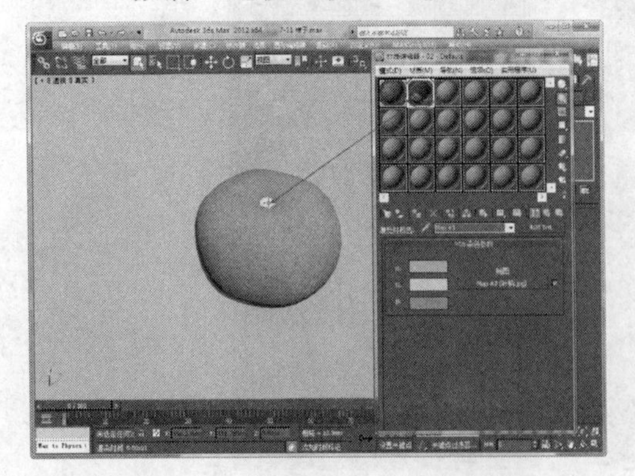

图 7-147　为“叶柄”对象指定材质

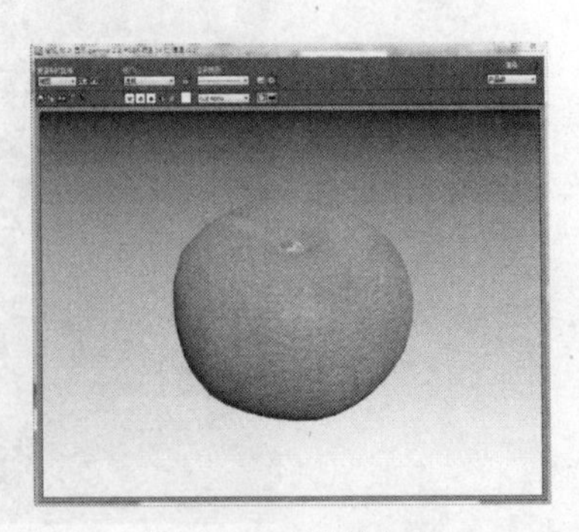

图 7-148　渲染效果

（13）保存场景文件，完成“桔子”的材质配置。

7.12　实例：配置“台灯”贴图（其他贴图）

3ds Max 的贴图类型很多，除本章中已经介绍了的贴图类型外，比较常用的还有用于模拟缓进或偏移效果的“薄壁折射贴图”；用于向低多边形对象添加高分辨率细节的“法线凹凸贴图”；用于根据分形噪波产生随机图案的“凹痕贴图”；用于生成反射或折射表面的“反射/折射贴图”；用于提供全部光线跟踪反射和折射的“光线跟踪贴图”；用于从特定的摄影机方向投射贴图的“每像素的摄影机贴图”，以及使用一组共面的表面来反射周围环境的对象物体“平面镜贴图”。

本节将为本书 4.6 节所制作的“台灯”模型配置材质和贴图（其中用到了“反射/折射贴图”和“凹痕”贴图），赋予材质和贴图后“台灯”的效果如图 7-149 所示，具体配置参数请参考本书“配套资料\chapter07\7-12 台灯.max”文件。

（1）打开本书第 4 课第 6 节制作的“台灯”模型，单击【应用程序】按钮，从出现的菜单中选择【另存为】命令，将其另存为名为“7-12 台灯.max”的场景文件。

（2）单击“主工具”栏上的【材质编辑器】工具下角的小三角形弹出式按钮，从出现的弹出式菜单中选择【精简材质编辑器】工具，打开“精简材质编辑器”窗口。将第 1 个材质球重命名为“灯座”，然后单击【材质类型】按钮 Standard 将材质类型设置为“建筑材质”，如图 7-150 所示。

图 7-149　“台灯”赋予材质的效果

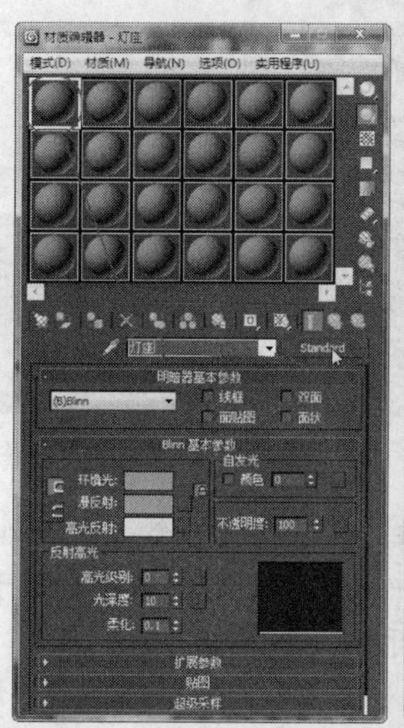

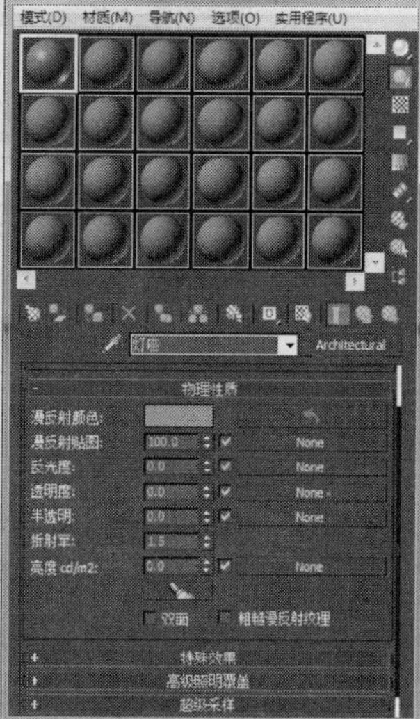

图 7-150　命名材质球并设置材质类型

（3）在“物理性质”卷展栏中单击“漫反射贴图”选项后面的长条按钮，在出现的“材质/贴图浏览器”中将贴图类型设置为“反射/折射”贴图，如图 7-151 所示。

（4）单击【确定】按钮返回“材质编辑器”，在出现的“反射/折射参数”卷展栏中将“来源”设置为“从文件”，然后单击“从文件”组中的【上:】按钮，打开“选择输入反射贴图”对话框，在其中选择用作“上”方的反射贴图图像，如图 7-152 所示。

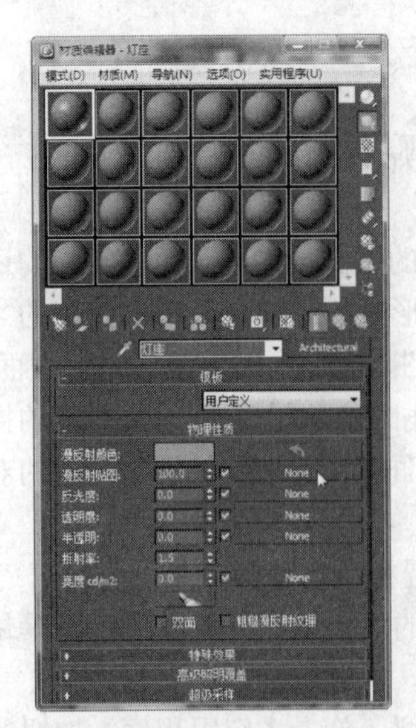
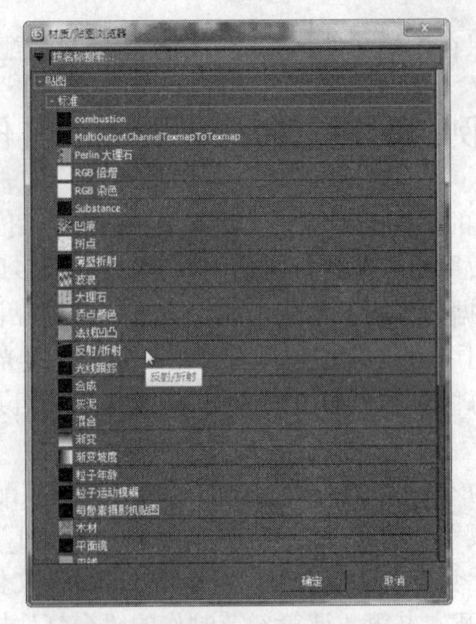

图 7-151　设置贴图类型

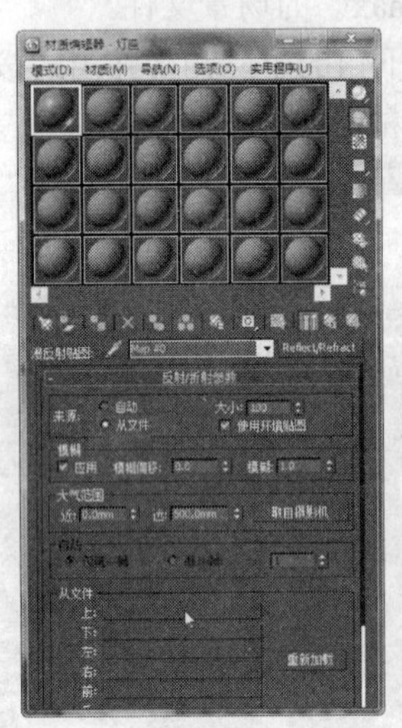
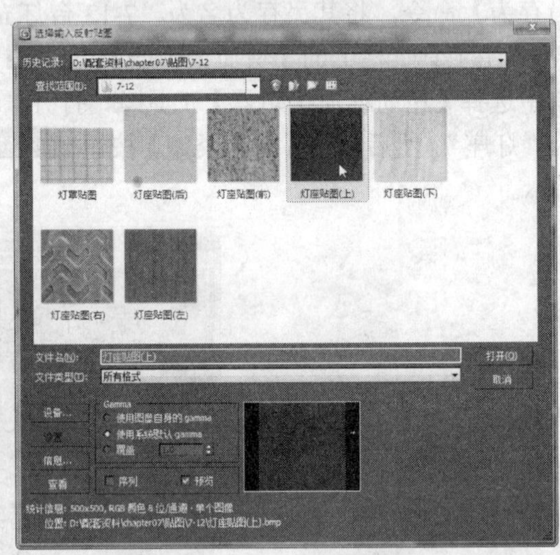

图 7-152　选择贴图

"反射/折射"贴图需要指定一个立方体 6 个面的图像作为反射贴图。在"反射/折射参数"卷展栏中，"来源"组中的参数用于设置立方体 6 个面的贴图的来源；"模糊"组中的参数用于设置贴图的模糊效果；"大气范围"组的参数用于设置包含环境雾的场景的雾范围；"自动"组中的选项用于设置"自动"状态时作为反射/折射贴图来源；"从文件"组中的选项用于指定 6 个位图作为立方体贴图。

（5）用同样的方法选择"下"、"左"、"右"、"前"和"后"几个方向的贴图图像，选择效果如图 7-153 所示。

（6）选中第 2 个材质球，将其重命名为"灯罩"，也将其设置为"建筑"材质，然后从"模板"下拉列表中选择"纺织品"选项，如图 7-154 所示。

（7）在"物理性质"卷展栏中单击"漫反射贴图"选项后面的长条按钮，在出现的"材质/贴图浏览器"中将贴图类型设置为"凹痕"贴图，如图 7-155 所示。

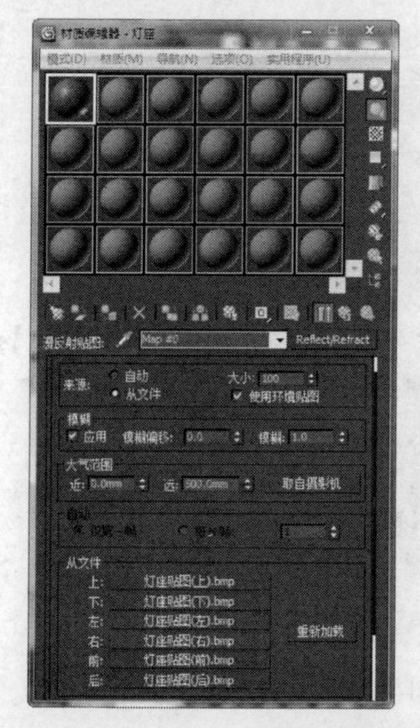

图 7-153　选择其他方向的贴图图像

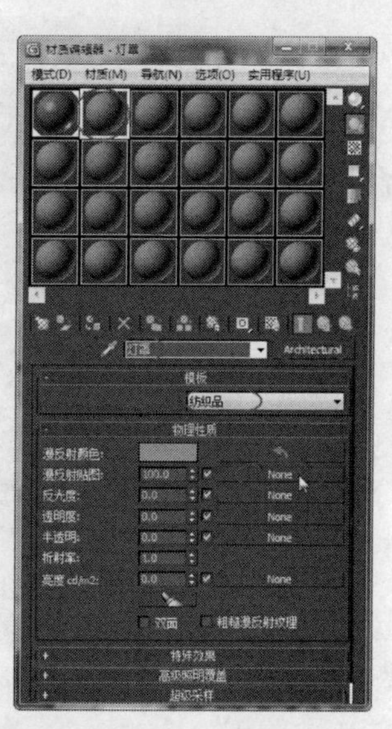

图 7-154　设置“灯罩”材质参数

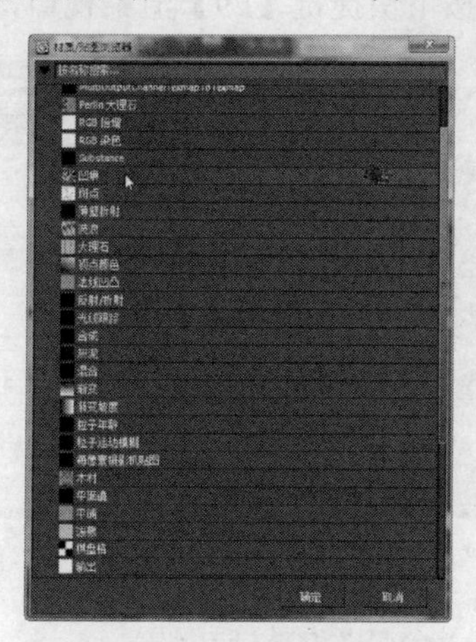

图 7-155　设置贴图类型

（8）单击【确定】按钮返回“材质编辑器”，在出现的“凹痕参数”卷展栏中单击“颜色#1”选项后面的长条按钮，在出现的“材质/贴图浏览器”对话框中选择贴图类型为“位图”，再选择事先准备好的贴图图像，单击【打开】按钮将其添加到“凹痕参数”卷展栏中，如图 7-156 所示。

在“凹痕参数”卷展栏中，“大小”选项用于设置凹痕的相对大小；“强度”选项用于设置两种颜色或贴图的相对覆盖范围；“迭代次数”选项用于设置用来创建凹痕的计算次数；“交换”按钮用于反转颜色或贴图的位置；“颜色”选项用于选择凹痕表面的两种颜色；“贴图”选项用于在凹痕图案中用贴图替换颜色。

（9）单击示例窗下面的【转到父对象】按钮，返回“凹痕参数”卷展栏。再单击“颜色#2”选项后面的色块，在出现的“颜色选择器”对话框中设置一种红色作为凹痕的另一种颜色，如图 7-157 所示。

（10）分别将第 1 个材质球和第 2 个材质球中配置好的材质指定给视口中“台灯”的“灯座”和“灯罩”部分。

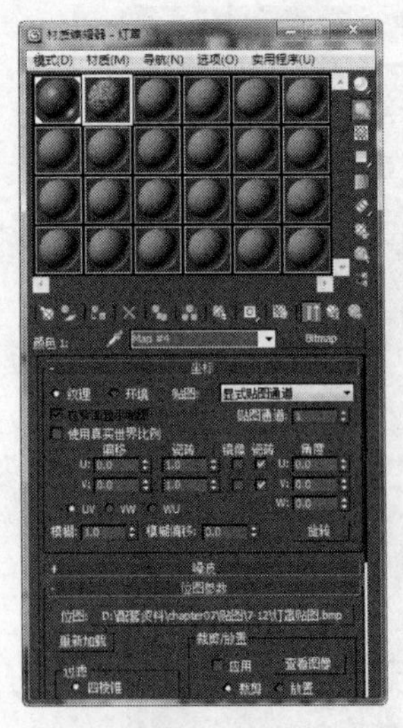

图 7-156　添加“颜色#1”贴图

（11）激活“透视”视口，按下快捷键【F9】渲染视口，效果如图 7-158 所示。

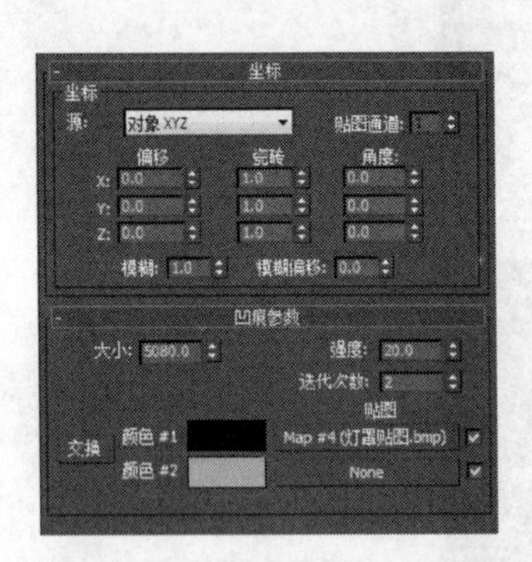

图 7-157　设置“颜色#2”的颜色

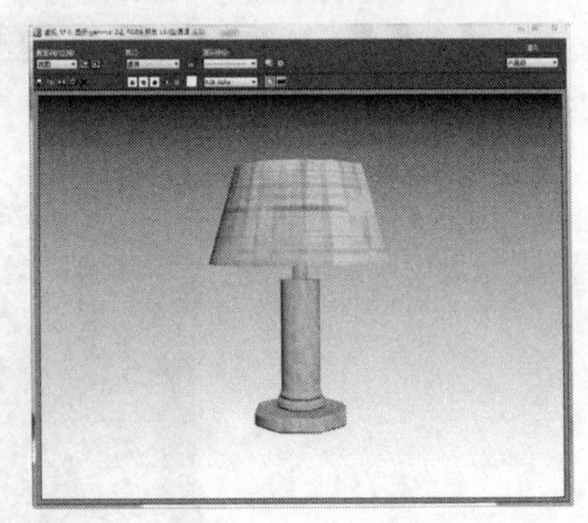

图 7-158　渲染效果

（12）保存场景文件，完成“台灯”的材质配置。

课后练习

1. 为本书第 2～6 课未配置材质的实例模型配置合适的材质。
2. 为本书第 2～6 课课后练习所制作模型配置合适的材质。
3. 创建一套较完整的家具模型，然后为这些模型配置并指定材质。

第 8 课 配置灯光效果

本课知识结构

在 3ds Max 中，灯光用于在场景中模拟现实生活中的真实的灯光效果，如普通照明灯具、舞台灯光设备和太阳光等。不同种类的灯光对象用不同的方法来投射灯光，从而模拟出真实世界中不同种类的光源。作为 3ds Max 的一种特殊模型，光源在渲染图中是被隐藏起来的，只用到它所发出的光线来产生效果。本课将通过实例学习场景渲染和输出的基础知识及具体操作应用方法，具体知识结构如下。

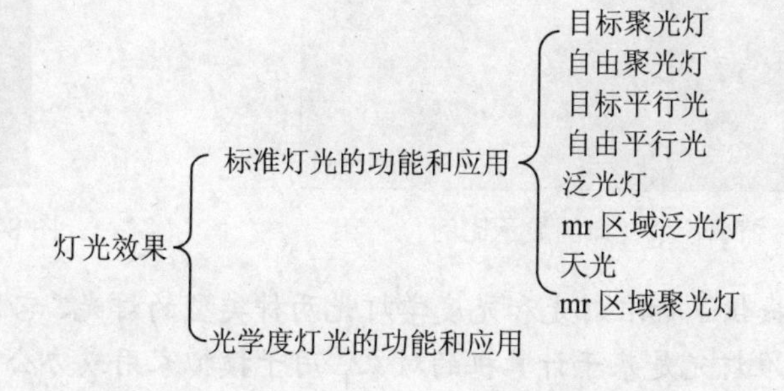

就业达标要求

☆ 了解灯光的基本知识。
☆ 熟练掌握光源的放置方法。
☆ 初步掌握光源的设置方法。
☆ 掌握摄影机的架设方法。
☆ 初步掌握摄影机的设置方法。

8.1 实例："翡翠原石"照明效果（目标聚光灯）

在 3ds Max 的场景中添加光源后，既可以将物体照亮，也可以通过灯光效果来拱托场景气氛。由于现实世界的光源很多，包括阳光、烛光、白炽灯、荧光灯等，它们对物体的影响各不相同，要模拟场景的真实效果，就需要建立不同的灯光。灯光光源在 3ds Max 中是一种特殊的对象模型，通常在渲染图中它是隐藏的，而只利用它发出的光线来产生效果。聚光灯可以突出显示被照射的物体，它是一种按照一定锥体角度投射光线的点光源。聚光灯分为"目标聚光灯"和"自由聚光灯"两种形式。目标聚光灯用于产生一束照射物体的光束。使用目标聚光，可以形成阴影效果，突出被照射的物体。

本节将在本书7.6节所制作的“翡翠原石”添加一盏目标聚光灯，产生如图8-1所示的照射效果，灯光的具体参数请参考本书“配套资料\chapter08\8-1 翡翠原石.max”文件。

图8-1　“翡翠原石”的照明效果

（1）打开本书第7课第6节制作的“翡翠原石”模型，单击【应用程序】按钮，从出现的菜单中选择【另存为】命令，将其另存为名为“8-1 翡翠原石.max”的场景文件。

（2）选择【缩放视口】工具，适当缩小各个视口的显示比例，以便放置光源，如图8-2所示。

（3）在“创建”面板中单击【灯光】按钮从“灯光”下拉列表中选择【标准】选项，或者从菜单栏中选择【创建】|【灯光】|【标准灯光】菜单命令，如图8-3所示。

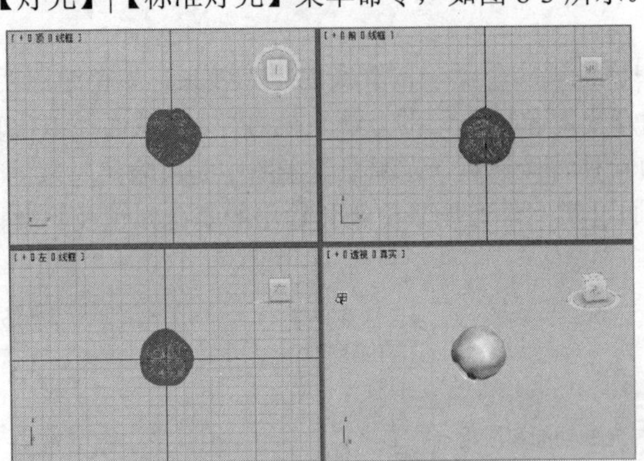

图8-2　缩小各个视口的显示比例

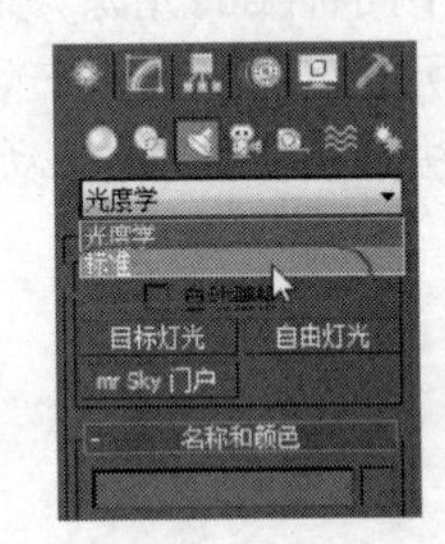

图8-3　选择标准灯光

3ds Max提供了标准灯光和光度学灯光两种类型的灯光，它们在视口中均显示为灯光对象。标准灯光是基于计算机的对象，用于模拟家用或办公室灯，舞台和电影工作时使用的灯光设备，以及太阳光本身。不同种类的灯光对象可用不同的方式投射灯光，用于模拟真实世界不同种类的光源。与光度学灯光不同，标准灯光不具有基于物理的强度值。

标准灯光分为“目标聚光灯”、“自由聚光灯”、“目标平行光”、“自由平行光”、“泛光灯”、“mar区域泛光灯”和“mar区域聚光灯”等8种类型。其中，泛光灯和聚光灯是最常用的光源。泛光灯具有很强的穿透力，可以同时照明场景中很多对象。而聚光灯能照射某个具体的目标，从而突出某些造型。

（4）进入“标准灯光”创建面板后，选择其中的【目标聚光灯】工具，出现“目标聚光灯”的设置选项，如图8-4所示。

（5）在“左”视口中选择一个位置，单击鼠标确定目标聚光灯的光源点，再拖动鼠标至合适的位置释放鼠标确定目标点，即可放置一个聚光灯，如图8-5所示。

（6）激活“透视”视口，按下【F9】键快速渲染视口，可以观察到添加目标聚光灯的效果，如图8-6所示。

（7）从“主工具栏”中选择【选择并移动】工具，在各个视口中移动目标聚光灯的光源点，调整光源相对于目标对象的位置，如图8-7所示。

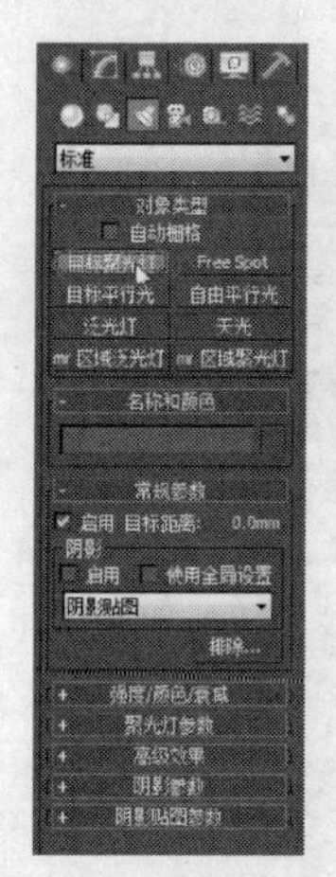

图 8-4　选择【目标聚光灯】工具

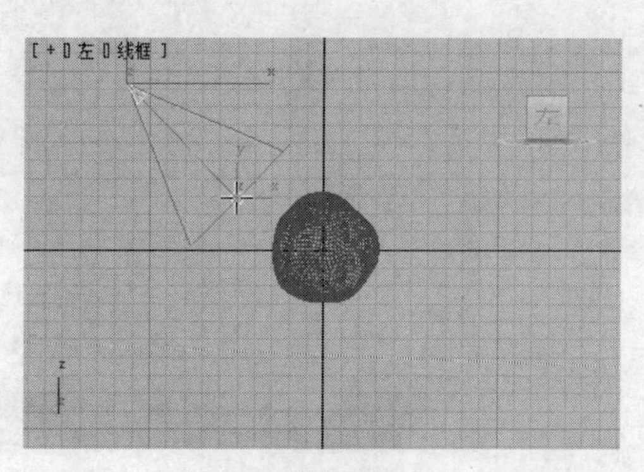

图 8-5　放置聚光灯

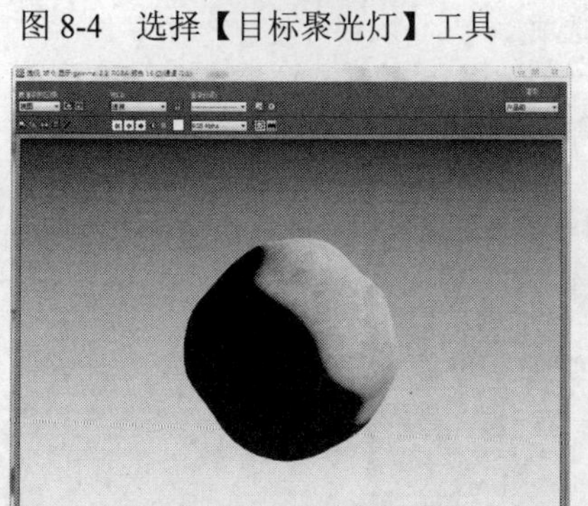

图 8-6　快速渲染效果

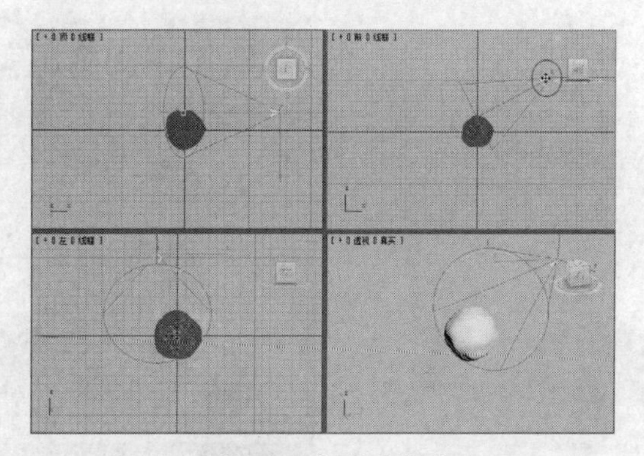

图 8-7　调整光源点

（8）使用【选择并移动】工具，在各个视口中移动目标聚光灯的目标点，调整光源的照射目标，如图 8-8 所示。

（9）激活“透视”视口，按下【F9】键再次快速渲染视口，可以观察到调整光源点和目标点的效果，如图 8-9 所示。

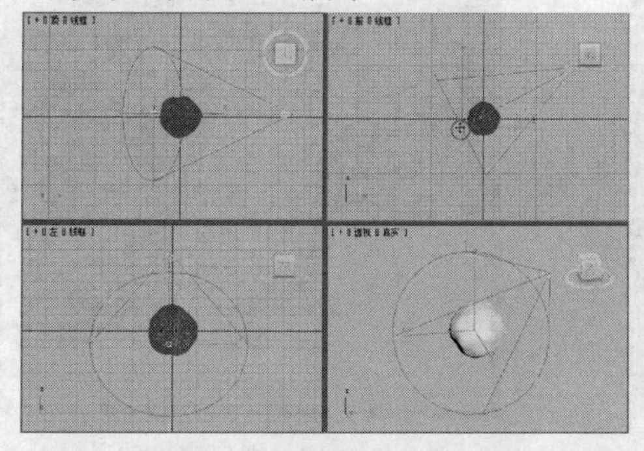

图 8-8　调整光源的目标点

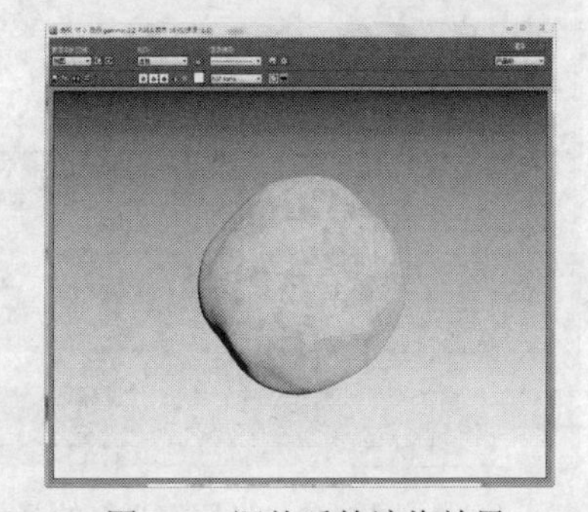

图 8-9　调整后的渲染效果

（10）选中场景中的目标聚光灯（默认的名称为 Spot01），切换到“修改”面板，出现如图 8-10 所示的设置选项，可以利用这些选项来设置目标聚光灯的参数。

（11）展开“强度/颜色/衰减参数”卷展栏，可以设置灯光的颜色和强度，也可以定义灯光的衰减，参数设置如图 8-11 所示。

（12）展开“聚光灯参数”卷展栏，在其中设置聚光灯的几何参数，如图 8-12 所示。

（13）设置完成后激活“透视”视口，按下【F9】键渲染视口，效果如图 8-13 所示。

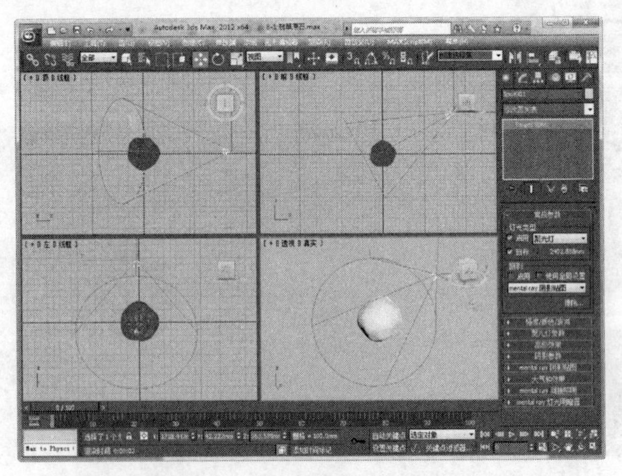

图 8-10 目标聚光灯的设置选项

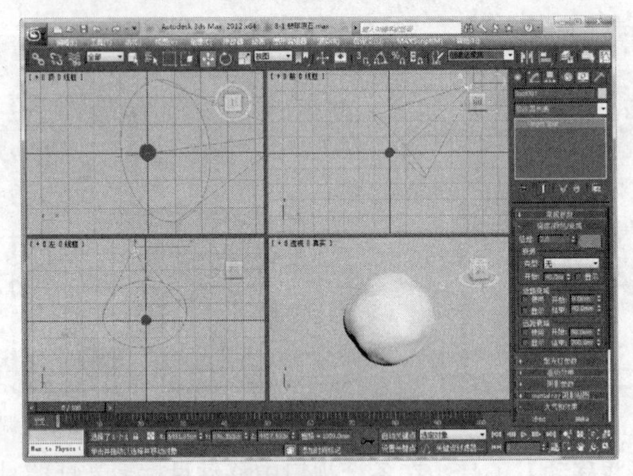

图 8-11 设置灯光的颜色和强度

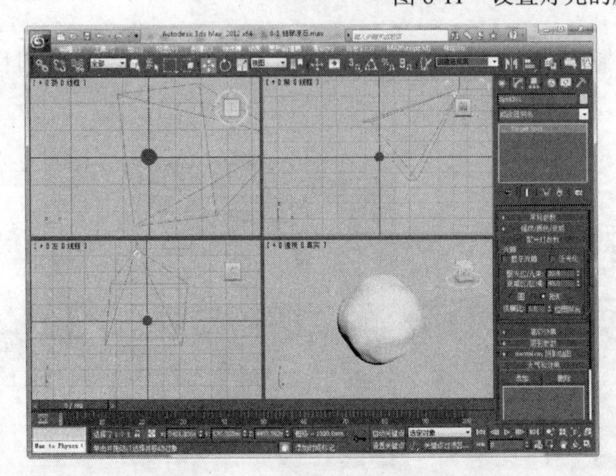

图 8-12 设置聚光灯的几何参数

图 8-13 视口渲染效果

（14）保存场景文件，完成“翡翠原石”的灯光配置。

灯光的参数决定了灯光的各种效果，只有合理设置灯光的参数，才能获得满意的灯光。目标聚光灯的主要参数设置选项如下。

1）“常规参数”卷展栏

所有类型的灯光都提供了如图 8-14 所示的“常规参数”卷展栏，其中的控件可以启用/禁用灯光，还能排除/包含场景中的对象。

● “灯光类型”组：在“灯光类型”组中，“启用”选项用于启用或禁用灯光；“灯光类型列表”用于选择灯光的类型；“目标”选项选中后，灯光将成为具有目标点的灯光。

● “阴影”组：在“阴影”组中选中“启用”选项，可以使当前灯光产生投射阴影的效果；“阴影方法下拉列表”用于选择渲染器是否使用阴影贴图、光线跟踪阴影、高级光线跟踪阴影或区域阴影生成该灯光的阴影。

●【排除】按钮：【排除】按钮用于将选定对象排除于灯光效果之外，单击【排除】按钮，将出现“排除/包含”对话框。被排除的对象仍在着色视口中被照亮，只有在渲染场景时排除才起作用。

2）“强度/颜色/衰减参数”卷展栏

使用如图 8-15 所示的“强度/颜色/衰减参数”卷展栏可以设置灯光的颜色和强度，也可以定义灯光的衰减。衰减是灯光的强度将随着距离的加长而减弱的效果。“强度/颜色/衰减参数”卷展栏中主要的选项如下。

● “倍增”选项：将灯光的功率放大。

● “色样”按钮：用于选择灯光的颜色。

● “衰退”组：用于使远处灯光强度减小，其中“类型”选项用于选择要使用的衰退类型；衰退开始的点取决于是否使用衰减，如果不使用衰减，则光源处开始衰退，使用近距衰减，则从近距结束位置开始衰退。

● “近距衰减”组：其中，“开始”选项用于设置灯光开始淡入的距离；“结束”选项用于设置灯光达到其全值的距离；“使用”选项用于启用灯光的近距衰减；“显示”选项用于在视口中显示近距衰减范围设置。

● “远距衰减”组：其中“开始”选项用于设置灯光开始淡出的距离；“结束”选项用于设置灯光减为 0 的距离；“使用”选项用于启用灯光的远距衰减；“显示”选项用于在视口中显示远距衰减范围设置。

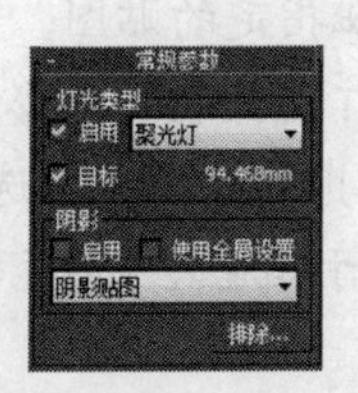

图 8-14　“常规参数”卷展栏

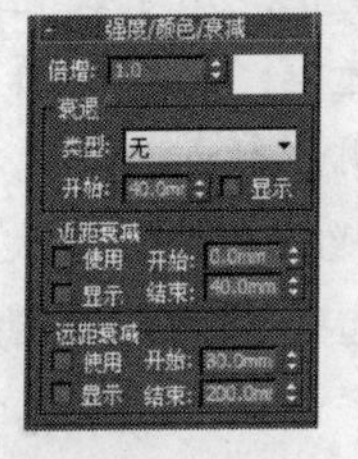

图 8-15　“强度/颜色/衰减参数”卷展栏

3）“聚光灯参数”卷展栏

如图 8-16 所示的“聚光灯参数”卷展栏中参数主要用于控制聚光灯的聚光区/衰减区，其中的主要参数如下。

● 显示光锥：用于启用或禁用圆锥体的显示。

● 泛光化：在设置泛光化时，灯光将在各个方向投射灯光。

● 聚光区/光束：用于调整灯光圆锥体的角度。

● 衰减区/区域：用于调整灯光衰减区的角度。

● 圆/矩形：选择聚光区和衰减区的形状。

● 纵横比：设置矩形光束的纵横比。

● 位图拟合：如果灯光的投影纵横比为矩形，应设置纵横比以匹配特定的位图。

4）“高级效果”卷展栏

如图 8-17 所示的“高级效果”卷展栏中提供了影响灯光曲面方式的控件和投影灯的设置选项，主要参数如下：

●“对比度”选项：用于调整曲面的漫反射区域和环境光区域之间的对比度。

●“柔化漫反射边”选项：增加该选项的值，可以柔化曲面的漫反射部分与环境光部分之间的边缘，这样有助于消除在某些情况下曲面上出现的边缘。

●“漫反射”选项：选中该复选项，灯光将影响对象曲面的漫反射属性。

●“高光反射”选项：选中该复选项，灯光将影响对象曲面的高光属性。

●“仅环境光”选项：选中该复选项，灯光仅影响照明的环境光组件以便对场景中的环境光照明进行更详细的控制。

●“贴图”复选框：选中后可通过“贴图”按钮投射选定的贴图。

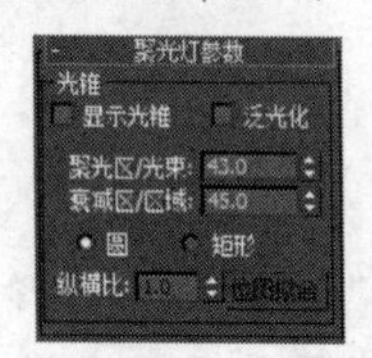

图 8-16 “聚光灯参数”卷展栏

图 8-17 “高级效果”卷展栏

5）“阴影参数”卷展栏

除“天光”外的所有灯光类型和所有阴影类型都具有如图 8-18 所示的“阴影参数”卷展栏，使用该卷展栏，可以设置阴影颜色和其他常规阴影属性，该卷展栏也可以让灯光在大气中投射阴影。“阴影参数”卷展栏中的主要选项如下。

●“颜色”图标：单击该色样图标，将出现“颜色选择器”对话框，从中可以选择灯光投射的阴影的颜色。其默认设置为黑色。

●“密度”增量框：用于设置阴影的密度。

●“贴图”复选框：选中该项，可以使用“贴图”按钮指定的贴图。

●“灯光影响阴影颜色”复选框：选中该项，可以将灯光颜色与阴影颜色混合起来。

●“大气阴影”组：提供了让大气效果投射阴影的选项。其中，“启用”选项用于启用大气阴影效果；“不透明度”选项用于调整阴影的不透明度；“颜色量”用于调整大气颜色与阴影颜色混合的量。

6）“mental ray 间接照明”卷展栏

“mental ray 间接照明”卷展栏只出现在“修改”面板中，如图 8-19 所示的“mental ray 间接照明”卷展栏中提供了使用 mental ray 渲染器照明行为的控件，其主要选项如下。

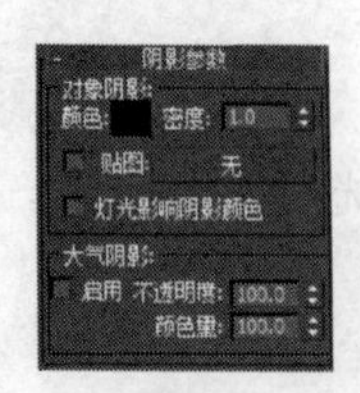

图 8-18 “阴影参数”卷展栏

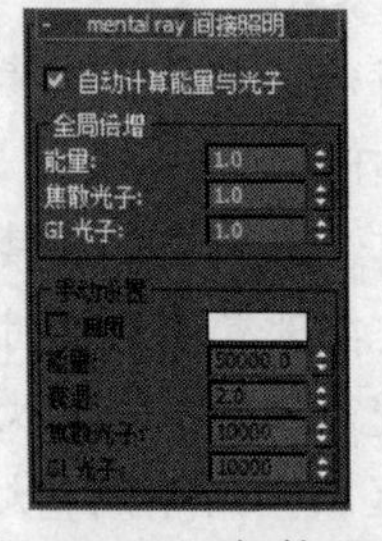

图 8-19 “mental ray 间接照明”卷展栏

●“自动计算能量与光子”选项：选中该复选项，灯光使用间接照明的全局灯光设置，而不使用局部设置。

● “能量”选项：用于增强全局“能量”值以增加或减少此特定灯光的能量。

● “焦散光子”选项：用于增强全局“焦散光子”值以增加或减少用此特定灯光生成焦散的光子数量。

● “GI 光子”选项：用于增强全局“GI 光子”值，从而增加或减少用此特定灯光生成全局照明的光子数量。

● “手动设置”组：当未选取“自动计算能量与光子”选项时，“手动设置”组中的选项可用。其中，选中“启用”选项灯光可以生成间接照明效果；“过滤色”选项用于设置过滤光能的颜色；“能量”选项用于设置光能；“衰退”选项用于指定光子能量衰退的方式；“焦散光子”选项用于设置焦散的灯光所发射的光子数量；“GI 光子”选项用于设置全局照明的灯光所发射的光子数量。

7）“mental ray 灯光明暗器”卷展栏

如图 8-20 所示的“mental ray 灯光明暗器”卷展栏也只在“修改”面板中出现，使用该卷展栏可以将 mental ray 明暗器添加到灯光中，其主要选项如下。

● “启用”选项：选中该选项，渲染使用指定给此灯光的灯光明暗器。

● “灯光明暗器”选项：单击对应的按钮，将出现“材质/贴图浏览器”对话框，并选择一个灯光明暗器。

● “光子发射器明暗器”选项：单击对应的按钮，将出现“材质/贴图浏览器”对话框，并选择一个明暗器。

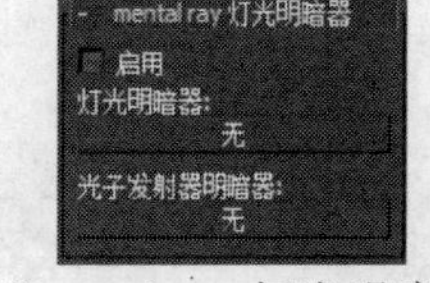

图 8-20　“mental ray 灯光明暗器”卷展栏

此外，如果选择阴影贴图作为灯光的阴影生成技术，将出现“阴影贴图参数”卷展栏。还可以使用“大气和效果”来配置“体积光”和“镜头效果”。

8.2　实例：“圆桌”照明效果（自由聚光灯）

自由聚光灯和目标聚光灯的效果相似，都是通过一束光线来照亮对象的局部区域。但自由聚光灯是沿着固定的方向照亮对象，而不像目标聚光灯那样将照明目标通过目标点定位在模型上。

本节将在本书 7.7 节所制作的“圆桌”场景添加一盏自由聚光灯，产生如图 8-21 所示的照射效果，灯光的具体参数请参考本书“配套资料\chapter08\8-2 圆桌.max”文件。

（1）打开本书第 7 课第 7 节制作的“圆桌”模型，单击【应用程序】按钮，从出现的菜单中选择【另存为】命令，将其另存为名为“8-2 圆桌.max”的场景文件。

（2）选择【缩放视口】工具，适当缩小各个视口的显示比例，以便放置光源，如图 8-22 所示。

图 8-21　“圆桌”的照明效果

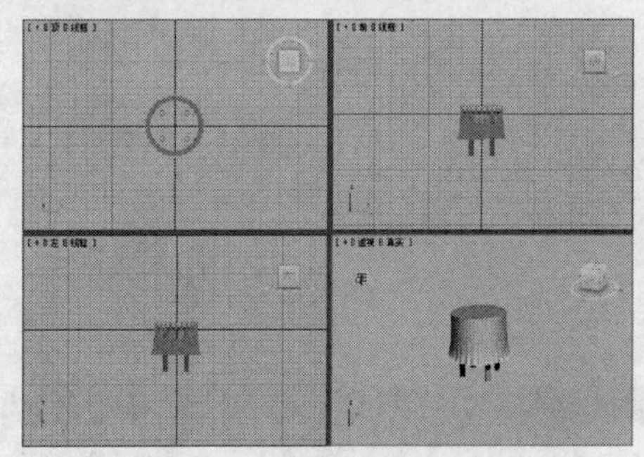

图 8-22　缩小视口显示比例

（3）在“创建”面板中单击【灯光】按钮从“灯光”下拉列表中选择【标准】选项，再选择【自由聚光灯】工具，在视口中需要放置光源的位置单击鼠标，即可放置一个自由聚光灯，如图 8-23 所示。

（4）按下【F9】键快速渲染场景，效果如图 8-24 所示。

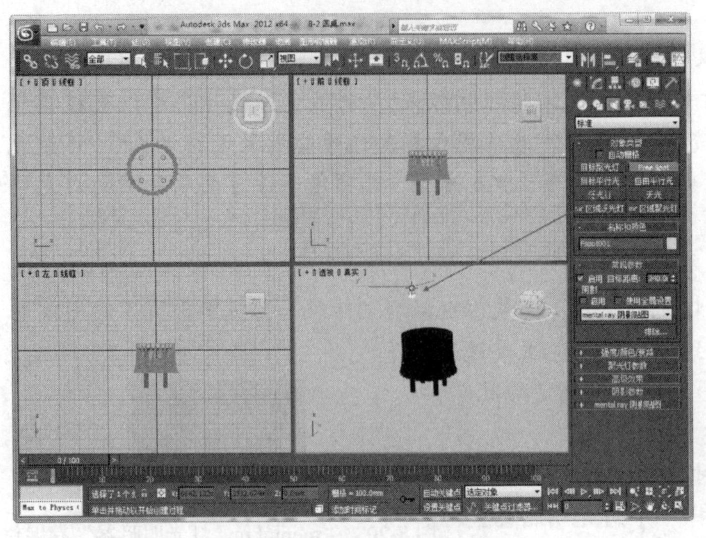

图 8-23 放置自由聚光灯

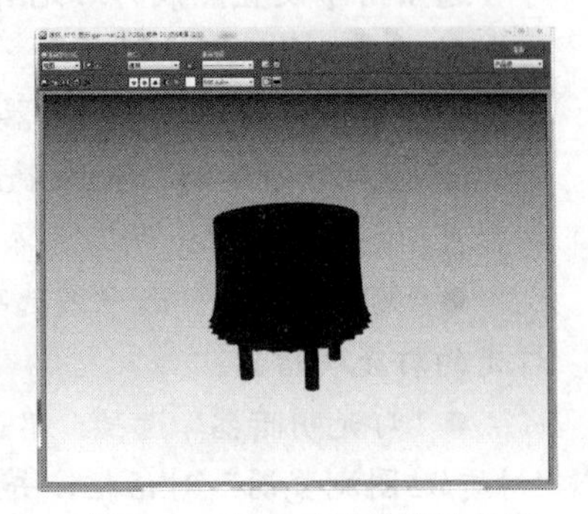

图 8-24 添加光源的渲染效果

默认情况下，系统在场景设置了两盏泛光灯。一盏位于场景的上前方，另一盏位于场景的下后方。在添加新的自定义灯光后，这两盏泛光灯会自动取消。因此，有时候给场景添加了灯光后，会发现场景反而变暗了。

（5）从“主工具栏”中选择【选择并移动】工具，移动自由聚光灯，更改光照效果，如图 8-25 所示。

（6）从“主工具栏”中选择【选择并旋转】工具，旋转自由聚光灯，更改光线的照射角度，如图 8-26 所示。

（7）再次按下【F9】键快速渲染场景，效果如图 8-27 所示。

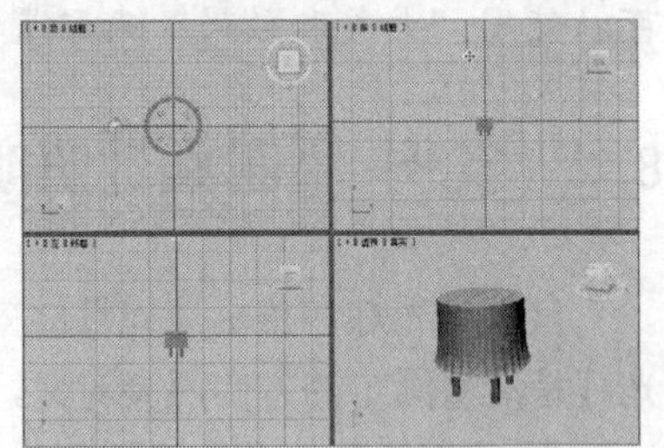

图 8-25 移动自由聚光灯

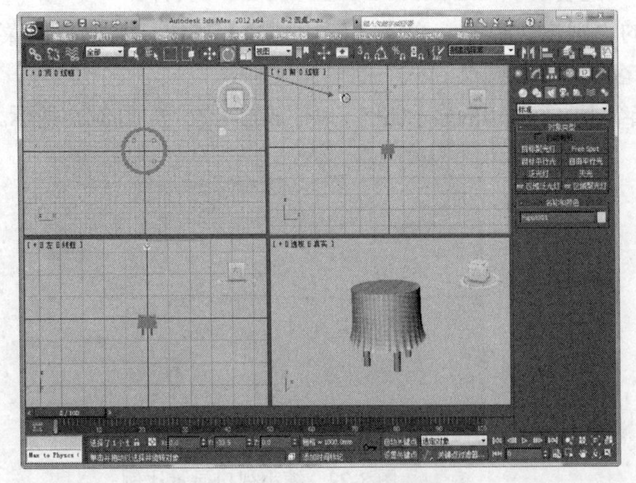

图 8-26 旋转自由聚光灯

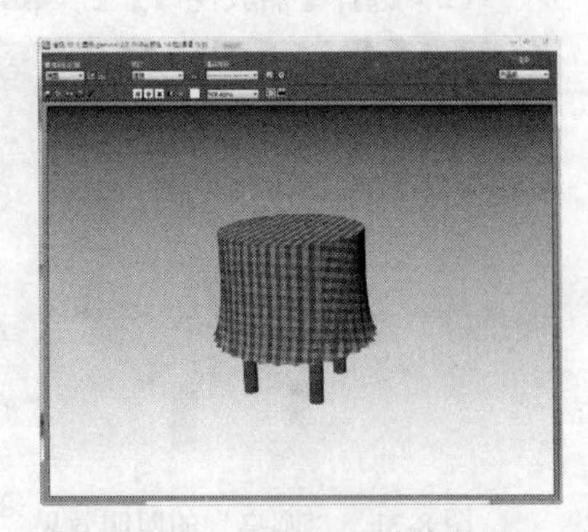

图 8-27 调整后的渲染效果

（8）选中视口中的自由聚光灯，切换到“修改”面板，出现与目标聚光灯基本相同的设置选项。本例选中“阴影”组中的“启用”复选项，使对象出现灯光照射产生的阴影效果，然后按下【F9】键快速渲染场景，效果如图 8-28 所示。

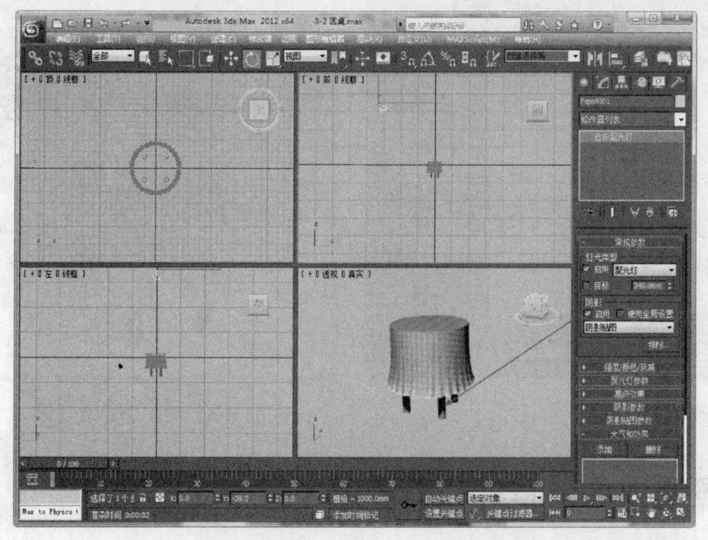

图 8-28　启用“阴影”的效果

（9）展开“强度/颜色/衰减”卷展栏，单击色样框，在出现的“颜色选择器”中设置光源颜色为白色，并设置其“倍增”系数为 3，然后按下【F9】键快速渲染场景，效果如图 8-29 所示。

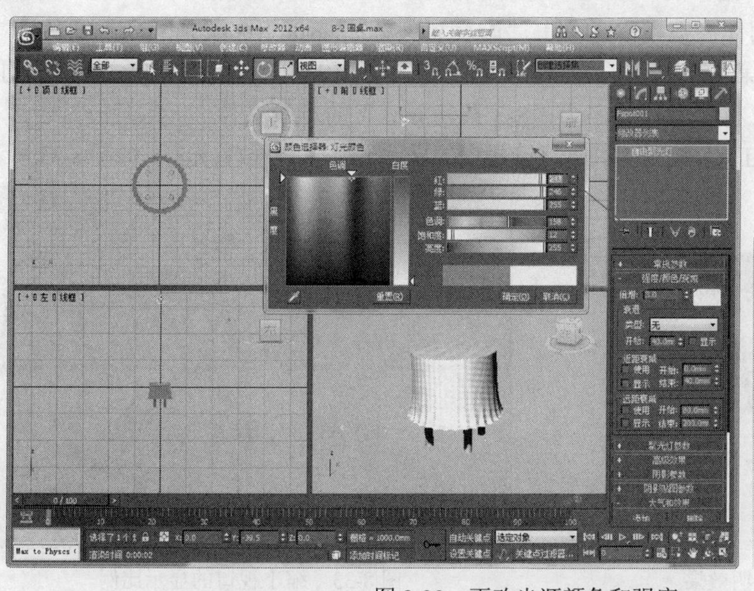

图 8-29　更改光源颜色和强度

（10）在“聚光灯参数”卷展栏中设置“聚光区/光束”参数和“衰减区/区域”参数，效果如图 8-30 所示。

（11）设置完成后激活“透视”视口，按下【F9】键渲染视口，效果如图 8-31 所示。

（12）保存场景文件，完成“圆桌”的灯光配置。

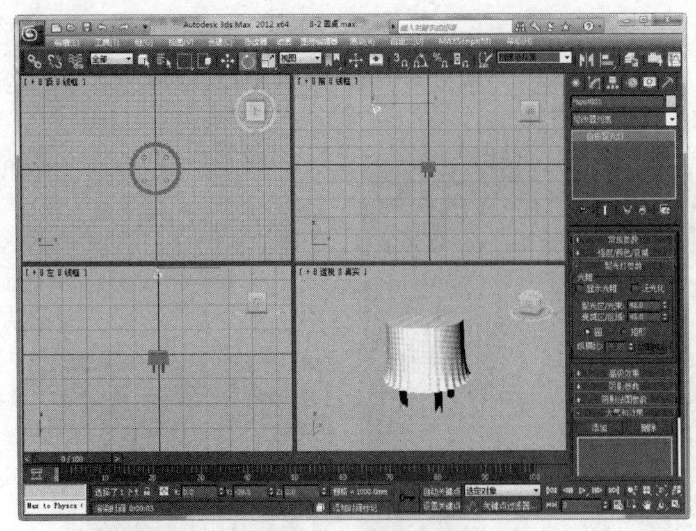

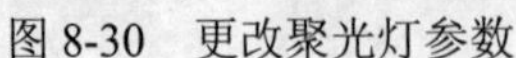
图 8-30 更改聚光灯参数

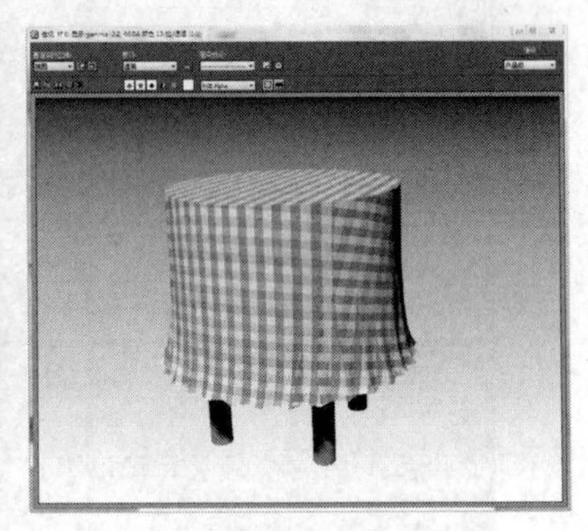
图 8-31 视口渲染效果

8.3 实例："茶几"照明效果（目标平行光）

平行光是一种模拟太阳光的灯光效果，这种光源以一个方向投射平行光线，其照射区域呈圆柱或矩形，而不是圆锥形。平行光源分为目标平行光和自由平行光两种，目标平行光使用目标对象指向灯光。

本节将在本书 7.4 节所制作的"茶几"场景添加上一个目标平行光光源，产生如图 8-32 所示的照射效果，灯光的具体参数请参考本书"配套资料\chapter08\8-3 茶几.max"文件。

（1）打开本书第 7 课第 4 节制作的"茶几"模型，单击【应用程序】按钮，从出现的菜单中选择【另存为】命令，将其另存为名为"8-3 茶几.max"的场景文件。

（2）选择【缩放视口】工具，适当缩小各个视口的显示比例，以便放置光源，如图 8-33 所示。

图 8-32 "茶几"的照明效果

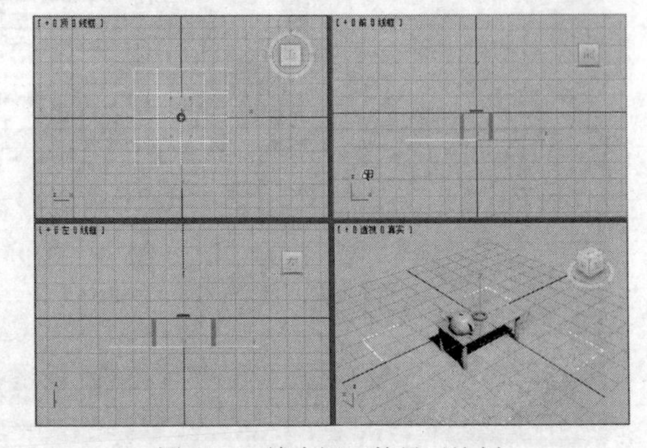
图 8-33 缩小视口的显示比例

（3）在"创建"面板中单击【灯光】按钮从"灯光"下拉列表中选择【标准】选项，再选择【目标平行光】工具，在视口中需要放置光源的位置单击鼠标，然后拖动鼠标确定目标点，单击鼠标即可放置一个目标平行光，如图 8-34 所示。

（4）从"主工具栏"中选择【选择并移动】工具，在各个视口中移动目标平行光的光源点，调整光源相对于目标对象的位置，如图 8-35 所示。调整时，在"透视"视口中可以查看到调整效果。

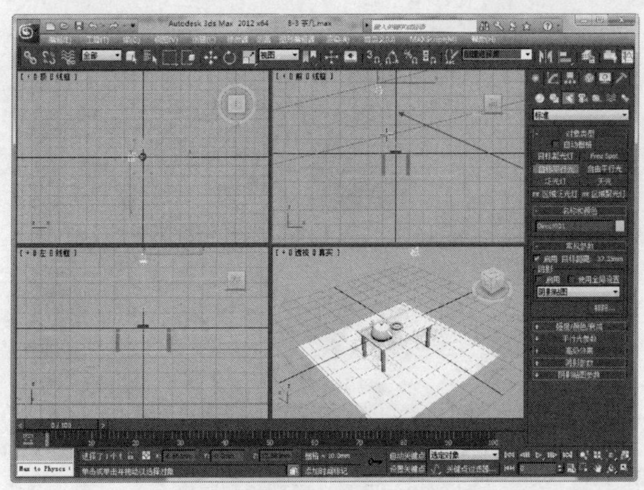

图 8-34　放置一个目标平行光

（5）使用【选择并移动】工具，在各个视口中移动目标平行光的目标点，调整光源的照射目标，如图 8-36 所示。

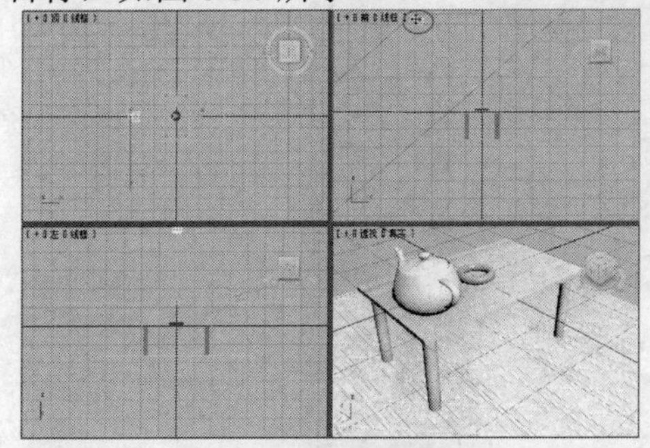

图 8-35　调整光源点

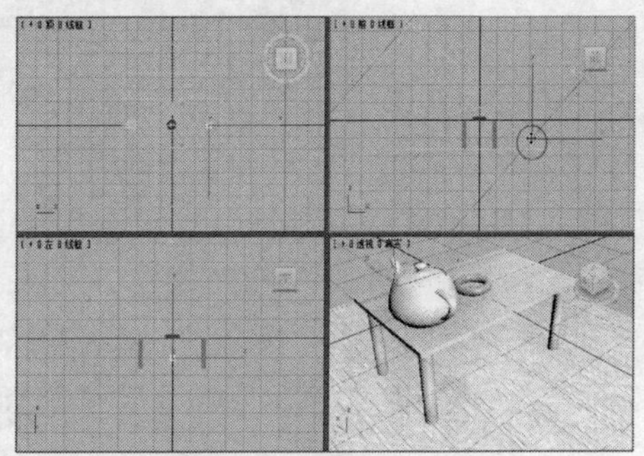

图 8-36　调整光源的目标点

（6）保持对光源的选择，切换到"修改"面板，出现目标平行光的设置选项，这些选项与目标聚光灯的参数基本相同。本例选定"阴影"组中的"启用"选项，使光源在场景中产生阴影效果如图 8-37 所示。

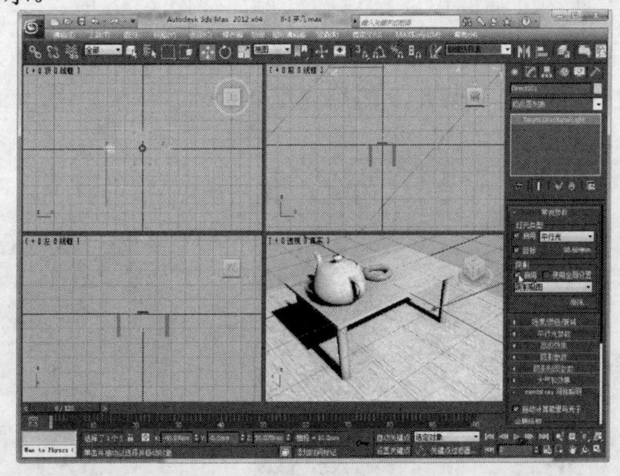

图 8-37　启用阴影效果

（7）展开"强度/颜色/衰减参数"卷展栏，可以在其中设置灯光的颜色和强度，也可以定义灯光的衰减，本例单击其中的色块，将颜色设置为白色，再将其"倍增"值设置为 1.8，如图 8-38 所示。

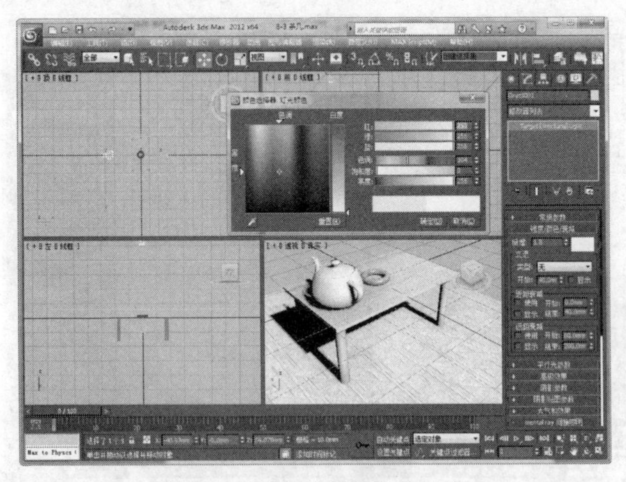

图 8-38 设置光源颜色和强度

（8）展开“平行光参数”卷展栏，设置目标平行光的几何参数，如图 8-39 所示。

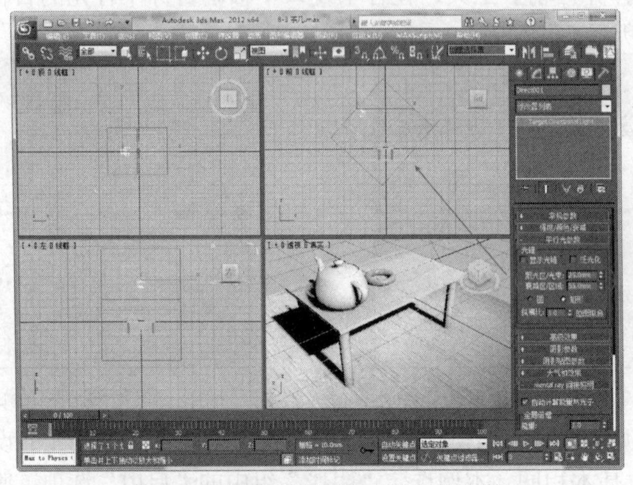

图 8-39 设置目标平行光的几何参数

（9）再选中“圆”选项，使照射区域呈圆柱形，如图 8-40 所示。

（10）设置完成后激活“透视”视口，按下【F9】键渲染视口，效果如图 8-41 所示。

（11）保存场景文件，完成“茶几”的灯光配置。

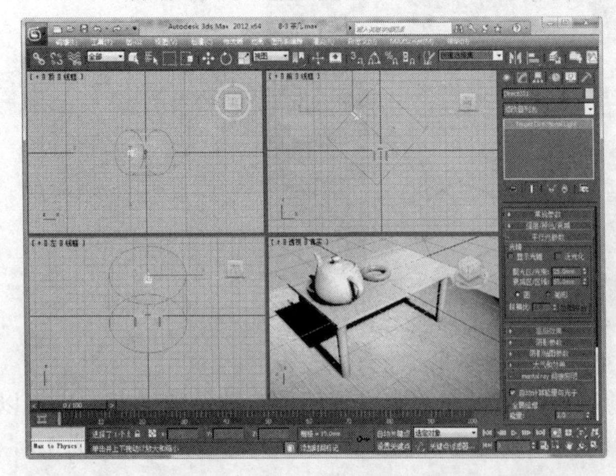

图 8-40 更改区域照射方式

图 8-41 视口渲染效果

8.4　实例："体温计"照明效果（自由平行光）

自由平行光也用于产生平行的照射区域，但它的投射点和目标点不可以分别调节。本节将在本书 7.3 节所制作的"体温计"场景添加上一个自由平行光光源，产生如图 8-42 所示的照射效果，灯光的具体参数请参考本书"配套资料\chapter08\8-4 体温计.max"文件。

（1）打开本书第 7 课第 3 节制作的"体温计"模型，单击【应用程序】按钮，从出现的菜单中选择【另存为】命令，将其另存为名为"8-4 体温计.max"的场景文件。

（2）选择【缩放视口】工具，适当缩小除"透视"视口外各个视口的显示比例，以便放置光源，如图 8-43 所示。

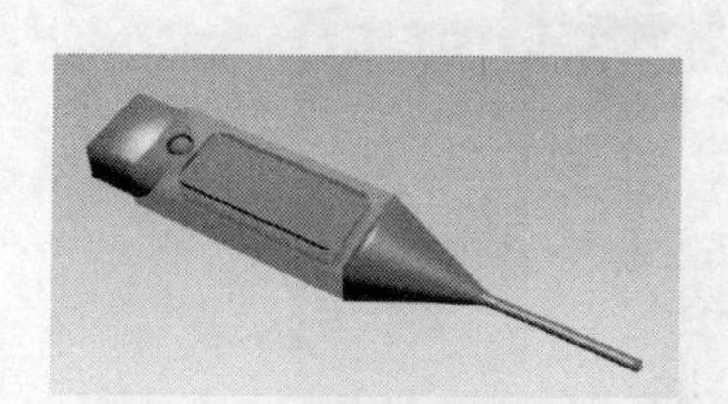

图 8-42　"体温计"的照明效果

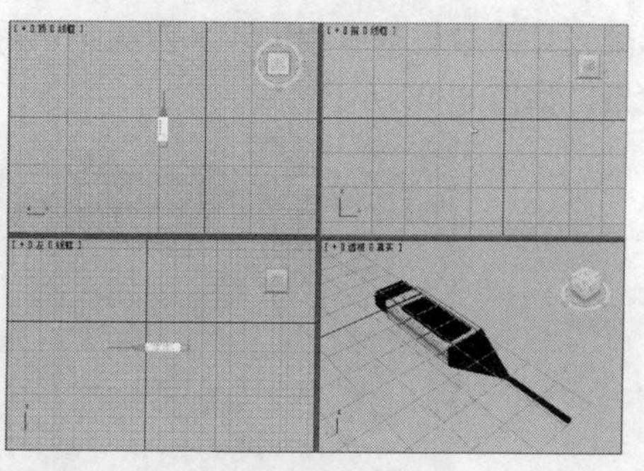

图 8-43　缩小除"透视"视口外各个视口的显示比例

（3）激活任意视口，按下【Ctrl】+【A】组合键，全选场景中的对象，单击鼠标右键，从出现的快捷菜单中选择【冻结当前选择】命令，如图 8-44 所示，将场景中的对象冻结起来无法编辑，可以更好地添加和设置光源。

（4）在"创建"面板中单击【灯光】按钮从"灯光"下拉列表中选择【标准】选项，再选择【自由平行光】工具，在视口中需要放置光源的位置单击鼠标，即可放置一个自由平行光，如图 8-45 所示。

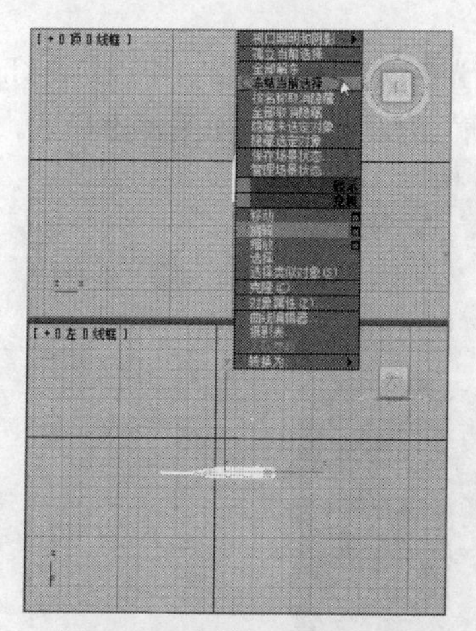

图 8-44　冻结场景中的对象

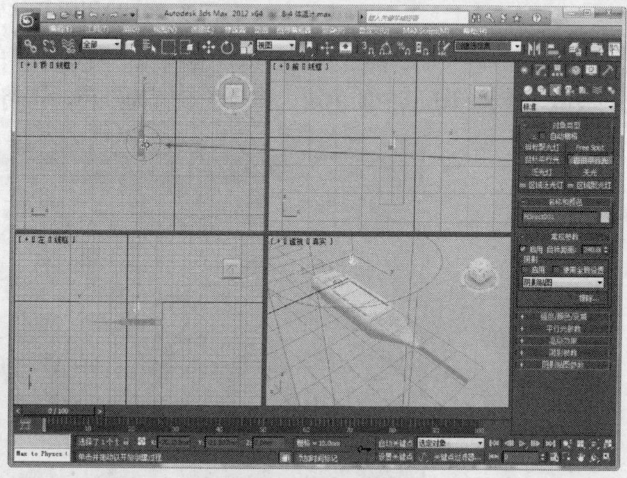

图 8-45　放置光源

（5）使用【选择并移动】工具，在各个视口中移动自由平行光的光源点，如图 8-46 所示。调整时应注意观察透视图中光源的照射情况。

（6）用【选择并旋转】工具旋转光源点，改变光源照射角度，如图 8-47 所示。

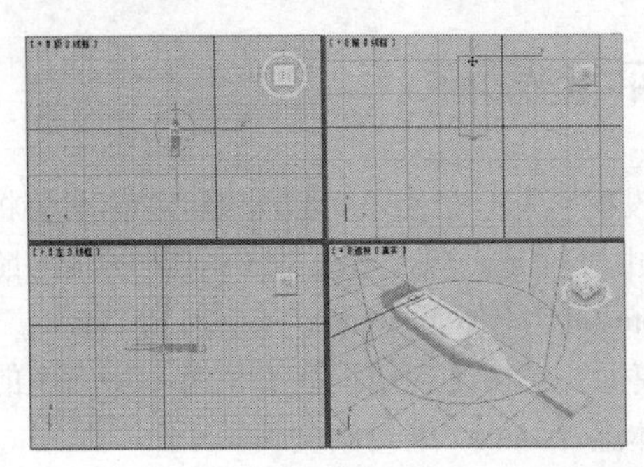
图 8-46 调整光源点

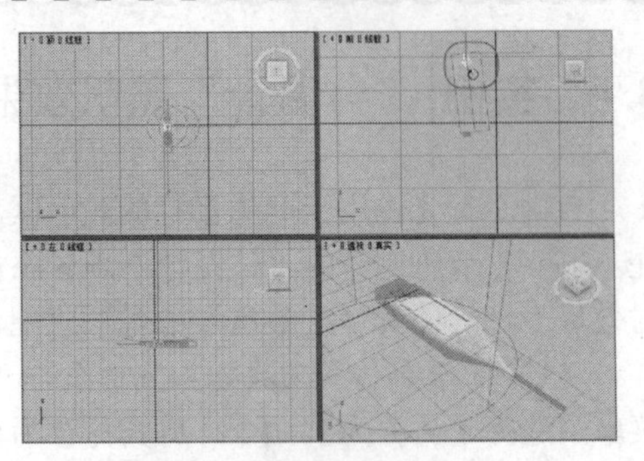
图 8-47 光源照射角度

（7）保持对光源的选择，切换到“修改”面板，出现自由平行光的设置选项，这些选项与目标聚光灯的参数基本相同。本例选定“阴影”组中的“启用”选项，使光源在场景中产生阴影效果，如图 8-48 所示。

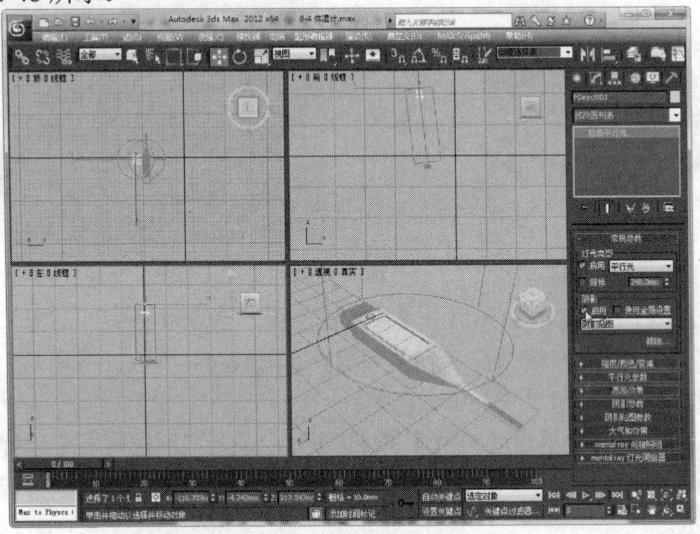
图 8-48 启用阴影效果

（8）展开“强度/颜色/衰减参数”卷展栏，可以在其中设置灯光的颜色和强度，也可以定义灯光的衰减，本例单击其中的色块，将颜色设置为红色，再将其“倍增”值设置为 2，如图 8-49 所示。

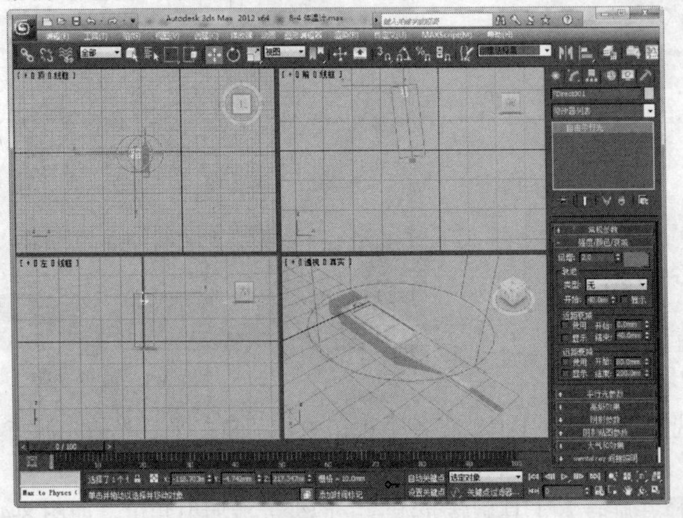
图 8-49 设置光源颜色和强度

（9）在“远距衰减”组中选中“使用”和“显示”复选项，然后修改其中的“开始”和“结束”参数，如图 8-50 所示。

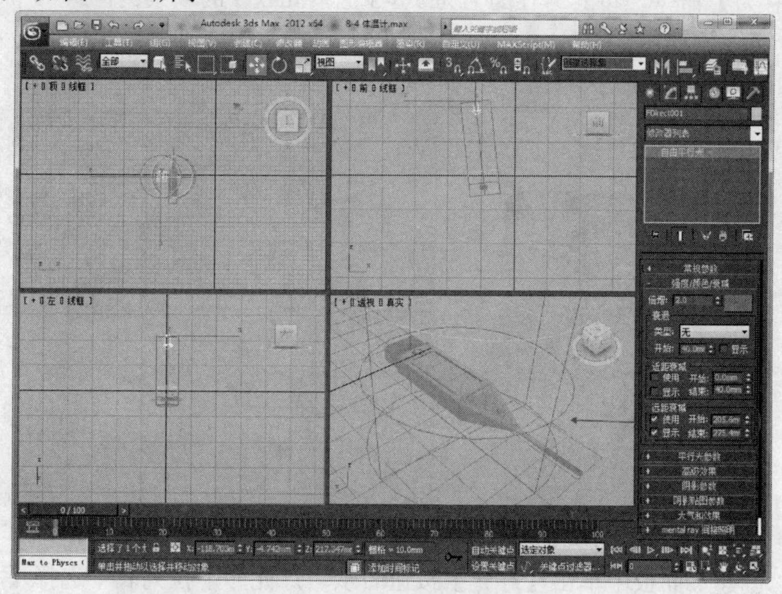

图 8-50　设置远距衰减选项

（10）展开“平行光参数”卷展栏，在其中设置自由平行光的几何参数，如图 8-51 所示。

（11）设置完成后激活“透视”视口，按下【F9】键渲染视口，效果如图 8-52 所示。

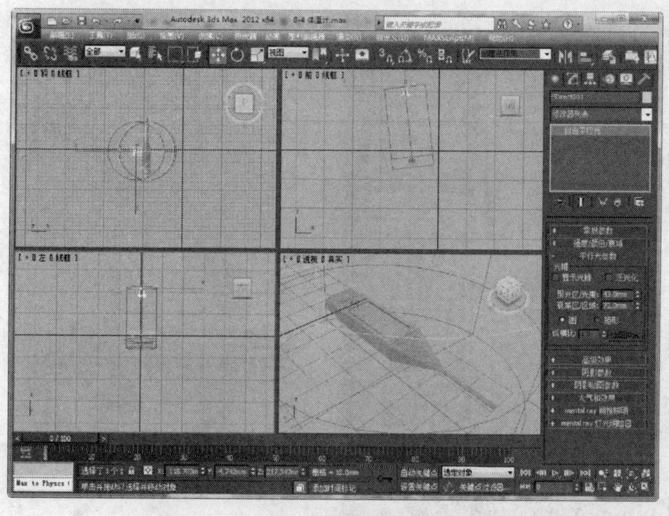

图 8-51　设置自由平行光的几何参数

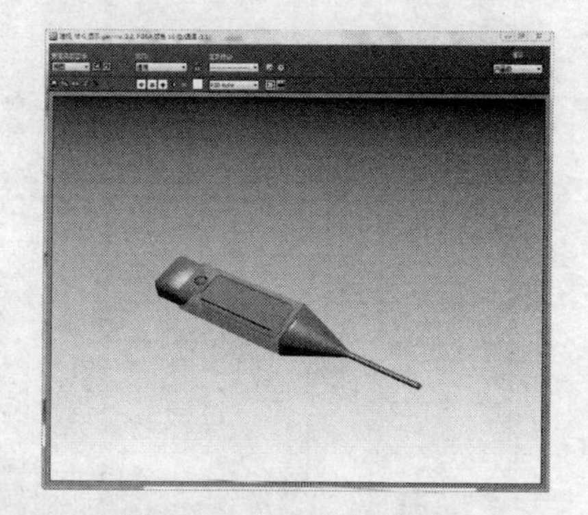

图 8-52　视口渲染效果

（12）保存场景文件，完成“体温计”的灯光配置。

8.5　实例：“毛笔”照明效果（泛光灯）

泛光灯是一种能均匀地向四周发光的光源，这种光源的光束不能进行调整。泛光灯一般用于场景的辅助光源，与其他光源配合使用，添加泛光灯后，可以增加场景中的亮度。

本节将在本书 7.2 节所制作的“毛笔”场景中添加两盏泛光灯，产生如图 8-53 所示的照射效果，灯光的具体参数请参考本书“配套资料\chapter08\8-5 毛笔.max”文件。

（1）打开本书第 7 课第 2 节制作的“毛笔”模型，单击【应用程序】按钮，从出现的菜单中选择【另存为】命令，将其另存为名为“8-5 毛笔.max”的场景文件。

（2）选择【缩放视口】工具，适当缩小除“透视”视口外各个视口的显示比例，以便放置光源，如图 8-54 所示。

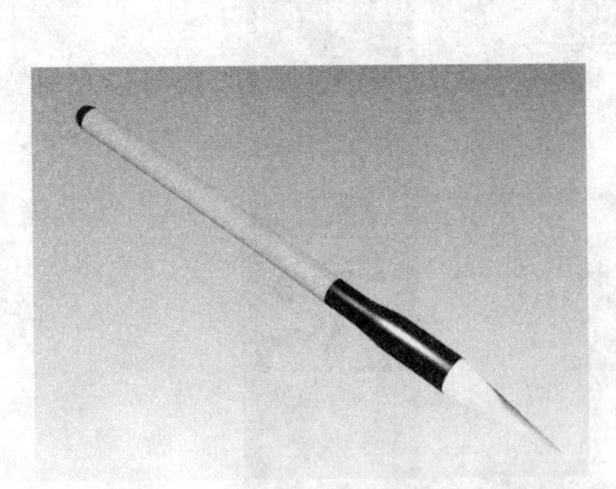

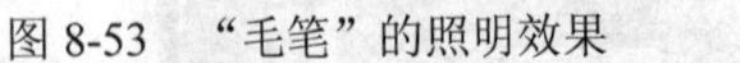

图 8-53 “毛笔”的照明效果

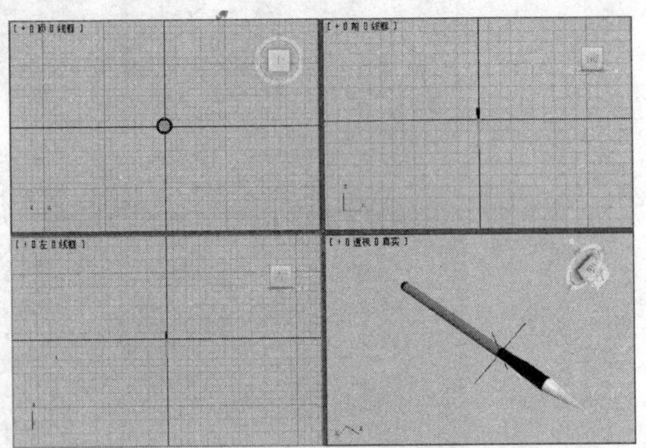

图 8-54 缩小除“透视”视口外各个视口的显示比例

（3）在“创建”面板中单击【灯光】按钮从“灯光”下拉列表中选择【标准】选项，选择【泛光灯】工具，在视口中需要放置光源的位置单击鼠标，即可放置一盏泛光灯，如图 8-55 所示。

（4）激活“透视”视口，然后按下【F9】键渲染场景，效果如图 8-56 所示。

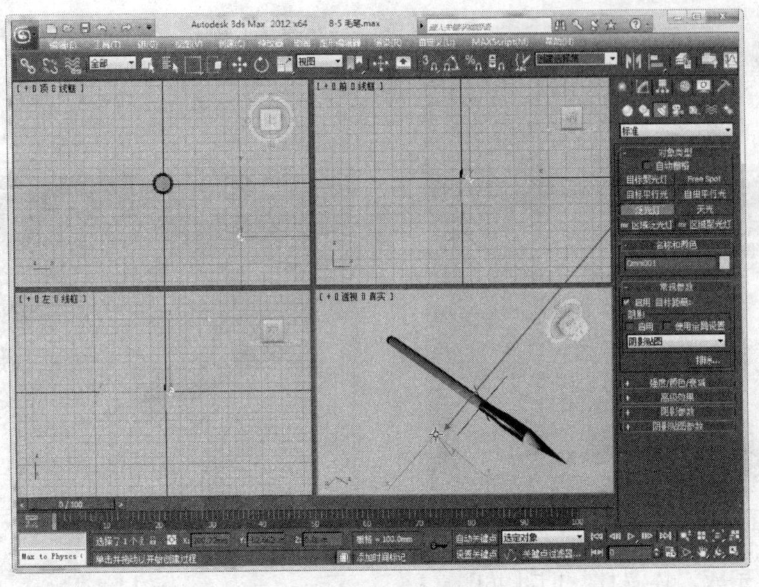

图 8-55 放置一盏泛光灯

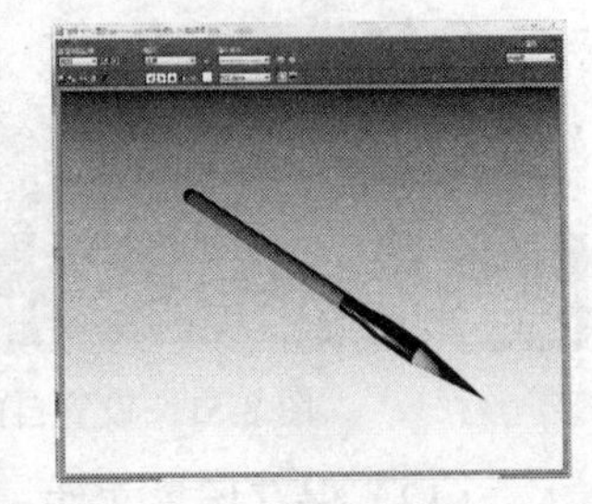

图 8-56 快速渲染效果

（5）使用【选择并移动】工具，在各个视口中移动泛光灯的光源点，如图 8-57 所示。调整时应注意观察透视图中光源的照射情况。

（6）再次选择【泛光灯】工具，在“透视”视口中需要放置光源的位置单击鼠标，放置第 2 盏泛光灯，如图 8-58 所示。

泛光灯不宜放置过多，以免造成场景过亮。

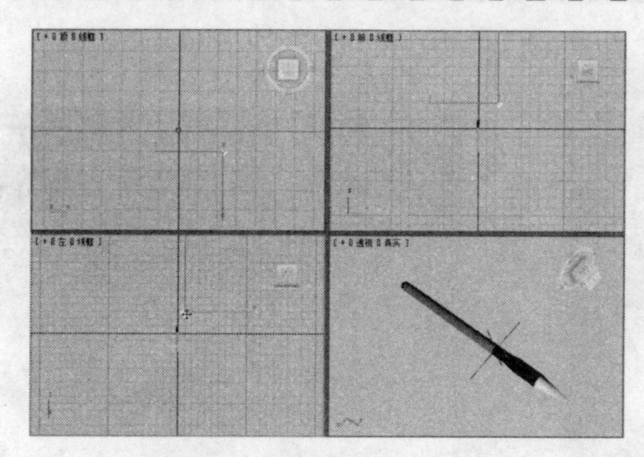

图 8-57 移动泛光灯的位置

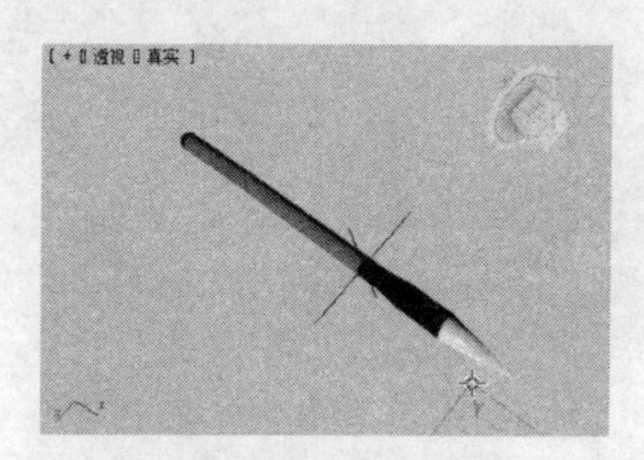

图 8-58 放置第 2 盏泛光灯

（7）使用【选择并移动】工具，在各个视口中移动第 2 盏泛光灯的光源点，直到产生良好的照射效果。调整过程中，可以按下【F9】键渲染视口来查看调整情况，如图 8-59 所示。

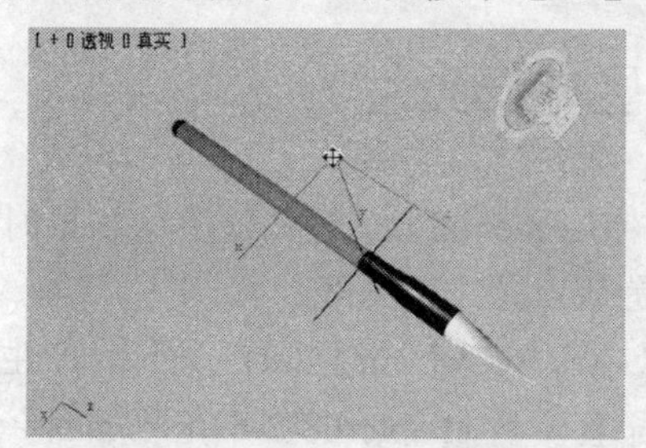

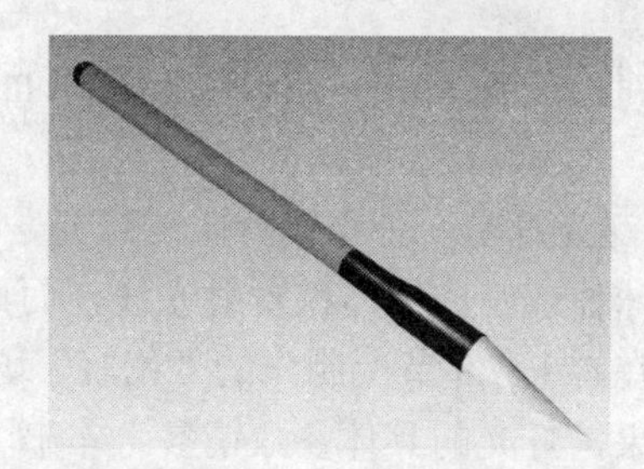

图 8-59 调整第 2 盏泛光灯

（8）选定场景中的第 1 盏泛光灯（名称为 Omni01），切换到“修改”面板，利用其中的选项来改变灯光的照射效果。泛光灯的参数与目标聚光灯的参数相似，主要集中在“常规参数”卷展栏中。在“常规参数”卷展栏中选中“启用”阴影选项，使光源在场景中产生阴影效果，如图 8-60 所示。

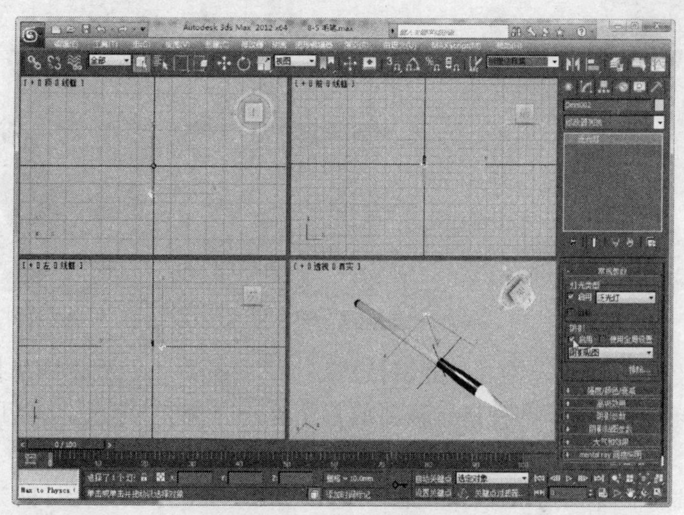

图 8-60 启用阴影效果

（9）展开“高级效果”卷展栏，在其中设置如图 8-61 所示的参数。

（10）用同样的方法对第 2 盏泛光灯进行设置，设置完成后激活“透视”视口，按下【F9】键渲染视口，效果如图 8-62 所示。

（11）保存场景文件，完成“毛笔”的灯光配置。

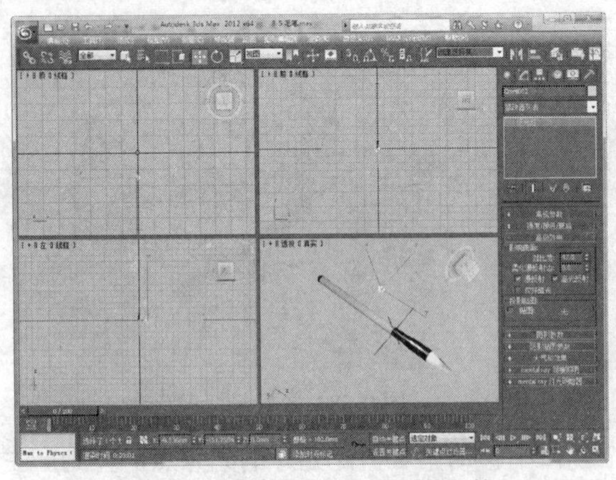

图 8-61 设置“高级效果”参数

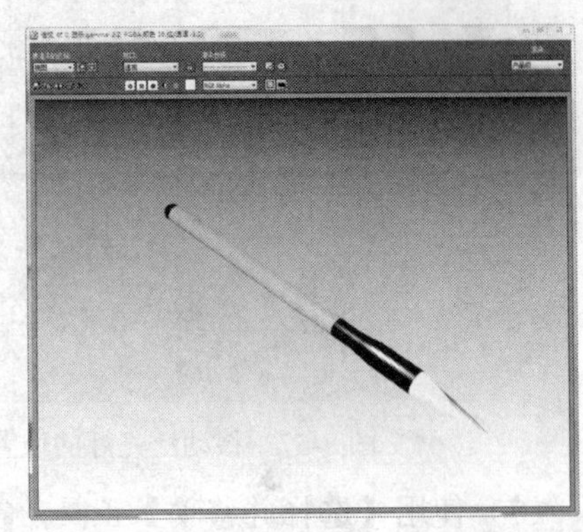

图 8-62 视口渲染效果

8.6 实例：“花瓶”照明效果（mr 区域泛光灯）

mr 区域泛光灯是一种比较特殊的灯光，当使用 mental ray 渲染器渲染场景时，mr 区域泛光灯可以从球体或圆柱体体积发射光线，而不是从点源发射光线。

本节将在本书 7.9 节所制作的“花瓶”场景中添加一个 mr 区域泛光灯，产生如图 8-63 所示的照射效果，灯光的具体参数请参考本书“配套资料\chapter08\8-6 花瓶.max”文件。

（1）打开本书第 7 课第 9 节制作的“花瓶”模型，单击【应用程序】按钮，从出现的菜单中选择【另存为】命令，将其另存为名为“8-6 花瓶.max”的场景文件。

（2）选择【缩放视口】工具，适当缩小除“透视”视口外各个视口的显示比例，以便放置光源，如图 8-64 所示。

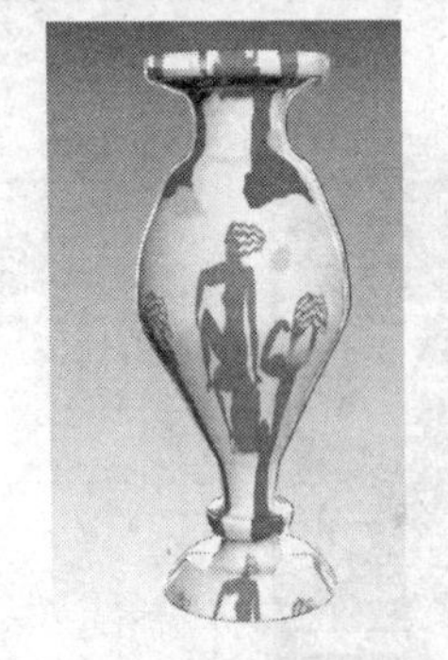

图 8-63 “花瓶”的照明效果

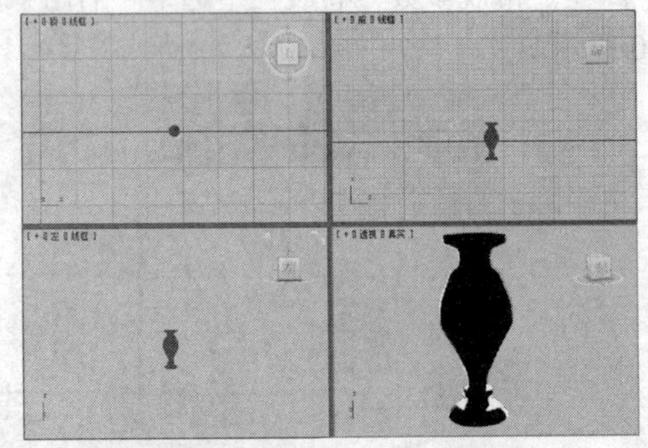

图 8-64 缩小除“透视”视口外各个视口的显示比例

（3）在“创建”面板中单击【灯光】按钮从“灯光”下拉列表中选择【标准】选项，选择【mr 区域泛光灯】工具，在视口中需要放置光源的位置单击鼠标，即可放置一盏 mr 区域泛光灯，如图 8-65 所示。

（4）使用【选择并移动】工具，在各个视口中移动 mr 区域泛光灯的光源点，如图 8-66 所示。调整时应注意观察透视图中光源的照射情况。

（5）选定场景中的 mr 区域泛光灯，切换到“修改”面板，利用其中的选项来改变灯光的照射效果。mr 区域泛光灯的参数与目标聚光灯的参数相似，主要集中在“常规参数”卷展栏中。在“常规参数”卷展栏中选中“启用”阴影选项，并从阴影下拉列表中选择“阴影贴图”选项，如图 8-67 所示。

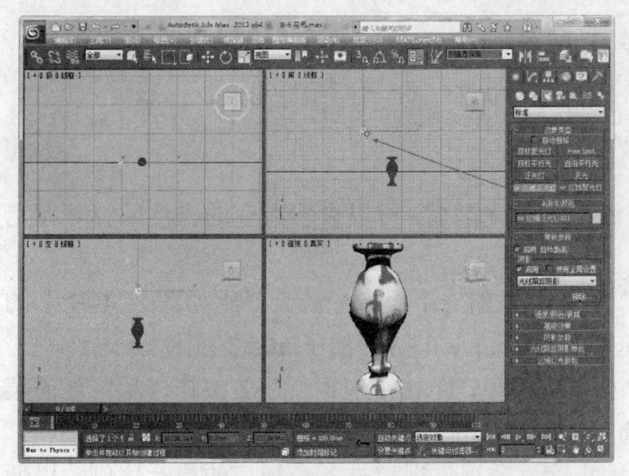

图 8-65　放置 mr 区域泛光灯

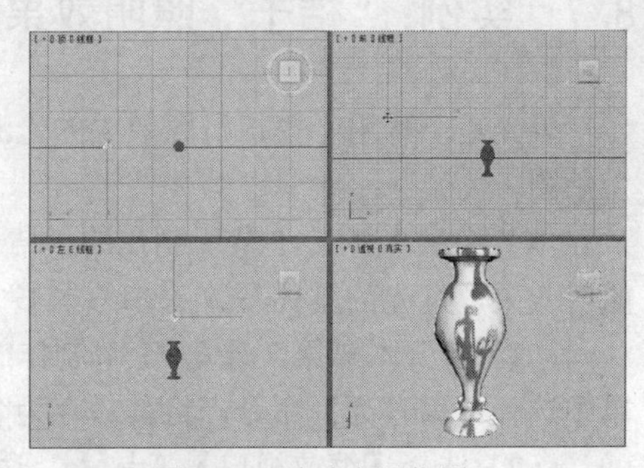

图 8-66　移动光源位置

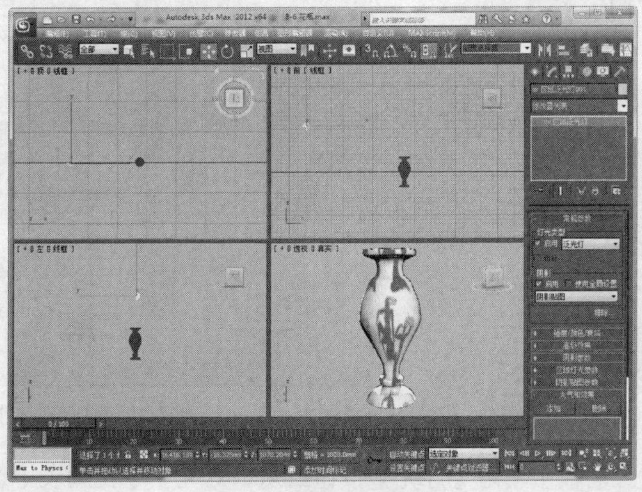

图 8-67　设置常规参数

（6）展开“强度/颜色/衰减参数”卷展栏，可以在其中设置灯光的颜色和强度，也可以定义灯光的衰减，本例单击其中的色块，将颜色设置为粉红色，再将其“倍增”值设置为 1.3，如图 8-68 所示。

（7）设置完成后激活“透视”视口，按下【F9】键渲染视口，效果如图 8-69 所示。

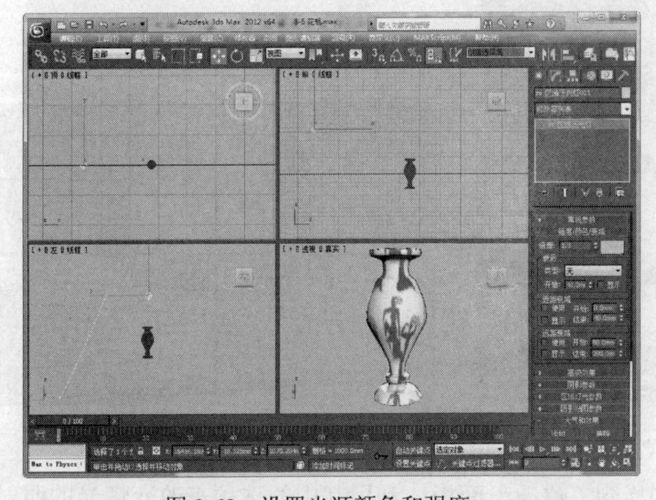

图 8-68　设置光源颜色和强度

图 8-69　视口渲染效果

（8）保存场景文件，完成“花瓶”的灯光配置。

8.7 实例：“桔子”照明效果（天光）

天光是一种用于模拟日照效果的光源。添加这种光源后，可以设置天空的颜色或将其指定为贴图。

本节将在本书 7.11 节所制作的“桔子”场景中添加一个天光光源，产生如图 8-70 所示的照射效果，灯光的具体参数请参考本书“配套资料\chapter08\8-7 桔子.max”文件。

（1）打开本书第 7 课第 11 节制作的“桔子”模型，单击【应用程序】按钮，从出现的菜单中选择【另存为】命令，将其另存为名为“8-7 桔子.max”的场景文件。

（2）选择【缩放视口】工具，适当缩小除“透视”视口外各个视口的显示比例，以便放置光源，如图 8-71 所示。

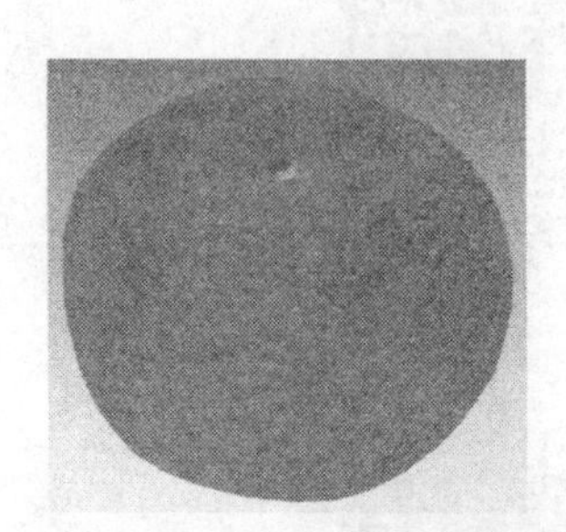

图 8-70 “桔子”的照明效果

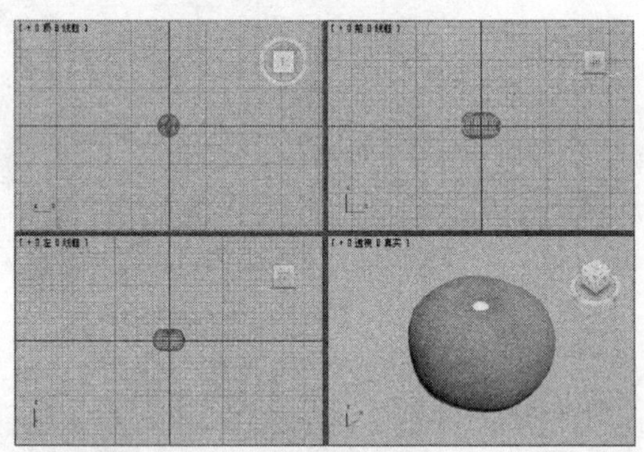

图 8-71 缩小除“透视”视口外各个视口的显示比例

（3）在“创建”面板中单击【灯光】按钮从“灯光”下拉列表中选择【标准】选项，选择【天光】工具，在视口中需要放置光源的位置单击鼠标放置天光光源，如图 8-72 所示。

（4）使用【选择并移动】工具，在各个视口中移动天光光源的光源点，如图 8-73 所示。调整时应注意观察透视图中光源的照射情况。

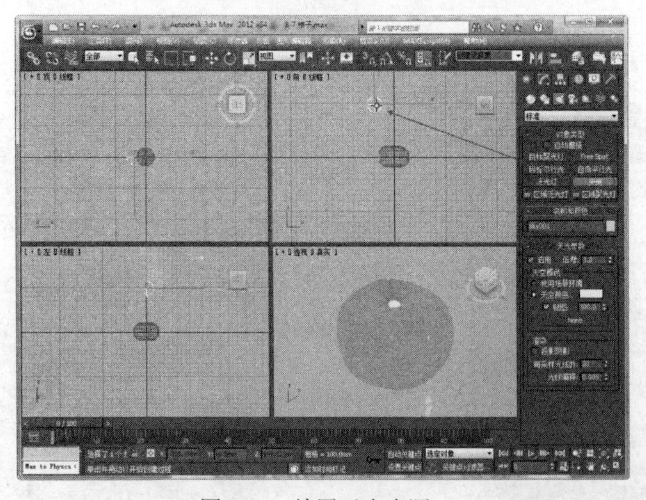

图 8-72 放置天光光源

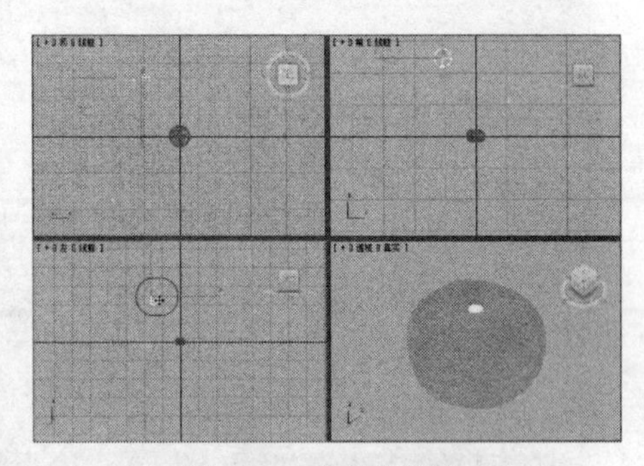

图 8-73 移动光源点

（5）选定场景中的开光对象，切换到“修改”面板，利用其中的选项来改变灯光的照射效果。天光的参数设置选项很少，主要集中在“天光参数”卷展栏中。本例将“倍增”系数设置为 0.8，将天空颜色设置为浅蓝色，如图 8-74 所示。

（6）设置完成后激活“透视”视口，按下【F9】键渲染视口，效果如图 8-75 所示。

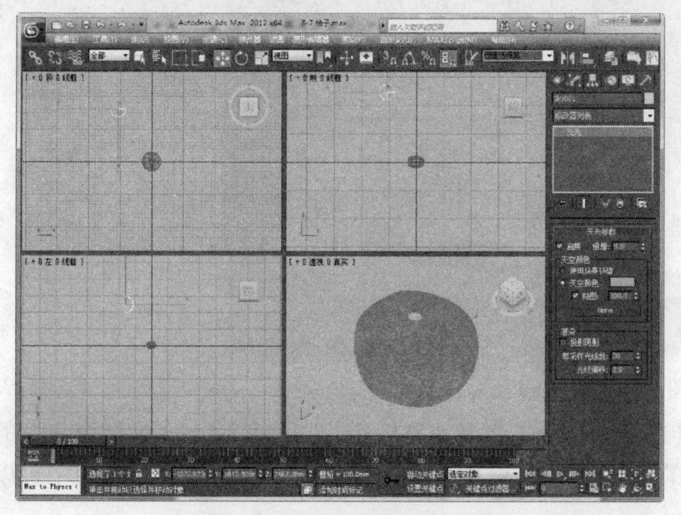

图 8-74　设置天光强度和颜色

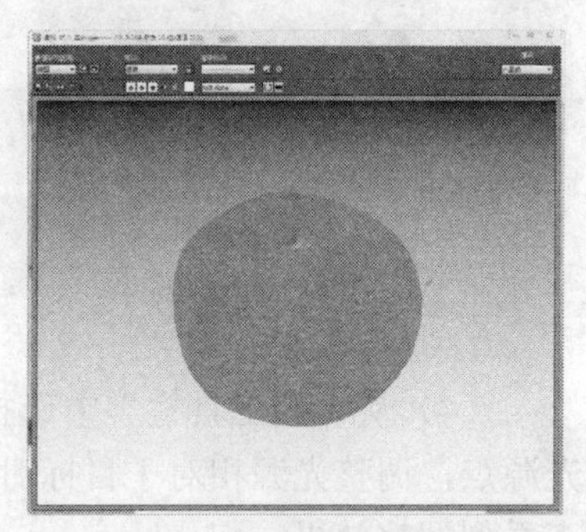

图 8-75　视口渲染效果

（7）保存场景文件，完成“桔子”的灯光配置。

8.8　实例：“床”的照明效果（mr 区域聚光灯）

mr 区域聚光灯也是一种较为特殊的聚光灯光源。在使用 mental ray 渲染器渲染场景时，区域聚光灯可以从矩形或碟形区域发射光线，而不是从点源发射光线。

本节将在本书 7.5 节所制作的“床”场景添加上一个 mr 区域聚光灯，产生如图 8-76 所示的照射效果，灯光的具体参数请参考本书“配套资料\chapter08\8-8 床.max”文件。

（1）打开本书第 7 课第 5 节制作的“床”模型，单击【应用程序】按钮，从出现的菜单中选择【另存为】命令，将其另存为名为“8-8 床.max”的场景文件。

（2）选择【缩放视口】工具，适当缩小除“透视”视口外各个视口的显示比例，以便放置光源，如图 8-77 所示。

图 8-76　“床”的照明效果

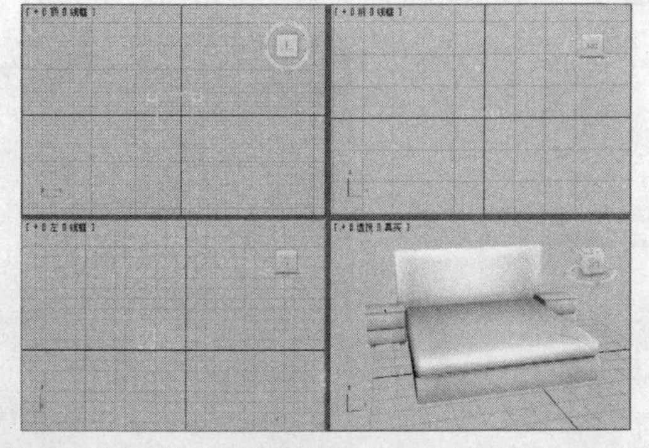

图 8-77　缩小除“透视”视口外各个视口的显示比例

（3）在“创建”面板中单击【灯光】按钮从“灯光”下拉列表中选择【标准】选项，再选择【mr 区域聚光灯】工具，在视口中需要放置光源的位置单击鼠标，然后拖动鼠标确定目标点，单击鼠标即可放置一个 mr 区域聚光灯，如图 8-78 所示。

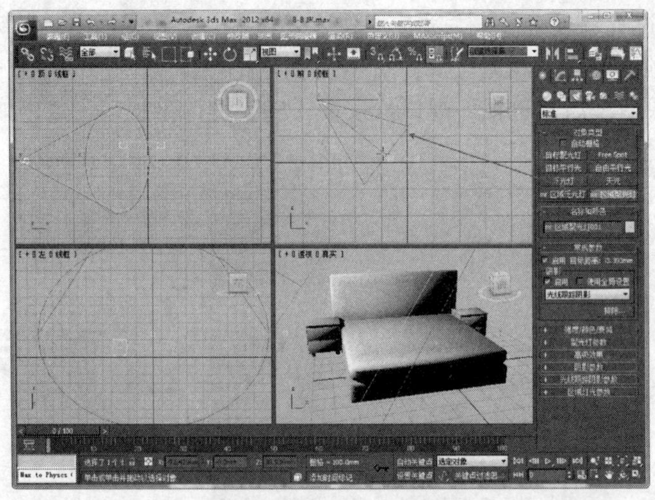

图 8-78 放置 mr 区域聚光灯

（4）从“主工具栏”中选择【选择并移动】工具，在各个视口中移动 mr 区域聚光灯的光源点，调整光源相对于目标对象的位置，如图 8-79 所示。调整时，在“透视”视口中可以查看到调整效果。

（5）使用【选择并移动】工具，在各个视口中移动 mr 区域聚光灯的目标点，调整光源的照射目标，如图 8-80 所示。

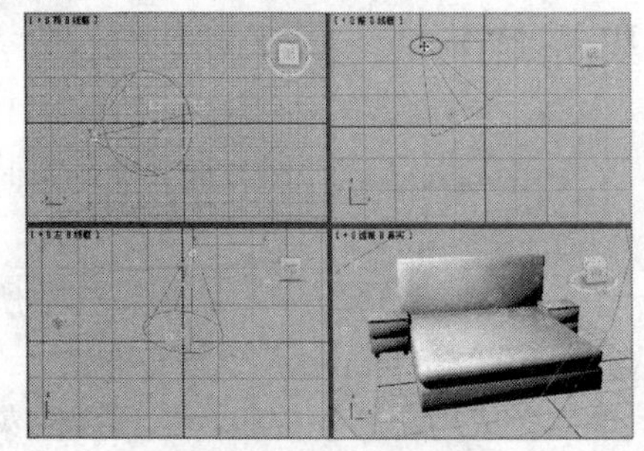

图 8-79 移动光源点

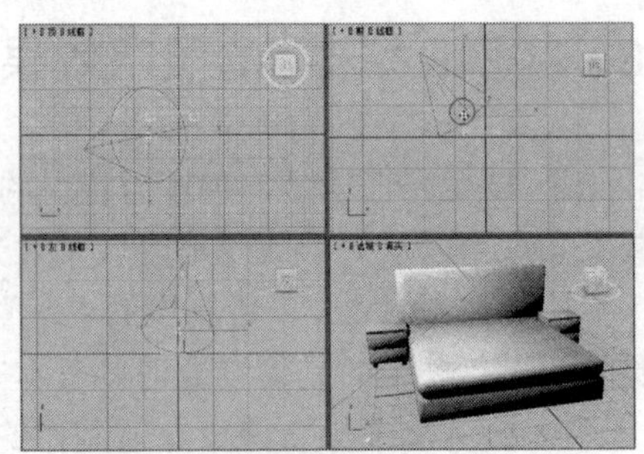

图 8-80 调整光源的照射目标

（6）保持对光源的选择，切换到“修改”面板，出现 mr 区域聚光灯的设置选项，这些选项与目标聚光灯的参数基本相同。本例的“常规参数”设置情况和效果如图 8-81 所示。

图 8-81 设置 mr 区域聚光灯的常规参数

（7）展开“强度/颜色/衰减参数”卷展栏，在其中设置灯光的颜色和强度，也可以定义灯光的衰减，本例的设置情况和效果如图 8-82 所示。

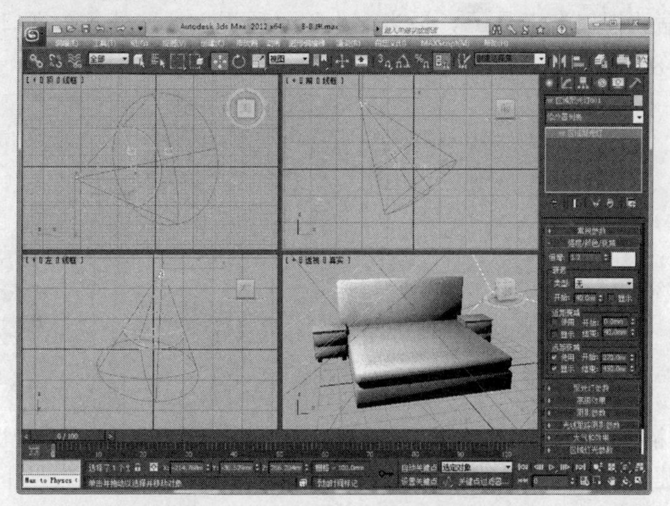

图 8-82　设置强度/颜色/衰减参数

（8）展开“聚光灯参数”卷展栏，设置 mr 区域聚光灯的几何参数，如图 8-83 所示。

（9）设置完成后激活“透视”视口，按下【F9】键渲染视口，效果如图 8-84 所示。

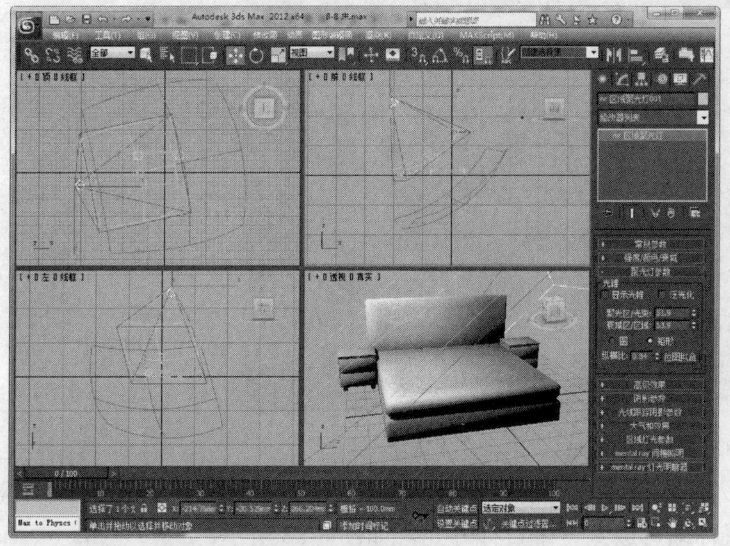

图 8-83　设置 mr 区域聚光灯的几何参数

图 8-84　视口渲染效果

（10）保存场景文件，完成“床”的灯光配置。

8.9　实例：“洗洁精桶”照明效果（使用光度学灯光）

光度学灯光使用光度学（光能）值来精确地定义灯光，可以设置它们的分布、强度、色温和其他真实世界灯光的特性，也可以导入照明制造商提供的特定光度学文件以设计出基于商用灯光的照明效果。光度学灯光对象包括“目标灯光”、“自由灯光”和“mr Sky 门户”等 3 种类型。

本节将在本书 7.10 节所制作的“洗洁精桶”场景添加上 3 个光度学灯光，产生如图 8-85 所示的照射效果，灯光的具体参数请参考本书“配套资料\chapter08\8-9 洗洁精桶.max”文件。

（1）打开本书第 7 课第 10 节制作的“洗洁精桶”模型，单击【应用程序】按钮，从出现的菜单中选择【另存为】命令，将其另存为名为“8-9 洗洁精桶.max”的场景文件。

（2）选择【缩放视口】工具，适当缩小除“透视”视口外各个视口的显示比例，以便放置光源，如图 8-86 所示。

图 8-85 “洗洁精桶”的照明效果

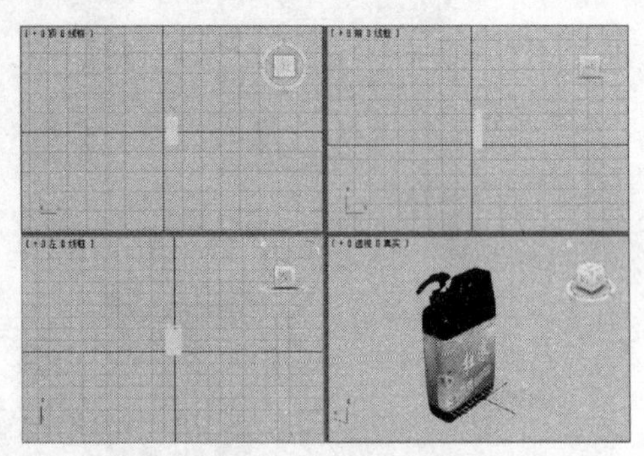

图 8-86 缩小除“透视”视口外各个视口的显示比例

（3）在“创建”面板中单击【灯光】按钮 [灯光]按钮，再从类型下拉列表中选择“光度学灯光”选项（或者选择【创建】|【灯光】|【光度学灯光】菜单命令），在出现的“光学度”创建面板中选择【目标灯光】工具，出现如图 8-87 所示的消息框。

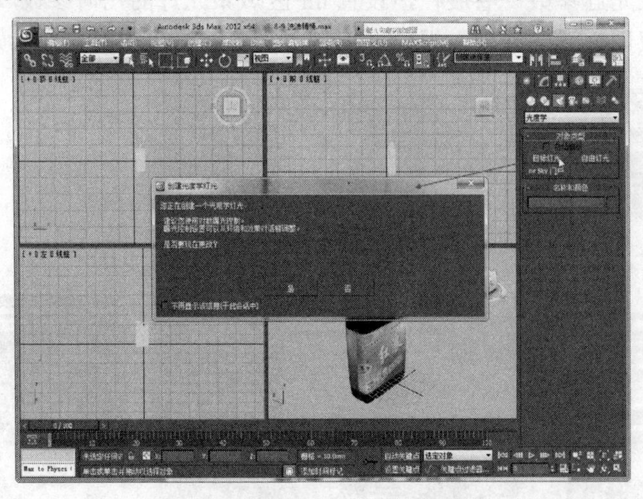

图 8-87 选择【目标灯光】工具出现的消息框

（4）单击【是】按钮，进入光源放置状态，在视口中需要放置光源的位置单击鼠标，然后拖动鼠标确定目标点，单击鼠标即可放置一个目标灯光，如图 8-88 所示。

（5）按下【F9】键渲染“透视”视口，效果如图 8-89 所示。

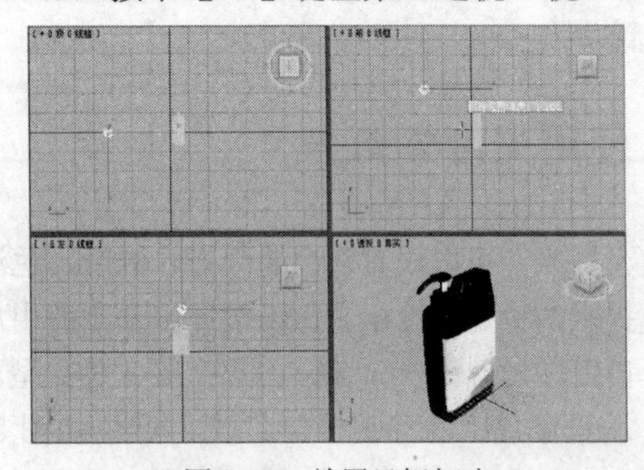

图 8-88 放置目标灯光

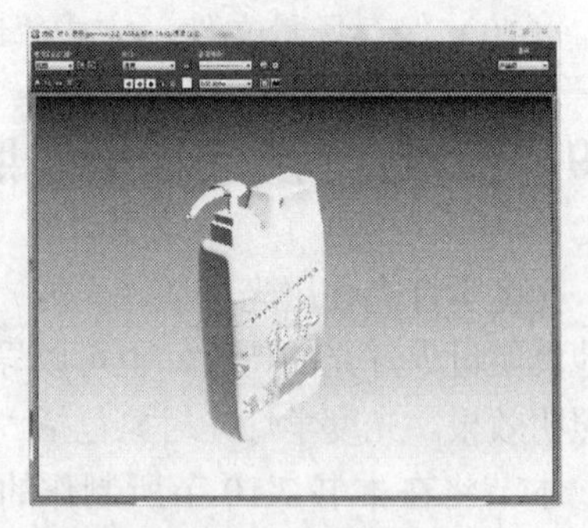

图 8-89 当前渲染效果

（6）从“主工具栏”中选择【选择并移动】工具，分别在各个视口中移动目标灯光的光源点和目标点，如图 8-90 所示。调整时，在“透视”视口中可以查看到调整效果。

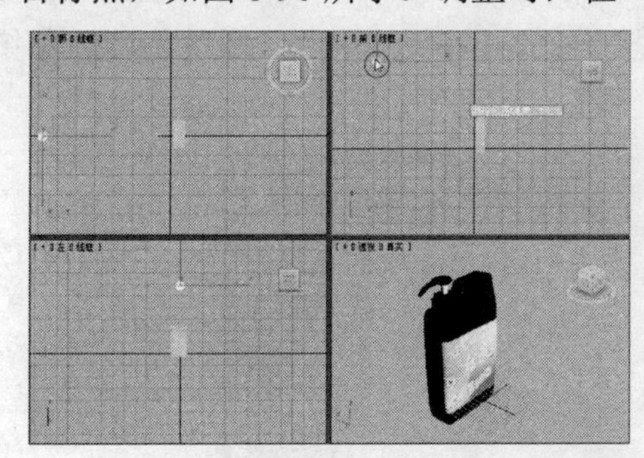
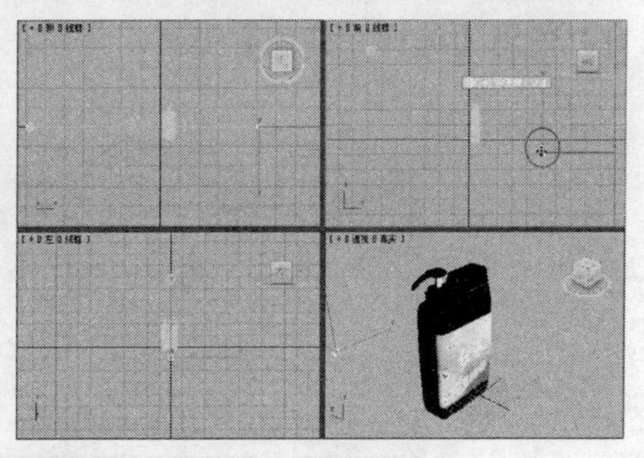

图 8-90　调整光源点和目标点

（7）保持对光源的选择，切换到“修改”面板，出现目标灯光的设置选项。从“模板”下拉列表中选择“60W 灯泡”选项，如图 8-91 所示。

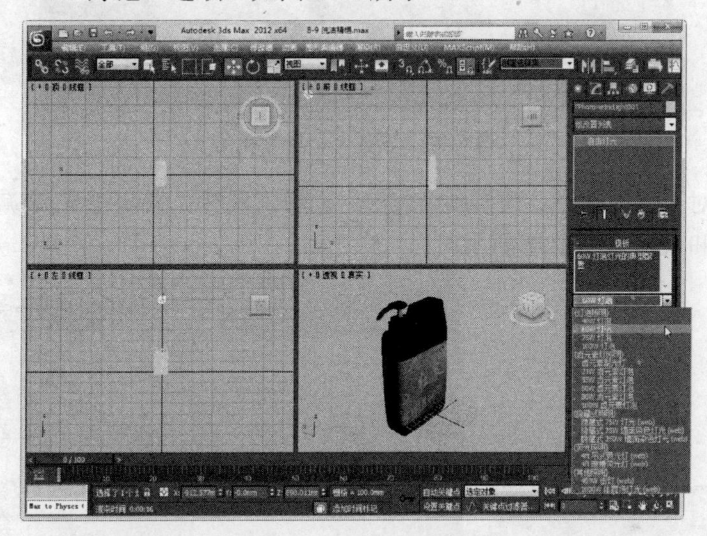

图 8-91　选择预设模板

（8）按下【F9】键渲染“透视”视口，效果如图 8-92 所示。

（9）展开“强度/颜色/衰减参数”卷展栏，在其中设置灯光的颜色和强度，也可以定义灯光的衰减，本例的设置情况和效果如图 8-93 所示。

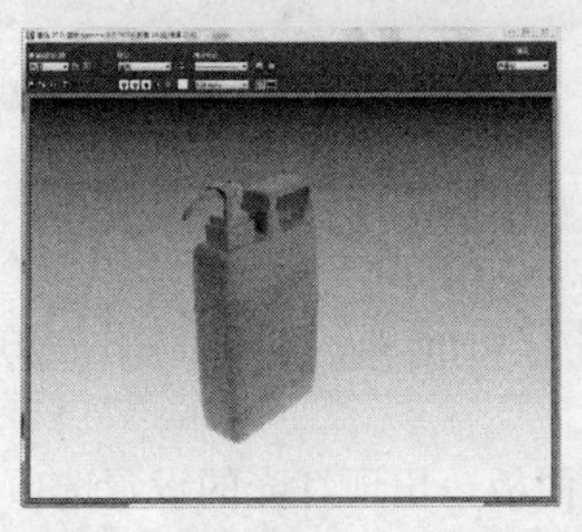

图 8-92　应用模板后的渲染效果

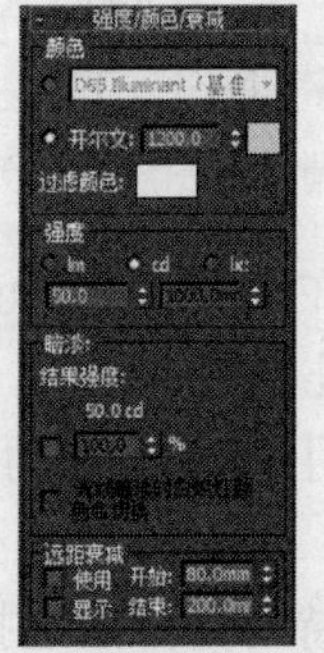

图 8-93　设置灯光的颜色和强度

（10）在“光学度”创建面板中选择【自由灯光】工具，在“透视”视口中需要放置光源的位置单击鼠标，放置一个自由灯光，如图 8-94 所示。

（11）使用【选择并移动】工具，分别在各个视口中移动自由灯光的光源点，如图 8-95 所示。

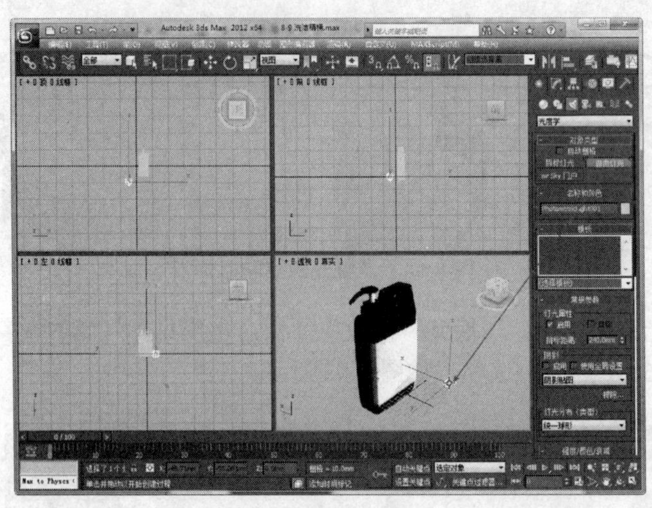

图 8-94 放置一个自由灯光

（12）保持对光源的选择，切换到“修改”面板，展开“强度/颜色/衰减参数”卷展栏，本例的设置情况和效果如图 8-96 所示。

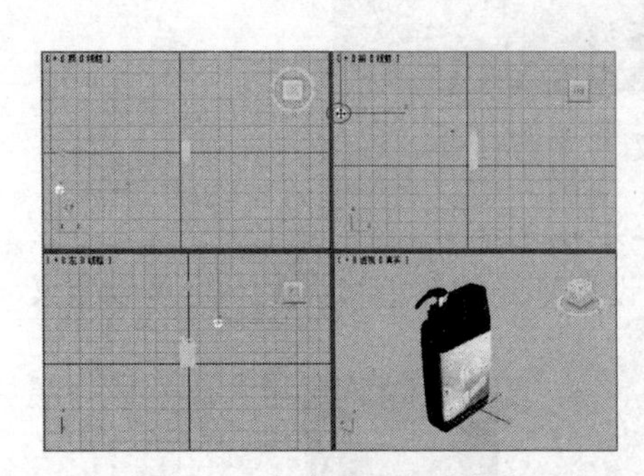

图 8-95 调整自由灯光的光源点

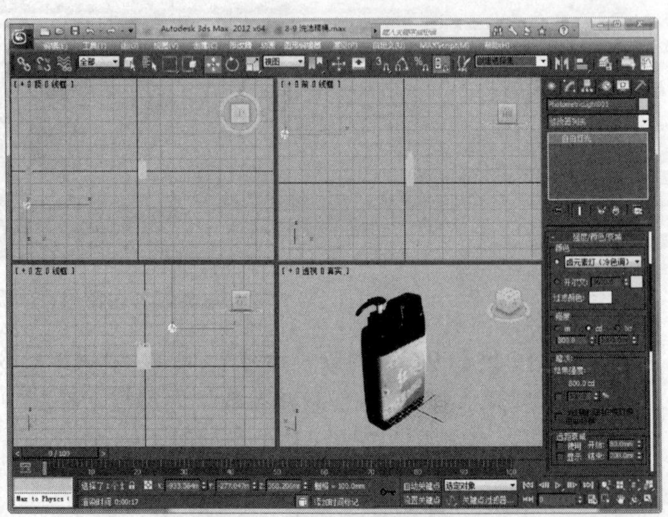

图 8-96 设置强度/颜色/衰减参数

（13）再在“光学度”创建面板中选择【mr Sky 门户】工具，在“前”视口中需要放置光源的位置单击鼠标，放置一个 mr Sky 门户光源，如图 8-97 所示。

（14）使用【选择并移动】工具，在各个视口中移动 mr Sky 门户光源的光源点，效果如图 8-98 所示。

（15）保持对光源的选择，切换到“修改”面板，出现灯光的设置选项。展开“mr Sky 门户参数”卷展栏，在其中设置如图 8-99 所示的参数。

（16）设置完成后激活“透视”视口，按下【F9】键渲染视口，效果如图 8-100 所示。

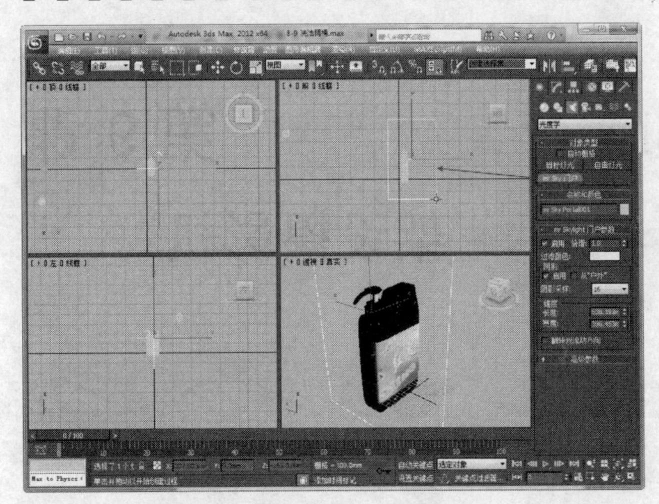

图 8-97　放置 mr Sky 门户光源

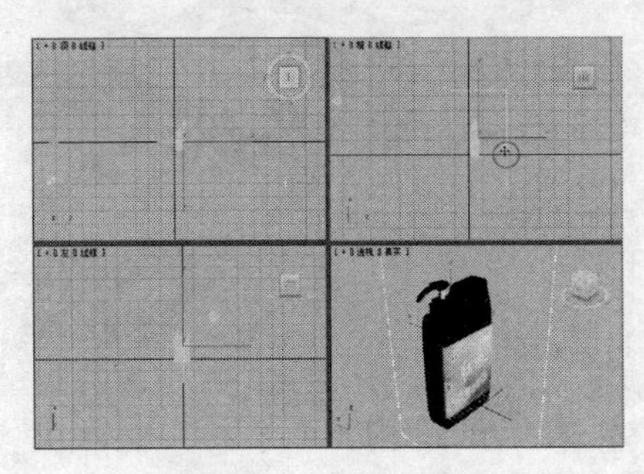

图 8-98　移动光源点

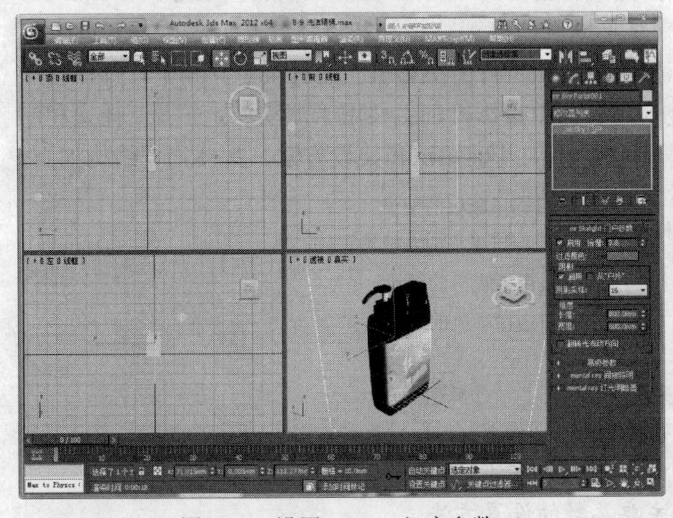

图 8-99　设置 mr Sky 门户参数

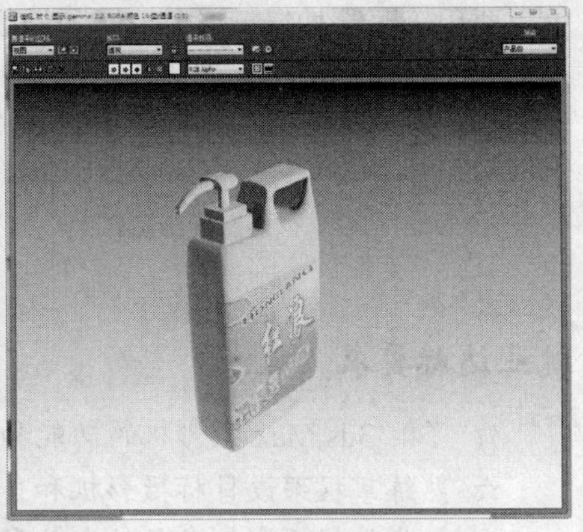

图 8-100　视口渲染效果

（17）保存场景文件，完成“洗洁精桶”的灯光配置。

课后练习

1．为 3.1 节制作的砚台模型和 7.12 节制作的台灯模型配置目标聚光灯并进行设置。

2．为 5.3 节制作的内六角扳手模型和 5.4 节制作的洗耳球模型配置自由聚光灯并进行设置。

3．为 5.7 节制作的双绞线模型配置目标平行光和自由平行光。

4．为 5.9 节制作的盆中水模型配置泛光灯并进行设置。

5．为 6.2 节制作的西红柿模型和 5.8 节制作的折断的木棍模型分别配置 mr 区域泛光灯和 mr 区域聚光灯并进行设置。

6．为 6.3 节制作的旅行充电器模型配置泛光灯并进行设置。

7．为 7.1 节制作的桌罩模型配置不同的光学度灯光效果并进行设置。

8．完善 3.2 节制作的“门厅”模型，在当前模型的基础上添加上天花板、接待台、主题墙等对象，再为场景中的各个对象指定材质，添加适当的灯光效果。

第 9 课 架设摄影机

本课知识结构

摄影机是沟通观众与三维作品之间的桥梁，在 3ds Max 中，摄影机又称为动态图像摄影机，它主要通过对一系列静态图像的捕捉来从不同的角度观察模型和场景，从而增强场景的表现力。3ds Max 的摄影机主要分为“目标摄影机”和“自由摄影机”两种类型。其中，目标摄影机主要用于跟踪拍摄、空中拍摄和静物照等；自由摄影机则主要用于流动游走拍摄、摇摄和制作基于路径的动画。本课将通过实例学习摄影机的基础知识和架设方法，具体知识结构如下。

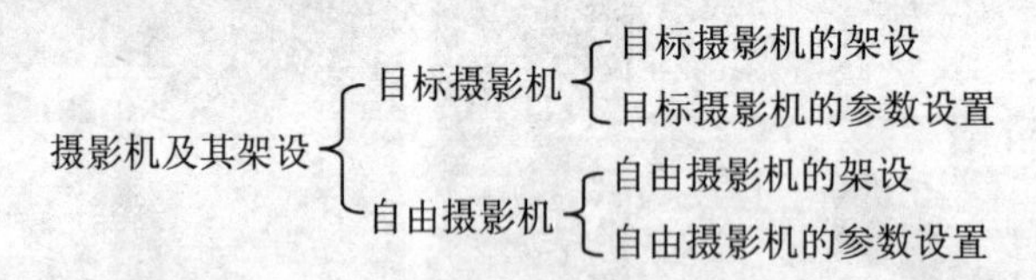

就业达标要求

☆ 了解 3ds Max 摄影机的功能和特点。

☆ 熟练掌握架设目标摄影机和自由摄影机的方法。

☆ 初步掌握摄影机参数的含义和主要参数的设置方法。

9.1 实例：从不同角度观察“床”（目标摄影机）

要在场景中架设摄影机，只需从“创建”面板上选择“摄影机”选项，然后单击“对象类型”卷展栏上的“目标摄影机”或“自由摄影机”工具，再单击放置摄影机的视口位置，在“创建”面板中设置创建参数，再使用旋转和移动工具调整摄影机的观察点即可。目标摄像机既有拍摄点，又提供了目标点。当目标点确定下来后，就确定了摄像机的观察方向。

本节将在本书 8.8 节中配置了材质和灯光效果的“床”的场景中架设一台目标摄影机并对其进行设置，如图 9-1 所示为该摄影机的一个观察视角，摄影机的具体参数请参考本书“配套资料\chapter09\9-1 床.max”文件。

1. 架设目标摄影机

（1）打开本书第 8 课第 8 节制作的“床”模型，单击【应用程序】按钮，从出现的菜单中选择【另存为】命令，将其另存为名为“9-1 床.max”的场景文件。

（2）为便于调整摄影机，先使用【缩放视口】工具缩小除“透视”视口外其他 3 个视口的显示比例，如图 9-2 所示。

图 9-1　目标摄影机的拍摄效果

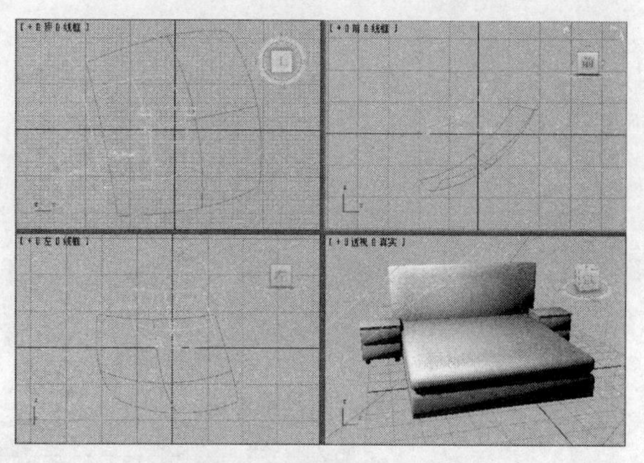

图 9-2　调整视口显示比例

（3）按下【Ctrl】+【A】键将场景中的对象全部选取，然后单击鼠标右键，从出现的快捷菜单中选择【冻结当前选择】命令，将各个视口中的对象暂时冻结起来，以便更好地调整摄影机。对象冻结后，将以深灰色显示，且不能对其进行任何编辑操作，如图 9-3 所示。

（4）在“创建”命令面板上单击【摄影机】图标，然后从“对象类型”卷展栏中选择【目标】工具，出现目标摄影机的“参数”卷展栏，如图 9-4 所示。

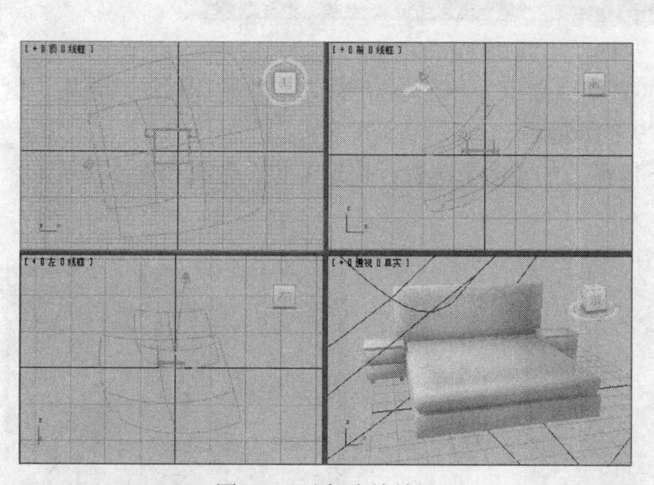

图 9-3　对象冻结效果

图 9-4　选择目标摄影机

（5）在“左”视口中单击鼠标确定摄影机的位置，然后拖动鼠标设置摄影机的目标位置，如图 9-5 所示。

（6）单击“透视”视口将其激活，按下键盘上的【C】键，将“透视”视口转换到 Camera 视口（摄影机视口），如图 9-6 所示。

（7）选择“主工具栏”中的【选择并移动】工具，在不同视口中分别移动摄影机的位置，调整后在 Camera 视口中能立即观察到所作的调整，如图 9-7 所示。

在 3ds Max 中，摄影机被视为一个对象，大多数对象处理工具和命令都可对摄影机进行处理。

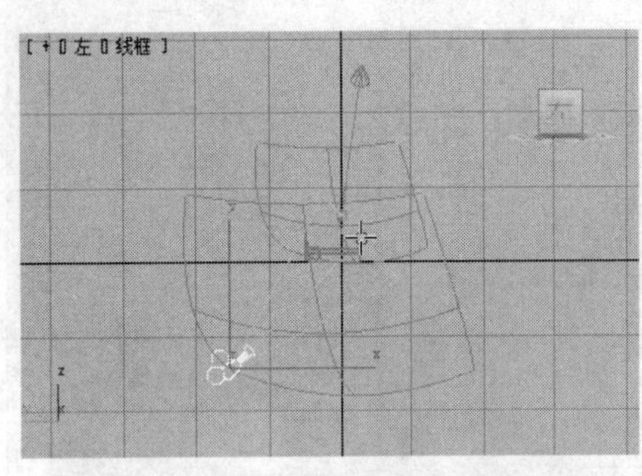

图 9-5　初步架设摄影机

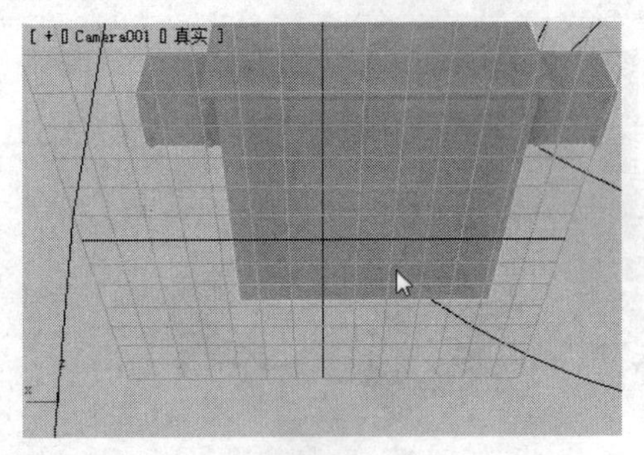

图 9-6　将“透视”视口转换到 Camera 视口

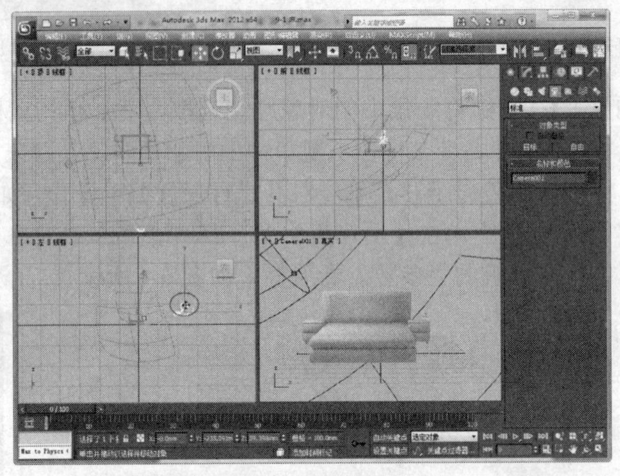

图 9-7　移动摄影机的位置

（8）再选定摄影机的目标点（目标点显示为一个小方形），拖动鼠标移动其位置，也可以更改 Camera 视口中的视角，如图 9-8 所示。

（9）激活 Camera 视口，按下键盘上的【F9】键进行快速渲染，效果如图 9-9 所示。该效果相当于摄影机拍摄到的画面。

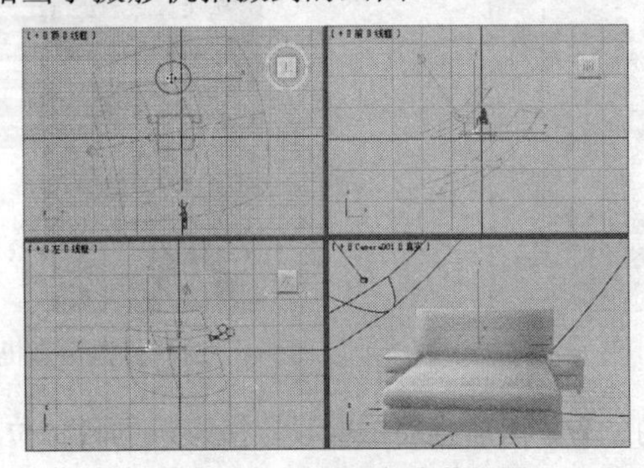

图 9-8　调整目标点的位置

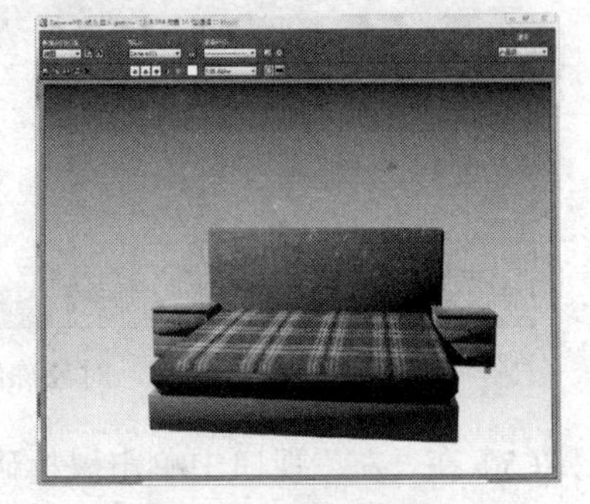

图 9-9　快速渲染效果

（10）根据需要，再次使用【选择并移动】工具在视口中移动摄影机和目标点，可在 Camera 视口中观察到从另一个角度进行“拍摄”的效果，如图 9-10 所示。

（11）激活 Camera 视口，按下键盘上的【F9】键进行快速渲染，效果如图 9-11 所示。

2. 设置目标摄影机参数

（1）选定摄影机对象（注意不要选定目标点），切换到“修改”面板，出现目标摄影机的设置选项。

（2）在“参数”卷展栏中将“镜头”大小设置为 48mm，Camera 视口的效果将发生变化，如图 9-12 所示。

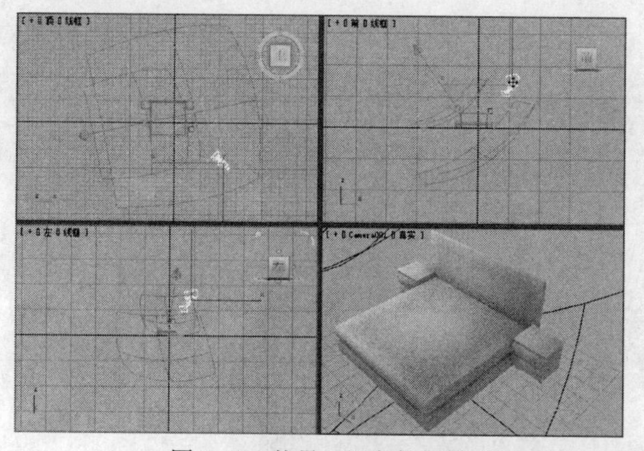

图 9-10　从另一视角拍摄模型

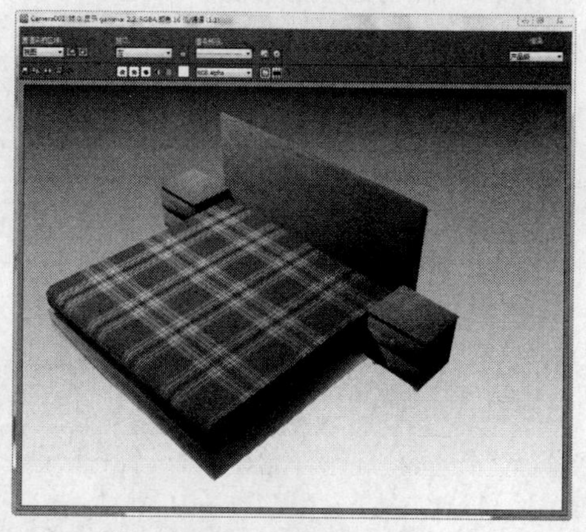

图 9-11　另一个视角的渲染效果

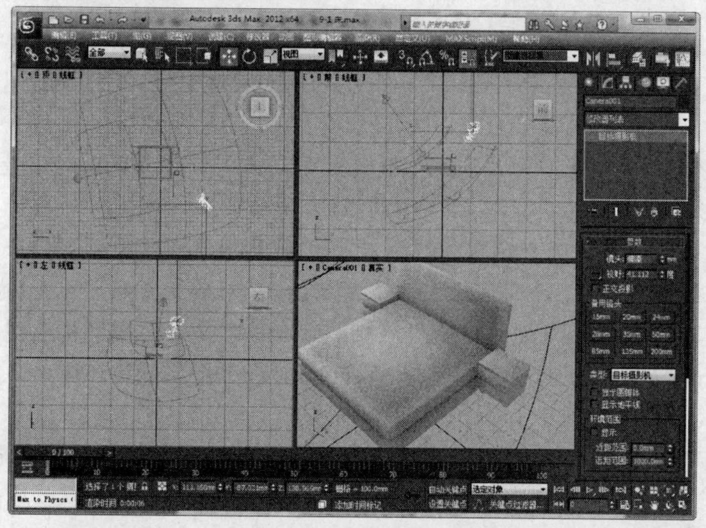

图 9-12　更改“镜头”参数

改变“镜头”大小时，“视野”将同步发生变化。同样，调整“视野”值，“镜头”大小也会改变，如图 9-13 所示。

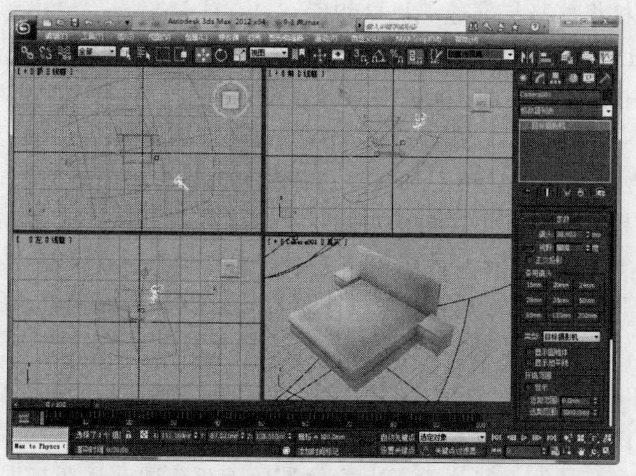

图 9-13　调整“视野”

（3）选中“正交投影”复选项，Camera 视口将转换为与“用户”视口相似的视图，可以使用视口导航按钮控制视口的显示，如图 9-14 所示。禁用“正交投影”复选项，Camera 视口则接近于标准的透视视图。

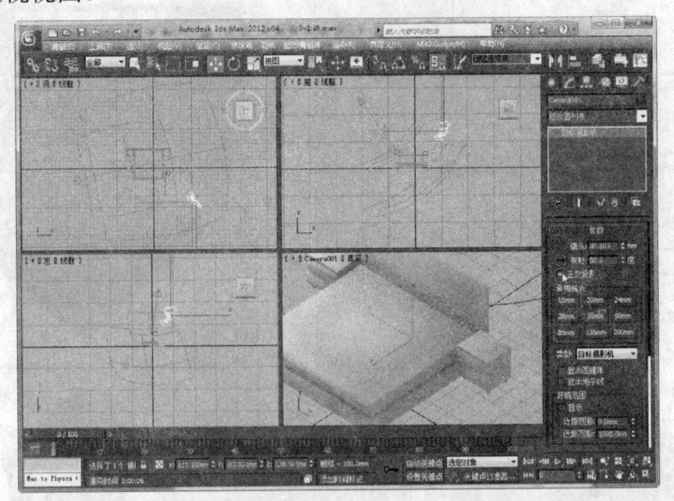

图 9-14　选中“正交投影”复选项

摄影机的参数很多，大多数参数都是为动画制作设置的。对于造型制作，最常用的是摄影机的“公共参数”，其中主要的选项如下。

● 镜头：“镜头”选项以毫米为单位设置摄影机的焦距，可以使用“镜头”微调器来指定焦距值。和普通相机或摄影机相似，焦距描述了镜头的尺寸，镜头参数（焦距）越小，视野（FOV）越大，摄影机表现的范围离对象越远；镜头参数越大，视野越小，摄影机表现的范围离对象越近。焦距小于 50mm 的镜头叫广角镜头，大于 50mm 的叫长焦镜头。增加焦距后，观察到的对象越大。

● 视野：“视野”选项用于定义摄影机在场景中所看到的区域，视野值是摄影机视锥的水平角。当“视野方向”为水平时，视野参数直接设置摄影机的地平线的弧形，以度为单位进行测量，也可以设置“视野方向”来垂直或沿对角线测量视野。如图 9-15 所示的“视野方向”弹出按钮用于选择应用视野值的方式，包括“水平方式”↔、“垂直方式”↕和“对角线方式”⤢3 种。

● 正交投影：选中“正交投影”选项，摄影机视口与“用户”视口相似；如果禁用“正交投影”选项，摄影机视口与标准透视视口相似。

●“备用镜头”组：“备用镜头”组中提供了 15 毫米、20 毫米、24 毫米、28 毫米、35 毫米、50 毫米、85 毫米、135 毫米、200 毫米等预设焦距值。利用这些选项，可以快速设置摄影机的焦距。

● 类型：“类型”选项用于使摄影机类型在目标摄影机和自由摄影机之间变换。从目标摄影机切换为自由摄影机时，将丢失应用于摄影机目标的任何动画，因为目标对象已消失。

● 显示圆锥体：“显示圆锥体”选项用于显示摄影机视野定义的锥形光线。

● 显示地平线：“显示地平线”选项用于在摄影机视口中的地平线层级上显示一条深灰色的地平线。

● 显示：在“环境范围”组中选中“显示”复选项，可以显示出在摄影机锥形光线内的矩形，出现矩形后可以显示出“近距范围”和“远距范围”的设置。“近距范围”和“远距范围”选项用于确定在“环境”面板上设置大气效果的近距范围和远距范围限制。

● 手动剪切：选中"手动剪切"复选，可定义一个剪切平面，近距剪切平面可以接近摄影机 0.1 个单位；禁用"手动剪切"后，将不显示近于摄影机距离小于 3 个单位的几何体。"近距剪切"和"远距剪切"选项分别用于设置近距和远距平面。

● "多过程效果"组："多过程效果"组中的控件用于指定摄影机的景深或运动模糊效果。其中，选中"启用"选项，将使用效果预览或渲染；单击"预览"选项，可在活动摄影机视口中预览效果；"效果"下拉列表用于选择要生成的过滤效果的类型；选中"渲染每过程效果"复选项，从"效果"下拉列表中指定任何一个选项，都会将渲染效果应用于多重过滤效果的每个过程（景深或运动模糊）；如果禁用"渲染每过程效果"可以缩短多重过滤效果的渲染时间。

（4）单击"备用镜头"组中的某个按钮，如 28mm，可以快速设置摄影机的焦距为 28mm，如图 9-16 所示。

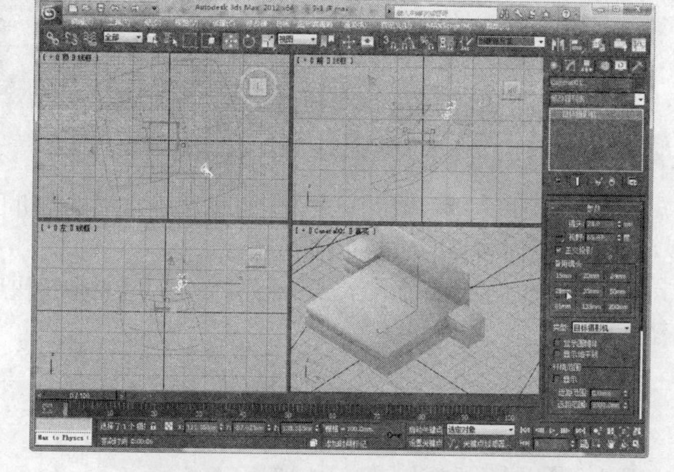

图 9-15　"视野方向"弹出按钮　　　　图 9-16　使用"备用镜头"快速设置焦距

（5）选中"环境范围"组中的"显示"复选项，将在各个视口中显示一个在摄影机锥形光线内的矩形，以便进行"近距范围"和"远距范围"的设置，如图 9-17 所示。

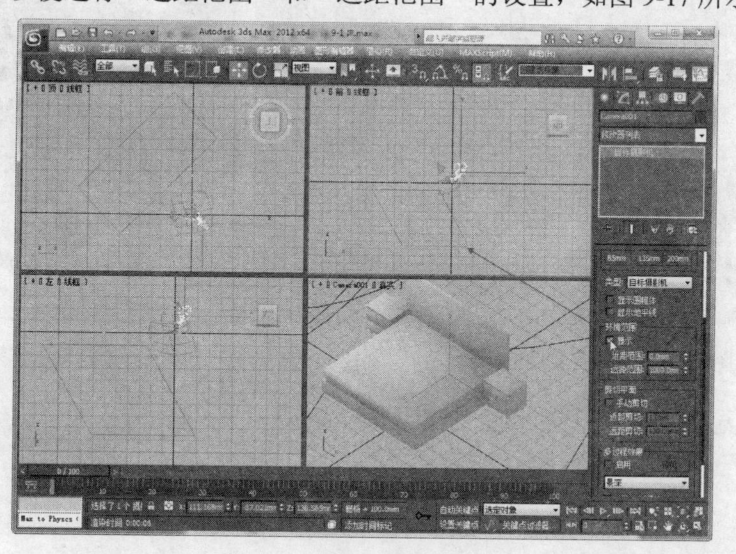

图 9-17　显示锥形光线范围

（6）调节"近距范围"或"远距范围"值，可以在各个视口中反映出调整效果，并在 Camera

视口中改变“拍摄”效果，如图 9-18 所示为调整“远距范围”的效果。

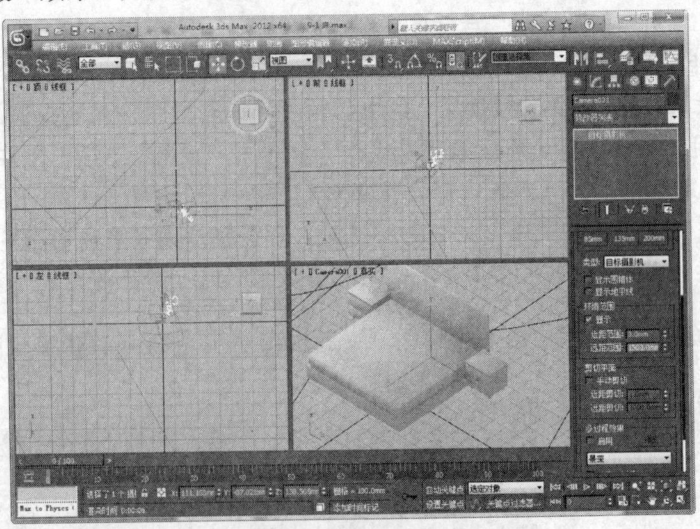

图 9-18 调整“远距范围”的效果

（7）在“目标距离”框中输入一个值，可以精确定位摄影机目标点与摄影机之间的距离，从而改变拍摄到的画面效果，如图 9-19 所示。

（8）设置好摄影机参数后激活 Camera 视口，按下【F9】键快速渲染，效果如图 9-20 所示。

对于同一个场景，可以架设多台摄影机，以便从多个视角进行“拍摄”。各台摄影机可以单独进行设置，也可以在视口中任意切换。

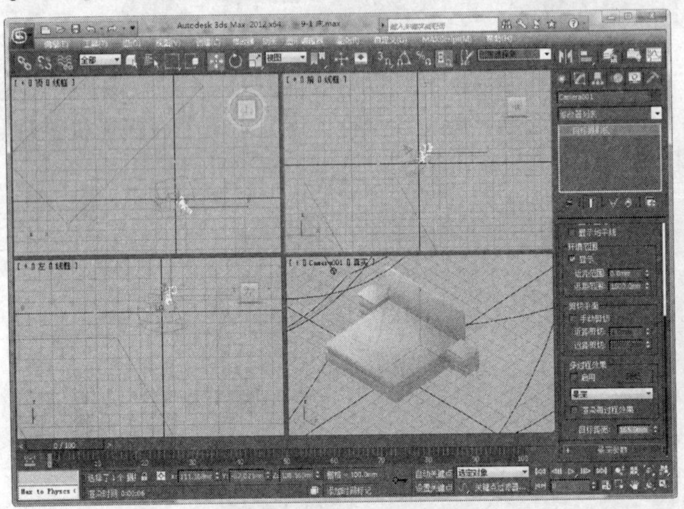

图 9-19 精确设置目标距离

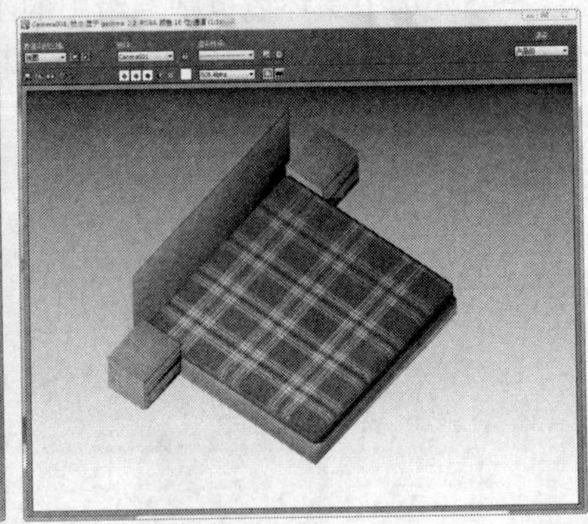

图 9-20 渲染效果

（9）保存场景文件，完成摄影机的架设和设置工作。

9.2 实例：从不同角度观察“桔子”（自由摄影机）

自由摄影机模拟真正的摄像机，这种摄影机可以自由推拉、倾斜和移动，摄影机所指向的方向即为查看区域。与目标摄影机不同，自由摄影机由单个图标表示，可以很方便地沿着路径移动时，也可以将其倾斜。

本节将在本书 8.7 节中配置了材质和灯光效果的“桔子”的场景中架设一台自由摄影机并对其进行设置，如图 9-21 所示为该摄影机的一个观察视角，摄影机的具体参数请参考本书“配套资料\chapter09\9-2 桔子.max”文件。

（1）打开本书第 8 课第 7 节制作的“桔子”模型，单击【应用程序】按钮，从出现的菜单中选择【另存为】命令，将其另存为名为“9-2 桔子.max”的场景文件。

（2）为便于调整摄影机，先使用【缩放视口】工具缩小除“透视”视口外其他 3 个视口的显示比例，如图 9-22 所示。

图 9-21　自由摄影机的拍摄效果

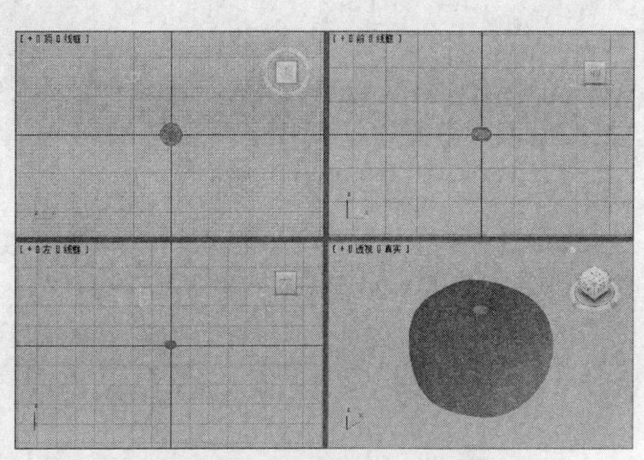

图 9-22　调整视口显示比例

（3）按下【Ctrl】+【A】键将场景中的对象全部选取，然后单击鼠标右键，从出现的快捷菜单中选择【冻结当前选择】命令，将各个视口中的对象暂时冻结起来，如图 9-23 所示。

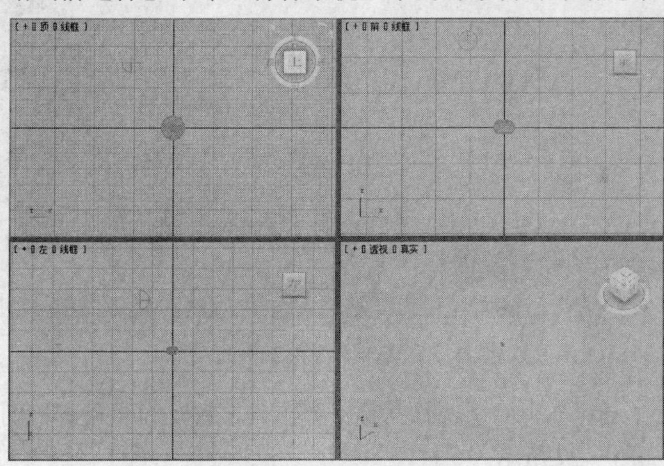

图 9-23　冻结对象

（4）在“创建”命令面板上单击【摄影机】图标，然后从“对象类型”卷展栏中选择【自由】工具，出现自由摄影机的“参数”卷展栏。

（5）在“透视”视口的某个位置上单击鼠标，即可架设一台自由摄影机，如图 9-24 所示。

（6）激活“透视”视口，然后按下键盘上的【C】键，将“透视”视口变为 Camera 视口（摄影机视口）。此时，可以从 Camera 视口中看到，刚才随意架设的摄影机并未对准目标对象，如图 9-25 所示。

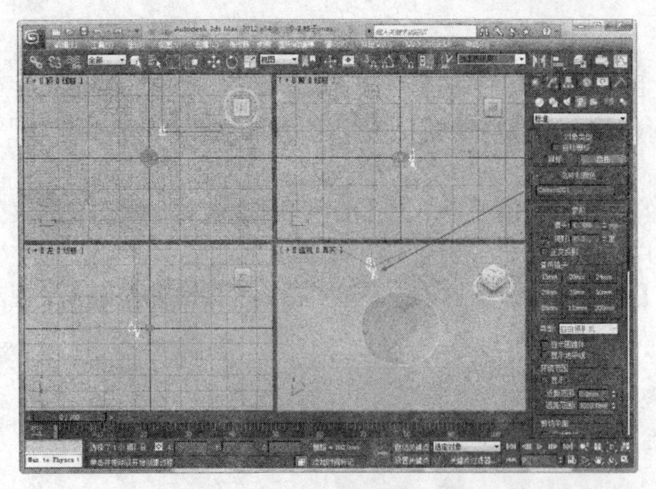

图 9-24 添加“自由摄影机”对象

图 9-25 当前 Camera 视口

（7）选择“主工具栏”中的【选择并旋转】工具，旋转摄影机对象的方向，调整自由摄影机的视角，如图 9-26 所示。

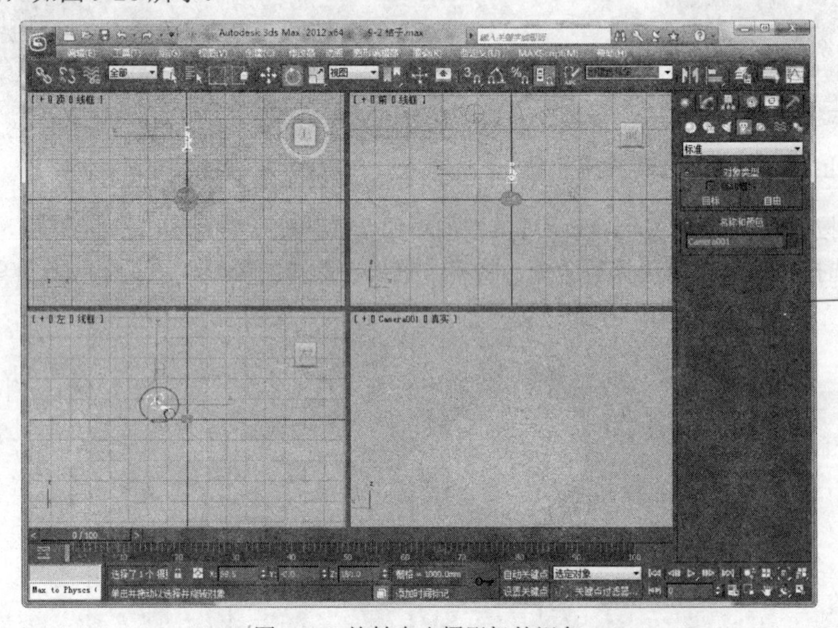

图 9-26 旋转自由摄影机的视角

（8）选择“主工具栏”中的【选择并移动】工具，移动自由摄影机的位置，也将调整自由摄影机的视角，如图 9-27 所示。

（9）切换到“修改”面板，在“参数”卷展栏中设置“镜头”值的大小，将其设置为 50mm，调整摄影机镜头的焦距，如图 9-28 所示。

（10）根据需要设置自由摄影机的“景深参数”，如图 9-29 所示。

（11）激活 Camera 视口，按下【F9】键快速渲染场景，效果如图 9-30 的所示。

（12）保存场景文件，完成摄影机的架设和设置工作。

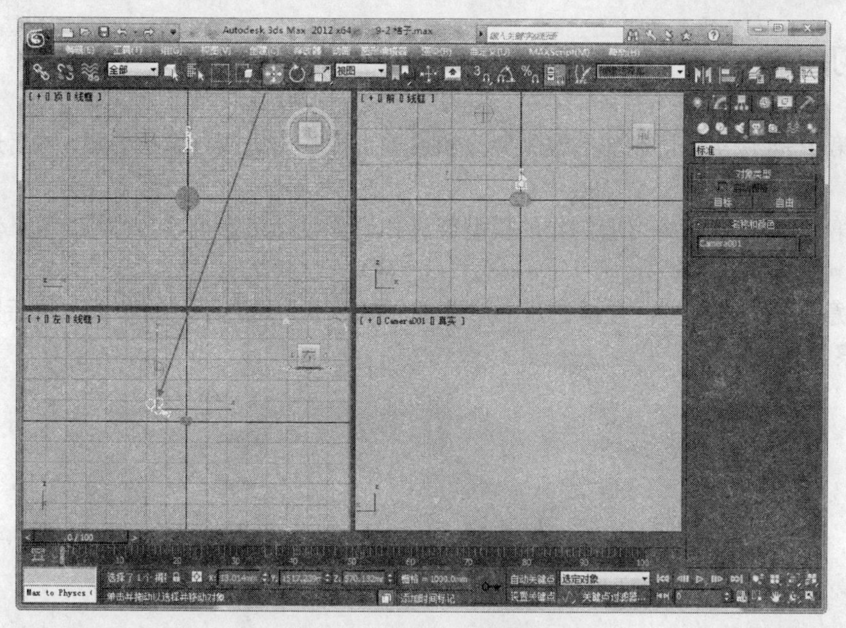

图 9-27　移动自由摄影机

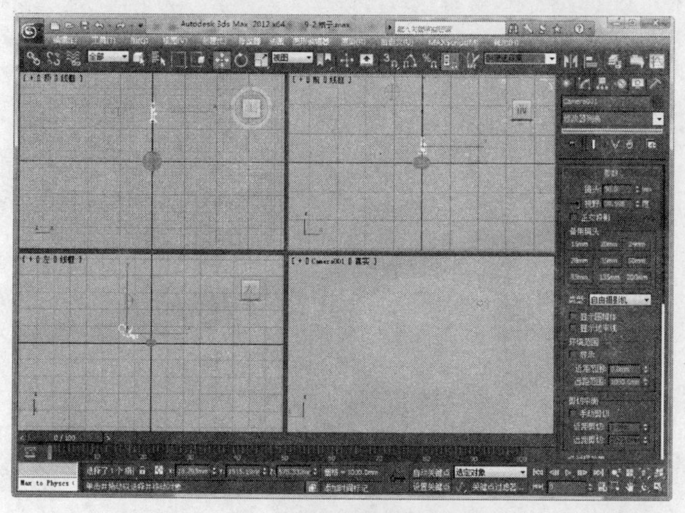

图 9-28　调整摄影机镜头的焦距

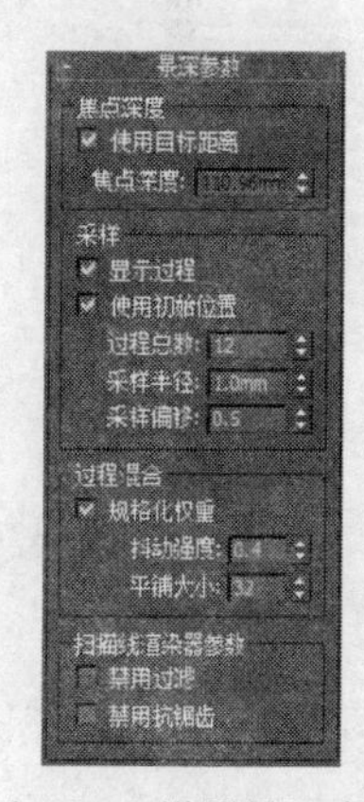

图 9-29　设置景深参数

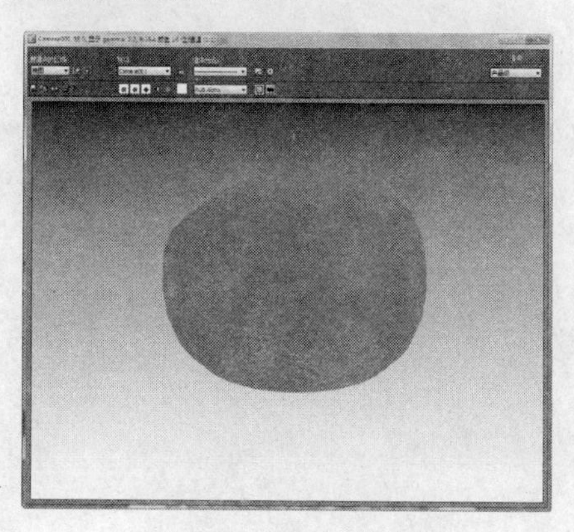

图 9-30　渲染效果

课后练习

1．为第 2～8 课实例所制作的模型架设和设置目标摄影机或自由摄影机，然后进行快速渲染。

2．为第 2～8 课课后练习所制作的模型架设和设置目标摄影机或自由摄影机，然后进行快速渲染。

3．任意选择一个模型，尝试在其中架设多台摄影机并设置不同的参数，然后比较这些摄影机的观察效果。

第 10 课

场景渲染输出

本课知识结构

建模完成后，一般都需要对已经应用到场景中的全部效果进行渲染，以便输出各种格式的图像文件或视频文件。在渲染过程中，3ds Max 会自动将颜色、阴影、照明效果等加入到几何体中，从而定义环境并从场景中生成最终输出结果。本课将通过实例学习场景渲染和输出的基础知识及具体操作应用方法，具体知识结构如下。

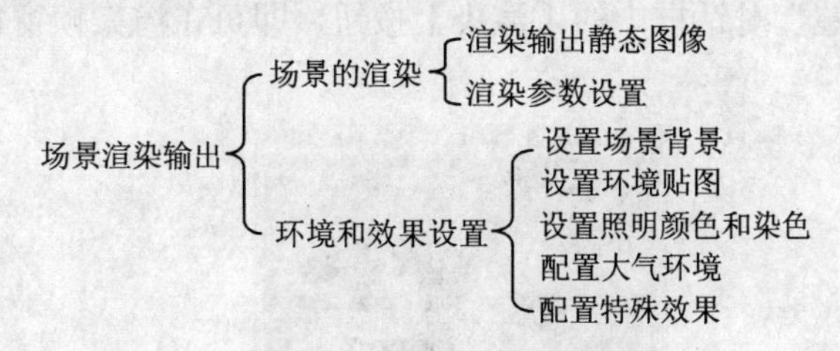

就业达标要求

☆ 熟练掌握渲染输出静态图像的方法。
☆ 掌握渲染参数设置的一般方法。
☆ 熟悉场景背景和环境贴图的设置方法。
☆ 初步掌握大气环境的配置方法。
☆ 初步掌握渲染效果的设置方法。

10.1 实例：双绞线效果图（输出静态图像）

在 3ds Max 中，渲染（Render）可以简单理解为将场景中的造型输出为图像文件、视频信号、电影胶片的过程。其中，最常见的是将场景渲染输出为静态图像。

本节将本书 5.7 节所制作的“双绞线”模型渲染输出为一幅 JPEG 格式的静态图像，渲染效果如图 10-1 所示，渲染参数设置情况请参考本书“配套资料\chapter10\10-1 双绞线的渲染.max”文件。

（1）打开本书第 5 课第 7 节制作的“双绞线”模型，单击【应用程序】按钮，从出现的菜单中选择【另存为】命令，将其另存为名为“10-1 双绞线的渲染.max”的场景文件。

（2）激活“透视”视口，将该视口作为要进行渲染的视口，如图 10-2 所示。

（3）使用“视口导航控件”区中的【环绕子对象】工具和【平移视图】工具调整视口中显示的视图，如图 10-3 所示。渲染操作将以该视图为基准。

图 10-1　双绞线效果图

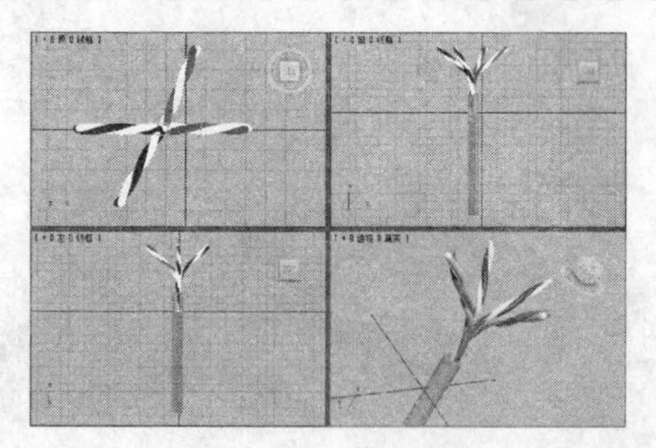

图 10-2　激活视口

（4）单击主工具栏上的【渲染设置】工具，或者从菜单栏中选择【渲染】|【渲染设置】命令，或者按下快捷键【F10】，在出现的“渲染设置”对话框的“公用参数”卷展栏的“时间输出”组中选中“单帧”选项。在“输出大小”组中将图像的大小设置为 1280×1024 像素，如图 10-4 所示。

如果按默认的参数进行渲染，只需单击“主工具”栏上的【渲染产品】工具，或者使用快捷键【F9】或【Shift】+【Q】，就能快速渲染活动视口。

（5）单击“渲染设置”对话框中的【渲染】按钮，即可在渲染帧窗口中出现渲染输出的图像，如图 10-5 所示。

图 10-3　调节视图

图 10-4　“渲染设置”对话框

图 10-5　渲染帧窗口

如果在制作模型后更改了贴图文件的保存位置，打开“渲染场景”对话框时，可能会出现“缺少贴图/光度学文件”对话框。可单击【浏览】按钮，在出现的“配置位图/光度学路径”对话框中单击【添加】按钮，在“选择新位图路径”对话框中，导航到加载了原始文件的目录，再单击【使用路径】按钮返回“配置位图/光度学路径”对话框。最后，单击【确定】返回“缺少贴图/光度学文件”对话框，单击【继续】按钮即可。

（6）要保存渲染生成的图像，可单击渲染帧窗口工具栏中的【保存】按钮，在出现的“保存图像”对话框中设置好保存位置、文件名和图像文件格式，如图 10-6 所示。

（7）单击【保存】按钮，将出现如图 10-7 所示的“JPEG 图像控制”对话框，在其中设置 JPEG 图像的相关选项，然后单击【确定】按钮，即可在指定的位置保存渲染输出的图像。

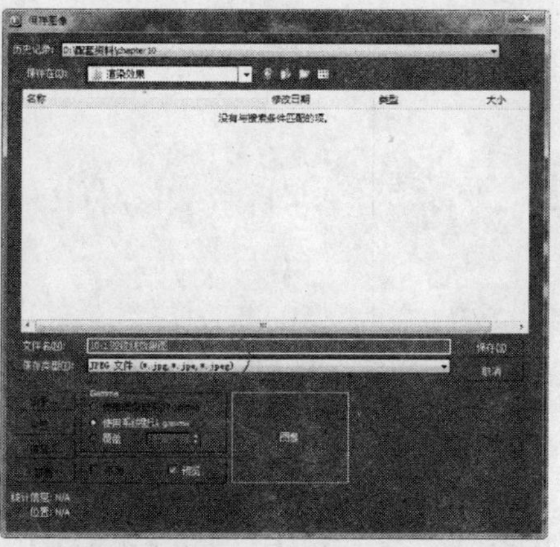

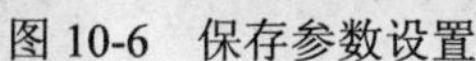

图 10-6　保存参数设置

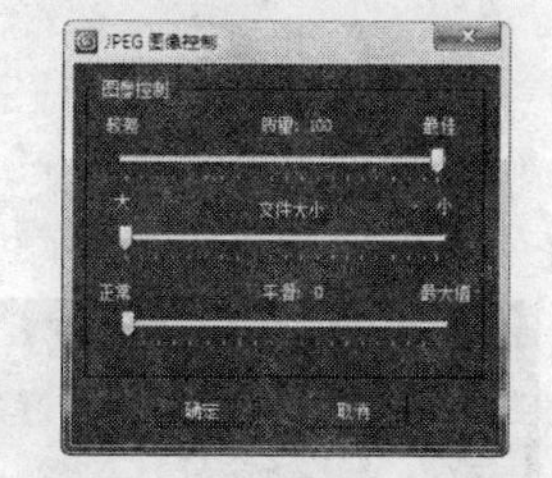

图 10-7　JPEG 图像的选项

如果在设置保存参数时选择输出其他格式（如 BMP、EPS、PNG、TIF 等格式）的图像文件，图像的设置选项会有所不同。

（8）关闭渲染帧窗口和“渲染设置”对话框，保存场景文件，即可完成双绞线效果图的渲染输出。

10.2　实例：乒乓球拍效果图（渲染参数）

为满足不同场合的需要，3ds Max 提供了很多渲染参数，只有熟悉这些渲染参数的含义和设置要领，才能获得更好的渲染效果。

本节将本书 4.2 节所制作的“乒乓球拍”模型渲染输出为一幅 TIF 格式的静态图像，渲染前进行了一系列设置工作，渲染的效果如图 10-8 所示。本例的渲染参数设置情况请参考本书“配套资料\chapter10\10-2 乒乓球拍的渲染.max”文件。

（1）打开本书第 4 课第 2 节制作的“乒乓球拍”模型，单击【应用程序】按钮，从出现的菜单中选择【另存为】命令，将其另存为名为“10-2 乒乓球拍的渲染.max”的场景文件。

（2）激活“透视”视口，并使用“视口导航控件”区中的【环绕子对象】工具和【平移视图】工具，调整视口中显示的视图到合适的位置，如图 10-9 所示。

（3）按下快捷键【F10】，在出现的“渲染设置”对话框的“公用参数”卷展栏的“输出大小”组中，根据需要设置图像分辨率的大小，本例设置为 1024×768 像素，如图 10-10 所示。

“渲染设置”对话框中提供了“公用”、“渲染器”、“Render Elements”、“光线跟踪器”和“高级照明”5 个选项卡，每个选项卡中又包含了多个卷展栏。在这些选项卡中设置好适当的参数后再进行渲染，可以满足不同的输出需要。

（4）单击“渲染输出”组中的【文件】按钮，打开“渲染输出文件”对话框，为输出的图像文件选择保存位置、文件名和文件格式，本例选择输出 TIF 格式的图像文件，如图 10-11 所示。

（5）单击【保存】按钮，出现“TIF 图像控制”对话框，将“图像类型”设置为“16 位彩色”，将“压缩类型”设置为“无压缩”，将分辨率设置为 300 像素/英寸，如图 10-12 所示。

（6）单击【确定】按钮返回“渲染设置”对话框，即可看到系统自动选中“保存文件”复选项，并在其下方出现保存路径和保存文件名等参数，如图 10-13 所示。

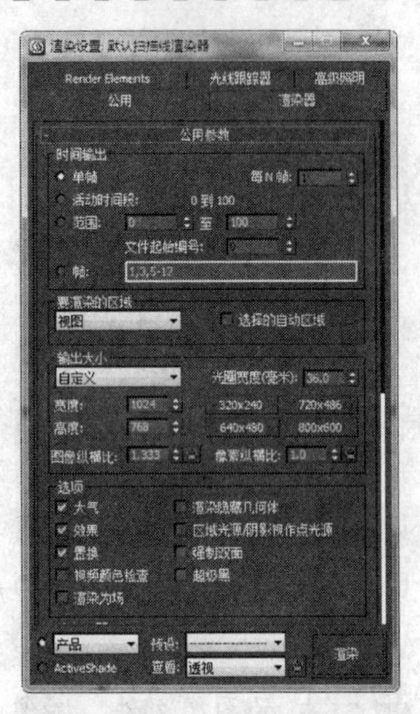

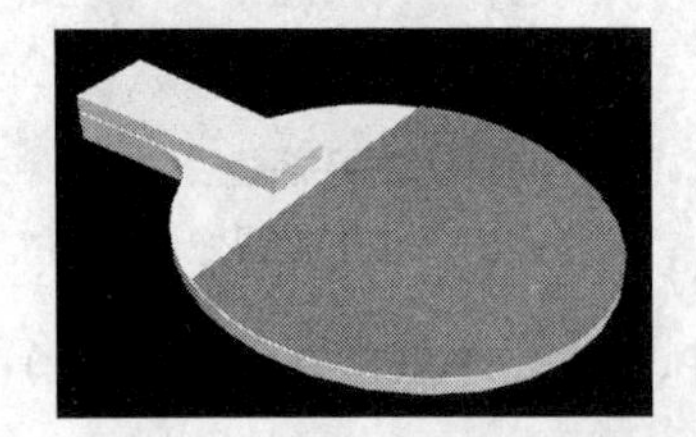

图 10-8 乒乓球拍效果图

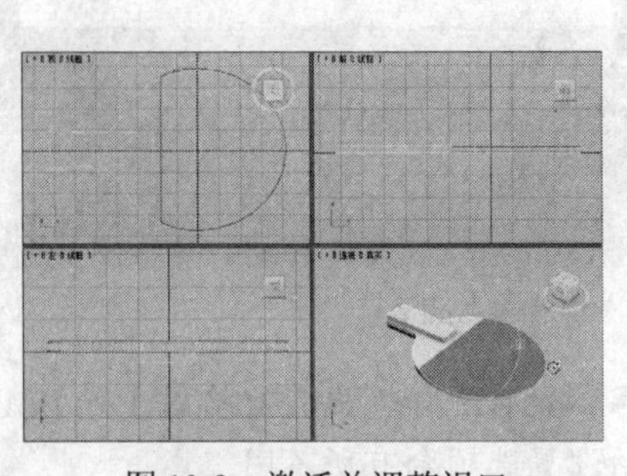

图 10-9 激活并调整视口

图 10-10 设置图像分辨率

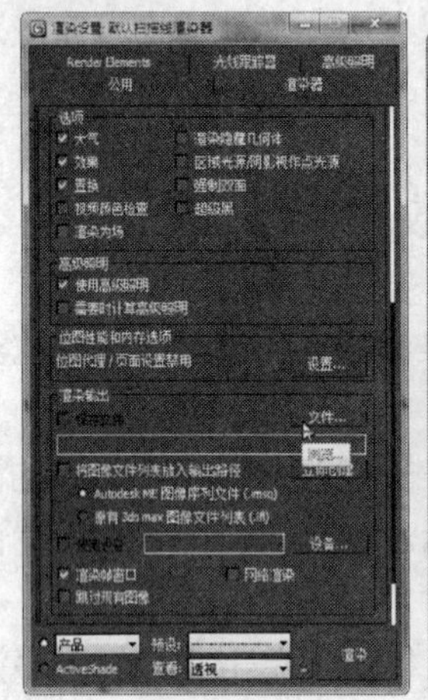

图 10-11 设置渲染输出的图像文件的参数

（7）在“渲染设置”对话框的底部选择渲染模式，可以选择在“产品级”模式下渲染、“迭代”模式下渲染或者 ActiveShade 模式下进行预览渲染。然后再选择要渲染输出的视口，本例由于没有架设摄影机，可直接选择“透视”视口，如图 10-14 所示。

“公用”选项卡共提供了 4 个卷展栏，其中包含了适用于所有渲染的公用控件和用于选择渲染器的控件。“公用参数”卷展栏用于设置所有渲染器的公用参数；“电子邮件通知”卷展栏用于使发送渲染作业的电子邮件通知，通常用于网络协同渲染；“脚本”卷展栏用于指定渲染前或渲染后要运行的脚本，包括 MAXScript、宏脚本 、批处理、可执行文件等脚本文件；“指定渲染器”卷展栏用于指定产品级和 ActiveShade 类别的渲染器，并显示“材质编辑器”中的示例窗。“公用参数”卷展栏是在渲染时最常用的设置面板，它主要由以下一些组所组成。

1）“时间输出”组

“时间输出”组用于选择要渲染的帧，其主要选项如下。

- 单帧：只渲染当前帧。

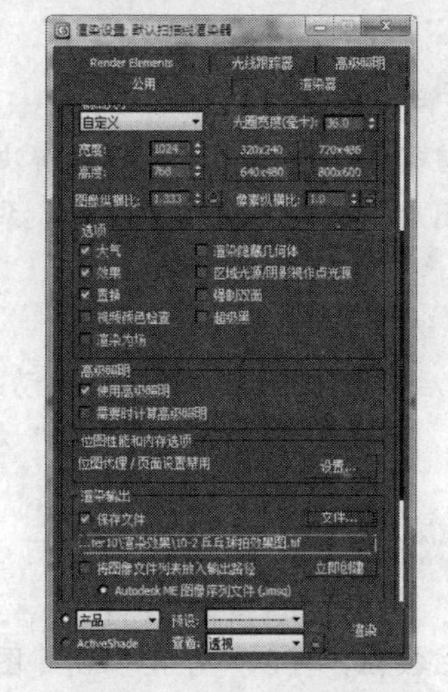

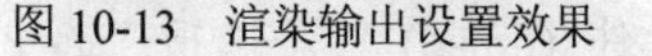

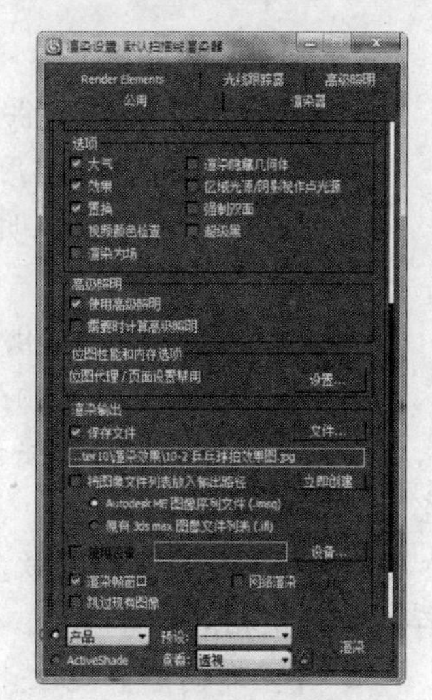

图10-12　设置TIF图像参数　　图10-13　渲染输出设置效果　　图10-14　渲染模式和渲染视口

● 每N帧：设置帧的规则采样。例如，输入5表示每隔5帧渲染一次。

● 活动时间段：渲染在时间滑块内的当前帧范围。

● 范围：对用户指定的两个数字之间（包括这两个数）的所有帧进行渲染。

● 文件起始编号：指定起始文件编号。

● 帧：对用户所指定的非连续帧进行渲染，帧与帧之间用逗号隔开，连续的帧范围用连字符相连。

2）“输出大小”组

用于选择一个预定义的图像大小或在“宽度”和“高度”字段（像素为单位）中输入自定义的图像大小。

● “输出大小”下拉列表：用于选择标准的电影和视频分辨率以及纵横比。

● 光圈宽度(毫米)：指定用于创建渲染输出的摄影机光圈宽度。

● 宽度和高度：以像素为单位指定图像的宽度和高度，从而设置输出图像的分辨率。

● 预设分辨率按钮（如320×240、640×480等）：用于选择一个预设分辨率。

● 图像纵横比：设置图像的纵横比。

● 像素纵横比：设置显示在其他设备上的像素纵横比。

3）“选项”组

“选项”组中提供了以下复选项。

● 大气：启用后可渲染大气效果。

● 效果：启用后可渲染模糊等渲染效果。

● 置换：启用后可渲染任置换贴图。

● 视频颜色检查：启用后可检查超出NTSC或PAL安全阈值的像素颜色。

● 渲染为场：启用后，在创建视频时，将视频渲染为场，而不是渲染为帧。

● 渲染隐藏的几何体：启用后可渲染场景中所有的几何体对象，包括隐藏的对象。

● 区域光源/阴影视作点光源：启用后可将所有的区域光源或阴影当作从点对象发出的进行渲染，从而加快渲染速度。

● 强制双面：启用后可双面渲染所有曲面的两个面。

● 超级黑：启用后可限制用于视频组合的渲染几何体的暗度。

4)“高级照明”组

“高级照明”组中提供了以下两个复选项。

- 使用高级照明：启用后在渲染过程中提供光能传递解决方案或光跟踪。
- 需要时计算高级照明：启用后，当需要逐帧处理时，系统自动计算光能传递。

5)“渲染输出”组

“渲染输出”组中提供了以下选项。

- “保存文件”复选项：启用后，会把渲染后的图像或动画保存到磁盘上。
- 【文件】按钮：单击该按钮，将出现“渲染输出文件”对话框，可在其中指定输出文件名、格式以及路径。
- “将图像文件列表放入输出路径”复选项：启用后，可以创建图像序列文件，并将其保存在与渲染相同的目录中。
- 【立即创建】按钮：单击该按钮，可以“手动”创建图像序列文件。
- “Autodesk ME 图像序列文件（.imsq）”单选项：选中后，将创建图像序列文件。
- “原有 3ds Max 图像文件列表（.ifl)”单选项：选中后，将创建由早期版本创建的各种图像文件列表（IFL）文件。
- “使用设备”复选项：用于将渲染输出到录像机等设备上，其后面的【设备】按钮用于指定输出设备。
- “渲染帧窗口”复选项：用于在渲染帧窗口中显示渲染输出。
- “网络渲染”复选项：用于启用网络渲染。
- “跳过现有图像”复选项：启用该选项且启用“保存文件”后，渲染器将跳过序列中已经渲染到磁盘中的图像。

6)其他组

除上面的5个组外，“公用参数”卷展栏中还提供了用于设置渲染的“要渲染的区域”组和用于选择使用高分辨率贴图还是位图代理进行渲染的“位图性能和内存选项”组。

（8）切换到“渲染器”选项卡，可以在其中设置活动渲染器详细参数，如图10-15所示。其中的卷展栏和选项取决于当前所使用的渲染器。系统默认的渲染器为“扫描线渲染器”。

（9）切换到“Render Elements”选项卡，可以在其中将渲染中的各种信息分割成单个图像文件，如图10-16所示。

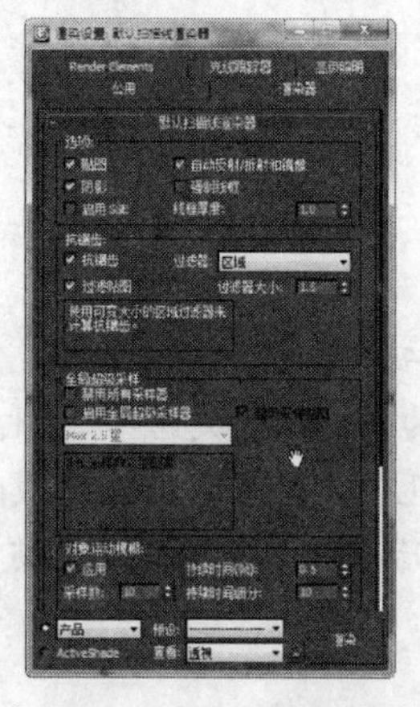

图10-15 “渲染器”选项卡

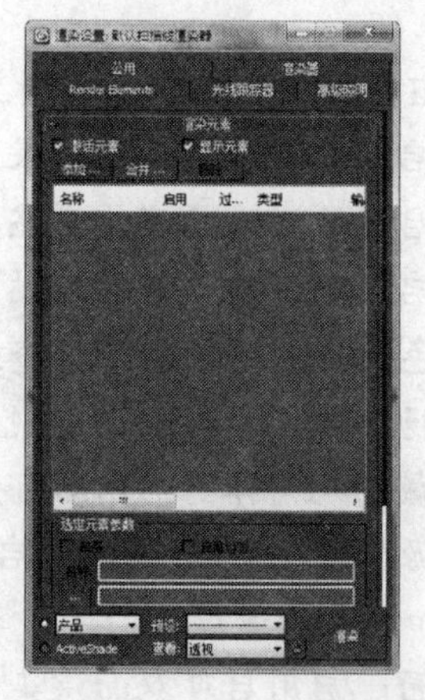

图10-16 “Render Elements”选项卡

（10）切换到“光线跟踪器”选项卡，可以在其中设置光线跟踪器的参数，这些参数将影响场景中所有光线跟踪材质、光线跟踪贴图和高级光线跟踪阴影及区域阴影的生成，如图 10-17 所示。

（11）切换到“高级照明”选项卡，可以在其中选择高级照明选项，如图 10-18 所示。默认扫描线渲染器提供了光跟踪器和光能传递两个选项。

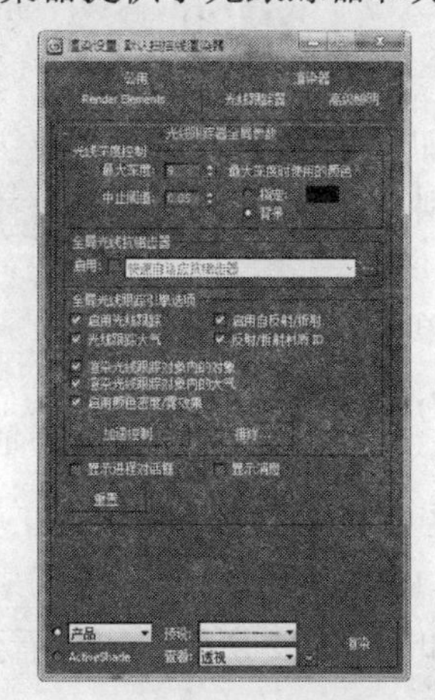

图 10-17　“光线跟踪器”选项卡

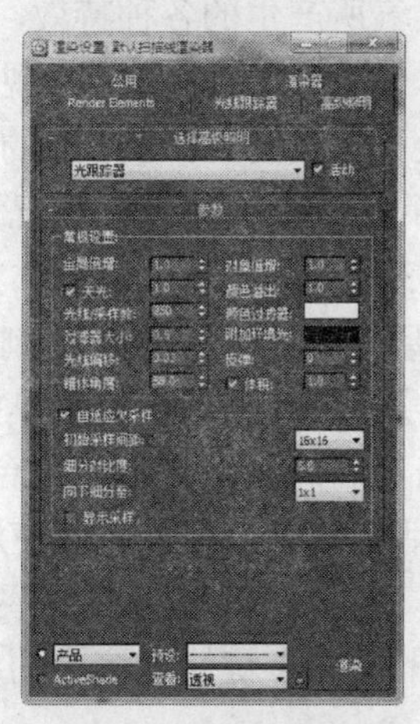

图 10-18　“高级照明”选项卡

大多数情况下，“渲染器”、“Render Elements”、“光线跟踪器”和“高级照明”选项卡中的选项都建议使用默认值。

（12）参数设置完成后，单击【渲染】按钮，即可开始进行渲染，渲染时将打开如图 10-19 所示的两个窗口。其中“渲染”窗口用于显示渲染进度，并可通过“剩余时间”来估计渲染时间，该窗口在渲染完成后会自动关闭；“渲染帧”窗口用于显示各帧的渲染结果。渲染结束后，将根据“渲染输出”的设置自动在指定的文件夹中保存输出的静态图像文件。

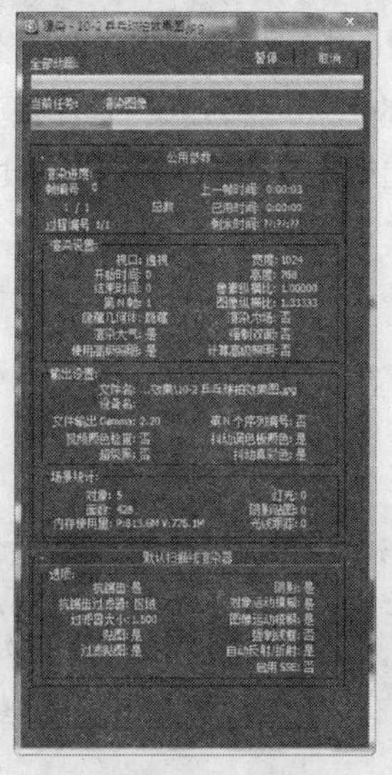

“渲染”窗口

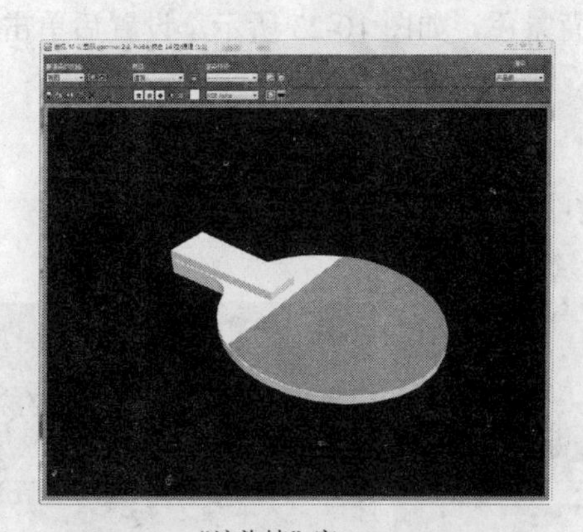

“渲染帧”窗口

图 10-19　渲染过程

（13）关闭“渲染帧”窗口，保存场景文件，完成乒乓球拍效果图的输出。

10.3 实例：蓝天下的砚台（场景背景）

默认情况下，渲染输出的图像的背景是黑色的。为美化输出图像的外观，3ds Max 提供了强大的环境设置功能，可以为输出图像添加上背景颜色、背景颜色动画、背景图像，还可以模拟现实中的大气所产生的各种特效，使场景真实而和谐。

本节将本书 3.1 节所制作的“砚台”模型渲染输出为一幅带有“蓝天”背景的 JPEG 格式的静态图像，渲染效果如图 10-20 所示，渲染参数设置情况请参考本书“配套资料\chapter10\10-3 蓝天下的砚台.max”文件。

图 10-20 蓝天下的砚台

（1）打开本书第 3 课第 1 节制作的“砚台”模型，单击【应用程序】按钮，从出现的菜单中选择【另存为】命令，将其另存为名为“10-3 蓝天下的砚台.max”的场景文件。

（2）激活“透视”视口，并使用“视口导航控件”区中的【环绕子对象】工具和【平移视图】工具，调整视口中显示的视图到合适的位置，如图 10-21 所示。

（3）按下【F9】键快速渲染的“透视”视口，效果如图 10-22 所示。可以看到，其背景漆黑一片。

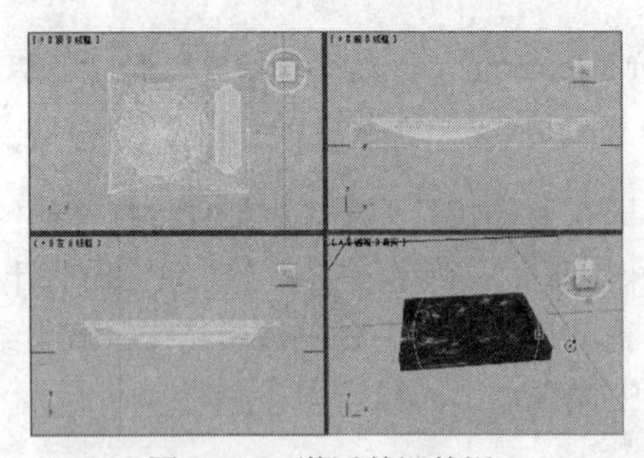

图 10-21 激活并调整视口

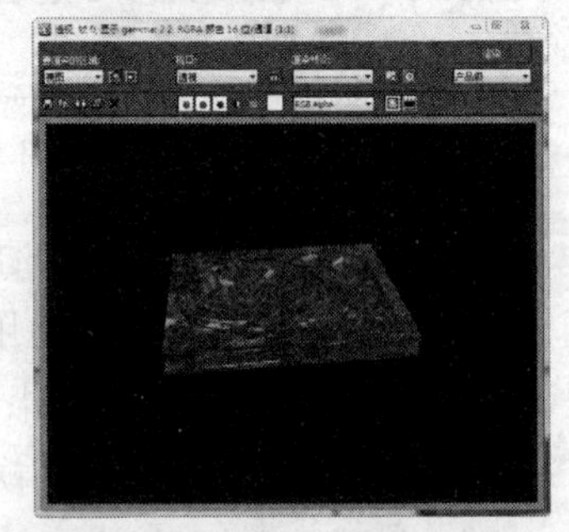

图 10-22 未设置背景的渲染效果

（4）从菜单栏中选择【渲染】|【环境】命令，在出现的“环境和效果”对话框中选择“环境”选项卡，然后单击“背景”组中的色块，出现“颜色选择器”对象，在其中设置一种颜色作为输出的背景色，如图 10-23 所示。设置后单击【确定】按钮退出。

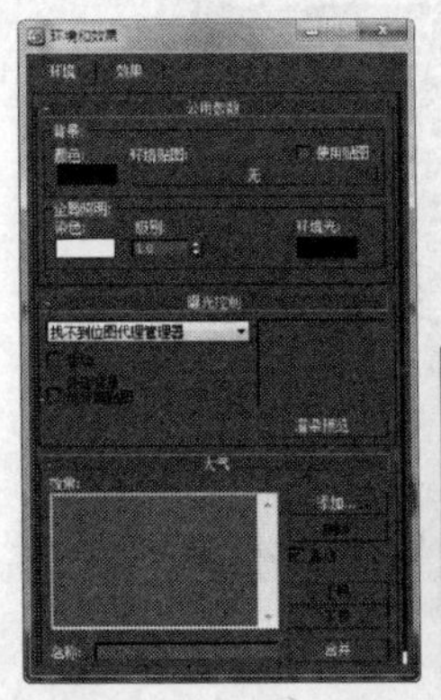

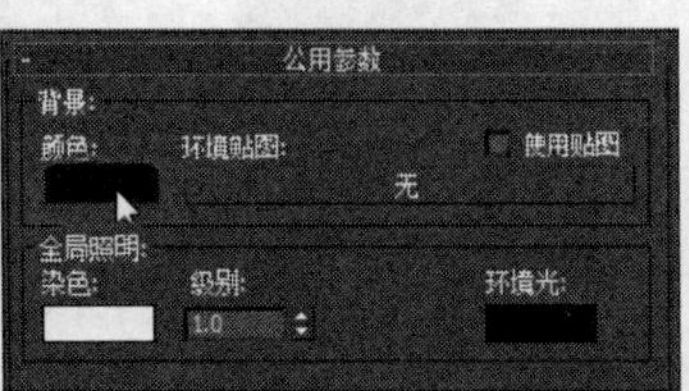

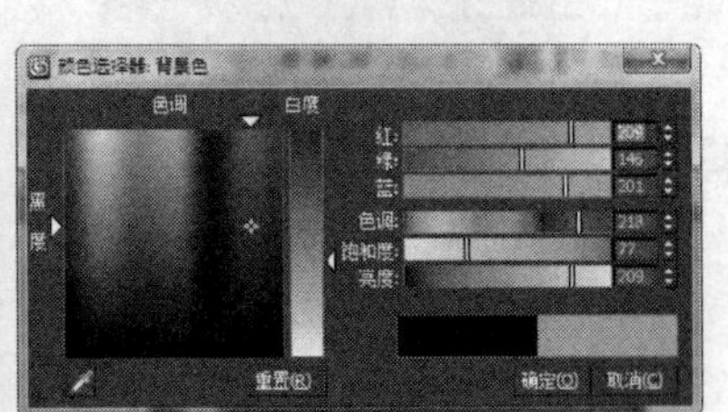

图 10-23 设置背景色

（5）再按下【F9】键渲染场景，此时的效果如图 10-24 所示。可以看到，当前已经将所设置的颜色作为渲染时的背景色，但背景色只是一种纯色。

（6）单击“环境和效果”对话框中“环境贴图”下的【无】长条按钮，出现“材质/贴图浏览器”对话框，选择其中的“渐变”选项，如图 10-25 所示。

图 10-24　设置背景色后的渲染效果

图 10-25　选择环境贴图的类型

（7）单击【确定】按钮，在“环境和效果”对话框中自动选择“使用贴图”选项，并在其下方显示贴图类型为 Gradent（渐变），如图 10-26 所示。

（8）按下【F9】键渲染场景，此时的效果如图 10-27 所示。可以看到，当前已经出现一种渐变的背景色，但渐变只是一种单一的从黑色到白色的变化。

（9）按下键盘上的【M】键打开“材质编辑器”对话框，将“环境和效果”对话框中的 Gradent（渐变）贴图拖放到“材质编辑器”的第 1 个材质球上，出现“实例（副本）”对话框，选择实例选项，如图 10-28 所示。

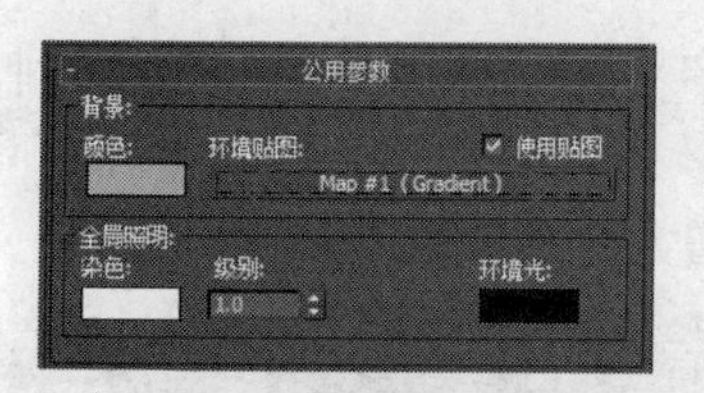

图 10-26　选择贴图的效果

图 10-27　渐变背景渲染效果

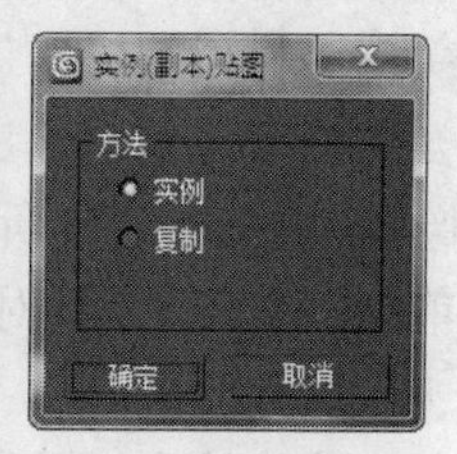

图 10-28　创建贴图实例

（10）单击“实例（副本）”对话框中的【确定】按钮，即可看到第 1 个材质球被指定了由“颜色#1”、“颜色#2”和“颜色#3”组成的渐变色，如图 10-29 所示。

（11）单击“颜色#1”色块，在出现的“颜色选择器”中将其颜色设置为深蓝色，如图 10-30 所示。设置后单击【确定】按钮确认。

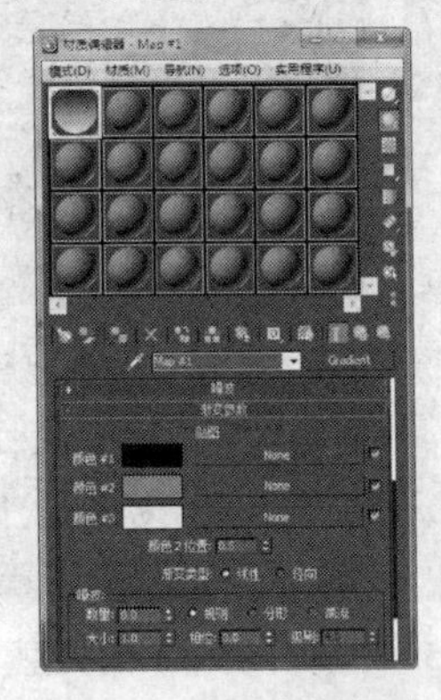

图 10-29 贴图实例创建效果

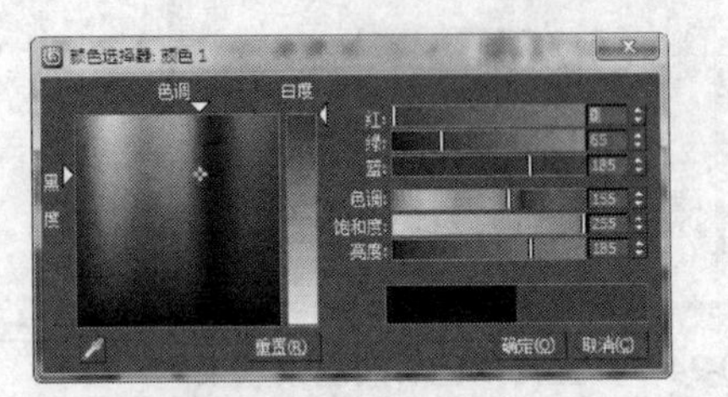

图 10-30 设置“颜色#1”

（12）右击“颜色#1”色块，从出现的快捷菜单中选择【复制】命令，再分别用鼠标右键单击“颜色#2”和“颜色#3”色块，从出现的快捷菜单中选择【粘贴】命令，使 3 个色块的颜色设置完全相同，如图 10-31 所示。

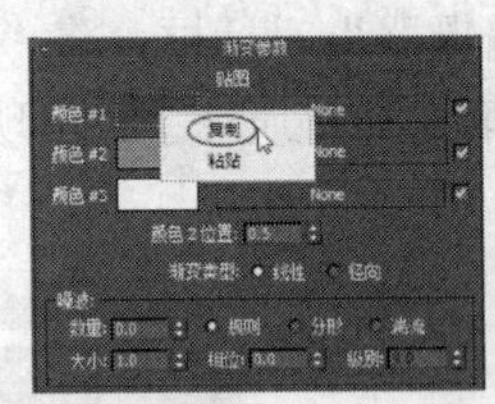

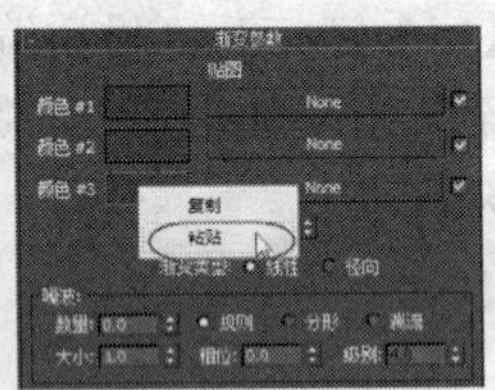

图 10-31 复制颜色

（13）复制颜色后，单击“颜色#2”，拖动“白度”滑块，将其颜色更改为一种较浅的蓝色，如图 10-32 所示。

（14）用同样的方法将“颜色#3”的白度进一步增大，效果如图 10-33 所示。

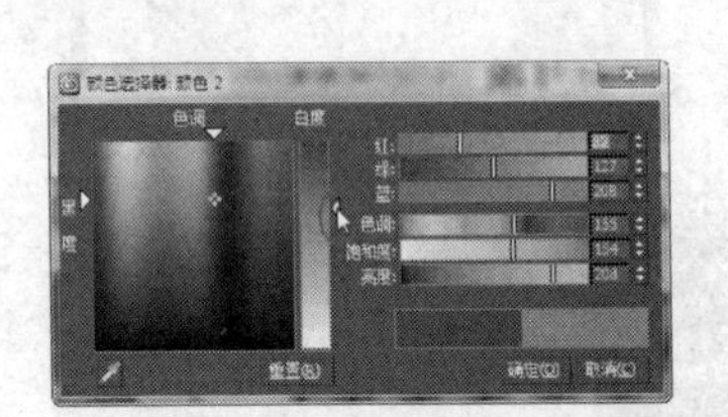

图 10-32 更改“颜色#2”的白度

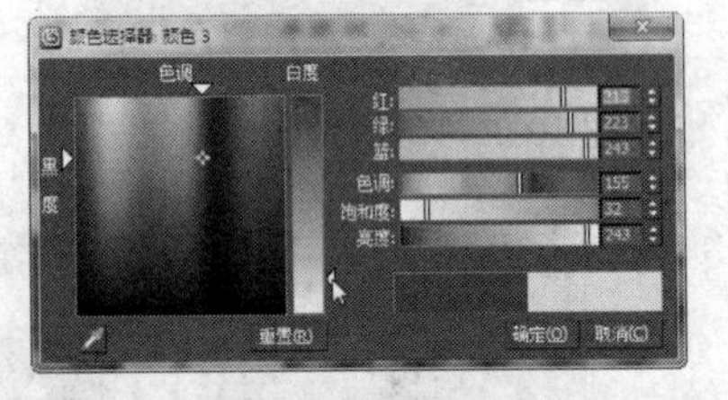

图 10-33 更改“颜色#3”的白度

（15）设置并确认 3 个渐变色后，材质球的参数和颜色如图 10-34 所示。

（16）关闭“材质编辑器”对话框，按下快捷键【F10】，在出现的“渲染设置”对话框的“公用参数”卷展栏的“输出大小”组中，根据需要设置图像分辨率的大小，本例设置为 1280×1024 像素，如图 10-35 所示。

（17）单击“渲染设置”对话框中的【渲染】按钮，即可在渲染帧窗口中出现渲染输出的图像，如图 10-36 所示。此时，输出的图像便有了一个“蓝色天空”的背景。

（18）保存渲染输出的图像，再关闭渲染帧窗口和“渲染设置”对话框，保存场景文件，即可完成砚台效果图的渲染输出。

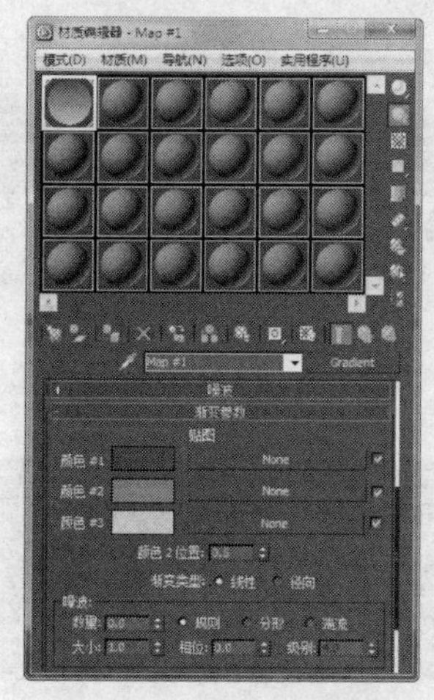

图 10-34 颜色设置效果

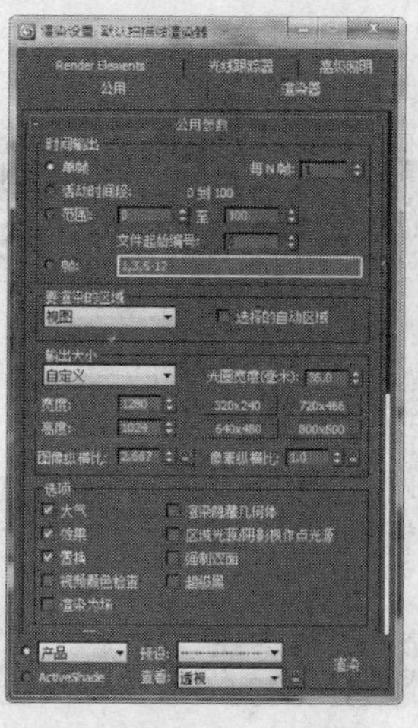

图 10-35 设置图像分辨率

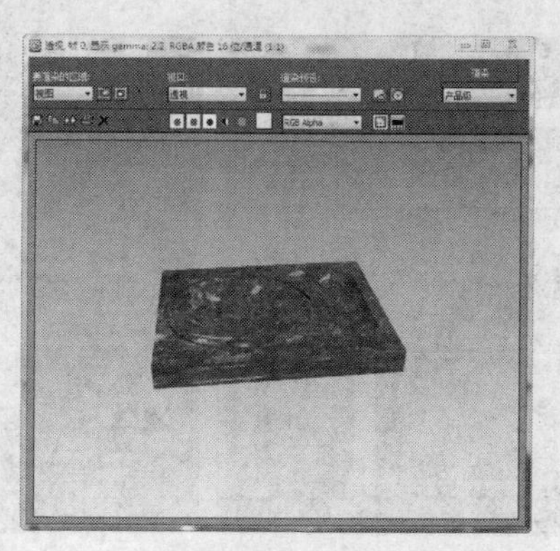

图 10-36 渲染效果

10.4 实例：海滩上的圆桌（环境贴图）

为了使模型的输出更加逼真，还可以将背景直接设置为一张照片。本节将本书 8.2 节中配置了灯光效果的“圆桌”模型渲染输出为一幅带有背景的静态图像，渲染效果如图 10-37 所示，渲染参数设置情况请参考本书“配套资料\chapter10\10-4 海滩上的圆桌.max”文件。

（1）打开本书第 8 课第 2 节制作的“圆桌”模型，单击【应用程序】按钮，从出现的菜单中选择【另存为】命令，将其另存为名为“10-4 海滩上的圆桌.max”的场景文件。

（2）激活“透视”视口，并使用“视口导航控件”区中的【环绕子对象】工具和【平移视图】工具，调整视口中显示的视图到合适的位置，如图 10-38 所示。

图 10-37 海滩上的圆桌

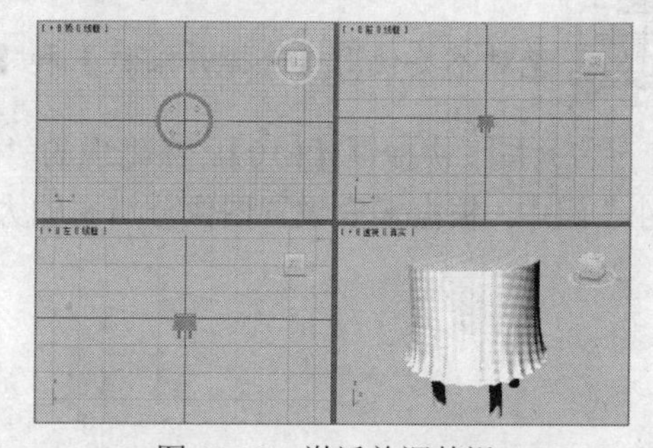

图 10-38 激活并调整视口

（3）选择【渲染】|【环境】命令，在出现的“环境和效果”对话框中单击【环境贴图】下方的长条按钮（默认显示“无”），出现“材质/贴图浏览器”对话框，从列表中选择贴图类型为“位图”，如图 10-39 所示。

（4）单击【确定】按钮，然后在出现的“选择位图图像文件”对话框中，选择要作为背景的位图图像，如图 10-40 所示。选择后单击【打开】按钮，即可完成设置。

（5）从菜单栏中选择【视图】|【视口背景】|【视口背景】命令，打开“视口背景”对话框，在其中选中“使用环境背景”和“显示背景”两个复选项，单击【确定】按钮，即可使环境贴图出现在“透视”视口中，如图 10-41 所示。

（6）在“透视”视口中使用“视口导航控件”区中的【环绕子对象】工具和【平移视图】工具，将“圆桌”缩放到合适的大小并放置到合适的位置上，如图 10-42 所示。

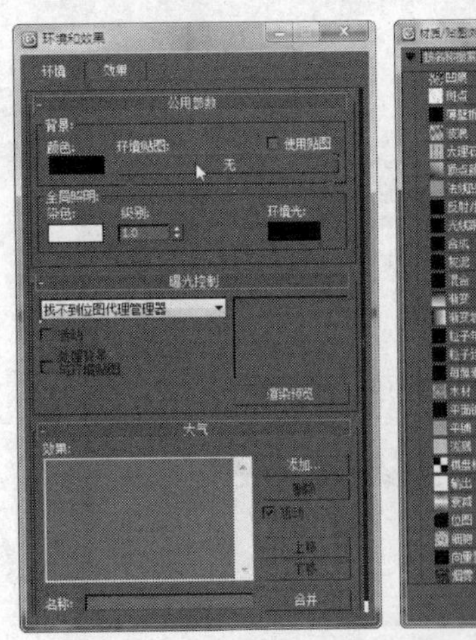
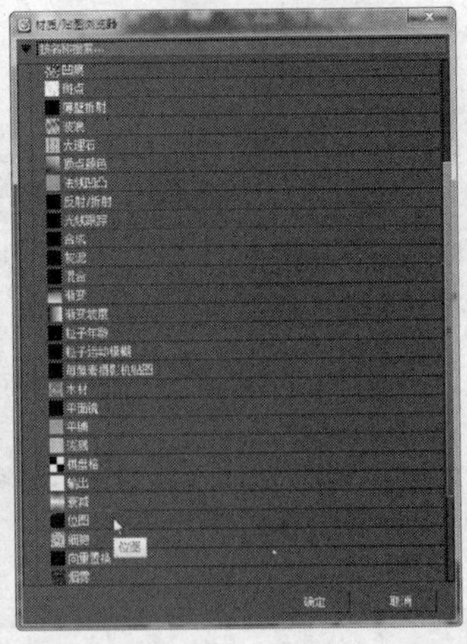

图 10-39　选择贴图类型

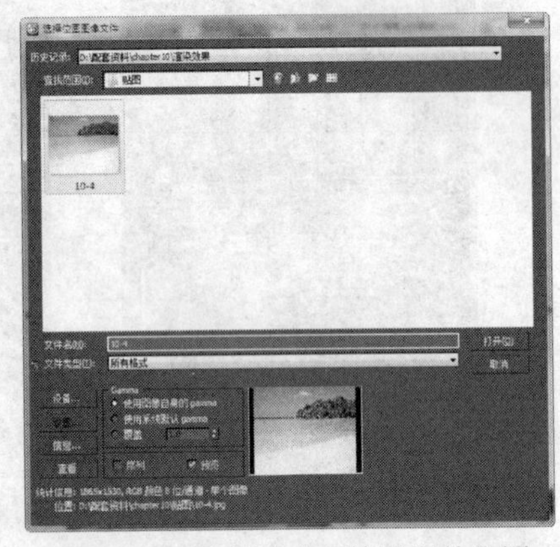

图 10-40　选择作为环境贴图的位图

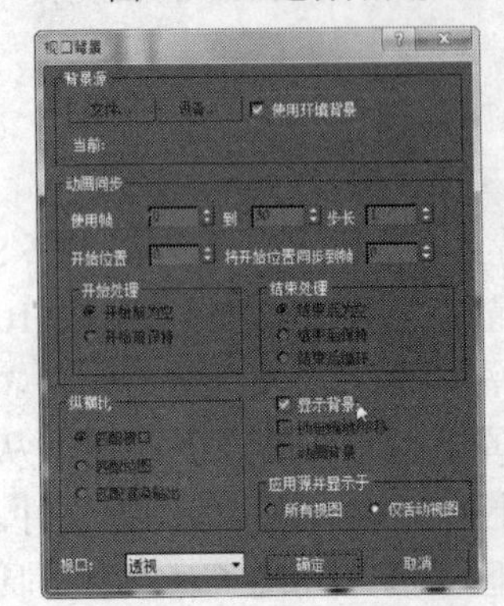
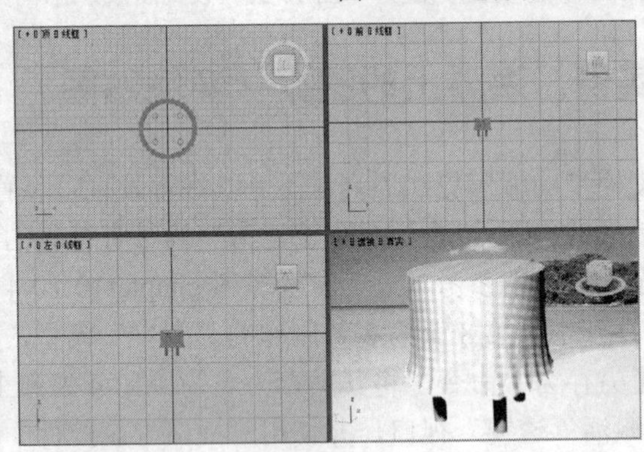

图 10-41　在视口中显示出环境贴图

注意　绝对不要使用【选择并缩放】和【选择并移动】工具来调整模型的大小和位置。

（7）按下快捷键【F10】，在出现的“渲染设置”对话框的“公用参数”卷展栏的“输出大小”组中，根据需要设置图像分辨率的大小，本例设置为1024×768像素，如图10-43所示。

图 10-42　调整“圆桌”在视口中的位置

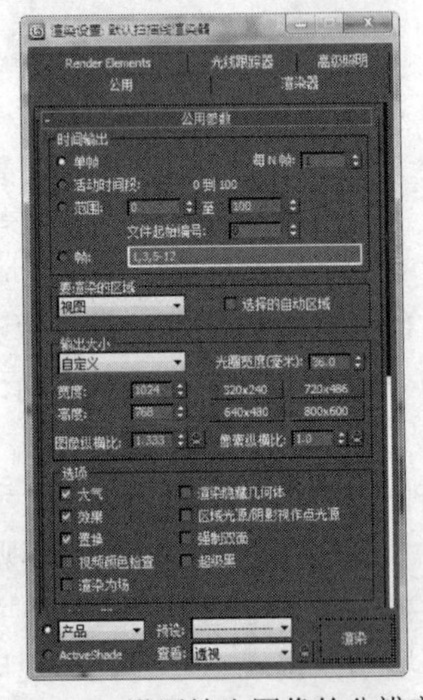

图 10-43　设置输出图像的分辨率

（8）单击【渲染】按钮渲染视口，即可在渲染帧窗口中出现渲染输出的图像，如图10-44

所示。此时，在输出的图像中，“圆桌”摆放在“海滩”上了。

（9）保存渲染输出的图像，再关闭渲染帧窗口和“渲染设置”对话框，保存场景文件，即可完成圆桌效果图的渲染输出。

图 10-44　渲染效果

10.5　实例：着色的店招（照明颜色和染色）

为满足某些场合的特殊需要，还可以在渲染前设置环境的照明颜色，也可以对模型进行染色处理。本节将为本书 4.5 节所制作的“店招”模型添加上照明颜色并进行染色，然后将其渲染输出为一幅静态图像，渲染效果如图 10-45 所示，渲染参数设置情况请参考本书“配套资料\chapter10\10-5 着色的店招.max”文件。

（1）打开本书第 4 课第 5 节制作的“店招”模型，单击【应用程序】按钮，从出现的菜单中选择【另存为】命令，将其另存为名为“10-5 着色的店招.max”的场景文件。

（2）激活“透视”视口，并使用“视口导航控件”区中的【环绕子对象】工具和【平移视图】工具，调整视口中显示的视图到合适的位置，如图 10-46 所示。

图 10-45　着色的店招

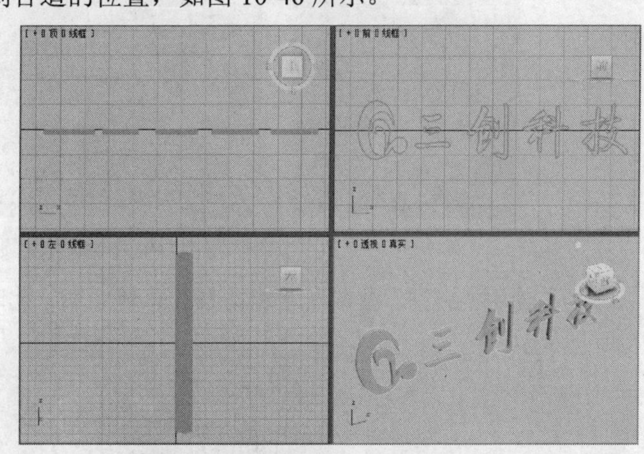

图 10-46　激活并调整视口

（3）按下【M】键打开“材质编辑器”，为“店招”模型指定一种金属材质，如图 10-47 所示。

（4）选择【渲染】|【环境】命令，在出现的“环境和效果”对话框中单击【环境贴图】下方的长条按钮，出现“材质/贴图浏览器”对话框，从列表中选择贴图类型为“位图”，单击【确定】按钮，然后在出现的“选择位图图像文件”对话框中选择要作为背景的位图图像，如图 10-48 所示。选择后单击【打开】按钮，即可完成设置。

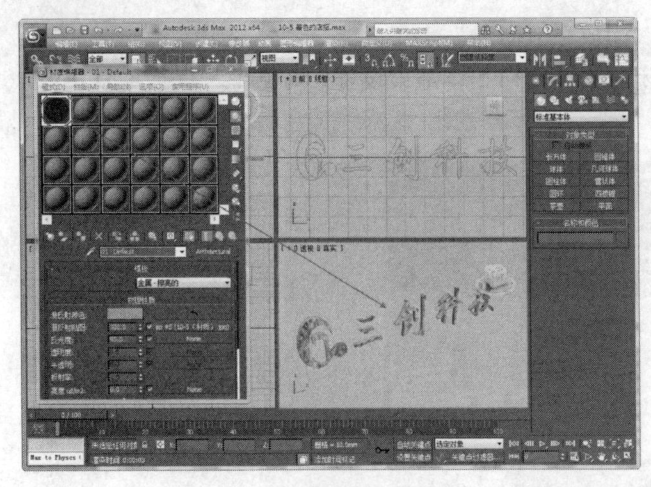

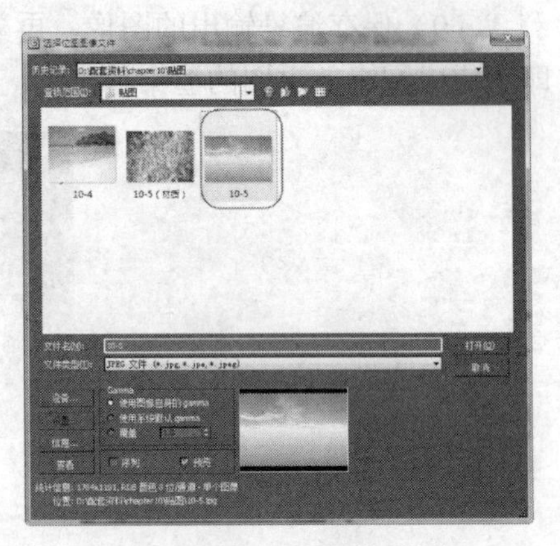

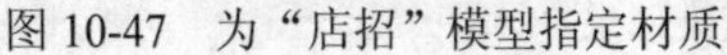

图 10-47　为“店招”模型指定材质　　　　图 10-48　选择环境贴图

（5）从菜单栏中选择【视图】|【视口背景】|【视口背景】命令，打开“视口背景”对话框，在其中选中“使用环境背景”和“显示背景”两个复选项，单击【确定】按钮，使环境贴图出现在“透视”视口中。

（6）在“环境和效果”对话框的“全局照明”组中单击“染色”的色块，在出现的“颜色选择器”对话框中选择染色颜色，如图 10-49 所示。该颜色将应用于除环境光以外的所有照明装置。

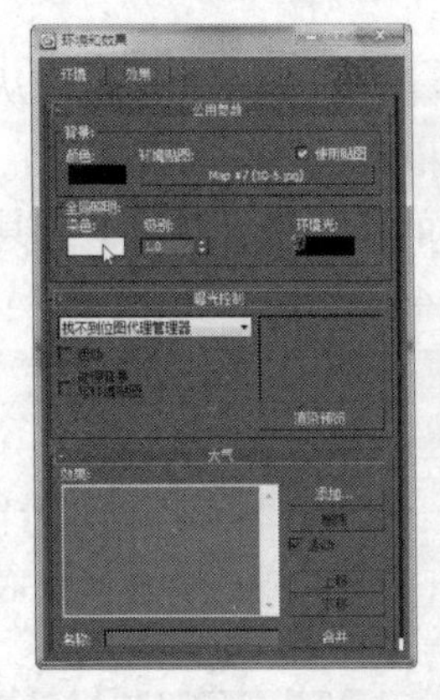

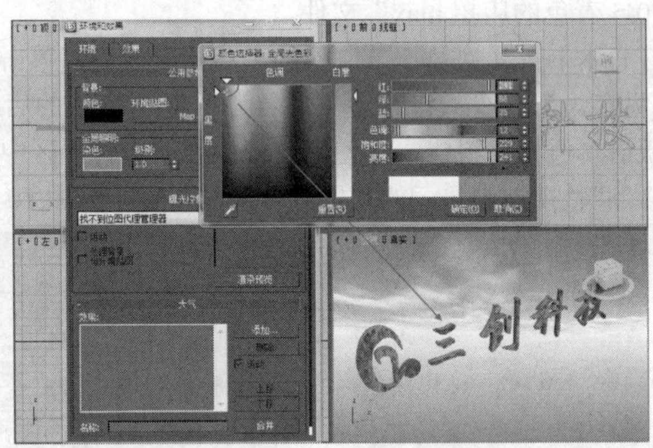

图 10-49　选择染色颜色

（7）使用“级别”微调器增加场景的总体照明，此时着色视口将会更新，如图 10-50 所示。

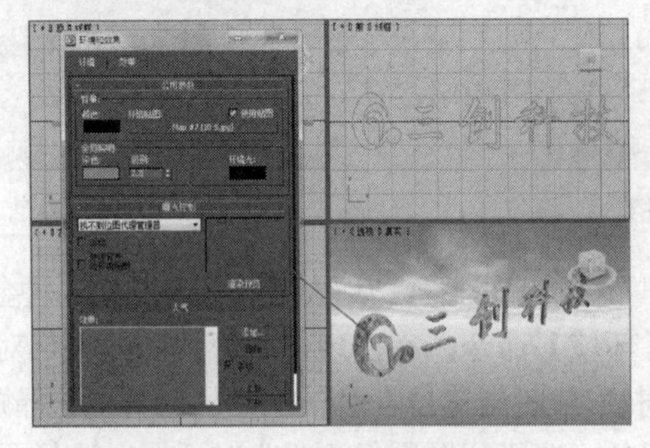

图 10-50　设置染色的“级别”

（8）在“环境和效果”对话框的“全局照明”组中单击“环境”的色块，在出现的“颜色”选择器对话框中另外选择一个颜色作为环境色，如图 10-51 所示。

（9）此时，在视口中将显示出环境光颜色的更改效果。按下【F9】键渲染视口，效果如图 10-52 所示。

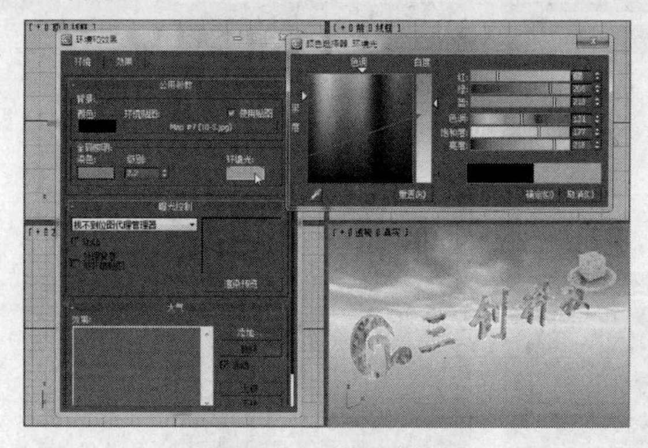

图 10-51　选择环境颜色

图 10-52　渲染效果

（10）保存渲染输出的图像，再关闭渲染帧窗口和“渲染设置”对话框，保存场景文件，即可完成店招效果图的渲染输出。

10. 6　实例：雾中西红柿（雾大气环境）

在 3ds Max 中，大气是一种用于创建照明效果（例如雾、火焰等）的插件。合理选择和配置大气环境，可以使输出的效果图或动画产生各种艺术效果。“雾”是一种常用的大气效果，应用该效果，可使对象随着与摄影机距离的增加逐渐褪光，也可以提供分层雾效果，使所有对象或部分对象被雾笼罩。

本节将为本书 6.2 节所制作的“西红柿”模型营造一种薄雾效果，并将其渲染输出为一幅静态图像，渲染效果如图 10-53 所示，渲染参数设置情况请参考本书“配套资料\chapter10\10-6 雾中西红柿.max”文件。

（1）打开本书第 6 课第 2 节制作的“西红柿”模型，单击【应用程序】按钮，从出现的菜单中选择【另存为】命令，将其另存为名为“10-6 雾中西红柿.max”的场景文件。

（2）激活“透视”视口，并使用“视口导航控件”区中的【环绕子对象】工具和【平移视图】工具，调整视口中显示的视图到合适的位置，如图 10-54 所示。

图 10-53　雾中西红柿

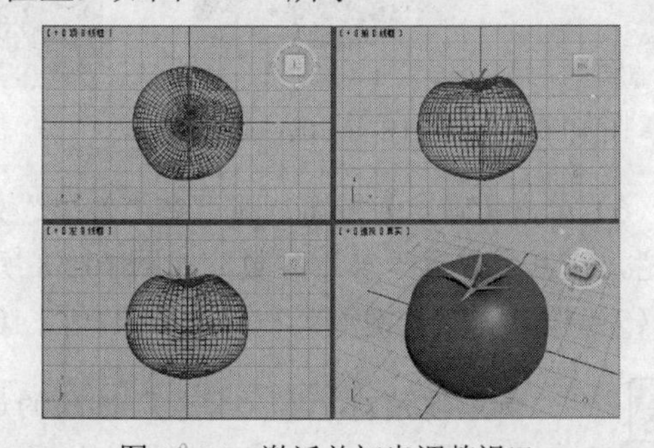

图 10-54　激活并初步调整视口

（3）选择【渲染】|【环境】命令，在出现的“环境和效果”对话框中单击【环境贴图】下方的长条按钮，出现“材质/贴图浏览器”对话框，从列表中选择贴图类型为“位图”，单击

【确定】按钮，然后在出现的“选择位图图像文件”对话框中选择要作为背景的位图图像，如图 10-55 所示。选择后单击【打开】按钮，即可完成设置。

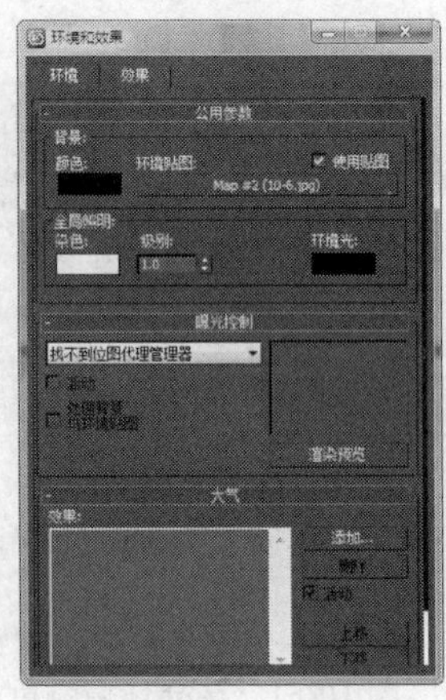

图 10-55　设置环境贴图

（4）从菜单栏中选择【视图】|【视口背景】|【视口背景】命令，打开“视口背景”对话框，在其中选中“使用环境背景”和“显示背景”两个复选项，单击【确定】按钮，使环境贴图出现在“透视”视口中，然后再利用【环绕子对象】工具和【平移视图】工具调整视口中“西红柿”到合适的位置上，如图 10-56 所示。

（5）在“环境和效果”对话框的“大气”组中单击【添加】按钮，出现“添加大气效果”对话框，选择其中的“雾”选项，如图 10-57 所示。

图 10-56　在视口中显示贴图

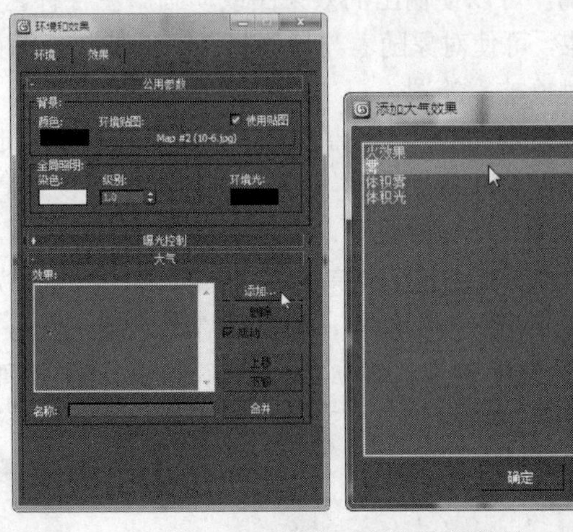

图 10-57　添加“雾”大气效果

（6）单击【确定】按钮，即可在“效果”列表中出现“雾”选项，并新增一个“雾参数”卷展栏，在其中设置“雾”参数，如图 10-58 所示。

（7）按下【F9】键渲染视口，效果如图 10-59 所示。

如果取消对“雾化背景”选项的选择，按下【F9】键渲染视口，将仅对“西红柿”进行雾化，而不雾化背景，如图 10-60 所示。

（8）修改“雾”的颜色，然后选中“分层”选项，再设置“分层”参数，即可按设置对场景进行分区域雾化。按下【F9】键渲染视口，效果如图 10-61 所示。

图 10-58　设置“雾”参数

图 10-59　渲染效果

图 10-60　不雾化背景

图 10-61　“分层雾化”参数设置和渲染效果

（9）保存渲染输出的图像，再关闭渲染帧窗口和“渲染设置”对话框，保存场景文件，即可完成“雾中西红柿”效果图的渲染输出。

除普通的“雾化”效果外，3ds Max 还提供了体积雾和体积光大气效果。其中，“体积雾”也用于提供雾效果，但雾的密度在三维空间中不是恒定的，而是一种吹动的云状雾效果；“体积光”可根据灯光与大气（雾、烟雾等）的相互作用提供灯光效果。

10.7 实例：燃烧的充电器（火焰大气环境）

3ds Max 还提供了一个非常实用而有趣的火焰大气环境，配置这种大气环境后，可以使任何模型或模型的一部分在场景中“燃烧”起来。

本节将本书 6.3 节所制作的“充电器”模型渲染输出为一幅静态图像并使其燃烧起来，渲染效果如图 10-62 所示，渲染参数设置情况请参考本书“配套资料\chapter10\10-7 燃烧的充电器.max”文件。

（1）打开本书第 6 课第 3 节制作的“充电器”模型，单击【应用程序】按钮，从出现的菜单中选择【另存为】命令，将其另存为名为“10-7 燃烧的充电器.max”的场景文件。

（2）激活“透视”视口，将其最大化显示，然后使用“视口导航控件”区中的【环绕子对象】工具和【平移视图】工具，调整视口中显示的视图到合适的位置，如图 10-63 所示。

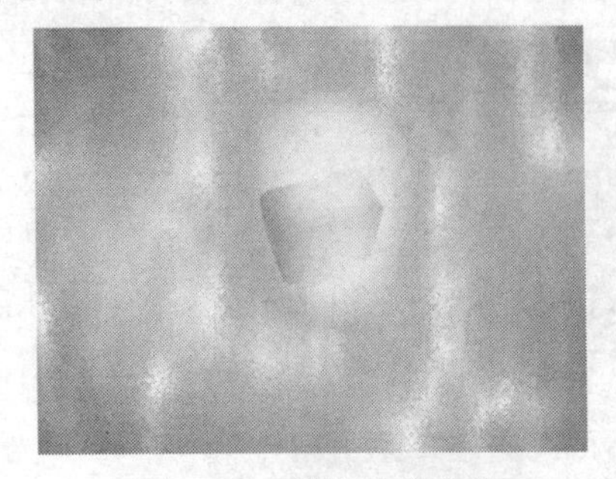

图 10-62　燃烧的充电器

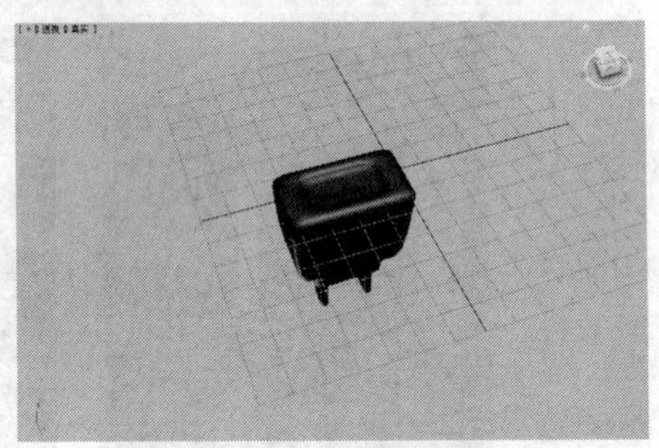

图 10-63　调整视口视图

（3）选择【渲染】|【环境】命令，在出现的“环境和效果”对话框中，单击【环境贴图】下方的长条按钮，出现“材质/贴图浏览器”对话框，从列表中选择贴图类型为“位图”，单击【确定】按钮。

（4）在出现的“选择位图图像文件”对话框中选择要作为背景的位图图像，单击【打开】按钮添加贴图背景。再选择【视图】|【视口背景】|【视口背景】命令打开“视口背景”对话框，在其中选中“使用环境背景”和“显示背景”两个复选项，使环境贴图出现在“透视”视口中，如图 10-64 所示。

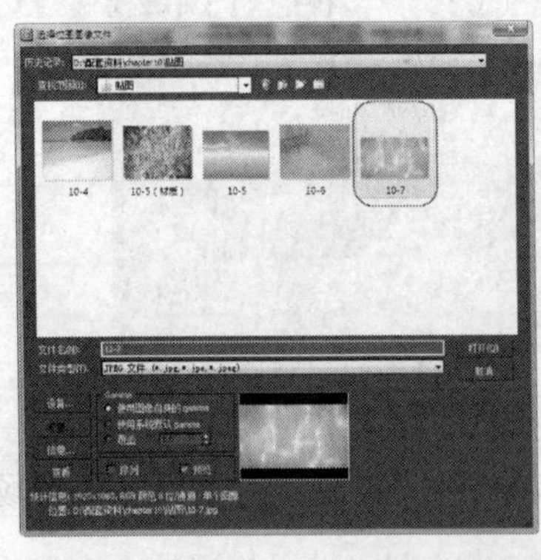

图 10-64　添加贴图背景并在视口中显示贴图

（5）在“环境和效果”对话框中单击“大气”组中的【添加】按钮，出现“添加大气效果”对话框，将效果类型选择为“火效果”，单击【确定】按钮，即可在“效果”列表中出现“火效果”选项和“火效果参数”卷展栏，如图 10-65 所示。

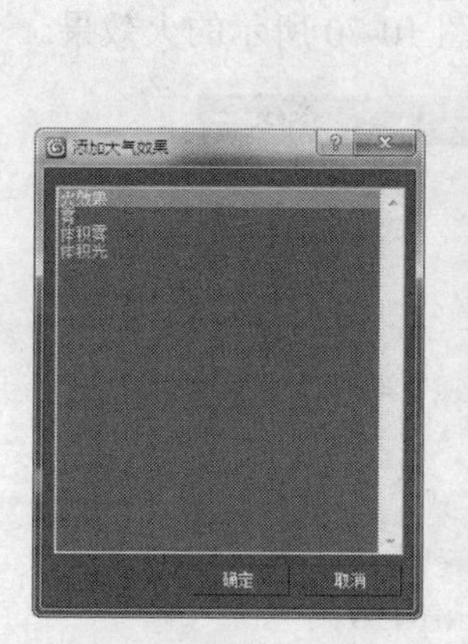

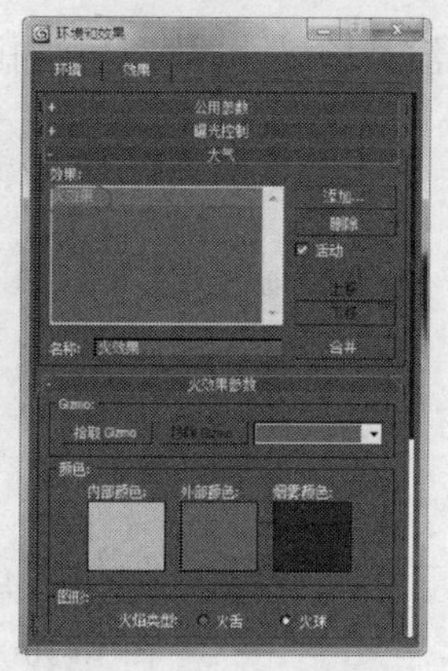

图 10-65　添加“火效果”

（6）选择“创建”面板中的“辅助对象”选项，再从其类别中选择“大气装置”，再从对象类型卷展栏中选择“球体 Gizmo”工具，如图 10-66 所示。

（7）在视口中拖动鼠标创建一个球体 Gizmo，如图 10-67 所示。

图 10-66　选择“球体 Gizmo”工具

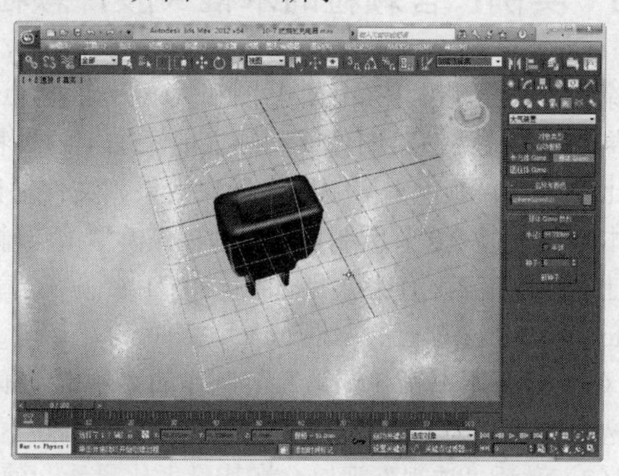

图 10-67　创建球体 Gizmo

（8）在“环境和效果”对话框中展开“火效果参数”卷展栏，单击其中的【拾取 Gizmo】按钮，然后在场景中单击“球体 Gizmo”将其拾取，如图 10-68 所示。

（9）设置“火效果参数”卷展栏中的相关参数，如图 10-69 所示。

图 10-68　拾取球体 Gizmo

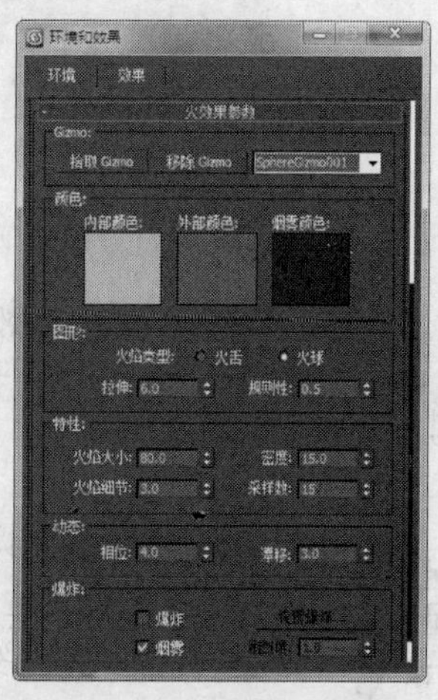

图 10-69　设置火效果参数

（10）按【F9】键渲染场景，即可看到如图 10-70 所示的火效果。

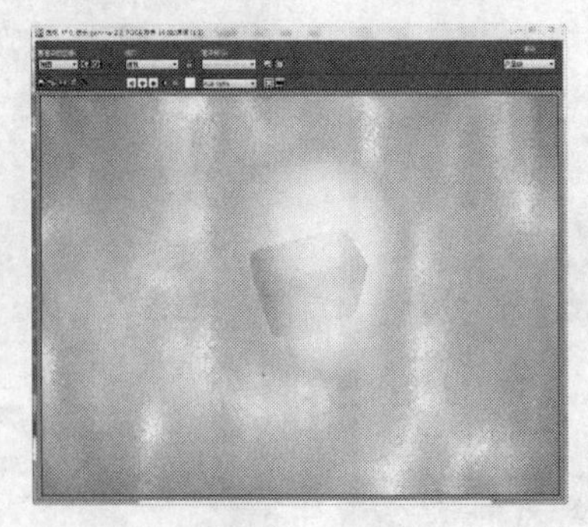

图 10-70　渲染效果

（11）保存渲染输出的图像，再关闭渲染帧窗口和“渲染设置”对话框，保存场景文件，即可完成“燃烧的充电器”效果图的配置和渲染输出。

10.8　实例：含颗粒的木棍（胶片颗粒效果）

除了可以配置环境颜色、贴图和大气效果外，还可以使用“环境和效果”对话框中的“效果”卷展栏在最终渲染图像或动画之前添加上各种特殊的效果，如镜头效果、模糊效果、亮度与对比度效果、颜色平衡效果、景深效果、文件输出效果、胶片颗粒效果、运动模糊效果等。

本节将本书 5.8 节所制作的“木棍”模型渲染输出为一幅静态图像并在场景中添加上类似胶片上的颗粒，其渲染效果如图 10-71 所示，渲染参数设置情况请参考本书“配套资料\chapter10\10-8 含颗粒的木棍.max”文件。

（1）打开本书第 5 课第 8 节制作的“木棍”模型，单击【应用程序】按钮，从出现的菜单中选择【另存为】命令，将其另存为名为“10-8 含颗粒的木棍.max”的场景文件。

（2）激活“透视”视口，将其最大化显示，使用“视口导航控件”区中的【环绕子对象】工具和【平移视图】工具，调整视口中显示的视图到合适的位置，如图 10-72 所示。

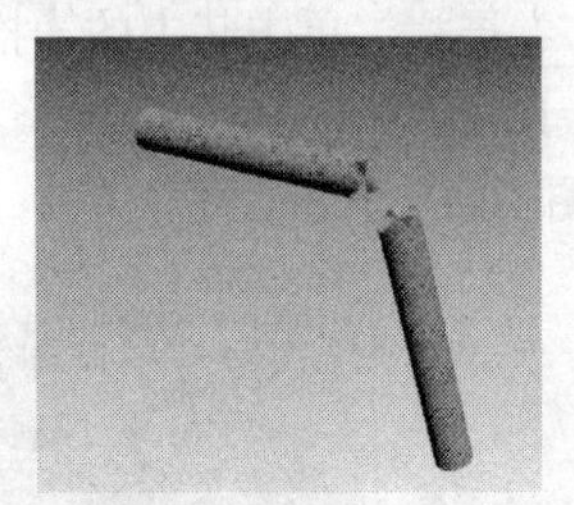

图 10-71　含颗粒的木棍

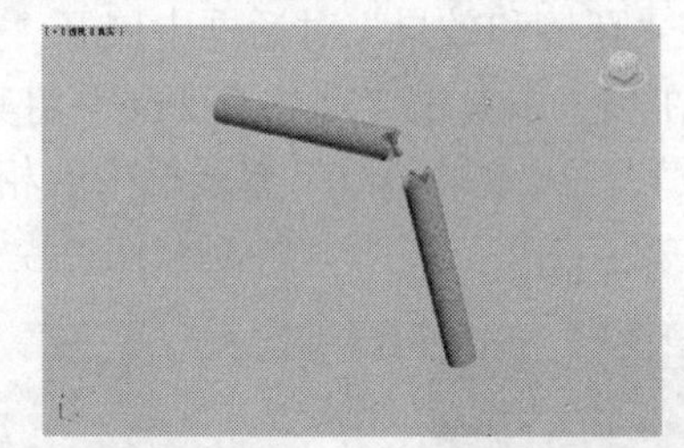

图 10-72　调整视口视图

（3）选择【渲染】|【效果】命令，出现“环境和效果”对话框并默认选中“效果”选项卡，在“效果”卷展栏中单击【添加】按钮，出现“添加效果”对话框，选择其中的“胶片颗粒”选项，如图 10-73 所示。

3ds Max 主要提供了以下几种效果。

● 镜头效果渲染效果：用于创建真实效果的系统，如光晕、光环、射线、自动二级光斑、手动二级光斑、星形和条纹等。

● 模糊渲染效果：可以通过均匀型、方向型和放射型 3 种不同的方法使图像变模糊。

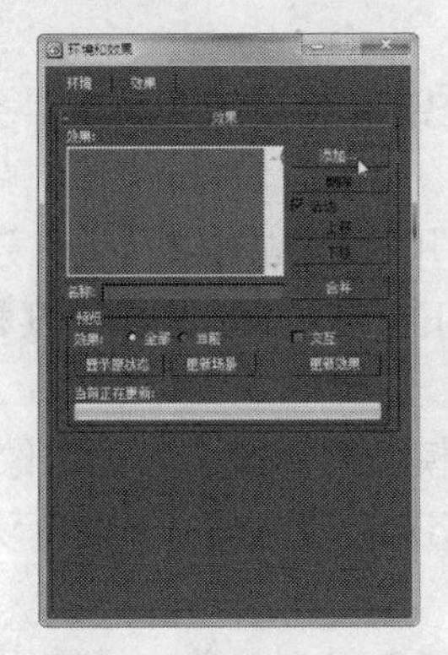

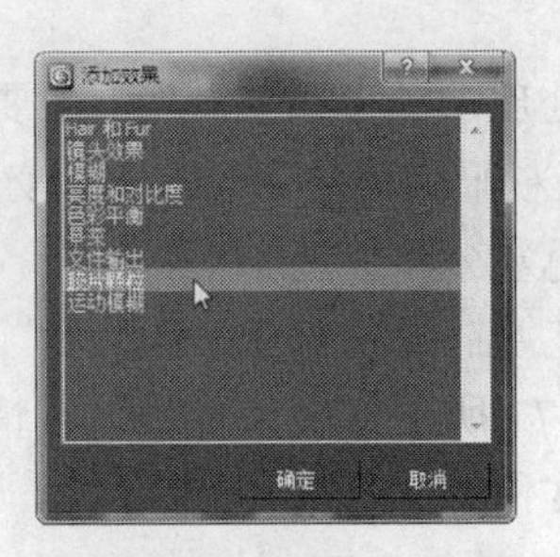

图 10-73　选择“胶片颗粒”效果

● 亮度和对比度渲染效果：可以调整图像的对比度和亮度。

● 颜色平衡渲染效果：可以通过独立控制 RGB 通道操纵相加/相减颜色。

● 文件输出渲染效果：可以根据“文件输出”在“渲染效果”堆栈中的位置，在应用部分或所有其他渲染效果之前，获取渲染的“快照”。

● 胶片颗粒渲染效果：在渲染场景中重新创建胶片颗粒的效果。

● 运动模糊渲染效果：使移动的对象或整个场景变得模糊。

● 景深渲染效果：模拟通过摄影机镜头观看时的效果，即前景和背景的场景元素的自然模糊。

（4）单击【确定】按钮，即可将其添加到“效果”面板的效果列表中，然后在“胶片颗粒”卷展栏中将“颗粒”值设置为 0.5，如图 10-74 所示。

（5）切换到“环境”选项卡，单击【环境贴图】下方的长条按钮，出现“材质/贴图浏览器”对话框，从列表中选择贴图类型为“渐变”，单击【确定】按钮，将背景贴图设置为默认的渐变图形，如图 10-75 所示。

（6）直接按下【F9】键渲染场景，效果如图 10-76 所示。可以看到，图中的对象上添加了一种胶片颗粒。

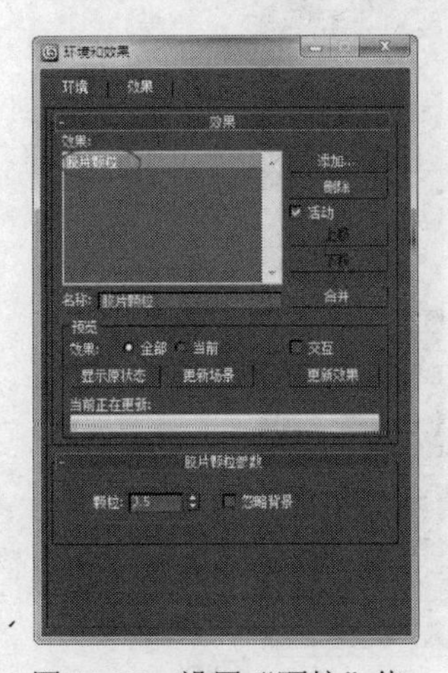

图 10-74　设置“颗粒”值

图 10-75　设置背景贴图

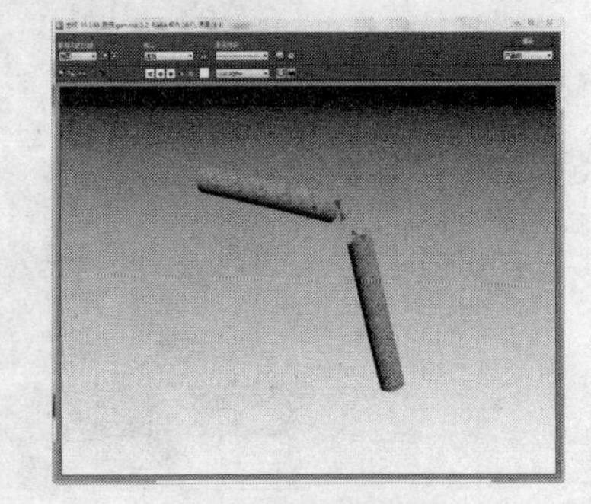

图 10-76　渲染效果

（7）保存渲染输出的图像，再关闭渲染帧窗口和“渲染设置”对话框，保存场景文件，即可完成“含颗粒的木棍”效果图的渲染输出。

10.9 实例：泛黄的内六角扳手（色彩平衡效果）

色彩平衡是图像处理的一个重要环节，主要用于控制图像的颜色分布，使图像整体达到色彩平衡。对图像进行色彩平衡处理后，既可以校正图像色偏、饱和过度和或饱和度不足等情况，也可以创作出特殊的色彩效果。

本节将本书5.3节所制作的“内六角扳手”模型渲染输出为一幅像老照片效果的泛黄的静态图像，效果如图10-77所示，渲染参数设置情况请参考本书“配套资料\chapter10\10-9 泛黄的内六角扳手.max”文件。

（1）打开本书第5课第3节制作的“双绞线”模型，单击【应用程序】按钮，从出现的菜单中选择【另存为】命令，将其另存为名为“10-9 泛黄的内六角扳手.max”的场景文件。

（2）激活“透视”视口，将其最大化显示，使用“视口导航控件”区中的【环绕子对象】工具和【平移视图】工具，调整视口中显示的视图到合适的位置，如图10-78所示。

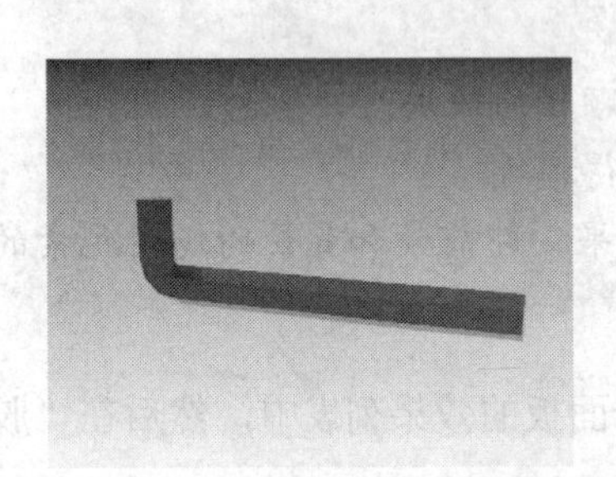

图10-77　泛黄的内六角扳手

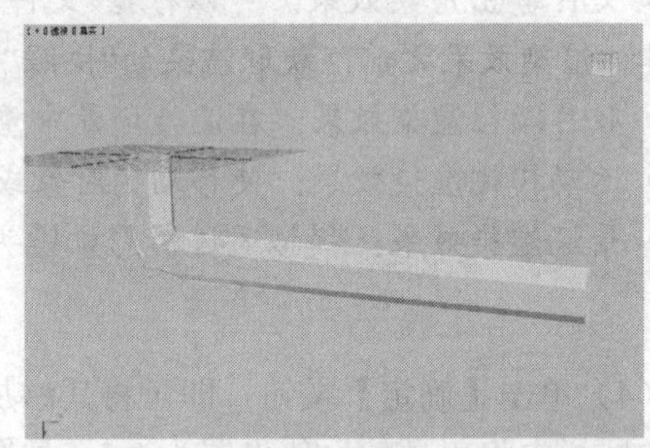

图10-78　激活并调整视口

（3）按下【M】键打开“材质编辑器”，为“内六角扳手”模型指定一种金属材质，如图10-79所示。

图10-79　配置材质

（4）从菜单栏中选择【渲染】|【效果】命令，打开“环境和效果”对话框并显示“效果”选项卡。在“效果”卷展栏中单击【添加】按钮，出现“添加效果”对话框，选择其中的

“色彩平衡”选项，如图 10-80 所示。

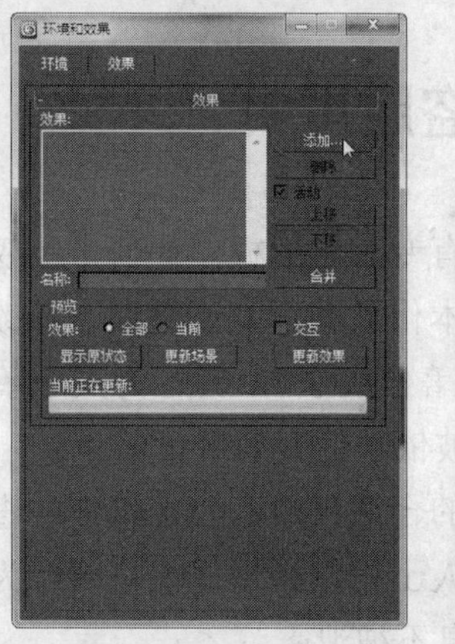

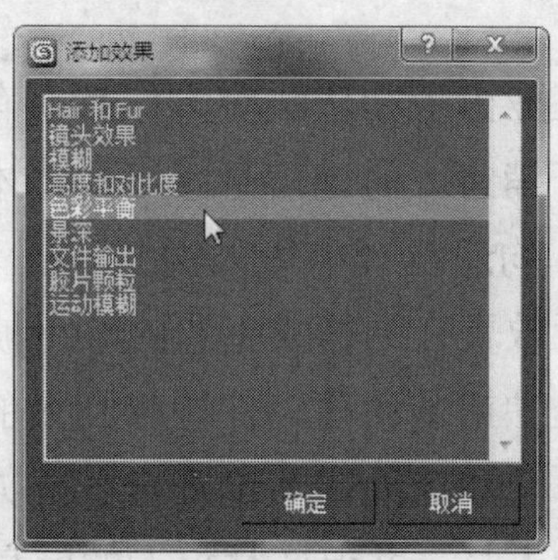

图 10-80　选择“色彩平衡”效果

（5）单击【确定】按钮，将“色彩平衡”效果添加到“效果”列表中，然后在“色彩平衡参数”卷展栏上设置颜色参数，如图 10-81 所示。

（6）按下【F9】键渲染视口，效果如图 10-82 所示。

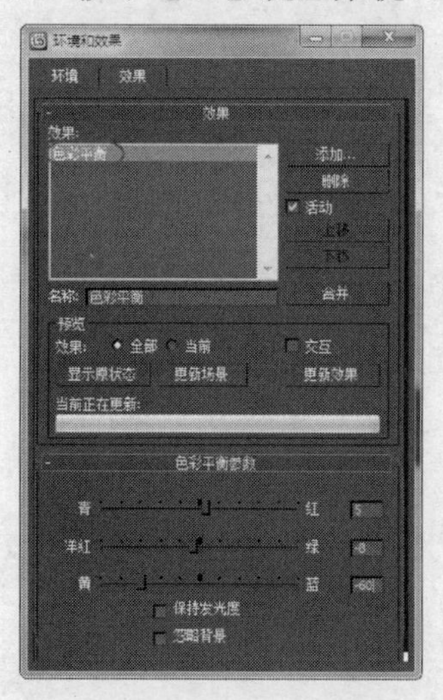

图 10-81　设置“色彩平衡”的颜色参数

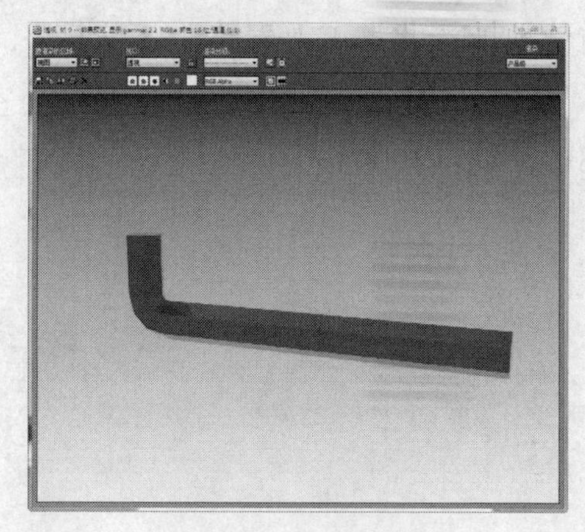

图 10-82　渲染效果

（7）保存渲染输出的图像，再关闭渲染帧窗口和“渲染设置”对话框，保存场景文件，即可完成“泛黄的内六角扳手”效果图的渲染输出。

课后练习

1. 将本书第 2～9 课中制作模型渲染输出为图像，渲染前注意设置相关渲染参数，并添加上合适的背景颜色、背景图像、照明颜色和染色。

2. 将本书第 2～9 课课后练习所制作模型渲染输出为图像，渲染前注意设置相关渲染参数，并添加上适当的大气效果或渲染效果。

举报电话：（010）88254396；（010）88258888

传　　真：（010）88254397

E-mail:　dbqq@phei.com.cn

通信地址：北京市万寿路 173 信箱

　　　　　电子工业出版社总编办公室

邮　　编：100036